普通高等教育规划教材

电器学原理

曹云东　刘晓明　刘福贵
孙　鹏　董恩源　孔繁虹　王永兴　编著
邹积岩　主审

机械工业出版社

本书是一本关于电器理论学习的专业基础书籍，包括电器研究的主要理论范畴，全书共分 11 章：第 1 章绪论，介绍电器学发展情况；第 2 章介绍电器热源及热传输主要形式、发热计算理论；第 3 章介绍电器中不同工况下电动力计算的基本理论；第 4~6 章主要介绍电器电弧理论、电弧熄灭条件与原理以及电弧最新数学模型研究；第 7 章主要介绍电接触理论及应用；第 8~10 章主要介绍电器中电磁系统的计算理论、电磁吸力计算和电器中电磁场数值计算基础；第 11 章主要介绍电器试验研究的基本理论知识。

本书为高等学校电气工程及自动化专业的教材，也可供从事高、低压电器设计、制造和运行方面工作的工程技术人员参考。

图书在版编目（CIP）数据

电器学原理/曹云东等编著 .—北京：机械工业出版社，2012.3（2024.6 重印）

普通高等教育规划教材

ISBN 978-7-111-36973-8

Ⅰ.①电… Ⅱ.①曹… Ⅲ.①电器学—高等学校—教材 Ⅳ.①TM501

中国版本图书馆 CIP 数据核字（2011）第 280181 号

机械工业出版社（北京市百万庄大街 22 号 邮政编码 100037）

策划编辑：王雅新 责任编辑：王雅新

版式设计：石 冉 责任校对：樊钟英

封面设计：赵颖喆 责任印制：郜 敏

北京富资园科技发展有限公司印刷

2024 年 6 月第 1 版第 6 次印刷

184mm×260mm · 19.75 印张 · 487 千字

标准书号：ISBN 978-7-111-36973-8

定价：55.00 元

电话服务 网络服务

客服电话：010-88361066 机 工 官 网：www.cmpbook.com

010-88379833 机 工 官 博：weibo.com/cmp1952

010-68326294 金 书 网：www.golden-book.com

 机工教育服务网：www.cmpedu.com

前　言

电器设备广泛应用于低压、高压、超高压及特高压等领域。随着我国电力事业及电网智能化的发展，对传统电器提出了更新、更高的要求。为适应当前高等教育发展、教学改革的需求，加强电器专业方向基础理论掌握、拓展知识内涵、适应专业发展，由沈阳工业大学、大连理工大学、河北工业大学和同济大学教师一起，在充分借鉴现有电器学理论和资料的基础上，共同编写《电器学原理》一书。

书中内容在充分考虑目前国内外电器发展现状的基础上，对传统电器理论的内容进行了简化和浓缩，对电弧、电器数值计算等内容进行了充实，希望对学习者能有更大帮助。

全书由沈阳工业大学曹云东教授主编。沈阳工业大学曹云东教授（第1、2、3章）、沈阳工业大学刘晓明教授（第4、6章）、大连理工大学董恩源副教授（第5章）、同济大学孔繁虹副教授（第7章）、沈阳工业大学孙鹏教授（第8章）、河北工业大学刘福贵教授（第9、10章）、大连理工大学王永兴副教授（第11章）参加本书编写。全书统稿、修改由曹云东教授完成。

大连理工大学邹积岩教授对本书进行了仔细审阅，提出了许多宝贵意见，在本书的编写过程中给予了大力支持和帮助。在此对邹积岩教授表示衷心的感谢。

沈阳工业大学王尔智老师、西安交通大学王季梅对本书的出版也给予了支持和关心。在本书出版过程中，还得到了赵志刚讲师、张闯讲师、李晓霞副教授、庞玲玲讲师以及王舒、赵兴海、矫长东、冷雪、李俐莹、李争博等研究生的大力帮助。在此对他们一并表示感谢。

由于编者水平有限，书中不足或错误之处，恳请读者给予批评指正。

编　者

目　录

前言
第 1 章　绪论 …… 1
1.1　电器的定义和分类 …… 1
1.2　典型电器的结构原理 …… 3
1.2.1　电磁式继电器 …… 3
1.2.2　接触器 …… 5
1.3　电器学的主要理论范畴 …… 8
1.3.1　电器发热和电动力理论 …… 8
1.3.2　电弧理论 …… 9
1.3.3　电接触理论 …… 9
1.3.4　电磁机构理论 …… 9
1.4　开关电器技术的发展简史 …… 10
1.5　我国电器制造事业的发展 …… 12
第 2 章　电器导体的热计算 …… 14
2.1　电器中的热源 …… 14
2.1.1　电阻损耗 …… 14
2.1.2　铁磁损耗 …… 17
2.1.3　介质损耗 …… 18
2.2　电器中的散热形式 …… 19
2.2.1　热传导 …… 19
2.2.2　热对流 …… 22
2.2.3　热辐射 …… 23
2.3　电器的允许温升及电器热稳定性 …… 24
2.3.1　电器的允许温升及相关标准 …… 24
2.3.2　电器的热稳定性 …… 31
2.4　电器表面稳定温升计算及分布 …… 31
2.4.1　电器表面稳定温升计算—牛顿公式 …… 31
2.4.2　电器典型部件的稳定温升分布 …… 33
2.5　不同工作制下电器的热计算 …… 37
2.5.1　长期工作制 …… 37
2.5.2　短时工作制 …… 39
2.5.3　反复短时工作制 …… 41
2.6　短路电流下的热计算 …… 42
思考题与习题 …… 45
第 3 章　电器中的电动力计算 …… 46
3.1　电器中的电动力 …… 46
3.2　电器电动力计算基本理论 …… 46
3.2.1　能量平衡法计算电动力 …… 46
3.2.2　毕奥-萨伐尔定律计算电动力 …… 47
3.3　电器中典型结构的电动力计算 …… 48
3.3.1　导体回路对电动力的影响及回路因数 …… 48
3.3.2　导体截面对电动力的影响及截面因数 …… 51
3.3.3　载流导体与导磁体间的电动力 …… 53
3.4　正弦交流下的电动力 …… 56
3.4.1　单相正弦交流下的电动力 …… 56
3.4.2　三相正弦交流下的电动力 …… 57
3.5　短路电流下的电动力 …… 59
3.5.1　单相短路时导体承受的电动力 …… 59
3.5.2　三相对称短路时导体承受的电动力 …… 61
3.6　电器的电动稳定性 …… 61
思考题与习题 …… 63
第 4 章　电弧基础理论 …… 64
4.1　气体放电的物理基础 …… 64
4.1.1　电离和激励 …… 64
4.1.2　气体电离方式 …… 65
4.1.3　气体消电离及其主要形式 …… 67
4.1.4　气体放电的几个阶段 …… 68
4.1.5　气体间隙的击穿理论 …… 71
4.2　真空放电的物理基础 …… 74
4.2.1　真空间隙的电击穿与真空绝缘破坏机理 …… 74
4.2.2　真空击穿的主要影响因素 …… 76

4.3　电弧物理特性 …… 78
4.3.1　电弧的产生 …… 78
4.3.2　电弧的伏安特性 …… 79
4.3.3　电弧外观 …… 80
4.3.4　电弧的组成 …… 81
4.3.5　弧柱温度 …… 83
4.3.6　弧柱直径 …… 83
4.3.7　电弧的弧根和斑点 …… 84
4.3.8　电弧的等离子流 …… 85
4.3.9　电弧的能量平衡 …… 86
4.4　直流电弧特性 …… 89
4.5　交流电弧的介质恢复过程与电压恢复过程 …… 91
4.5.1　交流电弧的伏安特性 …… 91
4.5.2　电弧电压对交流电路电流的影响 …… 93
4.5.3　交流电弧能量的计算 …… 96
4.6　交流电弧弧隙中的介质恢复 …… 97
4.6.1　弧隙中的介质恢复过程 …… 97
4.6.2　开关电器弧隙的介质恢复强度特性 …… 100
4.7　交流电弧弧隙中的电压恢复过程 …… 103
4.7.1　恢复电压组成部分和工频恢复电压 …… 103
4.7.2　理想弧隙时弧隙上的电压恢复过程 …… 106
4.7.3　电弧参数对电压恢复过程的影响 …… 112
思考题与习题 …… 115
第5章　开关电弧的熄灭原理 …… 116
5.1　直流电弧的熄灭原理 …… 116
5.1.1　直流电路中的电弧能量和燃弧时间 …… 116
5.1.2　直流电弧的熄灭原理 …… 117
5.1.3　直流电弧的熄灭方法 …… 117
5.1.4　电流转移原理 …… 119
5.1.5　直流电弧开断时的过电压 …… 122
5.2　交流电弧熄灭原理和熄灭条件 …… 123
5.2.1　交流电弧的熄灭原理 …… 123
5.2.2　交流电弧的熄灭条件 …… 124
5.3　开关电器典型灭弧装置的工作原理 …… 126
5.3.1　简单灭弧 …… 126
5.3.2　磁吹灭弧装置 …… 127
5.3.3　纵缝灭弧室 …… 127
5.3.4　栅片灭弧室 …… 129
5.3.5　固体产气灭弧装置 …… 131
5.3.6　石英砂灭弧装置 …… 132
5.3.7　油吹灭弧装置 …… 132
5.3.8　压缩气体灭弧装置 …… 134
5.3.9　真空灭弧装置 …… 135
5.4　提高灭弧装置开断能力的辅助方法 …… 137
5.4.1　弧隙两端并联低值电阻 …… 138
5.4.2　附加同步开断装置 …… 138
5.4.3　机械与半导体混合式开关 …… 139
思考题与习题 …… 140
第6章　开关电弧数学模型 …… 141
6.1　电弧模型概述 …… 141
6.2　气体介质电弧数学模型 …… 143
6.2.1　气体介质电弧数学模型的分类 …… 143
6.2.2　黑盒模型 …… 143
6.2.3　经典的电弧模型 …… 144
6.2.4　两种用于 SF_6 断路器内的气体电弧模型 …… 145
6.3　真空电弧数学模型 …… 149
6.3.1　真空电弧的概述 …… 149
6.3.2　真空电弧数学模型概述 …… 150
6.3.3　真空电弧经典数学模型 …… 151
思考题与习题 …… 152
第7章　电接触理论 …… 153
7.1　概述 …… 153
7.1.1　电接触内表面的物理图景 …… 153
7.1.2　电接触的基本结构类型 …… 154
7.2　接触电阻 …… 158
7.2.1　接触电阻理论 …… 158
7.2.2　接触电阻计算 …… 159
7.2.3　接触电阻的影响因素 …… 164
7.3　接触导体温升 …… 168

7.3.1 触头的发热 …… 169
7.3.2 接触电阻与接触电压降 …… 172
7.4 触头间的电动力 …… 174
7.5 触头闭合过程的振动分析 …… 176
7.6 触头熔焊 …… 179
7.7 触头的质量转移和电磨损 …… 182
7.8 电接触材料 …… 188
7.8.1 触头材料的要求和分类 …… 188
7.8.2 触头材料的选用原则 …… 192
7.8.3 栓接触头材料的选用原则 …… 194
7.8.4 触头材料的发展趋势 …… 196
思考题与习题 …… 196
第8章 电磁系统磁路计算基础 …… 198
8.1 概述 …… 198
8.1.1 电磁系统的典型结构和基本特性 …… 199
8.1.2 电磁系统计算的基本任务及其计算方法 …… 203
8.2 磁路的基本概念及磁路方程 …… 204
8.2.1 磁路的基本概念 …… 204
8.2.2 磁路的基本定律及磁路方程 …… 204
8.2.3 拉普拉斯场量的对偶关系 …… 205
8.3 气隙磁导计算 …… 205
8.3.1 气隙的磁导定义 …… 206
8.3.2 气隙磁导的计算方法 …… 206
8.4 直流磁路计算 …… 211
8.4.1 直流磁路特点及其求解方法 …… 211
8.4.2 直流磁路方程的建立 …… 212
8.4.3 不计漏磁通的无分支磁路计算 …… 213
8.4.4 考虑漏磁时的U形磁路 …… 215
8.4.5 复杂磁路的计算 …… 217
8.5 含有永久磁铁的磁路计算 …… 222
8.5.1 永久磁铁的工作曲线 …… 222
8.5.2 永久磁铁的工作点及其等效处理 …… 224
8.6 交流磁路计算 …… 227
8.6.1 交流磁路的特点 …… 227
8.6.2 交流磁路的基本概念 …… 228
8.6.3 交流磁路分析与计算 …… 230
思考题与习题 …… 232
第9章 电磁系统的吸力计算 …… 234
9.1 磁场能量与电磁力的基本关系 …… 234
9.1.1 磁场的能量 …… 234
9.1.2 能量转换与电磁力的普遍公式 …… 235
9.1.3 电磁能量的图解表示 …… 237
9.1.4 计算电磁力的实用能量公式 …… 238
9.1.5 对漏磁力的分析 …… 239
9.2 麦克斯韦电磁吸力公式 …… 240
9.2.1 麦克斯韦公式的导出 …… 240
9.2.2 麦克斯韦公式与能量平衡公式 …… 242
9.3 恒磁动势与恒磁链条件下的吸力特性 …… 242
9.4 交流电磁系统电磁吸力的特点与分磁环原理 …… 245
9.4.1 交流电磁系统电磁吸力的特点 …… 245
9.4.2 分磁环的概念 …… 245
9.4.3 分磁环工作的分析 …… 246
9.4.4 分磁环和磁极端面参数的设置 …… 247
9.4.5 三相交流电磁系统的吸力 …… 248
9.5 静态吸力特性与反力特性的配合 …… 249
9.6 动态吸力特性的分析计算 …… 252
9.6.1 直流并励电磁系统的动态特性 …… 252
9.6.2 交流电磁系统的动态特性 …… 260
思考题与习题 …… 262
第10章 电器中场的计算基础 …… 264
10.1 电器中电场计算基础及应用 …… 264
10.1.1 电器中的电场问题 …… 264
10.1.2 泊松方程的有限元离散格式 …… 264
10.1.3 空间单元分析 …… 268
10.1.4 代数方程的合成 …… 271
10.1.5 边界条件的处理 …… 273

10.2　电器中磁场计算基础及应用 …… 275
10.2.1　电器中的磁场问题 …… 275
10.2.2　三维静磁场矢量位有限元分析 …… 276
10.3　电器中温度场计算基础及应用 …… 283
10.3.1　电器中的温度场问题 …… 283
10.3.2　热传导方程和边界条件 …… 284
10.3.3　稳态温度场有限元方法 …… 286
思考题与习题 …… 290
第11章　电器试验技术 …… 291
11.1　电器温升试验 …… 292
11.1.1　温升试验的试验要求和方法 …… 292
11.1.2　温升的测量 …… 292
11.2　动热稳定试验 …… 295
11.3　电器电弧试验 …… 297
11.3.1　电弧形态的观测 …… 297
11.3.2　电弧等离子体参数的诊断 …… 298
11.4　动作特性试验 …… 298
11.4.1　低压电器的动作特性试验 …… 299
11.4.2　高压开关的动作特性试验 …… 300
11.5　电器的通断能力试验 …… 300
11.6　绝缘试验 …… 304
思考题与习题 …… 306
参考文献 …… 307

第1章 绪　　论

1.1 电器的定义和分类

电器是指用于对电路进行接通、分断，对电路参数进行变换，以实现对电路或用电设备的控制、调节、切换、检测和保护等作用的电工装置、设备和器件。例如用于分断或接通电路中工作电流或故障电流的断路器，调节电路参数的电阻器，用于切换多路电源或负载的转换开关，检测电压电流的电压互感器、电流互感器，用于保护线路的熔断器等都是典型的电器。

电器的用途广泛，种类纷繁，样式规格不一。因此电器的分类方法也是多种多样的。

1. 按功能分类

（1）用于接通和分断电路的电器，如接触器、刀开关、负荷开关、隔离开关、断路器等。

（2）用于控制电路的电器，如电磁起动器、自耦减压起动器、变阻器、控制继电器等。

（3）用于切换电路的电器，如转换开关、主令电器等。

（4）用于检测电路系数的电器，如互感器、传感器等。

（5）用于保护电路的电器，如熔断器、保护继电器、避雷器等。

2. 按用途分类

（1）配电电器：用于电能的输送和分配的电器，例如高压断路器、隔离开关、刀开关、低压断路器等。

（2）控制电器：用于各种控制电路和控制系统的电器，例如接触器、继电器、电动机起动器等。

（3）主令电器：用于自动控制系统中发送动作指令的电器，例如按钮、行程开关、万能转换开关等。

（4）保护电器：用于保护电路及用电设备的电器，如熔断器、热继电器、各种保护继电器、避雷器等。

（5）执行电器：用于完成某种动作或传动功能的电器，如电磁铁、电磁离合器等。

3. 按动作原理分类

（1）手动电器：用手或依靠机械力进行操作的电器，如手动开关、控制按钮、行程开关等主令电器。

（2）自动电器：借助于电磁力或某个物理量的变化自动进行操作的电器，如接触器、各种类型的继电器、电磁阀等。

4. 按电压等级分类

（1）低压电器，按功能可分为：

1）开关电器：接通和分断电路并有一定通断能力的电器，如转换开关、起动器、接触器等。

2）熔断器：分断过载或短路状态下电路的电器，如高分断能力熔断器、自复熔断器等。

3）继电器：用于控制和保护的电器。

4）电阻器和变阻器：改变电路参数或将电能转换为热能的电器，如起动电阻、调节电阻、起动变阻器和励磁变阻器等。

5）调节器：使电路中某些量保持不变或使其按预定方式变化的电器。

6）电磁铁。

（2）高压电器，按功能可分为：

1）开关电器：主要有高压断路器、高压隔离开关、高压熔断器、高压负荷开关和接地断路器等。

2）量测电器：主要包括电压互感器、电流互感器。

3）限电流限电压电器：主要包括电抗器、避雷器等。

5. 按元件与使用系统的关系分类

（1）电力网系统用电器：例如高压断路器、高压熔断器、低压断路器、低压熔断器以及电抗器和避雷器。除电抗器和避雷器外，对这类电器的主要技术要求是通断能力强，限电流效应好，动稳定性和热稳定性高，操作过电压低以及保护性能完善等。

（2）电力拖动自动控制系统用电器：例如接触器、起动器、继电器等。对这类电器的主要技术要求是转换能力强，动作时间快，操作效率高，电气和机械寿命长等。

（3）自动化通信用弱电电器：微型继电器、舌簧管、磁性或晶体管逻辑器件等。对这类自动化器件，主要要求是动作时间快，灵敏度高，抗干扰能力强，特性误差小，寿命长和工作绝对可靠。

6. 按使用场合和工作条件分类

（1）一般工业企业用电器：适用于大部分工业企业环境。

（2）特殊工矿企业用电器：适用于矿山、冶金、化工等特殊环境，例如矿用防爆电器和化工用电器。

（3）农用电器：适合农村环境而专门生产的电器。

（4）热带用电器和高原用电器：适合于热带、亚热带地区以及高原山区而派生的电器。

（5）牵引、船舶、航空等电器：例如船用电器，电气铁道用的牵引电器，航空电器以及汽车、拖拉机用电器等。

7. 按执行机能和转换深度分类

（1）有触点电器：电器通断的执行功能由触点来实现，例如接触器、断路器等。

（2）无触点电器：电器通断的执行功能不是由触点结构来实现，而是根据开关器件输出信号的高低电平来实现。

在执行通断任务的转换过程中，引入转换深度的概念，即

$$h = \frac{R_{DK}}{R_{JT}}$$

式中，R_{DK}为断开或截止时执行电路的电阻值；R_{JT}为接通或导通时执行电路的电阻值。对有触点电器：$h = 10^{10} \sim 10^{14}$，而对无触点电器：$h = 10^{4} \sim 10^{7}$。

（3）混合式电器：有触点和无触点电器结合而成的电器，它的转换深度介于两者之间。例如用晶闸管与电磁式接触器组成的无电弧接触器等。

1.2　典型电器的结构原理

从整体结构上看，电器通常都具有两个基本组成部分：感测部分和执行部分。感测部分的作用是接收外界输入的信号，通过转换、放大和判断作出有规律的反应，然后命令执行部分动作；执行部分则按照感测部分命令进行相应的动作，从而实现接通、分断电路或其他相应的功能，以达到控制电路的目的。对于大部分有触点电器，电磁机构就是其感测部分，一般由动静铁心、线圈和弹簧构成，触点系统就是其执行部分；对于非电磁式自动电器，由于其工作原理各不相同，相应的感测部分也各有差异，但触点系统仍是其执行部分。例如热继电器，其感测部分是由发热元器件、双金属片等组成的，当接收到外界输入的过电流信号时，感测部分进行检测作出反应，然后使执行部分——触点动作，完成分断电路的任务，达到过载保护的目的。即便电器中结构最简单的熔断器，也具有感测部分和执行部分两个基本组成部分，只不过这两部分统一于熔体而已。熔体串联在电路中，当电路中的电流大于熔断器的动作电流时，熔体发出执行命令，熔体熔断，开断故障电流，达到保护电路的作用。

在电器结构中，除感测部分和执行部分两个基本组成外，还有起联系作用的传动件和机构部分，起支撑和保护作用的支撑部分和外壳等，这些部分对具体电器都是必不可少的。这些部分对两大基本组成部分起辅助、补充的作用。为了便于掌握电器结构的原理，我们的主要研究对象仍是感测部分和执行部分。对于不同的电器，感测与执行这两部分并不都是平衡的，某些电器感测部分强大，而执行部分较弱，如继电器、变换器。某些电器的执行部分强大，而感测部分较弱，如高压断路器，其感测机能只能依靠其他器件来辅助。也有些电器两部分相对比较均衡，如低压断路器，它能够准确地检测到短路电流，并快速动作，分断电路，其感测和执行部分都很强大。随着电器新技术的发展和电器智能化程度的提升，具有融合强大感测功能的高分断能力电器将是电器发展的方向。

为了更好地学习电器基础理论，下面通过几种典型电器的结构原理、工作过程、技术指标等分析，实现电器理论的初步认识。

1.2.1　电磁式继电器

继电器是一种当输入量（电、磁、声、光、热）达到一定值时，输出量将发生跳跃式变化的自动控制器件。继电器种类繁多，原理各异，下面以最典型的电磁式继电器为对象，对其原理进行介绍。

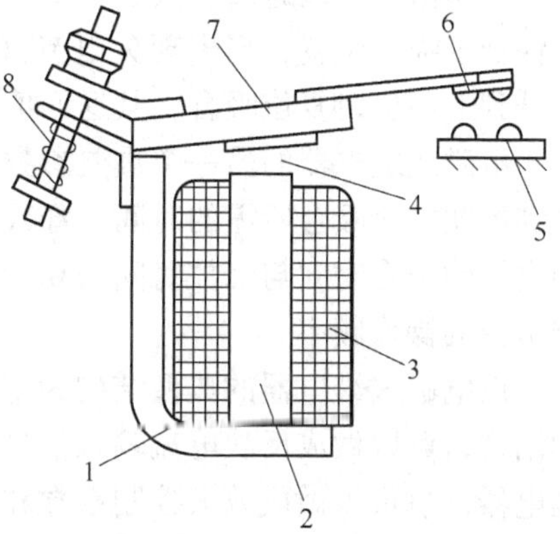

图 1-1　电磁式继电器的结构原理图

1—轭铁　2—铁心　3—线圈　4—气隙　5—静触点　6—动触点　7—衔铁　8—释放弹簧

电磁式继电器的基本组成部分有铁心、线圈、衔铁和触点等。图 1-1 所示为电磁式继电器的结构原理图。图中铁心、线圈、衔铁和轭铁组成了电磁系统。弹簧也是电磁系统的一个组成部分，它的作用是释放衔铁，同时也可以测量继电器的动作值。弹簧的松紧强弱是可以调节的，它与电磁体配合起到信号检测的作用。图中 6 为动触点，5 为静触点，在继电器未动作时，动静触点是分开状态，铁心与衔铁之间存在气隙。继电器的触点一般用于控制电路中，用来控制接触器或其他电器的线圈，对继电器触点的额定电流与转换能力的要求不高，因此继电器一般不采用灭弧系统，触点结构也比较简单，一般采用桥式触点，有常开、常闭两种形式。

当继电器线圈两端输入电流或电压信号时，线圈由于流过电流产生电磁效应，形成磁场，其磁通大部分沿铁心、轭铁、衔铁经工作气隙闭合，在工作气隙两侧形成电磁吸力。当输入电流较小时，气隙处的电磁吸力小于弹簧产生的反力，衔铁仍处于打开状态。当线圈的电流超过某一特定值时，吸力大于反力，衔铁闭合，带动触点闭合。当线圈电流减小时，衔铁不会立即释放，直到电流值降低到相应的数值时释放，动触点随衔铁一起打开。

由于继电器触点只有“闭合”和“断开”两个状态，当继电器的输入量大小变化时，其输出量只能有“通”和“断”两种。这样就可以得出继电器的输入与输出的关系，即继电特性，如图1-2所示。图中输入量用 x 表示，输出量用 y 表示。当输入量从零开始增加时，在 $x<x_x$ 的过程中，输出为低电平；当 $x=x_x$ 时衔铁吸合，触点闭合，输出由低电平跳跃至高电平；再增加 x 时，输出保持高电平不变。当输入量从某一大于 x_x 的值开始下降时，在 $x>x_f$ 的过程中，输出为高电平；当 x 降低到 x_f 时，衔铁释放，触点断开，输出由高电平跳跃至低电平；再减小 x 时，输出保持低电平不变。x_x 称为动作值，x_f 称为返回值，返回值 x_f 和动作值 x_x 的比值称为返回系数 K_f，即

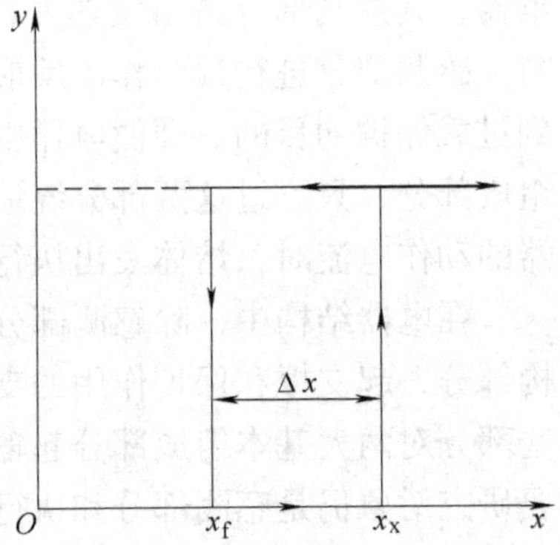

图 1-2 继电器的输入-输出特性

$$K_f=\frac{x_f}{x_x}$$

电磁式继电器的返回系数取决于其功能，对于过电流（或过电压）继电器在额定参数下工作时，电磁式继电器的衔铁处于打开位置，当出现过电流（或过电压）时衔铁吸合，电流（或电压）降低到返回值时衔铁返回复位。对于过电流（或过电压）继电器，返回值小于动作值，所以返回系数小于1；对于欠电流（或欠电压）继电器在额定参数下工作时，衔铁处于吸合位置，当出现欠电流（或欠电压）时，衔铁动作打开，电流（或电压）恢复上升到返回值时复位吸合，其返回值大于动作值，所以返回系数大于1。

电磁式继电器的另一个重要参数是吸合时间和释放时间。吸合时间是指从线圈接受电信号到衔铁完全吸合所需的时间；释放时间是指从线圈失电到衔铁完全释放所需的时间。一般继电器的吸合时间与释放时间为0.05～0.15s，快速继电器为0.005～0.05s，它的大小影响继电器的操作频率。

以电磁式继电器的典型结构为基础，可以改造出多种不同功能的继电器。例如根据线圈的结构，可以做成反映电流输入信号的电磁式电流继电器和反映电压输入信号的电磁式电压继电器，也可以做成放大控制系数和以增加输出信号数为目的的电磁式中间继电器等。利用电磁阻尼原理，电磁式电压继电器可以获得动作延时（输出信号落后于输入信号一定的时间间隔）构成时间继电器。这种电流、电压、时间继电器的输入信号的检测和输出信号的传递也可以利用晶体管电路来实现。继电器的感测机能除利用电磁机构原理外，还利用其他

原理，例如热、光、压力、速度、机械位移等。这些继电器分别称为热继电器、温度继电器、光继电器、压力继电器、速度继电器等。

由此可见，继电器两大基本组成部分中以感测部分最为关键，可以认为是继电器的核心部分。继电器感测部分的工作原理多种多样，而继电器的命名多数都是基于感测部分的工作原理。感测部分对继电器的特性参数，如灵敏度、动作精度（动作值的准确度）、动作时间、返回系数等影响很大。触点的材料、压力、开距、超程等参数的选取对继电器性能同样有很大影响，触点的参数直接决定了触点工作的可靠程度和使用寿命。此外，触点的参数还会影响感测部分的负担，影响它的灵敏度和结构的小型化。

随着电子器件的发展，无触点半导体继电器的应用日趋广泛。半导体继电器与传统触点继电器相比，由于没有触点，不会产生触点间的电弧、火花，也不产生触点的振动和磨损，而且半导体继电器动作速度快得多，灵敏度更高，体积小，重量轻，寿命长，消耗功率小，控制系数高，这些优点都是触点继电器无法相比的。但同样半导体继电器也存在许多缺点，如存在抗干扰能力差，过载能力差，容易受温度变化影响，各种参数稳定性差，工作状态不便于观察，维修不够方便等。半导体继电器与触点继电器各有各的优缺点，为了充分发挥它们的长处，可以把它们结合起来使用，即半导体继电器作为感测部分，而触点继电器作为执行部分，这种结合体，又称为混合式继电器。随着微电子技术、光电子技术、智能控制技术等发展，出现了智能化多功能的组合式继电器，小型化、组合化、多功能化、智能化将是继电器乃至电器发展的主要趋势。

1.2.2 接触器

接触器是一种用于远距离频繁地接通和断开交直流主电路及大容量控制电路的自动控制电器。它的主要控制对象是电动机及其他电力负载，如电热器、照明灯、电焊机、电容器组等，具有控制容量大、过载能力强、寿命长等特点，应用广泛。由于接触器的作用是开断电流较大的主电路，因此在具体结构上与继电器相比有较大差异，所以接触器一般都装有专门的灭弧装置和较强的触点弹簧，使执行机构部分得到加强。

1. 交流接触器

交流接触器是通断交流主电路的接触器。由于交流主电路大多是三相式，所以交流接触器的触头结构以三极为主。

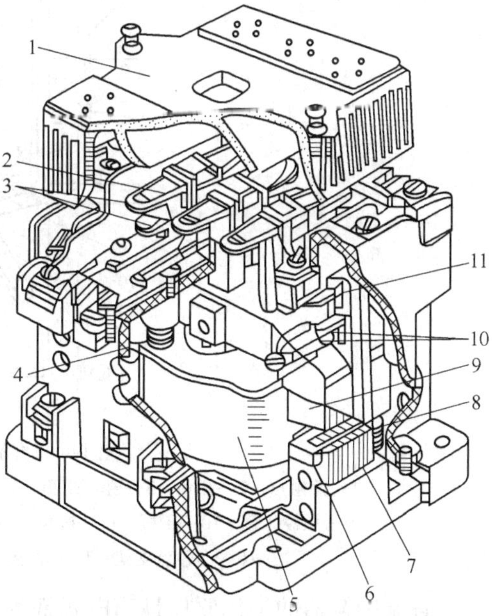

图 1-3 交流接触器的典型结构示意图

1—灭弧罩 2—触点压力弹簧片 3—主触点 4—反作用弹簧 5—线圈 6—短路环 7—静铁心 8—弹簧 9—动铁心 10—辅助常开触点 11—辅助常闭触点

图 1-3 是交流接触器的典型结构示意图，其电磁系统由线圈、动铁心（衔铁）和静铁心组成。图中主触点、辅助常开触点和辅助常闭触点构成了接触器的触点系统。主触点用于开断主电路，通常为三对常开触点。主触点具有较高的机械强度和较大的热容量，触点材料为银-氧化镉，

这种材料具有较高的抗熔焊性和耐电腐蚀性，有利于提高接触器的电寿命。辅助触点多用于控制电路，一般有常开、常闭各两对。主触点的灭弧装置因电流等级而异，小电流时采用半封闭式灭弧罩或相间隔弧板，电流较大时采用半封闭式窄缝陶土灭弧罩、塑料灭弧罩等。

交流接触器的工作原理与电磁式继电器相似，线圈通电后，在铁心中产生磁通及电磁吸力。此电磁吸力克服弹簧反力使得衔铁吸合，带动触点机构作直线运动或转动，常闭触点打开，常开触点闭合。线圈失电或线圈两端电压显著降低时，电磁吸力小于弹簧反力，使得衔铁释放，触点系统复位。

2. 直流接触器

直流接触器是通断直流主电路的接触器。

图 1-4 为采用 U 形转动式电磁机构的直流接触器的结构示意图。图中直流接触器的铁心和衔铁均采用电工软铁，主触点采用指形触点，能够自动清除表面的氧化物。这种形式的触点开距比较大，触点反力比双断点小。由于直流电流没有过零点，熄弧比交流电流困难，所以直流接触器常用吹弧线圈进行磁吹熄弧，磁吹熄弧的原理是：当触点闭合通过电流时，吹弧线圈产生的磁通经铁制的增磁颊片在动、静触点间形成闭合路径。当触点断开时，电弧使电流延续流通，电弧与磁通相互作用，电动力使电弧向上运动，弧柱被拉长，同时弧柱进入灭弧罩内，电弧温度降低，电弧迅速熄灭。当电流增大时，吹弧线圈产生的磁通也增大，电动力也增强，吹弧作用增强。

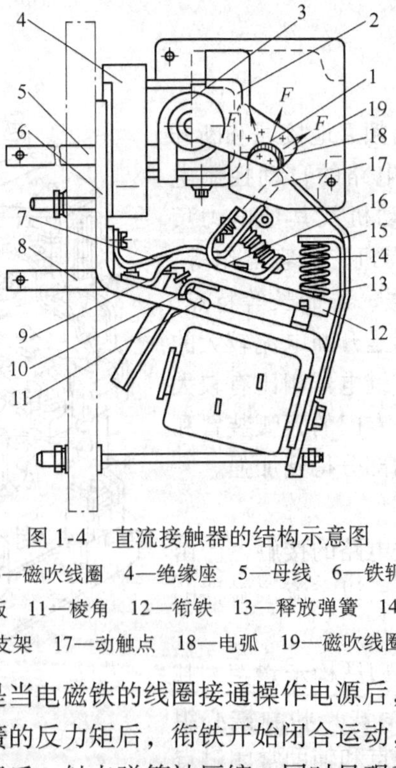

图 1-4　直流接触器的结构示意图

1—静触点　2—弧角　3—磁吹线圈　4—绝缘座　5—母线　6—铁轭　7—软连接　8—母线　9—压棱弹簧　10—压板　11—棱角　12—衔铁　13—释放弹簧　14—触点弹簧　15—弧角　16—动触点支架　17—动触点　18—电弧　19—磁吹线圈产生的磁通

直流接触器的工作原理是当电磁铁的线圈接通操作电源后，衔铁上便出现向左的电磁吸力，当这个吸力克服释放弹簧的反力矩后，衔铁开始闭合运动，与此同时动触点向静触点靠近，直到接触，动静触点相遇后，触点弹簧被压缩，同时呈现和释放弹簧相似的反力矩，之后衔铁全部吸合，铁心柱与衔铁间的气隙接近于零，弹簧压缩到最终位置，主触点紧密接触，主电路接通。反之，当线圈失去励磁或励磁电流过小时，电磁吸力小于释放的反力，处于闭合状态的衔铁开始释放，同时主触点也随之分离，开断主电路。这时的反力由释放弹簧和触点弹簧提供。每个主触点都有一个初压力值和终压力值。所谓初压力是动静触点刚接触时动触点上呈现的压力，此时触点弹簧尚未压缩变形。终压力是触点完全闭合而动静触点接触末时动触点上呈现的压力，此时触点弹簧已被压缩。从动静触点接触起（衔铁尚未全部闭合）到触点支架运动停止（衔铁全部闭合）的行程叫做触点的超额行程。触点的超额行程简称超程，它是专为触点磨损后仍能可靠接触而设的。

图1-5所示为直流接触器的吸力-反力特性及其配合的情况。为了减小吸合时的动能，减轻衔铁与铁心以及动静触点闭合时的撞击，提高接触器的寿命，可以设计成吸力与反力特性相交，如图所示。图中 $\Delta\delta$ 是与触点超程相应的衔铁气隙，δ 是衔铁行程对应的气隙，曲线 abc 为电磁铁的吸力特性，可以看出，随着工作气隙 δ 的减小，电磁吸力 F 增大。折线 $a'dbefg$ 为反力特性，它是由 $a'dh$ 和 $dbefgh$ 叠加而成的。前者代表释放弹簧的反力，后者代表触点弹簧的反力。在动静触点未接触前，反力是释放弹簧的弹力，在图中为 $a'd$，从触点接触到走完超程，反力由释放弹簧和触点弹簧共同作用，在图中为 $dbefg$。阴影部分 S_2 代表衔铁的动能，S_1 代表反力弹簧的弹性势能，由于 S_2 的面积大于 S_1 的面积，故衔铁可以依靠惯性冲过反力大于吸力的一段行程，并吸合到底，既可以快速闭合电路，又可以减轻机械冲击，达到了较好的吸、反力配合效果。

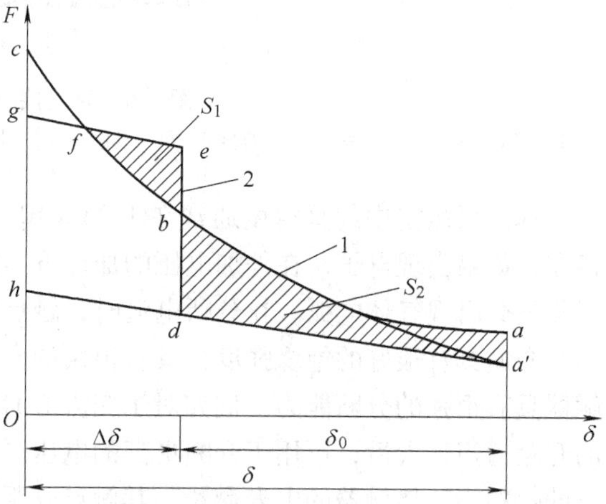

图1-5 直流接触器的吸力-反力特性

从以上特性配合中可以看出：$a'dbefg$ 实际上是接触器磁系统的负载机械特性，工作电压下的吸引电磁力与零电压下的剩磁力的参数都要与之匹配，实质上就是接触器内部感测部分与执行部分互相联系、协调配合的依据。接触器额定电流大，额定电压高，相应的转换能力要求强，这就需要触点系统具有较大的开距和超程，需要较大的开断速度和较小的接触电阻。为此需要较大的触点弹簧和开断弹簧，从而使机械负载阻力特性提高。同时与它匹配的电磁铁必须具有较大的线圈安匝数和较大的磁系统尺寸。

3. 真空接触器

在有爆炸和火灾危险的场合，如煤矿井下或化工厂等处，由于电磁式接触器工作时会产生电弧，因此不能够直接使用，而真空接触器却能适用于这些场合。

真空接触器是一种动、静触点密闭于真空泡中利用真空介质灭弧的接触器。图1-6所示为真空接触器的灭弧室结构。其中动触点与动导电杆焊接在一起，动导电杆、金属屏蔽罩、波纹管与下法兰焊接在一起。金属屏蔽罩的作用是在分断电流时，有效地凝结从触点间隙扩散出来的金属蒸气，以利于电弧熄灭，还可防止金属蒸气飞溅到绝缘外壳上，降低外壳内壁的绝缘强度。波纹管是一种起密闭作用的弹性器件，它在允许的弹性形变范围内伸缩时有足够的机械寿命。静触点和静导电杆焊接在一起，静导电杆经过屏蔽罩与上法兰相连。上下法兰盘间为玻璃或陶瓷外壳。从图中可以看到动、静触点均密封于玻璃外壳内，动触点可以在波纹管内上下运动。

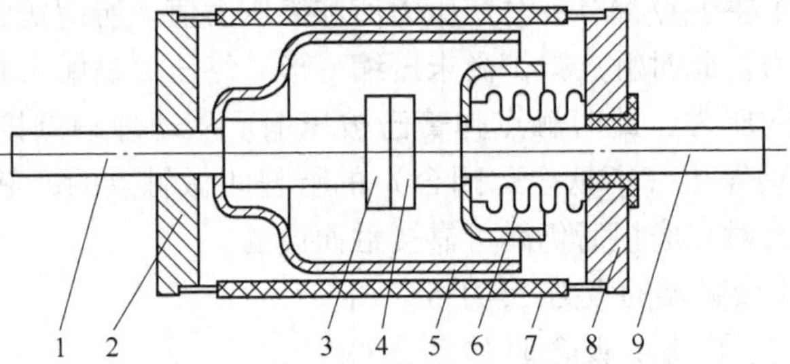

图 1-6　真空接触器的灭弧室结构

1—静导电杆　2—上法兰　3—静触点　4—动触点　5—屏蔽罩　6—波纹管　7—外壳　8—下法兰　9—动导电杆

真空灭弧室中的真空度通常在 1.33×10^{-4}Pa 以上，因此在灭弧室中基本没有气体分子存在，如果出现电子，在外加电压的加速下，穿过触点间隙时几乎不和气体分子发生碰撞，因此不会出现气体电弧。在分断电流时，触点间隙中会形成由金属蒸气组成的真空电弧，因真空介质具有很好的绝缘强度且具有很快的介质恢复速度，真空电弧能够快速熄灭。真空接触器具有很强的分断能力，例如对于交流 1.1kV 只需要 1～2mm 开距就可以可靠分断。触点的开距适当加大后，可用于开断更高的电压。真空电弧燃烧时间短，电弧能量小，因此，触点的烧损小，接触器的电寿命长。其触点开距很小，所以操作时的机械碰撞和磨损较小，机械寿命也很高。

真空接触器的特点是分断能力强，允许的操作频率较高，寿命长，无电弧外喷，体积小，重量轻，操作时噪声小，维修周期较长，其防火、防爆等优点使其适用于矿井、化工厂等特殊场合。但真空接触器在分断电流时会出现“截流过电压”现象，即在分断交流电流时，由于真空灭弧室的熄弧能力很强，电弧电流不是自然过零时切断，而是从电流的某一值突然降到零，由此而出现高的过电压。截流电压会危及电气设备的安全运行。

1.3　电器学的主要理论范畴

电器学是一门涉及领域宽广的学科，涉及理论知识广泛，掌握这些理论是理解电器的结构原理和进行电器设计的基础。电器学的主要理论范畴概括起来有以下几方面。

1.3.1　电器发热和电动力理论

电器在工作中会产生发热现象。触点、线圈等金属导体在电流通过时，产生电阻损耗；交流电路中，铁磁体等磁性材料在交变磁场的作用下，产生磁滞与涡流损耗；绝缘材料在交变电磁场的作用下，产生介质损耗。这三种损耗是电器中的主要热源，在大电流情况下，损耗导致的发热尤其明显。如果电器温度升高超过极限允许温度会导致金属材料的机械强度降低，触点氧化加剧，接触电阻增加，绝缘材料加速老化，介电强度下降等负面效果，不利于电器的可靠稳定工作。因而为了提高电器工作的可靠性和确定过载能力，对电器在不同工作制下，包括大电流（例如短路电流）下的发热和过载能力的计算是十分必要的，并且对于缩小电器体积，节约原材料，降低成本，延长使用寿命等方面也具有重大意义。

对各种不同几何形状载流体在不同空间和平面位置上进行电动力的分析和计算也是电器设计的基础之一。当系统发生短路故障时，载流导体上会流过大的短路冲击电流，短路电流会使载流导体产生强大的电动力，容易对载流导体支持件产生变形甚至破坏。因此，电器的电动稳定性及电动力的计算是电器研究的重要内容。

1.3.2 电弧理论

电弧是有触点开关电器在分断过程中必然产生的物理现象。触点间产生的电弧会延缓电路开断时间并烧损触点，降低其可靠性和使用寿命。但同时，电弧的产生同时也为线路中的电磁能提供了释放的空间，降低了线路开断时的过电压。电弧的作用有利有弊，但在有触点开关电器中是弊大于利，因此对电器电弧进行研究的主要目的是熄灭电弧。

电器电弧理论的内容广泛且复杂，电弧在不同开断介质中产生、发展和熄灭的全过程中的物理和化学变化涉及多个学科知识体系。其研究包括气体放电和击穿的物理过程，气体放电各阶段的放电形式，电离和消电离的物理过程，空间电荷分布和变化及弧柱中离子平衡的物理化学分析；电弧近极区和弧柱区的特性，电弧弧根和斑点，电弧直径和温度分布变化，电弧电位梯度以及电弧等离子体的模型研究和特性分析；交流和直流电弧不同的伏安特性和熄灭条件，电弧的静态伏安特性和动态伏安特性；交流电弧开断过程中的电压恢复和介质强度恢复过程等。由于电弧的复杂性，要正确地设计和优化灭弧室，必须对电弧进行深入的理论、实验和数值仿真研究。

1.3.3 电接触理论

电接触是指两个导体之间相互接触并实现导电的现象。电接触研究的内容主要是接触过渡区产生的各种物理、化学现象。研究的目的是使接触电阻小且稳定。

在有触点电器中，电接触体现在触点部分，触点工作的好坏直接影响开关电器的质量优劣，电接触理论的研究对提高触点的工作效率有重要作用。

电接触理论的主要内容是：电接触的产生、维持和消除过程中的物理、化学现象，如表面膜电阻的增值机理，接触电阻引起的温升、熔焊现象，电接触产生和消除过程中出现的触点材料侵蚀和转移，触点闭合过程中的振动、磨损现象等。研究接触电阻中收缩电阻和膜电阻的理论和计算，对影响接触电阻、温升、振动和磨损的因素进行分析，以达到合理选择触点材料和结构参数的目的，提高触点的可靠性和使用寿命。

1.3.4 电磁机构理论

电磁机构是自动化电磁电器的感测部分，在电器中起着十分重要的作用。它的理论基础不仅是一般意义上的磁路和电磁场，同时也是电磁—力—运动的综合理论。电器中电磁铁的结构形式很多，它既不同于变压器的静止铁心，又不同于旋转电机不变的均匀气隙，而是一种具有可动铁心和可变气隙的电磁装置。电磁机构中的磁场分布是复杂的，在理论计算方面有其特殊的规律性。

电磁机构的计算内容主要是正确得出电磁场的分布，围绕电磁力计算这个中心任务，研究衔铁在运动过程中磁场的变化以及确定电磁铁的吸力特性、反力特性和动作特性，计算电磁—力—运动的综合的过渡过程，确定各项电磁参数和电磁机构的动作时间。为此必须深入研究动铁心与静铁心之间各种形状气隙的磁导，研究气隙磁通与漏磁通的分布规律，研究气隙磁位与铁心磁位的分配关系。近年来，随着计算机数值计算技术的发展，电器电磁场数值计算所需的时间减少和计算的精确度得到较大提高，使电磁机构理论与计算不断趋于完善。

发热和电动力理论、电弧理论、电接触理论以及电磁机构理论是电器学的主要理论范畴。此外，电器的理论范畴中还包括机构运动学，电器运动部件的阻尼消振理论等。

电器是一门综合学科，电器产品是集多理论于一体并优化“加工”的作品。其理论是发展的理论，是不断充实、更新和完善的理论。随着科学技术的发展，电器的理论还有许多需要深入研究和发展的内容，例如：电弧的深入研究，直流电弧熄灭的研究，新材料的应用研究等，都有待进一步研究和完善。

1.4 开关电器技术的发展简史

19 世纪中叶，在电能刚刚发明的阶段，仅仅采用手动刀开关和熔断器就可以满足当时的控制和保护要求。刀开关在正常情况下起切换电路和隔离电路的作用，而熔断器则在故障情况下起过载和短路保护的作用。之后开始使用直流电动机作为机械的动力传动，为了满足调速的需要又出现了控制器和磁场变阻器。由于电话的发明与使用，出现了电话继电器，电器开始由手动控制逐步变为自动控制。

20 世纪，随着三相交流输电线路的发明，电力的使用范围不断扩大，电网的容量也相应地不断增加，对供电电网运行与保护的要求也越来越高，因此发展电器技术成为历史的必然要求。随着电力拖动系统的发展，拖动所需要的电动机数量也不断增加，这就需要电器由手动操作进入自动的远距离和频繁操作阶段，为此发展了接触器、起动器和各种继电器等自动电器。电器基础理论逐步建立，电器在结构原理、材料、容量、性能与品种方面都有了一定的发展。

20 世纪 50 年代开始，世界上经济发达的国家进入经济快速发展的时期，用电负荷保持持续快速增长，一直持续到 20 世纪 70 年代中期。用电负荷的快速增长带动了发电机制造向更大型机组发展，使电网电压等级迅速向 330kV、345kV、400kV、500kV、765kV 发展。20 世纪 60 年代末，开始进行 1000kV 电压等级和 1500kV 电压等级的特高压输电工程的研发。随着电网电压等级的不断提升以及对大容量远距离输电的需求，电器设备都在不断提高更新中。例如高压断路器，20 世纪 40 年代，多油断路器占主体地位，其灭弧介质是变压器油，断路器的触头浸在油中，开断时，触头间产生电弧，油在电弧的高温（5000 ~ 13000K）作用下很快蒸发和分解，在电弧周围形成气泡，电弧在气泡内燃烧。灭弧室内压力增高，气体的介质强度恢复加快，达到灭弧的作用；其缺点是用油量多，消耗金属材料多，体积庞大，维修工作量大。多油断路器分、合闸速度低，动作时间长，开断电流小。20 世纪 50 年代，逐渐发展成以少油和空气断路器为主，少油断路器的触头和灭弧系统放置在装有少量绝缘油的绝缘筒中，其中绝缘油主要作为灭弧介质，只承受触头断开时断口之间的绝缘，不作为主要的绝缘介质。少油断路器的突出特点是结构简单，易于制造和维修、价格低、使用方便。与多油断路器相比，少油断路器体积小、重量轻、用油量少，能采用积木式组装成超高压少油断路器，并在电力系统中被广泛应用。少油断路器的缺点是燃弧时间长，动作较慢，检修周期短，维修工作量大，受单元断口的电压限制，发展特高压等级有困难，且油断路器普遍存在漏油、爆炸等危险。压缩空气断路器是利用高压空气吹动电弧并使其熄灭的断路器。压缩空气断路器工作时，高速气流吹弧对弧柱产生强烈的散热和冷却作用，使弧柱热电离，并迅速减弱以至消失。电弧熄灭后，电弧间隙即由新鲜的压缩空气补充，介电强度迅速恢复，其特点是环保，燃弧时间短而且稳定，触头磨损小，电寿命高，气体状态稳定，开断能力强，可采用积木式结构，系列性强。压缩空气断路器的缺点是工艺较复杂，要求高，使用有色金属多；操作时噪声很大；开断近区故障能力低；开断感性小电流时，容易产生截流过电压。在这个时期，空气断路器已经可以做到 275～500kV。到了 20 世纪 60 年代，SF_6断路器和全封闭组合电器问世。20 世纪 70 年代以后 SF_6断路器在高压、超高压领域已经几乎全面取代了空气和油断路器。SF_6断路器的出现开创了高压断路器的新时代，它采用 SF_6气体作为灭弧和绝缘介质，SF_6气体优秀的灭弧性能使 SF_6断路器具有极好的开断性能，其开断能力比一般断路器高 10 倍左右，电弧电压低，燃弧时间短，触头烧损小，能频繁操作；对恢复电压不敏感，切断小电感电流和电容电流时不产生严重过电压现象；检修周期长、维护工作量小，这些优势都决定了其高压断路器霸主的地位。随着计算机技术的发展，设计与计算方法的更新，SF_6断路器在原结构基础上对灭弧室结构不断进行改进，性能进一步提升，目前国际上 SF_6断路器最高电压可做到 1100kV，单断口耐压达 550kV，额定短路开断电流达 63kA，相较于最初的多油断路器，开断性能有着天壤之别。高可靠性和高性能是目前电器的一大发展方向。

与此同时，气体绝缘全封闭组合电器（GIS）由于其突出的优点和性能，近年来发展十分迅速。GIS 是断路器、隔离开关、接地开关、电压互感器、电流互感器、避雷器、母线等经优化设计有机组合成的一个整体。由于 GIS 是组合电器，这就要求其内部的各种设备在不影响性能的前提下，尽量缩小体积，紧凑布局，以缩小整体体积。GIS 具有体积小、可靠性高、安装工作量小、维护周期长、环保等优点，适用于大城市或工业密集区，地势险峻少平地的山区，严重污秽、海滨或高海拔地区等特殊的应用环境。它代表目前电器的另一大发展方向——小型化、组合化。

20 世纪 70 年代，电子技术开始应用于低压电器中，出现了新型电器：电子电器、剩余电流保护电器。由于电子元器件的可靠性和成本高等原因，电子电器在很长时间内没有得到迅速发展。随着集成电路制造技术的成熟与应用，电子技术在低压电器中的应用逐步扩展，电子器件体积明显缩小，调试相对方便，可靠性有了保障。从此，电子技术不仅在万能式断路器、剩余电流保护器、时间继电器等产品中得到普遍应用，还开始在塑壳断路器、交流接触器、电动机保护类电器中得到应用。从 20 世纪 90 年代开始，电子技术又应用于双电源自动转换开关、软起动器、控制与保护开关电器、真空断路器等新型产品。随着微处理器技术的成熟与应用，微机开始在低压电器中应用，使低压电器具有智能化功能。一方面使电器设备具有智能化的功能，另一方面使开关电器，包括智能化断路器和智能化电动机控制器实现与中央控制计算机双向通信。进入 20 世纪 90 年代，随着计算机信息网络的发展，配电系统和电动机控制中心已形成了智能化监控、保护与信息网络系统。以智能化过载继电器为例，与传统的双金属热继电器相比，其具有一系列的优点，它能保护多种起动条件的电动机，具有很高的动作可靠性。它不但可保护电动机过载与断相，并可保护接地、三相不平衡、反相或低电流等。在智能化电动机保护继电器基础上进一步开发的智能电动机控制器，兼有监控、保护和通信的功能。此外，由智能电器与中央控制计算机组成的网络系统与传统的配电系统和电动机控制中心相比有以下优点：实现中央计算机集中控制，提高了配电系统自动化程度；使配电、控制系统的调度和维护达到新的水平。监控元件和传统的指示、指令电器相比较，接线简单、便于安装，提高了工作的可靠性；可以实现数据共享，减少信息重复和信息通道。智能电器的发展代表着电器发展的另一个大方向：智能化、集成化、网络化。

1.5 我国电器制造事业的发展

我国的电器制造业通过几代电器工作者的不懈努力，经历了从无到有，从小到大，从弱到强的历史性发展。从仿制国外产品到自行开发设计，进而掌握先进的电器理论以及制造技术，产品性能不断提高，产品类型不断完善，并努力向世界先进水平发展。

新中国成立前，我国电器制造业基础薄弱，技术落后，全国没有一个专业的电器制造厂，有些工厂只设有一个车间或班组兼产电器，产品基本上是仿制的，没有正规的实验设备。

新中国成立后，为了满足恢复发展国民经济和迎接大规模经济建设的需要，建立了沈阳高压开关厂、沈阳低压开关厂、上海华通开关厂等一大批电器制造厂，西安高压电器研究所、上海电器科学研究所等电器科研机构，西高所试验站和沈高虎石台试验站等电器试验站。这为我国电器事业的发展打下了坚实的基础，为电器产品性能的提高和新产品的研发提供了有力的支持。本阶段电器产品的生产以仿苏为主，到20世纪50年代末，全国初步形成了大中小型工厂相结合的电器制造业体系，基本可以适应当时经济建设发展的要求，做到国内自给。

20世纪60年代，由于仿苏产品存在较多的缺点，例如尺寸大，耗材多，安装不方便等，与电力工业的系统升级不相适应，因而对电器产品进行了整顿和改型，组织全行业统一设计。这一阶段，产品发展的特点是首先从改进仿苏产品入手，进而结合国际上电器发展动向和国情兼顾标准化、系列化、通用化的要求，进行自行开发。在高压和超高压领域以开发充气空气断路器取代带外隔离开关的瞬时充气式空气断路器，并逐步发展成为当时超高压工程中的主导设备。少油断路器通过联合设计，分头试制和生产，产品的品种、结构、性能不断更新和提高，平均不到两年就出现一个新型号，取得了前所未有的发展。SF_6电器和真空电器的研究也取得初步成果。自行设计的双柱和单柱结构的隔离开关取代了仿苏产品。在低压电器方面组织了交流接触器和低压断路器等17个系列104个品种的统一设计，诞生了如CJ10系列交流接触器，DW5、DZ10系列低压断路器等一大批新产品。

20世纪70年代后，电器行业内开展全面质量整顿，有计划、有重点地进行产品完善化，高压电器方面，如SN_{10}-10和110kV、220kV的$SW_{2、3、4、5、6}$少油断路器、$KW_{4、5}$空气断路器以及$GW_{4、5}$隔离开关等经过完善，不但克服了暴露出来的问题，而且提高了质量等级，取得了显著的成效。在完善化的基础上，为了扩大成果，进一步开展产品的升级换代，如110kV、220kV少油断路器通过灭弧室和操动机构的改进，采用高强度玻璃钢筒等新材料以及应用最新设计原理等措施，使新一代的少油断路器开断容量增大，单元断口的电压水平由60kV提高到110kV，不仅缩小了产品体积，节约了材料，而且能成功地对空载长线做到无重燃地分断。中、高压领域的少油断路器进行升级换代，取得了领先地位，如SN_{10}－10形成10~35kV、600~3000A系列，成为广泛推广的产品，并向超高压领域扩展。空气断路器在$KW_{4、5}$-330型的基础上，进一步开发500kV级产品。真空电器和SF_6电器的开发取得新的进展，研制出ZN_1-10真空断路器和110kV SF_6全封闭组合电器。隔离开关通过自行设计开发了220～500kV的GW_6、GW_7系列。在低压电器方面，除继续完善现有的品种规格外，还研制了DWX15系列限流断路器、DZX10系列限流断路器、DW15系列断路器、DS7、DS8、DS10、DS12等系列直流快速断路器和RS0、RS3快速熔断器系列等。

20世纪70年代末80年代初，高压电器方面，经历了调整和转变过程中的低潮之后，生产量逐年上升。大多数厂家开展了全面整顿和产品质量升级，提高了标准水平，向IEC标准靠拢。这一阶段，新产品的开发重点转向SF_6电器，同时兼顾真空电器，通过引进国外先进技术，先后研制了220kV、500kV级SF_6断路器，110kV、220kV SF_6全封闭组合电器，10kV、35kV真空断路器和220kV、500kV级户外隔离开关、高压接地开关等。此外，仍坚持自行设计开发了10kV、35kV中压级SF_6断路器等。低压电器方面，国家科学技术委员会为了促进低压电器的发展，彻底改变落后的面貌，组织了对低压电器关键技术的攻关，主要内容有：灭弧系统的研究、电磁系统的研究、触头材料及其应用的研究等。摸索出了一套对电弧的研究方法，应用电子计算机和有限元法对电磁系统进行计算，提高了计算效率和准确度，缩小了新设计的电磁系统体积，提高了机械寿命，改进了静态特性和动态特性测试仪的设计，提高了测试的准确度和效率。CJ20系列交流接触器、DZ20系列断路器等新产品标志着我国电器制造业进入了独立设计阶段。

20世纪90年代后及21世纪初，随着计算机硬件、软件的迅猛发展，电器CAD、CAM、CAE日益普及，使电器设计与研究跨入了一个新的阶段，我国的电器制造业取得了突飞猛进的发展。新一代低压电器技术创新带有鲜明的时代特征：产品正朝着智能化、网络化、小型化和绿色环保型等方向发展；随着新技术、新工艺、新设备的应用，产品标准化、可靠性不断提高，低压电器制造技术向专业化、现代化方向快速发展。在21世纪初，高压电器朝着特高压、大容量和智能化方向发展，目前特高压1100kV-6300A/63kA断路器通过全部型式试验，产品的工作性能、产品结构的优化设计，进一步推动了产品可靠性的提高。随着2009年我国智能电网建设的正式提出，电器智能化产品的发展更加快了步伐，电器的智能、绿色将成为具有当代特色的优秀产品特征。

第2章　电器导体的热计算

2.1　电器中的热源

电器设备在能量的传递和转化过程中，总会产生能量的损耗，而这些能量损耗就是电器设备发热的来源。

研究电器发热理论的目的在于：当进行电器设计时，正确考虑电器元件的结构不致因温度过高而降低性能或损坏。电器发热的准确计算及研究要充分考虑电器的负载变化规律和工作环境。

电器中的热源主要来自三个方面：电流通过导体产生的电阻损耗；交流电器铁磁体内产生的涡流损耗和磁滞损耗；电器绝缘体内产生的介质损耗。另外，部分电器产品具有运动部分，还将产生摩擦和撞击损耗。

2.1.1　电阻损耗

电流通过导体所产生的能量损耗称为电阻损耗（或称焦耳损耗），电阻损耗是由导体固有电阻引起的。根据焦耳定律，当导体通过电流 I 时，其中的能量损耗为

$$P = \int_0 K_f I^2 R \mathrm{d}t$$

此公式既适用于直流，也适用于交流（此时，I 为交流的有效值）。当导体的横截面积和温度为恒值，即电流值和电阻值均不变时，其量值为

$$P = K_f I^2 R t \tag{2-1}$$

式中，P 为能量损耗；K_f 为附加损耗系数，即考虑交变电流趋肤效应和邻近效应对电阻影响的系数；R 为导体的电阻。

在直流情况下，导体电阻为

$$R = \rho \frac{l}{A} \tag{2-2}$$

式中，A、l 为导体的横截面积、长度；ρ 为导体材料的电阻率。

将式（2-2）代入式（2-1），则有

$$P = K_f J^2 \rho l A = \frac{K_f J^2 \rho m}{\gamma} \tag{2-3}$$

式中，J 为导体的电流密度（$\mathrm{A/m^2}$）；γ 为导体材料的密度；m 为导体的质量，$m = \gamma l A$。

一般情况下，电阻率 ρ 与导体温度有关，所以电阻率 ρ 与温度 θ 之间的关系可写成

$$\rho = \rho_0 (1 + \alpha\theta + \beta\theta^2 + \gamma\theta^3 + \cdots) \tag{2-4}$$

式中，ρ_0 为导体材料在0℃时的电阻率；α、β、$\gamma\cdots$ 均为电阻温度系数。

若在式（2-4）中只计及前两项，对于铜质导线，当 θ 分别为300℃、200℃和100℃时，误差分别为1.8%、0.97%和0.32%；对于铝质导线，误差分别为4.2%、2.4%和0.8%。

因此，工程计算中常采用简化式，当温度 $\theta \leqslant 100℃$ 时，θ 的高次项可以忽略，这时式（2-4）可变成

$$\rho = \rho_0(1 + \alpha\theta) \tag{2-5}$$

$$或\ \rho = \rho_{20}[1 + \alpha(\theta - 20)] \tag{2-6}$$

常用金属材料的 ρ_{20} 及 α 见表 2-1，铜和铝导线在不同温度下的电阻率 ρ 见表 2-2。

表 2-1　常用金属材料的 ρ_{20} 及 α

材　料	电阻率 $\rho_{20} \times 10^{-6}/(\Omega \cdot m)$	电阻温度系数 $\alpha \times 10^{-3}/℃$
铜	0.017 ~ 0.018	4.33
黄铜	0.07 ~ 0.08	1.0 ~ 2.6
银	0.016	3.6
铝	0.029	3.8
硅铝合金	0.039	4
钢	0.103 ~ 0.137	5.7 ~ 6.2
灰铸铁	0.8 ~ 0.85	5.6
康铜	0.49	≈0
镍铬（80% Ni）	1.02 ~ 1.27	0.15
镍铬（60% Ni，Cr15%）	1.02 ~ 1.18	0.17
铁铬铝	1.4	–

表 2-2　铜和铝导线在不同温度下的电阻率 ρ

温度/℃	电阻率 $\rho \times 10^{-6}/(\Omega \cdot m)$	
	铜	铝
0	0.0162	0.0261
10	0.0172	0.0272
20	0.0178	0.0283
30	0.0185	0.0294
35	0.0188	0.0300
40	0.0192	0.0305
50	0.0200	0.0316
60	0.0206	0.0327
70	0.0212	0.0338
75	0.0216	0.0343
80	0.0219	0.0349
90	0.0226	0.0360
100	0.0233	0.0371

当导体中通过交变电流时，因趋肤效应和邻近效应的存在，使同一导体在通过交变电流时的损耗比通过直流电流时的大，即产生了电阻的附加损耗。通过交变电流时和通过直流时产生的损耗之比称为附加损耗系数，用 K_f 表示，它等于趋肤效应系数 K_j 与邻近效应系数 K_l 之积，即

$$K_f = K_j K_l \tag{2-7}$$

趋肤效应，俗称集肤效应或表皮效应，是当交变电流通过导体时，电流集中在导体表面流过的现象。频率越高，趋肤效应越明显。图 2-1 表示交变电流通过圆导体

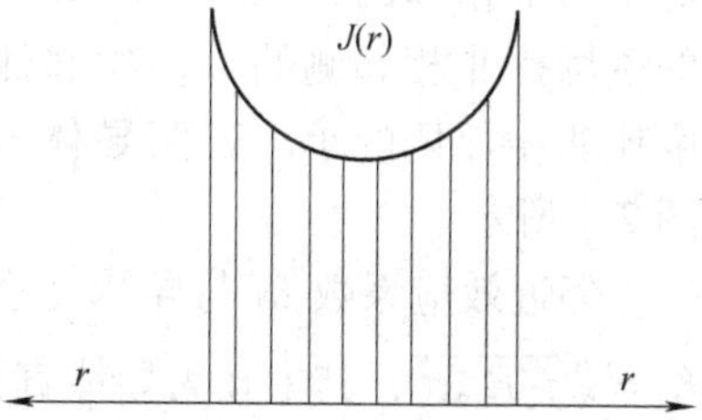

图 2-1　趋肤效应影响下圆导体内部电流密度的分布

产生趋肤效应而使导体内部电流分布不均匀的情形。

趋肤效应的大小可用电磁波在导体内渗入的深度 b 来表示，即

$$b=\sqrt{\frac{\rho}{2\pi f\mu}} \tag{2-8}$$

式中，ρ 为导体的电阻率；μ 为导体材料的磁导率，$\mu_0=4\pi\times10^{-7}\text{H/m}$；$f$ 为电流频率。

对于钢，$\rho=10^{-7}\Omega\cdot\text{m}$，$\mu=1000\times1.25\times10^{-6}\text{H/m}$，当 $f=50\text{Hz}$ 时，$b=0.0005\text{m}$。对于铜，因其磁导率比钢的小得多，故渗入深度 b 要比钢的大上千倍。从式（2-8）还可以看出，电流频率越高，趋肤效应越强；反之，电流频率越低，趋肤效应越弱。

趋肤效应系数 K_j 可用下面的公式计算：

$$K_j=\frac{A}{pb}=\frac{A}{p}\sqrt{\frac{2\pi f\mu}{\rho}} \tag{2-9}$$

式中，A 为导体的截面积；p 为导体的周长。

图 2-2 为圆截面导体的趋肤效应系数 K_j 与参数 $\sqrt{f/R_{100-}}$ 的关系，其中 R_{100-} 为长 100m 导体的直流电阻。

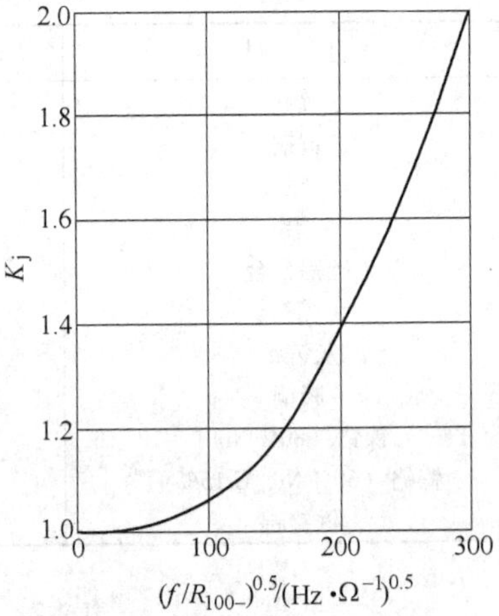

图 2-2　圆截面导体的趋肤效应系数 K_j 与参数 $\sqrt{f/R_{100-}}$ 的关系

矩形截面导体的趋肤效应系数在表 2-3 中给出，其中 $K_j=5\times10^{-2}\sqrt{fab/\rho}$，$a$、$b$ 分别代表导体的宽度和厚度，单位为 m；f 的单位为 Hz；ρ 的单位为 $\Omega\cdot\text{m}$。

表 2-3　矩形导体的趋肤效应系数

a/b	K_j										
	2.5	3.0	3.5	4.0	4.5	5.0	5.5	6.0	6.5	7.0	8.0
1 : 1	1.18	1.31	1.55	1.74	1.93	2.10	2.28	2.46	2.68	2.84	3.22
2 : 1	1.13	1.30	1.49	1.67	1.84	2.03	2.21	2.40	2.58	2.77	3.16
4 : 1	1.12	1.28	1.38	1.49	1.58	1.78	1.94	2.10	2.24	2.39	2.90
6 : 1	–	1.26	1.36	1.46	1.57	1.68	1.79	1.90	2.09	2.20	2.84
8 : 1	–	–	1.34	1.43	1.51	1.60	1.70	1.79	1.90	2.04	2.37
12 : 1	–	–	–	1.40	1.48	1.56	1.63	1.71	1.79	1.90	2.06

邻近效应是两相邻载流导体中电流分布因磁场的相互作用而导致分布不均匀的现象。对于两个相邻的载流导体，如果电流方向相同，则因一个导体在另一个导体相邻侧产生的磁场比非相邻侧的大，相邻侧感应的反电动势也比非相邻侧的大，故相邻侧的电流密度比非相邻侧的小。若两导体电流方向相反，则相邻侧电流密度一定比非相邻侧大，如图 2-3 所示。

邻近效应系数 K_l 与导体尺寸和相隔间距有关。圆截面导体的 K_l 在表 2-4 中给出，系数 $K_x=\sqrt{f/R_{100-}}$，其中 d 为导体直径，l 为两导体中心线距离。

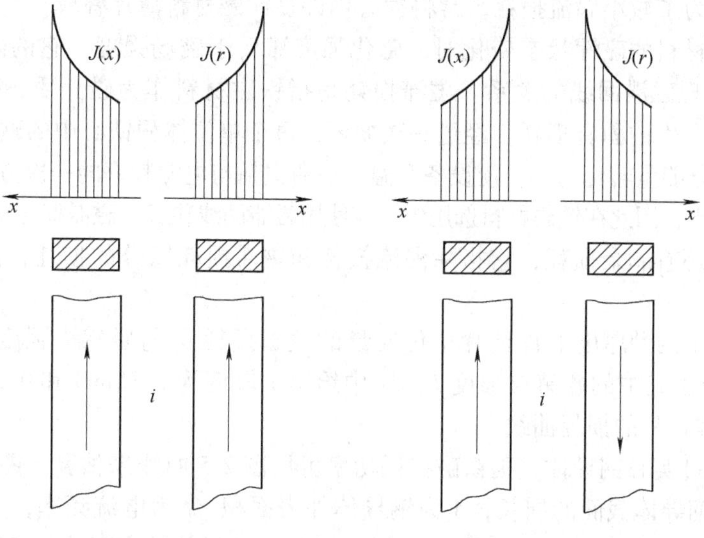

图 2-3　邻近效应影响下导体中的电流密度分布

表 2-4　圆截面导体的邻近效应系数

K_x \ K_l \ l/d	1.03	1.27	1.68	2.0	6.5
100	1.15	1.06	1.03	1.02	1.005
200	1.46	1.38	1.13	1.08	1.01
300	1.76	1.55	1.16	1.09	1.02
400	1.93	–	1.18	1.10	1.03
500	2.10	–	1.20	1.12	1.04
600	2.23	–	1.21	1.13	1.05

导线截面的形状对趋肤效应系数 K_j 值的影响颇大，故在实际应用中也可利用不同形状截面所做的诸模图来查取 K_j 值，趋肤效应系数值恒大于 1。邻近效应系数 K_l 与电流频率、导线间距、截面形状及尺寸、电流的方向及相位等因素有关，其值可查找有关的书籍及手册。邻近效应系数值一般也大于 1，但较薄的矩形母线宽边相对时，邻近效应部分地补偿了趋肤效应的影响，故 K_l 值略小于 1。

2.1.2　铁磁损耗

电器中的铁磁损耗是指载流导体附近的铁磁材料在磁场作用下形成的涡流和磁滞损耗。由于铁的磁导率高，载流导体附近铁磁材料将构成低阻磁路。如果导体通过的电流为交流，整个电磁系统中，导体需考虑趋肤效应和邻近效应产生的电阻损耗；铁磁体需考虑交变磁通在内产生的涡流和磁滞损耗。

根据电磁感应定律，当磁力线与导体相对运动时，在导体中产生感应电动势，从而产生感应电流。感应电流呈旋涡状运动消耗能量而使导体发热，在导体上产生的能量损耗就是涡流损耗。涡流损耗的大小与磁场的变化方式、导体的运动、导体的几何形状、导体的磁导率和电导率等因素有关，它与铁心最大磁感应强度和频率的平方成正比，还与铁片厚度的平方成正比。因此，为了减小涡流损耗，常将铁心用许多铁磁材料薄片叠成。

磁滞指铁磁材料的磁性状态变化时，磁化强度滞后于磁场强度，它的磁通密度 B 与磁场强度 H 之间呈现磁滞回线的关系。磁滞损耗是指铁磁材料作为磁介质，磁化过程中，在一定励磁磁场下产生的固有损耗。经过一次循环，每个单位体积铁心中的磁损耗等于磁滞回线的面积。这部分能量转化为热，使设备升温。磁滞损耗与电源频率的一次方和最大磁感应强度的二次方成正比，因此在铁磁材料选用中，应使用磁滞回线狭窄、磁滞损耗相对小的硅钢片。

除此之外，还有剩余损耗，它指除涡流损耗和磁滞损耗以外的损耗，由于所占比例较小，可忽略不计。

图 2-4 示出了两种厚度的硅钢片单位质量的铁磁损耗 p'_m 与磁感应强度 B 的关系曲线，铁磁损耗 p'_m 决定于其中的磁感应强度 B。图中给出了厚度为 0. 35mm 和 0. 5mm 的两种牌号（D31 和 D43）硅钢片的损耗曲线。

如果电流流过实心钢导体，则铁磁损耗功率可用图 2-5 曲线来估算。图中 I 为流过钢导体的电流，p 为钢导体截面的周长，A 为钢导体外表面积，f 为电流频率，p_m 为钢导体的功率损耗。横坐标为 I 与 p 的比值，比值 I/p 决定了实心钢导体外表面的磁场强度。

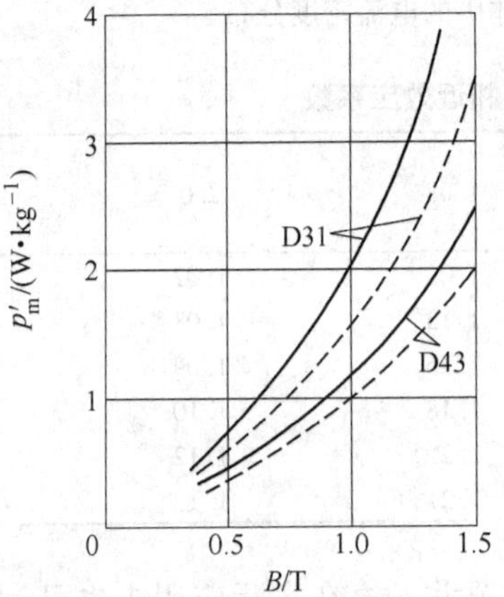

图 2-4 硅钢片单位质量的铁磁损耗与磁感应强度的关系
实线—片厚 0. 5mm 虚线—片厚 0. 35mm

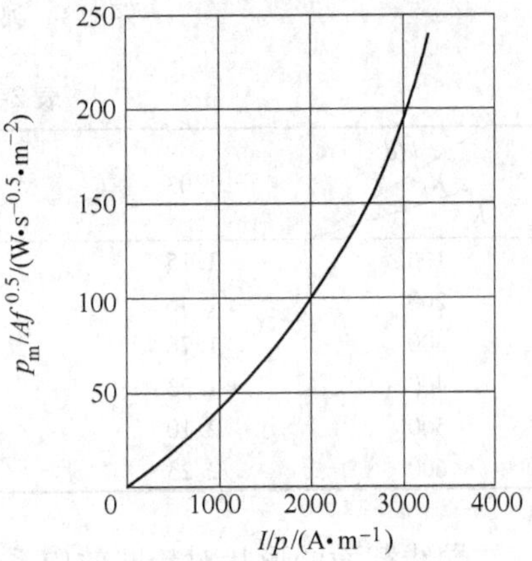

图 2-5 估算实心钢导体损耗的曲线

2.1.3 介质损耗

除了电阻损耗、涡流和磁滞损耗，对于高压交流电器还要考虑介质损耗。绝缘材料中的介质损耗与电场强度及频率有关，电场强度越大、频率越高，则介质损耗也越大。因此，低压电器中介质损耗通常小得可忽略不计，但在高压电器中这种损耗一般应该考虑（例如，电容套管会因介质损耗发热而击穿）。

电介质在交变电场的作用下产生热能，使电介质升温并可能引起热击穿，按其形成机理可分为弛豫损耗、共振损耗和电导损耗。对于弛豫损耗，当交变电场频率等于 $1/T$ 时（T 为组成介质的极生分子和热离子的弛豫时间），介质损耗有极大值。对于共振损耗，当电场频率等于电介质振子固有频率（即共振）时，损失能量最多。电导损耗是由于贯穿电介质的电导电流引起的，属于焦耳损耗，与电场频率无关。

交变电场中的介质损耗为

$$p = 2\pi fCU^2\tan\delta \tag{2-10}$$

式中，f为电场交变频率；C为介质的电容；U为外加电压；δ为介质损耗角。

在交变电场作用下，电介质内流过的电流相量和电压相量之间的夹角（功率因数角Φ）的余角δ称为介质损耗角。介质损耗角正切值$\tan\delta$是绝缘材料的重要特性之一，$\tan\delta$大的材料，介质损耗也大。理论上$\tan\delta$按下式计算：

$$\tan\delta = R_i/X_C = R_i\omega C \tag{2-11}$$

式中，R_i为绝缘电阻；X_C为容抗，$X_C = \dfrac{1}{\omega C}$。

由于$\tan\delta$与绝缘材料的品种、规格、温度、材料、环境状况以及处理工艺等许多因素有关，常用下面的经验公式计算：

$$\tan\delta = 1.8 \times 10^4 b e^{a(\theta-\theta_m)} \tag{2-12}$$

式中，a、b为系数，见表2-5所列数据；θ为介质温度（℃）；θ_m为对应于介质损耗最小的温度，一般为20～50℃。

高频及高压技术所用绝缘材料的$\tan\delta$值一般在10^{-4}～10^{-3}之间，这类数据亦可从有关资料中查得。

表2-5 50Hz下各种绝缘材料的介质损耗

材料	介电常数	θ_m/℃	系数		单位损耗$p\times10^{-2}$/(W·m^{-2})	
			$a\times10^2$	$b\times10^2$	40℃	90℃
层压纸胶木的管和圆柱	5.0	40	3.4	2.8	7	38
浸在油中的纸	4.5	40	2.9	0.7	1.6	6.8
浸在电缆胶中的纸	3.7	40	3.1	0.7	1.3	6.1
浸在油中的电容器纸	3.5	40	2.4	0.1	0.17	0.56
浸在苏凡尔中的电容器纸	5.2	15	1.6	0.14	0.47	1.2
干燥和纯净的变压器油	2.4	20	1.0	0.67	1	1.6
潮湿和不洁的变压器油	2.1	20	5.2	9	80	350
云母薄片	2.4	40	4.6	1.5	1.8	18
浸在油中的电工纸板	5.0	40	2.4	4.3	10.8	35
瓷	5.5	20	1.3	0.9	3.2	6.5

2.2 电器中的散热形式

电器中的基本散热形式有三种，即热传导、热对流和热辐射，当电器本身的温度高于周围介质的温度时，电器产生的热损耗通过以上三种形式向周围介质散热。电器的温度与周围介质的温度相差越大，散热越快，换言之，电器温升越高，散热能力越强。传热过程能在不同的介质中进行，如在固体、液体和气体中，同样也能在具有第四种物质形态的等离子体中进行。在实际工程应用中所遇到的传热现象，常常是几种基本方式共同作用的结果。

2.2.1 热传导

任何物质的基本质点都具有一定的内能，质点与质点之间常有能量相互作用，当导电体通过电流温度升高后，所有与他相接触的其他零部件的温度也会升高，这种依靠物体之间直接接触，或者在物体内部各部分之间发生的传热就是热传导。热传导现象的实质是质点间的直接作用，即把能量从一个质点传递到另一个相邻的质点。

热传导的机理是不同温度的物体或物体不同温度的各部分之间分子动能的相互传递，即动能较大（温度较高）的分子把能量传给邻近动能较小（温度较低）的分子。热传导现象在固体、液体、气体上都可以进行。温差的存在是热传导的充要条件。热传导在绝缘的液体和固体中，质点间的能量传递是通过弹性波进行的；气体中的热传导还伴随着原子和分子的扩散，金属中则有电子的扩散。

分析热传导现象应用著名的傅里叶定律：单位时间内通过物体单位面积的热量与该处的温度梯度成正比，即

$$q = -\lambda \mathrm{grad}\theta \tag{2-13}$$

式中，λ 为材料的热导率[W/(m·K)]；负号表示热量的传递方向与温度梯度相反，即向温度降低的方向传递。

热传导率 λ 是表征物体传热能力的重要参数，不同物质有不同的热传导率，它与材料、温度等许多因素有关。多数材料在一定的温度范围内 λ 与 θ 近似地呈线性关系，即

$$\lambda = \lambda_0(1 + b\theta) \tag{2-14}$$

式中，λ_0 为发热体温度为0℃时的热导率；θ 为发热体的温度；b 为常数。

如图2-6所示，平板面积为 A，厚度为 l，平板左侧温度为 θ_1，右侧温度为 θ_2，并且 $\theta_1 > \theta_2$。根据傅里叶定律，有

$$P = \lambda \frac{\theta_1 - \theta_2}{l} A = \tau \frac{\lambda A}{l} = \tau \frac{1}{R_r} \tag{2-15}$$

式中，P 为热流量（W）；τ 为温差（K）；A 为传热面积（m^2）；l 为厚度（m）；λ 为热导率[W/(m·K)]；R_r 为热阻 $R_r = l/(\lambda A)$(K/W)。

从式（2-15）的热传导公式可知，物体经热传导散出的功率与温差成正比，与热阻成反比。热阻与导热路径的长度成正比，与热导率及导热路径的截面积成反比。热阻是反映介质阻止热量传递能力的重要参量，与电学中的欧姆定律有类似之处，其对应关系参见表2-6。

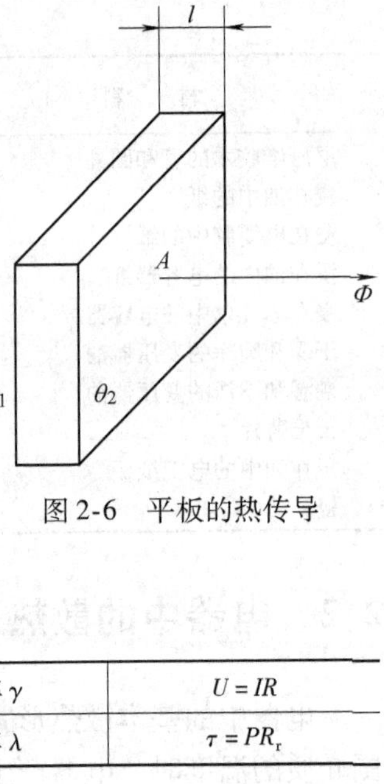

图2-6 平板的热传导

表2-6 电传导与热传导的对应

电传导	电流 I	电阻 R	电导率 γ	$U = IR$
热传导	热流量 P	热阻 R_r	热导率 λ	$\tau = PR_r$

在电学中电阻可以串联或并联，同样，在热学中的热阻也可以串联或并联。图2-7中热流量 P 通过材料不同、厚度不同的三块平板时，总的温差 τ 可以用热阻串联的方法求得。

$$\tau = \tau_1 + \tau_2 + \tau_3 = P(R_{r1} + R_{r2} + R_{r3}) = PR_r \tag{2-16}$$

式中，$R_r = R_{r1} + R_{r2} + R_{r3} = \dfrac{l_1}{\lambda_1 A_1} + \dfrac{l_2}{\lambda_2 A_2} + \dfrac{l_3}{\lambda_3 A_3}$；$\lambda_1$、$\lambda_2$、$\lambda_3$ 为平板1、2、3的热导率；A_1、A_2、A_3 为平板1、2、3的截面积。

λ 越大，表示物体的热传导能力越强，一般说来，金属的 λ 值最大，非金属次之，液体又次之，而气体最小。气体的热导率与各种因素间的关系非常复杂。在100～150℃范围内，

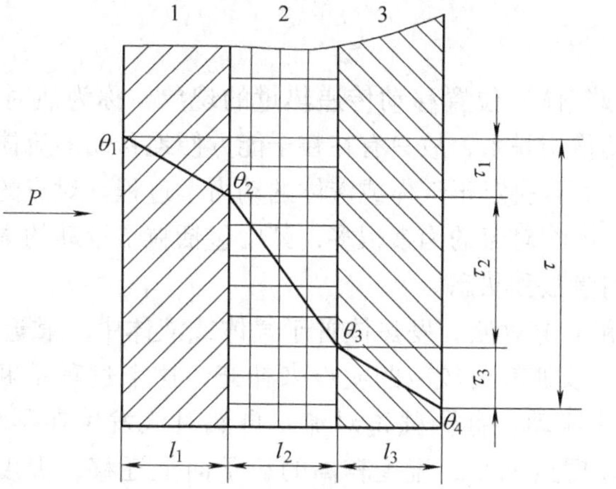

图 2-7　热阻的串联

空气的 $\lambda=(0.244\sim0.75)\times10^{-4}\,\mathrm{W/(m\cdot K)}$，$SF_6$ 的 $\lambda=1.36\times10^{-2}\,\mathrm{W/(m\cdot K)}$。一些金属和液体的热导率与温度的关系如图 2-8 所示，不同物质在常温下的热导率见表 2-7。

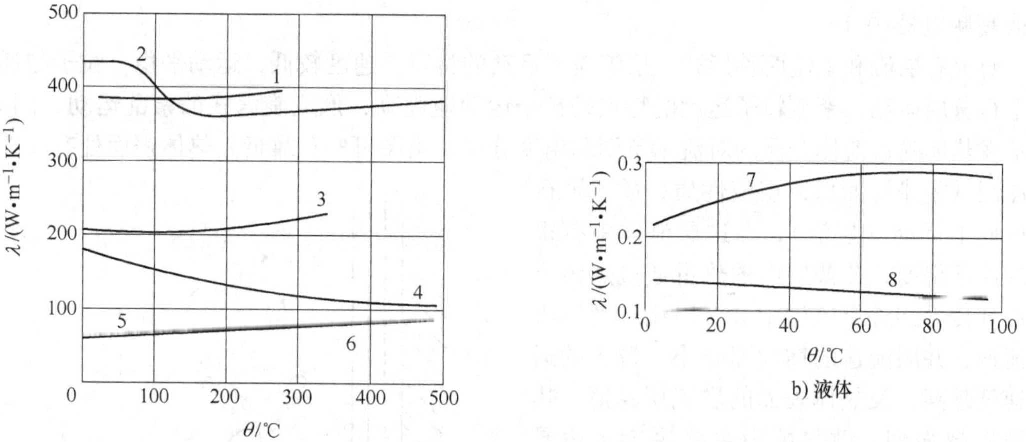

a) 金属　　b) 液体

图 2-8　金属和液体的热导率与温度的关系

1—铜　2—银　3—铝　4—钨　5—铂　6—钢　7—水　8—变压器油

表 2-7　物质的热导率 λ

材料名称	λ/[W/(m·K)]	材料名称	λ/[W/(m·K)]
胶纸板	0.14	石棉板	0.74
电工纸板	0.18	铜	392
变压器油	0.13	银	420
浸油电工纸板	0.26	铝	204
棉织物（未浸）	0.07	铝硅铝合金	160
棉织物（浸漆）	0.11	钨	160
棉织物（浸油）	0.09	黄铜	102
瓷	1.05	铸铁	50
玻璃钢	0.40	钢	46

2.2.2　热对流

通过流体（液体或气体）位置移动传递热量的现象，称为热对流。由于对流转移热量的过程与介质本身的转移相联系，故只有在粒子能方便地移动的流体中才存在对流现象。它不仅决定于热的过程，而且决定于气体或液体的动力学过程。对流的实质是粒子的彼此相对移动而产生热能转移。影响对流的因素很多，其中包括粒子运动的本质和状态、介质的物理性质以及发热体的几何参数和状态。

对流分自然对流和强迫对流。发热体置于气体或液体中，靠近发热体的流体质点因温度升高而向上方升起，该处就由较冷的质点来补充，这个过程不断进行，称为自然对流；如果依靠外力强迫流体流动，称为强迫对流。自然对流发生在不均匀加热的流体中，在高温区，粒子密度比低温区的小，温度较高的粒子向上迁移，温度较低的粒子向下迁移，这种因粒子密度的不均匀性产生的自然上升力和下降力，导致了流体中的自然对流和热交换。在中小容量电器中，一般都采用自然对流散热。例如，载流体表面的散热大多以自然对流，即由热粒子与冷粒子的密度差引起的流体运动完成的。强迫对流是在外界因素强迫作用下形成的，例如，用气流或液流进行强吹和强冷，这常出现在某些大电流电器或高频电器中。

对流有层流和紊流两种形式。层流粒子运动的特点是速度较低，运动平稳，粒子与通道壁平行分层运动；紊流粒子运动的特点是粒子运动速度高，形成旋涡式的紊乱运动。图2-9表示发热体附近流体介质的对流示意图和温度分布。由图可知，靠近发热体表面处有一薄层流体因其黏滞性而保留层流性质，质点平行分层向上运动（层流），在这层流体中有很高的温度梯度，此薄层内的热量通过热传导的形式传导到外层流体中去。层流厚度取决于流速，并因流速的增大而减小，粒子的运动速度越高，发热体表面的层流层越薄，热量散发越强烈。散热能力主要决定于边界层，因为此处温度变化最大（见图2-9）。热量传递过程随流体性质而异，直接影响此过程的因素有热导率、比热容、密度和黏滞系数等。

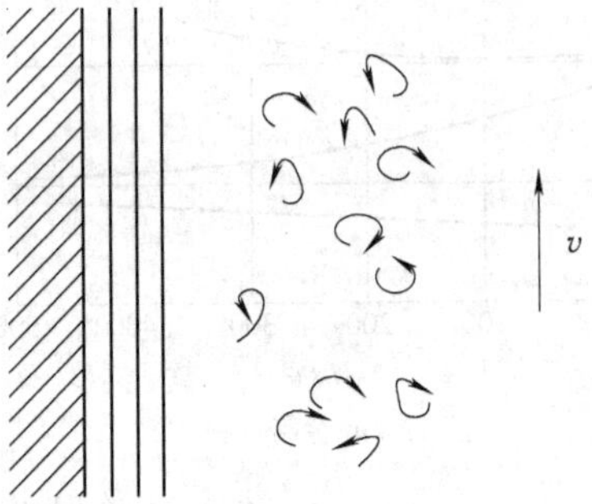

a) 对流示意图

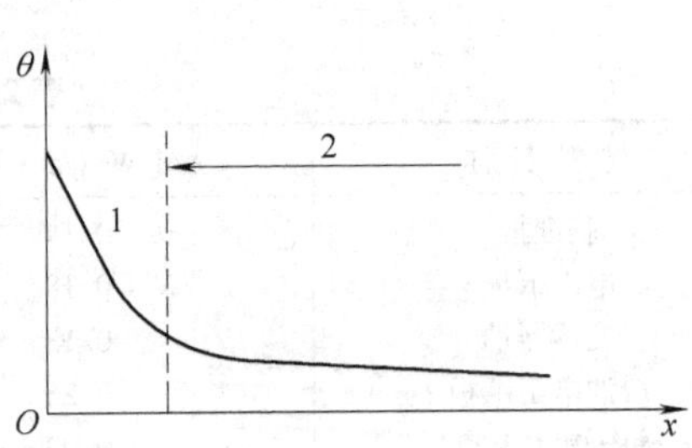

b) 温度分布

图2-9　发热体附近流体介质的对流示意图和温度分布

1—层流区　2—紊流区

单位体积流体介质由对流而散出的功率可用矢量关系式表示为

$$\dot{P}_{dl} = \mathrm{div}(c\gamma\theta v) \tag{2-17}$$

式中，c、γ、v 分别为流体的比热容、密度和速度。

对于实际的电器发热体，准确的计算分析可根据气体动力学理论，采用数值计算的方法求出。根据实验，对流时发热体与流体介质的温差 τ 与热流量 P 的经验公

式为

$$P=\tau^{n+1}\alpha A \tag{2-18}$$

式中，P 为热流量（W）；A 为散热面积（m^2）；α 为表面传热系数[$W/(m^2\cdot K)$]；n 为与对流散热情况有关的非线性系数，见表2-8。

表2-8　与对流散热情况有关的非线性系数

项　号	对流情况		表面传热系数 α/[$W/(m^2\cdot K)$]	非线性系数 n
1	空气中，水平向上平面		3.25	0.25
2	空气中，垂直平面的平面高度	0.05m	5.4	0.25
		0.10m	3.65	
		0.15m	3.1	
		0.20m	2.7	
		0.3～1m	2.0	
3	变压器油中，垂直平面		38～48	0.25
4	空气中，垂直圆柱		1.8	0.33
5	空气中，水圆柱，直径为 D（m）		$3.5\left(\frac{1}{D}\right)^{0.25}$	0.25

2.2.3　热辐射

以电磁波传播能量的现象称为热辐射。热传导和热对流都必须在发热体与其他物体（或流体）相互接触的情况下进行，而辐射传热则不需要直接接触。首先，物体一部分热能转变为电磁波的能量（辐射能），然后透过可传递电磁波的介质，如空气、真空等，当电磁波遇到其他物体时，一部分电磁波的能量被其他物体吸收转变为热能，剩下的一部分能量则被反射回来。

热辐射可根据斯忒藩-玻耳兹曼定律（亦称四次方定律）计算，物体单位面积的热辐射功率为

$$P_{fs}=\sigma\varepsilon_f(T_2^4-T_1^4) \tag{2-19}$$

式中，σ 为斯忒藩-玻耳兹曼常数，$\sigma=5.67\times10^{-8}W/(m^2\cdot K^4)$；$T_2$ 为发热体表面的热力学温度（亦称绝对温度）（K）；T_1 为受热体的热力学温度（K）；ε_f 为发射率（或辐射系数）[$W/(K^4\cdot m^2)$]。

国家标准规定，电器零部件的极限允许温度只有 10^2℃数量级，因而它们的热辐射功率较小，所以其散热过程主要是热传导和热对流。但对于电弧而言，它的温度很高，在 10^4℃数量级，因而电弧的辐射功率不能忽略。

式（2-19）适用于发热体辐射表面积比吸收体表面积小得多的情况。发射率 ε_f 与发热体表面状况及颜色有关，对于绝对黑体，它的辐射及吸收能量很强，$\varepsilon_f=1$；而对于一般物体，ε_f 在0～1之间，见表2-9所列的数据。

表 2-9 发射率 ε_f 的实验数据

表面材料	$\varepsilon_f/[W/(K^4 \cdot m^2)]$	表面材料	$\varepsilon_f/[W/(K^4 \cdot m^2)]$
绝对黑体	1	生锈的铁皮	0.685
粗糙而氧化了的铸铁	0.985	冰	0.65
普通煤烟	0.97	抛光的黄铜	0.6
绿色颜料	0.95	氧化铜	0.5～0.6
灰色颜料	0.95	磨光的大理石	0.55
石棉纸	0.95	纯水银	0.52
黑色磁漆	0.95	抛光的铁	0.267
黑色而光滑的硬橡皮	0.945	抛光的铸件	0.25
白色无光泽的纸	0.944	无光泽的锌	0.20
光滑的玻璃	0.937	抛光的纯铜	0.15
涂釉的瓷件	0.924	镀镍抛光的铁皮	0.058
黑色有光泽的颜料	0.9	抛光的锌	0.05
无光泽的铁	0.88	抛光的铝	0.08
青铜色颜料	0.80	抛光的银	0.02
云母	0.75		

以上介绍了电器中的三种基本散热形式，即热传导、热对流和热辐射，实际工程中电器的散热情况可归纳为表 2-10。

表 2-10 实际工程中电器的散热情况

种类		散热方式	附注
固体零件		热传导	
真空		热辐射	
薄流体层	体层	热传导、热辐射	由于热导率 λ 均甚小，所以薄流体层的热阻很大。当气体或油层的厚度增大时，对流作用也加大，热阻相对减少。因此从加强散热出发，在电器结构中应避免出现薄流体层
	油层	热传导	
能自由对流的流体内部		热对流	由于对流作用，使流体内部温差较小，流体上层温度稍高于下层温度
固体表面与流体间	流体介质为气体时	热对流、热辐射	
	流体介质为油时	热对流	

2.3 电器的允许温升及电器热稳定性

2.3.1 电器的允许温升及相关标准

电器设备在正常运行时，长期通过工作电流，部分能量转变为热能，使电器材料温度升高但不会超出规定范围。许多电器设备的故障都是由异常温升而造成的，如温度超过一定范围就会使电器材料的机械强度、物理性能下降，因此国家标准中规定了不同电器材料允许长期工作的最高温度或温升。温升参数是电器产品质量的一项重要指标，其数值的大小直接影响产品的质量和生产成本，因此，对电器进行温升试验也显得尤为重要。

尽管决定电器各类零部件工作性能的是它们的温度，但由于电器运行场所的环境温度因时因地而异，所以考核电器的质量时是以温升（零部件温度与周围介质温度之差）作为指标的。

1. 电器的允许温升

电气设备在工作中都会发热，比如断路器，在运行中它的结构内部有各种损耗，使电源的一部分能量变成热量散发出来，使零部件的温度升高。一般一台高压断路器的损耗功率大约在几百瓦以内，从经济运行的角度来说，不会成为重要问题，所以研究断路器的发热和损耗，主要目的不是研究能量效率问题，而在于由于零部件的温度升高可能使材料的物理、化学性能起变化，力学性能和电气性能下降，最后导致断路器的工作故障，甚至造成严重事故。

上一节讲的各种因素都可以使电器设备发热，这些热量一部分通过热传导、热对流和热辐射等方式向外界传递，散发到周围介质中去，另一部分则被电器设备本身吸收。电器设备吸收热量后，温度升高，这时把电器本身的温度与周围环境温度之差称为电器的温升。电器中使用的金属材料和绝缘材料在温度超过一定范围以后，其机械强度和绝缘强度会明显下降，当电器工作温度过高时，其使用寿命便会降低，甚至损坏。为了保证电器在规定年限内能可靠地运行，必须限制各种材料的发热温度，使其不超过一定数值，这个温度就是最大允许发热温度，简称最大允许温度，或极限允许温度，其值因电器各部件所用材料及电器的工作制不同而各异。我们把电器各部分的极限允许温度值与周围环境温度值之差，称为极限允许温升，周围环境温度的高低直接影响到电器的散热情况。为了保证电器工作的可靠性及一定的使用寿命，各国家的技术标准对不同工作制下电器各零部件的极限允许温升都有明确的规定。例如，我国标准规定周围空气的温度范围为 ±40℃。

对于所有的设备，除“极限温暖干燥气候”外，IEC 标准考虑其正常周围温度条件如下：

（1）周围温度不超过 40℃，有些国家标准规定年平均温度不超过 20℃。

（2）在产品中还考虑到最低值，但它与允许温升无关。

（3）上述温度极限适用于海拔不超过 2000m（不同海拔所对应的最高环境温度见表 2-11）。

（4）注意太阳的辐射。对于户外装置，必须考虑到太阳辐射的效应。

表 2-11　不同海拔的最高环境温度

海拔/m	最高环境温度/℃
0 ~ 2000	40
2000 ~ 3000	30
3000 ~ 4000	25

对于不同的材料，不同的工作部位允许的工作温度是不同的，有的材料使用场合改变时，允许温度也不一样，这是因为工作温度对材料的性能、电器设备的工作有一定影响。制订电器各零部件极限允许温升的依据是：保证电器的绝缘能力不致因温度过高而损坏，或使工作寿命过分降低，以及导体和结构部分不致因温度过高而降低其力学性能，还要保证电接触的性能可靠。

由于耐热能力高的新绝缘材料不断出现，电器的极限允许温升有所提高，但电接触的氧化问题又成为关键。我国将电气绝缘材料按耐热能力分为七级，长期工作情况下，各等级绝缘材料的极限允许温度建议设定为 90℃（Y）、105℃（A）、120℃（E）、130℃（B）、

155℃（F）和180℃（H），见表2-12。电器各部分的温度是用一定的测量方法得到的，标准中所规定的允许温度与测量方法有关，各类电器零部件极限允许温升及测量方法的具体规定可参考有关电器技术标准。

表2-12 电气绝缘材料的耐热等级

耐热等级	极限温度 θ/℃	相当于该耐热等级的绝缘材料简述
Y	90	未浸渍过的棉纱、丝及纸等材料或组合物所组成的绝缘结构
A	105	浸渍过的或浸在液体电介质中的棉纱、丝及纸等材料或其组合物所组成的绝缘结构
E	120	合成的有机薄膜、合成的有机磁漆等材料或其组合物所组成的绝缘结构
B	130	以合适的树脂黏合或浸渍、涂覆后的云母、玻璃纤维、石棉等，以及其他无机材料、合适有机材料或其组合物所组成的绝缘结构
F	155	以耐热高于B级25℃的树脂黏合或浸渍、涂覆后的云母、玻璃纤维、石棉等，以及其他无机材料、合适有机材料或其组合物所组成的绝缘结构
H	180	用硅有机树脂黏合的云母、玻璃纤维、石棉等材料
C	>180	以合适的树脂（如热稳定性特别优良的硅有机树脂）黏合或浸渍、涂覆后的云母、玻璃纤维、石棉等，以及未经浸渍处理的云母、陶瓷、石英等其他无机材料所组成的绝缘结构（C级绝缘材料的极限温度应根据不同的物理、机械、化学和电气性能确定）

发热是造成许多电器设备故障的主要根源，近年来研究电器各部分的发热计算，目的在于研究各种工作状态下的发热，保证电器这些部分最高温度不超过规定的极限允许温度，以保证电器工作的可靠性，达到提高经济效益的目的。发热计算在电器设计中对于缩小体积、减轻重量、节约原材料、延长使用寿命等方面有重要意义。

如果电器发热超过极限允许温度，则会产生如下危害：

1）影响物理性能和力学性能。当金属材料的温度高达一定数值以后，其机械强度 σ 就会显著降低，如图2-10所示。材料的机械强度开始明显降低时的温度称为材料的软化点，它不仅与材料种类有关，而且是加热时间的函数。加热的时间越短，材料达到软化点的温度越高。例如，裸铜导体在长期发热时的软化温度为100～200℃，如在短期发热情况下，其软化温度将增高到300℃左右。

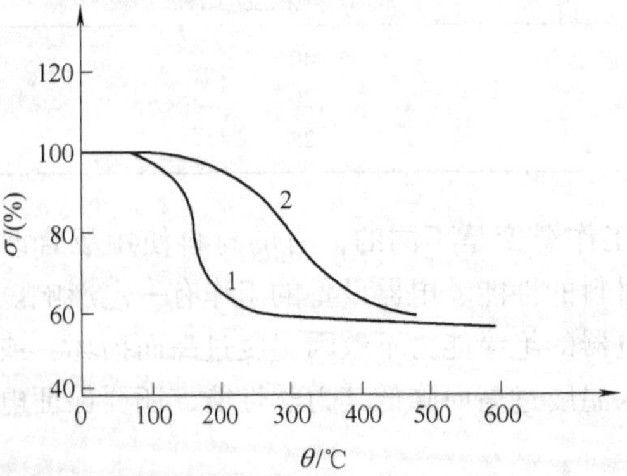

a) 铜

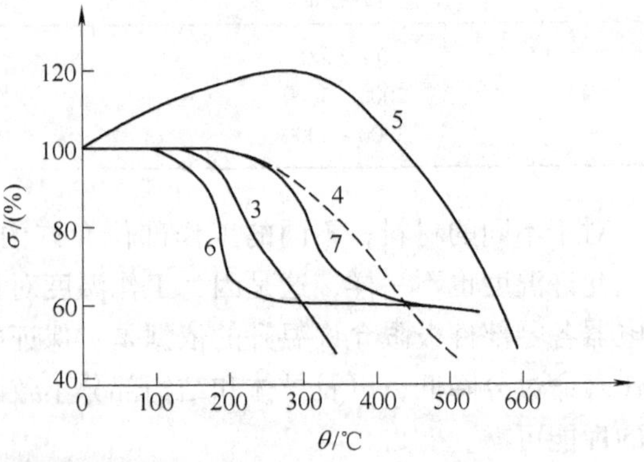

b) 不同的金属导体

图2-10 金属材料机械强度与温度的关系

1—连续发热 2—短时发热 3—硬拉铝 4—青铜 5—钢 6—电解铜 7—铜

2）引起接触电阻剧烈增加，使得接触稳定性变差。导体温升过高，引起接触电阻剧增，例如，铜触头温度在70～80℃或更高，接触表面会强烈氧化，氧化膜电阻很大，当通过电流时损耗增大，发热加剧，形成恶性循环。铜母线的接触电阻 R_j 随时间的变化情况如图2-11所示。

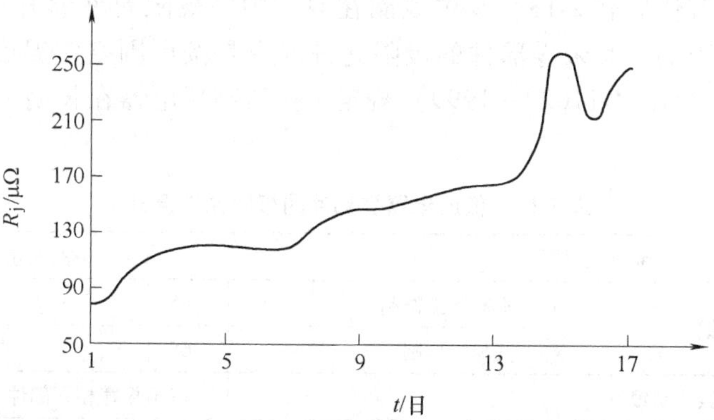

图2-11　铜母线的接触电阻 R_j 随时间的变化

3）绝缘材料发热超过一定极限温度后，其介电强度降低，击穿电压下降，材料逐渐变脆并老化，材料的绝缘性能随之下降，因温度上升导致老化是不可逆转的。温度越高，老化越快，寿命越短。绝缘材料在长期工作制下的极限允许温度不得超过其规定的极限温度，以A级绝缘材料为例，在一定温度范围内，每增加8～10K，材料的使用寿命就缩短一半。因此，有机绝缘材料的极限允许温度主要由这一因素决定；无机绝缘材料，例如电瓷，当温度超过80℃后，其耐压值将迅速下降。图2-12所示为瓷的击穿电压与温度的关系。

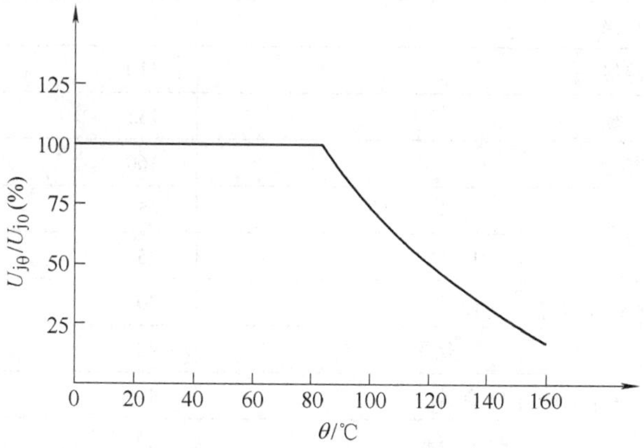

图2-12　瓷的击穿电压与温度的关系

U_{j0}、$U_{j\theta}$—温度为0℃、θ℃时的击穿电压

4）易导致火灾事故。① 短路火灾：由于电器设备发热，造成绝缘击穿、短路等严重事故，由于短路电流比正常工作电流大几十倍以上，产生短路热效应，引起燃烧；② 温升过高引起的火灾：电器设备由于发热作用产生的热量，如果不能及时散发到周围介质中去，则会使设备产生局部高温，引燃周围易燃物从而造成火灾；③ 电弧火灾：由于能量集中，温

度高，造成附近介质的极其剧烈的物理和化学变化。

2. 关于电器允许温升的标准

极限允许温升分为两大类：一类是电器在长期运行时的极限允许温升及间断长期或反复短时工作制时的极限允许温升。国家标准（GB 1497—1985）中规定了低压电器零部件的极限允许温升，其值见表2-13，其中线圈在空气中的极限允许温升是按年平均温度为20℃使用条件下推荐的，其余零部件的极限允许温升是按周围空气温度上限不超过40℃制订的。国家标准（GB/T 11022—1999）规定了交流高压电器在长期工作时的发热标准，见表2-14。

表2-13　低压电器零部件的极限允许温升

部件及材料			极限允许温升/K
触头	铜	不间断工作制	45
		其他工作制	65
	银或镶银片		以不损害相邻部件为限
	其他金属或陶冶合金		由所有金属性质决定
接线端子	裸铜		60
	裸黄铜		65
	铜（或黄铜）、镀锡		65
	铜（或黄铜）、镀银或镀镍		70
	铝、镀锡		55
	铝、镀银		60
线圈	无绝缘裸导线		以不损害相邻部件为限
	A级绝缘		85
	E级绝缘		100
	B级绝缘		110
	F级绝缘		135
	H级绝缘		160
易近部件	操作手柄	金属	15
		非金属	25
	可触及但不握持部件	金属	30
		非金属	40
	正常操作时不触及部件	金属	40
		非金属	50
其他	油中所有部件		65
	油的上部		60
	与绝缘材料接触的金属部件		以不引起绝缘材料损害为限
	起弹簧作用的部件		以不伤害弹性为限
	电阻元件		由所用材料决定

表 2-14　高压开关设备和控制设备各种部件、材料和绝缘介质的温度和温升值

部件、材料和绝缘介质的类别（见说明 1、2 和 3）（见注）	最大值	
	温度℃	周围空气温度不超过 40℃时的温升 K
1 触头（见说明 4）		
裸铜、活裸铜合金		
——在空气中		
——在 SF6 中（六氟化硫）（见注 5）	75	35
——在油中	105	65
镀银、活镀镍（见说明 6）		
——在空气中	80	40
——在 SF6 中（六氟化硫）（见注 5）		
——在油中		
镀锡		
——在空气中	105	65
——在 SF6 中（六氟化硫）（见注 5）		
——在油中	90	50
2 用螺栓或其他等效的连接（见说明 4）		
裸铜、裸铜合金或裸铝合金		
——在空气中	90	50
——在 SF6 中（六氟化硫）（见注 5）	115	75
——在油中	100	60
镀银或镀镍		
——在空气中	115	75
——在 SF6 中（六氟化硫）（见注 5）	115	75
——在油中	100	60
镀锡		
——在空气中	105	65
——在 SF6 中（六氟化硫）（见注 5）	105	65
——在油中	100	60
3 其他裸金属或其他镀层的触头或连接	（见说明 7）	（见说明 7）
4 用螺钉或螺栓外与外部导体连接的端子（见说明 8）		
——裸的	90	50
——镀银，镀镍或镀锡	105	65
——其他镀层	（见说明 7）	（见说明 7）
5 油开关装置用油（见说明 9 和 10）	90	50
6 用作弹簧的金属零件	（见说明 11）	（见说明 11）
7 绝缘制料以及与列等级的绝缘材料接触的金属部件(见说明 12)		
——Y	90	50
——A	105	65
——E	120	80
——B	130	90
F	155	115
——瓷漆，油基	100	60
——合成	120	80
——H	180	140
——C 其他绝缘材料	（见说明 13）	（见说明 13）

（续）

部件、材料和绝缘介质的类别（见说明1、2和3）（见注）	最大值	
	温度℃	周围空气温度不超过40℃时的温升 K
8 除触头外，与油接触的任何金属或绝缘件	100	60
9 可触及的部件 ——在正常操作中可触及 ——在正常操作中不可触及	 70 80	 30 40

说明1：按其功能，同一部件可以属于表2-14列出的几种类别。在这种情况下，允许的最高温度和温升值是相关类别中的最低值。

说明2：对真空开关装置，温度和温升的极限值不适用于处在真空中的部件。其余部件不应该超过表2-14给出的温度和温升值。

说明3：应注意保证周围的绝缘材料不遭到损坏。

说明4：当接合的零件具有不同的镀层或一个零件是裸露的材料制成的，允许的温度和温升应该是：

1）对触头，表2-14项1中有最低允许值的表面材料的值；

2）对连接，表2-14项2中有最高允许值的表面材料的值。

说明5：六氟化硫是指纯六氟化硫或六氟化硫与其他无氧气体的混合物。

注：1）由于不存在氧气六氟化硫开关设备中各种触头和连接的温度极限加以协调看来是合适的。在六氟化硫环境下裸铜和裸铜合金件的允许温度极限可以等于镀银或镀镍零件的值。在特殊情况下由于镀锡零件的摩擦腐蚀效应，即使在六氟化硫无氧的条件下，提高其允许温度也是不合适的。因此镀锡零件仍取原来的值。

2）裸铜和镀银触头在六氟化硫中的温升正在考虑中。

说明6：按照有关的技术条件：

1）在闭合和开断试验（如果有的话）后；

2）在短时耐受电流试验后；

3）在机械耐受试验后。

有镀层的触头接触区应该有连续的镀层，不然触头应该被看成是“裸露”的。

说明7：当使用表2-14没有给出的材料时，应该研究它们的性能，以便确定最高的允许温升。

说明8：即使和端子连接的是裸导体，这些温度和温升值仍是有效的。

说明9：注油的上层。

说明10：当采用低闪点的油时，应当特别注意油的气化和氧化。

说明11：温度不应该达到使材料弹性受损的数值。

说明12：绝缘材料的分级在GB/T 11021中给出。

说明13：以不损害周围的零部件为限。

另一类是电器各部分在短时通过短路电流时，其载流导体的短时发热极限允许温升，其允许温升较长期工作时大大提高。国家标准（GB 1984-80）《高压交流断路器》中规定高压断路器短时通过短路电流时，极限允许发热温度可以比长期工作的极限允许温度高，具体规定如下：

（1）与Y、A、E、B级有机绝缘或油接触的金属（铝质除外），载流部分的极限允许温度为250℃。

（2）不与Y、A、E、B级有机绝缘材料或油接触的铜及铜合金的载流部分的极限允许温度为300℃。

（3）铝质载流部分为200℃。

（4）钢质载流部分为400℃。

（5）电器主触头的温度为200℃。

在短路电流通过时，对于固定接触连接部分的允许温度不应超过其他部分载流导体的温度，甚至希望更低些。对于可动接触连接，根据用途不同，提出不同的要求，可参阅有关标准规定。

2.3.2　电器的热稳定性

当系统发生短路时，短路电流远大于额定电流，在故障未消除前，许多电器都必须经受短路电流的考验，即在短路大电流的作用下流过电流的导体及导体连接面、触头接触面不会出现过热而使导体变软、变形、触头熔焊等损坏电器的现象。在一定的时间内，电器承受短路电流的热作用而不致损坏的能力称为电器的热稳定性，在此情况下，电器的极限允许温升可以高一些。

目前在电器的热稳定试验时，考虑到试验室大电流电源容量的问题，常常利用 I^2-t 相等的原则，采取降低电流、延长时间的办法进行热稳定试验。采用 I^2-t 作为热稳定指标的理论依据是热平衡方程，即

$$K_f I_k^2 \rho_0 (1+\alpha\theta)\frac{l}{A}\mathrm{d}t = c\gamma A l \mathrm{d}\theta \tag{2-20}$$

而实际上试验是以热稳定电流来衡量电器的热稳定性。所谓热稳定电流是指在规定的使用条件和性能条件下，开关电器在接通状态下于规定的短暂时间内，在闭合位置上所能承载的电流。例如，在 2s 内，电器通过恒定的短路电流 I_k，其温度不超过短路状态下发热的极限允许温度，I_k 即称为 2s 热稳定电流，一般采用 2s、4s 与 10s 热稳定电流，写为 I_2、I_4 及 I_{10}。通常用热稳定电流的平方值与其短路持续时间的乘积表示电器的热稳定性，即电器的热稳定性用 $I_k^2 t_k$ 来表示。

根据热效应相等的原则，可以将不同时间的热稳定电流加以换算，例如：

$$I_4^2 \times 4 = I_{10}^2 \times 10$$

对短路时导体的热计算主要是校核其热稳定性，具体短路电流下的热计算将在后面进行介绍。

2.4　电器表面稳定温升计算及分布

2.4.1　电器表面稳定温升计算——牛顿公式

在 2.2 中分别讨论了物体的热传导、热对流和热辐射三种散热形式，它们的热传递物理过程是不同的。在实际热计算中，为了简便起见，常把三种散热形式合并在一起考虑，用一个综合散热系数来表示，这就是工程上常用的电器表面稳定温升计算——牛顿公式，即

$$P_s = K_T A \tau \tag{2-21}$$

式中，P_s 为总散热功率；A 为有效散热面积（m^2）；τ 为发热体的温升（K），$\tau=\theta-\theta_0$，其中 θ 和 θ_0 分别为发热体和周围介质的温度；K_T 为综合散热系数，物理意义是温升为 1K 的物体每秒钟经由每平方米表面积所散失的热量。

物体的散热是一个极其复杂的过程，影响散热的因素很多。综合散热系数 K_T 包含了所有的散热形式，因而各种具体条件对 K_T 数值的影响极大，而 K_T 的实验数据往往又是在特定条件下得到的，这就要求在选用时必须慎重对待。在一定温度范围内 K_T 取为常数。对电器

设备来说，K_T 的一些实验数据见表 2-15。同时，对于有效散热面积的计算，也必须根据不同的具体对象，对散热情况进行分析后确定。

根据相似理论求得的导体综合散热系数数值计算公式如下：

$$K_T = 1.33\left(\frac{\theta-\theta_0}{l_0}\right)^{0.25} + 2.04\times10^{-7}\theta_0^3\varepsilon_f\left[\frac{2.08(\theta+273)}{\theta_0+273}-1\right] \tag{2-22}$$

式中，θ、θ_0 为发热体表面、流体介质的温度（K）；ε_f 为发射率，无量纲量；l_0 为导体长度（m）；K_T 的单位为[W/(m^2·K)]。

通常 l_0 取在散热最强烈的方向，对于水平安放的导电排可取导电排的高度，而对同样安放的圆导体可取导体的直径。

表 2-15　散热系数 K_T 的一些实验数据

序号	表面及其特性	K_T/[W/(m^2·K)]	附　注
1	空气中水平圆铜棒，直径 1～6cm	9～13	较大的数值是针对较小的直径
2	空气中纯铜扁平母线，以狭边直立	6～9	
3	空气中涂以绝缘漆的生铁或钢表面	10～14	
4	浸于油箱中的瓷质圆柱体	50～150	
5	空气中用纸绝缘的线圈	10～12.5	
6	油中用纸绝缘的线圈	25～36	
7	空气中硅钢片铁心	10～12.5	
8	油中硅钢片铁心	70～90	
9	康铜或铜镍合金（丝状或带状）所制的螺旋，垂直放置	20	K_T相当于导线的总表面
10	空气中垂直管状烧釉电阻	21	指管状物外表面的 K_T
11	有槽瓷柱体上具有镍或康铜丝所缠的线圈	23	指不考虑槽时的圆柱体外表面的 K_T
12	由康铜或镍铬合金丝或带所缠线圈制成的成形电阻元件	10～14	指丝状导线的全部表面的 K_T
13	螺旋状生铁电阻	10～13	指螺旋全部表面的 K_T
14	油变阻器的平板形油箱	15～18	指外箱侧表面的 K_T
15	大尺寸的瓷罩外表面（空气中）	3.7～5.6	计算全部表面，温差 10～40K
16	大尺寸的瓷罩的内表面（油中）	46～92	温差 4～10K

对于电器中的母线，综合散热系数公式为

对于矩形截面母线：$$K_T = 9.2[1+0.009(\theta-\theta_0)] \tag{2-23}$$

对于圆截面导线：$$K_T = 10K_1[1+K_2\times10^{-2}(\theta-\theta_0)] \tag{2-24}$$

式中，θ、θ_0 为发热体和周围介质的温度；K_1、K_2 为系数，其值见表 2-16。

表 2-16　K_1 和 K_2 的数值

圆导线直径/mm	10	40	80	200
K_1	1.24	1.11	1.08	1.02
K_2	1.14	0.88	0.75	0.68

对于电器的线圈，综合表面散热系数 K_T 的经验公式为

当散热面积 $A=(1\sim100)\times10^{-4}\text{m}^2$ 时，有

$$K_T=46[1+0.005(\theta-\theta_0)]/\sqrt[3]{A\times10^4} \tag{2-25}$$

当 $A=0.01\sim0.05\text{m}^2$ 时，有

$$K_T=23[1+0.05(\theta-\theta_0)]/\sqrt[3]{A\times10^4} \tag{2-26}$$

式中，θ、θ_0 的单位为℃；A 的单位为 m^2。

牛顿公式通常适用于在气体和液体介质中的发热体温升计算，例如线圈和载流导体的稳态温升计算。对于电器中的线圈，若通过引线传导而散出的热量忽略不计，线圈中由于通过电流而产生的电阻损耗全部通过绕阻表面散出，则很容易用牛顿公式计算线圈表面的稳态温升，在热稳定状态下，线圈的发热应等于其散热，即

$$I^2R=K_TA\tau$$

故温升为

$$\tau=\frac{I^2R}{K_TA} \tag{2-27}$$

式中，K_T 为综合散热系数[W/(m^2·K)]；A 为有效散热面积（m^2）；I 为线圈中流过的电流（A）；R 为线圈电阻（Ω）。

显然，用牛顿公式计算而得到的是线圈表面的平均温升。

对于无限长载流导体，这时温度沿导体轴向是均匀分布的，因此只需取单位长度计算即可。单位长度导体的发热功率为

$$P_{fs}=I^2R=I^2\rho/A=J^2\rho A$$

式中，I 为导体中流过的电流（A）；J 为电流密度（A/m^2）；A 为导体截面积（m_2）；ρ 为电阻系数（Ω·m）。

由单位长度导体的外表面散出的功率为

$$P_s=K_Tp\tau$$

式中，p 为导体单位长度上的散热面积，也即其截面的周长。

在稳定状态下，发热应等于散热，即

$$J^2\rho A=K_Tp\tau$$

故导体的稳定温升为

$$\tau=J^2\rho A/K_Tp \tag{2-28}$$

对于圆截面导体，截面积 $A=\frac{\pi}{4}d^2$，周长 $p=\pi d$，则温升为

$$\tau=J^2\rho d/4K_T$$

这就表明在相同的电流密度下，导体的直径越大，则温升越高，这是因为导体的发热与直径的二次方成正比，而散热却与直径的一次方成正比。为保证导体的温升不超过允许值，导体的直径越大，则允许通过的电流密度越小。因此在大电流时常采用扁平的矩形截面导体或采用多根导体关联，以增加导体的散热面积。

2.4.2 电器典型部件的稳定温升分布

电器中典型的发热部件有导体（包括均匀截面和变截面裸导体，以及外包绝缘层的导

体)、触头和线圈（包括空心线圈或带有铁心的线圈）等。在本部分只分析导体和线圈的稳定温升分布，至于触头的温升分布问题将在电接触内容中讨论。

1. 外包绝缘层的均匀截面导体

均匀截面发热的裸导体因金属的热导率很大，故沿导体径向和轴向的温度基本相等，因而用牛顿公式计算得到的导体表面温升与导体内部温升相同。对于外包绝缘层的均匀截面导体，由于绝缘层的热导率很小，当热量通过绝缘层传导出来时会造成较大的温度降落，使得导体绝缘层外的温度低于绝缘层内的温度。

根据傅里叶热传导定律，利用热阻概念分析外包绝缘导体这类热计算问题有很大的方便。

设有热量 P 通过厚为 Δl、截面积为 A 的平板向外传导，板的热导率为 λ，板两端的温差为 $\Delta\tau=\tau_1-\tau_2$，由公式（2-15）可得

$$P=\lambda A\frac{\Delta\tau}{\Delta l}=\frac{\Delta\tau}{\frac{1}{\lambda}\frac{\Delta l}{A}}=\frac{\Delta\tau}{R_T} \tag{2-29}$$

式中，R_T为热阻，$R_T=\frac{1}{\lambda}\frac{\Delta l}{A}$。

利用式（2-29）进行外包绝缘导体的温升计算，对于已知的热量 P，只要求出热阻 R_T，便可以算出绝缘层中的温差 $\Delta\tau$。因绝缘层外导体的温升可用牛顿公式计算，则绝缘层内导体的温升即可求得。

如图 2-13 所示，单位长度导体绝缘层的热阻为

$$R_T=\frac{1}{2\pi\lambda}\int_{r_1}^{r_2}\frac{dr}{r}=\frac{1}{2\pi\lambda}\ln\frac{r_2}{r_1} \tag{2-30}$$

故

$$\Delta\tau=P\left(\frac{1}{2\pi\lambda}\ln\frac{r_2}{r_1}\right) \tag{2-31}$$

对于外包 n 层热导率不同的绝缘层的圆导体，其绝缘层的总热阻为

$$R_T=\frac{1}{2\pi}\sum_{i=1}^{n}\frac{1}{\lambda_i}\ln\frac{r_{i+1}}{r_i} \tag{2-32}$$

其他截面形状导体的绝缘层热阻可用类似的方法求出。

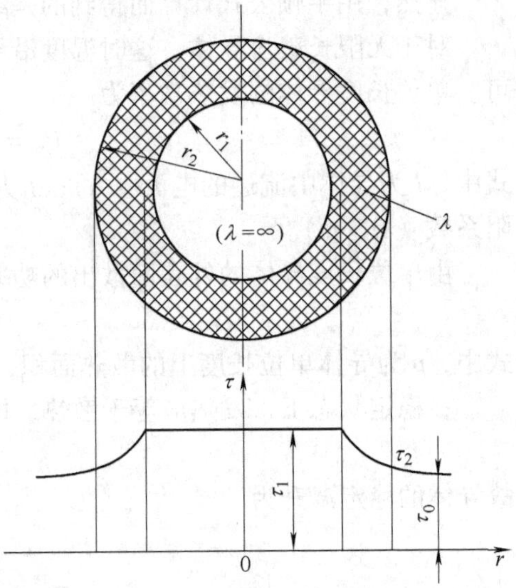

图 2-13 外包绝缘的圆截面导体温升分布

2. 空心线圈

线圈由外包绝缘的导线绕制而成，可视为一个含有复杂绝缘层的导体组合发热体。现假定线圈的外形细而高（直流线圈多半如此），因而可忽略线圈两端面的散热，只考虑线圈径向的传热和散热。这样，等温面是同心圆柱，线圈内部的温升分布必然是：线圈内、外表面的温升较低，内部某一处的温升最高，如图 2-14 所示。

设线圈内部 r_m 处温升最高为 τ_m，根据热平衡关系，有

当 $r>r_m$ 时，

$$p_0\pi(r^2-r_m^2)l=-\lambda\cdot 2\pi rl\frac{d\tau}{dr} \tag{2-33}$$

当 $r<r_m$ 时， $p_0\pi(r_m^2-r^2)l=-\lambda\cdot 2\pi rl\dfrac{d\tau}{dr}$ (2-34)

式中，p_0 为线圈单位体积产生的功率损耗；l 为线圈高度；λ 为线圈的热导率。

将式（2-33）和式（2-34）整理后积分，τ 的积分界限为从 τ_m 分别到 τ_w 和 τ_n，r 的积分界限为从 r_m 到 r_w 和 r_n，其中下标符号 w 表示"外"，n 表示"内"。则积分结果为

$$\tau_m-\tau_w=\frac{p_0}{2\lambda}\left[\frac{r_w^2-r_m^2}{2}-r_m^2\ln\frac{r_w}{r_m}\right] \tag{2-35}$$

$$\tau_m-\tau_n=\frac{p_0}{2\lambda}\left[r_m^2\ln\frac{r_m}{r_n}-\frac{r_w^2-r_n^2}{2}\right] \tag{2-36}$$

由以上公式可以看出，要计算 τ_m 关键在于确定 r_m。利用热阻的概念可以找出 r_m 与线圈已知参数的关系。

τ_m 以外线圈的总热阻为线圈内部热传导和外表面散热热阻之和，即

$$R_{Tw}=\frac{\tau_m-\tau_w}{p_w}+\frac{1}{2\pi K_{Tw}r_w} \tag{2-37}$$

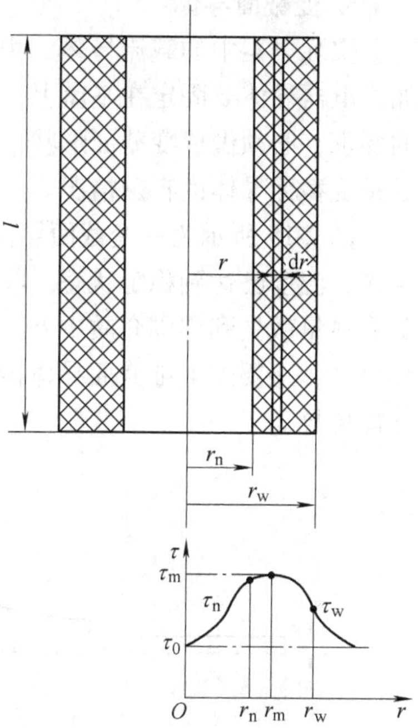

图2-14 空心线圈内部的径向温升分布

τ_m 以内线圈的总热阻为

$$R_{Tn}=\frac{\tau_m-\tau_n}{p_n}+\frac{1}{2\pi K_{Tn}r_n} \tag{2-38}$$

式中，p_w 为 r_m 以外部分线圈损耗的功率；p_n 为 r_m 以内部分线圈损耗的功率。

$$p_w=p_0\pi(r_w^2-r_m^2) \tag{2-39}$$

$$p_n=p_0\pi(r_m^2-r_n^2) \tag{2-40}$$

根据以上这些关系式最后可以解出最高温升 τ_m 处的半径 r_m 为

$$r_m=\sqrt{\frac{\dfrac{1}{2\lambda}(r_w^2-r_n^2)+\dfrac{r_w}{K_{Tw}}+\dfrac{r_n}{K_{Tn}}}{\dfrac{1}{K_{Tw}r_w}+\dfrac{1}{K_{Tn}r_n}+\dfrac{1}{\lambda}\ln\dfrac{r_w}{r_n}}} \tag{2-41}$$

在以上计算中还有一个困难的问题就是如何确定由金属导体、空气间隙和绝缘组成的线圈层间的热导率。由于线圈的绕制方法与浸渍工艺等情况直接影响到线圈的热导率，所以工程上一般采用经验公式进行计算。例如，圆导线排绕的线圈等效热导率可近似地表示为

未浸渍时： $$\lambda_d=1.45\sqrt{\lambda_i\lambda_0(d/\delta-1)}-1.6\lambda_0 \tag{2-42}$$

浸渍时： $$\lambda_d=\lambda_i\,(d/\delta)^{2.3} \tag{2-43}$$

式中，$\lambda_i\lambda_0$ 为导体绝缘空气的热导率；d 为导体的直径；δ 为外包绝缘厚度。

对于交错绕制的线圈可近似地表示为

未浸渍时： $$\lambda_d=2.18\sqrt{\lambda_i\lambda_0(d/\delta+1)}-1.33\lambda_0 \tag{2-44}$$

浸渍时： $$\lambda_d=1.45\lambda_i\,(d/\delta)^{3/4} \tag{2-45}$$

3. 变截面导体

实际电器中的载流导体，由于结构上、特性上及其他的要求，它的截面常有改变。例如，电器导体要固定在基座上，它就必须钻孔或收细；熔断器的熔片为了满足某种保护特性的要求，必须做成变截面形状；还有导体与导体的连接处，触头相互接触的过渡处，也可看成是变截面导体的特殊情况。

图 2-15 所示为一变截面导体模型，其中有一个短的收细部分，设有一稳定电流 I 流过导体，温度已达到稳定状态。收细部分导体的电阻损耗较大，发热较集中，温度较高，除一部分热量散失到周围介质中外，另一部分将向两边的粗截面导体传导。粗截面导体除本身发热以外，还要加上细截面导体传来的热，一部分散发到周围介质中去，一部分继续沿粗截面导体传导。

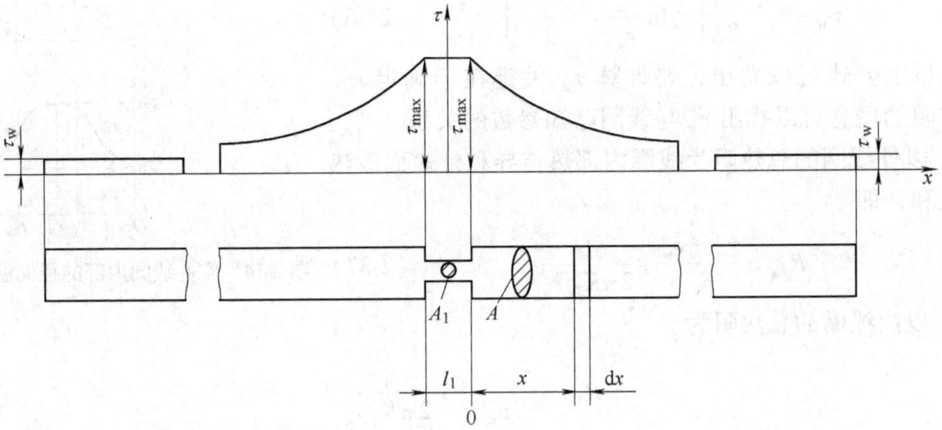

图 2-15　中部收细的变截面导体模型及其温升分布

由于导体的收细部分很短，因而可假定整个细截面导体为等温体，两边粗截面部分长度延伸到无限远，由于它的径向温度变化很小，可以忽略不计，因而只需考虑轴向温度分布。令导体粗细截面过渡处为原点，离原点 x 处取一无限薄粗截面导体 $\mathrm{d}x$，根据热平衡方程，通过传导流进 $\mathrm{d}x$ 层的功率，加上该层导体本身的发热功率应等于通过传导流出 $\mathrm{d}x$ 层的功率加上散发到周围介质中的功率。

通过传导流进 $\mathrm{d}x$ 薄层的功率为

$$\mathrm{d}P_x = -\lambda A\left(\frac{\mathrm{d}\tau}{\mathrm{d}x}\right)_x \tag{2-46}$$

式中，λ 为导体材料的热导率；A 为导体的截面积；τ 为导体温升，只是轴向 x 的函数。

$\mathrm{d}x$ 薄层导体本身通过电流时的发热功率为

$$\mathrm{d}P_q = qA\mathrm{d}x \tag{2-47}$$

式中，q 为导体单位体积的功率损耗，$q = I^2\rho/A^2 = J^2\rho$，其中 J 为电流密度，ρ 为导体的电阻率。

由 $\mathrm{d}x$ 薄层向外传出的功率为

$$\mathrm{d}P_{x+\mathrm{d}x} = -\lambda A\left(\frac{\mathrm{d}\tau}{\mathrm{d}x}\right)_{x+\mathrm{d}x} \tag{2-48}$$

由 $\mathrm{d}x$ 薄层的侧表面散失的功率为

$$dP_x = K_T p\tau dx \tag{2-49}$$

式中，p 为导体侧表面单位长度的散热面积，即导体截面的周长；K_T 为散热系数。

根据热平衡原则，有

$$dP_x + dP_g = dP_{x+dx} + dP_h \tag{2-50}$$

将以上列出的关系式代入上式，整理后可得

$$\frac{d^2\tau}{dx^2} - \frac{K_T p}{\lambda A}\tau + \frac{q}{\lambda} = 0 \tag{2-51}$$

此微分方程为变截面导体在稳态情况下发热的一般方程，其通解为

$$\tau = \tau_w + C_1 e^{\alpha x} + C_2 e^{-\alpha x} \tag{2-52}$$

式中，$\alpha = \sqrt{K_T p/\lambda A}$，$\tau_w$ 为两端面没有热量传走时导体的稳定温升，$\tau_w = \frac{qA}{K_T p} = \frac{I^2\rho}{K_T pA}$。积分常数 C_1 和 C_2 由下列条件决定：

当 $x=\infty$，$\tau=\tau_w$ 时，得 $C_1=0$；当 $x=0$，$\tau=\tau_m$ 时，得 $C_2=\tau_m-\tau_w$。

将 C_1 和 C_2 的值代入式（2-52），即可得到导体温升沿轴向的分布为

$$\tau = \tau_w + (\tau_m - \tau_w)e^{-\alpha x} \tag{2-53}$$

假定细截面部分导体为一等温体，则其热平衡关系为

细截面导体的发热 = 细截面导体的散热 + 2 × 向粗截面导体一边的传热

细截面导体的发热 $= q_1A_1l_1$，其中 q_1 为细截面导体单位体积的损耗功率，A_1 和 l_1 分别为其截面积和长度；细截面导体的散热 $= K_T p_1 l_1 \tau_m$，其中 p_1 为细截面导体侧表面单位长度的散热面积；细截面导体向粗截面导体一边传走的热量 $= -\lambda A\left(\frac{d\tau}{dx}\right) = \alpha\lambda A(\tau_m - \tau_w)$。

可得

$$q_1A_1l_1 = K_T p_1 l_1 \tau_m + 2\alpha\lambda A(\tau_m - \tau_w) \tag{2-54}$$

解之，得

$$\tau_m = \frac{q_1A_1l_1 + 2\alpha\lambda A\tau_w}{2\alpha\lambda A + K_T p_1 l_1} \tag{2-55}$$

式（2-52）结果表明：中部收细的变截面导体，其沿轴向的温升分布为一指数曲线，收细部分温升最高，在离收细部分无限远处，导体的温升与无收细部分的均匀截面导体温升相等，如图2-15所示。

2.5 不同工作制下电器的热计算

国家标准中规定，电器有四种工作制：长期工作制、几小时工作制、反复短时工作制和短时工作制。当电器的通电时间超过4倍热时间常数以后，温升已基本稳定，即可按长期工作制处理。若电器短时通电或反复短时通电和断电的时间小于4倍热时间常数，即可视为短时工作制或反复短时工作制，在这两种工作制下电器有一定的过载能力。

2.5.1 长期工作制

在2.3中，已经讲过热稳定状态下的温升计算，长期工作制下的温升计算与其相似。电

器工作于长期工作制时，导电回路通以稳定电流（对有触点电器，其触点保持闭合；具有操作线圈的电器，其操作线圈必须通电），工作时间通常大于8h（一般远大于时间常数T），有的连续工作几天，甚至几个月。但可以证明，电器到达稳定温度的实际时间往往不需要8h或更长时间。

电器通电产生的功率损耗一部分散失到周围介质中去，一部分加热电器使其温度升高。根据热平衡原理，电器的发热等于散热加吸热，即

$$P\mathrm{d}t = K_{\mathrm{T}}A\tau\mathrm{d}t + cm\mathrm{d}\tau \qquad (2\text{-}56)$$

式中，$P\mathrm{d}t$为在$\mathrm{d}t$时间内电器的总发热量；$K_{\mathrm{T}}A\tau\mathrm{d}t$为在$\mathrm{d}t$时间内电器的总散热量；$cm\mathrm{d}\tau$为在$\mathrm{d}t$时间内电器温度升高$\mathrm{d}\tau$时所吸收的热量；$c$为比热容；$m$为发热体的质量。

在$t=0$，$\tau=\tau_0$；$t=\infty$，$\tau=\tau_{\mathrm{w}}=\dfrac{P}{K_{\mathrm{T}}A}$的条件下，式（2-56）的解为

$$\tau = \tau_{\mathrm{w}}(1-\mathrm{e}^{-t/T}) + \tau_0\mathrm{e}^{-t/T} \qquad (2\text{-}57)$$

式中，τ_0为电器开始通电时的温升，称为起始温升；τ_{w}为电器通电经无限长时间后的温升，因温升已不再增高，称为稳定温升；T为电器的热时间常数，$T=\dfrac{cm}{K_{\mathrm{T}}A}$。

当$t=0$时，$\tau_0=0$，则式（2-57）简化成：

$$\tau = \tau_{\mathrm{w}}(1-\mathrm{e}^{-t/T}) \qquad (2\text{-}58)$$

式（2-58）表明电器通电以后，其温升随时间按指数规律增长，当$t=4T$时，$\tau=0.98\tau_{\mathrm{w}}$，接近于稳定温升；当$t=T$时，$\tau=0.63\tau_{\mathrm{w}}$，如图2-16所示曲线。由式（2-58）可见，从导体开始通电到发热基本稳定所需的时间决定于热时间常数。

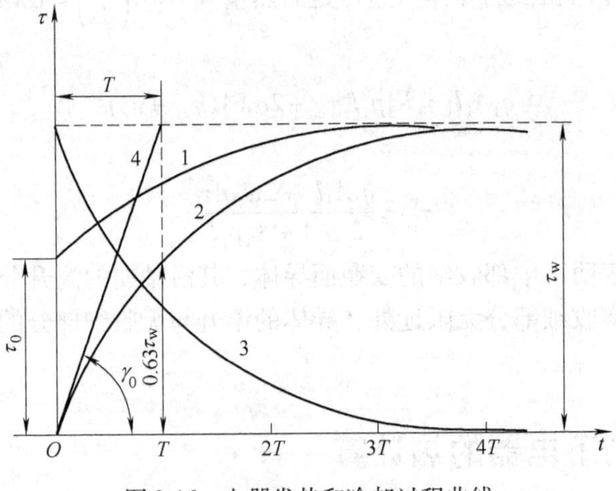

图2-16 电器发热和冷却过程曲线

1—发热曲线（$t=0$，$\tau=\tau_0$） 2—发热曲线（$t=0$，$\tau=0$） 3—冷却曲线 4—绝热曲线

如果电器通电后，全部发热均为电器吸收，并使其温度升高（散热为零），则热平衡关系变为

$$P\mathrm{d}t = cm\mathrm{d}\tau \qquad (2\text{-}59)$$

积分后变成：

$$Pt = cm\tau \qquad (2\text{-}60)$$

式（2-60）表明，电器在绝热情况下温升随时间的增长为一直线，如图 2-16 中直线 4。电器通电绝热升温，当 τ 达到 τ_w 时所需的时间恰好等于 T。如上所述，已知电器的发热曲线后，可用作图法求得电器的热时间常数，其方法是：由发热曲线的起始点作一条切线，它与稳定温升 τ_w 水平的交点即为热时间常数 T。

根据上面的分析，热时间常数的物理意义为电器在绝热条件下温升达到 τ_w 所需的时间。电器的比热容 c 和质量 m 越大，散热系数 K_T 和散热面积 A 越小，热时间常数越大，意味着电器达到稳定温升所需的时间也越长。电器这种温升不能随时间瞬时变化的现象称为电器的热惯性，而代表热惯性大小的主要参量就是热时间常数，它是研究电器动态热过程的重要物理量。

当电器切断电源时，其温升必然逐渐下降，冷却曲线函数为

$$\tau = \tau_w e^{-t/T} \tag{2-61}$$

显然，电器的冷却曲线就是发热曲线的镜像，参见图 2-16 曲线 3。

根据以上电器发热和冷却过程的理论分析，当通电或断电时间超过 4 倍热时间常数以后，电器的热过程已基本达到稳定，温升趋于常数。因此，在进行电器发热计算时，只要是通电（或断电）时间超过 $4T$，即可按长期工作制考虑，而不必要求工作时间大于 8h。

电器工作于长期工作制，其发热功率有变化，例如，导体接触处被氧化，或灰尘堆积，使接触电阻增加，发热加剧。因此，在长期工作制时，电器的极限允许温升值应取低些。

2.5.2　短时工作制

如果电器工作时间很短，小于 4 倍热时间常数，称为短时工作制。电器工作于短时工作制时，通电时间不足以使电器达到热平衡，或者说在通电时间内电器温升不会达到稳定值。为了使电器得到充分利用，可以加大电器的电流进行超载运行。超载的基本原则为：电器短时通电的温升不大于长期通电的稳定温升，电器不会产生损坏。加大电器通电电流计算，如图 2-17 所示的曲线，令

$$\tau_d = \tau_{wd}(1 - e^{-t/T}) = \tau_{wc} \tag{2-62}$$

式中，τ_d 为对应于短时通电时间 t 末的短时温升；τ_{wd} 为对应于短时工作功率 P_d 下的电器稳定温升；τ_{wc} 为对应于长期工作功率 P_c 下电器的稳定温升。

显然，对于一已知的电器，通电工作时间越短，所允许通过的超载电流越大。换言之，短时工作制的电流 I_d，可大于长期工作制的额定电流 I_N。

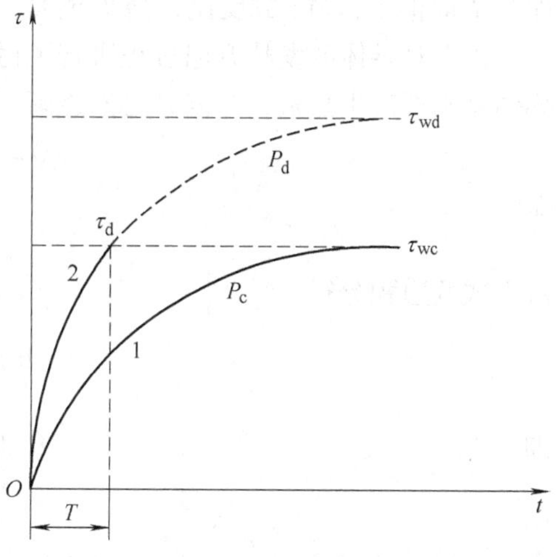

图 2-17　短时工作制的温升曲线

如图 2-17 所示，曲线 1 代表电器长期工作制通以额定电流 I_N 时的温升曲线，其稳定温升用 τ_{wc} 表示，曲线 2 代表电器通以 I_d（大于额定电流 I_N）时的温升曲线，设历时 T 后，温升已达 τ_{wc} 值，这时 I_d 所对应的稳定温升以 τ_{wd} 表示。

根据牛顿公式，在稳定发热状态下电器产生的热量等于散失的热量，即

$$I_d^2 R = K_T A \tau_{wd} \tag{2-63}$$

$$I_{\mathrm{N}}^{2}R=K_{\mathrm{T}}A\tau_{\mathrm{wc}} \tag{2-64}$$

则

$$p_{p}=\frac{p_{\mathrm{d}}}{p_{\mathrm{c}}}=\frac{I_{\mathrm{d}}^{2}R}{I_{\mathrm{N}}^{2}R}=\frac{\tau_{\mathrm{wd}}}{\tau_{\mathrm{wc}}} \tag{2-65}$$

$$p_{i}=\frac{I_{\mathrm{d}}}{I_{\mathrm{N}}}=\sqrt{\frac{\tau_{\mathrm{wd}}}{\tau_{\mathrm{wc}}}}=\sqrt{p_{p}} \tag{2-66}$$

式中，p_p 为短时工作制的功率过载系数；p_i 为短时工作制的电流过载系数。

由图 2-17，对曲线 2 可写出

$$\tau_{\mathrm{wc}}=\tau_{\mathrm{wd}}(1-\mathrm{e}^{-\frac{t}{T}})\text{或}\frac{\tau_{\mathrm{wd}}}{\tau_{\mathrm{wc}}}=\frac{1}{1-\mathrm{e}^{-\frac{t}{T}}} \tag{2-67}$$

将 $\mathrm{e}^{-t/T}$ 用泰勒级数展开，$\mathrm{e}^{-\frac{t}{T}}=1+\left(-\frac{t}{T}\right)+\frac{1}{2!}\left(-\frac{t}{T}\right)^{2}+\cdots$，如果电器通电的时间比热时间常数小得多，即当 $t\leqslant T$ 时，可以忽略高次项，则有

$$\mathrm{e}^{-\frac{t}{T}}\approx1-\frac{t}{T}$$

所以

$$p_{p}=\frac{\tau_{\mathrm{wd}}}{\tau_{\mathrm{wc}}}=\frac{T}{t} \tag{2-68}$$

$$p_{i}=\sqrt{\frac{\tau_{\mathrm{wd}}}{\tau_{\mathrm{wc}}}}=\sqrt{\frac{T}{t}} \tag{2-69}$$

式（2-68）清楚地说明，短时工作制下电器的过载倍数与热时间常数及工作时间有关，即与 T 成正比、与 t 成反比，当 T 越大、t 越小时，则过载能力越强。

以上对导体的发热升温过程进行了讨论，现再对其冷却过程进行讨论。当电源切断后，导体将不再产生热量，其温升必然逐渐下降，$P\mathrm{d}t=0$，由式（2-56）知，热平衡方程式变为

$$0=mc\mathrm{d}\tau+K_{\mathrm{T}}A\tau\mathrm{d}t \tag{2-70}$$

或

$$\frac{\mathrm{d}\tau}{\tau}=-\frac{\mathrm{d}t}{T}$$

对上式两边积分得

$$\ln\tau=-\frac{t}{T}+\ln C$$

即

$$\ln\frac{\tau}{C}=-\frac{t}{T}$$

则

$$\tau=C\mathrm{e}^{-\frac{t}{T}}$$

若 $t=0$，$\tau=\tau_0$，即导体由温升 $\tau=\tau_0$ 开始冷却，则 $C=\tau_0$。

所以

$$\tau=\tau_{0}\mathrm{e}^{-\frac{t}{T}} \tag{2-71}$$

若 $t=0$，$\tau=\tau_0$，$\tau=\tau_{\mathrm{w}}$，即导体由稳定发热状态开始冷却，则 $C=\tau_{\mathrm{w}}$。

所以

$$\tau=\tau_{\mathrm{w}}\mathrm{e}^{-\frac{t}{T}} \tag{2-72}$$

可得到导体温度冷却曲线如图 2-18 所示，由图可见，温度冷却曲线就是发热曲线的镜像，电器冷却对应的温度下降过程也是指数曲线。

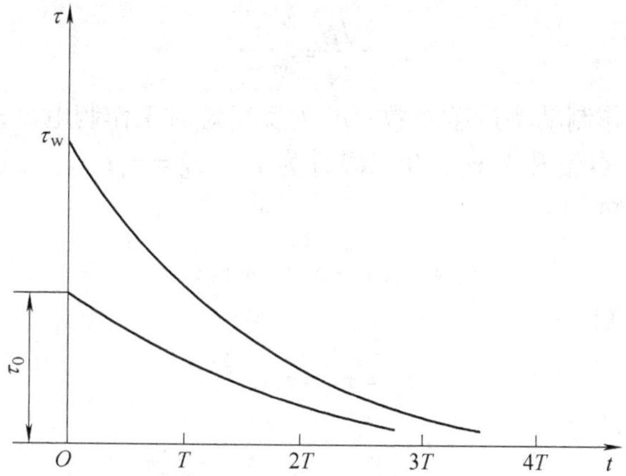

图2-18　均质导体温度冷却曲线

2.5.3　反复短时工作制

电器导电回路通以稳定电流，通电时间 t_1 与断电时间 t_2 有一定比值，二者循环交替工作，称为反复短时工作制。其特点为 t_1 与 t_2 均很短，且 $t_1+t_2=t$，t 称为工作周期，一般情况下 $(t_1+t_2)\leqslant T$，使电器不能达到热平衡状态。即在通电期间，由于时间 t_1 很短，发热体没有达到稳定状态，便在某一温度被断电冷却；时间 t_2 也很短，发热体没有冷却到周围环境温度又通电加热。当发热体达到另一温度后又被断电冷却，如此循环下去。图2-19所示为反复短时工作制下的升温过程。由图可见，经过相当多的循环后，电器的温升已达到一定数值，散热能力相对提高，这时电器在 t_1 期间升温所吸收的热能在 t_2 断电期间全部散失。电器的温升就是在上限与下限之间上下摆动，其上限温升应等于或不大于长期工作制的稳定温升。

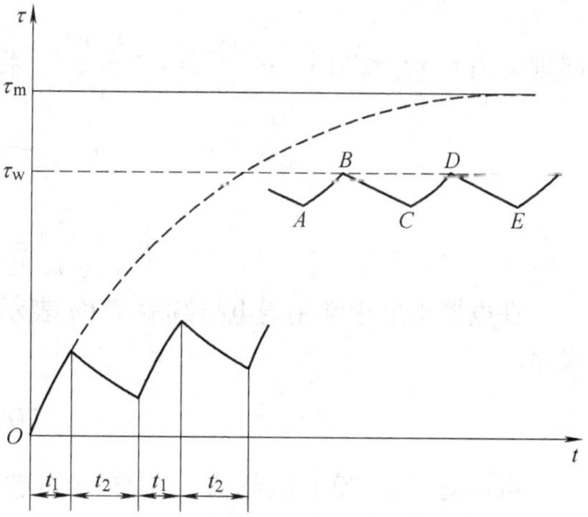

图2-19　反复短时工作制下的升温过程

如果这个电器（或其零部件，如线圈等）用于长期工作制，其额定电流为 I_N，稳定温升为 τ_w，τ_w 应小于或等于电器的极限允许温升。

根据牛顿公式，有

$$I_N^2R=K_TA\tau_w$$

令 I_f 为反复短时工作制额定电流，设在此电流下长期运行，电器所对应的稳定温升为 τ_m。根据牛顿公式，有

$$I_f^2R=K_TA\tau_m$$

比较以上两式可得

$$p_p=\frac{p_f}{p_c}=\frac{I_f^2R}{I_N^2R}=\frac{\tau_m}{\tau_w} \tag{2-73}$$

$$p_i=\frac{I_f}{I_N}=\sqrt{\frac{\tau_m}{\tau_w}} \tag{2-74}$$

式中，p_p 为反复短时工作制功率过载系数；p_i 为反复短时工作制电流过载系数。

在图 2-19 中，令 A 点温升为 τ_A，B 点温升为 τ_B，$\tau_B=\tau_w$；C 点温升为 τ_C，$\tau_C=\tau_A$。

根据式（2-57）可知

$$\tau_B=\tau_m(1-e^{-\frac{t_1}{T}})+\tau_A e^{-\frac{t_1}{T}}$$

根据式（2-61）可知

$$\tau_A=\tau_C=\tau_w e^{-\frac{t_2}{T}} \tag{2-75}$$

将式（2-75）代入可得

$$\tau_B=\tau_m(1-e^{-\frac{t_1}{T}})+\tau_w e^{-\frac{t_1+t_2}{T}} \tag{2-76}$$

则

$$p_p=\frac{\tau_m}{\tau_w}=\frac{1-e^{-\frac{t_1+t_2}{T}}}{1-e^{-\frac{t_1}{T}}} \tag{2-77}$$

$$p_i=\sqrt{\frac{\tau_m}{\tau_w}}=\sqrt{\frac{1-e^{-\frac{t_1+t_2}{T}}}{1-e^{-\frac{t_1}{T}}}} \tag{2-78}$$

根据泰勒级数，当 $t_1\leqslant T$ 时，将指数函数展开成级数，并忽略高次项，得 $e^{-\frac{t_1}{T}}\approx 1-\frac{t_1}{T}$。同理，当 $t_1+t_2\leqslant T$ 时，$e^{-\frac{t_1+t_2}{T}}\approx 1-\frac{t_1+t_2}{T}$，将以上两式代入式（2-77）及式（2-78）得

$$p_p=\frac{\tau_m}{\tau_w}=\frac{t_1+t_2}{t_1}=\frac{t}{t_1} \tag{2-79}$$

$$p_i=\sqrt{\frac{\tau_m}{\tau_w}}=\sqrt{\frac{t_1+t_2}{t_1}}=\sqrt{\frac{t}{t_1}} \tag{2-80}$$

在电器标准中常用通电持续率 $TD\%$ 表示反复短时工作制的繁重程度。通电持续率的定义是

$$TD\%=\frac{t}{t_1} \tag{2-81}$$

可以看出，$TD\%$ 值越大，工作时间越长，任务就越繁重。在极限情况下，$TD\%=100\%$，即为长期工作制。

将功率过载系数及电流过载系数用 $TD\%$ 表示，则

$$p_p=\frac{1}{TD\%} \tag{2-82}$$

$$p_i=\sqrt{\frac{1}{TD\%}} \tag{2-83}$$

2.6 短路电流下的热计算

当电力网中发生短路时，许多电器都必须经受短路电流的考验，电器的热稳定性就是在

一定时间内电器承受短路电流引起的热效应而不致损伤电器的能力，短路电流下电器热计算的目的就是校核电器的热稳定性。

短路电流通过导体时的发热呈两个显著特点：一是通电的时间很短（例如短路时间 $t_k < 0.005T$），导体还来不及向周围介质散热，可假定为绝热升温过程，即综合表面散热系数 $K_T \approx 0$；二是导体的允许温度高（例如铜导体为300℃，见表2-17），必须考虑导体的电阻率随温度而变。

表2-17 短路状态下载流部分发热的允许温度

元 件	θ_k/℃			
	铜	黄 铜	铝	钢
未绝缘的载流部分	300	300	200	400
外包绝缘的部分：Y级绝缘	200	200	200	200
A级绝缘	250	250	200	250
B和C级绝缘	300	300	200	400

代入不稳定发热状态下的热平衡方程式，得

$$P\mathrm{d}t = mc\mathrm{d}\tau + 0 = cm\mathrm{d}\theta$$

式中，m 为导体质量（kg），$m = Al\gamma$；R 为导体电阻（Ω），$R = \rho l/A$。

则写出导体的热平衡方程式（2-20），即

$$K_f I_k^2 \rho_0 (1 + \alpha\theta) \frac{l}{A} \mathrm{d}t = c\gamma Al\mathrm{d}\theta \tag{2-84}$$

式中，K_f 为交流附加损耗（趋肤效应和邻近效应）系数；I_k 为通过导体的短路电流；ρ 为电阻率，$\rho = \rho_0(1 + \alpha_0\theta)(\Omega \cdot \mathrm{m})$，$\rho_0$ 为0℃时导体的电阻率；α 为电阻温度系数；θ 为导体的温度；l 为导体的长度（m）；A 为导体的截面积（m^2）；c 为导体的比热容(J/kg · K)，c 的意义是1kg导体每升高1K时所需的热量；γ 为导体的密度（$\mathrm{kg/m}^3$）。

几种常用材料的比热容和密度见表2-18。

表2-18 几种常用材料的比热容和密度

材 料	比热容 c/(J/kg · K)	密度 γ $\times 10^3$/(kg/m^3)	材 料	比热容 c/(J/kg · K)	密度 γ $\times 10^3$/(kg/m^3)
铜	0.39	8.9	变压器油	1.04	0.9
银	0.23	10.5	胶纸板	1.48	1.3~1.4
黄铜	0.37	8.4~8.7	镍铬 Ni80%	0.46	8.4
铝	0.88	2.7	镍铬 Ni60%	0.418	8.2
钢	0.5	7.8	铁铬铝 Cr25%	0.44	7.1
瓷	1.09	2.4	康铜	0.41	8.7~8.9

假定 I_k 不变，设短路持续时间取为 $t = 0$ 到 $t = t_k$，导体温度为 $\theta = \theta_0$ 到 $\theta = \theta_k$，将式（2-84）两边积分，得

$$K_f I_k^2 \rho_0 (1 + \alpha\theta) \frac{l}{A} \int_0^{t_k} \mathrm{d}t = c(Al\gamma) \int_{\theta_0}^{\theta_k} \mathrm{d}\theta \tag{2-85}$$

式中，θ_0 为短路瞬间的起始温度（K），因电器在短路电流通过前处于额定运行状态，故 θ_0 应为周围介质温度加上额定电流下的稳定温升；θ_k 为短路终止时导体的温度（K）；J_k 为电流密度，$J_k = I_k/A$。

则

$$K_f J_k^2 A\rho_0 (1+\alpha\theta) l \int_0^{t_k} dt = c(Al\gamma)\int_{\theta_0}^{\theta_k} d\theta$$

积分后整理可得

$$J_k^2 = \frac{c\gamma}{K_f\rho_0\alpha t_k}\ln\frac{1+\alpha\theta_k}{1+\alpha\theta_0} \tag{2-86}$$

或

$$\theta_k = \frac{1}{\alpha}\left[(1+\alpha\theta_0)e^{\frac{K_f I_k^2 t_k\rho_0\alpha}{A^2 c\gamma}} - 1\right] \tag{2-87}$$

根据式（2-87）算得 θ_k 后，查标准中规定的短时通过短路电流时的极限允许发热温度，若 θ_k 小于规定值，则认为其热稳定性合格。

根据式（2-87）可以得出 θ_k 和 A 给定时导体热稳定性的表达式为

$$I_k^2 t_k = \frac{\gamma c A^2}{K_f\rho_0\alpha}\ln\left(\frac{1+\alpha\theta_k}{1+\alpha\theta_0}\right) \tag{2-88}$$

为简化问题，不考虑电阻随温度的变化，即设 $\alpha=0$，则式（2-84）的解为

$$I_k^2 t_k = \frac{\gamma c A^2}{K_f\rho_0\alpha}(\theta_k-\theta_0) \tag{2-89}$$

在标准中，热稳定时间 t_k 常取一定的值，例如 1s、2s 与 4s 等。根据 $I_k^2 t_k$ 不变原则，可由下式把 t_{k1} 对应的 I_{k1} 换算到 t_{k2} 对应的 I_{k2}，得

$$\frac{I_{k1}}{I_{k2}} = \sqrt{\frac{t_{k2}}{t_{k1}}} \tag{2-90}$$

利用式（2-88），在 I_k、t_k、θ_k 和 A 四个参数中任意给定三个，则第四个参数即可求得。

在给定 t_k、I_k 和 θ_k 条件下，导体截面积为

$$A = \sqrt{\frac{K_f I_k^2 t_k\rho_0\alpha}{\gamma c\ln[(1+\alpha\theta_k)/(1+\alpha\theta_0)]}} \tag{2-91}$$

当给定 A、θ_k 和 I_k 时，则允许的热稳定时间为

$$t_k = \frac{\gamma c A^2\ln[(1+\alpha\theta_k)/(1+\alpha\theta_0)]}{K_f\rho_0 t_k\alpha} \tag{2-92}$$

如果给定 A、θ_k 和 t_k，则允许的热稳定电流为

$$I_k = \sqrt{\frac{\gamma c A^2\ln[(1+\alpha\theta_k)/(1+\alpha\theta_0)]}{K_f\rho_0 t_k\alpha}} \tag{2-93}$$

短路时导体允许的电流密度为

$$J_k = \frac{I_k}{A} = \sqrt{\frac{\gamma c}{K_f\rho_0\alpha t_k}\ln\left(\frac{1+\alpha\theta_k}{1+\alpha\theta_0}\right)} \tag{2-94}$$

表 2-19 给出了不同材料的导体在不同的 t_k 下允许的短路电流密度的经验数值。

表 2-19 短路状态下允许的电流密度 （单位：A/cm^2）

材料	热稳定时间 t_k/s		
	1	5	10
铜	15200	6700	4800
铝	8900	4000	2800
黄铜	7300	3800	2700

以上分析短路时导体的热计算中只考虑了电阻率随温度而变，如果还考虑到比热容也随温度而变，并设 $c = c_0(1+\beta\theta)$，其中 c_0 为 0℃时的比热容，β 为比热容温度系数，则根据热平衡式积分后得到

$$I_k^2 t_k = \frac{\gamma c_0 A^2}{K_f \rho_0}\left[\frac{\alpha-\beta}{\alpha^2}\ln\left(\frac{1+\alpha\theta_k}{1+\alpha\theta_0}\right)+\frac{\beta}{\alpha}(\theta_k-\theta_0)\right] \tag{2-95}$$

在以上的推导中，假定短路电流是不变的。实际上短路过渡过程电流都随时间而变。对于交流，短路电流（I_k）包含两个分量：一是随时间变化的周期分量（I_{k1}）；二是按指数规律变化的非周期分量（I_{k2}），其时间常数为 T_α。因此短路电流的热效应 Q 可写成

$$Q = \int_0^{t_k} i_k^2 \mathrm{d}t = \int_0^{t_k}(i_{k1}+i_{k2})^2 \mathrm{d}t = \int_0^{t_k}\left(I_{k1}\cos\omega t + i_{k20}\mathrm{e}^{-t/T_\alpha}\right)^2 \mathrm{d}t \tag{2-96}$$

式中，i_k 为短路电流瞬时值（kA）；i_{k1}为短路电流周期分量的瞬时值（kA）；i_{k2}为短路电流非周期分量的瞬时值（kA）；I_{k1}为短路电流周期分量的幅值（kA）；i_{k20}为短路电流非周期分量的 0s 值（kA）；t_k 为短路的持续时间（s）。

将式（2-96）展开后得

$$Q = \int_0^{t_k}(I_{k1}\cos\omega t)^2 \mathrm{d}t + \int_0^{t_k} i_{k20}^2 \mathrm{e}^{-2t/T_\alpha}\mathrm{d}t + 2\int_0^{t_k} I_{k1}(\cos\omega t)\, i_{k20}\mathrm{e}^{-t/T_\alpha}\mathrm{d}t$$

由于第 3 项数值接近于 0，可以略去，因此，有

$$Q = Q_{k1} + Q_{k2} \tag{2-97}$$

即短路电流的热效应等于周期分量热效应 Q_{k1}与非周期分量热效应 Q_{k2}之和。一般认为电气设备通过短路电流时满足式（2-98）是热稳定的，即

$$I_k^2 t_k \geqslant Q \tag{2-98}$$

式中，Q 为短路电流的热效应；t_k 为电气设备允许通过热稳定电流的时间（s）；I_k 为电气设备在 t_k 时间内允许通过的热稳定电流（kA）；

思考题与习题

2-1　电器中有哪些热源？它们各有何特点？

2-2　散热方式有几种？它们各有何特点？

2-3　电器发热过程和冷却过程遵循什么规律？发热时间常数与冷却时间常数是否相同，为什么？

2-4　趋肤效应与邻近效应的实质是什么？交流电阻为什么比直流电阻要大？

2-5　两根矩形母线排叠在一起通以交流电流是否会产生邻近效应？如果一根母线通过交流电流并靠近钢壁是否会产生邻近效应？

2-6　电器发热的允许温升和稳定温升在概念上是否相同？

2-7　对于直流电压线圈和电流线圈，当周围介质温度不同时对温升的数值有什么影响？

2-8　交流磁系统线圈发热温升、交流线圈表面温升应如何计算？

2-9　电器在短时工作制下为什么能提高负载能力？如果短时工作制的通电时间接近于 4 倍发热时间常数，还允许过载吗？

2-10　当短时工作制通电时间为 $T/2$ 时，电器已达长期工作制的稳定温升，求短时工作制电流过载系数。

2-11　电器在短时工作制下为何比长期工作制能提高负载能力？短时通电时间 t_1 及发热时间常数 T 的大小对短时工作制下的电器负载能力有何影响？

2-12　重复短时工作制为什么比长期工作制能提高负载能力？何谓通电持续率？它与过载系数有何关系？在同样的 $TD\%$ 下，一个电器的热时间常数大，另一个电器的热时间常数小，两者的过载能力是否相同？

第 3 章　电器中的电动力计算

3.1　电器中的电动力

磁场中的载流导体受到力的作用，这个力企图改变回路的形状，以使回路内磁通增多。由于电流产生磁场，因此载流导体之间也要受到力的作用，这种力称为电动力。电动力的大小和方向与电流的种类、大小和方向有关，也与电流经过的回路形状、回路的相关位置、回路间的介质、导体截面形状等有关。

在各种电器产品中，电动力是普遍存在的现象。电动力作用有时对电器产生危害，使电器性能降低。甚至使电器受到破坏，例如高压开关中支持导体的绝缘子，当短路电流通过导体时，绝缘子可能因受到巨大电动力的作用而破裂。U 形导电回路受电动力作用，使隔离开关在短路电流通过时自动打开，产生误动作，如图 3-1 所示。在电器设计中，也可以合理利用电动力，例如在低压电器中，利用触头回路电动力吹弧，使电弧迅速运动而熄灭。

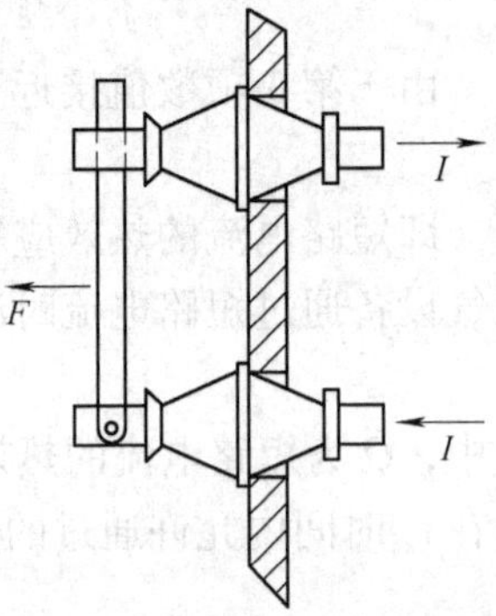

图 3-1　隔离开关产生误动作

电器中的电动力，直接影响电器的工作性能，合理利用并准确计算电动力的大小，有利于电器的设计和产品分析。

电动力常用的计算方法有两种：一是将它看做一载流体的磁场对另一载流体的作用，用毕奥-萨伐尔定律进行计算；二是根据载流系统的能量平衡关系，用能量平衡法计算。

3.2　电器电动力计算基本理论

用能量平衡法计算电动力时，须先知道不同回路的自感、互感等参数。用毕奥-萨伐尔定律可求得不同形状的载流导体在不同的相互位置上所承受的电动力。

3.2.1　能量平衡法计算电动力

在几个载流导体系统中，如果只有某一个导体因受电动力作用在某一方向产生元位移，则根据能量平衡法，当外源提供的能量为零时，此导体所做的功应等于系统储能的变化，即

$$\partial W = F\partial x \tag{3-1}$$

式中，∂W 为在电动力作用下，系统沿 x 方向发生位移 ∂x 时，回路储能的变化。由此得出，作用在回路导体上的电动力 F 为

$$F = \frac{\partial W}{\partial x} \tag{3-2}$$

式（3-2）的意义是：导体移动时所做的机械功等于回路磁能的变化。

在两个磁耦合的载流导体系统中，设其中流过的电流为 I_1 和 I_2，则系统中的储能为

$$W=\frac{1}{2}L_1I_1^2+\frac{1}{2}L_2I_2^2+MI_1I_2 \tag{3-3}$$

式中，L_1、L_2 为两导体系统的自感系数；M 为两导体系统间的互感系数。

如果某导体受电动力作用产生元位移 ∂x，导体系统中的电流不变，则根据能量平衡法，该导体所受的电动力应为

$$F=\frac{\partial W}{\partial x}=\frac{1}{2}I_1^2\frac{\partial L_1}{\partial x}+\frac{1}{2}I_2^2\frac{\partial L_2}{\partial x}+I_1I_2\frac{\partial M}{\partial x} \tag{3-4}$$

当 I_2 或 I_1 为零时，上式变成

$$F=\frac{1}{2}I_1^2\frac{\partial L_1}{\partial x} \tag{3-5}$$

或

$$F=\frac{1}{2}I_2^2\frac{\partial L_2}{\partial x} \tag{3-6}$$

若 L_1 和 L_2 与 x 的变化无关，且 I_1 和 I_2 不为零，则式（3-4）变成

$$F=I_1I_2\frac{\partial M}{\partial x} \tag{3-7}$$

由此可见，利用能量平衡法计算电动力，只要已知导体系数的 L 和 M，并求出 L 和 M 的导数，电动力 F 即可确定。电动力 F 的方向为：两导体的电流方向相同时，导体间产生吸力；电流方向不同时，导体间产生斥力。

3.2.2　毕奥-萨伐尔定律计算电动力

毕奥-萨伐尔定律是计算电动力最常用的方法。

在图3-2中，载流导体 l_1 处在外磁场中，导体中的电流为 I_1，在导体 l_1 的元长度 dl_1 上所受的电动力 $d\boldsymbol{F}$ 为

$$d\boldsymbol{F}=I_1\boldsymbol{B}\sin\beta dl_1 \tag{3-8}$$

式中，$\boldsymbol{B}$ 为 dl_1 处的磁感应强度；β 为 I_1 与 $\boldsymbol{B}$ 的夹角。

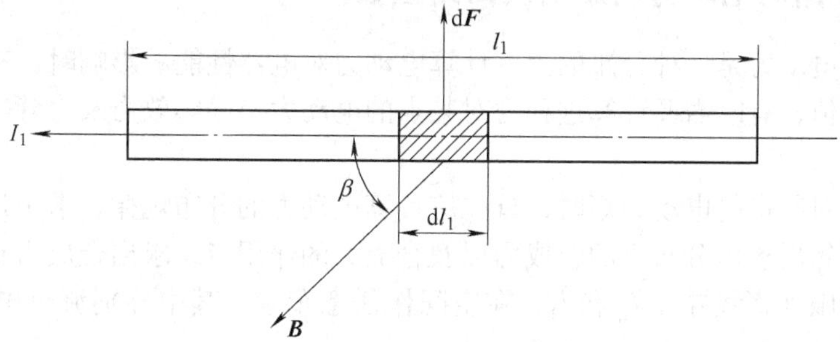

图3-2　元长度 dl_1 上的电动力

电动力 $d\boldsymbol{F}$ 的方向由左手定则决定，它垂直于 dl_1 与 $\boldsymbol{B}$ 所形成的平面。

对于式（3-8）沿导体全长 l_1 积分，就可以得 l_1 全长所受到的总电动力 $\boldsymbol{F}$，即

$$\boldsymbol{F}=\int_{l_1}d\boldsymbol{F}=\int_{l_1}I_1\boldsymbol{B}_1\sin\beta dl_1 \tag{3-9}$$

图3-3表示流过电流 I_2 的载流导体 l_2 在导体外 A 处的磁感应强度 $\boldsymbol{B}$，用毕奥-萨伐尔定

律表示为

$$\mathrm{d}\boldsymbol{B}=\frac{\mu_0}{4\pi}\frac{I_2\mathrm{d}l_2\sin\alpha}{r^2} \tag{3-10}$$

式中，μ_0 为空气磁导率；α 为单元电流 $I_2\mathrm{d}l_2$ 与电流起始点到 A 点的矢径 $\boldsymbol{r}$ 之间的夹角；l_2 为导线长度。

$\mathrm{d}\boldsymbol{B}$ 的方向垂直于电流元 $I_2\mathrm{d}l_2$ 和矢径 $\boldsymbol{r}$ 所组成的平面，由右手螺旋定则决定。从图 3-3 看出，欲求长度为 l_2 的载流导体在 A 点所产生的总磁感应强度，可对导体全长 l_2 积分，即

$$\boldsymbol{B}=\int_{l_2}\mathrm{d}\boldsymbol{B}=\frac{\mu_0 I_2}{4\pi}\int_{l_2}\frac{\mathrm{d}l_2}{\boldsymbol{r}^2}\sin\alpha=1\times10^{-7}I_2\int_{l_2}\frac{\mathrm{d}l_2}{\boldsymbol{r}^2}\sin\alpha \tag{3-11}$$

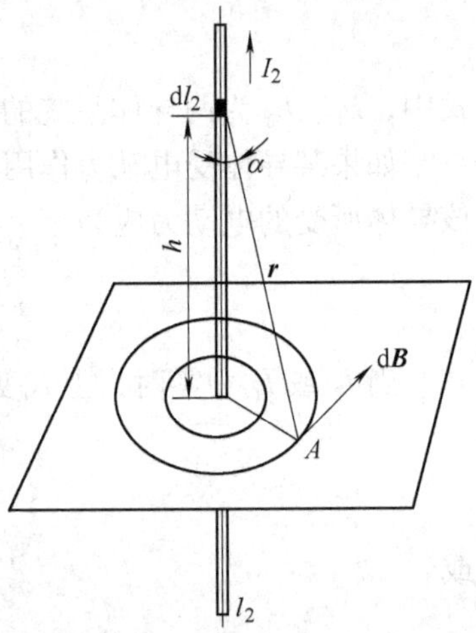

图 3-3 直载流导体周围的磁场

设 l_1 的磁感应强度由 l_2 产生，则将式（3-11）代入式（3-9），得

$$\begin{aligned}\boldsymbol{F}&=1\times10^{-7}I_1I_2\int_{l_1}\int_{l_2}\frac{\mathrm{d}l_1\mathrm{d}l_2}{\boldsymbol{r}^2}\sin\alpha\sin\beta\\&=1\times10^{-7}K_\mathrm{h}I_1I_2\end{aligned} \tag{3-12}$$

$$K_\mathrm{h}=\int_{l_1}\int_{l_2}\frac{\mathrm{d}l_1\mathrm{d}l_2}{\boldsymbol{r}^2}\sin\alpha\sin\beta \tag{3-13}$$

K_h 为回路因数，是一个无量纲系数。它与所研究的导电系统的几何尺寸、形状有关。计算出回路因数 K_h 的数值，再知道 I_1 和 I_2 就可以得出电动力的数值，所以式（3-12）是计算电动力的一般通用式。

3.3 电器中典型结构的电动力计算

3.3.1 导体回路对电动力的影响及回路因数

导体所受的电动力是一种分布的力。计算电动力对电器性能的影响时，有时需要计算导体电动力的合成值，有时需要计算这种力对某点的电动力矩、等效力及力臂等，从而计算它的机械效应。

计算分布力对某点的电动力矩时，首先应计算电动力的分布规律，求出这些分布力对某点力矩的总和，然后求出分布力的合成力以及合成力的作用点，求出合成力对某点的等效力臂。假定有两无限细直线导体 l_1 和 l_2，在空间作任意布置，其中分别流过电流 I_1 和 I_2，则电动力的分布函数为$\frac{\mathrm{d}F}{\mathrm{d}x}=f(x)$。

1. 两个平行有限长细导体间的电动力

如图 3-4 所示，由于 l_1 和 l_2 平行，则必在一个平面上，$\beta=\pi/2$，$\sin\beta=1$，则式（3-13）为

$$K_\mathrm{h}=\int_{l_1}\int_{l_2}\frac{\sin\alpha}{r^2}\mathrm{d}l_1\mathrm{d}l_2$$

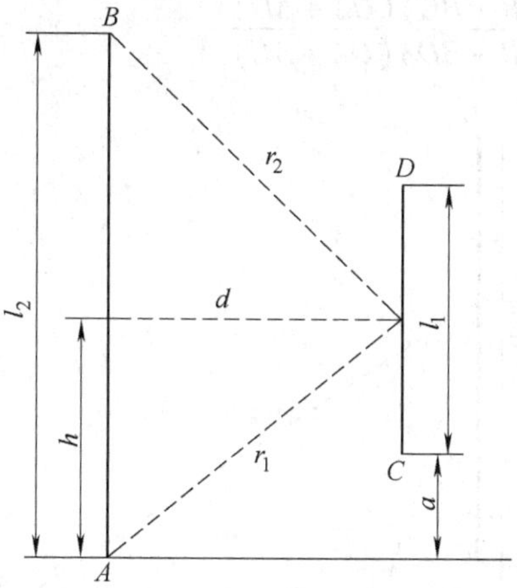

图 3-4　不等长二平行导体

$$K_h=\frac{1}{d}\left[\sqrt{d^2+(a+l_1)^2}+\sqrt{d^2+(l_2-a)^2}-\sqrt{d^2+a^2}-\sqrt{d^2+(l_2-a-l_1)^2}\right]$$
$$=\frac{[(AD+BC)-(AC+BD)]}{d} \tag{3-14}$$

将式（3-14）代入式（3-12）得

$$F=\frac{1}{d}[AD+BC-AC-BD]I_1I_2\times10^{-7} \tag{3-15}$$

导体之一 l_2 上各点单位长度承受的电动力为

$$f_2=\frac{\mathrm{d}F}{\mathrm{d}l_2}=\frac{I_1I_2}{d}\left(\frac{h}{r_1}+\frac{l_1-h}{r^2}\right)\times10^{-7}$$

对于两等长平行直线导体，即 $l_1=l_2=l$，$a=0$，则

$$K_h=\frac{1}{d}[2\sqrt{d^2+l^2}-2d]=\frac{2l}{d}\left[\sqrt{1+\left(\frac{d}{l}\right)^2}-\frac{d}{l}\right] \tag{3-16}$$

可得

$$F=\frac{2lI_1I_2}{d}\left[\sqrt{1+\left(\frac{l}{d}\right)^2}-\frac{d}{l}\right]\times10^{-7} \tag{3-17}$$

对于两平行无限长直线导体，即 $d\ll l$，则 $\sqrt{1+\left(\frac{d}{l}\right)^2}\approx1$，$\frac{d}{l}\approx0$，则

$$K_h=\frac{2l}{d} \tag{3-18}$$

可得

$$F=2I_1I_2\frac{l}{d}\times10^{-7} \tag{3-19}$$

$$f=I_1I_2\frac{2}{d}\times10^{-7}$$

2. 两垂直有限长直线导体间的电动力

对于两垂直有限长无限细直线导体，导体布置在同一平面内，其相对尺寸如图 3-5 所示。

回路因数为

$$K_h=\ln\frac{\left[a+l_2+\sqrt{(a+l_2)^2+b^2}\right]\left[a+\sqrt{a^2+(b+l_1)^2}\right]}{\left[a+l_2+\sqrt{(a+l_2)^2+(b+l_1)^2}\right]\left[a+\sqrt{a^2+b^2}\right]}$$

$$= \ln \frac{(OB + BC)(OA + AD)}{(OB + BD)(OA + AC)} \tag{3-20}$$

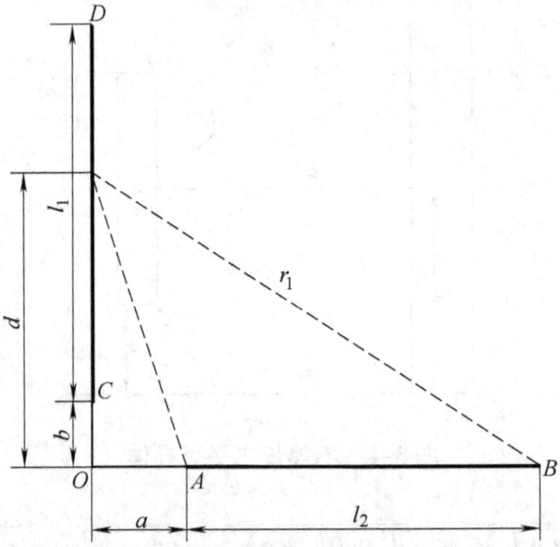

图 3-5　两垂直有限长无限细直线导体

当 l_2 导体的一端和 l_1 导体轴线平齐，即 $a=0$ 时，作用于 l_1 上的分布力为

$$f_1 = \frac{\mu_0}{4\pi} I_1 I_2 \frac{l_2}{dr_1}$$

3. 两有限长直线导体任意布置时的电动力

两有限长细直线导体在同一平面内作任意布置，其相对尺寸如图 3-6 所示。

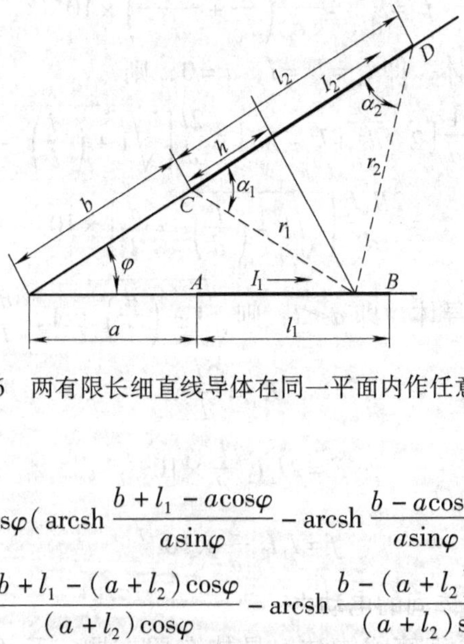

图 3-6　两有限长细直线导体在同一平面内作任意布置

回路因数为

$$\begin{aligned} K_\mathrm{h} = \frac{1}{\sin\varphi} \Big[& \cos\varphi \Big(\mathrm{arcsh} \frac{b + l_1 - a\cos\varphi}{a\sin\varphi} - \mathrm{arcsh} \frac{b - a\cos\varphi}{a\sin\varphi} \\ & + \mathrm{arcsh} \frac{b + l_1 - (a + l_2)\cos\varphi}{(a + l_2)\cos\varphi} - \mathrm{arcsh} \frac{b - (a + l_2)\cos\varphi}{(a + l_2)\sin\varphi} \Big) \\ & + \mathrm{arcsh} \frac{a - (b + l_1)\cos\varphi}{(b - l_1)\sin\varphi} - \mathrm{arcsh} \frac{a - b\cos\varphi}{b\sin\varphi} \\ & + \mathrm{arcsh} \frac{(a + l_2) - (b + l_1)\cos\varphi}{(b + l_1)\sin\varphi} - \mathrm{arcsh} \frac{(a + l_2) - b\cos\varphi}{b\sin\varphi} \Big] \end{aligned} \tag{3-21}$$

如果图中 $\alpha_1 < \frac{\pi}{2}$，$\alpha_2 < \frac{\pi}{2}$，则导体 l_1 上所受的分布力为

$$f_1 = \frac{\mu_0}{4\pi} I_1 I_2 \frac{1}{d}\left(\frac{h}{r_1} + \frac{l_2 - h}{r_2}\right) \tag{3-22}$$

4. 单圆圈形导体上的电动力

如图 3-7 所示，单圆圈形载流导体所受辐射方向的电动力企图使圆圈胀大。

设导体的半径为 ρ，圆圈的半径为 R，根据能量平衡原理，得到作用在圆周单位长度上辐射方向的电动力为

$$f_R = \frac{\mu_0}{4\pi} I^2 \frac{1}{R}\left(\ln \frac{8R}{\rho} - 0.75\right) \tag{3-23}$$

在电动力作用下，若圆圈形导体在 a 处被拉断，则拉断导体的力 F 是作用于 $\frac{1}{4}$ 圆周辐射力在水平方向分力之和，即

$$F = \int_0^{\frac{\pi}{2}} f_R \cos\varphi \mathrm{d}\varphi = \frac{\mu_0}{4\pi} I^2 \left(\ln \frac{8R}{\rho} - 0.75\right) \tag{3-24}$$

5. 同轴两圆圈导体间的电动力

如图 3-8 所示，设两同轴圆圈半径分别为 r 和 R，其距离为 h，电流分别为 I_1 和 I_2。当 $R = r$ 时，两圆圈导体间的电动力为

$$F = \mu_0 I_1 I_2 \frac{R}{h} \tag{3-25}$$

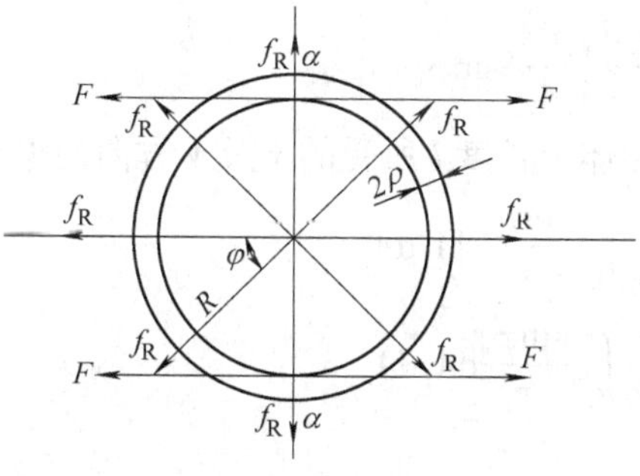

图 3-7　单圆圈形导体

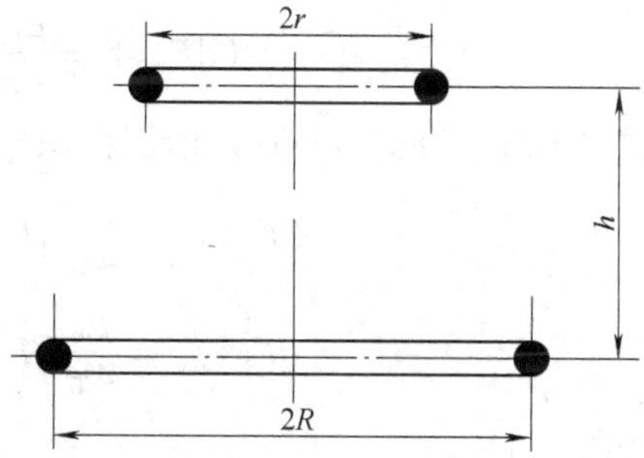

图 3-8　同轴两圆圈导体

6. 实验确定回路因数

无限细导体系统的电动力计算公式表明，当已知导体通过的电流时，只要求出回路因数，电动力即可决定。但是，回路因数的积分式（3-13）只是对简单导体回路比较容易求出，对于复杂的导体回路，求解就比较困难，这时只有用实验方法来决定。

在式（3-12）中，如果取电流为10^4A，则该式成为

$$F \approx K_c \tag{3-26}$$

以上关系表明，只要在导体系统中通以10^4A 的电流，所测得的电动力数值上就等于导体系统的回路因数。如果实验的电流较小，则测出电动力后直接用式（3-12）计算 K_h。

3.3.2　导体截面对电动力的影响及截面因数

以上讨论的电动力计算都是无限细圆形导体的情况，并没有考虑导体截面及对电动力的

影响。下面以无限长平行导体为例，研究截面对电动力的影响。

图 3-9 为两任意截面积 A_1 及 A_2 的无限长平行导体，其中流过的电流为 I_1 和 I_2，试求导体间的电动力。

在两导体截面积 A_1 及 A_2 上分别取元面积 dA_1 及 dA_2，则流过两元面积的电流各为

$$dI_1 = \frac{I_1}{A_1}dA_1 \tag{3-27}$$

$$dI_2 = \frac{I_2}{A_2}dA_2 \tag{3-28}$$

设两元面积 dA_1 及 dA_2 之间的距离为 r，r 与 x 坐标轴之间所夹的角度为 φ_x。根据式（3-19），电流 dI_1 长度 l 所受的电动力为

$$dF_{1,2} = \frac{\mu_0}{4\pi}dI_1 dI_2 \frac{2l}{r} \tag{3-29}$$

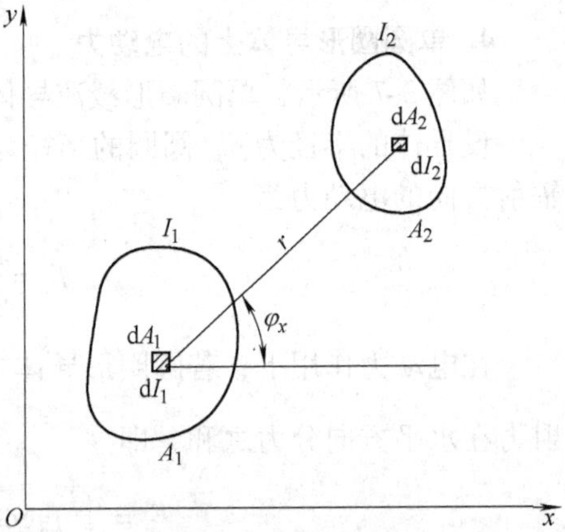

图 3-9　两任意截面积的无限长平行导体

将式（3-27）及式（3-28）代入式（3-29）得

$$dF_{1,2} = \frac{\mu_0}{4\pi}I_1 I_2 \frac{2l}{r}\frac{dA_1 dA_2}{A_1 A_2} \tag{3-30}$$

将 $dF_{1,2}$ 分解成 x 方向和 y 方向的分力，其值为

$$(dF_{1,2})_x = \frac{\mu_0}{4\pi}I_1 I_2 \frac{2l}{r}\frac{dA_1 dA_2}{A_1 A_2}\cos\varphi_x \tag{3-31}$$

$$(dF_{1,2})_y = \frac{\mu_0}{4\pi}I_1 I_2 \frac{2l}{r}\frac{dA_1 dA_2}{A_1 A_2}\sin\varphi_x \tag{3-32}$$

将式（3-31）和式（3-32）沿面积积分，得导体上长度 l 所受的 x 及 y 方向的电动力为

$$(F_{1,2})_x = \frac{\mu_0}{4\pi}I_1 I_2 \frac{2l}{A_1 A_2}\int_{A_1}\int_{A_2}\frac{\cos\varphi_x}{r}dA_1 dA_2 \tag{3-33}$$

$$(F_{1,2})_y = \frac{\mu_0}{4\pi}I_1 I_2 \frac{2l}{A_1 A_2}\int_{A_1}\int_{A_2}\frac{\sin\varphi_x}{r}dA_1 dA_2 \tag{3-34}$$

合力为

$$\boldsymbol{F}_{1,2} = (\boldsymbol{F}_{1,2})_x + (\boldsymbol{F}_{1,2})_y = \sqrt{(F_{1,2})_x^2 + (F_{1,2})_y^2}\angle\theta = F_{1,2}\angle\theta \tag{3-35}$$

式中，θ 为合力与 x 轴所夹的角度，$\theta = \tan^{-1}\dfrac{(F_{1,2})_y}{(F_{1,2})_x}$。

于是，合力大小为

$$\begin{aligned}F_{1,2} &= \sqrt{(F_{1,2})_x^2 + (F_{1,2})_y^2} = \frac{\mu_0}{4\pi}I_1 I_2 \frac{2l}{A_1 A_2}\Big[\Big(\int_{A_1}\int_{A_2}\frac{\cos\varphi_x}{r}dA_1 dA_2\Big)^2 \\ &\quad + \Big(\int_{A_1}\int_{A_2}\frac{\sin\varphi_x}{r}dA_1 dA_2\Big)^2\Big]^{1/2} \\ &= \frac{\mu_0}{4\pi}I_1 I_2 \frac{2l}{c}\frac{c}{A_1 A_2}\Big[\Big(\int_{A_1}\int_{A_2}\frac{\cos\varphi_x}{r}dA_1 dA_2\Big)^2 + \Big(\int_{A_1}\int_{A_2}\frac{\sin\varphi_x}{r}dA_1 dA_2\Big)^2\Big]^{1/2} \\ &= \frac{\mu_0}{4\pi}I_1 I_2 K_h K_c\end{aligned} \tag{3-36}$$

式中，K_h 为两导体间的回路因数，$K_h=\dfrac{2l}{c}$；K_c 为导体的截面因数，$K_c=\dfrac{c}{A_1A_2}\left[\left(\int_{A_1}\int_{A_2}\dfrac{\cos\varphi_x}{r}\mathrm{d}A_1\mathrm{d}A_2\right)^2+\left(\int_{A_1}\int_{A_2}\dfrac{\sin\varphi_x}{r}\mathrm{d}A_1\mathrm{d}A_2\right)^2\right]^{1/2}$，其值与导体的截面形状、大小和相互距离有关。其中，c 为两导体截面重心间的距离。

以上推导的是计算两任意截面无限长平行导体间的电动力公式，如果导体回路做任意布置，其截面形状和大小也任意，则计算电动力的公式形式仍如式（3-36），只不过其中的 K_h 及 K_c 随不同的具体情况而异。

下面以实际应用较多的矩形截面导体为例，计算两无限长平行导体间的电动力及截面因数。

如图 3-10 所示，有两矩形截面的无限长平行导体，其厚度为 x，宽度为 y，截面重心间的距离为 c，其中通有电流 I_1 和 I_2，因两导体对称布置，y 方向的分力为零，只剩下 x 方向的分力，根据式（3-36），l 长导体所受的电动力为

$$(F_{1,2})_x=\frac{\mu_0}{4\pi}I_1I_2K_hK_c \tag{3-37}$$

式中，$K_h=\dfrac{2l}{c}$，$K_c=\dfrac{c^2}{x^2y^2}M(x,y,c)$，其中 $M(x,y,c)$ 为与 x、y、c 尺寸有关的函数。

由于矩形截面导体的截面因数与 x、y、c 的关系比较复杂，常将 K_c 制成曲线以便查用，如图 3-11 所示的曲线。由图可以看出，矩形导体的截面因数在 0～1.4 之间变动。当 $\dfrac{c-x}{x+y}\geqslant 2$ 以后，也就是当两导体相隔空间距离大于导体截面的周长时，K_c 接近于 1。而当空间距离小于周长时，$\dfrac{x}{y}$ 值越小，K_c 也越小，反之 K_c 越大。

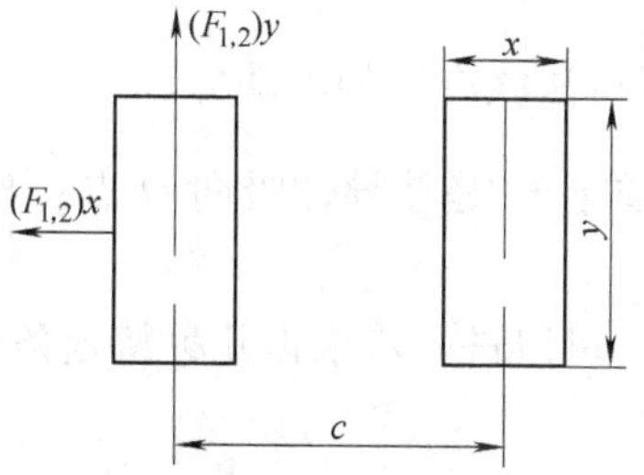

图 3-10　两矩形截面无限长平行导体

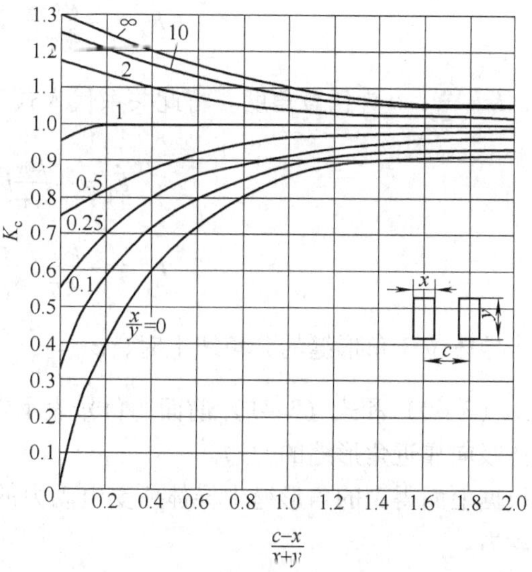

图 3-11　矩形截面导体的截面因数曲线

3.3.3　载流导体与导磁体间的电动力

许多电器中，载流导体附近存在导磁体。例如导体在铁箱附近，电弧在铁栅片附近等。

载流导体在导磁体附近受到电动力的作用，计算作用于导体的力常采用镜像原理。

镜像法是求解电磁场问题的一种间接方法，对于所研究的场域，用计算边界外虚设的电流分布，代替实际边界上复杂的电流分布来进行计算。根据唯一性定理，只要虚设的电流与边界上的实际电流一起所产生的磁场能满足给定的边界条件，这个结果就是正确的。常称虚设电流为镜像电流，故这种方法称为镜像法。镜像法的实质就是：根据唯一性定理，用处于均匀介质、位于计算边界外的等效镜像电流来代替实际边界面的影响，把一个包含两种不同介质内的磁场转化成两个处于均匀介质内的磁场问题来解决。

在电器结构中，导磁体附近的载流导体有两种典型情况：一种是角形缝中的载流导体；另一种是矩形缝中的载流导体。

1. 角形缝中导体的电动力

如图 3-12 所示，设导磁体有角形缝 AOB，夹角为 θ，角形缝中的介质为空气，缝中任意位置有一导体，流过的电流为 i，令角形缝的一边 OA 为极坐标的极轴，O 为极点，导体的坐标为（r_0，φ_0）。假定角形缝和导体在垂直于纸面方向延伸到无限远，则角形缝中的磁场便成为平面场。利用镜像法和保角变换原理，将 Z 平面上角形缝区映像到黎曼曲面，得该区域内的复磁位。根据复磁位函数求出 $Z(r_0,\varphi_0)$ 点的磁场强度，最后得到作用于单位长度导体上沿切线和法线方向的电动力为

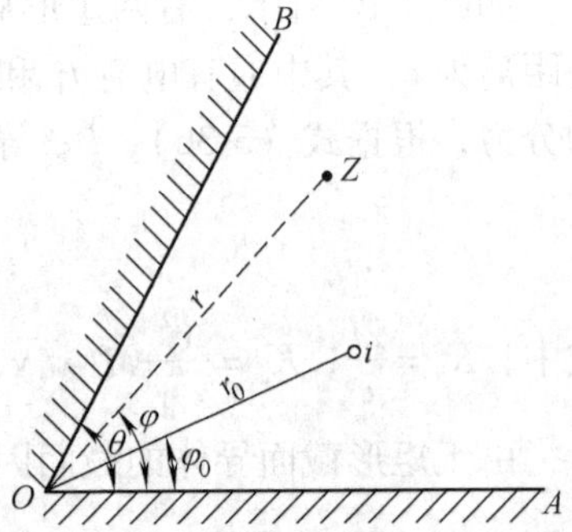

图 3-12　导磁体角形缝中的载流导体

$$F_r = -\frac{\mu_0}{4\pi}\frac{i^2}{r_0}(2K-1) \tag{3-38}$$

$$F_\varphi = -\frac{\mu_0}{4\pi}\frac{i^2}{r_0}K\cot(K\varphi_0) \tag{3-39}$$

式中，$K=\dfrac{\pi}{\theta}$，θ 为任意角度。将此关系代入式（3-38）和式（3-39），得

$$F_r = -\frac{\mu_0}{4\pi}i^2\frac{2\pi-\theta}{r_0\theta} \tag{3-40}$$

$$F_\varphi = -\frac{\mu_0}{4\pi}i^2\frac{\pi}{r_0\theta}\cot\left(\frac{\varphi_0}{\theta}\pi\right) \tag{3-41}$$

当导体位于角形缝的分角线上时，$\varphi_0=\dfrac{\theta}{2}$，$F_\varphi=0$，仅有法线方向的电动力。

式（3-40）和式（3-41）前面的负号表示电动力的方向：F_r 是使导体吸向 O 点；F_φ 是使导体吸向靠近角形缝的一边。

根据上面得到的角形缝中导体所受电动力的一般公式，可以进一步求得几种特定条件下的电动力。

如图 3-13a 所示，当 $\theta=\pi$ 时，相当于载流导体在平面导磁体附近，此时 $\varphi_0=\dfrac{\theta}{2}=\dfrac{\pi}{2}$，导体单位长度所受的电动力为

$$\left.\begin{aligned}F_{\varphi}&=0\\F_{r}&=\frac{\varphi_0}{4\pi}i^2\frac{1}{r_0}\end{aligned}\right\}\qquad(3\text{-}42)$$

式（3-42）结果与两无限长平行导体间单位长度的电动力计算公式（3-19）完全相同。

对于图3-13b及图3-13c，角形缝两边互相垂直，载流导体靠近角形缝的一边，这种情形用直角坐标计算电动力比较方便。将极坐标换成直角坐标得导体在x方向和y方向的受力大小为

$$\left.\begin{aligned}F_x&=\frac{\varphi_0}{4\pi}i^2\left[(2K-1)\frac{b}{a^2+b^2}-\frac{Ka}{a^2+b^2}\cot\left(K\arctan\frac{a}{b}\right)\right]\\F_y&=\frac{\varphi_0}{4\pi}i^2\left[(2K-1)\frac{a}{a^2+b^2}-\frac{Kb}{a^2+b^2}\cot\left(K\arctan\frac{a}{b}\right)\right]\end{aligned}\right\}\qquad(3\text{-}43)$$

对于图3-13b的情况，$\theta=\frac{3\pi}{2}$，$K=\frac{\pi}{\frac{3\pi}{2}}=\frac{2}{3}$；对于图3-13c的情况，$\theta=\frac{\pi}{2}$，$K=\frac{\pi}{\frac{\pi}{2}}=2$。

载流导体在角形缝附近所处的位置a和b，以及F_x和F_y的方向在图中均有标记。

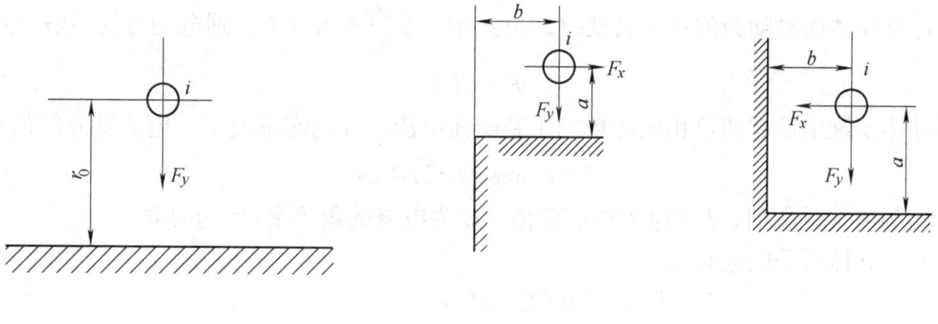

a)　　b)　　c)

图3-13　几种特殊导磁体角形缝附近的载流导体

2. 矩形缝中导体的电动力

如图3-14所示，设导磁体有矩形缝，缝宽为s，缝中介质为空气，缝内任意位置有一导体，位置尺寸如图所示，导体中的电流为i。根据镜像法和保角变换原理求得导体在x和y方向受到的电动力为

$$\left.\begin{aligned}F_x&=\frac{\varphi_0}{4\pi}i^2\frac{\pi}{s}\left[\frac{\sin\frac{2\pi}{s}b}{\operatorname{ch}\frac{2\pi}{s}a-\cos\frac{2\pi}{s}b}+\cot\frac{2\pi}{s}b\right]\\F_y&=\frac{\psi_0}{4\pi}i^2\left[\frac{\operatorname{sh}\frac{2\pi}{s}a}{\operatorname{ch}\frac{2\pi}{s}a-\cos\frac{2\pi}{s}b}+\operatorname{cth}\frac{\pi}{s}a\right]\end{aligned}\right\}\qquad(3\text{-}44)$$

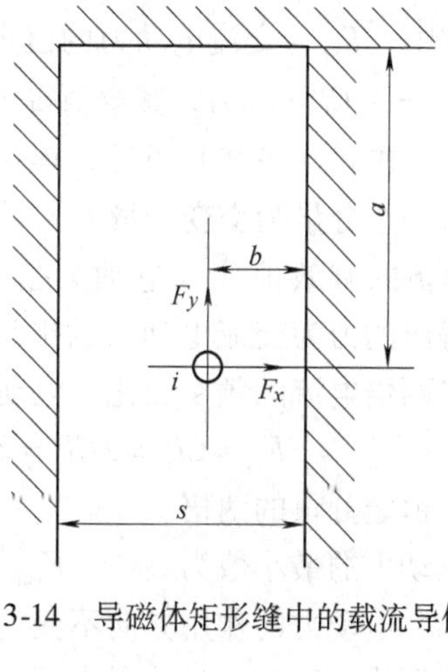

图3-14　导磁体矩形缝中的载流导体

当$\frac{a}{s}\geqslant 0.5$时，有

$$\left.\begin{aligned} F_x &= \frac{\varphi_0}{4\pi} i^2 \frac{\pi}{s} \cot \frac{\pi}{s} b \\ F_y &= \frac{\varphi_0}{4\pi} i^2 \frac{2\pi}{s} \end{aligned}\right\} \tag{3-45}$$

F_x 和 F_y 的方向如图 3-14 中箭头所示。

当载流导体位于缝的中线上时，$b = \frac{s}{2}$，此时 $F_x = 0$，只有 F_y 一个电动力存在。

3.4 正弦交流下的电动力

以上所讨论的电动力计算中，仅分析了导体回路及截面对电动力的影响，没有考虑电流的性质。当电流为直流时，电动力不随时间而变。当电流为交流时，电动力将随时间而变。下面对单相、三相正弦交流电流的电动力进行分析。

3.4.1 单相正弦交流下的电动力

在计算导体间电动力的一般公式（3-36）中，令 $\frac{\mu_0}{4\pi} K_h K_c = C$，则电动力的一般公式变成

$$F = CI_1 I_2 \tag{3-46}$$

设导体系统中通有相位相同的单相正弦交流电流，在稳态情况下，电流随时间的变化为

$$i = I_m \sin\omega t = \sqrt{2} I \sin\omega t \tag{3-47}$$

式中，I_m 为电流的幅值；I 为电流的有效值；ω 为电流的角频率；t 为时间。

此时，导体所受的电动力为

$$\begin{aligned} F &= Ci^2 = CI_m^2 \sin^2\omega t \\ &= CI_m^2 \left(\frac{1-\cos 2\omega t}{2} \right) = C\frac{I_m^2}{2} - C\frac{I_m^2 \cos 2\omega t}{2} \\ &= CI^2 - CI^2 \cos 2\omega t = F_- + F_\sim \end{aligned} \tag{3-48}$$

式中，F_- 为交流电动力的恒定分量，也称平均力，$F_- = CI^2$；$F_\sim$ 为交流电动力的交变分量，$F_\sim = -CI^2 \cos 2\omega t$，其幅值等于平均力，而频率为电流频率的 2 倍。

由式（3-48）可见，单相稳态交流电动力由两个分量组成：一个分量为恒定分量 F_-，另一个分量为交变分量 $F_\sim$。恒定分量用交流电流的有效值代入电动力公式（3-46）中，得出的力为交流电动力的平均值。交变分量以两倍电流的频率变化，电动力的最大值为

$$F_m = CI_m^2 = 2CI^2 = 2F_- \tag{3-49}$$

为恒定分量的两倍。

电动力的最小值为 $F_{min} = 0$ (3-50)

电动力的作用方向不变。图 3-15 所示为根据式（3-48）绘出的曲线。

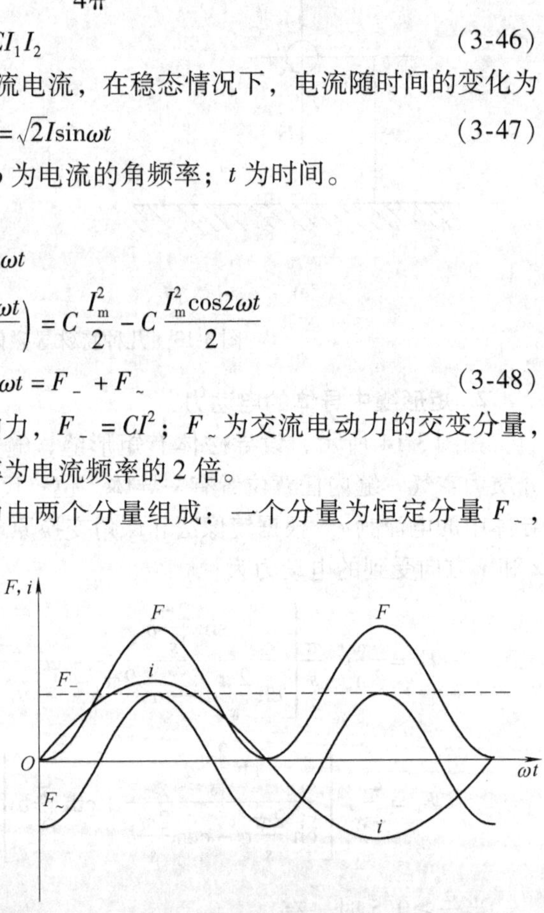

图 3-15 单相稳态交流电动力

为了比较各种情况下最大电动力的大

小，以单相稳态最大电动力为基准尺度，令 $2CI^2=F_0$，以便建立其他情况下最大电动力大小的概念。

3.4.2　三相正弦交流下的电动力

设有三相导体A、B、C，作直列布置，导体间的距离为 a，如图3-16所示。三相导体中分别流过三相正弦对称稳态电流，三相电流为

$$i_A=\sqrt{2}I\sin\omega t$$
$$i_B=\sqrt{2}I\sin(\omega t-120°) \tag{3-51}$$
$$i_C=\sqrt{2}I\sin(\omega t-240°)$$

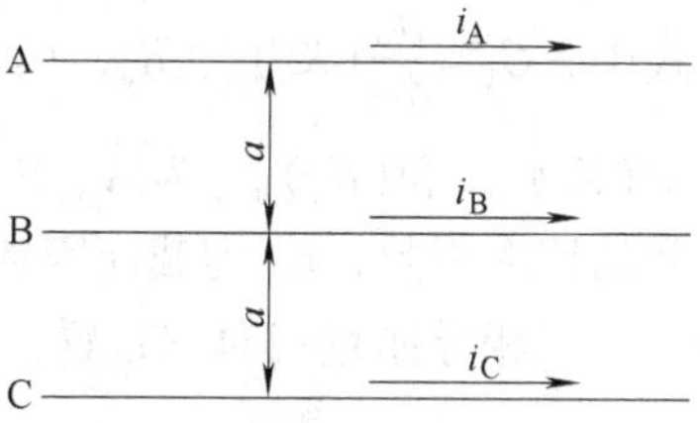

图3-16　三相导体作直列布置

下面分析各相导体所受的电动力。

令三相电流为同向，当三相导体平行并列时，作用于任一边缘相导体上的电动力为中间相及另一边缘相导体中电流对其作用之和，但边缘相导体间的距离是它们与中间相导体间距离的2倍，根据电动力的一般公式，作用在A相导体上的电动力为

$$F_A=C_1i_Ai_B+C_2i_Ai_C=2I^2\sin\omega t[C_1\sin(\omega t-120°)+C_2\sin(\omega t-240°)] \tag{3-52}$$

式中，$C_1=\dfrac{\mu_0}{4\pi}(K_h)_{A\cdot B}(K_c)$，$C_2=\dfrac{\mu_0}{4\pi}(K_h)_{A\cdot C}(K_c)$，其中 $(K_h)_{A\cdot B}$ 和 $(K_h)_{A\cdot C}$ 为A、B相和A、C相导体之间的回路因数，K_c 为截面因数。

因三相导体直列对称布置，截面积相同，故有 $C_2=\dfrac{1}{2}C_1$。因此

$$F_A=2I^2\sin\omega t\left[C_1\sin(\omega t-120°)+\frac{C_1}{2}\sin(\omega t-240°)\right] \tag{3-53}$$

经变换后

$$F_A=2C_1I^2\left[\frac{3}{8}\cos2\omega t-\frac{\sqrt{3}}{8}\sin2\omega t-\frac{3}{8}\right] \tag{3-54}$$

求最大电动力，令 $\dfrac{\mathrm{d}F_A}{\mathrm{d}(\omega t)}=0$，解得

$$\tan2\omega t=-\frac{1}{\sqrt{3}}$$

则　$\omega t=n\,180°+75°(n=0,1,2,\cdots)$ 或 $\omega t=n\,180°+165°(n=0,1,2,\cdots)$

以 $\omega t=n\,180°+75°$ 代入式(3-54)，得

$$(F_A)_{m-}=-0.808F_0 \tag{3-55}$$

表示A相导体受到的最大电动斥力为 $0.808F_0$。

以 $\omega t=n\,180°+165°$ 代入式(3-54)，得

$$(F_A)_{m+}=+0.058F_0 \tag{3-56}$$

表示A相导体受到的最大电动吸力为 $0.058F_0$。

根据式(3-54)，绘出作用在A相导体上的电动力如图3-17所示。由图可以看出，在 $\omega t=n\,180°+75°$ 各瞬间，电动力在负方向（斥力）达最大值，其值为 $0.808F_0$。在 $\omega t=$

$n\,180° + 165°$各瞬间，电动力在正方向（吸力）达最大值，其值为$0.058F_0$。斥力的最大值大于吸力的最大值。

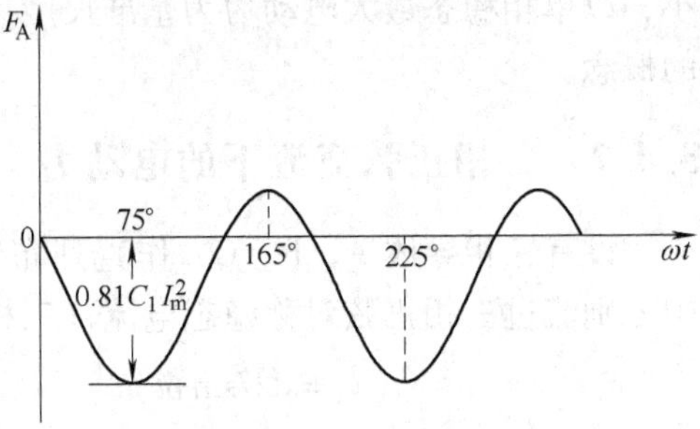

图 3-17　作用在 A 相导体上的电动力

作用在 B 相导体上的电动力为

$$F_B = C_1 i_A i_B - C_3 i_B i_C \tag{3-57}$$

式中，$C_1 = \frac{\mu_0}{4\pi}(K_h)_{A\cdot B}K_c$，$C_3 = \frac{\mu_0}{4\pi}(K_h)_{B\cdot C}K_c$，其中$(K_h)_{A\cdot B}$和$(K_h)_{B\cdot C}$为 A、B 相和 B、C 相导体之间的回路因数，$K_c$ 为截面因数。

三相导体直列对称布置，截面积相同，故有

$$C_1 = C_3$$

将式（3-51）代入式（3-57），可得

$$F_B = 2C_1I^2\sin(\omega t - 120°)[\sin\omega t - \sin(\omega t - 120°)] \tag{3-58}$$

求作用在 B 相导体上的最大电动力，令

$$\frac{dF_B}{d(\omega t)} = 0$$

解得

$$\tan 2\omega t = -\frac{1}{\sqrt{3}}$$

故有　$\omega t = n\,180° + 75°$（$n = 0, 1, 2, \cdots$）或 $\omega t = n\,180° + 165°$（$n = 0, 1, 2, \cdots$）

以 $\omega t = n\,180° + 75°$代入式（3-58），得

$$(F_B)_{m-} = -0.866F_0 \tag{3-59}$$

表示 B 相导体受到的最大电动斥力为$0.866F_0$。以 $\omega t = n\,180° + 165°$代入式（3-58），得

$$(F_B)_{m+} = +0.866F_0 \tag{3-60}$$

表示 B 相导体受到的最大电动吸力也为$0.866F_0$。

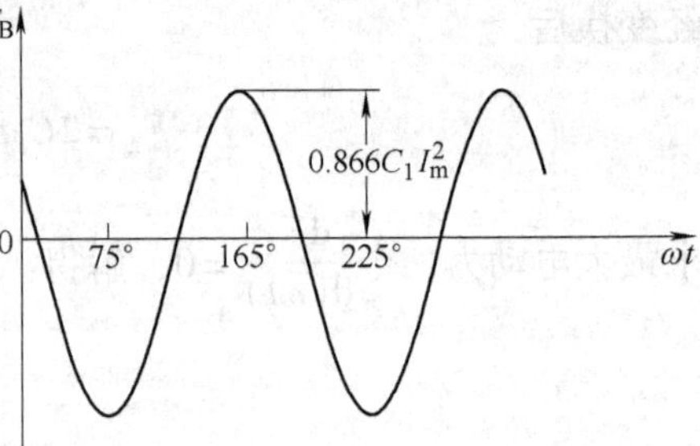

图 3-18　作用在 B 相导体上的电动力

根据式（3-58），绘出作用在 B 相导体上的电动力如图 3-18 所示。由图可以看出，在 $\omega t = n\,180° + 75°$各瞬间，电动力在负方向（斥力）达最大值，其值为$0.866F_0$。在 $\omega t = n180° + 165°$各瞬间，电动力在正方向（吸力）达最大值，其值也为$0.866F_0$。故 B 相导体斥力最大值与吸力最大值相等，工频每经一周期，B 相导体受力向左、右各摆动两次。B 相受到的最大电动力为 A 相最大电动力的$0.866/0.808 = 1.07$倍。

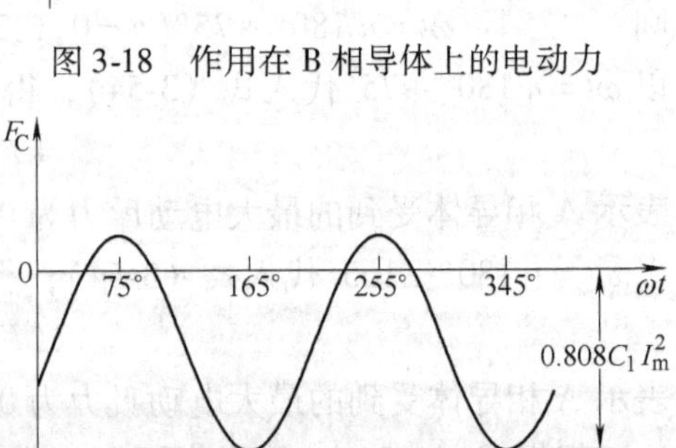

图 3-19　作用在 C 相导体上的电动力

由于 C 相导体与 A 相导体完全对称，故 C 相受到的最大电动斥力和吸力与 A 相完全相同，只是最大斥力和吸力达到的瞬间有所不同罢了。作用在 C 相导体上的电动力如图 3-19 所示。

根据上面分析可以得出两点结论：

（1）三相直列布置的导线系统，最大电动斥力

和最大电动吸力均出现于中间相（B相）导体上，其最大斥力与最大吸力幅值一样。故作机械强度校核时应以B相导体为准。

（2）若电流幅值相等，且两导线间距亦相等，单相系统导线所受电动力比三相系统大。

为了避免三相直列布置的导体受力不均，有时将三相导体作等边三角形布置，如图3-20所示。根据同样分析方法，以A相导体为例，取其轴心为坐标原点，并作x、y两坐标轴如图，再求其所受电动力沿此二轴方向上的分量，得

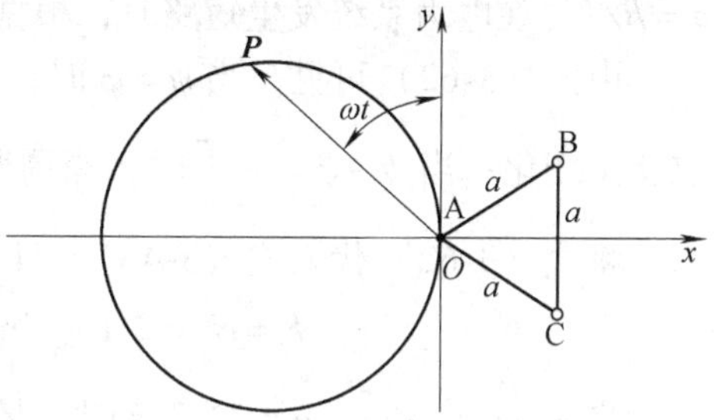

图3-20　三相导体作等边三角形布置

$$F_{Ax}=F_{A/Bx}+F_{A/Cx}=CI_m^2\sin\omega t[\sin(\omega t-120°)+\sin(\omega t+120°)]\cos 30°$$
$$=-\sqrt{3}CI_m^2(1-\cos 2\omega t)/4$$
$$F_{Ay}=F_{A/By}+F_{A/Cy}=CI_m^2\sin\omega t[\sin(\omega t-120°)-\sin(\omega t+120°)]\sin 30°$$
$$=-\sqrt{3}CI_m^2\sin 2\omega t/4$$

作用在A相导体上的电动力为

$$F_A=\pm\sqrt{F_{Ax}^2+F_{Ay}^2}=\pm\frac{\sqrt{3}}{2}F_0\sin 2\omega t \tag{3-61}$$

式中，F_{Ax}和F_{By}为x方向和y方向的分力。

式（3-61）表明，A相导体受到的电动力其大小和方向随时间而变，可用矢量$\boldsymbol{OP}$表示，$\boldsymbol{OP}$的端点随时间沿圆周移动。

B相和C相导体受到的电动力与A相完全相同，只是时间上和空间上相位不同而已。

3.5　短路电流下的电动力

电力系统发生短路时，线路电流很大，所产生的电动力对电器具有巨大的破坏作用。

3.5.1　单相短路时导体承受的电动力

在单相短路时，过渡过程中的短路电流常包括非周期分量与周期分量两部分。前者亦称为暂态分量或衰减分量，它主要决定于发生短路时电源电压的相位；后者亦称为稳态分量，它取决于系统短路时的阻抗。

对无穷大容量（或短路点很远）的电力系统，则短路时认为电压不变，短路电流的周期分量不衰减，而非周期分量是衰减的。并且非周期分量与短路发生瞬间对电压的相位角有关。

设短路发生瞬间电源电压为

$$u=U_m\sin(\omega t+\psi)$$

式中，ψ为短路发生瞬间电源电压初相位。

短路电流为

$$i=I_m\sin(\omega t+\psi-\varphi)-I_m\sin(\psi-\varphi)e^{-at}=i''+i' \tag{3-62}$$

式中，φ为电流滞后电压的相位角，$\varphi=\arctan\dfrac{\omega L}{R}$；$i''$为短路电流周期分量有效值（A）；$i'$为

短路电流非周期分量有效值（A）；I_m为短路电流周期分量的幅值（A）；a 为衰减系数（1/s），$a=R/L$。在电力系统发生短路时，根据统计 $a=22.3/\mathrm{s}$。

由式（3-62）可见，当 $\psi=\varphi$ 时，非周期分量为零，即短路电流不经过过渡过程而按稳定状态变化；当 $\psi-\varphi=-\dfrac{\pi}{2}$时，非周期分量电流最大，短路电流过渡过程最长。

将式（3-62）代入式（3-46），且令 $i_1=i_2=i$，得交流单相短路暂态电动力为

$$F=ci^2=2cI^2\left[\sin(\omega t+\psi-\varphi)-\sin(\psi-\varphi)\mathrm{e}^{-at}\right]^2 \tag{3-63}$$

当 $\psi-\varphi=-\dfrac{\pi}{2}$，$a=22.3/\mathrm{s}$ 时，最大电动力为

$$F=2cI^2[3.24]=3.24F_0 \tag{3-64}$$

极限情况下，忽略 R，即 $a=0$，非周期分量不衰减，最大电动力为

$$F=4F_0 \tag{3-65}$$

它为单相正弦电流下最大电动力的 4 倍。

单相短路时的短路电流曲线如图 3-21 所示，它所产生的电动力随时间而变化。但电动力的方向不变，如图 3-22 所示。

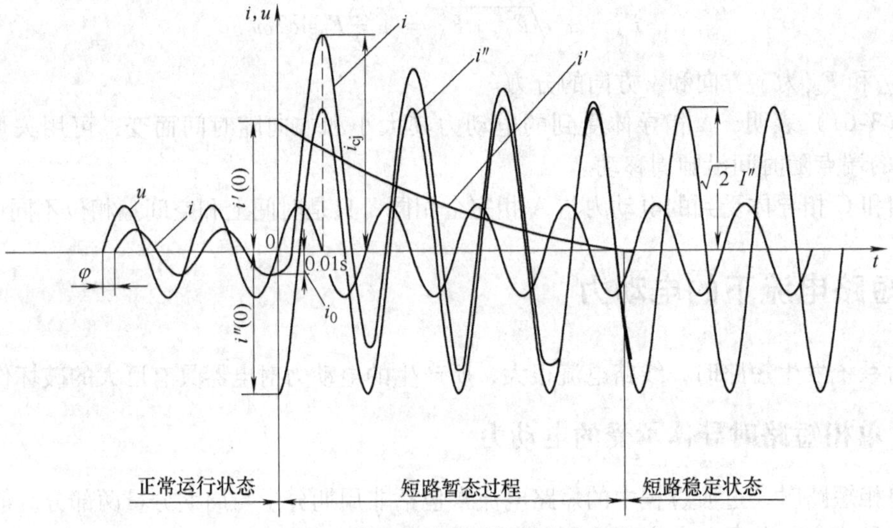

图 3-21 单相短路时的短路电流曲线

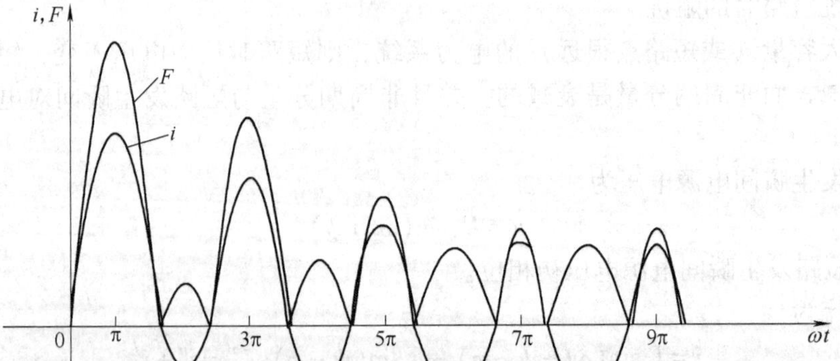

图 3-22 单相短路电流和电动力曲线

3.5.2 三相对称短路时导体承受的电动力

以电力系统短路为例，分析三相交流过渡过程时导体所承受的电动力。

三相系统发生对称短路时，其电流为

$$\left.\begin{aligned} i_A &= \sqrt{2}I[\sin(\omega t+\psi-\varphi)-\sin(\psi-\varphi)e^{-\frac{R}{L}t}] \\ i_B &= \sqrt{2}I[\sin(\omega t+\psi-\varphi-120°)-\sin(\psi-\varphi-120°)e^{-\frac{R}{L}t}] \\ i_C &= \sqrt{2}I[\sin(\omega t+\psi-\varphi-240°)-\sin(\psi-\varphi-240°)e^{-\frac{R}{L}t}] \end{aligned}\right\} \tag{3-66}$$

对于直列布置的三相导体，作用在A、B、C相导体上的电动力分别为

$$\left.\begin{aligned} F_A &= C_1 i_A i_B + C_2 i_A i_C \\ F_B &= C_1 i_A i_B + C_3 i_B i_C \\ F_C &= C_2 i_C i_A + C_3 i_B i_C \end{aligned}\right\} \tag{3-67}$$

因三相导体直列对称布置，故

$$\begin{aligned} C_1 &= C_3 \\ C_2 &= \frac{1}{2}C_1 \end{aligned} \tag{3-68}$$

将式（3-66）三相电流代入式（3-67），并考虑式（3-68）的关系，即可得到F_A、F_B、F_C的表达式。

若$\frac{R}{L}=22.311\mathrm{s}^{-1}$，得到两边A、C相导体受到的最大电动斥力为$-2.65F_0$，发生在$\psi=\varphi-150°$，$\omega t=\pi$时；中间B相导体受到的最大吸力和斥力相同（达到最大值的时刻不同），其值为$+2.8F_0$，发生在$\psi-\varphi-45°$，$\omega t=180°$时。

对于等边三角形布置的三相导体，如令短路电流的衰减系数$\frac{R}{L}=0$，则A相导体受到的最大电动力发生在$\psi=\varphi-90°$，并按以下规律变化

$$F_A = \pm 2\sqrt{3}F_0\sin^3\frac{\omega t}{2} \tag{3-69}$$

B、C相导体与A相导体受力相同，只是时间、空间相位不同。

由以上分析可知，在三相导体直列分布时，若发生三相对称短路，则以B相所受电动力为最大，其绝对值为$2.8F_0$。

3.6 电器的电动稳定性

电器的电动稳定性就是指电器承受短路电流电动力的作用而不致破坏或产生永久变形的能力。也可以说电器有关部分在电动力作用下不产生损坏或永久变形所能通过的最大电流的能力。电器的电动稳定性常用电器能承受的最大冲击电流的峰值来表示，有的则用此峰值电流与额定电流的比值来表示。电器的电动稳定性也是考核电器性能的重要指标之一，国家标准对各类电器的电动稳定性指标都有具体的规定。

对三相交流系统来说，短路的形式有单相短路、两相短路和三相短路。对于不同的短路形式，短路电流的大小和导体间作用的电动力也不同。根据前面几节所作的分析，如果短路电流的周期分量有效值相同，单相短路电动力最大。但是，在现代电力系统中，中性线设有限流装置（如电抗器等），故当短路地点相同时，三相短路电流一般都比单相和两相短路电流大，即电器在电力系统中运行时，三相短路受到的电动力最大。因此，电器使用部门在选用电器时，一般都根据三相短路电流来校核电器的电动稳定性。但是，由于电力系统的具体结构不同，也可能有单相短路电流比三相短路电流大的情况，电器使用者应根据系统短路电流最大的情况来选择电器。

交流电动力的交变频率为电流频率的2倍。如果电动力的频率与导体系统的固有振荡频率相等，导体就会发生机械共振现象，这将对导体系统产生很大的破坏力。为了避免机械共振，一切承受电动力的电器结构不应该具有和电动力频率接近的固有振荡频率。在考虑这一问题时，最好使承受电动力部件的固有振荡频率低于电动力的作用频率。因为当导体系统的固有频率高于基波电动力作用频率时，如果此时短路电流含有较大的高次谐波，导体便可能与高次谐波电动力发生共振。

在实际电器中，导体系统的结构和固定方式比较复杂，推导固有振荡频率的计算公式比较困难。对于单跨距导体，其固有振荡频率可按下式估算：

$$f=\frac{35}{L^2}\sqrt{\frac{EJ_p}{m_0}} \tag{3-70}$$

式中，L为支持绝缘子间的跨距（m）；E为导体的弹性模量（Pa），对于铜导体，$E=1.13\times10^{11}$Pa；J_p为垂直于弯曲方向的轴的惯性矩（m^4），对于矩形截面导体$J_p=\frac{bh^3}{12}$，其中b为截面的宽，h为高；对于圆形截面导体$J_p=\frac{\pi d^4}{64}$，其中d为导体直径；m_0为导体单位长度的质量（$kg\cdot m^{-1}$）。

例3-1 某三相交流母线，额定电流600A，采用50mm×6mm铝导体，三相短路电流周期分量有效值为30kA。母线平行直列布置，支持瓷绝缘子间的跨度为130mm，相间轴线距离为70mm，试检验母线的电动稳定性和机械共振频率，如不满足，如何调整参数？

解： 考虑母线为无限长导体，导体间的电动力是均匀分布的力。三相短路时中间相受力最大，其值为

$$(F_B)_m=2.8F_0$$

$$F_0=\frac{\mu_0}{4\pi}K_hK_cI_m^2$$

回路因数 $$K_h=\frac{2L}{d}=3.71$$

截面因数 $$K_c\approx1$$

故 $$(F_B)_m=2.8\times3.71\times2\times(30\times10^3)^2\times10^{-7}N=1869.8N$$

设定母线为自由支持在瓷绝缘子上的梁，承受均布载荷。在电动力作用下，母线受到的最大弯矩为

$$M=(F_B)_mL=243.1N\cdot m$$

抗弯矩 $$W=\frac{bh^2}{6}=\frac{6\times50^2\times10^{-9}}{6}\text{m}^3=2.5\times10^{-6}\text{m}^3$$

计算应力 $$\sigma_p=\frac{M}{W}=9.724\times10^7\text{Pa}$$

查工业铝的允许应力 σ 为 7×10^7Pa。

出现 $$\sigma_p>\sigma$$

不满足电动稳定要求，必须对原设计参数进行调整。重取跨度 $L'=80$mm 再作计算。

回路因数 $$K_h=\frac{2L'}{d}=2.29$$

截面因数 $$K_c=1$$

最大电动力 $$(F_B)'_m=2.8\times2.29\frac{\mu_0}{2\pi}I^2=1154.6\text{N}$$

力矩 $$M=(F_B)'_mL'=92.3\text{N}\cdot\text{m}$$

应力 $$\sigma'_p=\frac{M}{W}=3.69\times10^7\text{Pa}$$

$$\sigma'_p<\sigma$$

故机械强度满足要求。

在此基础上校验机械共振。固有频率为

$$f=\frac{35}{L'^2}\sqrt{\frac{EJ_p}{m_0}}$$

其中 $$J_p=\frac{bh^3}{12}=6.25\times10^{-8}\text{m}^4$$

$$E=7\times10^{10}\text{Pa}$$

$$\gamma=2.7\times10^3\text{kg/m}^3$$

故 $$f=\frac{35}{L'^2}\sqrt{\frac{EJ_p}{m_0}}=40\text{Hz}$$

而电动力的频率为 $f=2\times f_N=100$Hz，故不会引起机械共振。因此可得结论，调整跨度为 $L'=80$mm 时，机械强度和固有频率均能满足要求。

思考题与习题

3-1 载流导体间为什么相互间有电动力作用？

3-2 载流导体在导磁体附近为什么会受到力的作用？力的方向如何？运动到何处为止？

3-3 载流导体常采用矩形母线，试分析平面布置宽边相对和窄边相对时电动力和电动力的稳定性。

3-4 两矩形母线叠在一起，通以同向电流，问母线上是否受到电动力的作用？

3-5 计算载流导体间的电动力时，为什么要引入回路系数和截面系数？

3-6 交变电流下的电动力有何特点？三相短路时，各相导线所受电动力是否相同？

3-7 某配电设备中三相母线直列布置，长度为2.5m，两排中心相距0.35m，设短路电流为40kA（峰值），求中间相的最大电动力。

第4章　电弧基础理论

在大气中，有触头开关电器在刚分或刚合时，若触头间电压与电流达到一定值，则触头间便会产生质量很轻、极易因受力而变形的温度极高、发强光的等离子体流，这就是电弧。电弧是电流开断过程中所固有的、最基本的、不可缺少的、起决定作用的因素之一。开关电弧的存在具有两重性：一是为电路中的能量泄放提供场所，从而降低电路开断所产生的过电压；二是在开断大电流故障时，电弧温度可高达几千至上万开尔文，可能引起触头烧蚀，甚至导致触头熔焊损坏，影响电器的正常工作，严重情况下可能引起电器火灾及人员伤亡。因此，在电气领域中，电弧基础理论有助于研究不同介质中电弧的产生、发展直至熄灭的变化规律，得到熄灭电弧的有效措施。电弧的熄灭过程是电流开断的基础，掌握放电物理基础对于学习电弧基础理论、理解开关开断过程非常必要。

4.1　气体放电的物理基础

气体或金属蒸气导电是因为它们内部包含正离子、负离子和电子，而放电则是由于带电粒子的产生及其运动。在正常状态下，气体质点呈中性、不导电。干燥气体是良好的绝缘体。但在紫外线、放射线、宇宙射线以及高温和电场等条件作用下，气体中就产生了自由电子、正离子和负离子，气体就由绝缘状态变为导电状态，使电流得以通过气体，这一现象称为气体放电。研究放电现象是建立电流开断的理论基础。为理解放电现象，有必要了解气体放电的物理过程。

4.1.1　电离和激励

众所周知，原子由原子核和若干电子组成。核外电子沿一定轨道绕原子核运动。在正常状态下，电子处于离原子核最近的轨道上，此时原子的势能最小。但是当原子受到外界能量（热、光、碰撞等）作用时，其外层轨道上的电子就可能吸收这些能量，克服原子核的吸引力而跃迁到更外层较高能级的轨道上去，但仍不能脱离原子核的束缚，它只能跃迁到更高的轨道上，处于激励状态。电子在激励状态持续时间短，在此期间，电子再获得外界能量，它便脱离原子核的束缚而逸出，成为自由电子。否则，它将按量子规律释放多余的能量而返回原子轨道。

$$W_e = hv = E_1 - E_2 \tag{4-1}$$

式中，W_e 为电子辐射的量子能；v 为辐射能的频率；h 为普朗克常数，$h = 6.624 \times 10^{-34}\mathrm{J \cdot s}$；$E_1$、$E_2$ 分别为较远轨道和正常轨道的能级。

一个原子可以有几个激励能，它们分别对应于不同的外层轨道。原子或分子处于激励状态的平均时间只有 10^{-8}s，粒子回到正常状态时将伴随光子辐射。对于分子态气体而言，由于低能激励的存在，有可能辐射出低能光子。传送给原子的能量越大，电子在激励时所跃迁的轨道离原子核越远。如果外界加到原子上的能量足够大，使其电子得以跳出原子核的束缚，电子即成为自由电子。此时称原子发生了电离，同时原来的中性原子或分子（以后统称中性粒子）变成一正离子。原子或分子电离出一个自由电子所需的能量，称为电离能（W_i），它可以表示为一个电子的电量与电位差的乘积，即

$$W_i = eU_i \tag{4-2}$$

式中，e 为电子的电量，$e=1.6\times10^{-19}$C；U_i 为电离电位。

正离子还可以被再度电离，其结果是产生二次电离离子与电子，但这时所需要的能量要大得多。还可能产生三次甚至更多次的电离离子。表4-1中列举了部分气体和金属蒸气的激励能（W_e）（括号中的数字表示第二激励能）及电离能（W_i）（括号中的数字表示从原子拉出第二、第三、…个电子所需要的电离能），其中 $1\text{eV}=1.6\times10^{-19}$J。

表4-1　部分气体和金属蒸气的电离能和激励能　（单位：eV）

元素		电离能	激励能
氢	H	13.54	10.2（12.1）
氩	Ar	15.7（23，41）	11.5（12.7）
氮	N	14.55（29.5，47，73）	6.3
氧	O	13.5（35，55，77）	7.9
氟	F	17.4（35，63，87，114）	—
碳	C	11.3（24.4，48，65）	—
银	Ag	7.57	—
锌	Zn	9.39（18.0）	4.02（5.77）
汞	Hg	10.4（19，35，72）	4.86（6.67）
钨	W	7.98	—
铜	Cu	7.72	—
锡	Sn	7.33	—
铁	Fe	7.9	—
钠	Na	5.14（47.3）	2.12（3.47）
铝	Al	5.98	—

已被激励的中性粒子比较容易电离，因为此时产生电离所需的能量低于正常中性粒子电离所需的能量，能量差即等于该元素的激励能。这种经过激励状态再电离的现象称为分级电离。在电离过程中，原子或分子的亚稳状态起着重要作用，在该状态下，已经跳到较外层轨道上的电子不能很快返回原来的正常轨道，常常需要再施加外界能量，使已处于较外层轨道上的电子跳到更外层轨道上去，然后电子才能跳回正常轨道。处于亚稳状态的激励粒子的寿命可达 10^{-4}s 或更长，在这一段时间内，粒子可能再得到附加能量而实现分级电离。激励是一种不稳定的状态。大多数被激励的中性粒子能以光量子的形式释放能量而自动返回到正常状态。中性粒子处于激励状态的时间一般低于 $10^{-9}\sim10^{-8}$s。

4.1.2　气体电离方式

气体通常是不导电的，但是如果气体中含有带电粒了，如电子、止离子和负离子，它就能导电，这种气体被称为电离气体。气体中被电离的原子数与总原子数之比称为电离度。电离度越高，气体的电导率越大。电离方式有表面发射和空间电离两种。

1. 表面发射

金属表面由于某些原因能够发射电子，称为表面发射。按其发射电子的原因还可分为以

下四种：

(1) 热发射。当金属温度升高到 2 000 ~ 2 500K 时，金属表面的自由电子可能获得足够的动能，以超越金属表面晶格电场造成的势垒而逸出，这一现象称为热发射。一个电子克服原子核束缚，从材料表面逸出所需的最低能量称为逸出功（W_y），单位为 eV。部分元素的逸出功见表 4-2。

表 4-2 部分元素的逸出功

元素	碳 C	钨 W	铝 Al	铜 Cu	铬 Cr	镉 Cd	锌 Zn	镍 Ni	汞 Hg	铁 Fe	金 Au	锡 Sn
W_y/eV	4.4	7.49	4.25	4.4	4.6	4.1	4.24	4.5	4.53	4.46	4.9	4.38

(2) 场致发射。当金属表面存在较高的电场强度（大于 10^6V/cm）时，使得金属表面的势垒厚度减小，自由电子可能在常温下穿过势垒而逸出金属，这种现象称为高电场发射或场致发射。

(3) 光发射。当光和红外线、紫外线，以及其他射线照射到金属表面时，引起电子从金属表面逸出的现象，称为光发射。光波越短，引起光发射的能力越强，从金属表面逸出的电子速度越高。

(4) 二次发射。当正离子以很高速度撞击阴极，或者电子以很高速度撞击阳极时，均可能引起金属表面发射电子，这种现象称为二次发射。在气压较高的放电间隙中，通常阴极表面附近比阳极表面附近的电场强度高，因此阴极表面的二次发射较强，在气体放电过程中起着重要作用。

2. 空间电离

电极间气体在外力作用下，其分子及原子自身分裂成自由电子和正离子的现象，称为空间电离。空间电离有以下三种：

(1) 光电离。中性粒子受到光的照射，当光子能量大于气体原子或分子的电离能时，在空间发生光电离。

$$hv \geqslant W_{y1} \tag{4-3}$$

式中，h 为普朗克常数；v 为照射光频率；W_{y1}为中性电子电离能。

光的频率越高（波长越短），其电离作用越强。X 射线、α 射线、β 射线、γ 射线和宇宙射线与紫外线相比有较强的电离作用，可见光几乎不能引起电离。

(2) 电场电离（或称碰撞电离）。由光电离或表面发射所产生的存在于气体中的带电粒子，在电场作用下被加速，从而获得动能。若动能大于中性粒子的电离能，则当它在行进过程中与另一个中性粒子发生碰撞时，就可能使之电离，这种现象称为电场电离或碰撞电离。但是动能超过电离能的电子，并非每次碰撞中性粒子后都能使之电离，而是存在一定几率。电离几率的大小既取决于动能的大小，又取决于电子和中性粒子两者磁场相互作用的时间。动能较小的电子，也可能通过碰撞使中性粒子先处于激励状态，然后再受到另一电子或其他粒子的碰撞而电离。通常碰撞发生电离或激励的几率很低。有时电子碰撞中性粒子后，既不使之电离也不使之激励，而是附着在它上面形成负离子，这种现象称为黏合。另外，由于电子的体积小，重量较轻，因此当平均自由行程较长时容易加速而积累足够的动能，在产生电场电离时，电子的作用大于正离子、负离子的作用。

(3) 热电离。气体粒子由于高速热运动、互相碰撞所产生的电离称为热电离。在常温下产生热电离的几率很小，只有当温度高达3 000 ~ 4 000K以上时热电离才比较显著。温度越高，气体的热电离度越大。在相同温度下，由于金属蒸气的电离能低于一般气体的电离能，所以金属蒸气容易产生热电离。当气体中混有金属蒸气，其电离度高于纯气体时，电导率变大。

4.1.3　气体消电离及其主要形式

电离气体中的带电粒子自身消失或失去电荷而转化为中性粒子的现象称为消电离。消电离的方式主要有复合和扩散。

1. 复合

两个带异性电荷的粒子相遇后失去电荷成为中性粒子的现象称为复合。复合有表面复合与空间复合两种形式。

（1）表面复合。电子撞击阳极或负离子接近阳极后，将电子转移给阳极，自身变为中性粒子；正离子接近阴极后从阴极取得电子，自身变为中性粒子。此外，当带电粒子接近不带电的金属表面时，如图4-1a、b所示，在金属表面感应出相反极性的电荷，由于库仑力的作用，它被吸附于金属表面上。如果此时再有另一异性带电粒子也接近金属表面时，则两带电粒子相互吸引，复合形成中性粒子。即使带电粒子到达绝缘体表面，由于感应所生极化电荷的作用，也会发生类似于在金属表面的复合过程。上述这些发生在带电或不带电物体表面的复合过程统称为表面复合。

（2）空间复合。若正离子和电子在极间相遇，它们将复合成为一个中性粒子，这就是空间复合。正离子和电子在空间相遇后直接结合形成一个中性粒子，如图4-1c所示，称为直接复合。有时电子黏合在中性粒子上形成负离子，然后再与正离子复合形成两个中性粒子，称为间接复合，如图4-1d所示。异号带电粒子复合成中性粒子也是由其电磁场相互作用的结果，因此也需要一定的作用时间。由于电子的运动速度比负离子大得多，所以直接空间复合的几率比间接空间复合的几率小得多。

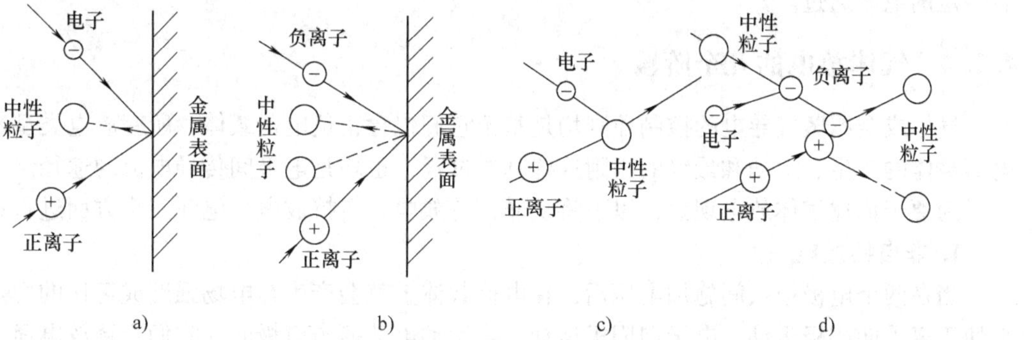

图4-1　表面复合和空间复合

复合的概率与气体性质及纯度有关。例如，惰性气体和纯净的氢气及氮气均不会与电子结合成为负离子，而氟原子及其化合物（如SF_6气体）具有极强的捕获电子的能力。因此，SF_6被称为负电性气体，它是一种良好的绝缘和灭弧介质。

电离气体中带电粒子复合的速度可采用下式计算：

$$\frac{dn_+}{dt}=\frac{dn_-}{dt}=-\alpha_f n_+ n_- \tag{4-4}$$

式中，n_+为电离气体中正离子的数密度；n_-为电离气体中负离子和电子的数密度；α_f为复合系数，它与气体种类、温度、气压等因素有关。

影响复合的因素有很多，但其中最显著的还是温度。复合过程总是伴随着能量的释放。在表面复合的情况下，释放出的能量多用于加热物体表面；在空间复合的情况下，释放出的能量大多以光的形式向周围空间辐射。

2. 扩散

由于热运动，游离气体的带电粒子从较高浓度区域向较低浓度区域移动的现象称为扩散。扩散使带电粒子不断减少，从而使电离度下降，这也是消电离的方法之一。

当电离气体呈圆柱形（如电弧中）时，由于扩散而使带电粒子数密度降低的速度可用下式计算：

$$\frac{dn}{dt}=-\frac{Kn}{d^2} \tag{4-5}$$

式中，n为带电粒子的数密度；d为圆柱体的直径；K为系数，对于氮气约为1 000cm^2/s，对于空气约为600cm^2/s。

扩散使弧柱中带电粒子减少，起到去电离作用。当电弧电流恒定时，扩散速率与电弧直径成反比，即弧径越细，扩散作用越强。

当电离气体中正、负带电粒子数相等时，称为等离子体。在同一时间内，扩散的正离子数常与负带电粒子数相等。否则，扩散不能继续进行。例如，若多扩散一个负带电粒子，在电离气体中就相对地多了一个正离子，于是在电离气体中将产生一正电场，排斥正离子，吸引负带电粒子，结果将加速正离子的扩散而阻碍负带电粒子的扩散，使电离气体中带电粒子趋于新的平衡。

综上分析，电离与消电离同时存在、同时消失，两者不断地相互作用，保持放电空隙中有一定的电流通过。

4.1.4 气体放电的几个阶段

气体或金属蒸气导电的控制原则均是基于它们包含正负电荷载体，所有放电类型都涉及电荷载体的产生、运动和最终的吸附这些基本过程，也均是电极间传导电流的途径。

为便于描述气体放电现象，以下将从非自持放电、自持放电、电弧三个方面进行论述。

1. 非自持放电

当在两个电极极板间施加电压后，在电荷载体上就会产生与电场强度成正比的力。这个力使正离子向阴极运动，电子向阳极运动。当运动电荷撞击电极时，它们会释放电荷，产生电流流经气体介质。初始阶段，放电电流很小，然而随着电压的升高，可以明显看出，电流随着施加在电极间的电压成正比增长，直到当电荷载体被电极吸收的速率同它们产生的速率相等时才停止。一旦达到平衡态，电流就达到第一个相对稳定的极限值，可以认为是饱和电流的极限值。这个饱和电流值取决于离子化的强烈程度，也同电极气隙间的气体体积和气压成正比。

在饱和电流极限值时，电流保持恒定，尽管外加电压增加到饱和电流极限值所需初始电压的几倍。因为饱和电流完全取决于外部电离作用所提供的电荷载体，这一放电类型被称为非自持放电。

由于电荷载体不仅受到外部电场力的作用还受到静电力的作用，电荷载体的初始均匀分布可以通过改变电极间的外加电压来改变。可以看出，极间电动势的增加会导致近阳极区域电子集中和近阴极区域正离子集中，这样就形成了所谓的极间区域的空间电荷。

空间电荷导致电极间电场增加，这样就导致电极间场域空间的减小。电极的电压降被认为是阳极电动势降落或阳极电压降，阴极电动势降落或阴极电压降。

正如前文所述，只要电流达到饱和值，电极间的施加电压（和电场）虽可能明显增加但不会引起放电电流的明显增加。然而，随着电场强度的增加，电荷载体的速度也在增加。由于速度的增加表征动能的增加，就可以合理地推断出当这些加速的电荷与中性粒子碰撞时，将从这些粒子中发射出新的电子，这样就出现了强电离（shock ionization）。

动能并不足以完全电离一个粒子时，可能使电子分布重新排列，使它们从常规轨道跃迁到更外层较高能级轨道上，这种状态即为前文所述原子的激励状态。一旦达到激励态，只需要一小部分能量就可以使电子脱离激励态而达到完全电离。很显然，强电离过程只需要较少能级的电离作用即可实现。

一旦外部施加电压消除，则非自持放电区域的电流就会停止。然而，当电压到达某一临界值时，电流就会快速增加，导致进入自持放电，表现为辉光放电（glow discharge）或电弧（arc）。

在很多情况下（例如平板电极间），若电源电压足够高，就会从非自持放电转变为自持放电直至完全击穿或闪络，从而导致电弧的持续燃烧。在一些情况下，如极间距离增加，电场强度将迅速下降，放电转变为局部闪络。

2. 自持放电

从非自持放电到自持放电是以流经气休间的电流增长为特征的，而电极间电压几乎保持恒定。当电极间电动势增加到电离可以自由发生时，在气体中产生的正离子就可能在力的作用下撞击阴极，这个力可以产生足够的电子维持放电。在这些情况下，不需要任何外界激励的放电就称为自持放电。

在自持放电的初始阶段，电流密度仅为每平方厘米几微安，放电还不够充分，因此称为无光放电（dark discharge）。然而，当电流继续增加时，在电极之间的气体区域就会产生很明显的光亮，这个阶段被称为辉光放电，可以看到很明亮的光辉。光辉的颜色对于不同的发光区域有所不同，也与周围气体有关。例如，在空气中，阴极的光亮表现为明亮的蓝色，而阳极部分呈现橙红色。

正常辉光区域电流低，阴极没有完全被阴极辉光覆盖。此时阴极电流密度是恒定的，与放电电流无关。而当阴极完全被阴极辉光覆盖时，电流增加，电流密度增加，阳极电压降也依次增加，可以观察到异常辉光区域。

随着异常辉光区域申流的增加，导致正离了能量增加，由十正离子带有较高的能量会使阴极温度增加，这样就导致了热离子发射，电流就会增加，并且伴随着放电电压的快速下降。在这个过渡过程期间，放电的物理特性是从辉光放电完全发展为电弧。

为更好地理解气体放电过程，本节以图4-2a所示直流电路为例进行气体放电的静态伏安特性分析。图中电源电动势为E，电路电阻为R。电板1、2构成气体放电间隙。逐渐增

大 E，然后逐渐减少 R 以增大放电间隙电流 i，则间隙两端电压 u 和间隙电流的关系（伏安特性）如图 4-2b 所示。

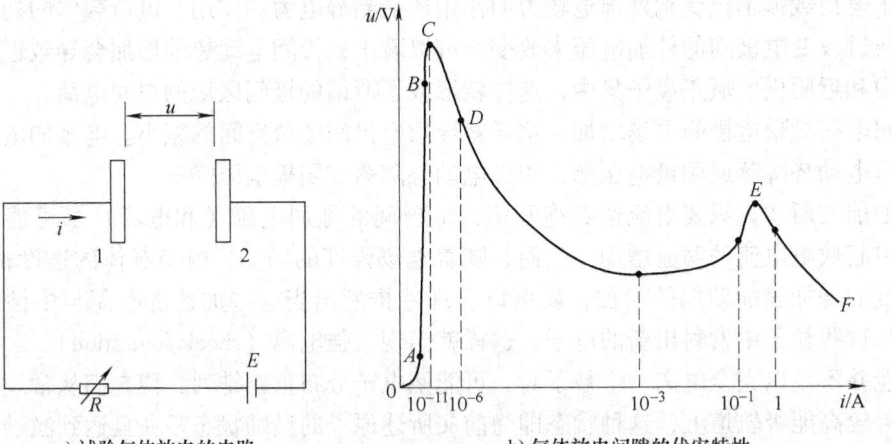

a) 试验气体放电的电路　　b) 气体放电间隙的伏安特性

图 4-2　气体放电实验电路及其静态伏安特性

（1）非自持放电阶段 OC。这一阶段可以分为 OA、AB 和 BC 三个区域。在 AB 区，因为此时加到电极上的电压在间隙中产生的电场强度较小，不足以产生高电场发射和电场电离，间隙中带点粒子仅由宇宙射线等外界电离因素产生，而且在电压值超过 A 点时，它们能够全部到达阳极，因此呈现电流 i 的大小几乎与电压 u 数值无关的特性。在 OA 区，因为此时电压过低，间隙中电场强度过小，外加电离因素产生的带电粒子不能全部到达阳极，所以 i 随着 u 的下降而减少。在 BC 区，因为电压数值较高，间隙中的电场强度较大，自由电子在此电场作用下运动时，足以产生电场电离。由此产生的正离子在电场作用下向阴极运动，并在到达阴极时撞击阴极使之产生二次发射。发射出的电子进入气体间隙，再继续进行电场电离，因而随着电压 u 的升高，电流 i 增长较快。由于在 OC 这个阶段中，间隙中最初的自由电子是由外加电离因素产生的，如果除去外加电离因素，则间隙中无自由电子存在，不导电，亦即放电停止，所以 OC 阶段称为非自持放电阶段。

（2）自持放电阶段 CF。当电压 u 升到 C 点时，由高电场发射和二次发射产生的电子数已足够多，此时即使除去外加电离因素，也能由电子通过电场电离产生正离子，再由正离子通过二次发射产生电子，这一往复作用维持间隙的放电，所以 CF 阶段称为自持放电阶段。C 点附近的 BD 区，因为汤逊最早对它进行研究，故常称为汤逊放电区。在 DE 区，气体呈现辉光，称为辉光放电区。此时间隙中气体的电离方式仍主要是电场电离。辉光放电的特征为放电通道的温度为常温，电流密度较小（约 0.1A/m^2），阴极电压降较高（几百伏）。

当电流增大到 EF 区域时，放电形式转为弧光放电，即间隙中产生电弧。弧光放电的特征为放电通道有明显的边界，通道中的温度极高（6 000K 以上），电流密度很大（可达 10^7 A/m^2），阴极电压降很小（几十伏），电离方式主要是热电离。

必须指出，自持放电形式很多，诸如无光放电、辉光放电、电晕放电、火花放电和弧光放电（电弧）等，但它们是否转化为弧光放电以及如何转化，则受到许多因素的影响。

3. 电弧

按照近极电压降和弧柱电压降在电弧电压中所占比例的不同，可以将电弧分为短弧和长弧两类。短弧是指极间距离很小，弧柱电压降 u_z 可以忽略不计的电弧；长弧是指极间距离长，$u_z \geqslant u_0$ 的电弧。在高压开关中的电弧一般属于长弧。

4.1.5　气体间隙的击穿理论

从图 4-2b 的伏安特性可以看到，在电压升高过程中，间隙中的气体一进入自持放电阶段，则由于伏安特性是随电流的增加而迅速下降，若与间隙串联的电阻值不是很大，间隙中将流过较大的电流而迅速（微秒级）进入辉光或弧光放电区，亦即气体间隙由绝缘状态变成导体状态，这一现象称为气体间隙击穿。下面从理论上分析气体间隙的击穿条件以及击穿电压（由非自持放电转为自持放电的电压）与气体间隙参数的关系。

按照汤逊气体放电理论，假定：

（1）当电子的动能小于气体粒子的电离能时，两者碰撞后不发生电离；反之，则一定电离。

（2）电子和气体粒子碰撞时，放出全部动能，然后再从零速度开始下一次行程。

（3）电子沿电场方向运动，不考虑其实际轨迹为“之”字形的特征。

根据这些假定，可以导出一个电子沿电场运动时，在单位距离内由电场电离而产生的带电粒子对数（一个电子和一个正离子为一对）α 为

$$\alpha = \frac{A_0 p}{T} e^{-\frac{B_0 p}{TE}} \tag{4-6}$$

式中，E 为电极间的电场强度；p 为气体压力；T 为气体温度；A_0 和 B_0 为经验系数；α 为空间电离系数，又称汤逊第一系数。

分析在均匀电场情况下间隙的击穿条件：

设在如图 4-3 所示的两电极之间取一宽度为 dx 的小区域，此区域到阴极的距离为 x，两电极之间的距离为 l。又设单位时间内从阴极进入此小区域的电子数为 N。那么，在通过 dx 区域后，由于电场电离作用，电子的增量为

$$\mathrm{d}N = \alpha N \mathrm{d}x \tag{4-7}$$

将此式积分，并设 $x = 0$ 处（阴极表面）$N = N_0$，则得

$$N = N_0 e^{\alpha x} \tag{4-8}$$

在 $x = l$ 处（阳极表面）的电子数为

$$N' = N_0 e^{\alpha l} \tag{4-9}$$

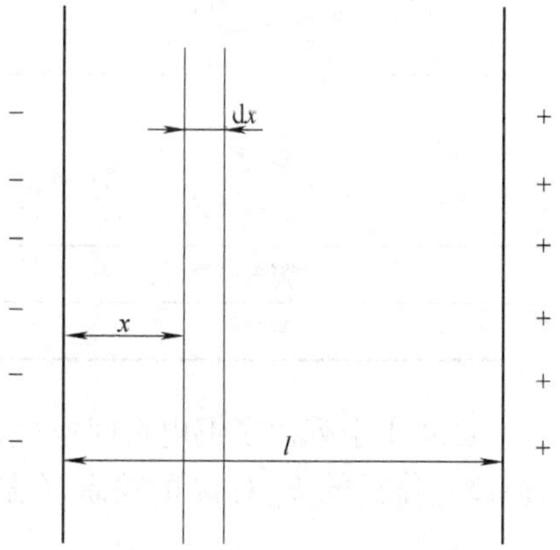

图 4-3　两平行带电板组成的电极

间隙中由于电场电离而产生的正离子数为

$$N_+ = N_0 e^{\alpha l} - N_0 = N_0 (e^{\alpha l} - 1) \tag{4-10}$$

这些正离子在电场作用下向阴极方向运动，并在到达阴极后轰击阴极，产生二次发射。一个正离子使阴极由于二次发射而产生的电子数，称为表面电离系数或汤逊第二系数，通常用字母 γ 表示，其数值列于表 4-3 中。如果二次发射产生的电子数恰好为 N_0，则阴极表面处将总是保持 N_0 个电子，而气体间隙就可以在无需外界作用影响的情况下自身维持放电。因此，对此均匀电场，产生气体间隙击穿的条件为

$$\gamma N_{+}=\gamma N_0(e^{\alpha l}-1)=N_0 \tag{4-11}$$

$$\gamma(e^{\alpha l}-1)=1$$

表 4-3 不同气体和不同电极材料时的 γ 值

阴极材料	空气	氢 H_2	氮 N_2
铝 Al	0.035	0.1	0.1
铜 Cu	0.025	0.05	0.065
铁 Fe	0.02	0.06	0.06

将式（4-6）代入式（4-11）求出 E，对于均匀电场的间隙可得击穿电压 U_{jc} 为

$$U_{jc}=\frac{B_0pl}{T\ln\left[\dfrac{A_0pl}{T\ln\left(1+\dfrac{1}{\gamma}\right)}\right]} \tag{4-12}$$

由式（4-12）可见，U_{jc}基本上与 p/T 成正比。

当 T 为常数时，式（4-12）可写成如下形式：

$$U_{jc}=\frac{Bpl}{\ln\left[\dfrac{Apl}{\ln\left(1+\dfrac{1}{\gamma}\right)}\right]} \tag{4-13}$$

式中，A 和 B 为常数，常温下其值见表 4-4。

表 4-4 常温下不同气体时的 A 和 B 值

气体 \ 常数	$A/(\text{Pa}\cdot\text{cm})^{-1}$	$B/\text{V}\cdot(\text{Pa}\cdot\text{cm})^{-1}$	$\dfrac{E}{p}/\text{V}\cdot(\text{Pa}\cdot\text{cm})^{-1}$
空气	0.0433	1.84	0.15~0.3
	0.0668	1.88	0.3~1.13
	0.1100	2.74	1.13~6.0
氮气	0.0950	2.57	0.75~4.5
氢气	0.3760	0.977	1.13~4.5

图 4-4 中列出了铜电极时空气的 U_{jc}，对 pl 的实验曲线（实线）和 $\gamma=0.025$ 时，按式（4-13）作得的 U_{jc}对 pl 的关系（虚线）。由此图可以看到：

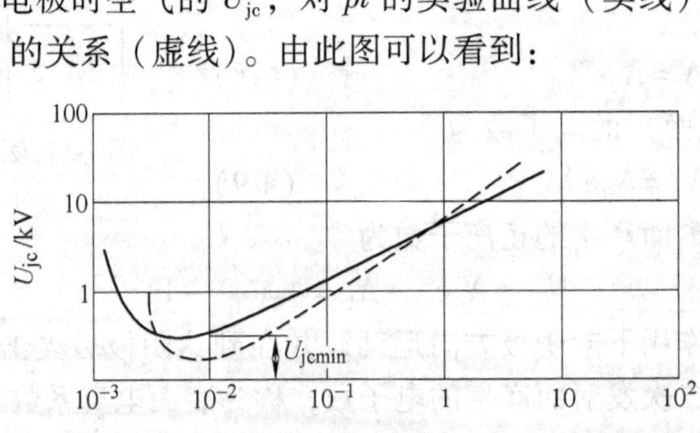

图 4-4 铜电极时空气的 U_{jc}和 pl 的实验曲线（实线）和计算曲线（虚线）

（1）除 pl 值甚小处以外，两者是相当接近的。

（2）存在一最小击穿电压 U_{jcmin} 和相应于此电压的 $(pl)_{min}$。当 pl 大于或小于 $(pl)_{min}$ 时，U_{jc} 将随着 pl 的增大或减小而增大。这就说明，提高间隙中的气压或者将间隙放在高度真空中，均可以提高其击穿电压。

若将式（4-13）对 pl 求极值，便可得最小击穿电压。对空气为

$$U_{jcmin}=B\,(pl)_{min}\approx 248\text{V}$$

实际上，对于空气 U_{jcmin} 约为 327V；对于氢气 U_{jcmin} 约为 220V。

按照汤逊理论可以解释气体间隙击穿的机理，但是，用它来解释长间隙气体放电过程的发展，并不与实验完全符合。为此，有基于光电离作用的所谓流注理论作为补充。按照流注理论，气体间隙的击穿过程如下：从阴极发射的电子，在电场作用下向阳极运动的过程中，通过一系列碰撞，在其途径中产生大量新的电子和正离子。由于电子运动速度较快，大量地集中在前进方向的前部，而正离子分布在其后部。这样，就在空间形成如图 4-5A 处所示的电子和正离子的集合体——电子崩。电子崩中电子和正离子沿轴线的数密度分布情况如图 4-6 所示。随着电子崩向阳极的移动，其中电子和正离子也越积越多。这就一方面改变了间隙中的电场分布情况，使崩头和崩尾部分的电场强度增大；另一方面，由于崩头和崩尾的电荷削弱了电子崩内部的电场，使得其中的复合作用加强，复合过程中放出大量的光子。如果这些光子在距电子崩 A 头部不远处使气体粒子电离产生了电子，那么，这些电子将在较强的电场作用下向阳极移动，通过电场电离经较短的时间后又产生第二个电子崩 B。如此继续发展，又产生第三个电子崩 C。每一电子崩的头部和尾部分别向阳极和阴极发展，很快它们就连成一个从阳极到阴极的电离气体通道，使间隙击穿。因为这一理论是基于光子的辐射作用使气体逐段电离，然后连成一片，不需要从阴极发射的电子跑完整个极间的距离，这就能很好地解释长间隙击穿过程的快速性。

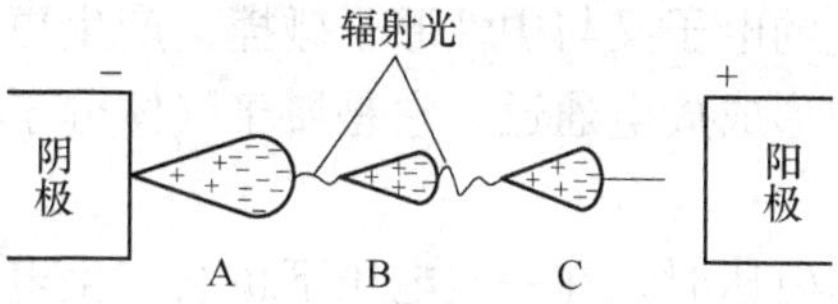

图 4-5　流光放电的发展过程

图 4-6　沿电子崩轴线电子和正离子数密度 n_- 和 n_+ 分布

在开关电器中，气体间隙击穿后，通常立即发生弧光放电。由气体放电的物理过程可见，此时弧隙中带电粒子的变化情况可用下式表示：

$$\frac{dN}{dt}=\left(\frac{dN}{dt}\right)_r+\left(\frac{dN}{dt}\right)_c+\left(\frac{dN}{dt}\right)_f+\left(\frac{dN}{dt}\right)_q \tag{4-14}$$

式中，$\frac{dN}{dt}$ 为弧隙中带电粒子数随时间的变化率；$\left(\frac{dN}{dt}\right)_r$ 为由于光、热发射和电离作用带电粒子数随时间的变化率；$\left(\frac{dN}{dt}\right)_c$ 为由于高电场发射、二次发射和电场电离作用带电粒子数随

时间的变化率；$\left(\frac{dN}{dt}\right)_f$ 为由于复合作用带电粒子数随时间的变化率；$\left(\frac{dN}{dt}\right)_q$ 为由于扩散作用带电粒子数随时间的变化率。

如果 $dN/dt>0$，则弧隙中带电粒子数趋于增多，电离作用增强，电弧燃烧将趋于炽烈；如果 $dN/dt<0$，则带电粒子数趋于减少，电离作用减弱，电弧将趋于熄灭；如果 $dN/dt=0$，则带电粒子数保持不变，电弧将稳定燃烧。所以，式（4-14）为根据弧隙中带电粒子数的增减来判别电弧燃烧是趋于炽烈、熄灭还是稳定的公式，称为离子平衡公式。

4.2 真空放电的物理基础

所谓真空，是指在给定的空间内压强低于 1.01325×10^5 Pa 的气体状态（一个标准大气压，压强约为 1.01×10^5 Pa）。在真空状态下，气体的稀薄程度通常用气体的压力值来表示。该压力值越小则气体越稀薄。真空度则表示真空的程度。

国内外学者对真空装置中电击穿的物理现象、理论分析及相关实验已经进行了多年的研究工作，从目前的研究成果看，真空中电击穿是由电极分断过程引起的。本节将着重论述真空间隙的绝缘强度、与真空开关有关的电击穿过程和物理现象，以及真空绝缘的主要影响因素。

4.2.1 真空间隙的电击穿与真空绝缘破坏机理

绝缘材料的击穿是指电压超过了绝缘材料的耐压值后产生的导电现象，此时往往电流急剧增大产生巨大的能量将绝缘材料烧毁。若电击穿不加电流限制就会同时发生热击穿。

1. 真空间隙的电击穿

在空气中放置一对有一定开距的金属电极，将这对电极接到高电压电源上，并慢慢提高施加在电极上的电压。开始时，两个电极间没有电流流过或只有极小的电流流过；在加压过程中，当电压升到一定程度时，两个电极间便突然产生火花，电极间随即流过相当大的电弧电流，这种现象称为电极间的电击穿。空气介质的电击穿是由于气体中的电子在电场作用下高速运动，与气体分子碰撞产生较多的电子和离子，新生的电子又与中性原子碰撞，产生更多的电子和离子。这种过程雪崩式地发展，最终在气体中形成放电通道，它是属于气体分子碰撞电离性质的电击穿。

在真空中放置一对有一定开距的金属电极，当加上高电压时，在一定电压下也会产生电击穿，通常称为真空间隙的电击穿。

真空间隙的电击穿性质与其他介质中的电击穿有很大不同。对于真空灭弧室来说，其内部真空度高于 1.33×10^{-2} Pa，气体分子极少，每立方厘米只含有 3.4×10^{12} 个气体分子。而对于常温下一个大气压的空气来说，每立方厘米含有 2.683×10^{19} 个气体分子。因此，即使真空间隙内存在电子，它们从一个电极飞向另一个电极时，也很少有机会与气体分子碰撞，从而不可能由电子和气体分子碰撞造成真空间隙的电击穿。正是由于真空中气体分子十分稀少，真空间隙的电击穿需要在非常高的电压下形成场致发射等因素才有可能发生。从理论上推测，真空的击穿场强需要达到 10^7 V/cm 以上。实际上，真空间隙的绝缘（耐压）强度由于受到其他不利因素的影响，在 $10^4\sim10^6$ V/cm 时，一般的绝缘间隙就会发生电击穿。即使如此，真空间隙的绝缘强度仍比常温常压下的空气和 SF_6 气体中的击穿电压高得多，这一点可从图4-7中清楚地看出。

真空中的绝缘强度还与真空度有着密切关系，图4-8所示为钢材料电极，在间隙开距为1 mm情况下的实验结果。从图中可以看到，当真空度高于 1.33×10^{-1} Pa时，绝缘击穿强度有显著变化；当真空度低于 1.33×10^{-2} Pa时，绝缘击穿强度基本保持不变。因此，一般来说真空灭弧室的真空度只要低于 1.33×10^{-2} Pa就认为已满足要求，没有必要要求很高的真空度。

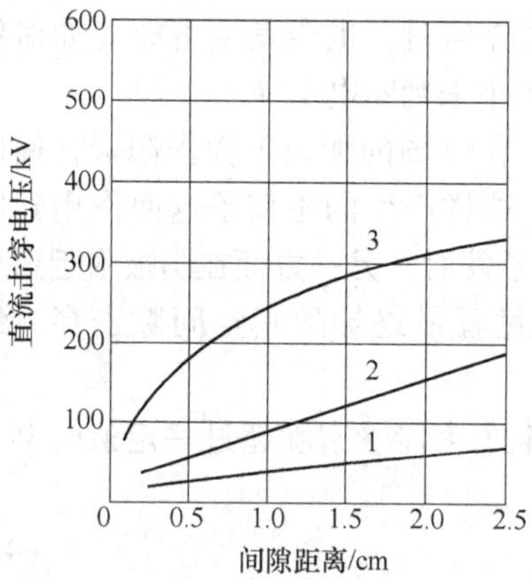

图4-7　真空、空气和 SF_6 气体的绝缘强度比较

1—空气　2—SF_6　3—真空

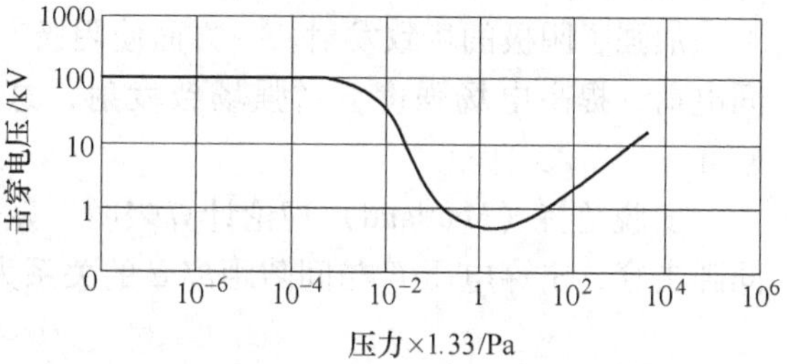

图4-8　真空度与绝缘击穿电压的关系

2. 真空绝缘破坏机理

真空绝缘破坏与气体绝缘破坏机理不同，关于真空绝缘破坏机理现有四种学说：

（1）阴极加热说。即使将阴极磨光并经过清洁，从微观上看表面仍凹凸不平，存在尖端突起。如图4-9所示，在电极间加上高电压时，电场将集中于尖形突起处并放射出电子。尽管电子流很小，但是突起物尖端的截面积也很小（如 10^{-8}mm^2），因此电流密度很高，可达到 $10^5\sim10^6\text{A/mm}^2$，当场致发射电流流过这些尖端时，产生局部发热导致电极表面熔融，蒸发出大量金属蒸气，发展成为电弧。

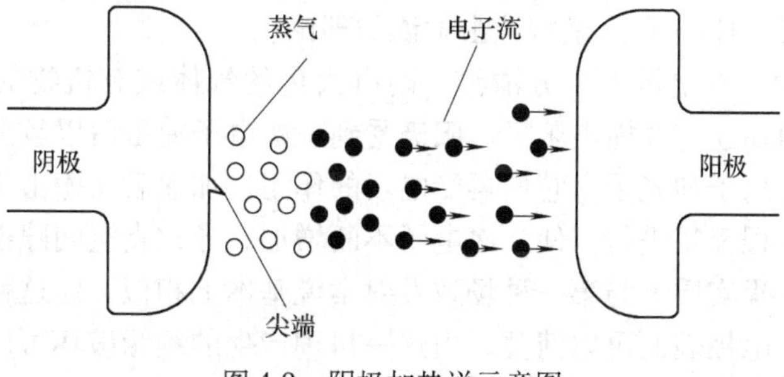

图4-9　阴极加热说示意图

富雷-诺特海姆（Fowler-Nordheim）曾给出一个计算电极尖端部分场致发射电流密度与电场强度之间的关系式，即

$$J=\frac{1.541\times10^{-2}E^2}{\varphi t^2(y)}\exp\left[\frac{-6.831\times10^9\varphi^{3/2}V(y)}{E}\right] \tag{4-15}$$

$$y=\frac{3.795\times10^{-3}\sqrt{E}}{\varphi}$$

式中，J为电流密度；E为电场强度；φ为逸出功；V（y）、t（y）为场发射函数，可查表得到。

根据实验，当电流密度达到10^6 A/mm²时将发生电击穿，这个数值称为临界值。达到临界值发生击穿的原因有两种说法：一种认为是由于发射尖端部分的焦耳加热和汽化造成的；另一种则认为当阴极表面发射区的电场强度超过某一临界值时，也会发生击穿（如对钨的测量结果约为6×10^9V/m），所以，可以从电场强度的大小来判断电击穿。

（2）阳极加热说。由阴极表面突起释放出的电子，在电场的加速下撞击阳极，使阳极表面局部发热，释放出气体或蒸气，并且使之离子化。这样产生的正离子返回作用到阴极上，加强了阴极的场致发射。一方面使阴极产生二次电子发射，另一方面在阴极附近形成空间电荷，提高电场强度，增强场致发射，这样的反复过程最终导致真空间隙击穿，绝缘破坏。

麦脱兰特（Maitland）理论计算表明，轰击阳极的电子束能量密度超过一定值时会引起间隙击穿，击穿电压U与间隙距离d的关系为

$$U\propto d^{0.8} \tag{4-16}$$

（3）微细块说。实验研究表明，在真空中当间隙长度增加n倍时，击穿电压只增加$\sqrt{n}$倍。为说明这一现象，可以假设电极表面松动地附着有微细的块状物。它们在静电场作用下游离，并离开电极，加速向另一电极运动，发生碰撞，导致另一电极局部发热，释放出大量蒸气，导致绝缘破坏。

从能量的观点看，阴极释放出的微粒撞击阳极时，在阳极单位面积产生碰撞能量W，这个能量与外加电压U及微粒的电荷密度（电量/质量$=q/m$）乘积成正比，即$W\propto U(q/m)$。而电荷密度与阳极电场强度E成正比，即（q/m）$\propto E$。若设产生击穿的极限能量为定值$W=\text{cost}$，则$UE\geqslant C$时才会发生击穿。经整理$U(U/d)\geqslant C$，则

$$U\geqslant\sqrt{Cd}=Kd^{1/2} \tag{4-17}$$

式中，d为间隙距离；K为常数，它与电极材料、形状、表面状况和间隙距离等因素有关。

这就是克拉勃格（Craberg）微粒撞击学说的理论。

（4）粒子交换说。在电极不十分清洁、附有大量的气体或有机物的场合，从阴极发射的一次电子在电极间加速，并撞击阳极。阳极受到一次电子撞击后以较高的速率使阳极表面的气体电离，产生正离子和光子，它们再受电场的作用，加速后又撞击到阴极上，使阴极发射二次电子，这一过程反复进行，使二次电子不断增加，导致真空间隙击穿，绝缘破坏。粒子交换学说的整个过程实质上与第一种场致发射学说基本上相似，但这种机理的绝缘破坏电压比前三者低。由于电极表面可以清洗，由这一机理产生的绝缘破坏可以防止。

4.2.2 真空击穿的主要影响因素

真空击穿是一种相当复杂的物理现象，它与许多因素有关。主要有电极的几何形状和大小、电极间隙长度、电极材料、真空度（或气压）、老炼作用、电压波形和操作条件等。

1. 电极的几何形状和大小

电极的几何形状对电场分布影响很大，其中电极边缘的曲率半径是重要因素之一，通常曲率半径越大击穿越困难。但在小于1 mm的小间隙时，曲率半径小反而会增加击穿强度。往往由于几何形状的确定不够合理，引起电场在电极局部区域过于集中而导致击穿，对高电压真空装置尤为突出。

此外，从电极的面积大小来对比，击穿电压随着面积的增大而有所降低。电极面积增大引起耐压降低的原因主要是放电概率增加。

2. 电极间隙长度

尽管不同研究者所得到的击穿电压值各不相同，但却一致发现真空间隙的击穿电压与间隙距离有比较明确的关系。

实验表明，当间隙距离较小（小于5mm）时，随着间隙距离的增大，击穿电压U（kV）呈线性增长，即

$$U = Kd \tag{4-18}$$

式中，d为真空间隙距离（cm）；K为比例常数。

但间隙距离较大时，间隙距离与击穿电压的关系为

$$U = Kd^{\alpha} \tag{4-19}$$

式中，α为系数，为0.4～0.7。

在小间隙时击穿电场强度较大，当间隙增大到一定程度后，击穿电场强度则逐渐减小。许多研究者认为，长间隙的击穿电场强度之所以与短间隙有差别主要在于短间隙多是由场致发射引起击穿，而长间隙主要是由微粒撞击造成击穿。

3. 电极材料

电极材料不同，击穿电压也不相同，一些常用的金属材料与绝缘强度的关系见表4-5（间隙长度为1mm）。

表4-5　电极材料与绝缘强度的关系

电极材料	绝缘强度/kV	电极材料	绝缘强度/kV
铅	21	铝	57
银	27	蒙乃尔合金	60
锡	30	镍	90
黄铜	32	不锈钢	120
锌	35	钢	122
铜	42	铁镍合金	197

研究表明，材料的硬度和机械强度与击穿电压有一定关系。一般地说，硬度和机械强度较高的材料，击穿电压较高。例如钢电极淬火后硬度提高，其击穿电压约为淬火前的1.8倍。

击穿电压与阴极材料的物理常数有关，即

$$U = AT_{m}^{0.11}C_{p}^{0.53}D_{m}^{0.29} \tag{4-20}$$

式中，T_m为材料的熔点；C_p为材料的比热容；D_m为材料的密度；A为比例常数。

4. 真空度（或气压）

真空度下降，粒子的自由行程减小。当粒子的自由行程比间隙长度大很多时，真空度或

压力变化，绝缘击穿电压不变；若电子的自由行程与间隙长度处于同样数量级而可以比拟，则绝缘耐压要受到影响。例如，间隙长1mm，在$1.33\times10^{-6}\sim1.33\times10^{-2}$Pa的气压时，绝缘耐压实质上没有显著变化；在压力$1.33\times10^{-2}\sim1.33\times10^{-1}$Pa时，绝缘耐压有下降趋势；在压力为几百帕时，绝缘耐压达最低值；在压力为1.33 ~1330Pa时，易发生辉光放电；在压力为1.33×10^{3}Pa以上时，压力增加，绝缘耐压又成比例地增加，进入汤逊放电区域。

5. 老炼作用

在电极上加一定的电压，使电极间隙发生火花击穿放电，经过若干次的这种火花放电后，电极间隙的击穿电压显著提高，这种方法通常称为“老炼”。早在1918年Millikan和Sawyer已开始使用，当时他们曾对1mm的真空间隙进行连续火花放电老炼，结果使原先承受30kV电压的电极击穿电压提高到120kV，但经过一定的时间后，电极的击穿电压会降到一定的数值。分析原因主要是由于真空工艺不够完善，过量放气所造成。

另有实验表明，老炼对提高击穿电压有效，尤其串联高值阻抗限制击穿电流的老炼方法比串联低值阻抗限制击穿电流的老炼方法效果要好得多，但达到老炼平衡的次数要比低值阻抗多得多。这主要是由于老炼能消除电极表面上的尖棱、毛刺、脏污和杂物等，这些东西一般称为“活跃点”。在阻抗小时，击穿电流大，活跃点的消除比较容易，但同时也会破坏电极表面，即会再生出新的尖棱和毛刺。

此外，老炼的范围与电极的几何形状有很大关系。对于平板形电极，通过一定次数的老炼处理后，电极表面差不多全被老炼；而对弯曲形电极，可能只有局部表面被老炼，并且老炼的程度分布也极不均匀，击穿电压一般比前者要低。

6. 电压波形

不同机理的绝缘破坏，击穿时的时延不同；不同波形的电压，由于加压的时间不同，发生绝缘破坏的主要机理也不同。在雷冲击波电压作用时，作用的时间短，此时的绝缘击穿机理主要是阴极加热场发射，击穿时延小于1μs，击穿电压值较高；在操作冲击波电压作用时，作用时间较长，绝缘破坏的机理主要是阳极加热，击穿时延在1μs以上，击穿电压较雷电冲击波电压低；在工频电压作用时，因为电压作用的时间更长，微细块破坏机理起着较大作用，所以击穿电压更低。依此类推，可得出直流电压下的击穿电压最低。

7. 操作条件

经过老炼处理的真空灭弧室在空载操作后，击穿电压往往有明显降低。这是由于触头闭合形成冷焊，而分开时又拉出断丝的原因，但对采用硬金属材料的触头，如铜铬触头，没有明显影响。对于大电流合分操作，击穿电压是不稳定的，有较大的几率性，有时可能降低得少一些，有时可能降低得多一些，但总的击穿电压均趋于降低。对于中等电流的合分操作，击穿电压有所提高。

4.3 电弧物理特性

4.3.1 电弧的产生

电弧的产生和发展过程可概述如下：

当触头开始分离时，接触面积减小，接触处的电流密度逐渐增大，热量集中在很小的区域中，触头表面被加热到高温而熔化，在触头间就形成了液态金属桥。炽热的金属表面加剧了电子的热发射。与此同时，由于触头刚分时距离很小，触头间电场强度高，可达10^7V/cm以上，阴极表面将产生高电场发射，使得大量电子从阴极表面进入弧隙，电子在电场作用下，通过电场电离使弧隙中产生更多的电子和大量的正离子，形成电弧。电子进入阳极与正电荷复合并释放出能量加热阳极表面。正离子接近阴极，一方面在阴极附近产生高电场并轰击阴极，一方面从阴极取得电子进行复合并释放能量加热阴极以维持电子的热发射。另外，一部分正离子和电子在弧隙间复合，释放出的能量以光的形式进行辐射或增加气体粒子的热运动。最后，弧隙中气体温度迅速升高，热电离越来越起主要作用，气体中带电粒子越来越多，气体的电导率越来越大，因而电弧电压越来越小，直到弧隙中单位时间内产生的带电粒子数和通过复合与扩散作用消失的带电粒子数相等时，该过程进入稳定状态，此时电弧稳定燃烧。

对于直流电路，如果被开断电路的电流以及开断时施加在触头间隙的电压均超过一定数值，则触头间就产生了电弧。表4-6列出了最小生弧电压和最小生弧电流。当开断交流电路时，在电压为25V、50V、110V和220V的情况下，产生电弧的最小电流见表4-7。

表4-6　不同触头材料的最小生弧电压（U_0）和最小生弧电流（I_0）

材　料	介质条件	U_0/V	I_0/A
银	湿度45%空气	12	0.3～0.4
金	空气	15	0.38
铜	空气	13	0.43
锌	空气	10.5	0.1
铁	空气	14	0.45
钨	空气	15	1.1

表4-7　不同触头材料在不同交流电压（U）作用下的最小生弧电流（I_0）值（幅值）

材料 \ I_0/A \ U/V	25	50	110	220
碳	—	5	0.7	0.1
钨	12.5	4	1.8	1.4
铜	—	1.3	0.9	0.5
银	1.7	1	0.6	0.25
锌	0.5	0.5	0.5	0.5
铁	—	11.5	1	0.5

4.3.2　电弧的伏安特性

电弧的伏安特性表明了电弧电压与电流之间的关系，是电弧重要的特性之一。电弧电压与电流之间的关系，首先决定于电弧间隙的物理过程。弧柱的物理状态不是静止的，在其中始终进行着电离和消电离过程。如果电离和消电离过程相等，则弧柱处于动平衡状态，弧柱处于动平衡的工作状态称为静态或稳态。稳态电弧（直流稳态电弧）的伏安特性称为静态特性。当电弧工作状态改变时，弧柱动平衡被破坏，处于过渡状态。但如果电弧中电的过程改变得慢，热的过程可以与电的过程保持同步，则电压与电流之间的关系仍和静态一样。如果电的过程改变得很快，以至于热的过程跟不上而出现热迟滞现象，这时的伏安特性称为动态特性。处于不稳定状态的直流电弧和交流电弧，其伏安特性称为动态特性。

在一系列稳定状态下，确定相应的电弧电流和电压的数值，就可得到电弧的静态特性。电弧的静态特性一般是下降的，其原因是当电流增加时，电弧通道的截面积增加，温度也升高，因此电弧电阻很快下降；当电流以很大的速度下降时，由于热惯性滞延，弧隙电阻来不及同时增加，而得到电弧的动态特性，动态特性曲线的位置是电流速度减小的函数，当电流变化速度为无限大时，弧隙电阻保持不变。

电弧的静态伏安特性可由埃尔顿（Ayrton）的经验公式来表达，即

$$u_h = a + bl + \frac{c + dl}{i_h} \tag{4-21}$$

式中，l 为电弧长度（mm）；a、b、c、d 为常数，见表4-8。

表4-8 对应不同电极的各常数取值（标准大气压下）

电　极	气　体	a/V	b/(V/mm)	c/V·A	d/(V·A/mm)
碳	空气	38.9	2	16.6	10.5
碳	N_2	48.2	2.6	23.3	5.3
银	空气	19	11.4	14.2	3.6
铜	空气	15.2	10.7	21.4	3
铁	空气	15	9.4	15.7	2.5

对于长度大于10mm 的电弧可用诺金汉（Nottingham B. M）公式来表达

$$u_h = A + Bl + \frac{C + Dl}{i_h^n} \tag{4-22}$$

式中，A、B、C、D 为常数，对于铜电极，$A=30$，$B=17$，$C=48$，$D=33$；n 是与阳极材料的气化温度有关的指数，$n=2.62\times10^{-4}T$，其中 T 是阳极材料的沸点，单位为K。

不同金属指数 n 不同，为0.34～1.88。从 n 与 T 的关系说明，阳极材料的蒸气在电弧现象中起一定作用。

4.3.3 电弧外观

从外观来看，电弧是存在于电极（触头）间隙内的一团光度极强、温度极高的火焰。以真空电弧为例，其外观及发展过程如图4-10 所示。电弧形成时，阴极表面有一块或若干块光度特别强的区域——阴极斑点，它的温度常为阴极材料的汽化温度，电流密度可达 10^7 A/m^2以上。在电弧电流本身磁场作用下，此斑点在阴极表面不断移动，并发射电子。临近斑点的一段极短的电弧区（约等于电子的平均自由行程，即 $<10^{-6}$m）称为近阴极区。其中电弧光度较小，电压降却很大。阴极发射的电子在此区域内被电场加速后具有很大能量，故一旦与中性粒子相撞常可使之电离。

与此对应，阳极表面也有阳极斑点，它接受来自电弧间隙的电子，其附近也有称为近阳极区的薄层，但厚度为近阴极区的数倍。两近极区的电压降均在20V 以内，且几乎与电流值无关。但近阴极区厚度特别小，故该处电位梯度大。

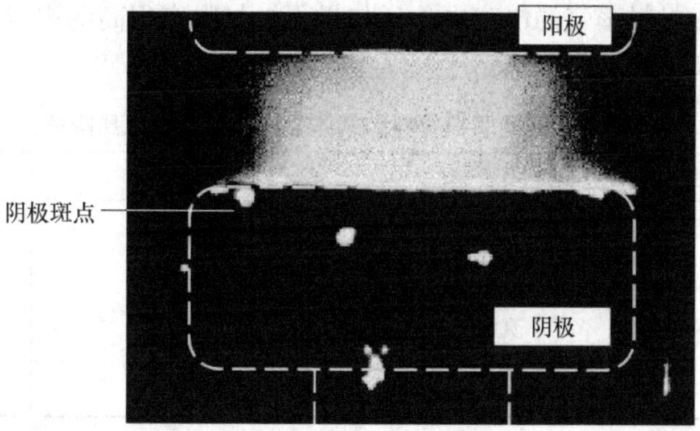

a) 真空电弧的外观

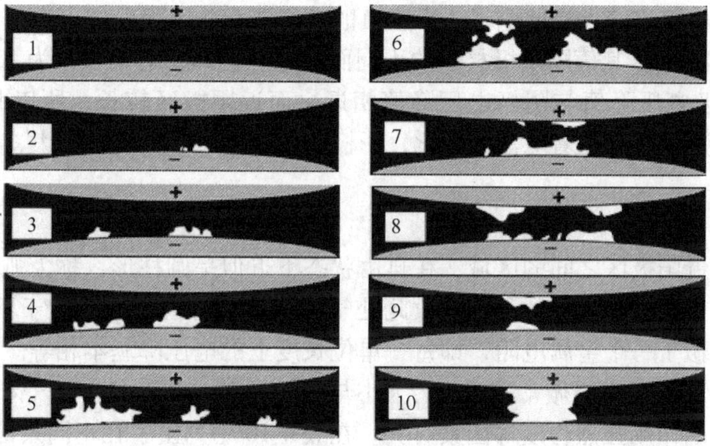

b) 真空电弧的发展过程 (1～10 表征电弧发展的不同时刻)

图 4-10　真空电弧的外观及其发展过程

4.3.4　电弧的组成

设有图 4-11a 所示的直流电弧，它在阴极和阳极之间稳定燃烧，其电弧电压降为 u_h。研究发现，电弧电压降沿弧长并非均匀分布，而是分为三个区域：近阴极区（C 区）、近阳极区（A 区）和弧柱区（Z 区），如图 4-11b 所示。电弧的两个电极：阴极和阳极，也可认为是电弧的组成部分。

1. 近阴极区

在近阴极区内聚集着大量的正离子，形成正的空间电荷，因而电位有一急剧的改变，即所谓的阴极电压降 u_c。此处电场强度平均达 $10^6 \sim 10^7$ V/m，这对加速正离子向阴极运动、轰击阴极表面以产生二次发射和形成高电场发射起着重要作用。阴极电压降值随阴极材料和气体介质的不同而不同，见表 4-9。由此表可

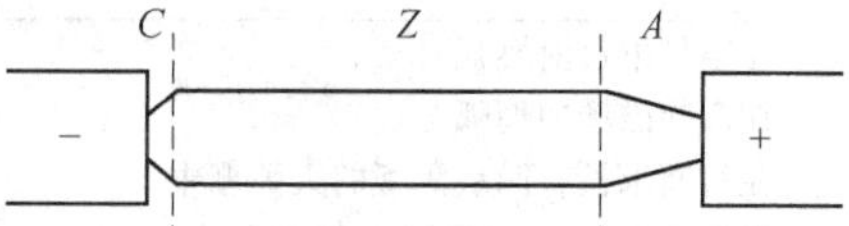

a) 三个区域的划分

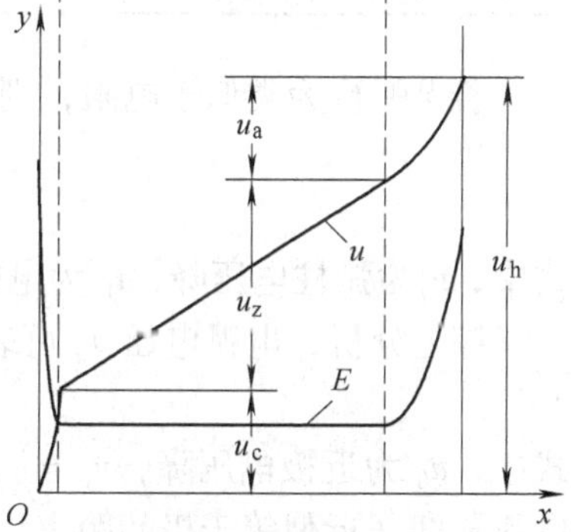

b) 电压和电场强度的分布

图 4-11　直流电弧的特性

见，它大约等于阴极材料蒸气的电离电位。如果阴极材料有很高的沸点，则阴极电压降大约等于气体介质的电离电位。

表 4-9 不同阴极材料和气体介质时的阴极电压降值

阴极材料	气体介质	电流范围/A	阴极电压降/V
铜	空气	1~20	8~9
铁	空气	10~300	8~12
碳	空气	2~20	9~11
钠	真空	5	4~5
汞	真空	1~1000	7~10
碳	氮气	—	20

2. 近阳极区

在近阳极区内聚集着大量的电子，形成负的空间电荷，因而电位也有一急剧的改变，即所谓的阳极电压降 u_a。其值随阳极材料的不同而不同。例如，对铝、铜为 10~11V，对铁为 6~9V。由于阳极电压降值与阴极电压降值相近，而近阳极区较长，所以此处电场强度较小。当电弧稳定燃烧时，随着电流的变化，阴极和阳极电压降值变化不大，一般近似地认为是常数。

3. 弧柱区

近阴极区和近阳极区之间的区域，在自由状态下近似呈圆柱形，称为弧柱区。此区域内的电离气体中，正负带电离子数相等，故此处气体亦称为等离子体。由于不存在空间电荷，弧柱区的特性类似于一个金属电阻，即每一单位长度上的电压降基本相等。换言之，弧柱中的电场强度 E 沿弧长可以当做常值。E 的大小与电极材料、电流大小、气体介质种类、气压以及介质对电弧的作用强烈程度等因素有关。在表 4-10 中列出了在不同条件下测得的 E 值。

表 4-10 不同条件下测得的弧柱电场强度 E

试验条件	电流范围 I/A	电场强度 E/（V/m）
在空气中自由燃弧	200	800
在横吹磁场中熄弧	200	4000
在每厘米长有两块隔板的灭弧栅中	200	5000
在缝宽为 1mm 的窄缝灭弧室中	200	8500
在缝宽为 0.5mm 的窄缝灭弧室中	200	10000
在变压器油中自由燃弧	<10000	12000~20000
在变压器油中自由燃弧	>10000	9000~12000

若电弧行为类似于电阻，则对于弧柱区可用弧柱电阻 R_z 来表示其特性，即

$$R_z = \frac{u_z}{i_h} \tag{4-23}$$

式中，u_z为弧柱电压降；i_h 为电弧电流。

综上分析，电弧电压 u_h 可表示为

$$u_h = u_c + u_a + u_z = u_0 + El \tag{4-24}$$

式中，u_0 为近极电压降，$u_0 = u_c + u_a$；E 为弧柱电场强度；u_z 为弧柱电压降，$u_z = El$；l 为电弧长度（近似等于极间距离）。

电弧电阻 $R_h = u_h / i_h$。

4.3.5　弧柱温度

电弧弧柱具有6000K以上的温度，任何材料与之长时间接触均会被汽化。因此，一般采用光学等间接方法进行测量。由于试验条件和测量方法不同，所得数据差别很大，变化范围为4000～50000K。

图4-12所示为碳电极、电流200A、电弧垂直放置时温度场的分布。由图可见，弧柱中心温度为10000～12000K，离中心越远，温度越低。随着电弧电流、电极材料、尺寸、形状和放置方式以及介质对电弧的作用方式不同，其温度场分布也不相同。

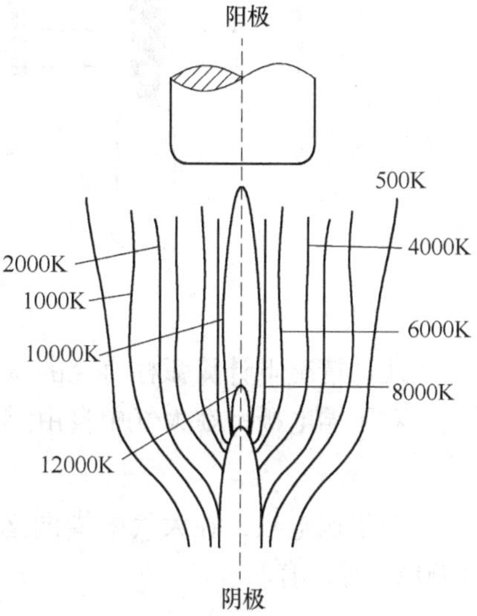

图4-12　200A碳电极电弧垂直放置时温度场的分布

弧柱温度无论是沿其轴向、还是沿其径向分布，通常都不一致。但为便于分析，假设它们处于某一平均温度，这样就可认为弧柱各点电导率相同。而弧柱电阻 R_z 可表示为

$$R_z = \frac{4\rho_h l}{\pi d^2} \tag{4-25}$$

式中，l 为电弧长度；d 为弧柱直径；ρ_h 为弧柱电阻率。近似分析时，可认为 ρ_h 为常数。这样，电弧电阻 R_z 便与 d 的平方成反比。

在交流电弧情况下，弧柱温度不仅随着电流有效值的增大而增大，而且随着电流相位角 φ 的变化而变化。由图4-13可见，弧柱温度变化有两个特点：一是当电流过零时它不为零；二是它的最高值滞后于电流幅值一个相位角。呈现这一现象的原因是构成电弧的气体具有一定的热容量。换言之，要使它的温度升高或降低，必须供给或从中逸散出一定的热量，而热量供给和逸散需要经过一定的时间，因此其温度变化滞后于电流变化，这种现象称为电弧热惯性，其大小可以用热时间常数表示。

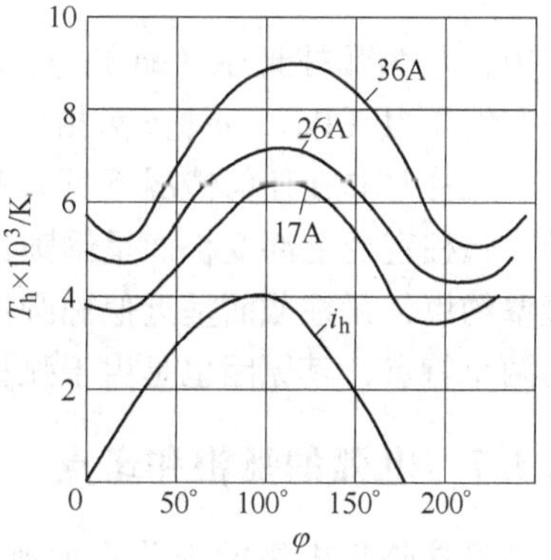

图4-13　交流电弧弧柱温度 T_h 随电流相应角 φ 的变化

近阴极区和近阳极区的温度由于受电极材料沸点的限制，要低于弧柱温度。

4.3.6　弧柱直径

当电弧电流大小给定时，弧柱有一极其明亮的呈近似圆柱形的边界和直径。弧柱直径是电弧的重要特性之一。弧柱直径的大小与触头材料、电流大小、气体介质种类、气压、吹弧方式以及气体介质与弧柱的作用强烈程度有关，在具体情况下可采用试验的方法确定。最常见的有横吹和纵吹两种强迫吹弧方式，分别如图4-14a、b所示。所谓横吹是指气体或液体介质的运动方向与电弧轴线垂直；而纵吹则是指气体或液体介质的运动方向与电弧轴线平行。

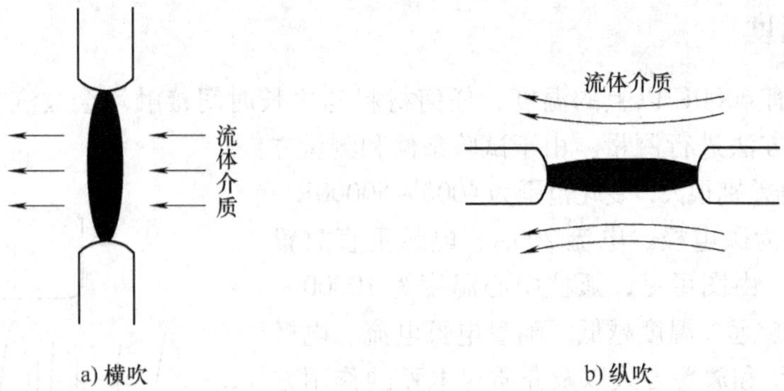

图 4-14 电弧被冷却的情况

几种情况下计算弧柱直径的试验公式如下：

对于铜电极，在大气中自由燃烧，弧长 5 ~ 20mm，当电弧电流 i_h 为 2 ~ 20A 时，有

$$d_h = 0.27\sqrt{i_h} \tag{4-26}$$

对于铜电极，在大气中横向运动的电弧，当横向运动速度 v 为 20 ~ 50m/s、i_h 为 50 ~ 1 000A 时，有

$$d_h = 0.08\sqrt{\frac{i_h}{v}} \tag{4-27}$$

对于受到压缩空气纵吹的电弧，有

$$d_h = K(10^{-5}p)^m i_h^n \tag{4-28}$$

式中，d_h 为弧柱直径（cm）；i_h 为电弧电流（A）；K 为常数，$K = 0.0023 \sim 0.0039$；p 为压缩空气压力（Pa）；m、n 为指数，$m = 0.22 \sim 0.27$，$n = 0.6 \sim 0.7$。

弧柱并非在任何情况下都是呈圆柱形。当电弧垂直放置时，由于对流作用，热气流上升，弧柱直径上部变粗而呈倒圆锥形；当电弧处于耐弧绝缘材料的狭缝中燃烧时，由于受到缝壁约束，弧柱截面呈近似椭圆形。弧柱直径随电流大小改变的情况也具有和弧柱温度相同的两个特点，其原因也是由于弧柱具有热惯性。

4.3.7 电弧的弧根和斑点

弧柱临近电极的部分称为弧根，而弧根在电极表面上形成的圆形明亮点称为斑点。阴极和阳极弧根的截面积通常小于弧柱截面积，因而接近电极的弧柱呈现收缩现象。阴极斑点是维持电弧存在的电子发射源，此处的电流密度，在大气中自由燃弧时可达 $10^4 A/cm^2$；当弧根在电极表面快速运动时可达 $10^7 A/cm^2$。在这样高的电流密度情况下，电极材料迅速汽化，形成金属蒸气进入弧隙，同时斑点区产生热发射、高电场发射和二次发射，向弧隙提供大量电子，结果导致阴极表面逐渐被烧蚀，形成凹坑。阳极斑点是电子进入阳极的主要入口，其面积一般较阴极斑点大，因而其电流密度较小，但其温度也可达到电极材料的沸点。

图 4-15 表示交流电弧横向运动时，阴极和阳极弧根运动的情况。虚线左边为电流过零前弧根为阳极时的痕迹，虚线右边为电流过零后弧根为阴极时的痕迹。由图可见，阴极弧根的运动几乎是连续的。当电流增大时，它分成许多分支。在铜电极的情况下，每一分支中约

通过50A电流。阳极弧根则呈现跳跃式运动。当电流增大时，它也分成许多弧根平行地向前跳动。

阴极和阳极斑点的温度一般大致等于电极材料的沸点。因此，如采用沸点低的金属制造开关电器触头，则燃弧时弧隙中金属蒸气量较多。但在交流情况下，电流过零后阴极热发射电子的数量较少；如采用沸点高的金属制造触头，则情况相反。金属蒸气量的多少，一般对长弧的熄灭有重要影响；而热发射电子的强弱，则对短弧的熄灭起决定作用。在实际情况下，应根据不同的弧隙工作状况，选用不同的触头材料。

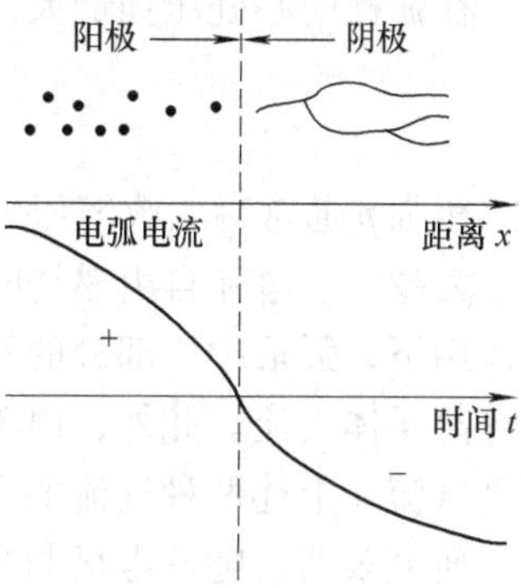

图4-15 阴极和阳极弧根运动的情况

4.3.8 电弧的等离子流

弧柱是由等离子体构成的，当电流流过时，由于弧柱中心部分电流产生的磁场与其外层电流的作用，便产生一压力，将等离子体压向中心。此压力沿弧柱半径方向变化如下：

图4-16表示一圆形弧柱截面，其半径为 r_h，轴向长度为 l。在距中心为 r 处取一厚度为 dr 的圆筒形薄层，设电弧电流 i_h 沿弧柱截面均匀分布，则在圆筒形薄层中心空间内流过的电流为

$$i_r = \frac{i_h}{\pi r_h^2} \cdot \pi r^2 = \frac{i_h r^2}{r_h^2} \tag{4-29}$$

圆筒形薄层所在处的磁感应强度为

$$B_r = \frac{\mu_0 i_r}{2\pi r} = \frac{\mu_0 i_h r}{2\pi r_h^2} \tag{4-30}$$

在圆筒形薄层壁内流过的电流为

$$di_h = \frac{i_h}{\pi r_h^2} 2\pi r dr = \frac{2 i_h r}{r_h^2} dr \tag{4-31}$$

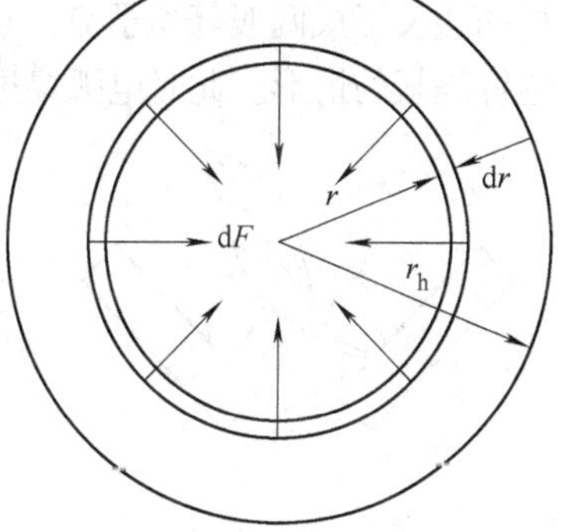

图4-16 圆形弧柱截面

作用在圆筒形薄层上总的电动力为

$$dF = B_r l di_h \tag{4-32}$$

将式（4-30）和式（4-31）代入式（4-32）并化简，得

$$dF = \frac{\mu_0 i_h^2 l r^2}{\pi r_h^4} dr \tag{4-33}$$

电动力 dF 的方向由筒壁指向中心。因为圆筒形薄层的侧面面积等于 $2\pi rl$，于是作用在它上面的压强为

$$dp = \frac{dF}{2\pi rl} = \frac{\mu_0 i_h^2 r dr}{2\pi^2 r_h^4} \tag{4-34}$$

将式（4-34）进行积分，并令 $r = r_h$ 时 $p = 0$，得到 p 随 r 变化的关系为

$$p = -\frac{i_h^2}{\pi r_h^2}\left(1 - \frac{r^2}{r_h^2}\right) \times 10^{-3} \tag{4-35}$$

式中，i_h 为电弧电流（A）；r_h 为弧柱半径（cm）；p 为弧柱截面压强（Pa）。

在弧柱中心处压强最大，其绝对值为

$$p_{\max} = \frac{i_h^2}{\pi r_h^2} \times 10^3 \tag{4-36}$$

压强 p 通常称为收缩压力或压力。由式（4-36）可见，当 i_h 给定时，r_h 越小，则弧柱中心压力越大。电弧自由燃烧时，通常弧根处弧柱半径最小，该处弧柱中心压力最大。在此压力作用下，弧根中心部分的等离子体将沿弧柱轴线向压力较低的弧柱中部流动，这就形成一团等离子体气流。此外，由于弧根处电极材料迅速汽化，也将形成一团垂直于电极表面的金属蒸气流。上述两种气流的合成统称为等离子流。

研究表明，随着电极材料的不同，当电流为 10 ~ 50A 或更大时，等离子流开始出现。其中粒子流动的速度可高达 $10^3 \sim 10^4$cm/s。它不仅产生在弧根处，而且产生在用人工方法使弧柱截面积缩小的地方。图 4-17 表示在不同条件下等离子流的外形。图 4-17a 为电弧产生在两斜放的平面电极上的情形，此时阳极和阴极的两团等离子流在空间相交。图 4-17b 为电弧产生在两棒形电极端部的情形，此时阳极和阴极两团等离子流在空间相遇后成盘状向四周散开。图 4-17c 表明，当两团等离子流在空间不相遇时，电弧不是在极间燃烧，而是在两极的等离子流之间燃烧。图 4-17d 表示在极间放有金属隔板的情况，此时电弧被分成两段，在隔板两边又形成两股等离子流，它们皆垂直于隔板的表面。图 4-17e 为在极间放有开孔的人字形绝缘隔板的情形。此时电弧穿过隔板上的两个小孔，并在每个小孔两边皆形成新的等离子流。

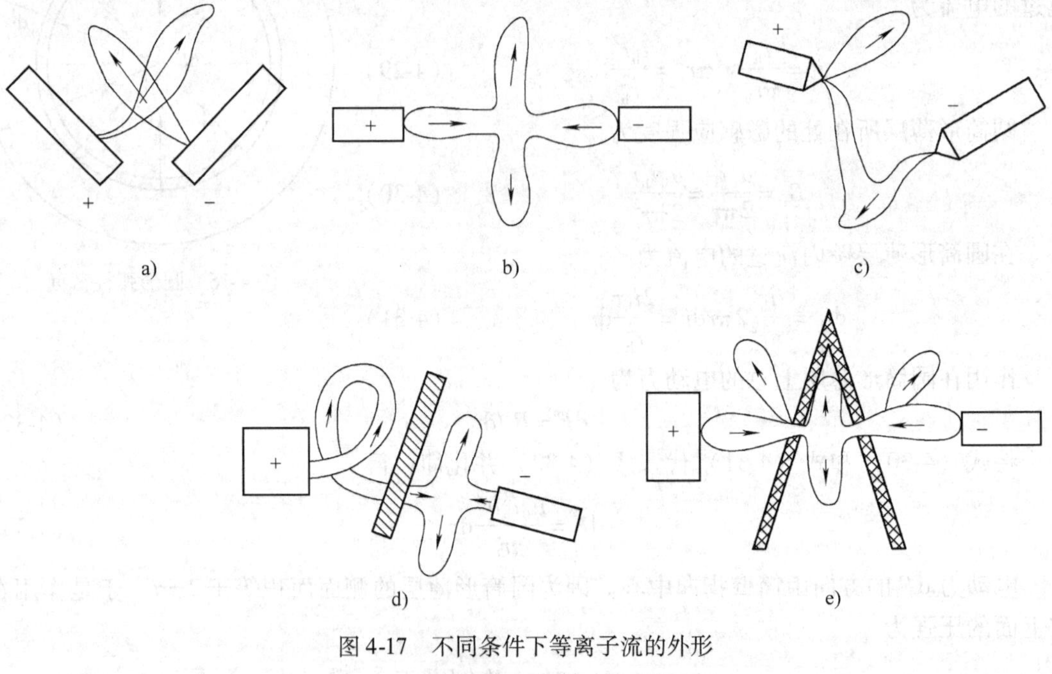

图 4-17　不同条件下等离子流的外形

由于等离子流是一团具有高温并常有金属蒸气的电离气体，显然，若使它们射向弧隙，将不利于电弧熄灭，因此在触头结构设计时应考虑这一问题。

4.3.9　电弧的能量平衡

电弧相当于一电阻性的发热元件，所消耗功率 P_h 可表示为

$$P_{\mathrm{h}}=i_{\mathrm{h}}u_{\mathrm{h}}=i_{\mathrm{h}}(u_0+u_{\mathrm{z}}) \tag{4-37}$$

式中，P_h 也包含近阴极、近阳极和弧柱三个区域。对于短弧来说，由于极间距离很近，电极温度又远低于弧柱温度，由电弧功率损耗转变而成的热量主要是先传给电极，然后再由电极传给其他零件和散向周围介质。对于长弧来说，由电极传导的热量较少，绝大部分是由弧柱直接散向周围介质。在这一情况下，一般考虑问题的方法是，认为功率 $i_h u_0$ 由电极散发，功率 $i_h u_z$ 由弧柱散发。弧柱向周围介质散热的方式有三种：传导、对流和辐射。它们可分别近似计算如下：

1. 传导散发的功率 P_{cd}

如果认为弧柱截面为圆柱形，其半径为 r_h，长度为 l，表面温度为 T_h，在弧柱外围半径为 r_0 处（例如 $r_0=100r_h$）气体的温度与环境温度 T_0 相等，又设气体的热导率 λ 为常数，则弧柱由传导散发的功率 P_{cd}可用下式近似计算

$$P_{\mathrm{cd}}=\frac{2\pi\lambda l(T_{\mathrm{h}}-T_0)}{\ln\dfrac{r_0}{r_{\mathrm{h}}}} \tag{4-38}$$

式（4-38）表明，λ 越大，则 P_{cd} 越大。实际上，气体的热导率 λ 不是常数，它与温度的关系如图4-18所示。由图可见，它们不是一条单调变化的曲线，而是存在一最大值，此最大值即相应于气体分子离解为原子时的温度。因为离解需要吸收热量，离解而成的原子扩散到弧柱区外结合为分子时又释放出热量，等效于热导率的增大。对照图4-18可以看出，氢气的 λ 比氧气和氮气大得多，因而当其他条件相同时，在氢气中燃烧的电弧散发功率最大，反过来说，为维持电弧燃烧需要消耗较大的功率。所以，当电弧电流相同时，在氢气中燃烧的电弧，其电压较高且比较容易熄灭。

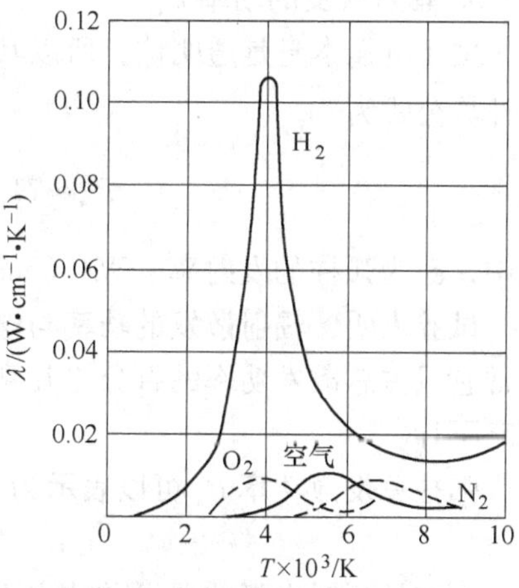

图4-18 不同气体的热导率 λ 和温度 T 的关系

2. 对流散发的功率 P_{dl}

在气体介质中自由燃弧时，由于弧柱温度远高于周围气体介质温度，其中气体便与周围气体产生对流——弧柱中炽热的电离气体流入周围冷气体中，而弧柱本身则由冷的气体介质流入进行补充，于是一部分热量散向周围介质。在这一情况下，由对流和传导散发的功率在同一数量级。但是，当采用强迫吹弧时，对流散热起主要作用。横吹或者介质不动而电弧本身作横向运动时，由对流散发的功率 P_{dl1}（单位为 W）可认为与弧柱的纵断面面积成正比，即

$$P_{\mathrm{dl1}}=vd_{\mathrm{h}}l\int_{T_0}^{T_{\mathrm{h}}}c\mathrm{d}T \tag{4-39}$$

式中，v 为流体介质垂直于电弧轴线运动的速度（cm/s）；T_0 为流体介质未与电弧接触时的温度；T 为流体介质被电弧加热后的温度；T_h 为弧柱平均温度（K）；c 为单位体积流体介质的比热容［J/(cm^3·K)］；d_h 为弧柱直径（cm）；l 为电弧长度（cm）。

对于空气，在一个大气压下，c 可简单地表示为

$$c = \frac{0.41}{T} \tag{4-40}$$

则

$$P_{dl1} = vd_h l \int_{T_0}^{T_h} \frac{0.41}{T} dT = 0.41 vd_h l \ln \frac{T_h}{T_0} \tag{4-41}$$

纵吹时，由对流散发的功率 P_{dl2}（单位为 W）可认为与弧柱横断面面积成正比，即

$$P_{dl2} = \frac{\pi}{4} d_h^2 v \int_{T_0}^{T_h} c dT = 0.322 d_h^2 v \ln \frac{T_h}{T_0} \tag{4-42}$$

式中各物理量意义和单位同上。

应当指出的是，用式（4-42）算得的 P_{dl2} 数值相当粗略，因为它没有考虑触头尺寸的影响。而且在实际情况下，流体介质的运动方向常用人为的方法使之向弧柱轴线收拢，因而弧柱的侧面也起到一部分散热作用。

从式（4-41）和式（4-42）可见，无论是横吹还是纵吹，对流散发的功率皆与介质吹弧速度 v 成正比，所以，增大 v 是加强对电弧冷却作用的有效手段。

3. 辐射散发的功率 P_{fs}

由于电弧本身是透明体，所以其辐射发散功率 P_{fs}（单位为 W）与其体积成正比，其数值计算公式为

$$P_{fs} \approx 71.6 r_h^2 l \varepsilon_{fs} \left[\left(\frac{T_h}{1000} \right)^4 - \left(\frac{T_0}{1000} \right)^4 \right] \tag{4-43}$$

式中，ε_{fs} 为弧柱的发射率［W/（$cm^3 \cdot K^4$）］；r_h、l 的单位为 cm；T_h、T_0 的单位为 K。

试验表明，辐射散发的功率与电极材料以及气压等因素有关。在大气自由燃弧情况下，通常它只占总散发功率的百分之几到十几。所以，当开关电器中采用了强迫冷却时，它可以忽略不计。

弧柱总发散功率 P_z 可以表示为

$$P_z = P_{cd} + P_{dl} + P_{fs} \tag{4-44}$$

而在长弧时电弧的总发散功率 P_s 为

$$P_s = P_z + i_h u_0 \tag{4-45}$$

按照能量平衡原理，可将电弧产生后进入稳定燃烧的过程叙述如下：设电弧电流 i_h 为一固定值，在电弧产生初期，弧柱温度较低，直径较小。一方面，电弧电阻 R_h 较大，电弧电压 $u_h = i_h R_h$ 较大，因而电弧的输入功率 $i_h u_h$ 较大；另一方面，由式（4-38）~式（4-43）可见，此时散发功率 P_s 较少。则电弧的输入功率 $i_h u_h$ 将大于散发功率 P_s，多余的功率用于提高弧柱的温度和扩大其直径。随着弧柱温度的提高和直径的扩大，R_h 将下降，输入电弧的功率 $i_h^2 R_h$ 将减少，而 P_s 将增大。这一过程一直进行到 $i_h u_h = P_s$ 为止。此时，弧柱的温度和直径便稳定在一固定数值上，通常称为电弧进入稳定燃烧状态。电弧电流不同时，进入稳定燃烧状态的弧柱温度和直径不同，相应的电弧电阻也不同。一般在自由燃弧时，电弧电流越大，稳定燃弧时弧柱温度越高，直径越大，电弧电阻越低，电弧电压降越小，但是电弧的输入功率则越大。否则电弧的输入功率将不能补偿由于弧柱温度升高和直径增大而增加的发散功率的增量。

上述这种电弧能自动调节弧柱温度和直径以达到输入和发散功率平衡的现象，不仅在电

弧产生的过程中如此，而且当电弧电流改变时以及当介质对弧柱冷却作用的强烈程度改变时也是如此。然而，由于弧柱温度和直径的变化都意味着弧柱含热能的变化，而热量的吸收或发散都需经历一定的时间，所以，上述的弧柱温度和直径的自动调节作用不能瞬时完成，而是要滞后于电弧电流或散热的变化。

通过上述分析，电弧动态能量平衡方程可描述如下：

$$\frac{\mathrm{d}W_Q}{\mathrm{d}t}=P_\mathrm{h}-P_\mathrm{s} \tag{4-46}$$

式中，W_Q 为电弧所含的热能；t 为时间；P_h、P_s 分别为电弧功率和散发功率。

此式表明，如 $P_\mathrm{h}>P_\mathrm{s}$，则 W_Q 逐渐增多，弧柱趋于温度增高和直径扩大，即电弧燃烧趋向炽烈；如 $P_\mathrm{h}<P_\mathrm{s}$，则 W_Q 逐渐减少，弧柱趋于温度降低和直径缩小，即电弧趋向熄灭；如 $P_\mathrm{h}=P_\mathrm{s}$，则 W_Q 保持不变，弧柱的温度和直径也保持不变，即电弧处于稳定燃烧状态。所以，可根据式（4-46），通过弧隙中能量的增减来识别电弧燃烧是趋于炽烈、熄灭还是稳定。

4.4 直流电弧特性

1. 静态伏安特性

设有如图4-19所示直流电路，电源电动势为 E，电弧在触头1和2之间燃烧，可变电阻 R 用以改变电弧电流 i_h。如果维持弧长不变，给定每一电流后稍停一些时间（大于几百微秒），待电弧中的发热和散热过程达到平衡后，测量弧隙两端电压 u_h，则 u_h 和 i_h 的关系如图4-20所示，这一关系称为直流电弧的静态伏安特性。当电弧较长时，则可测得另一较高的静态伏安特性。由图4-20可以看出，直流电弧静态伏安特性具有和一般金属导体不同的性质，当电流 i_h 增大时，u_h 减小。换言之，电弧电阻 R_h（静态伏安特性上任意一点 A 的 $R_\mathrm{h}=u_\mathrm{h}/i_\mathrm{h}=\tan\alpha$）随 i_h 的增大而减小。直流电弧静态伏安特性呈如此变化的原因在于 i_h 增大时，输入电弧的功率 $u_\mathrm{h}i_\mathrm{h}$ 增加，于是弧柱温度升高，直径增大，R_h 剧烈下降。

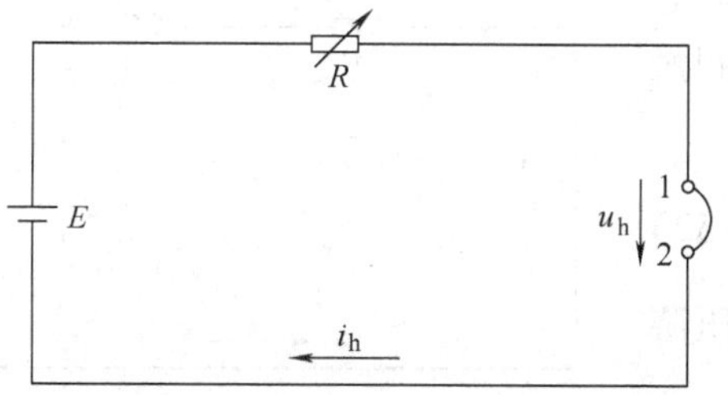

图4-19 直流电弧伏安特性测量电路

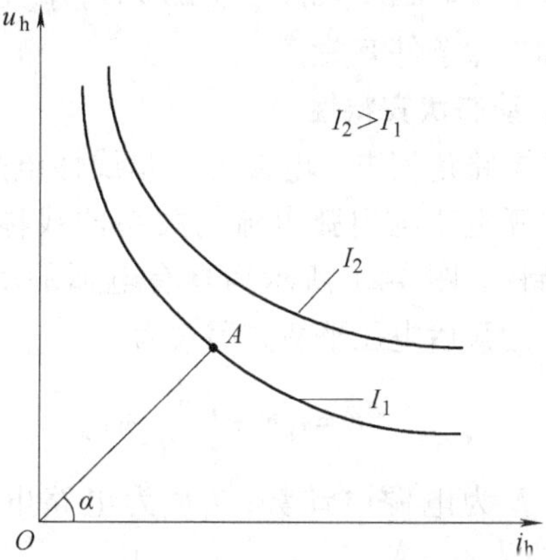

图4-20 不同弧长的直流电弧伏安特性

直流电弧静态伏安特性与许多因素有关，除上述电弧长度外，主要有电极材料、气体介质种类、压力和介质相对于电弧的运动速度等方面。在实际工程中，最好通过试验测得具体条件下的电弧静态伏安特性。如条件不允许，则应选用测试条件相近的试验公式。下面给出一些常用试验公式。

对于空气中自由燃弧，有下列几种试验公式：

（1）在一个大气压下，弧长大于1cm，i_h 在几十安以下时，试验公式见式（4-22）。

（2）在一个大气压下，铜电极，弧长为0.8cm，i_h 在600A以下时，电弧端电压（单位为V）为

$$u_h = 31 + \frac{96.7}{\sqrt{i_h}} \tag{4-47}$$

（3）在高气压气体介质中，i_h 在1~20A范围内，弧柱电场强度 E（单位为V/cm）为

$$E = c i_h^{-n} (10^{-5} p)^m \tag{4-48}$$

式中，p 为气体介质气压（Pa）；c、n、m 为常数，对于空气，$c=80$，$n=0.6$，$m=0.31$；对于氢气，$c=400$，$n=0.7$，$m=0.32$。

（4）在一个大气压下，弧柱电场强度 E 为

$$E = c i_h^{-n} \tag{4-49}$$

式中，c、n 为常数；在大电流时，$n=0.25\sim0.35$，平均取0.3。

对于在一个大气压下的空气中，铜电极间横向运动的电弧，当运动速度 v 在200m/s以下，i_h 在600A以下时，弧柱电场强度 E 为

$$E = \frac{9.2(v+10)}{\sqrt{i_h}} \tag{4-50}$$

由此可见，即使同样在大气压下自由燃弧，不同情况下的试验公式也有很大差异。差异的原因既可能是由于试验条件的不同，也可能是由于试验数据的分散性或数据处理方法的不同。为便于分析，直流电弧静态伏安特性常采用以下经验公式来表示，即

$$u_h = u_0 + \frac{cl}{i_h^n} \tag{4-51}$$

式中，u_0 为近极电压降（V）；u_h 为直流电弧弧隙端电压（V）；l 为电弧长度；c、n 为常数，其中 $n=0.25\sim0.6$（0.25对应于大电流，0.6对应于1~20A的小电流），而 c 与介质性质和冷却条件有关。

2. 动态伏安特性

从电路角度看，电弧为一非线性电阻，阻值随电流及其他因素而变。当电弧稳定燃烧时，电弧电压与电弧电流的关系曲线称为电弧静态伏安特性。图4-21所示为具有电弧的R-L直流测量电路，起弧后电压平衡方程式为

$$E = i_h R + L\frac{di_h}{dt} + u_h \tag{4-52}$$

式中，E 为电源电动势；$i_h R$ 为电路电阻的电压降（包括电源内阻的电压降）；$L\dfrac{di_h}{dt}$ 为电感电压降；u_h 为电弧电压降。

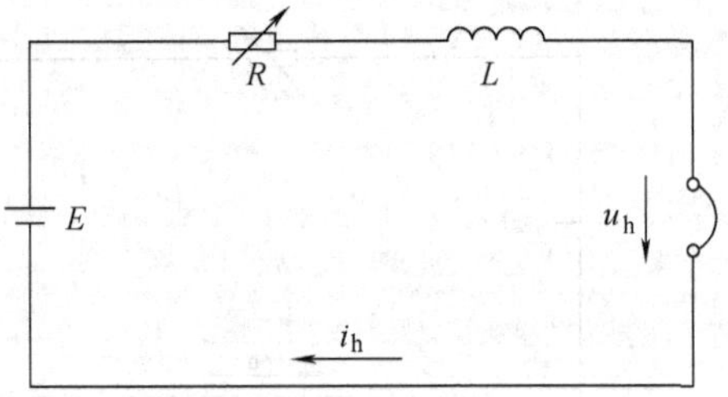

图4-21 R-L直流测量电路

当电离与消电离处于动平衡状态时，则电弧稳定燃烧，电弧电流不随时间变化，$\dfrac{di_h}{dt}=$

0。此时电弧处于热稳定状态，即输入功率与散失功率相等，其电弧电阻为某一定值，电弧电压也是定值。可测得对应的电弧电压与电弧电流值，绘出静态伏安特性上的一点。

若改变电路电阻，电弧电流将发生改变，若 E 及弧长维持不变，则经几百微秒后，电弧自动调整到新的平衡状态，又可测得另一组电弧电压与电弧电流，即可得伏安特性上另一点。如此下去，便可测得电弧的静态伏安特性，如图4-22中曲线1所示。在 i_h 增加时，u_h 反而下降，是因为随着 i_h 的增加，电弧的热电离加强，弧柱直径加大，电弧电阻 R_h 的减小率大于 i_h 的增加率，所以 u_h 下降。

当电流随时间而变化，即 $\frac{di_h}{dt} \neq 0$ 时，电弧的伏安特性称为电弧的动态伏安特性。

图4-22中曲线2为 $\frac{di_h}{dt} < 0$，即电流迅速减小过程中所测得的 $u_h = f(i_h)$ 曲线，为动态特性曲线，其特征为电弧电流在未达到新的稳定燃烧点前又继续减小了。曲线2上每一点的坐标均对应于非稳定燃弧状态。

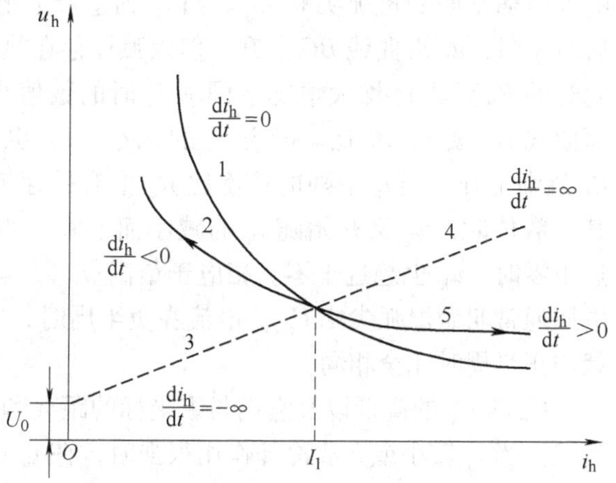

图4-22　直流电弧的动态伏安特性

曲线2低于曲线1的原因在于热惯性的作用。即当电弧电流迅速减小到某一数值的瞬间，新的稳定状态还未建立，电弧电流又继续减小了。这样，弧隙温度就来不及降低到相应的稳定燃弧时的数值。显然，由于热惯性的原因，动态时电弧弧温高些，电阻较静态时偏小，则对应于同一电流值时，其电弧电压降较小。当弧隙电流迅速增大时，曲线5位于静态特性的上方，是因为 i_h 快速增大时，R_h 来不及减小。

当电流从 I_1 值以无穷大速率减小为零值，即 $\frac{di_h}{dt} = -\infty$ 时，则弧隙电阻来不及变化，是个常数，所以动态特性曲线为一条直线，如曲线3所示。曲线3与纵坐标交点为 $u_0 = u_a + u_c$。当电流从 I_1 值以无穷大速率增大，即 $\frac{di_h}{dt} = \infty$ 时，则动态特性仍为直线，如图4-22中曲线4所示。

4.5　交流电弧的介质恢复过程与电压恢复过程

4.5.1　交流电弧的伏安特性

当电弧电流 i_h 随时间按正弦规律变化时，在稳定燃弧情况下，如果弧长不变，并且介质对电弧的冷却作用不太强烈，使得在 i_h 过零期间 R_h 为一有限值，则一个周期内电弧电压 u_h 和 i_h 的关系如图4-23所示，称为交流电弧伏安特性。图中箭头表示 i_h 变化的方向。对这一特性，可用电弧能量平衡原理解释如下：当 i_h 从零上升时，由于在 i_h 过零期间，$P_h \approx 0$，根据式（4-46）得 $dW_Q/dt = -P_s$，即 W_Q 随时间的变化而减少。于是弧柱变冷、变细，R_h 增大，因而 $u_h = R_h i_h$ 以很陡的斜率上升，如图中线段 OA 部分所示。随着 i_h 的增大，P_h 也增大。当 $P_h > P_s$ 时，由式（4-46）得 $dW_Q/dt = P_h - P_s > 0$，即 W_Q 逐渐增多，于是弧柱变热、变粗，R_h 迅速下降。当 R_h 的下降速度比 i_h 的增长速度大过某一数值时，u_h 开始随 i_h 的增长而下降。这就是曲线 OA 靠近 A 点部分和曲线 AB。相应于最高点（A 点）的电压通常叫做燃弧尖峰 U_{rh}。当 i_h 到达最大值 B 点后减小时，u_h 沿曲线 BC 上升。但因弧柱存在热惯性，此时的 R_h 要比 i_h 增大情况下同一 i_h 时的数值小，因而曲线 BC 要比 AB 低。随着 i_h 的减小，P_h 也减少，R_h 逐渐上升。当 i_h 下降的速度比 R_h 上升的速度大过某一数值时，u_h 又开始随 i_h 的减小而下降。当 i_h 趋近于零时，u_h 也趋近于零。相应于最高点（C 点）的电压通常叫做熄弧尖峰 U_{xh}。电流在负半周时，电弧的伏安特性处于坐标的第三象限，其形状与正半周时完全相同。

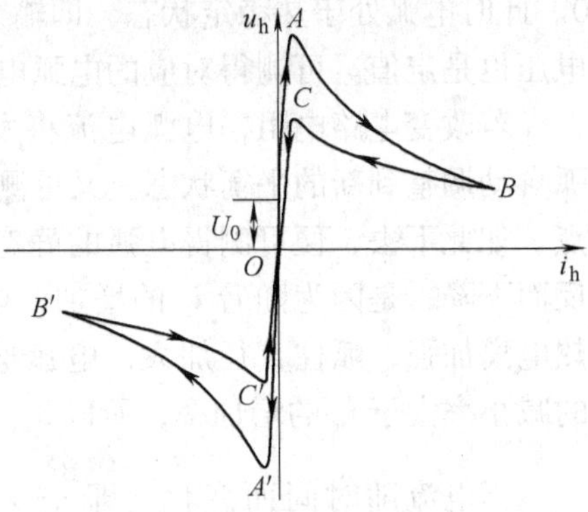

图 4-23　i_h 过零、R_h 为有限值时交流电弧的伏安特性

U_{rh}和 U_{xh}的高低以及它们与纵坐标的距离和电流大小、介质对电弧的吹弧及冷却作用等有关。当 i_h 较小或介质冷却作用很强时，在 i_h 过零期间，R_h 几乎为无穷大，此时电弧的伏安特性将具有如图 4-25 所示的形状，即曲线的 OA、OC 段皆与纵坐标重合。

图 4-24 表示图 4-23 情况下 u_h 随时间 t 变化的波形。由图可见，在 i_h 半波的中部，u_h 曲线比较平坦，而在 i_h 半波的开始和终了附近，u_h 曲线都出现较高的峰值——U_{rh}和 U_{xh}，并且 $U_{rh} > U_{xh}$，这一形状通常称为马鞍形。

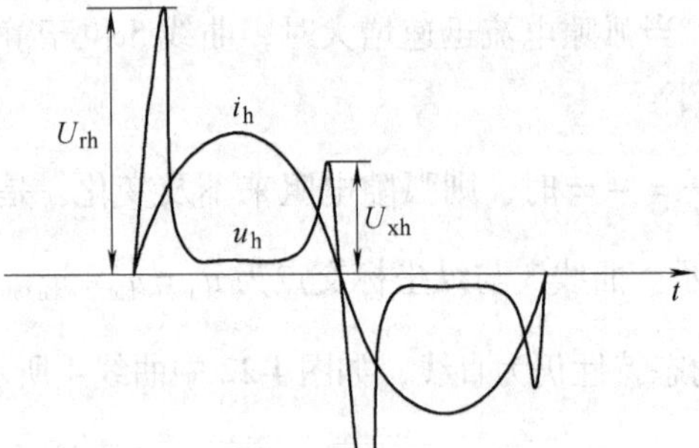

图 4-24　图 4-23 情况下电弧电压 u_h 随时间变化的波形

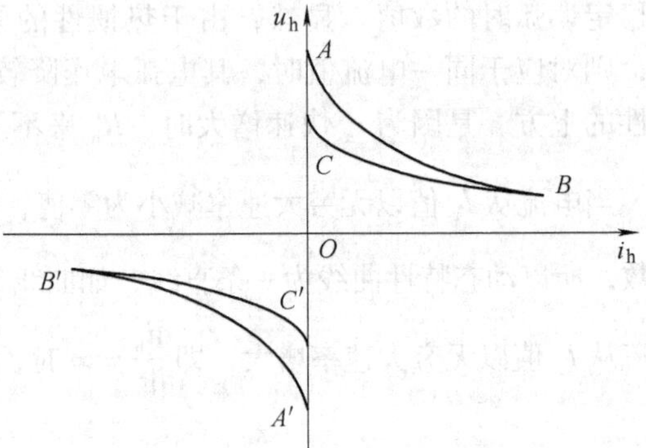

图 4-25　i_h 过零、R_h 为无穷大情况下交流电弧的伏安特性

以上讨论的是 i_h 为正弦波形时，u_h 在理论上的形状。实际上，在图 4-26 所示带有负载的交流电路中，u_h 还要受到负载影响。图 4-27a、b 分别表示在电阻性和电感性负载电路中 u_h 和 i_h 的波形。在图 4-27a 所示的电阻性负载电路中，i_h 和电源电压 u 同相，当 i_h 过零时 u 也过零。在 i_h 过零后 U_{rh}到来之前，由于 R_h 迅速增大，加在弧隙上的电压实际上等于 u 的瞬时值。u 从零上升，弧隙上的电压也从

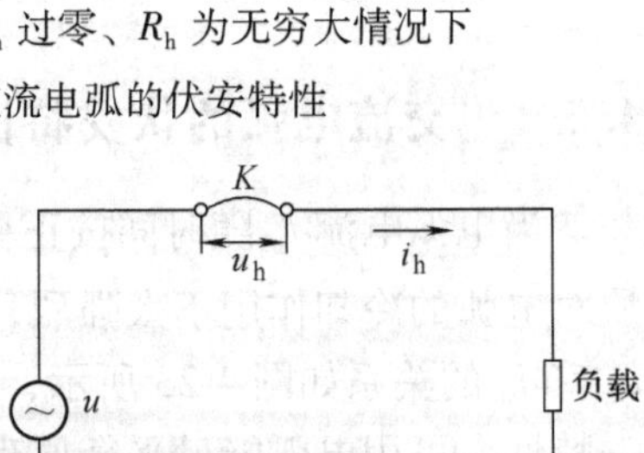

图 4-26　带有负载的交流电路

零上升。换言之，此时弧隙上的电压波形仍是 u 的波形。i_h 等于弧隙上的电压除以此时的 R_h，其数值通常很小。随着 u 的上升，i_h 逐渐增大。当 u 上升到足以使 $P_h > P_s$ 时，R_h 迅速减小，i_h 迅速增大。此后 i_h 基本决定于电路负载的大小，而弧隙上的电压则基本上决定于相应的电弧动态伏安特性。在 i_h 半波末尾附近，起初 u_h 随 i_h 的减小而上升。然后，当 u 下降到低于 U_{xh}时，弧隙上的电压又随 u 而变化。所以，在图 4-27a 中，U_{rh}之前和 U_{xh}之后的 u_h（弧隙电压）波形，皆和 u 的波形基本重合。

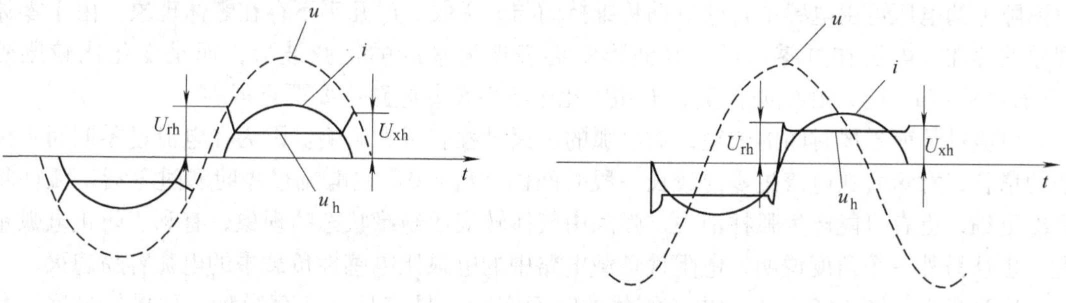

图 4-27 交流电弧电压和电流的波形

在图 4-27b 所示的电感性负载电路中，i_h 落后于 u 约90°。当 i_h 过零时，u 约处于幅值。在 i_h 过零后，由于 R_h 迅速增大，电路相当于完全开断，u 将以很快的速度加到弧隙上。换言之，u_h 将从零以比电阻性负载电路时快得多的速度趋向 u 的幅值。使 U_{rh}出现较早，弧隙中通过较大的负载电流的时间也将提前。在 i_h 半波接近末尾时，u_h 由负载电感中的自感电动势产生，与 u 值无关，此时 u_h 基本上取决于电弧动态伏安特性。可见，在电感性负载电路中，在 U_{rh}之前和 U_{xh}之后，u_h 的上升和下降速度比电阻性负载电路中要快得多。

另一方面，在 i_h 过零前的一段时间内，$P_h < P_s$，弧柱变冷、变细。如果在 i_h 过零后，加到弧隙上的电压缓慢上升，则因在较长的一段时间内，电弧的 $P_h < P_s$，弧柱将更加变冷、变细，R_h 将更加增大。这样，也就使 U_{rh}更加增高。如果 U_{rh}增高到大于 u 的幅值，则 R_h 将不能再迅速下降，这就是说，电弧不再重燃。由此，可以得出一个重要结论：在开断同一电流时，电阻性负载电路中的电弧比电感性负载电路中的电弧容易熄灭。

交流电路中，电流在 1s 内要通过零点 $2f$（f 为电源频率）次。在 i_h 过零附近一段时间内，$P_h < P_s$，弧柱变冷、变细，甚至可能导致由导体状态变为绝缘状态，因此，交流电弧要比直流电弧容易熄灭。在熄灭同样电流的电弧时，前者对灭弧装置的要求比后者要低得多。同时，由于交流开关电器（特别是低压开关电器）大多利用 i_h 自然过零时熄弧的原理（不采用过强的灭弧措施使电弧在 i_h 过零之前强制截断），电弧熄灭时电感中的能量趋近于零。所以，一般开断大电流时产生过电压的可能性较小。

4.5.2 电弧电压对交流电路电流的影响

1. 零休现象

交流电路中存在电弧时，由于电弧具有 i_h 减小时 u_h 上升的伏安特性，电路电流不再呈正弦变化。其偏离正弦变化的程度随电路负载性质的不同而不同，在电流半波开始和末尾部分最为显著。在电阻性负载电路中，电流过零后，由于弧隙上电压上升缓慢，P_h 上升速度较小，弧隙被冷却的时间相对较长，因而 U_{rh} 出现较迟。在 U_{rh} 出现之前，R_h 很大，此时 i_h 与负载电流相比，可认为是零。这一现象通常称为电流过零后的"零休"。在 U_{xh} 出现之后，同样因为 u 低于 U_{xh}，此时 i_h 迅速减小到很小的数值，这一现象称为电流过零前的"零休"。在电感性负载电路中，在 U_{rh} 出现之前，情况与电阻性负载电路相似。但因为此时弧隙上电压上升速度较快，U_{rh} 出现较早，电流过零后的零休时间要短得多。在 U_{xh} 出现之后，因为此时弧隙上的电压可由电感中自感电动势维持而与 u 无关，i_h 几乎不存在零休现象。由于零休现象的存在，电流在过零前后，其波形不再表现为平滑的正弦波形，而是变化比较剧烈（参看图 4-27a、b）。在电阻性负载电路中比电感性负载电路中要严重得多。

电流过零前零休时间的长短，对电弧的熄灭过程有很大影响。因为在电流过零期间零休期的增长，意味着在电流过零前较长一段时间内，$P_h \approx 0$。在电流过零时和过零后，弧柱将更冷更细，更有可能产生弧柱消失、弧隙中气体转变成绝缘状态的现象，有利于防止电弧重燃。也从另外一个角度说明，电阻性负载电路中的电弧比电感性负载中的电弧容易熄灭。

应当指出，图 4-27a、b 中电流零休的时间实际上最多只有几百微秒。如果超过这一数值，那么电弧一般就不会再产生了。

2. 电流过零时的下降速度

在电感性负载电路中，u_h 对 i_h 的另一影响为：当 i_h 下降到接近零时，使 i_h 的下降速度变快。证明如下：设 u_h 比 u 的幅值小得多，则 i_h 落后于 u 约为90°。当 i_h 下降到零时，u 接近幅值。又若设 i_h 过零时 $u_h = U_{xh}$，则由图 4-26 可见，此时 i_h 的下降速度可表示为

$$\frac{di_h}{dt}\Big|_{i_h \to 0} \approx \pm \frac{U_m + U_{xh}}{L} \tag{4-53}$$

式中，U_m 为电源电压幅值；L 为电路电感。

式（4-53）中之所以将 U_m 和 U_{xh} 相加，是因为在 i_h 落后于 u 近90°的情况下，i_h 过零时的 u_h 总与 u 的方向相反，如图 4-27b 所示。从式（4-53）可见，当电路中存在电弧时，i_h 过零时的下降速度随着 U_{xh} 的增大而加快。而 i_h 下降速度增大意味着在过零前电弧的散热时间较短，在过零后弧柱将较热、较粗。仅从这一点看，U_{xh} 增大不利于电弧熄灭。

3. 限流作用

设有图 4-28a 所示的交流电路，电源电压为 u，电路电感为 L。为便于分析，假定电源电压刚处于幅值时，电路发生短路。这样，短路电流中将不存在非周期分量。经过 t_1（$t_1 < 0.005s$）后，当开关触头分开时，短路电流可用叠加原理进行计算。即将图 4-28a 所示电流 i，看做是图 4-28b、c 两种情况下电流 i'和 i''的叠加，即

$$i = i' + i'' \tag{4-54}$$

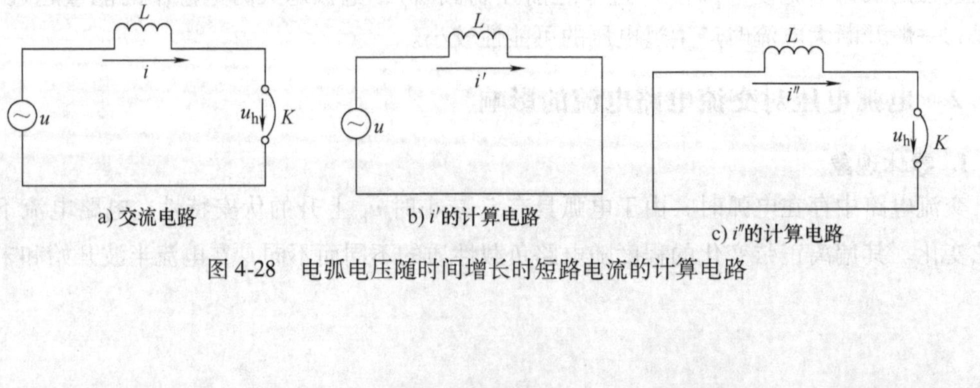

a) 交流电路　b) i'的计算电路　c) i''的计算电路

图 4-28　电弧电压随时间增长时短路电流的计算电路

对于图4-28b，可写出下列微分方程式

$$L\frac{\mathrm{d}i'}{\mathrm{d}t}=U_{\mathrm{m}}\cos\omega t \tag{4-55}$$

式中，i 为电路中不存在电弧时的短路电流瞬时值；L 为电路电感；t 为时间；U_{m} 为 u 的幅值；ω 为 u 的角频率。

在 $t=0$，$i'=0$ 时，式（4-55）的解为

$$i'=\frac{U_{\mathrm{m}}}{\omega L}\sin\omega t \tag{4-56}$$

对于图4-28c，若假定弧长 $l=v(t-t_1)$ 和弧柱电场强度 E 为常数，则在长弧情况下可忽略近极电压降 U_0，则 $u_{\mathrm{h}}=El=Ev(t-t_1)$。于是

$$L\frac{\mathrm{d}i''}{\mathrm{d}t}=-Ev(t-t_1) \tag{4-57}$$

式中，i''为 u_{h} 在电路中产生的电流瞬时值；E 为弧柱电场强度；v 为触头分开速度。

在 $t=t_1$，$i''=0$ 时，式（4-57）的解为

$$i''=-\frac{Ev}{2L}(t-t_1)^2（当\ t\geqslant t_1\ 时） \tag{4-58}$$

则总的短路电流为

$$i=i'+i''=\frac{U_{\mathrm{m}}}{\omega L}\sin\omega t-\frac{Ev}{2L}(t-t_1)^2 \tag{4-59}$$

按式（4-56）、式（4-58）和式（4-59）得到 i'、i''和 i 的波形如图4-29所示。从此图可见，由于电弧的迅速拉长，使得短路电流第一个半波的最大值小于无电弧时短路电流 i'的幅值，并且第一个半波的时间小于电源频率的半波时间。以上讨论的是电流 i'中不存在非周期分量的情况。当 i'中存在非周期分量时，u_{h} 同样起着减小短路电流峰值和缩小第一个半波电流时间的作用，这一现象称为限流作用。i 的幅值称为限流峰值，而 i 的幅值与 i'的幅值之比称为限流系数。如果开关电器能在第一个半波电流过零时将电弧熄灭，则大大减轻了电路中所有导电零件在发热和受电动力作用方面的工作条件。通常低压和高压方面的限流电器大多利用这一原理，而在高压断路器中，因为 u_{h} 与 U_{m} 相比数值较小（1/10以下），即使快速分开触头，对短路电流第一个半波的限流作用一般也不显著。

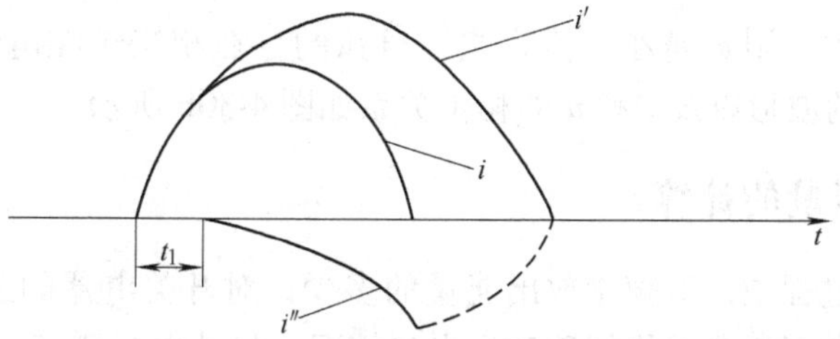

图4-29　电流 i'、i''和 i 的波形图

4. 减小电路功率因数角 φ

当交流电路中存在电弧时，电路的功率因数角 φ 将减小。在电路为电感性负载情况下，φ 减小的程度可计算如下：设有图4-30a所示电路，其电源电压 u 的幅值为 U_{m}，电路电感为 L。又若设弧隙 K 的 $u_{\mathrm{h}}=U_{\mathrm{h}}$ 为常数，则当电弧稳定燃烧时，如以电流 i 正半波的起始零点为

起点，可列出微分方程为

$$L\frac{\mathrm{d}i}{\mathrm{d}t}+U_{\mathrm{h}}=U_{\mathrm{m}}\sin(\omega t+\varphi) \tag{4-60}$$

式中，φ 为 $t=0$ 时电源电压的相位角。

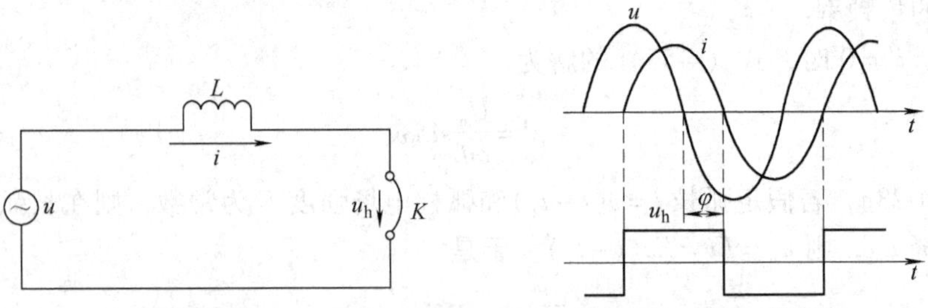

a) 交流电路　　b) u、i 和 u_{h} 的波形

图 4-30　电弧电压对电路功率因数角 φ 的影响

可得

$$i=-\frac{U_{\mathrm{m}}}{\omega L}\cos(\omega t+\varphi)-\frac{U_{\mathrm{h}}}{L}t+K \tag{4-61}$$

式中　K——积分常数。

以起始条件 $t=0$ 时，$i=0$ 代入式（4-61）可得

$$K=\frac{U_{\mathrm{m}}}{\omega L}\cos\varphi \tag{4-62}$$

而式（4-61）可写成

$$i=-\frac{U_{\mathrm{m}}}{\omega L}\cos(\omega t+\varphi)-\frac{U_{\mathrm{h}}}{L}t+\frac{U_{\mathrm{m}}}{\omega L}\cos\varphi \tag{4-63}$$

在 i 半波之末 $t=\pi/\omega$ 时，$i=0$，代入式（4-63）中得

$$-U_{\mathrm{m}}\cos(\pi+\varphi)-U_{\mathrm{h}}\pi+U_{\mathrm{m}}\cos\varphi=0 \tag{4-64}$$

于是，此时电路的功率因数角为

$$\varphi=\arccos\frac{\pi U_{\mathrm{h}}}{2U_{\mathrm{m}}} \tag{4-65}$$

可见，$U_{\mathrm{h}}/U_{\mathrm{m}}$ 越大，则 φ 越小。换言之，电弧的存在相当于在电路中串联了电阻。按式（4-63）作出的 i 的波形以及 i 和 u 的相位关系如图 4-30b 所示。

4.5.3　交流电弧能量的计算

在开断交流电路过程中，弧隙中放出能量的多少，对开关电器的工作性能有很大影响。例如，它影响到触头和灭弧室的烧损程度和发热情况；另外在高压开关电器中，还将影响灭弧室绝缘和灭弧性能。因此，在许多情况下，需要计算开断交流电路过程中产生的电弧能量。交流电弧能量 W_{h} 的基本计算公式为

$$W_{\mathrm{h}}=\int_{t_{\mathrm{s}}}^{t_{\mathrm{x}}}u_{\mathrm{h}}|i_{\mathrm{h}}|\mathrm{d}t \tag{4-66}$$

式中，u_{h} 为电弧电压；i_{h} 为电弧电流；t 为以触头分开瞬时前电流过零点为起点计算的时

间；t_s 为从 $t=0$ 到电弧产生的时间；t_x 为从 $t=0$ 到电弧熄灭的时间。

式中 i_h 取绝对值是因为 u_h 总是与 i_h 同向，即 P_h 总为正值，为便于计算，通常取 u_h 为正，因而需取 i_h 为绝对值。

为计算 W_h，假定如下：

（1）i_h 为一幅值不变的正弦电流，即

$$i_h = I_m \sin\omega t \tag{4-67}$$

式中，I_m 为 i_h 的幅值；ω 为电源角频率。

（2）不计每一电流半波开始和结束时出现的 U_{rh} 和 U_{xh}。因为这些尖峰出现时 i_h 的数值很小，对计算结果影响不大，可忽略不计。同时认为在燃弧的每一半波期间弧柱电场强度 E 为常数。这样，从式（4-24）便可认为

$$u_h = El + U_0 \tag{4-68}$$

将式（4-67）和式（4-68）代入式（4-66），得

$$W_h = \int_{t_s}^{t_x} (El + U_0) I_m |\sin\omega t| \mathrm{d}t = \int_{\omega t_s}^{n\pi} \frac{(El + U_0) I_m}{\omega} |\sin\omega t| \mathrm{d}(\omega t) \tag{4-69}$$

式中，n 为包括触头分开瞬间时所在电流半波在内到电弧熄灭为止的总燃弧半波数。

式中积分上限取为 $n\pi$ 是因为实际上交流电弧的熄灭是在电流过零时。

设弧长 l 为常数，则式（4-69）的解为

$$\begin{aligned} W_h &= -\frac{(El + U_0) I_m}{\omega} \left\{ \left| [-\cos\omega t]_{\omega t_s}^{\pi} \right| + \left| [-\cos\omega t]_{\pi}^{2\pi} \right| + \cdots + \left| [-\cos\omega t]_{(n-1)\pi}^{n\pi} \right| \right\} \\ &= \frac{(El + U_0) I_m}{\omega} (2n - 1 + \cos\omega t_s) \end{aligned} \tag{4-70}$$

如设 $l = v_p\ (t - t_s)$，式中，v_p 为触头平均运动速度。

则
$$\begin{aligned} W_h &= \int_{\omega t_s}^{n\pi} \frac{(Ev_p t - Evt_s + U_0) I_m}{\omega} |\sin\omega t| \mathrm{d}(\omega t) \\ &= \int_{\omega t_s}^{n\pi} \frac{Ev_p I_m}{\omega^2} \omega t |\sin\omega t| \mathrm{d}(\omega t) + \int_{\omega t_s}^{n\pi} \frac{(U_0 - Ev_p t_s) I_m}{\omega} |\sin\omega t| \mathrm{d}(\omega t) \\ &= \frac{Ev_p I_m}{\omega^2} (n^2\pi - \sin\omega t_s + \omega t_s \cos\omega t_s) + \frac{(U_0 - Ev_p t_s) I_m}{\omega} (2n - 1 + \cos\omega t_s) \\ &= \frac{Ev_p I_m}{\omega^2} [n^2\pi - (2n-1)\omega t_s - \sin\omega t_s] + \frac{U_0 I_m}{\omega} (2n - 1 + \cos\omega t_s) \end{aligned} \tag{4-71}$$

4.6 交流电弧弧隙中的介质恢复

4.6.1 弧隙中的介质恢复过程

交流电流过零后，弧隙中的介质恢复过程在近阴极区和弧柱区不同。

1. 近阴极区介质恢复过程

交流电流过零后弧隙中各参数的分布情况如图 4-31 所示。

设有如图 4-31a 所示的弧隙，在电流过零前，左边电极为正，右边电极为负。在电流过

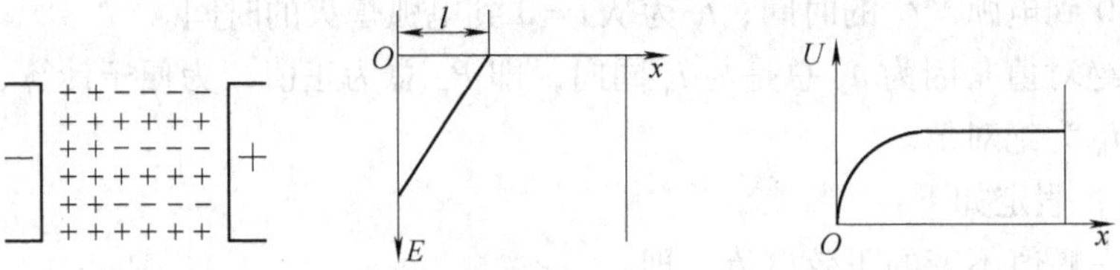

a) 带电粒子　b) 电场强度 E　c) 电压 U

图 4-31　交流电流过零后弧隙中各参数的分布情况

零期间，弧隙两端电压也将过零。此时弧隙中的正负带电粒子由于热运动而处于均匀分布状态。当弧隙两端电压极性改变而成为左负右正（见图 4-31a）时，电子将迅速向正电极方向运动，而正离子由于质量很大，加速缓慢，在极短时间内可认为是停留在原位置。这样，如果在电流过零期间新的阴极（原来的阳极）已冷却到基本上不产生热发射的温度，则在阴极附近就形成了正的空间电荷，从而在阴极表面就作用了一个电场。此处电场强度 E 可由泊松方程计算，即

$$\frac{d^2U}{dx^2} = -\frac{dE}{dx} = -\frac{nq}{\varepsilon} \tag{4-72}$$

式中，x 为距阴极的距离；U 为距阴极 x 处相对于阴极的电位；n 为正电荷的数密度；q 为一个带电粒子的电量；ε 为气体的介电常数。

将式（4-72）积分并假设 $x=l$，l 为正空间电荷层的厚度，见图 4-31b 处，$E=0$，则

$$E = -\frac{nq}{\varepsilon}(l-x) \tag{4-73}$$

式（4-73）中等号右边的负号表明 E 的方向为指向阴极。当 $x=0$（阴极表面处）时，E 的绝对数值最大，其值为

$$E_0 = \frac{nql}{\varepsilon} \tag{4-74}$$

将式（4-73）再对 x 进行积分，并令 $x=0$ 时，$U=0$，则

$$U = \frac{nqx}{\varepsilon}\left(l-\frac{x}{2}\right) \tag{4-75}$$

按式（4-73）和式（4-75）作出的 E 和 U 在弧隙中的分布情况如图 4-31b、c 所示。因为由前假设 $x=l$ 处，$E=0$，所以式（4-75）只适用于 $x \leqslant l$ 有正空间电荷的部分。在弧隙中其他部分，此时正负带电粒子数仍然相等，其电导很大。因此，可认为，当 $x=l$ 时，在空间电荷层上作用的电压 U 等于此时加在电极上的电压 U_j，亦即

$$U_j = \frac{nql}{\varepsilon}\left(l-\frac{l}{2}\right) = \frac{nql^2}{2\varepsilon} \tag{4-76}$$

将式（4-76）代入式（4-74）并消去 l，便得电流过零瞬间 E_0 和 U_j 的关系，即

$$E_0 = \sqrt{\frac{2nqU_j}{\varepsilon}} \tag{4-77}$$

式（4-77）表明，随着 U_j 的增长，E_0 也增大。由前文可知，要产生电弧，阴极必须发射电子。在电流过零时阴极较冷的情况下，电子只能靠阴极表面处存在的高电场进行发射。由式（4-77）可知，要 E_0 大于一定值（例如 10^6V/cm），必须 U_j 大于一定值。否则 E_0 不足

以产生场致发射，而电弧便不能再产生。从电路角度来看，好像弧隙在电流过零后立即获得一定的耐压强度。而电流过零后弧隙立即能承受的电压数值叫做介质初始恢复强度 U_{jf0}。

较早的实验表明，在铜的冷电极情况下，U_{jf0} 约为250V，而在较热的情况下约为160V。以后进一步研究表明，U_{jf0} 并非是一固定数值，它与电流过零瞬间原来的阳极（过零后它变为阴极）温度关系很大。当电弧电流 I_h（有效值）增大时，电流过零瞬间电极温度很高，U_{jf0} 下降。表4-11表示铜电极短间隙情况下测得的 U_{jf0} 和 I_h 的关系。U_{jf0} 随 I_h 增大而下降的原因，是由于热发射作用。当热发射作用更强时，电流过零后弧隙将类似一阻值较高的导体，近阴极效应将不复存在。

表4-11 铜电极短间隙的介质初始恢复强度 U_{jf0} 和电弧电流 I_h 的关系

I_h/A	5	20	30	43	68	82	123	265	344	525	840
U_{jf0}/V	340	261	210	190	180	170	142	98	65	43	30

研究近阴极区的介质恢复过程，对熄灭交流短弧有重要意义。阳极是电子汇集的场所，近阳极区对介质恢复过程一般不起重要作用。

2. 弧柱区的介质恢复过程

当 i_h 过零时，一般地说，虽然 $P_h=0$，但由于弧柱具有热惯性，在 i_h 过零瞬间和过零以后一定时间内，R_h 随开断进程的变化以及灭弧介质对电弧吹弧作用的不同而不同。如果此时在弧隙上加有足够高的电压，使 $P_h>P_s$，R_h 将迅速下降，最终可能使电弧又剧烈燃烧。如果此时在弧隙上施加的电压相当小或者是零，则 R_h 将继续增大直到趋于无穷大。相应于 R_h 趋于无穷大的弧柱温度为3000～4000K。这时热电离已基本停止，即使在弧隙上仍加有电压，弧隙中也不能再流过较大的电流。因为在电流过零后这一阶段中，电弧重燃的物理本质是由于电弧的输入功率大于其散发功率（即 $P_h>P_s$），弧柱被加热引起的结果，这种重燃称为热击穿，而这一阶段称为热击穿阶段。

热击穿阶段弧柱的 u_{jf} 可根据能量平衡原理来计算。设在弧柱上加有某一电压 u_z 时，弧柱输入功率 u_z^2/R_z 大于其散发功率 P_z，则 R_z 将减小，而 R_z 的减小又将使 u_z^2/R_z 进一步增大。此时弧隙已耐受不住所加电压 u_z，电弧重燃。反之，若所加电压 u_z 较小，使 u_z^2/R_z 小于 P_z，则 R_z 将增大，而 R_z 的增大又将使 u_z^2/R_z 进一步减小。此时弧隙能承受得住所加电压 u_z，电弧不会重燃。这样，在临界情况，即 $u_z^2/R_z=P_z$ 从而 R_z 保持不变的情况下，弧柱上所能施加的电压就代表了弧柱此时的介质恢复强度 u_{jf}。如此，弧柱介质恢复强度为

$$u_{jf}=\sqrt{R_zP_z} \tag{4-78}$$

当电流过零后弧柱温度降低到3000～4000K及以下时，热电离作用已基本停止，R_z 趋于无穷大，说明间隙中气体粒子已由电离状态转变为正常状态，电弧已不存在，间隙（原来的电弧弧隙）中所存在的只是一团温度较高的气体。此时若在间隙上施加电压，根据触头结构以及介质情况，间隙中电场分布不同。如果电场强度足够高，有可能产生间隙击穿而使电弧重燃。由此而引起的重燃称为电击穿，电流过零后的这一阶段称为电击穿阶段。

电击穿阶段中弧隙在每一瞬时所能耐受的最大电压，可以看做是此阶段弧柱的 u_{jf}。其大小与触头材料、形状和表面状况、介质、气压、温度、介质流动速度在弧隙中的分布情况以及吹弧方式有关。

综上所述，在电流过零后，电弧熄灭过程要经过两个阶段——热击穿阶段和电击穿阶段。前者的特征为弧隙具有一定数值的电阻，当弧隙上加有电压时，弧隙中可以流过电流；后者的特征为弧隙电阻趋于无穷大，但由于介质温度较高，此时弧隙的耐压强度远比常温介质低，击穿比较容易。在实际过程中，由于两个阶段之间有一个过渡阶段，而且对每一具体情况而言，过渡阶段的到来有迟有早，很难对上述两个阶段给以明确划分。

上述是熄弧过程中介质恢复过程的一般情况。在特殊情况下，例如灭弧介质对电弧的冷却作用过强的情况下，可能在电流过零时，弧隙中的热电离作用已经停止。这样，在电流过零之后，就不存在热击穿阶段，而是立即进入电击穿阶段。

弧柱介质恢复过程的研究对交流长弧的熄灭有重要意义，它是所有高压开关电器和部分低压开关电器设计的理论基础。

4.6.2 开关电器弧隙的介质恢复强度特性

开关电器弧隙的介质恢复强度随时间的变化称为弧隙介质恢复强度特性。在低压开关电器中，弧隙的介质恢复过程可分为三步：第一步是从电流过零开始到阴极斑点冷却至不足以热发射电子为止；第二步是近极区逐渐冷却；第三步是全部弧柱区冷却到 3 000 ~ 4 000K 及以下，其中热电离停止。通常对低压开关电器熄弧过程最有影响的是第一步的末尾和整个第二步。研究表明，对于低压开关电器，在电流过零后 0 ~ 300μs 内，u_{jf}可表示为

$$u_{jf} = U_{jf0} + K_{jf}t \tag{4-79}$$

式中，U_{jf0}为介质初始恢复强度；K_{jf}为介质恢复强度上升速度；t 为从电流过零瞬时起计算的时间。

在大气中自由燃弧且具有不同的开断电流 I_0 时，交流电弧第一次电流过零后 u_{jf} 和 t 的关系如图 4-32 所示。按此图求得的 U_{jf0} 和 K_{jf} 随 I_0 的变化如图 4-33 所示。由图 4-33 可见，随着 I_0 的增大，U_{jf0} 下降。这是因为，I_0 的增大使得弧柱温度升高、直径变粗，在电流过零后，新的阴极由于受弧柱高温的影响保持着较高的温度。这有助于电子的热发射，从而使近阴极效应作用降低，U_{jf0} 下降。

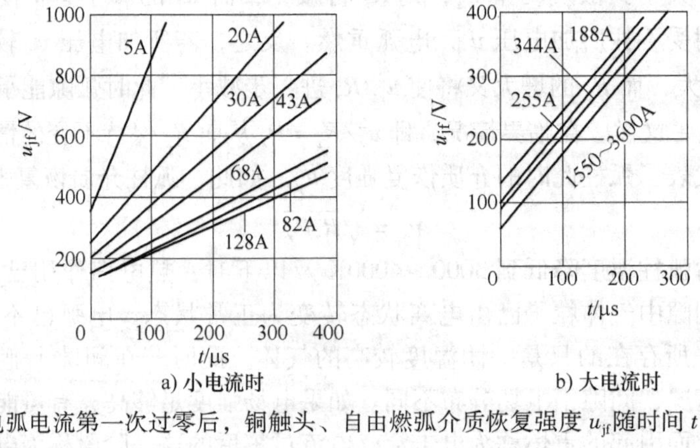

图 4-32 电弧电流第一次过零后，铜触头、自由燃弧介质恢复强度 u_{jf} 随时间 t 变化的关系

在自由燃弧情况下，当 I_0 = 5 ~ 100A 时，U_{jf0}（单位为 V）可表示为

$$U_{jf0} = A_0 e^{-0.0035 I_0} + \frac{B_0}{I_0} \tag{4-80}$$

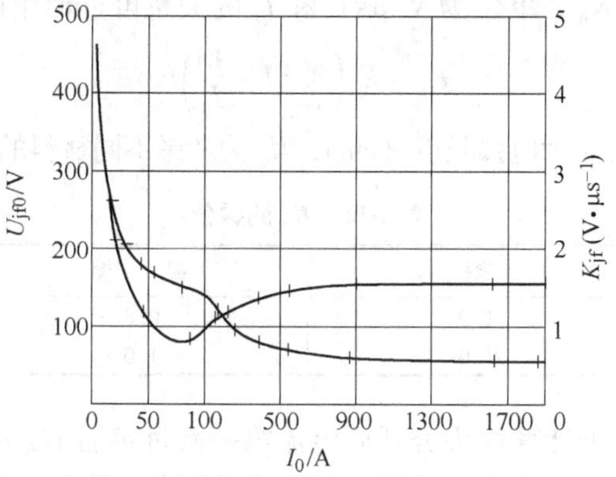

图4-33 按图4-32所得 U_{jf0} 和 K_{jf} 随开断电流 I_0 的变化

式中，A_0 和 B_0 为系数，决定于触头材料，其数值见表4-12。

表4-12 A_0 和 B_0 的数值

系　　数	铜	黄　铜	银
A_0	210	320	300
B_0	400	40	2300

对于铜触头，当 $I_0=100\sim2400$A 时，U_{jf0} 为

$$U_{jf0}=50+145e^{-0.0035I_0}+\frac{790}{I_0} \quad (4\text{-}81)$$

触头材料对 U_{jf0} 有很大影响。图4-34表示不同触头材料的触头工作一段时间后 U_{jf0} 和 I_0 的关系。由图可见，在相同的 I_0 下，银的 U_{jf0} 最大，而银-石墨的 U_{jf0} 最小。对这一现象，可用电子热发射的理论来解释。因为电弧阳极斑点的温度大约等于触头材料沸点，所以触头材料的沸点越高，则阳极斑点的温度越高。另外，在电流过零后，阳极变为阴极。原阳极斑点区域的高温要传向触头其他部分，触头材料的热导率越大，则原阳极斑点区域冷却越迅速，亦即阴极越冷。银有最高的热导率和最低的沸点，所以它的 U_{jf0} 最高。

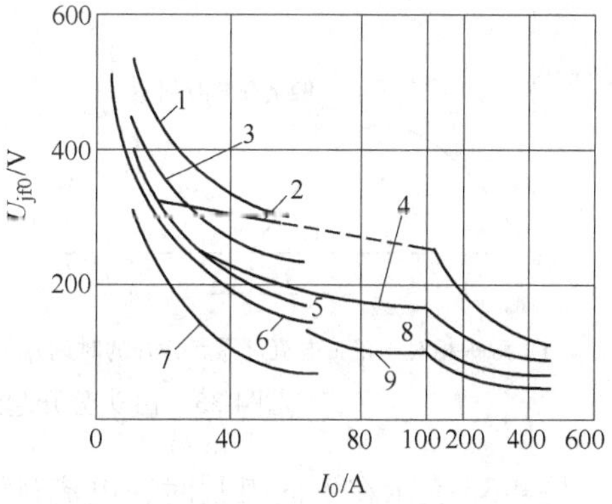

图4-34 不同触头材料 U_{jf0} 和开断电流 I_0 的关系

1—银 2—黄铜 3—银-镍 4—铜 5—银-钨 6—银-氧化镉 7—银-石墨 8—铝 9—钢

K_{jf} 的数值决定于弧柱的冷却情况。一般来说，随着 I_0 的增大，弧柱温度升高，直径变粗，在电流过零后同一瞬时的 u_{jf} 要比电流较小时小。这一点可以从图4-33中 K_{jf} 和 I_0 的关系看出。但是，在此图中当 I_0 超过70～80A时，K_{jf} 又随 I_0 上升而上升，并在以后趋于一恒定值。这是因为，在低压开关电器中，触头开距较小，在触头间产生的电弧，不可避免地要受到触头回路磁场产生的电动力影响。当 I_0 较大时，弧隙中磁场增强，电动力增大，电弧将由于电动力的作用迅速运动，使电弧受到的冷却作用加强，抵消了由于电流增大使弧柱温度升高和直径变粗的影响，K_{jf} 反而上升或基本保持恒定。

在自由燃弧情况下，K_{jf}（单位为 V/μs）和 I_0 的关系可近似用以下经验公式计算，即

$$K_{jf}=K_c\left(0.17+\frac{43}{I_0}\right)l \tag{4-82}$$

式中，I_0 为开断电流（A）；l 为电弧长度（cm）；K_c 为考虑不同材料的系数，其数值见表4-13。

表4-13　K_c 的数值

触头情况	铜	黄　铜	银
工作过的触头	1.0	0.8	2.0
清洁触头	1.0	1.0	3.5

以上数据和公式是用于计算触头分开后电流第一次过零后 U_{jf0} 和 K_{jf} 数值的。在第二次和随后几次电流过零之后，U_{jf0} 大致保持原值，而 K_{jf} 则较小。但在一般情况下，式（4-80）~式（4-82）也可用于第二次和第三次电流过零之后。

对于正弦波形电流，从触头分开起到电流过零的时间 t_f 对 u_{jf} 的影响如图4-35所示。由图可见，随着 t_f 的减小，u_{jf} 起初增大，当 t_f 小到一定值（电源频率50Hz时，t_m 约为1ms）时，u_{jf} 有一最大值。以后随着 t_f 减小，u_{jf} 又下降。这是因为，当 t_f 减小时，电弧电流逐渐减小，燃弧时间也逐渐缩短，使得弧隙中能量逐渐减少，弧柱和触头温度也逐渐降低，因而 u_{jf} 上升。但当 t_f 过分减小时，在电流过零瞬间触头开距过小，金属蒸气不易从弧隙中散走，致使弧隙中气体的电离电位降低而 u_{jf} 下降。

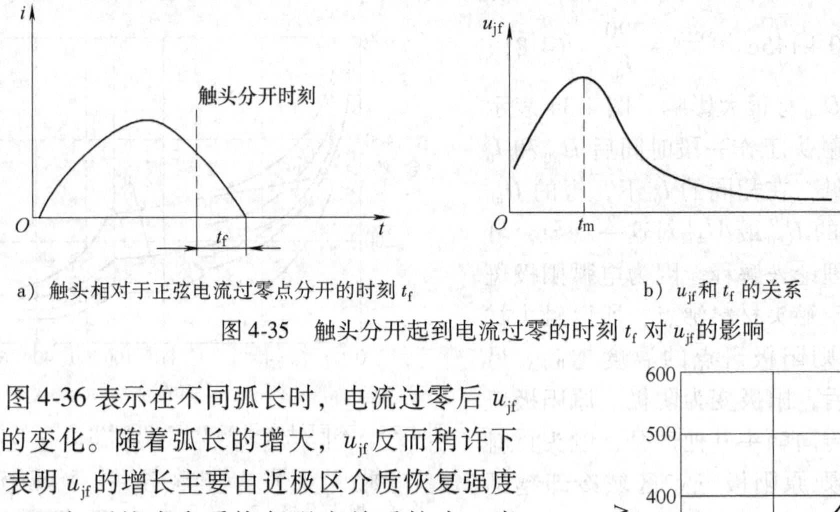

a）触头相对于正弦电流过零点分开的时刻 t_f　　　b）u_{jf} 和 t_f 的关系

图4-35　触头分开起到电流过零的时刻 t_f 对 u_{jf} 的影响

图4-36表示在不同弧长时，电流过零后 u_{jf} 随 t 的变化。随着弧长的增大，u_{jf} 反而稍许下降。表明 u_{jf} 的增长主要由近极区介质恢复强度决定，而与弧柱中介质恢复强度关系较小。当弧长较短时，弧隙中含有的热量较少，近极区热量又容易传向电极而散发，所以 u_{jf} 增长较快。而当弧长较长时，弧柱中热量将向近极区传送，从而近极区的温度下降较慢，u_{jf} 增长减慢。

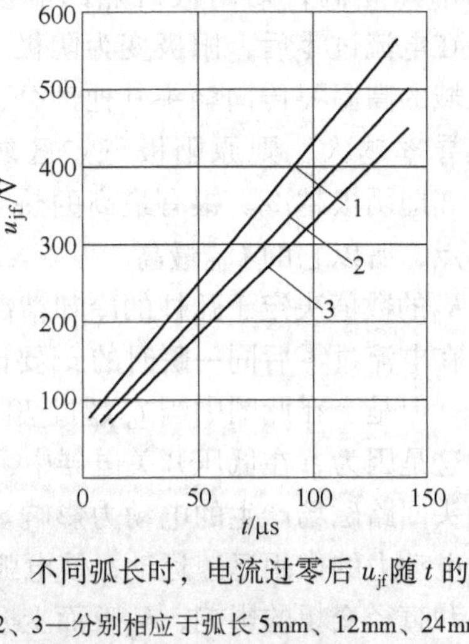

图4-36　不同弧长时，电流过零后 u_{jf} 随 t 的变化

1、2、3—分别相应于弧长5mm、12mm、24mm

在高压开关电器中，弧隙介质恢复强度主要依赖于灭弧介质对弧柱的冷却和消电离作用，近极区影响相对来说不大，为加强灭弧效果，多采用灭弧能力较强的灭弧介质，如变压器油、

压缩空气、SF_6和真空。在电弧高温作用下，变压器油被分解为气体，其中主要成分是氢，电弧在油中燃烧，其情况类似于在氢气中燃烧。用压缩空气吹弧相当于用氮气吹弧。图4-37中列出了同一条件（$I_0=1600A$，触头开距为6mm）下不同灭弧介质中测得的弧隙介质恢复强度特性。由图可见，在氢气和氮气中，u_{jf}增长较慢，在SF_6中，则增长较快。但它们都有一共同特点，即电流过零后隔一定时间（100μs）才开始上升。在真空中则不然，它的u_{jf}在电流过零后立即具有很高的数值，且在相同触头开距下，u_{jf}比另外三种介质高得多。

将变压器油和压缩空气对比，它们的介质恢复强度特性也有所不同。图4-38表示用这两种灭弧介质制成的高压断路器的弧隙介质恢复强度特性。由图可见，压缩空气断路器介质恢复强度特性上升较陡，而油断路器的上升较缓。图4-38所表示的油断路器介质恢复强度特性是通常采用油自能吹弧（横吹或纵吹）或综合吹弧时的特性。当采用外力推动活塞，强迫变压器油吹向弧隙的强迫油吹灭弧装置时，油断路器弧隙也可获得上升较陡的介质恢复强度特性。

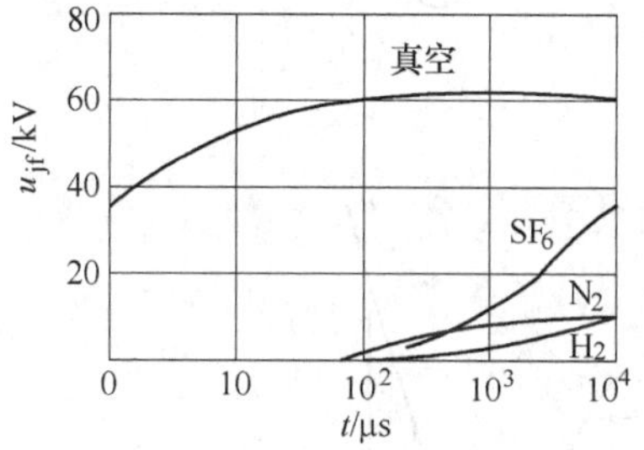

图4-37 不同灭弧介质中弧隙介质恢复强度特性

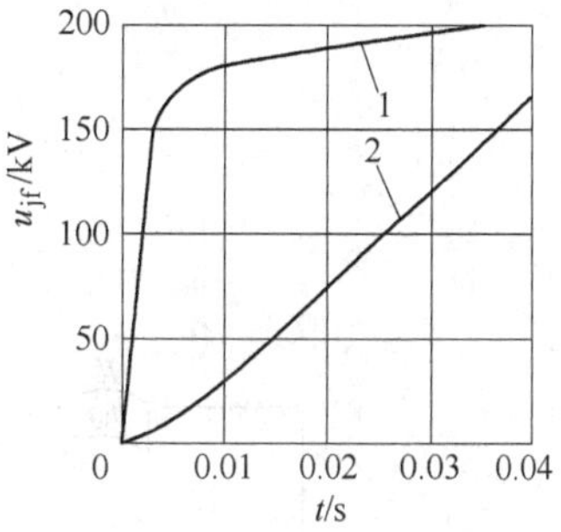

图4-38 高压断路器的弧隙介质恢复强度特性
1—压缩空气断路器 2—油断路器

由于弧隙中介质恢复过程与弧隙上是否施加电压有关，从理论上说它可以分为两种。

（1）固有介质恢复过程是指电流过零后，弧隙上不加电压时的介质恢复过程，相应的u_{jf}随t变化的关系叫做固有介质恢复强度特性（或称自由恢复强度特性），这一特性在给定弧隙介质条件下仅有一条。

（2）实际介质恢复过程是指电流过零后，弧隙上施加某一电压时的介质恢复过程，相应的u_{jf}随t变化的关系叫做实际介质恢复强度特性。这一特性随所加电压的大小和波形不同而不同，即使在给定弧隙介质条件的情况下，它也有好多条。

4.7 交流电弧弧隙中的电压恢复过程

4.7.1 恢复电压组成部分和工频恢复电压

在交流电路中，如果某一次电流过零后电弧熄灭，那么，由于电路已被开断，电源电压将加到弧隙上。弧隙两端的电压将由零或反向电弧电压上升到此时的电源电压。这一过程称为电压恢复过程，相应于此时弧隙上的电压称为恢复电压。一般情况下，恢复电压由稳态分量和暂态分量两部分组成，稳态分量又可由直流电压和工频电压组成。若稳态分量仅为工频电压，则称为工频恢复电压。暂态分量通常呈复杂的波形，仅在电弧电流过零后几百微秒的时间内出现，此时是决定电弧能否熄灭的关键时刻，其幅值和波形对弧隙的工作状况具有重要影响，包含有暂态分量的恢复电压通常又称为瞬态恢复电压。

开断不同性质的负载电路时弧隙上恢复电压表现出不同的变化。图 4-39a 表示开断电阻性负载电路时弧隙 K 两端恢复电压的情况，电弧电流 i_h 和电源电压 u 同相，i_h 过零时 u 也等于零。在熄弧后，u_{hf} 由零按正弦波形上升，没有暂态分量，其稳态分量即为工频电压。换言之，作用在弧隙上的只有工频恢复电压。

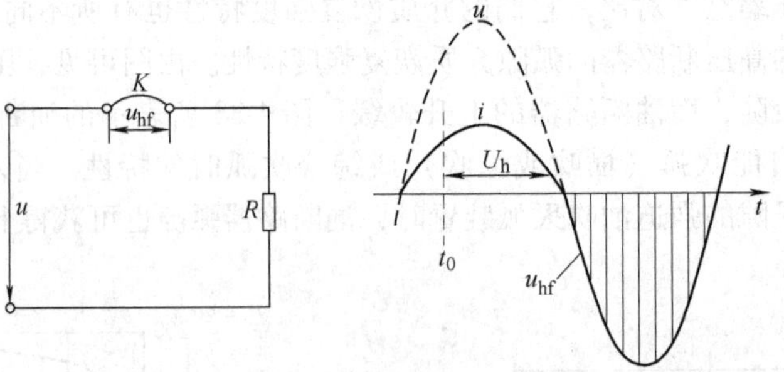

a) 电阻性

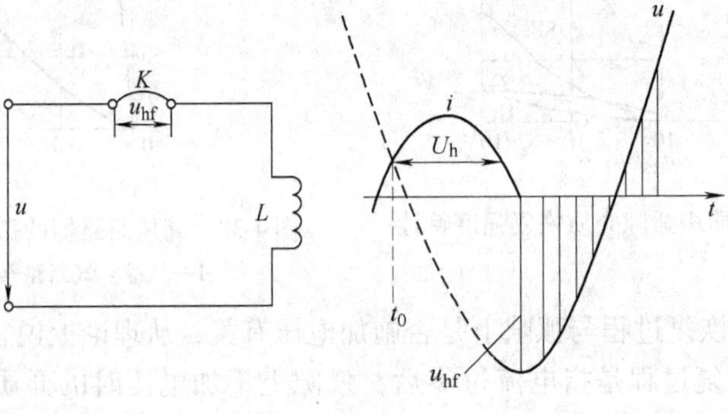

b) 电感性

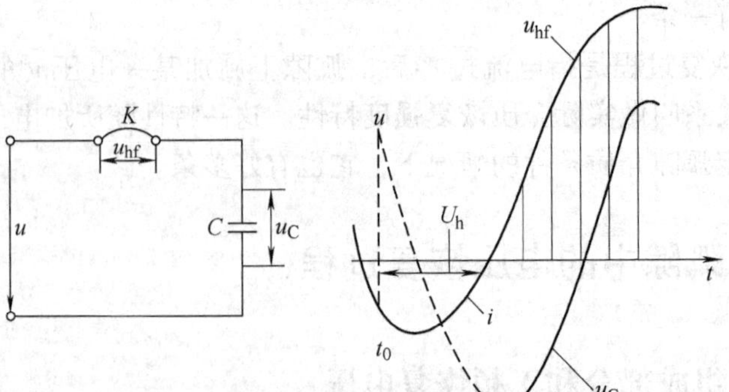

c) 电容性

图 4-39 开断不同性质负载电路时恢复电压的波形（t_0—触头分开时刻）

图 4-39b 表示开断电感性负载电路时的情况，i_h 落后于 u 约 90°，当 i_h 过零时，u 约处于幅值。若在 i_h 过零后电弧熄灭，电路开断，u_{hf} 在理论上将如图 4-39b 所示，从零跃升到 u 的

幅值（实际上由于弧隙两端总有并联电容存在，弧隙两端电压按一快速的过渡过程上升），然后再按工频电压变化。所以，在开断电感性负载电路时，u_{hf}通常含有暂态分量，其上升速度比开断电阻性负载时要快得多。

图4-39c表示开断电容性负载电路时的情况，i_h 超前于 u 约90°。当 i_h 过零时，u 也约处于幅值。但这里 u_{hf}的波形则完全不同。因为在 i_h 过零瞬间，电容 C 被充电到约为 u 的幅值。弧隙 K 中电弧熄灭后，电容 C 和电源隔离，其上电荷无处泄放，它将一直保持其两端电压约为 u 的幅值。u_{hf}在 i_h 过零后起初为零，然后随着 u 的变化逐渐增大。当 u 达到反向幅值时，u_{hf}达到约两倍 u 的幅值。可见，开断电容性负载电路时，u_{hf}不含暂态分量，其稳态分量为直流电压与工频电压之和。u_{hf}的最大值约为工频电压的两倍。

在实际情况下，开关电器绝大多数是工作于非电容性电路，如前所述，开断电感性负载电路对电器弧隙的要求远比开断电阻性负载电路严格。一般电网中，短路电流是电感性的，下面，仅讨论弧隙开断电感性负载电路时的 u_{hf}变化情况。对于这一情况，u_{hf}的稳态分量即为工频恢复电压，而在 i_h 过零瞬间工频恢复电压的瞬时值 U_{g0}为

$$U_{g0} = U_{gm}\sin\varphi = \sqrt{2}K_x U_\varphi \sin\varphi \tag{4-83}$$

式中，U_{g0}为工频恢复电压幅值；U_φ 为电源电压相电压有效值；φ 为开断电路电流和电源电压相位差；K_x 为考虑不同开断情况的线路因数，其定义为

$$K_x = \frac{U_{gp}}{U_\varphi} \tag{4-84}$$

式中，U_{gp}为电路开断后加在弧隙上的工频电压有效值。K_x 的数值和被开断电路的相数、每相电路中的弧隙数以及弧隙在电路中的工作情况有关。开断一相单弧隙电路时（见图4-40a），因为开断后加在弧隙上的工频电压即为相电压，所以 $K_x=1$。开断两相两弧隙电路时的情况如图4-40b所示，当两弧隙的触头同时分开而且工作情况完全一致时，因为开断后加在两个弧隙上的工频电压为电源线电压，所以 $K_x=\sqrt{3}/2$。但实际上两弧隙的工作情况不一致，因而两弧隙承受的工频电压不完全相同，所以在这一情况下，通常 $K_x>\sqrt{3}/2$，具体数值需视开关电器结构而定。图4-40c为开断电源和负载中点都不接地的三相三弧隙电路情况（当电源或负载的中点接地时情况与此相同），当三相负载平衡时，由于各相电流之间相差120°，必有一相（在图4-40c中设为A相）电流先过零，此时另外两相弧隙仍处于燃弧状态，相当于弧隙短接。这样，电流最先过零的A相（称为首开相）弧隙的两个触头，一个和A相电源电压同电位，另一个和B、C相线电压的中点（如图4-40c中的m点）同电位。而电压 U_{0m}的数值恰好为电源相电压的一半。所以，在此情况下，首开相承受的工频电压为1.5倍相电压，即 $K_x=1.5$。图4-40d为开断电源和负载中点都接地的三相三弧隙电路的情况（如超高压电网中发生三相接地短路），其首开相（图中为A相）上工频电压的计算与图4-40c相似，此时由于电源和负载中点的接地阻抗不为无穷大，因而A相一个触头的电位点 m'落在三角形COB内0m的连线上。由图4-40d、c可见，$0m'<0m$，所以，此时 $1<K_x<1.5$。

三相开关电器一般都有三个弧隙，由于在开断电路的过程中不能肯定哪一相首先熄弧，而且从以上几种开断情况可见，以图4-40c的开断情况 K_x 数值最大，所以，对三相开关电器的每相弧隙，都应按 $K_x=1.5$ 考虑。只有在超高压电网中，由于电源中点接地，而且线路上发生三相短路时必然伴有接地短路，此时对每相弧隙，取 $K_x=1.3$。

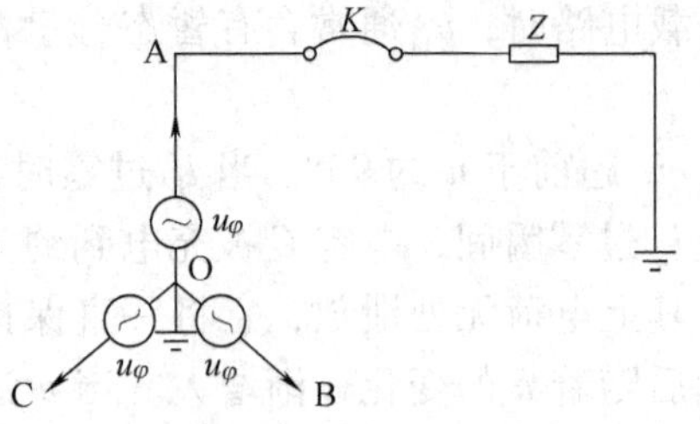

a) 开断一相单弧隙电路

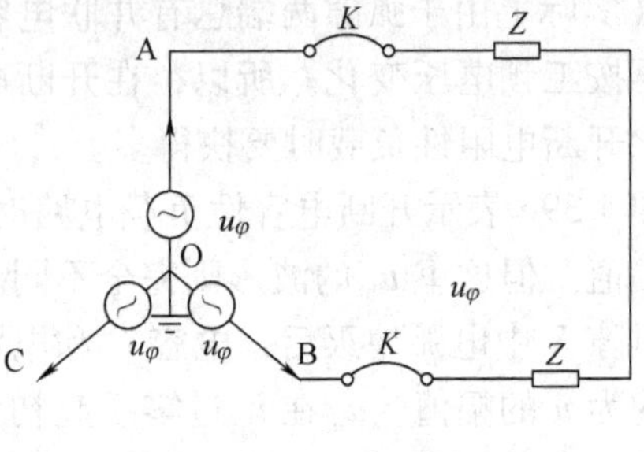

b) 开断两相两弧隙电路

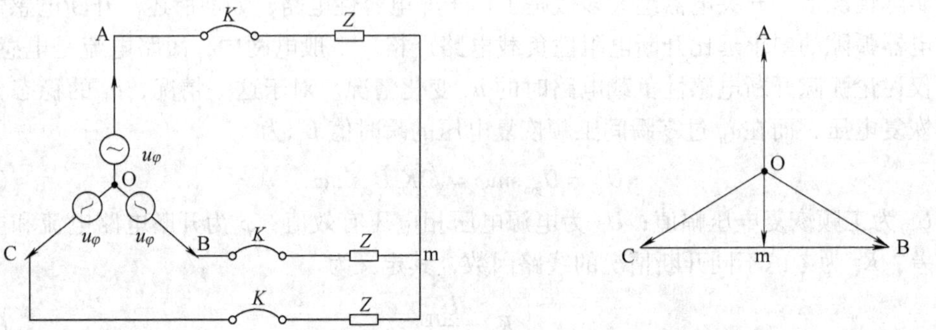

c) 开断电源和负载中点都不接地的三相三弧隙电路

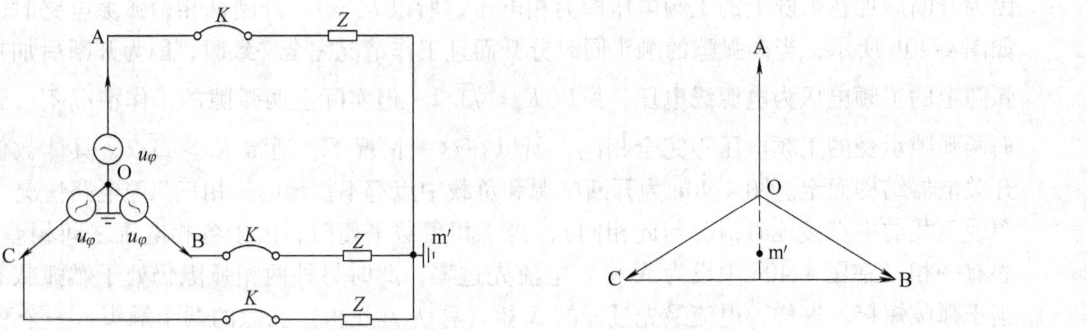

d) 开断电源和负载中点都接地的三相三弧隙电路

图 4-40　不同开断情况下线路因数 K_x 的确定

u_φ—电源相电压　Z—每相电路阻抗

4.7.2　理想弧隙时弧隙上的电压恢复过程

在交流电路中电流过零后极短时间（几百微秒）内，弧隙上恢复电压的幅值和波形与两方面参数有关：一是电路参数，如电路接线方式、电路中的集中或分布电感、电容和电阻值等；二是电弧参数，如电弧电压、剩余电阻等。为说明恢复电压和电路参数关系，假定弧隙是理想弧隙，即在电流过零之前，电弧电阻等于零，而在电流过零后，电弧电阻立即变为无穷大。同时，为便于说明，在分析电压恢复过程时采取下列两点简化：

（1）在实际电网中发生短路时，电流落后于电源电压相位近90°，可认为电路中电阻等于零，又因电弧电阻设为零，于是，按式（4-83）得电流过零时工频恢复电压瞬时值。

$$U_{g0}=U_{gm}=\sqrt{2}K_xU_\varphi$$

（2）因为电压恢复过程历时甚短（几百微秒以下），在此期间电源电压变化甚微，可认为电源电压 $u=U_{gm}=$ 常数。

按照这些假定和简化条件分析弧隙上的电压恢复过程。

1. 开断单频电路时弧隙上的电压恢复过程

设有一容量可以认为是无穷大的电源 u，在其不远处开关 S 的后面发生短路（见图 4-41a）。对于这种情况，为计算开关电器弧隙 K 上的电压恢复过程，给出如图 4-41b 所示等效电路图。图中 u 为电源电压，L 为整个回路的等效电感（它包括电源自身和线路电感），C 为折算到弧隙两端的等效电容（包括电源绕组和线路对地电容以及线间电容），R 为折算到弧隙两端的等效电阻（包括电源和线路等各种电磁损耗所折算成的电阻），i_L、i_C、i_R 和 i_h 分别为流过 L、C、R 和弧隙 K 的电流，u_C 为 C 上的电压，u_{hf}为 K 上的恢复电压。

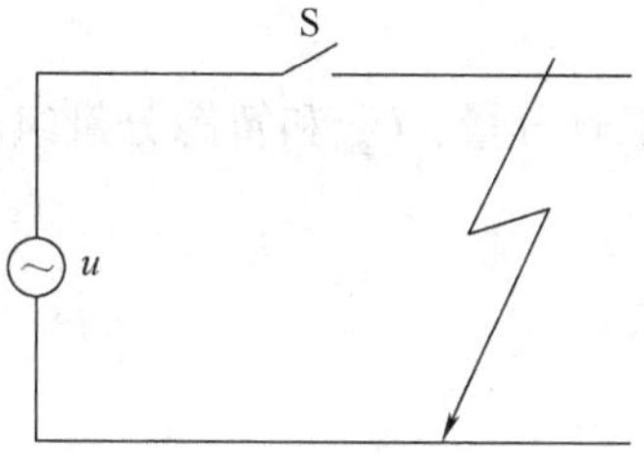

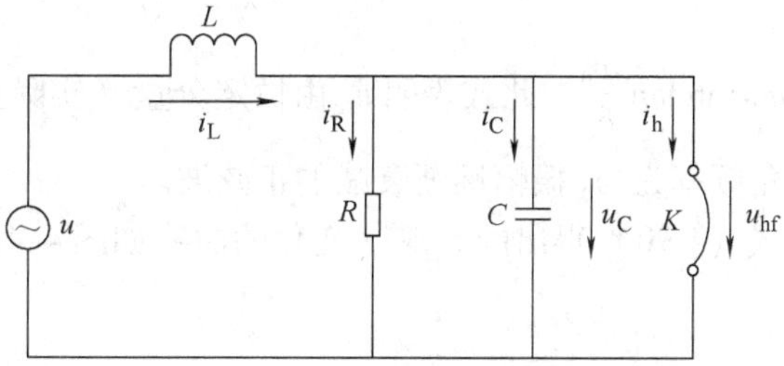

图 4-41　单频电路及其等效电路

在弧隙 K 中电流过零前，由上述假设 $R_h=0$，得 $u_{hf}=u_C=R_hi_h=0$ 和 $\dfrac{du_{hf}}{dt}=\dfrac{du_C}{dt}=0$；在弧隙 K 中电流过零后，由上述假设 $R_h=\infty$，得 $i_h=0$，$i_L=i_C+i_R$ 和 $u_C=u_{hf}$。

由基尔霍夫定律并考虑到 $i_C=Cdu_C/dt$ 和在电压恢复过程中 $u=U_{gm}=$ 常数，按图 4-41b 可写出弧隙 K 中电流过零后恢复电压的微分方程式为

$$i_L=i_C+i_R=C\frac{du_{hf}}{dt}+\frac{u_{hf}}{R}$$

$$U_{gm}=L\frac{di_L}{dt}+u_{hf}=LC\frac{d^2u_{hf}}{dt^2}+\frac{L}{R}\frac{du_{hf}}{dt}+u_{hf} \tag{4-85}$$

此式的解为

$$u_{hf}=K_1e^{\alpha_1t}+K_2e^{\alpha_2t}+U_{gm} \tag{4-86}$$

式中，K_1、K_2 为积分常数。

$$\alpha_{1,2}=-\frac{1}{2RC}\pm\sqrt{\left(\frac{1}{2RC}\right)^2-\frac{1}{LC}} \tag{4-87}$$

根据起始条件：$t=0$（即 i_h 过零）时，$u_{hf}=0$，$du_{hf}/dt=0$，将式（4-86）对 t 取导数后则可解得

$$K_1 = \frac{\alpha_2}{\alpha_1 - \alpha_2} U_{gm} \qquad K_2 = \frac{\alpha_1}{\alpha_2 - \alpha_1} U_{gm}$$

于是，式（4-86）可写成

$$u_{hf} = U_{gm} - \frac{U_{gm}}{\alpha_2 - \alpha_1}(\alpha_2 e^{\alpha_1 t} - \alpha_1 e^{\alpha_2 t}) \tag{4-88}$$

当 R 为不同数值时，u_{hf}的变化情况如下：

（1）设 $R > \sqrt{L/C}/2$，式（4-87）可写成

$$\alpha_{1,2} = -\delta_0 \pm j\omega_0 \tag{4-89}$$

式中，δ_0 为电路固有振荡频率衰减系数，$\delta_0 = 1/(2RC)$；ω_0 为电路固有振荡角频率，$\omega_0 = \sqrt{\frac{1}{LC} - \left(\frac{1}{2RC}\right)^2}$。

将 α_1 和 α_2 代入式（4-88），用欧拉公式 $e^{j\alpha t} = \cos\alpha t + j\sin\alpha t$ 将指数函数代换成三角函数，整理后得

$$u_{hf} = U_{gm} - U_{gm}\sqrt{\left(\frac{\delta_0}{\omega_0}\right)^2 + 1}\ e^{-\delta_0 t}\sin(\omega_0 t + \varphi) \tag{4-90}$$

式中，$\varphi = \arctan\frac{\omega_0}{\delta_0}$；此式表明 u_{hf}由恒定分量（实际上是工频分量）U_{gm}和暂态分量组成。后者是一角频率为 ω_0 振幅逐渐衰减的正弦波。

按式（4-90）得出的 u_{hf}随 t 变化的曲线如图 4-42 所示。

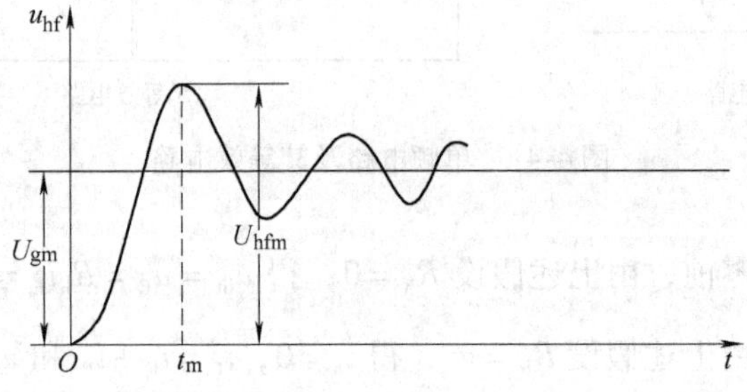

图 4-42　$R > \sqrt{L/C}/2$ 时 u_{hf}的波形

（2）设 $R < \sqrt{L/C}/2$，式（4-87）可写成

$$\alpha_{1,2} = -\delta_0 \pm \beta_0 \tag{4-91}$$

式中，$\beta_0 = \sqrt{\left(\frac{1}{2RC}\right)^2 - \frac{1}{LC}}$。

将 α_1 和 α_2 代入式（4-88）中，整理后得

$$u_{hf} = U_{gm} - U_{gm} e^{-\delta_0 t}\left(\frac{\delta_0}{\beta_0}\mathrm{sh}\beta_0 t + \mathrm{ch}\beta_0 t\right) \tag{4-92}$$

同样，此式表明 u_{hf}是由恒定分量 U_{gm}和暂态分量组成的。后者是一随时间单调变化的函数。按式（4-92）得出的 u_{hf}随 t 变化的曲线如图 4-43 所示。

在实际开断单频电路短路电流的情况下，u_{hf}大多数为如图 4-42 所示的振荡波形。对于这种单频振荡电压恢复过程，通常采用两个参数来表示其特征，即二参数法。

在低压开关电器中，国家标准规定采用振幅因数 γ 和振荡频率 f 两个参数，其定义为

$$\gamma = \frac{U_{hfm}}{U_{gm}} \tag{4-93}$$

$$f = \frac{1}{2t_m} \tag{4-94}$$

式中，U_{hfm} 为 u_{hf} 的最大值；t_m 为从电流过零起到 U_{hfm} 出现为止所经历的时间。

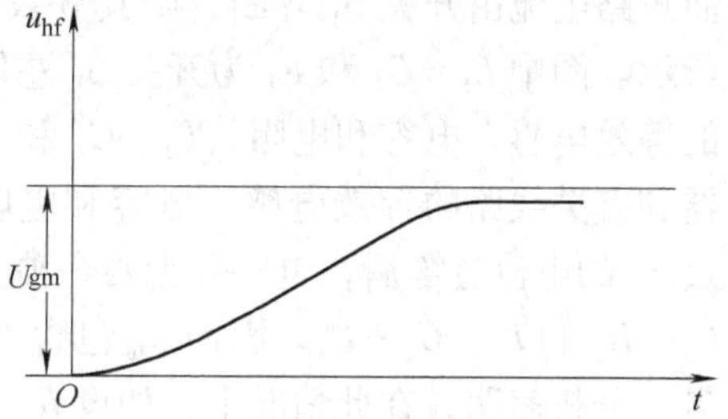

图 4-43 $R < \sqrt{L/C}/2$ 时 u_{hf}的波形

U_{hfm} 和 t_m 的意义可参看图 4-42。

按此定义，在 $R > \sqrt{L/C}/2$ 情况下，由式（4-90），当 $t = t_m = \pi/\omega_0$ 时可得

$$U_{hfm} = U_{gm} + U_{gm}e^{-\frac{\pi\delta_0}{\omega_0}} \tag{4-95}$$

所以

$$\gamma = \gamma_0 = 1 + e^{-\frac{\pi\delta_0}{\omega_0}} \tag{4-96}$$

式中，γ_0 称为固有振幅因数。

即

$$1 \leqslant \gamma \leqslant 2$$

和

$$f = f_0 = \frac{\omega_0}{2\pi} \tag{4-97}$$

式中，f_0 为电路固有振荡频率。

而在 $R < \sqrt{L/C}/2$ 的情况下，由式（4-92）可得 $U_{hfm} \leqslant U_{gm}$，所以 $\gamma \leqslant 1$。

在高压开关电器中，我国国家标准规定采用恢复电压峰值 U_C 和 t_3 两个参数。对于如图 4-44 所示任一给定单频振荡恢复电压 u_{hf}波形，求取 U_C 和 t_3 的方法如下：从原点 O 作一直线 OB 和 u_{hf}曲线相切，过 u_{hf}曲线的峰值作一水平切线 AC 与 OB 相交于 A 点，A 点的纵坐标即为 U_C，其横坐标即为 t_3。此外，为描述 u_{hf}曲线起始上升部分的"陡度"变化，标准中还规定了另一个参数——时延 t_d。其求法为，在 OA 的右方作一与之平行的直线，且与 u_{hf}曲线的"陡度"部分相切，此切线与横坐标轴交点的时间值即为 t_d。

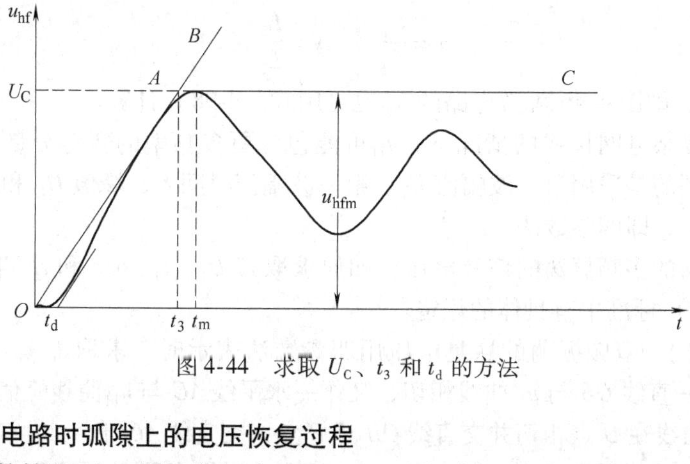

图 4-44 求取 U_C、t_3 和 t_d 的方法

2. 开断多频电路时弧隙上的电压恢复过程

实际在大多数情况下，电压等级在 110kV 以上的高压开关电器开断的电路不是单频，而是双频或多频的。例如，对于图 4-45a 所示的电路，如果在变压器 T 的一次侧发生短路，

而短路电流由开关 S_1 开断，则其等效电路将如图 4-45b 所示。图中 L_1、C_1 和 R_1 为开关 S_1 左侧电源和有关线路的等效电感、电容和电阻，L_2、C_2 和 R_2 为 S_1 右侧变压器和有关线路的等效电感、电容和电阻。由图可见，通过 S_1 的电流过零后，电路分为两个独立的振荡回路 L_1—C_1—R_1 和 L_2—C_2—R_2，因而 u_{hf}包含两个频率的暂态分量。分析表明，在此情况下，如设 $R_1=R_2=\infty$，则 u_{hf}可用下式表示，即

$$u_{hf}=U_{gm}\left(1-\frac{L_1}{L_1+L_2}\cos\omega_1 t-\frac{L_2}{L_1+L_2}\cos\omega_2 t\right) \tag{4-98}$$

式中，$\omega_1=\dfrac{1}{\sqrt{L_1C_1}}$；$\omega_2=\dfrac{1}{\sqrt{L_2C_2}}$。

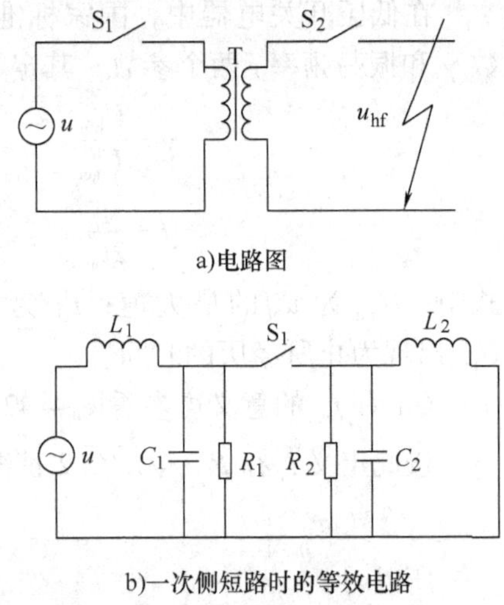

图 4-45　双频电路

对于如图 4-45 所示的电路，如果在变压器 T 的二次侧发生短路，短路电流由开关 S_2 开断，则其等效电路将如图 4-46 所示。

图中 L_1、C_1 和 R_1 为变压器电源及其有关线路的等效电感、电容和电阻，L_2、C_2 和 R_2 为变压器及其二次侧线路的等效电感、电容和电阻。在这一情况下，u_{hf}也包含两个频率的暂态分量，其通用计算公式甚为复杂。当 $R_1=R_2=\infty$ 时，可借助图 4-47 的曲线进行计算。此时，u_{hf}可表示为

$$u_{hf}=U_{gm}[\alpha_1(1-\cos\omega_1 t)+\alpha_2(1-\cos\omega_2 t)] \tag{4-99}$$

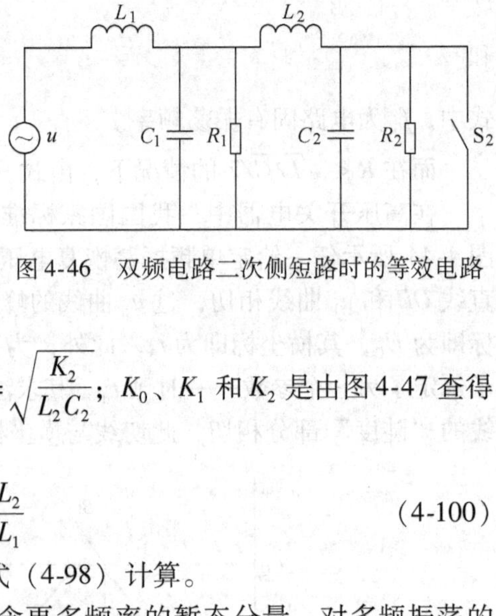

图 4-46　双频电路二次侧短路时的等效电路

式中，$\alpha_1=\dfrac{K_0-K_2}{K_1-K_2}$，$\alpha_2=\dfrac{K_1-K_0}{K_1-K_2}$；$\omega_1=\sqrt{\dfrac{K_1}{L_2C_2}}$，$\omega_2=\sqrt{\dfrac{K_2}{L_2C_2}}$；$K_0$、$K_1$ 和 K_2 是由图 4-47 查得的参数，它们与坐标变量 x 和 y 有关，即

$$x=\frac{C_1}{C_2}\qquad y=\frac{L_2}{L_1} \tag{4-100}$$

如果 $C_1 \gg C_2$，则图 4-46 等效电路的 u_{hf}也可用式（4-98）计算。

在其他更为复杂电网接线的情况下，u_{hf}可能包含更多频率的暂态分量。对多频振荡的恢复电压，较合理的是采用第一波幅值 U_1、第一波幅值时间 t_1、峰值 U_C 和峰值时间 t_2 四个参数来表示其特征，即四参数法。

对于不同形状的多频振荡的恢复电压，如何求取其 U_1、t_1、U_C 和 t_2 四个参数，在 IEC（国际电工委员会）标准中有具体的规定。

图 4-47 表示对一双频振荡的恢复电压用四参数法表示时，求取 U_1、t_1、U_C 和 t_2 的方法。从原点 O 作一直线 OB 与 u_{hf}曲线相切，又作一水平线 AC 与 u_{hf}曲线峰值相切；然后再作一斜线 AB 与 u_{hf}曲线在 D 点相切并交直线 OB 于 B 点，交直线 AC 于 A 点。直线 AB 的斜率应使得在 D 点两边，u_{hf}曲线与直线 AB、OB、AC 所构成的带有阴影的面积相等。这样，B 点的纵、横坐标分别为 U_1 和 t_1，而 A 点的纵、横坐标分别为 U_C 和 t_2。同样，为描述 u_{hf}曲线

起始上升部分的"陡度"，标准还规定了时延 t_d，其求法与两参数法相同。

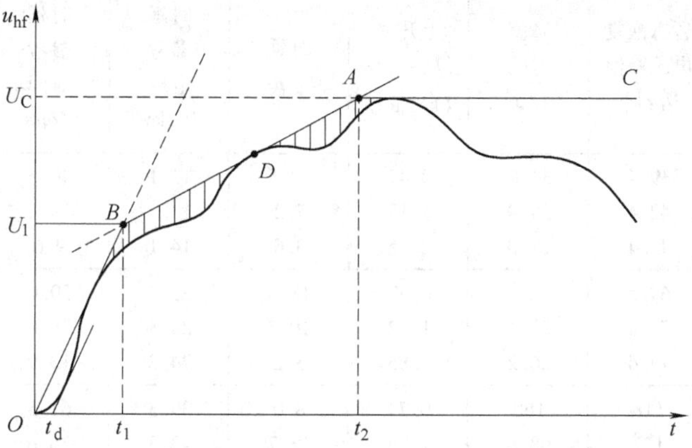

图4-47 从 u_{hf} 曲线求取 U_1、t_1、U_C 和 t_2 的方法

在理想开断电路时，弧隙上产生的恢复电压，其幅值和波形只与电路参数有关，通常称为电路的固有恢复电压。相应的振幅因数和振荡频率等也加上"固有"二字，并用 γ_0 和 f_0 表示，以便与用实际弧隙开断电路时在弧隙上产生的恢复电压相区别。

为对开关电器在开断电路时应能承受的恢复电压提出合理要求，许多国家都对本国的电力系统、电动机和用电设备，在不同运行情况下的固有恢复电压参数进行统计，然后制订出开关电器试验标准。在我国低压电器基本标准中，对交流主回路用控制电器接通和开断能力试验以及电寿命试验时，电路的固有振荡频率 f_0（单位为 kHz）和固有振幅因数 γ_0 规定如下：

$$f_0 = 2000 I_0^{0.2} U_N^{-0.8} \tag{4-101}$$

$$\gamma_0 = 1.1 \pm 0.05$$

式中，I_0 为控制电器的开断电流（有效值）（A）；U_N 为被开断电路的额定电压（V）。

对于高压断路器，我国标准规定，在不同的开断电流时，被开断电路恢复电压的固有参数应符合表4-14和表4-15中所列的数值。两表括号内数值为试验条件不具备时可放宽的上限值。

表4-14 按二参数法规定的固有瞬态恢复电压参数

固定电压 U/kV	开断电流百分比	暂态恢复电压峰值 U_C/kV	峰值时间 t_3/μs	上升率 (U_C/t_3)/(kV/μs)	时延 t_d/μs	时延参考电压 U'/kV	时延参考时间 t'/μs	备用参数	
								固有频率 f_0/kHz	峰值系数 K
3	—	—	—	—	—	—	—	—	—
6	100	11.8	49.6	0.238	7.4	3.93	24.5	6.8	1.4
	60	12.7	21.6	0.59	4.3	4.23	11.6	17.4	1.5
	10~30	12.7	10.8	1.18	2.2	4.23	5.8	34.8	1.5
10	100	19.7	57.2	0.345	8.6	6.55	27.7	5.9	1.4
	60	21.1	24.5	0.86	4.9	7.03	13.1	15.3	1.5
	10~30	21.1	12.3	1.72	2.5	7.03	6.6	30.5	1.5

（续）

固定电压 U/kV	开断电流百分比	暂态恢复电压峰值 U_C/kV	峰值时间 t_3/μs	上升率 (U_C/t_3)/(kV/μs)	时延 t_d/μs	时延参考电压 U'/kV	时延参考时间 t'/μs	备用参数 固有频率 f_0/kHz	备用参数 峰值系数 K
20	100	39.4	84.0	0.47	12.6	13.1	40.6	4.0	1.4
	60	42.4	35.9	1.18	7.2	14.1	19.2	10.5	1.5
	10~30	42.4	18.0	2.35	3.6	14.1	9.6	20.9	1.5
35	100	69.5	122	0.57	18.3	23.2	59.0	2.8	1.4
	60	74.4	52.4	1.42	10.5	24.8	28.0	7.2	1.5
	10~30	74.4	26.2	2.85	5.2	24.8	13.9	14.3	1.5
60	100	118	160	0.74	8.0	39.3	61.3	2.1	1.4
	60	127	68.6	1.85	13.7	42.3	36.6	5.5	1.5
	10~30	127	34.5	3.70	6.9	42.3	18.4	10.9	1.5
110	100	187	187	1.0	2.7(20.1)	67	70.0(87.5)	1.8	1.4
	60	201	101	2.0	20	67	53.5	3.7	1.5
	10~30	201	40.2	5.0	8.0	67	21.4	9.3	1.5
220	100	375	375	1.0	5.4(40.2)	134	140(175)	0.90	1.4
	60	402	201	2.0	5.4(33.5)	134	72(101)	1.9	1.5
	10~30	402	80.4	3.0	16.1	134	42.9	4.7	1.5
330	100	540	540	1.0	7.7(58)	192	200(250)	0.62	1.4
	60	577	289	2.0	7.7(48.3)	192	104(145)	1.30	1.5
	10~30	577	115	0	23	192	61.4	3.3	1.5

表 4-15　按四参数法规定的固有瞬态恢复电压参数

额定电压 U/kV	开断电流百分比	第一波幅值 U_1/kV	第一波幅时间 t_1/μs	上升率 (U_1/t_1)/(kV/μs)	暂态恢复电压峰值 U_C/kV	峰值时间 t_2/μs	时延 t_d/μs	时延参考电压 U'/kV	时延参考时间 t'/μs
110	100	134	134	1.0	187	402	2.7(20.1)	67	70(87.5)
220	100	268	268	1.0	375	804	5.4(40.2)	134	140(175)
	60	268	134	2.0	402	804	5.4(33.5)	134	72(101)
330	100	385	385	1.0	540	1160	7.7(58)	193	200(250)
	60	385	193	2.0	577	1160	7.7(48.3)	193	104(145)

4.7.3　电弧参数对电压恢复过程的影响

前已述及，当电流为正弦波形时，电弧电压呈马鞍形（参见图 4-24）。在电流半波起始和末尾附近，分别出现燃弧和熄弧尖峰；在开断电流有效值很大的情况下，电流过零时的电弧电阻并不立即变为无穷大，而是一个有限数值，于是当恢复电压加到弧隙上时，弧隙中还可流过剩余电流。

对图 4-41 所示单频电路进行分析，电流过零附近的等效电路如图 4-48 所示。

图中弧隙 K 以电弧的剩余电阻 R_s 代替，其他各符号意义均与图 4-41 相同。仍用前述的简化条件，同时设 R_s 为常数，则对图 4-48 所示的电路，可写出下列微分方程式，即

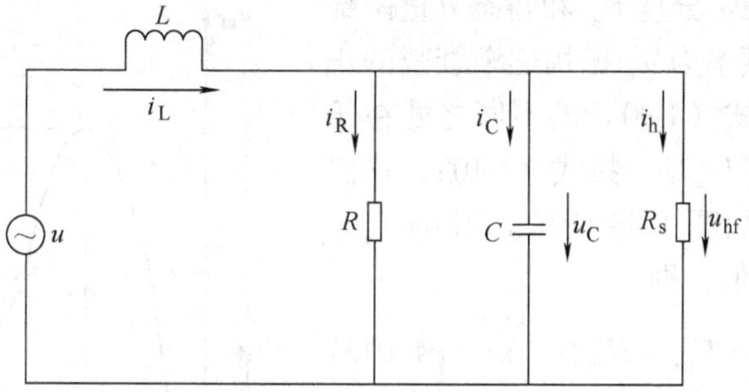

图4-48 实际弧隙时单频电路的等效电路

$$i_L = i_C + i_R + i_h = C\frac{du_{hf}}{dt} + \frac{u_{hf}}{R} + \frac{u_{hf}}{R_s} \tag{4-102}$$

$$U_{gm} = L\frac{di_L}{dt} + u_{hf} = LC\frac{d^2u_{hf}}{dt^2} + \left(\frac{L}{R} + \frac{L}{R_s}\right)\frac{du_{hf}}{dt} + u_{hf} \tag{4-103}$$

由此式可见，与式（4-85）相比，除以（$1/R + 1/R_s$）代替 $1/R$ 以外，其他完全相同。因而式（4-103）的解写成

$$u_{hf} = K_1 e^{\alpha_1 t} + K_2 e^{\alpha_2 t} + U_{gm} \tag{4-104}$$

式中，K_1、K_2 为积分常数。

$$\alpha_{1,2} = -\left(\frac{1}{2RC} + \frac{1}{2R_sC}\right) \pm \sqrt{\left(\frac{1}{2RC} + \frac{1}{2R_sC}\right)^2 - \frac{1}{LC}} \tag{4-105}$$

假设以熄弧尖峰 U_{xh} 出现的时刻作为考虑问题的起点，起始条件 $t=0$ 时，$u_{hf} = -U_{xh}$（在电感性电路中，电流过零附近电弧电压与电源方向相反，故应加一负号），$du_{hf}/dt = 0$。将它们代入式（4-104）和将式（4-104）对 t 取导数后，则得

$$K_1 = \frac{\alpha_2}{\alpha_1 - \alpha_2}(U_{gm} + U_{xh}) \qquad K_2 = \frac{\alpha_1}{\alpha_2 - \alpha_1}(U_{gm} + U_{xh})$$

于是，式（4-104）可写成

$$u_{hf} = U_{gm} - \frac{U_{gm} + U_{xh}}{\alpha_2 - \alpha_1}(\alpha_2 e^{\alpha_1 t} - \alpha_1 e^{\alpha_2 t}) \tag{4-106}$$

讨论 R_s 为不同数值时 u_{hf} 的变化情况：

（1）设（$1/R + 1/R_s$）$< 2\sqrt{C/L}$，此时，式（4-105）可写成

$$\alpha_{1,2} = -\delta_s \pm j\omega_s \tag{4-107}$$

式中，δ_s 为电路实际振幅衰减系数，$\delta_s = \dfrac{1}{2RC} + \dfrac{1}{2R_sC}$；$\omega_s$ 为电路实际振荡角频率，$\omega_s = \sqrt{\dfrac{1}{LC} - \left(\dfrac{1}{2RC} + \dfrac{1}{2R_sC}\right)^2}$。

将 α_1 和 α_2 代入式（4-106），采用欧拉公式将指数函数换成三角函数，整理后得

$$u_{hf} = U_{gm} - (U_{gm} + U_{xh})\sqrt{\left(\frac{\delta_s}{\omega_s}\right)^2 + 1}\, e^{-\delta_s t}\sin(\omega_s t + \varphi) \tag{4-108}$$

式中，$\varphi = \arctan\dfrac{\omega_s}{\delta_s}$。

此式表明，u_{hf}由恒定分量U_{gm}和暂态分量两部分组成。后者是一角频率为ω_s振幅逐渐衰减的正弦波。式（4-108）与式（4-90）的不同之处在于暂态分量的幅值中多了U_{xh}项。按式（4-108）作出的u_{hf}随t变化的曲线如图4-49所示。当$t=t_m=\pi/\omega_s$时，u_{hf}达到最大值，即

$$U_{hfm}=U_{gm}+(U_{gm}+U_{xh})e^{-\frac{\pi\delta_s}{\omega_s}} \tag{4-109}$$

所以 $$\gamma=\gamma_s=1+\left(1+\frac{U_{xh}}{U_{gm}}\right)e^{-\frac{\pi\delta_s}{\omega_s}} \tag{4-110}$$

式中，γ_s称为实际振幅因数。

即 $$2+\frac{U_{xh}}{U_{gm}}\geqslant\gamma\geqslant1$$

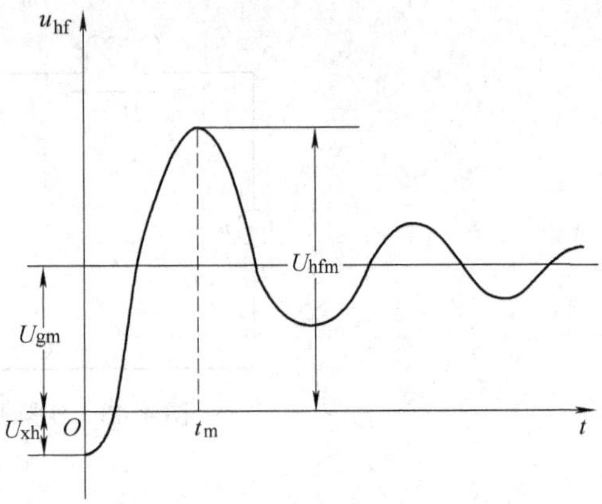

图4-49 $(1/R+1/R_s)<2\sqrt{C/L}$时的u_{hf}的波形

而 $$f=f_s=\frac{\omega_s}{2\pi} \tag{4-111}$$

式中，f_s为电路实际振荡频率。

（2）设$(1/R+1/R_s)>2\sqrt{C/L}$，此时，式（4-105）可写成

$$\alpha_{1,2}=-\delta_s\pm\beta_s \tag{4-112}$$

式中，$\beta_s=\sqrt{\left(\frac{1}{2RC}+\frac{1}{2R_sC}\right)^2-\frac{1}{LC}}$。

将α_1和α_2代入式（4-106）中，整理后得

$$u_{hf}=U_{gm}-(U_{gm}+U_{xh})e^{-\delta_s t}\left(\frac{\delta_s}{\beta_s}\text{sh}\beta_s t+\text{ch}\beta_s t\right) \tag{4-113}$$

同样，此式表明u_{hf}也是由恒定分量和暂态分量两部分组成的。后者是一随时间单调变化的函数。按式（4-113）作出的u_{hf}随t变化的曲线如图4-50所示。由图可见，$U_{hfm}\leqslant U_{gm}$，所以$\gamma\leqslant1$。

应当指出，以上所谓剩余电阻的大小是有条件的，对暂态分量为单频的恢复电压而言，通常是指在电压恢复过程中第一个波峰以前的平均数值。在以上分析中，为了方便，将在此期间的剩余电阻R_s看做一常数。实际上，它是不断变化的。如果电弧最终是熄灭的，即使起初R_s较小，以后也将逐渐增大而最后趋于无穷大。

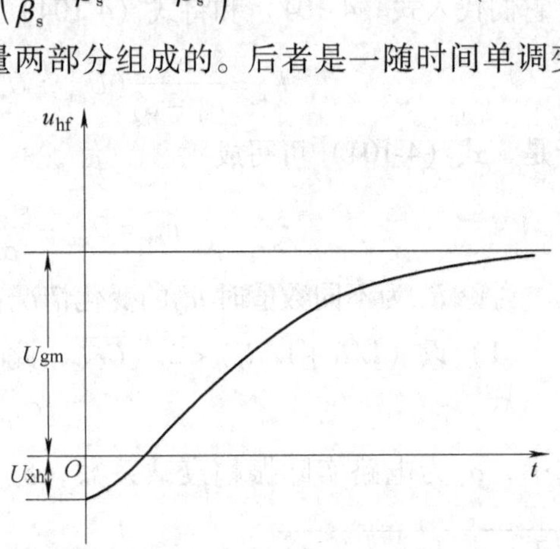

图4-50 $(1/R+1/R_s)>2\sqrt{C/L}$时u_{hf}的波形

用实际弧隙开断电路时，弧隙上的恢复电压特性称为实际恢复电压特性。将式（4-108）和式（4-90）进行对比之后可见，在暂态分量是振荡性的情况下，实际弧隙的两个参数U_{xh}和R_s对电压恢复过程的影响不同。U_{xh}使U_{hfm}增大，亦即使γ增大，对f则没有影响，而R_s的作用，则是通过$\delta_s<\delta_0$和$\omega_s<\omega_0$，使γ和f都减小。由此可以得出结论，弧隙上实际恢复电压特性与固有恢复电压特性相比，f是降低的，或者说阻尼作用更强，而γ则无定则，需视具体情况而定。

思考题与习题

4-1 结合弧隙电离与消电离的过程分析，试述电弧发生、发展直至熄灭不同阶段的各自特点。

4-2 试述电弧燃烧时离子平衡与能量平衡的特点。

4-3 结合气体放电基础理论，试述间隙击穿过程电弧如何产生?

4-4 基于气体放电理论，试述弧柱直径的边界主要由什么因素决定?

4-5 电弧电阻与导体电阻在性质上有何不同?

4-6 对于一电极系统，试述在大气中自由燃弧情况下，极间的两个并联电弧是否均能稳定燃烧，为什么?

4-7 对于一电极系统，试述真空环境与空气条件下的击穿有何不同。

4-8 真空绝缘水平的主要影响因素有哪些?

4-9 结合近阴极区与弧柱区介质恢复强度特点，试述交流电弧熄灭过程可能经过的主要阶段。

4-10 弧隙固有介质恢复强度特性能否采用试验方法获得？为什么?

4-11 当开断电阻—电感和电阻—电容性负载时，试描述恢复电压变化趋势。

4-12 对于弧长不变的交流电弧，试述稳定燃烧时燃弧尖峰总是高于熄弧尖峰的原因?

4-13 试述交流情况下感性负载电路中电弧比阻性负载电路电弧难以熄灭的主要原因。

4-14 电路的固有恢复电压特性可用哪些方法求得?

4-15 提高电弧电压对熄弧过程有何利弊?

第 5 章　开关电弧的熄灭原理

5.1　直流电弧的熄灭原理

5.1.1　直流电路中的电弧能量和燃弧时间

直流电弧的产生与直流电路中的电感因素是息息相关的。在开断直流电路时，如图 5-1 所示，假设电路中含有电阻 R、电感 L，E 为电源电动势，I_h 表示电弧电流，则开关设备打开电路时在断口处形成电弧，其电压为 U_h。此时直流开断电路的电压平衡方程可以写为

$$E = L\frac{\mathrm{d}I_h}{\mathrm{d}t} + RI_h + U_h \tag{5-1}$$

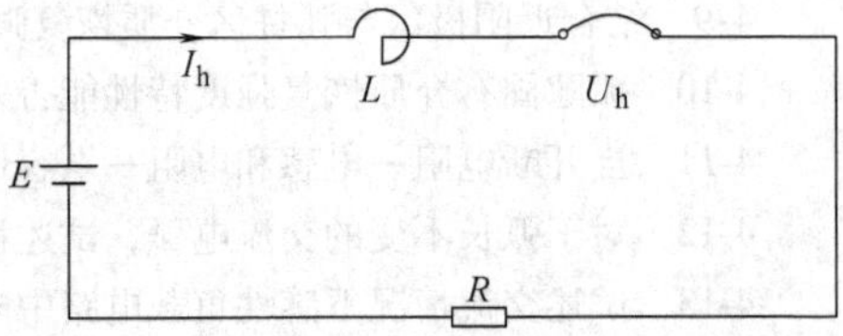

图 5-1　直流电路

式（5-1）可以写成

$$U_h = E - L\frac{\mathrm{d}I_h}{\mathrm{d}t} - RI_h \tag{5-2}$$

对式（5-2）两边分别乘以 $I_h\mathrm{d}t$，然后对时间进行积分，积分时间为燃弧时间。对于直流电弧来说，燃弧时间是从开关设备的触头开始分开时，在触头间产生电弧开始到直流电弧被燃灭为止的时间段。所以令积分时间的上、下限分别为电弧开始时刻（$t=0$，电弧电流为 I_{h0}）、燃弧时长（$t=t_{rh}$，t_{rh}为燃弧时间，此时电弧熄灭，$I_h=0$）。则可以得到

$$\int_0^{t_{rh}} U_h I_h \mathrm{d}t = \int_0^{t_{rh}} EI_h \mathrm{d}t - \int_0^{t_{rh}} RI_h^2 \mathrm{d}t + \frac{LI_{h0}^2}{2} \tag{5-3}$$

分析式（5-3）可知，开断直流电路时，电弧能量由两部分组成：一部分是电源供给的能量，它表现为电阻消耗所剩余的能量；另一部分为燃弧开始时电感中储存的能量。式（5-3）等号右侧第三项为正表明这部分能量势必要靠弧隙来作为其能量泄放通道，且电路电感量越大，需要从弧隙散失的能量越多，越不利于熄弧。

燃弧时间 t_{rh}的分析也可用式（5-1）来讨论。将式（5-1）变形为

$$\mathrm{d}t = \frac{L\mathrm{d}I_h}{(E - I_hR - U_h)} \tag{5-4}$$

$$\int_0^{t_{rh}} \mathrm{d}t = \int_{I_{h0}}^{0} \frac{L\mathrm{d}I_h}{(E - I_hR - U_h)} \tag{5-5}$$

$$t_{rh} = \int_0^{I_{h0}} \frac{L\mathrm{d}I_h}{U_h - (E - I_hR)} \tag{5-6}$$

由于电弧电压的存在，式（5-6）只能近似计算或用图解法求解。由式（5-6）可以近似看出燃弧时间 t_{rh}随电感量 L、燃弧时电流 I_h 的增大而增长。另外，如果电弧电压越大，越

有利于灭弧。

5.1.2　直流电弧的熄灭原理

由式（5-1）可以得出

$$L\frac{\mathrm{d}I_h}{\mathrm{d}t}=E-RI_h-U_h \tag{5-7}$$

根据式（5-7）可以绘制出直流电弧稳定燃烧点分析图，如图 5-2 所示，图中最上边横线代表电源电动势 E，斜线代表 $E-RI_h$，曲线代表电弧电压 U_h，则图中阴影部分（共Ⅰ、Ⅱ、Ⅲ三部分）代表 $L\frac{\mathrm{d}I_h}{\mathrm{d}t}$，观察图中可以看出，三部分阴影中，Ⅰ、Ⅲ两部分阴影由图解法得负值，第Ⅱ部分为正值。而使得等式成立的点有两个，即 A、B 两点。说明电弧稳定燃烧时应该有两个稳定燃烧点，它们分别对应两个电弧电流 I_A 和 I_B。但实际上从图中分析来看，A 点是虚假的。这是因为，当电弧电流燃烧在 I_A 点时，由于某个扰动，引起电流变大一点，那么此时电路的工作状态会进入第Ⅱ部分，在这个阴影部分中，其属性是 $L\frac{\mathrm{d}I_h}{\mathrm{d}t}>0$，即表明电弧电流随时间的增加会越来越大，电弧电流会趋向于 B 点，而不会回到原来的 A 点；如果扰动引起电弧电流变小一点，则电路的工作状态会进入左边的第Ⅰ部分当中，按照前面所述，此区域中的电流属性是随时间的增加越来越小，直至电弧熄灭。所以 A 点是不会稳定存在的，此点可以称为视在燃烧点。而点 B 的情况则截然不同，电弧电流燃烧在 I_B 时，不论扰动引起电流变大还是变小，按照阴影部分的动态变化属性，电弧电流都要加到 B 点。由此可见，只是 B 点才是真正的稳定燃烧点。显然直流电弧的熄灭关键就是不让其形成稳定燃烧点，亦即电弧电压的曲线上移（即增加电弧电压），与斜线无交点。

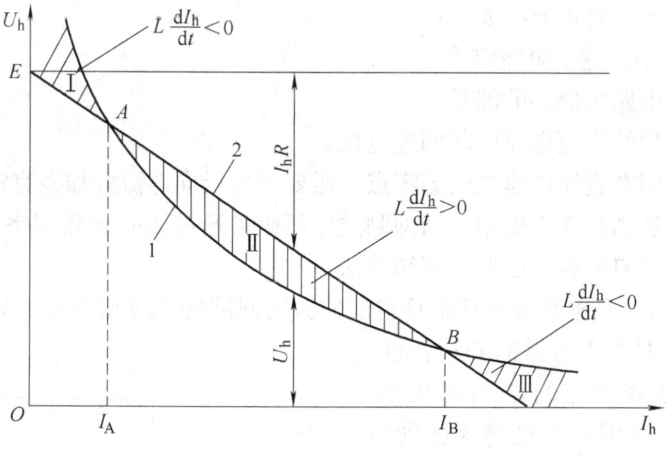

图 5-2　直流电弧稳定燃烧点分析图

5.1.3　直流电弧的熄灭方法

直流电弧的熄灭方法可以按照低压、高压不同的办法来实现。在低压领域由于电弧电压相对值不高，因此采用增大电弧电压的方法比较有效，一般可采用拉长电弧和增大近极区电压降的方法。而在高压领域中，单纯地靠增大电弧电压值来熄弧比较难，采用增大电弧电场强度和人工过零的方法较适合。

1. 拉长电弧的方法

由式（5-7）可知，增大弧柱长度可以有效增加电弧的弧柱电压降，从而增加电弧的电压降。加大弧长的方法主要有：增大开关触头间的实际长度；采用磁力（吹）等手段，使电弧拉长或旋转移动。

2. 增大近极区电压降

如果在电弧的燃烧通道中用几段金属栅片来切割电弧，则电弧将被分为几段短弧，同理也形成若干个正、负电极，如图5-3所示。由第4章分析可知，每一段电弧都会存在一对近极电压降，这样无形中会使得电弧的总体电压降得到提高，从而满足电弧的熄灭条件。

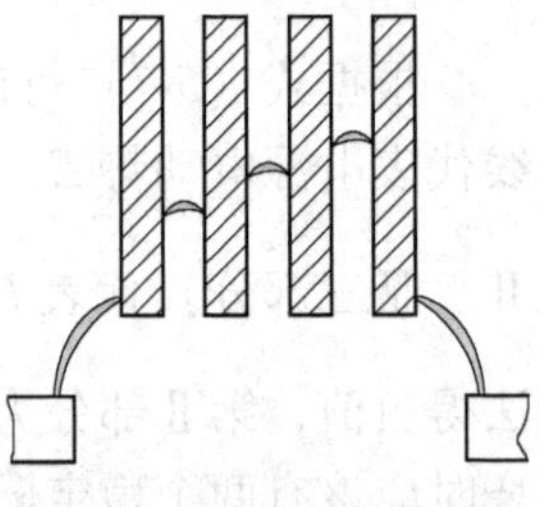

图5-3 金属栅片切割电弧

3. 增大电弧电场强度

由式（5-7）可知，除了增加电弧长度，增大电场强度E也可以达到提升电弧电压的目的。增大E的方法有：增高气体介质的压力（在高压气体开关设备中普遍使用）；增大电弧与流体介质之间的相对运动速度，使得电弧被迫横向或纵向运动，有利于去除电弧能量；采用冷却电弧的方式，即使电弧与固体绝缘材料紧密接触冷却来提高其表面对带电粒子的复合能力，从而增大E。

4. 采用人工过零的方法

直流电弧比交流电弧难以熄灭的主要原因是其没有过零点，从而缺少熄弧的最佳时机。而近年来国内、外研究人员普遍研究了采用人工过零的方法，即在正常的直流电流上叠加一个交变的周期分量，从而使得电流有了一个过零的时机。

直流开断的任务主要可概括如下：

（1）直流电路中，建立电流零点。

（2）耗散感性电路内储存的能量。

（3）抑制开断感性直流电流引起的过电压。

对于第一项，即在直流中建立电流零点，需要产生反向电流叠加在直流电流上，建立电流零点；第二项一般消耗在电弧中，而抑制过电压则可通过ZnO避雷器来实现。

此种原理主要有自激振荡法和电流转移法。

自激振荡法由L、C电路及电弧本身组成的振荡回路的高频振荡电流幅值来建立电流零点。这种振荡主要取决于电弧的安秒特性。此时，电弧电压随着电流的增加而减小，即电弧的负阻性。应用自激振荡灭弧的直流SF_6断路器结构如图5-4所示。当故障电流i_t流进此结构中时，断路器CB打开，在电弧和L、C回路中就会产生高频振荡电流i_C，此高频振荡电流在一定条件下是一个振幅逐渐增大的振荡电流，并叠加在电弧电流上，便在断路器CB中形成了所谓的自激

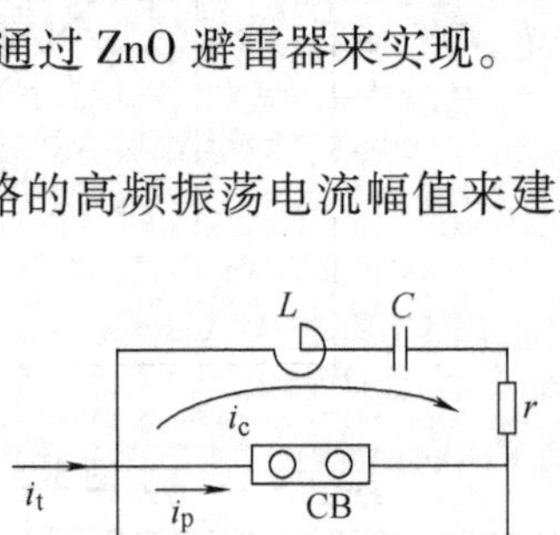

图5-4 应用自激振荡灭弧的直流SF_6断路器结构

CB—SF_6断路器 L、C—自激振荡电路中的电感和电容

i_t—直流电流 i_p—断路器电流 i_c—高频电流 r—电路阻抗

振荡电流，从而有机会形成电弧电流的过零点，完成电弧的熄灭，如图5-5所示。本过程的数学模型为

$$L\frac{d^2i_c}{dt^2}+\frac{du_h}{di_p}\frac{di_p}{dt}+r\frac{di_c}{dt}+\frac{1}{C}i_c=0 \tag{5-8}$$

$$i_p=i_t-i_c \tag{5-9}$$

$$i_p=i_t[1+e^{-(1/2L)(r+du_h/di_p)t}\sin\omega t] \tag{5-10}$$

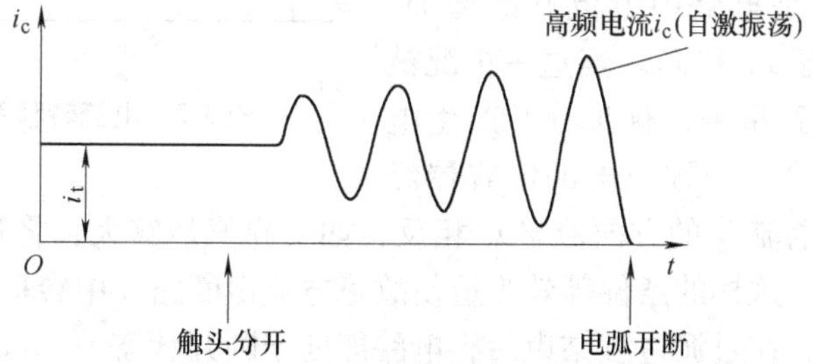

图5-5　自激振荡强迫电流过零

由 i_p 的表达式可以看出，要产生较快增长的振荡电流，就要求 $|du_h/di_p|$ 的值比电路阻抗要大得多，即要求断路器有较强的熄弧手段，只有满足这一条件才能使用此办法。而此条件并不总是很好满足的，另外 L、C 的选值也是不定的。

5.1.4　电流转移原理

电流转移原理与自激振荡原理类似，就是要人为地产生电流零点来提供断路器开断电路所必需的条件。它是利用预充电的电容器通过电感放电产生一个高频反向电流，叠加在直流断路器上，从而达到建立电流零点的目的。这里不需灭弧室耗散储存的能量，所以可选用普通的交流断路器。

应用交流断路器来实现电流转移原理，有文献介绍了以下几种形式：

图5-6所示是利用触发间隙来实现电流转移原理的示意图，预充电电容器 C，电感 L_s 和CB1组成一个转移回路，当发生短路时，打开真空断路器CB1，然后点燃触发间隙TG1，使电容器 C 放电，这是一个振荡的电流，它与主电路中电流叠加来建立电流零点。CB1将在电流零点开断电弧。当故障电流引入转移电容时，点火球隙受加在它两端的不断升高的电压作用而动作。由于流过NR1（避雷器）中的电流是单方向的，所以这一电流也可以用电流转移的方式来熄灭，即点燃TG3来实现。

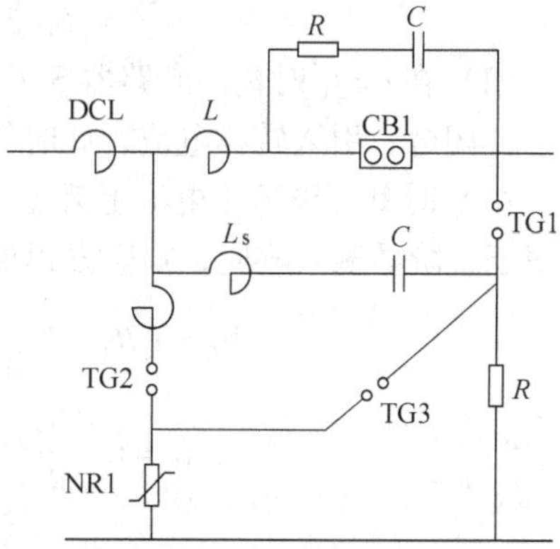

图5-6　利用触发间隙实现电流转移原理

电流转移原理主要用来开断大电流，成功率较高。但其转移方式的应用已经逐渐由触发间隙演变为半导体器件或高速动作的断路器了。一方面是由于触发间隙的触发具有一定的分散性；另外，其探针极的工作寿命也无法得到保证。而由半导体组成的转移回路其主要瓶颈是受现有半导体器件的通流和耐压水平的限制。

所以采用高速的断路器开关（主要采用电参量可控的永磁操动机构或用于长行程的磁力操动机构等驱动）来进行电流的转移，近年来得到了较多的研究。

由断路器承担转移开关的电流转移系统的工作原理图如图 5-7 所示。在正常情况下，断路器 CB 在关合位置，高压直流电源向负载供电。图中，L_1 和 L_2 是线路电感。假设在负载 R_z 端发生短路故障，于是电路中电流开始增加，电流增加的快慢取决于 L_1 和 L_2。当这一情况被检测到时，断路器接到指令，触头分开产生电弧；同时，开关 S 关合，使预充电的电容器经断路器放电。在此，电流 i_2 的方向恰与 i_1 相反，如 i_2 峰值足够大，将迫使 i_1 为零，于是断路器得到开断的机会。这样的条件等效为迫使故障电流由断路器中转移到电容器中。由于电容器不能通直流电流，在过渡过程结束后，电路即处于断开状态。

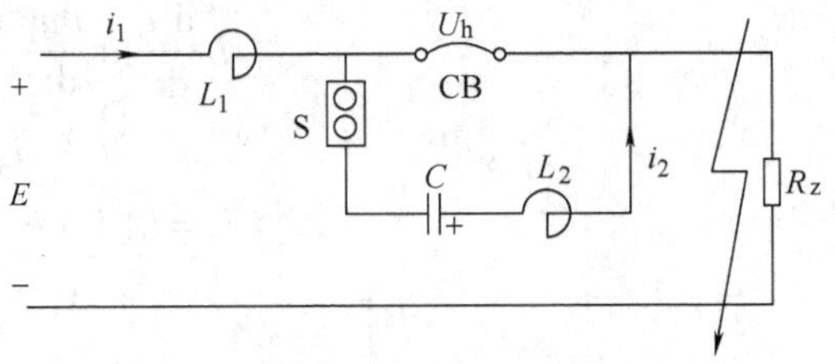

图 5-7　电流转移系统的工作原理图

下面对电流转移过程进行分析。主断路器 CB 从接到命令开始分闸，到产生电弧、触头分开到一定的开距，系统中的短路电流快速上升。此时控制系统将闭合 S，引入转移电流，促使 CB 中电流过零，并且在某时刻熄灭电弧。针对以上各阶段，用等效电路作如下分析：

（1）$t=0$ 时，系统发生短路故障，此时其等效电路如图 5-8 所示。

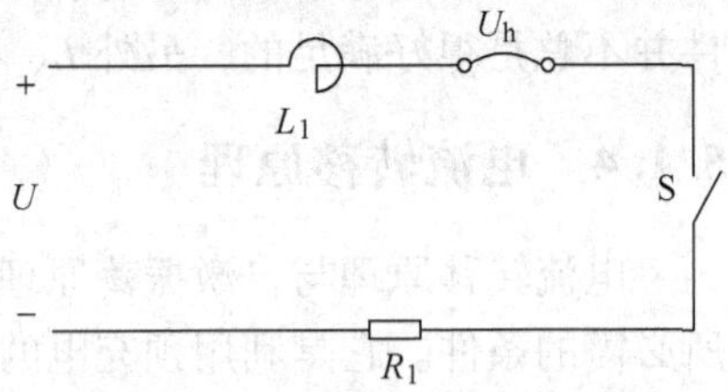

图 5-8　发生短路时刻的等效电路

图 5-8 属于一阶全响应电路，响应方程如下：

$$i_1 = i' + [i(0_+) - i'(0_+)]e^{-\frac{t}{T}}$$

$$= \frac{U}{R_1} + (\frac{U}{R_Z} - \frac{U}{R_1})e^{\frac{-t}{T}} \tag{5-11}$$

此时

$$U_{L1} = L_1 \frac{di_1}{dt}$$

$$= -\frac{R_1 U}{L_1}(\frac{1}{R_Z} - \frac{1}{R_1})e^{-\frac{t}{T}} \tag{5-12}$$

（2）在 $t=t_1$ 时刻，断路器 S（等效图中采用开关 S 来表示）闭合，引入转移电流，此时等效电路如图 5-9 所示。

在 t_1 时刻，设短路电流上升至 i_2 时，闭合 S，此时电路属于二阶零输入响应，响应方程如下：

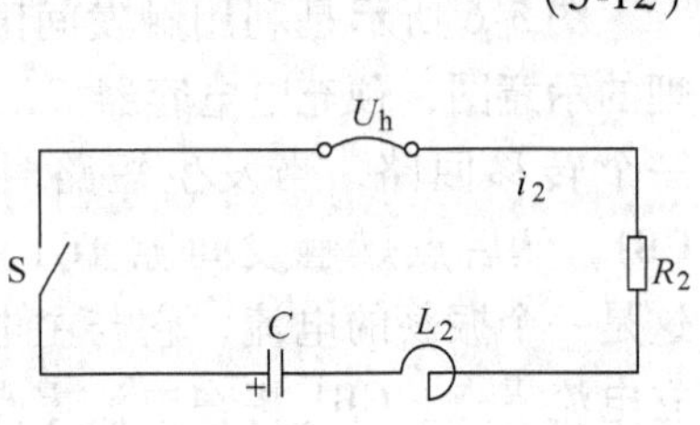

图 5-9　转移电流投入时刻的等效电路

$$U_C = i_2 R_2 + L_2 \frac{di}{dt} \tag{5-13}$$

$$i_2 = C\frac{dU_C}{dt} \tag{5-14}$$

$$\therefore L_2 C \frac{d^2 U_C}{dt} + R_2 C \frac{dU_C}{dt} + U_C = 0 \tag{5-15}$$

由于 R_2 只是线路电阻与电弧电阻之和，所以其值十分小，由经验可知 $R_2 < 2\sqrt{\frac{L_2}{C}}$，所以此二阶零输入问题的解是一种欠阻尼衰减振荡情况。

即：

$$U_C=\frac{\omega_0U_0}{\omega}e^{-\sigma(t-t_1)}\sin(\omega(t-t_1)+\beta)\quad t\geqslant t_1 \tag{5-16}$$

$$\begin{cases}\sigma=\dfrac{R_2}{2L_2}\\ \omega_0^2=\dfrac{1}{L_2C}\\ \omega^2=\omega_0^2-\sigma^2\\ U_0=U_C(0)=-U\end{cases} \tag{5-17}$$

$$i_2=-\frac{U_0}{\omega L_2}e^{-\sigma(t-t_1)}\sin\omega(t-t_1)\quad t\geqslant t_1 \tag{5-18}$$

$$U_{L2}=\frac{\omega_0U_0}{\omega}e^{-\sigma(t-t_1)}\sin(\omega(t-t_1)-\beta)\quad t\geqslant t_1 \tag{5-19}$$

$$\beta=\arctan\frac{\omega}{\sigma} \tag{5-20}$$

此时通过主断路器 CB 中的电流为

$$I=i_1+i_2=\begin{cases}\dfrac{U}{R_1}+\left(\dfrac{U}{R_Z}-\dfrac{U}{R_1}\right)e^{\frac{-t}{T}}\\ -\dfrac{U_0}{\omega L_2}e^{-\sigma(t-t_1)}\sin\omega(t-t_1)\quad t\geqslant t_1\end{cases} \tag{5-21}$$

（3）在 $t=t_2$ 时刻，断路器 CB 熄灭电弧，将转移回路串入系统中，此时等效电路如图 5-10 所示。

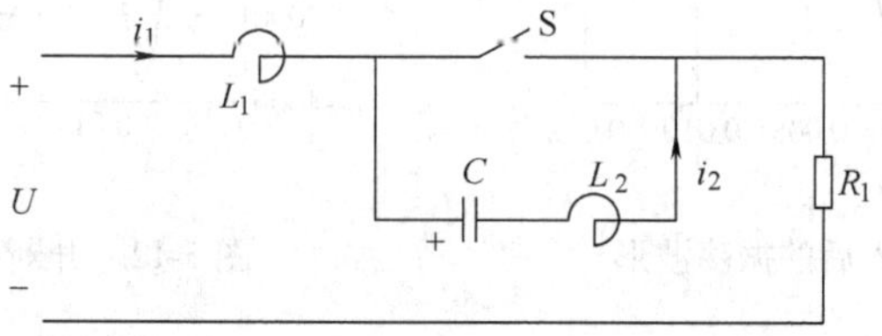

图 5-10　电弧熄灭后系统的等效电路

根据磁链守恒原理，电路中全部电感中的总磁链保持不变，即

$$\sum\psi(0_+)=\sum\psi(0_-) \tag{5-22}$$

推导过程从略，有兴趣的读者可参阅参考文献［12］。

$$U_C=U-\frac{R_1i(0_+)}{\sin\theta}e^{-\sigma t}\sin(\omega t+\theta) \tag{5-23}$$

$$\begin{aligned}i&=C\frac{dU_C}{dt}=-C\frac{R_1i(0_+)}{\sin\theta}e^{-\sigma t}[-\sigma\sin(\omega t+\theta)+\omega\cos(\omega t+\theta)]\\&=\frac{C\omega_0R_1i(0_+)}{\sin\theta}e^{-\sigma t}\sin(\omega t+\theta-\beta)\end{aligned} \tag{5-24}$$

$$\begin{cases}\sigma = \dfrac{R_1}{2(L_1 + L_2)} \\ \omega^2 = -\sigma^2 + \omega_0{}^2 \\ \omega_0{}^2 = \dfrac{1}{(L_1 + L_2)C} \\ \theta = \arctan\left(\dfrac{CR_1\omega}{CR_1\sigma - 1}\right) \\ \beta = \arctan\dfrac{\omega}{\sigma}\end{cases} \tag{5-25}$$

$i(0_+)$ 为转移电流强迫主电路电流过零时刻的电流值。

电流转移过程是个复杂的过渡过程，通过分析，不难看出转移前后各元件中的电量变化情况，所以一方面要求转移电流的快速投入，同时应关注主断路器分断后，电容器 C 中的电压与电流的变化，从而在转移回路的设计中应采取一定的保护措施。图 5-11、图 5-12 给出了某算例中转移电流投入后的电流叠加情况和转移电容器上的过电压振荡情况，其过电压幅值在不经过限幅时会达到系统电压（1500V）的 5 倍左右。

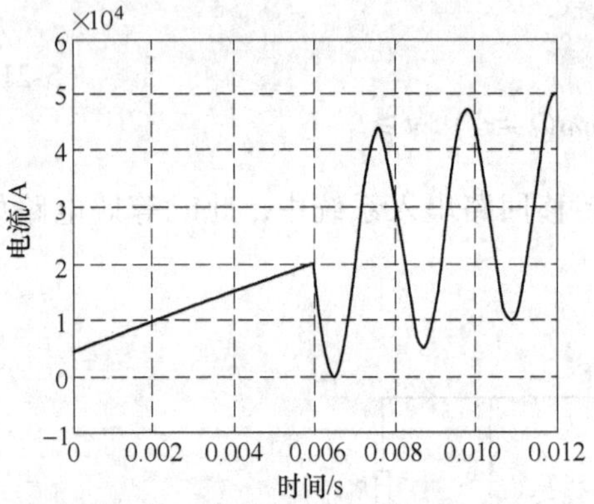

图 5-11 转移电流投入后的振荡波形

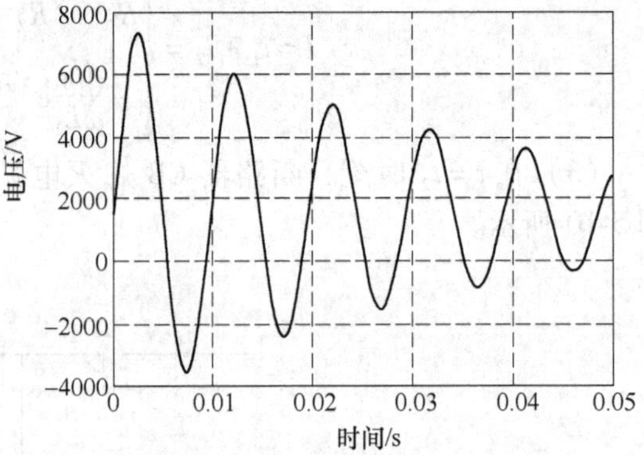

图 5-12 开断后 50ms 的电压波形

5.1.5 直流电弧开断时的过电压

对于断路器等电力开关设备来说，为了减轻电弧对触头的烧损，通常希望燃弧时间越短越好，但是由于电路中或多或少总是存在一定的电感量，若熄弧时间过短，即电弧电流从某一值突然下降到零，则在电感中会产生很大的自感电动势，该电动势与电源电压叠加后形成大于电源电压好多倍的高电压，它加在弧隙两端以及线路的电气设备上，一方面容易引起弧隙的电击穿，导致电弧重燃；另一方面，也会破坏线路中电气设备的绝缘，容易引发发展性故障。图 5-13 所示是开断直流电感性负载时，发生截流过电压的示意图。

自感电动势在截流过电压中占主要成分，它的大小主要由两部分因素决定：在其他条件不变的情况下，线路电感 L 值越大，其储存的能量越高，产生截流过电压的值也越高；电弧电流下降的速率越快，$\dfrac{dI_h}{dt}$值也越大，也是引起很高过电压的因素。因此，在开关设备开断直流电路时，尽量避免采用过强的消电离措施，即过强的灭弧手段，这样将会造成较大的过

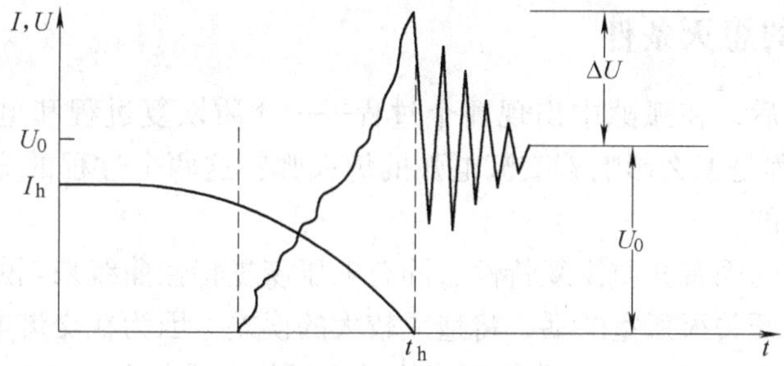

图 5-13　截流过电压发生示意图

电压危害。

防止截流过电压的措施有：在负载端并联一个单向电阻（即串有整流器，使得工作时不导通）；采用分段串大电阻，并配合辅助灭弧开关来降低过电压，如图 5-14 所示。

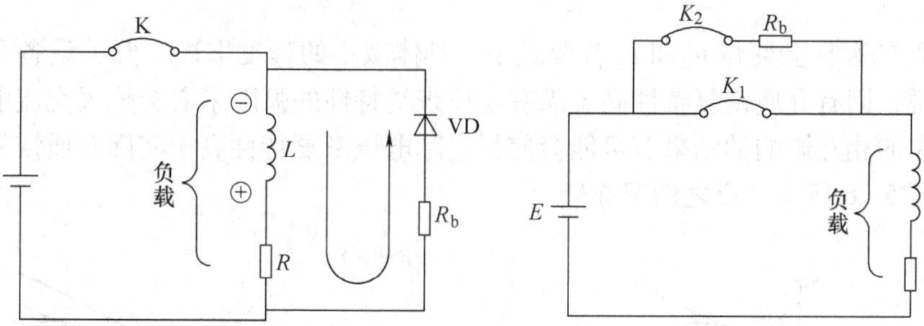

图 5-14　防止截流过电压的措施

5.2　交流电弧熄灭原理和熄灭条件

5.2.1　交流电弧的熄灭原理

由于交流电路在电流过零期间，电弧输入功率为零，这为交流电弧熄灭创造了有利条件。所有交流开关电器都是利用交流电流这一特点来熄灭电弧，实现电路开断的。在交流电流过零后，弧隙中同时进行着如图 5-15 所示的两个相互联系的过程：一是弧隙中电离气体从导体状态迅速转变为绝缘状态，使弧隙能够承受电压作用而不发生电弧重燃的过程——介质恢复过程；二是由于熄弧后电路将被开断，电源电压加到弧隙两端触头上的过程——电压恢复过程。介质恢复过程和电压恢复过程同时进行，电弧熄灭与否，决定于这两个过程的“竞赛”。若介质恢复强度 u_{jf} 总是高于恢复电压 u_{hf}（如图中曲线 u_{jf1} 和曲线 u_{hf} 的关系），则电弧趋于熄灭；若 u_{jf} 在某一瞬间低于 u_{hf}（如曲线 u_{jf2} 和曲线 u_{hf} 的关系），则电弧可能继续燃烧。

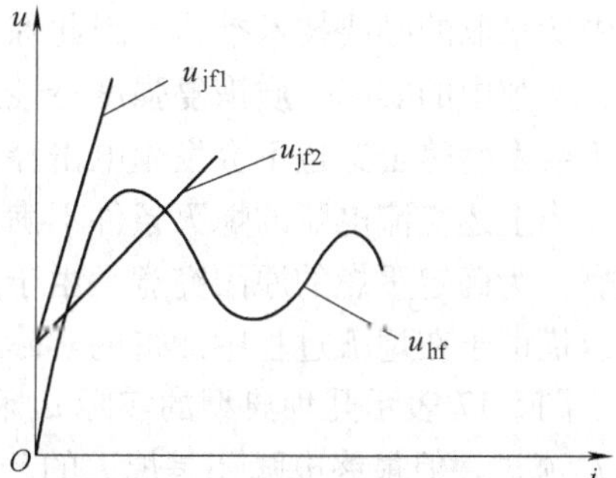

图 5-15　交流电流过零后，弧隙中的介质恢复过程和弧隙上的电压恢复过程

5.2.2　交流电弧的熄灭条件

在交流电流过零后，在弧隙中出现两个过程——介质恢复过程和电压恢复过程的“竞赛”，那么这两个过程是怎么影响着交流电弧的熄灭呢？这两个过程的竞赛不是孤立的，而是动态的、相互影响的。

如果单从弧隙中的固有介质恢复特性、固有电压恢复特性曲线来判断交流电弧是否能够熄灭，并以此来设计开关灭弧室的话，将造成较大的误差。因为在交流电弧的实际熄弧过程当中，存在着弧后残余电阻 R_s，R_s 具有同时影响介质恢复特性与电压恢复特性的双重性能，具体如下：

（1）R_s 的存在说明弧隙没有充分冷却，弧隙中会有一定量的剩余电流 i_s，它的存在使得弧隙中有一定的功率输入，从而影响了 u_{jf}的上升速度。

（2）由于 R_s 的存在，在 u_{hf}到达峰值之前，R_s 会有效阻止 u_{hf}的上升速率，甚至会使 u_{hf}的振荡消失。

总之，R_s 的存在会使得 u_{jf}和 u_{hf}都要减小，具体减小的程度取决于开关设备开断条件的情况。所以说，固有介质恢复特性高于固有电压恢复特性的弧隙未必会熄灭交流电弧，因为它们共同存在的相互影响的结果有可能会使得实际电压恢复特性高于实际介质恢复特性而引发重燃，如图 5-16 所示。反之情况亦然。

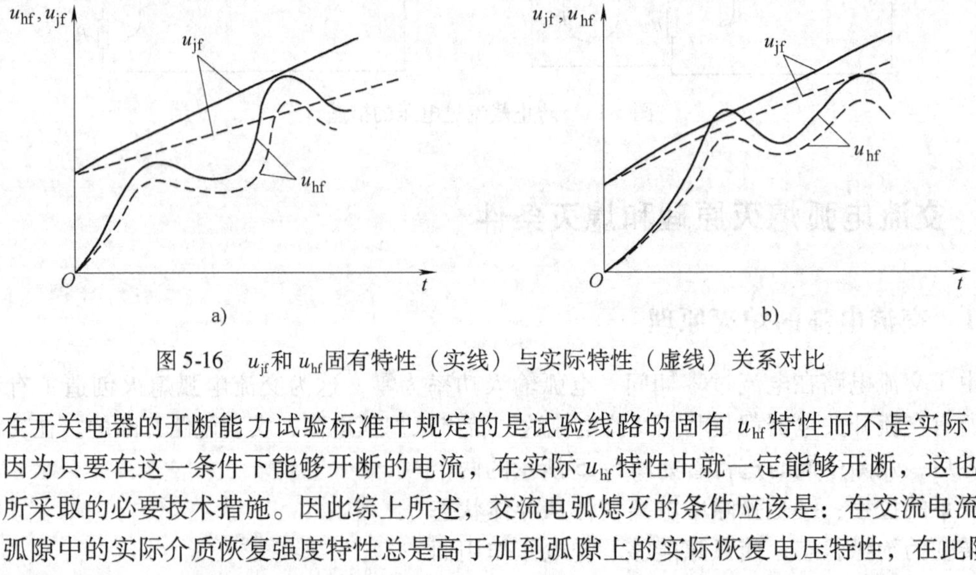

图 5-16　u_{jf}和 u_{hf}固有特性（实线）与实际特性（虚线）关系对比

在开关电器的开断能力试验标准中规定的是试验线路的固有 u_{hf}特性而不是实际 u_{hf}特性。因为只要在这一条件下能够开断的电流，在实际 u_{hf}特性中就一定能够开断，这也是设计中所采取的必要技术措施。因此综上所述，交流电弧熄灭的条件应该是：在交流电流过零后，弧隙中的实际介质恢复强度特性总是高于加到弧隙上的实际恢复电压特性，在此阶段，既不会发生热击穿也不会发生电击穿。

当上述交流电弧的熄灭条件不满足时，弧隙在熄弧过程中将由于热击穿或电击穿而发生重燃。为确定重燃的原因究竟是由于热击穿阶段还是由于电击穿阶段的介质恢复强度不够，可以借助于在熄弧过程中测得的实际 u_{hf}波形和剩余电流 i_s 波形来进行判定。

图 5-17 表示几种典型的实际 u_{hf}和 i_s 波形图。图 5-17 a 表示在电压恢复过程中，弧隙中有 i_s 流过，但最终电弧还是熄灭的。图 5-17b 也表示在电压恢复过程中，弧隙中有 i_s 流过。当 u_{hf}上升到某一数值时，它超过弧隙的 u_{jf}，于是弧隙中 i_s 迅速上升，转为燃弧时的电弧电流。这种图形表明弧隙由于热击穿而发生重燃。图 5-17c 表示在 u_{hf}上升初期，弧隙中没有

i_s。当 u_{hf}上升到某一数值时，i_s 突然出现并立即增大到燃弧时的电弧电流。表明在电流过零后，弧隙不存在热击穿阶段，而是立即进入电击穿阶段，并且在 u_{hf}作用下弧隙发生了电击穿而重燃。图 5-17d 表示在 u_{hf}上升初期，弧隙中流过 i_s。在 i_s 下降到零后稍隔一些时间，它又重新出现并转变为燃弧时的电弧电流。表明在热击穿阶段，弧隙的 u_{jf}足够承受 u_{hf}的作用，而在电击穿阶段 u_{hf}较低，弧隙产生击穿，引起电弧重燃。知道了弧隙在灭弧过程中 u_{hf}的薄弱环节所在，便可以使设计人员有目的地改进灭弧装置，以提高其灭弧能力。

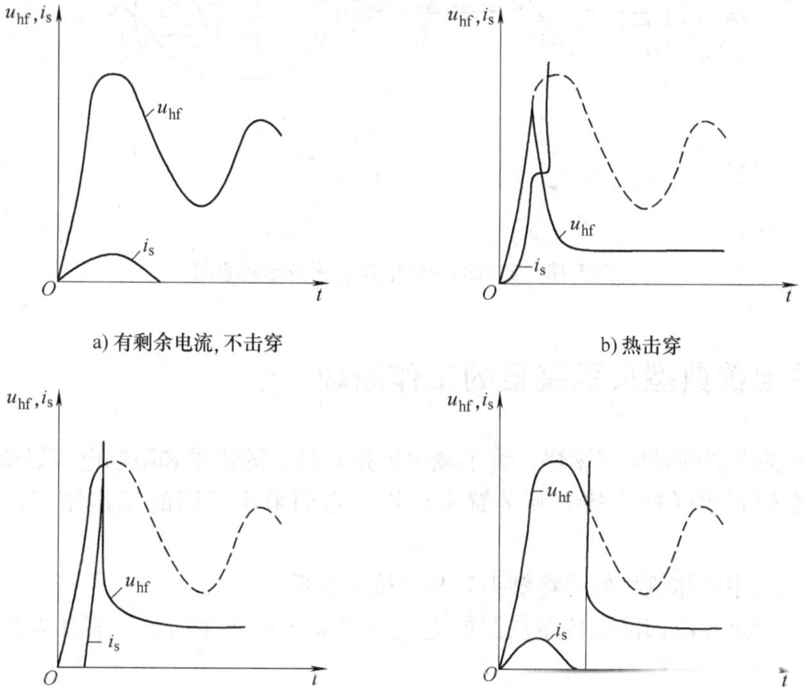

a) 有剩余电流, 不击穿　　b) 热击穿

c) 电击穿　　d) 有剩余电流, 电击穿

图 5-17　几种典型的实际恢复电压的剩余电流

对于交流电弧的灭弧装置，也要尽可能防止截流过电压，即在交流电流过零前的突然截断而产生的过电压，这对于线路的电气设备也会产生较大的危害。因此，除非有特殊要求，交流开关电器多采用灭弧强度不十分强的装置，只要保证其能在正常的零休期间（一个或几个半波后，随系统容量不同而不同）熄灭电弧即可。

图 5-18 所示为一个典型的交流电弧的熄灭过程图，图中交流电弧的熄灭经历了三个电流半波的时长，在最后一个电流过零时刻熄灭。其中 φ_i 表示每个电流过零时刻与电源电压过零点的相位差。触头在 t_0 时刻刚分离，开始产生电弧电压，此时开关开距甚小，在第一次电流过零时，由于弧隙的 U_{jf}不高，在电流过零后弧隙便重燃，出现了燃弧尖峰，此时的 $\varphi_1 \approx 90°$。在电流的第二个半波，弧长和弧压慢慢增大，导致电弧电流 i_h 降低，致使在第二次过零点附近发生了电流波形的畸变，使得 $\varphi_2 < \varphi_1$，但此时的 U_{jf}仍旧不算太高，在第二次过零后也发生了重燃。等到了第三个电流半波中，随着电弧拉得的更长，弧压进一步增加，使得 U_{jf}增加得很快，在第三次过零后，由于电流波形畸变很严重，$\varphi_3 < \varphi_2$，基本上 $\varphi_3 < 90°$，这样在电流过零后恢复电压的作用相对下降，而实际的 U_{jf}也上升到很高的程度，它总是大

于实际的 U_{hf}，所以电弧不会发生重燃，电路被开断了。

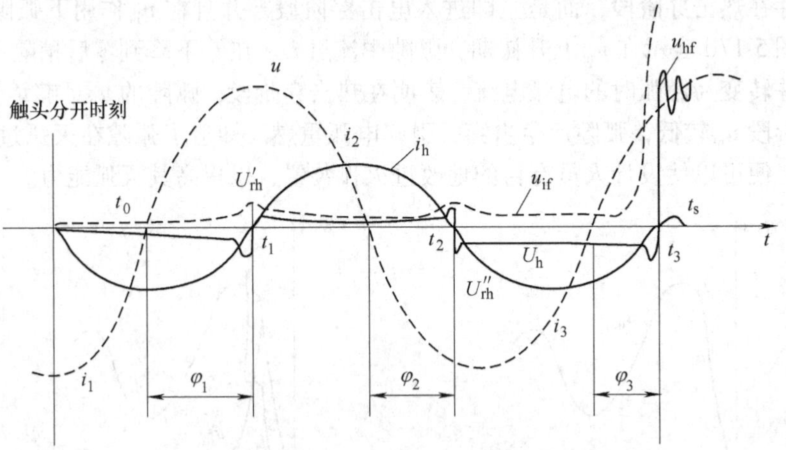

图 5-18　典型的交流电弧熄灭波形示意图

5.3 开关电器典型灭弧装置的工作原理

电弧在开关电器的触头间燃烧，为了减少电弧对触头的烧损和限制电弧燃烧的空间，一般要采用具有较强灭弧能力的灭弧装置来包围，它们采用不同的工作原理，通常有以下几种：

（1）在大气中依靠机械外力将触头分开，拉长电弧。

（2）利用渡过导电回路或特制线圈的电流在燃弧区域产生磁场，驱动电弧旋转移动或拉长。

（3）依靠磁场的作用，将电弧推进耐弧材料制成的狭缝中加以冷却和消电离。

（4）用绝缘栅片或金属栅片来灭弧。

（5）采用固体产生式材料做封闭灭弧室，一方面提高灭弧室压力，同时也可以利用气体进行吹弧。

（6）采用石英砂等固体颗粒来限制电弧发展和加强冷却。

（7）利用电弧自身能量，分解油气或阻塞弧道，产生高压气体进行吹弧。

（8）利用高压气体吹弧，主要有空气或 SF_6 气体。

（9）采用真空灭弧室进行灭弧。

一般开关电器可以采用其中一种灭弧方式，也可以采用几种方式结合使用。以下针对每一种灭弧方式进行详细的阐述。

5.3.1 简单灭弧

简单灭弧是指在大气中依靠机械外力将触头分开、拉长电弧的一种灭弧方式，也是最原始的一种灭弧方式。它凭借机械拉力或者自身的电流产生的电动力来使电弧伸长，在电弧伸长的过程中，电弧充分接触冷却空气，消电离就会增加，这些因素会使得电弧电压增加，表现在电弧的静态伏安特性上就是电弧电压的上移，当电弧电压大于电源电压减去线路电阻上消耗的电压时（$U_h > E - iR$），电弧将趋于熄灭。

简单灭弧主要是应用在低压开关设备中，刀开关、接触器、继电器等的触头灭弧系统都是这样的，它们一方面依靠机械拉力拉长电弧，同时在触头系统设计时采用电弧 U 形向外扩张的电动力方式（见图 5-19），从而实现了在大气中的简单开断。

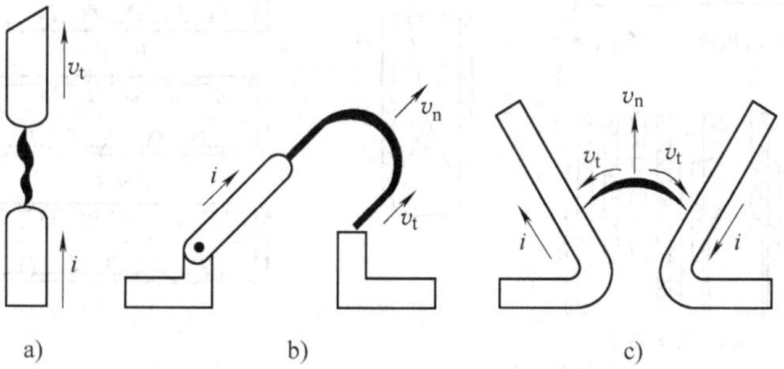

图 5-19　低压触头系统拉长电弧的示意图

5.3.2　磁吹灭弧装置

在大容量的低压开关中，有时需要较大的电动力来驱动电弧进入灭弧室，就可以使用图 5-20 所示的磁吹线圈来进行工作。这种线圈一般是与静触头串联，采用较少的匝数绕成，在线圈中间加装铁心是为了减小磁阻以增大磁通，线圈夹在导磁钢板当中，当触头分开时，磁场垂直于电弧，产生的电动力驱使电弧向一个方向运动，转移到引弧角等处进行熄弧。

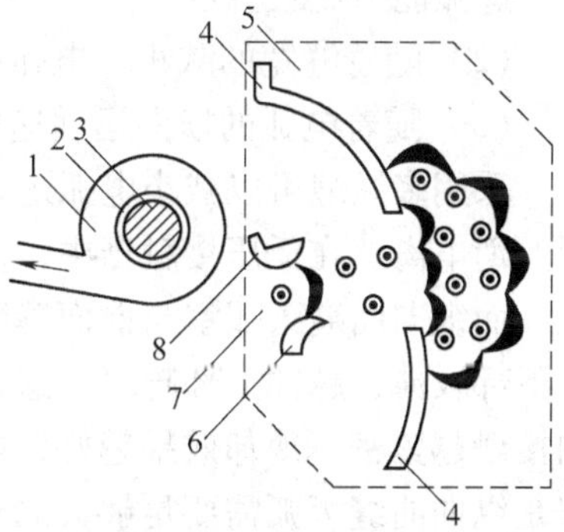

图 5-20　磁吹线圈的结构和工作原理
1—磁吹线圈　2—绝缘套　3—铁心
4、7—静触头　5—导磁夹板　6、8—动触头

对于采用线圈磁吹的方式灭弧，存在一种矛盾的情况，就是在开断大电流和小电流之间的平衡关系。如果线圈磁场的设计在较大电流下适当的话，那么在较小电流时，就会造成由于电流产生的磁场力不够大而不能有效地把电弧推动到引弧角等处。而如果按照小电流磁吹的设计参数，又会使得在较大电流情况磁吹过于强烈，把触头上的金属液桥等吹到接触区以外，这样会加速触头的磨损。为了解决这一矛盾，在设计上可以适当选择线圈匝数和铁心截面积等参数，使得在开断小电流时磁场较合适，而在开断大电流时磁路有部分的饱和而不会导致磁场过强。

现在除了在低压领域中使用线圈磁吹原理，在中、高压领域中也有较多的使用，比如日本安川电器的 24kV 的 SF_6 负荷开关等开关设备都使用了此种灭弧原理。

5.3.3　纵缝灭弧室

纵缝是一种用耐弧绝缘材料（石棉、水泥、陶土、三聚氰胺等）制成的缝隙，它在灭弧室中是与电弧的轴线平行放置的，当发生电弧时，利用磁吹线圈产生的磁场电弧推入其中与缝壁紧密接触而被强烈冷却，电弧电压迅速提升而导致电弧熄灭。纵缝可以分为单纵缝和多纵缝或纵向曲缝等多种形式，如图 5-21 所示。

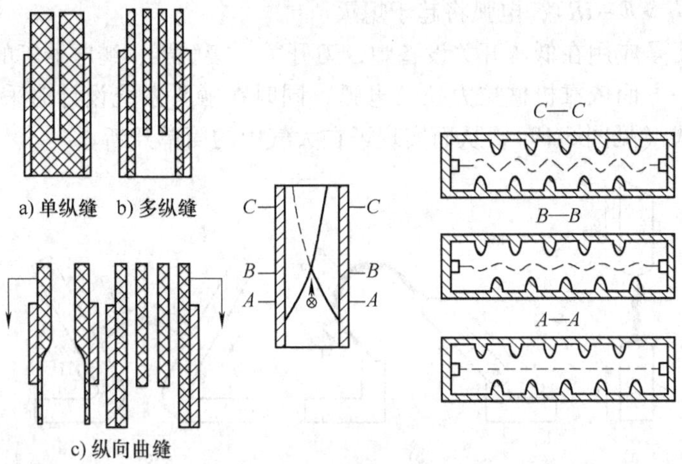

图 5-21 纵缝灭弧室结构示意图

有文献研究给出了不同缝宽、不同电弧横向运动速度下，弧柱电场强度 E 和电弧电流 I_h 的关系，总结如下：

(1) 采用纵缝灭弧室和在空气中自由燃弧相比，前者的伏安特性随电流增加而下降较慢，熄弧能力比较稳定。

(2) 随着缝宽的减小，电弧的伏安特性升高，灭弧能力得到增强。

(3) 随着电弧的横向运动速度的提高，电弧的伏安特性也升高，灭弧能力也随之增强。

采用多纵缝可以减小电弧进入纵缝上部窄缝的阻力，并且有利于缝壁对电弧的冷却和强烈的消电离。在低压接触器中，多纵缝得到了广泛的应用。

而纵向曲缝灭弧室与前面缝隙不同的是，它的内腔缝壁做成犬牙交错的形状，它的齿壁在下部较薄，越往上部越厚，这种结构使得电弧越往内部深入，电弧越被拉长，同时与缝壁的接触越紧密，冷却效果越好，电弧的伏安特性就越容易得到提升，电弧也越容易被熄灭。但是纵向曲缝灭弧需要足够大的外加磁场。

参考文献［11］对纵缝灭弧室进行了电弧电压的分析。对于给定某纵缝（如图 5-22 所示），缝宽为 b，入口角度为 α，采用磁吹使电弧入缝。灭弧室材料采用有机玻璃（PMMA）。一般低压接触器等开关采用双断点分断，所以电弧进入灭弧室后达到的 U_{hm} 为

$$U_{hm}=2(El+U_0) \tag{5-26}$$

由于近极电压降 U_0 不是很大，所以纵缝灭弧室主要是依靠提高弧柱电压降，特别是提高电弧电压梯度 E 来获得较高的电弧电压。若假设狭缝中的弧柱热的转移机理主要依赖于辐射现象，则由弧柱能量平衡可获得电弧电压梯度为

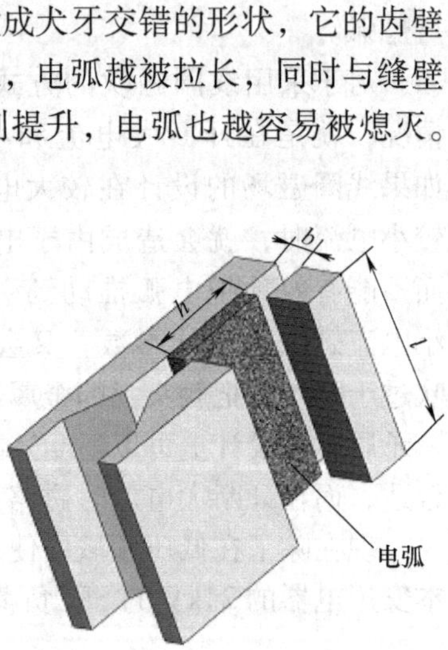

图 5-22 纵缝中薄片电弧尺寸

$$E=j/\sigma \tag{5-27}$$

式中，j 为电弧电流密度（A/m^2）；σ 为弧柱电导。

其中

$$\sigma = (2\varepsilon k)^{-\frac{3}{11}} K^{\frac{8}{11}} \left(\frac{bh}{b+h}\right)^{3/11} j^{6/11} \tag{5-28}$$

式中，ε 为辐射率，取 $\varepsilon = 0.1$；k 为斯蒂芬-玻耳兹曼常数，$k = 5.672 \times 10^{-8}\mathrm{W/(m^2 \cdot K)}$；$K$ 为系数，$K = 0.00316\ (\Omega \cdot \mathrm{m})^{-1}\mathrm{K}^{-\frac{3}{2}}$；$b$、$h$ 为挤入纵缝中薄片电弧的厚度和宽度（等同于缝宽）。

纵缝中电弧电流密度可用 A. Tslaf 提出的公式计算，即

$$j = K_{\mathrm{m}} \frac{I^{0.5}}{b^{0.75}} \tag{5-29}$$

式中，K_{m} 为与灭弧室材料有关的常数，对 PMMA 材料，$K_{\mathrm{m}} = 3780$。

5.3.4　栅片灭弧室

在灭弧室中采用栅片来灭弧，其缝隙通常与电弧的轴线是垂直的。在电弧产生时，也是需要一定的磁吹力使得电弧向栅片中驶入。一般灭弧栅片分为绝缘栅片和金属栅片两种。绝缘栅片是利用栅片的阻碍作用使电弧被拉长，并且使电弧与栅片壁紧密接触，起到了很好的消电离作用，有利于灭弧。而金属栅片灭弧室的工作原理是使电弧进入栅片后被切割成若干段短弧，这样可以利用电弧的近极区电压降来提高电弧伏安特性以加强灭弧效果。

实际上在金属栅片灭弧室低压开关电器的开断中，电弧是从触头上转移到跑弧道并进入了灭弧栅片以至熄灭的，在这个过程当中，存在一个称之为“电弧背后击穿现象”。图 5-23 所示为低压断路器灭弧区模型，它由触头区域、跑弧道、栅片三部分组成，前两部分构成栅片电弧的背后区域。当电弧从触头区通过跑弧道进入金属栅片后，被分割成许多短弧，电极近极区电压降的叠加使电弧电压有一个跳跃。一方面，对于低压断路器来说，这可以有效地限制短路电流，减少开断的电弧能量；但另一方面由于背后区域的跑弧道和触头间隙仍存在一定的游离气体，并保持一定的温度，在这一电压的作用下会发生击穿而产生新的电弧。新电弧的出现短接了原来已进入栅片的电弧并使之消失，这相当于电弧从栅片中退出来，即反复跌落现象（如图 5-24 波形所示），它会影响限流式断路器的限流性能和非限流断路器的开断性能。

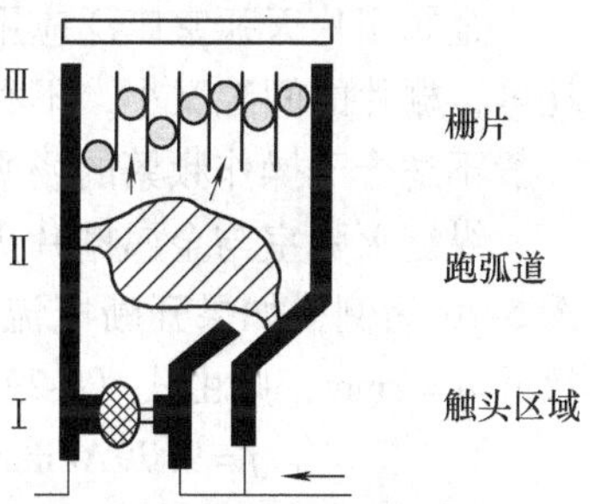

图 5-23　低压断路器灭弧区模型

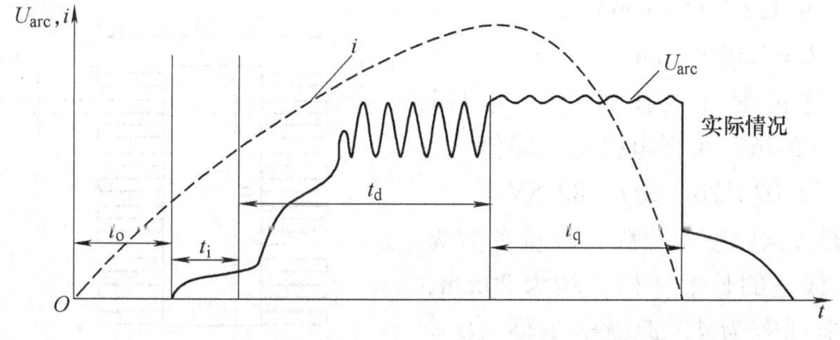

图 5-24　低压断路器开断过程中存在背后击穿现象示意图

抑制背后击穿现象的措施主要有：

（1）采用具有收缩型跑弧道的灭弧室（见图5-25），能使正向气流平均速度大于平行跑道，而反向气流平均速度小于平行跑道，这样有利于推动电弧进入栅片灭弧室，而不利于灭弧室后端对热气流的反射回触头区域，有效地防止背后由于热气流较浓而发生热击穿。

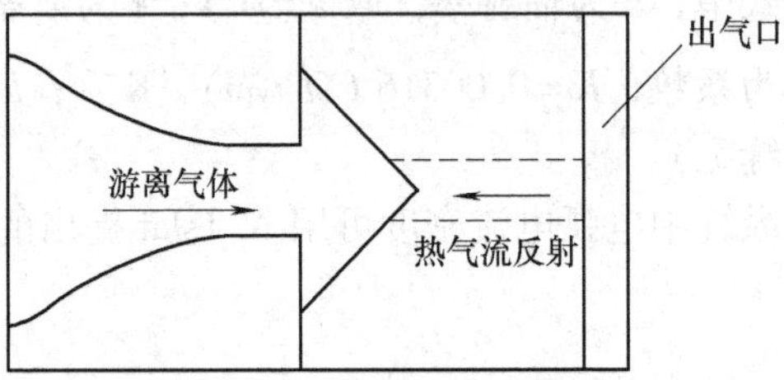

图5-25　具有收缩型跑弧道的灭弧室

（2）采用带有产气材料夹层的栅片灭弧室。即在金属栅片的两侧加上部分产气材料夹层，这样电弧在进入栅片灭弧室前先和产气材料接触，分解出大量含氢气体，这种气体可以冷却电弧，从而有利于熄弧。但产气材料不能过密，否则容易造成气流的阻塞。

（3）在断路器的灭弧室的外端设置热气流吸收装置或排气孔，可以较好地排出热气流而不至于将它们反射回触头区域。为了防止电弧通过排气孔喷弧距离过大，可以在出口处加装金属网。

（4）设置气流循环系统。除了可以把一部分热气流缓冲或排出，也可以把另外一部分气流通过弧道壁传热和对流等作用降温后返回触头区域，同时可以减弱触头区域的重击穿现象。

金属栅片灭弧室广泛应用于低压开关电器中，但金属栅片中会存在一定的磁滞、涡流损耗等，栅片的间隙又小，不利于散热，容易引起灭弧室的温度升高，所以金属栅片灭弧装置一般不适合于操作频繁的场所。

纵缝灭弧室与金属栅片灭弧室均适合用于低压电器中，它们在性能上有一定差别。以图5-26为例，如果开断电流为600A，灭弧室尺寸 $b=2\text{mm}$，则由式（5-29）可得

$$j=9.79\text{A/mm}^2$$

根据已知的 j、I 和 b，求得薄片电弧的宽度

$$h=30.6\text{mm}$$

把 h、b 和 j 代入式（5-27）和式（5-28），可以求得

$$\sigma=9.128/(\Omega\cdot\text{mm})$$

$$E=1.07\text{V/mm}$$

已知灭弧室长度（电弧长度）为 $l=20\text{mm}$，则由式（5-26）可得电弧电压峰值

$$U_{\text{hm}}=2\times(1.07\times20+20)=82.8\text{V}$$

如果采用栅片灭弧室来灭弧，取栅片数为5，并取两种灭弧室的长度一样，均为20mm，保守估计分割电弧数为4，近极电压降 $\Delta U=20\text{V}$，则仅依靠短弧造成的电压降也可以达到

$$2\times(n+1)\Delta U=2\times(4+1)\times20=200\text{V}$$

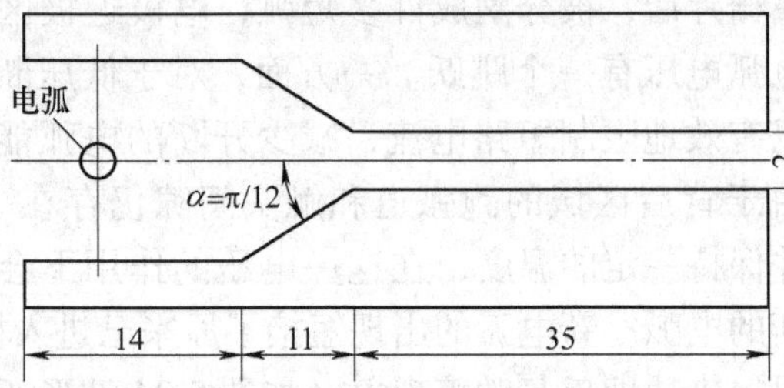

a) 纵缝灭弧室

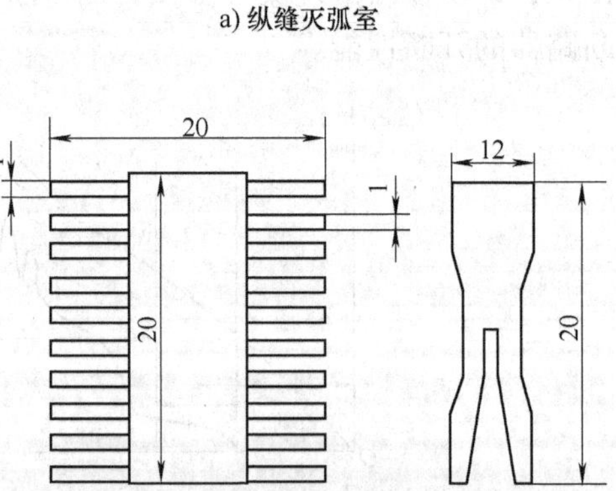

b) 金属栅片灭弧室

图5-26　两种灭弧室结构

因此在同样大小的灭弧室空间中，纵缝灭弧室的开断电弧电压比栅片灭弧室的要小许多，为获得较大的电弧电压，就必须增加灭弧室尺寸，应比栅片灭弧室尺寸大得多。但纵缝灭弧室的 E 值随分断电流的增加而增大，有利于提高其限流特性。另外，由于 PMMA 产气材料的存在，纵缝灭弧比栅片灭弧室有较好的抵抗背后击穿现象的能力，表现为电弧电压波形较为平滑。

5.3.5　固体产气灭弧装置

固体产气式绝缘材料（钢纸、有机玻璃、聚甲醛（POM）、尼龙等）在电弧的高温作用下能迅速汽化而产生大量的含氢气体，这些气体具有很好的导热性和冷却作用，并能有效提高灭弧室的介质恢复强度，所以比单单靠电弧加热空气产生的气吹灭弧效果要好得多。在相同条件下，产气材料更容易形成高的电弧电压和大的容器压力。利用产气材料形成的气吹与灭弧室结构（不同的结构，电弧与产气器壁接触程度不同）相关，也和灭弧室出气口形状相关。

这种灭弧室一般用于高、低压熔断器当中，其熔体制成宽窄不同的结构（如图 5-27 所示），当熔体熔断时，会在产气管内形成多段串联短弧（可以提供近极效应），同时结合大量的高压气体共同作用，促使电弧很快熄灭，有时甚至可以实现在电流尚未达到预期值之前就截流，提前分断电路，即有一定的限流作用。

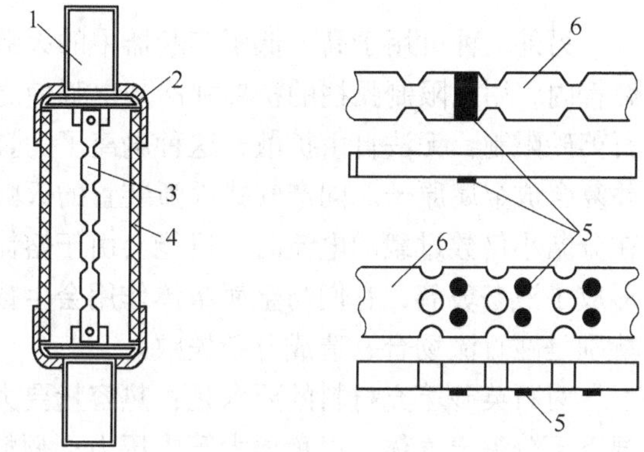

a) 熔断体典型结构　　b) 具有冶金效应的熔体

图 5-27　低压熔断器的结构

1—触刀　2—端帽　3—熔片　4—熔管

5—锡珠或锡桥　6—高熔点熔体

参考文献［11］对绝缘材料产气与灭弧室压力的关系进行了分析。设电弧在一长方体灭弧室内燃烧，灭弧室内壁由产气材料制作，如图 5-28 所示，该长方体截面积为 A，上部开口，则动量平衡为

$$\Delta p_h A \Delta t = mv \tag{5-30}$$

式中，Δp_h 为由于器壁产气引起灭弧室压力的增量，它是灭弧室压力与环境压力之差；m 为气体介质的质量；v 为气流的流速；A 为灭弧室出口处截面积；Δt 为时间增量。

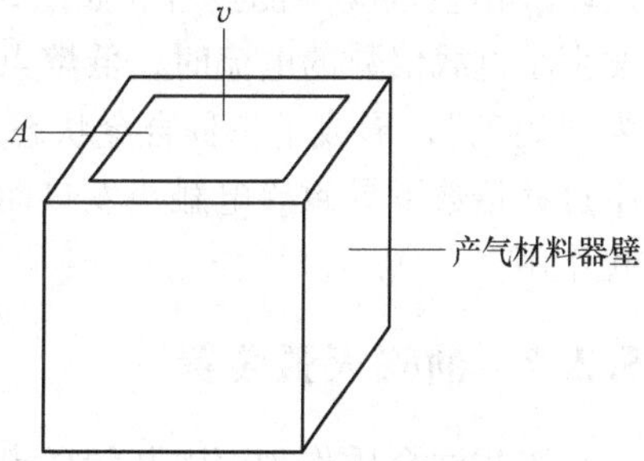

图 5-28　长方体灭弧室

假设出口处流速为声速 C，式（5-30）可改写成

$$\Delta p_h = \frac{m}{\Delta t}C/A = \frac{\Delta m}{\Delta t}C/A \tag{5-31}$$

式中，$\frac{\Delta m}{\Delta t}$为单位时间的流量。

设出口处产生的质量流是由于电弧侵蚀产气材料造成的，并认为电弧用于侵蚀材料消耗的功率为 $k_h u_h i$，其中 k_h 为侵蚀材料消耗功率占总的电弧功率的比例系数，则

$$h\frac{\Delta m}{\Delta t}=k_{\mathrm{h}}u_{\mathrm{h}}i \tag{5-32}$$

式中，h 为使质量 m 的产气材料汽化所需要的能量，这里用焓来表示。

把式（5-32）代入式（5-31），得

$$\Delta p_{\mathrm{h}}=\frac{k_{\mathrm{h}}u_{\mathrm{h}}iC}{hA} \tag{5-33}$$

式（5-33）表明，由电弧侵蚀材料在灭弧室内引起的压力增量 Δp_{h} 与电弧消耗在材料汽化上的功率成正比，与材料汽化所需的焓和出气口面积成反比。

5.3.6 石英砂灭弧装置

另外一种可用于高、低压熔断器中的灭弧装置是石英砂灭弧装置。它采用石英砂填充于熔管内，用以限制弧柱的扩展并冷却电弧使之熄灭。熔断器的熔体熔化后产生的金属蒸气被石英砂限制，无法自由扩散，这种电离了的金属蒸气扩散到石英砂的缝隙当中，得到了冷却并复合成金属原子。同产气式灭弧装置的灭弧原理较为相似，它也有着较好的限流作用。但在分断小倍数过载的电流时，可能会由于熔体稳态工作时的温度较高导致周围石英砂熔解，形成了液态玻璃，它们与金属熔体作用会生成绝缘特性较差的硅酸盐，从而发生稳定燃弧，特别是在直流场合，造成分断失败。

对石英砂填充材料的要求是：热容量要大，能吸收较多的电弧能量，促进电弧冷却；高温下不分解出气体，以免增大管中压力；颗粒要适当，且不含铁等金属或有机物质。填料在填装前必须要除铁、清洗和干燥处理，填充密度也要合理。填料除了石英砂（SiO_2）外，有时也用三氧化二铝（Al_2O_3）。

石英砂灭弧装置中熔体的材料分为低熔点和高熔点金属。低熔点材料一般有锡、锌、铅及其合金，主要用于小过载倍数的保护。高熔点材料多用铜、银、铝等材料，较适于大过载倍数（包括短路）的保护，其中银和铝可做成快速熔断器。

为了充分利用高熔点金属和低熔点金属的优点，克服它们的缺点，在熔断器的生产中常采取“冶金效应”的技术。如图5-27所示，在高熔点金属的局部区域焊上低熔的金属，当发生小过载倍数的电流时，低熔点金属先熔化，并在高熔点金属表面形成了液态包围，称之为“熔剂”，形成了一种合金状态，此状态比高熔点金属熔点低，较易于熔断，因此解决了小过载倍数下导致导电触头发热而不熔断的问题。而在开断短路电流时，无需“冶金效应”起作用。

5.3.7 油吹灭弧装置

采用油介质作为灭弧装置的断路器始用于1893年（美国），到如今它已经经历了从多油到少油的发展阶段，并逐步被 SF_6、真空等断路器所替代。当电弧在封闭的油中燃烧时，会使油受热分解，气泡中含有大量的副产物。其中油蒸气大约占40%，其他气体占60%，这其中70%～80%是氢气，乙炔占15%～20%，甲烷、乙烯等占5%～10%。氢气具有高导热性和低黏度，对电弧有着很好的冷却作用。大量油气泡的产生一方面可以实现对流散热，还会形成高压油气，对电弧有很好的吹弧作用；另一方面，气泡会把热量带出油体，排出油箱。所以也称此种方式的油吹灭弧为自能式的油吹灭弧装置。

随着油吹灭弧室被应用于高压大容量领域中，仅靠简单的油吹已经不够了，还要结合一些特殊的油吹结构来实现油吹灭弧。这些油吹结构基本上分为横吹、纵吹、纵横吹和环吹（需附加外能吹弧装置）四种，它们有时同时应用于油吹灭弧室中。它对大、中、小电流电弧均可以快速熄弧，具有较好的灭弧特性。这种灭弧室具有以下特点：

（1）采用逆弧原理。在灭弧过程中，电弧分解和汽化的油气上升，而动触头和导电杆却向下运动。这样既便于将带电质点排出弧道，又能使动触头端部的电弧不断与新鲜的油接触，有利于冷却电弧，使之熄灭。

（2）能开断规定的大、中、小电流，在电弧电流的大、小不同时，纵横吹所起的作用也不同。

解释上述两个特点可以从其灭弧室结构（见图5-29）和工作过程来分析。

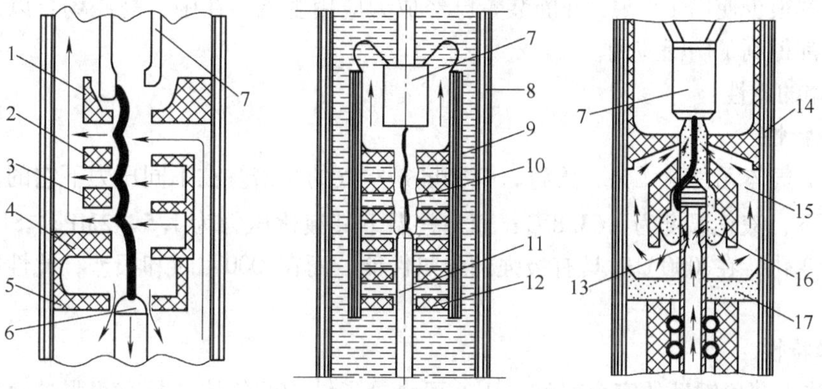

a) 纵横吹灭弧室　　b) 纵吹灭弧室　　c) 环吹灭弧室

图5-29　油吹灭弧室结构示意图

1～5—隔弧板　6—动触头　7—静触头　8—外绝缘筒　9—内绝缘筒　10—电弧　11—导电杆　12—灭弧片　13—管状动触头　14—绝缘端头　15—环型喷口　16—高压力气泡　17—中间隔板

1）纵横吹灭弧室。如图5-29a所示，它对大、中、小电流形成的电弧均能有效地熄灭。开断大电流时，由于电弧能量很大，自能式灭弧方式使得往往在第1、2横向喷口处即能有效熄灭电弧。开断中电流时，可能会用到第三个横向喷口的吹流才会熄灭电弧。而在开断小电流时，电弧能量较小，产气量较小，产生的压力较低，无法对电弧在横向喷口处形成强烈的吹弧气流，造成熄灭小电流反而困难的情况，此时需要借助下部喷口处的纵吹作用才能熄弧，这就是纵横吹灭弧室的工作原理。

2）纵吹灭弧室。如图5-29b所示，这是35kV少油断路器的纵吹灭弧室结构。它由六块灭弧隔板组成，各片间隔开一定距离形成油囊，且各片中间开一圆孔以便动触头上下运动。灭弧室上部为梅花式静触头，导电杆带动动触头向下运动。触头分开后产生电弧，电弧使得弧道旁的封闭油囊内的油分解和蒸发产生大量高压气体。随着动触头向下运动，高压气体通过灭弧板中间的圆孔向上对电弧进行纵向吹弧，待动、静触头的间距足够长时，电弧得到了熄灭。

3）环吹灭弧室。如图5-29c所示，动触头埋在油腔内的帽状绝缘喷口内部，动触头的内腔是空心的，在靠近上部侧面有小孔，顶端是高耐弧绝缘材料（绝缘头），可以用来阻塞弧道。当开断大电流时，动触头脱离开静触头向下运动，运动到帽状喷口内时，电弧通过它们之间的缝隙继续燃烧。在缝隙下部的电弧将油汽化和分解，形成气泡，提高了下腔中的气压，此压力便通过如图所示的环形方向对上部电弧四面吹弧，将电弧向中心压缩，以促使电弧熄灭。另外，在开断小电流时，由动触头的运动导致其内腔中的油被向下挤压，使得油从上部侧孔挤出，帮助增大下腔压力以促进熄弧。

5.3.8 压缩气体灭弧装置

在高压电器中，常使用高压压缩气体来作为灭弧区的灭弧和绝缘介质，一方面，高的大气压可以提升击穿电压值，另一方面，可以利用管道、气缸等预储气体装置在产生开断电弧时对电弧进行猛烈吹弧，带走电弧能量而熄灭电弧。压缩气体主要分为空气和 SF_6 两种（近年来也有混合 N_2 使用的，也有研究用 CO_2 来代替 SF_6 的），但由于种种原因，压缩空气式开断装置基本很少使用了，SF_6 开断装置已经成为应用主流，在中、高压场合以及全封闭组合电器当中都得到了广泛应用。

SF_6 气体的特性：

1. 物理特性

纯的 SF_6 气体无色、无味、无毒，其密度是空气的 5 倍。在不同压力下它的液化温度不同。在常压下，液化温度为 -63.8℃；而在常温下其液化压力为 1.5 ~ 2MPa。SF_6 气体的热导率随温度变化，在2000℃时具有极强的导热性能，而在5000℃时却很差，此性能较适合电弧的熄灭。

2. 化学特性

SF_6 气体为共价键型的完全对称、正八面全分子结构的气体，具有很强的负电性，极为稳定。它不溶于水和变压器油，也不与氧气、氢气、铝等其他许多物质发生作用，其热稳定性很好，在 150 ~ 200℃以上才开始分解。在电弧的高温下，少量 SF_6 气体分解产生的 SOF_2、SOF_4 及 SO_2F_2 等化合物是有毒的。SF_6 气体会与水发生反应，产生腐蚀性物质。在 SF_6 开关装置中，经常要监测水气的含量以保证正常的灭弧特性。

3. 绝缘特性

SF_6 气体具有优良的绝缘特性，压力越高，绝缘性能越好。在均匀电场中，它的绝缘强度是空气的 2 ~ 3 倍。由于自身的负电性，能够较容易地吸附电子而形成负离子，这种负离子直径较大，在电场中运动较慢，不容易产生碰撞击穿，有利于消电离。

4. 灭弧特性

SF_6 具有很强的灭弧能力，在自由开断情况下，其灭弧能力比空气大 100 倍，它主要具有以下有利于灭弧的特性：

1）散热能力强，它的散热主要靠对流和热传导。另外，它的热导率比氮和氢都要大许多。

2）电弧电压降小且弧柱细，在高温（5000℃）时，电弧内部热电离充分，电导率高，电弧电压降小。同时，其电弧的电压梯度较小，所以在开断相同电流时，电弧能量比空气等要小，易于熄灭。在较低温度时（2000℃），热导率很高导致弧柱较细，所含热量小，也是对熄弧有利的。

3）SF_6 气体的负电性对电弧电流过零后的消电离极为有利，它形成的离子的运动速度减慢导致电导率下降，介质恢复速度较快，有利于熄弧。

SF_6 气体灭弧装置用于开关设备上。一般有双压式、单压式、旋弧式和自能式四种。

双压式 SF_6 断路器开始于1959年（美国西屋公司首先使用），当时高压力区为1.5MPa，低压力区为0.3MPa，两种压力主要是用来保证灭弧室的绝缘特性。在断口开断时，随着气流从高压区流向低压区而熄弧，所以称之为双压式。双压式的缺点是结构复杂且容量低，并且需要安装压缩机，现在基本被淘汰。

图5-30a是一种单压式灭弧结构示意图，它的静触头固定在灭弧装置的上部，棒状动触头和耐弧绝缘材料制成的喷口以及压气罩在机械上固定在一起。压气罩内有固定的活塞，当开断电路时，动触头连同喷口、压气罩一起向下运动，在静触头退出喷口之前，压力升高，而在退出喷口后，高压气流向上冲出喷口，形成纵吹，熄灭电弧。

图5-30b是一种单压旋弧式灭弧结构示意图，它的静触头也是固定在上部的静触头座上，静触头下部有一个金属筒，外面缠绕着线圈，线圈的上部与静触头座相连，下端与金属筒相连。当开断电路时，动触头向下运动，当动触头脱离静触头后，电弧便在动触头和金属筒之间产生了，此时线圈被串联进电路，线圈中便产生了磁场，此磁场促使电弧在动触头和金属筒之间旋转，受到强烈的冷却，有利于电弧熄灭。

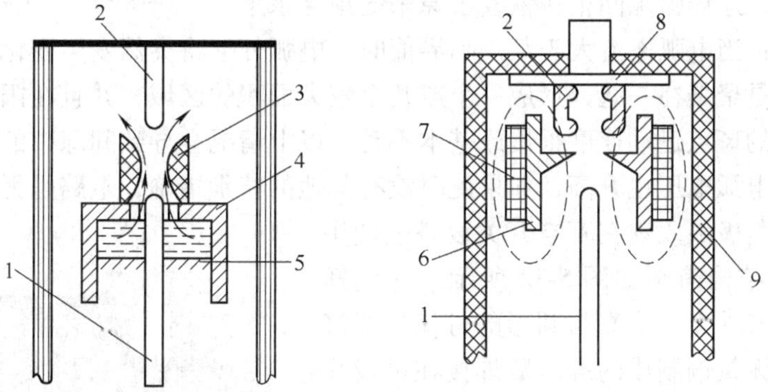

a) 压气式　　b) 旋弧式

图5-30　SF_6 气体灭弧室结构

1—动触头　2—静触头　3—绝缘喷口　4—压气罩　5—固定活塞
6—金属圆筒　7—线圈　8—静触头座　9—绝缘筒

20世纪80年代后期，人们利用现代分析和诊断技术，研究气流场和灭弧结构，推出一种崭新的自能式灭弧原理，它利用电弧本身能量加热 SF_6 气体，建立高压力，形成压力差，通过高压力 SF_6 热膨胀而达到熄灭电弧的目的，不需要操动机构提供压缩功，大大简化了结构。近年来出现的 SF_6 断路器多采用混合灭弧原理，即用热膨胀+助吹等提高灭弧效能和断路器性能。热膨胀+助吹有效地解决了开断大电流与小电流的矛盾。

5.3.9　真空灭弧装置

真空灭弧装置以真空介质作为绝缘和灭弧手段。在开断电路时，在断口间发生介质的击穿必须通过电子碰撞气体粒子使之电离出现更多的电子才能实现，当电流过零后，弧隙中带电粒子的多少也是弧隙是否能重燃的重要因素。因此，在高真空度（$>10^{-4}$Pa）下，基本上气体粒子很少，所以它们的碰撞几率也很小，这样便会提高灭弧室的绝缘水平，也不利于电弧的零后重燃。在真空中间隙为1mm时，其直流耐压强度最高可达45kV。而真空当中的电弧燃烧主要是触头金属蒸气形成的，其量较小，若设计合理，扩散度好，那么真空灭弧室的熄弧能力就越强。

真空电弧产生以后，即受到自身产生的磁场等因素作用而在触头间形成不同的形态。可以把它们分为扩散型电弧和聚集型电弧。

扩散型电弧： 通常发生在电流较小的情况下，此时产生的电弧只有一个阴极斑点，并且存在着一个弧柱，弧柱的形状是一个倒锥形，锥底在阴极上（见图5-31）。随着电流的不断增大，电弧会分裂成很多个并联的支弧，它们都有自身的阴极斑点和锥体，这些支弧的斑点在阴极上不断地相互排斥而向电极边缘移动，最后熄灭，而中间又会分裂出新的支弧，这种移动形态称为扩散型电弧。扩散型电弧可以使触头表面的温度比较均匀，平均温度较低。阴极斑点的数目在电流过零时减少并消失，金属蒸气向屏蔽罩和触头上扩散，这样弧隙间很快恢复了原来的绝缘水平。

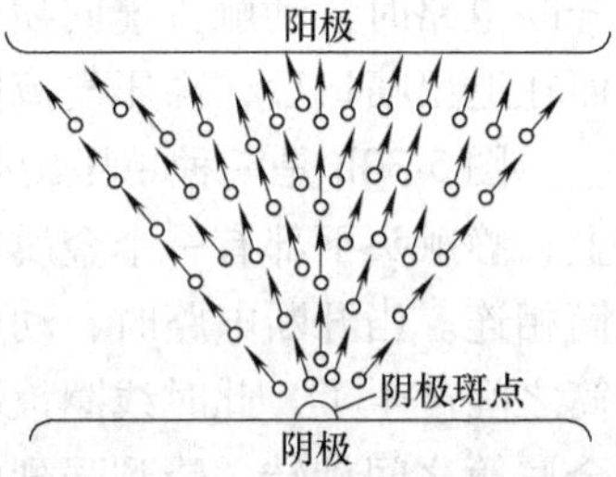

图5-31 单个阴极斑点及电弧外形

聚集型电弧： 当电弧电流大于某一临界值时，电弧外形将突然发生变化，阴极斑点不再向四周扩散，而是聚集在一起，形成一个或几个较大面积的区域，并且在阳极上开始出现阳极斑点。聚集后的斑点运动速度很慢或基本不动。以上情况会导致间隙中的金属蒸气和等离子体密度激增，电弧电压也升高，如果此时没有其他的特别措施，电路是无法开断的，说明它已经达到了开断极限。现在真空开关设备上使用的真空灭弧室的结构简图如图5-32所示。它包括两段圆筒形的玻璃外壳，依靠与圆形的可伐片焊接而成一整体。用无氧铜制成的屏蔽罩焊接在可伐片上。圆盘状的动触头和静触头安装在屏蔽罩的内部，静触头的导电杆与灭弧装置右端的法兰盘焊接在一起。动触头固定在导电杆上。屏蔽罩在电气上与动、静触头没有任何连接，处于悬浮电位状态，它的主要作用是冷凝和吸附燃弧时产生的金属蒸气和带电粒子，以增大开断能力，同时保护外壳的内表面，使之不受污染，确保内部的绝缘强度。同样，波纹管的外面也包围有一圈屏蔽罩，用来防止金属蒸气凝结其上。波纹管焊接在动触头上，它随动触头的动作而动作，具有一定的弹性，可以防止漏气，保证真空灭弧室的机械寿命。

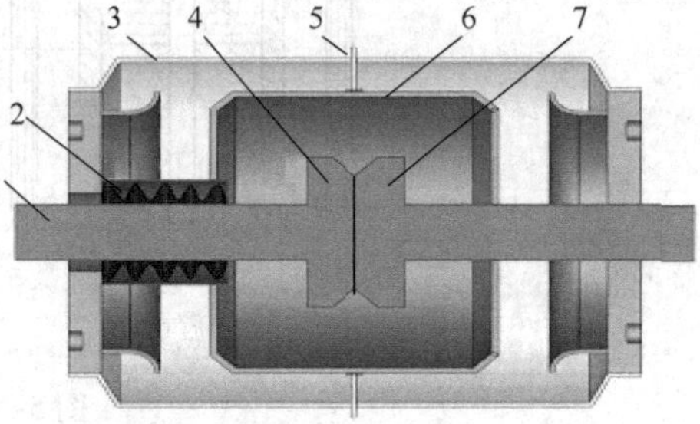

图5-32 真空灭弧室的结构简图

1—动导电杆 2—波纹管 3—外壳 4—动触头 5—可伐合金环 6—屏蔽罩 7—静触头

真空灭弧室灭弧时需要电弧在自身电流产生的磁场的磁吹下吹动电弧来实现消电离。因此，真空灭弧室的触头需要做成不同形状以形成磁场，主要有横向磁场（见图5-33）和纵向磁场（见图5-34）两种情况。横磁吹触头的中间有一突起圆环，圆盘上开有三条螺旋槽，从圆环外周一直延伸到触头外缘，当触头闭合时，只有圆环部分接触。在触头分离时，在圆环上产生电弧，由于电流线在圆环处有拐弯，在弧柱部分产生与弧柱垂直的横向磁场。它将驱动电弧顺着开槽后的触头路径跑向触头边缘，作高速的圆周运动，从而促使电弧熄灭。此种磁吹方式可以开断40～60kA的电流。

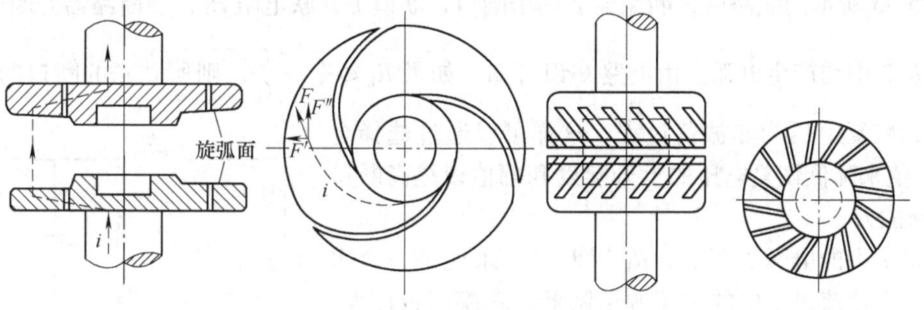

图5-33　横磁吹触头结构

另外一种杯状横磁吹触头，它在动、静触头上开了许多斜槽，且方向相反，形成了一对对的触指状接触。在触头分离产生电弧时，便会形成横向磁场，驱使真空电弧在杯壁的端面上运动。而在开断大电流时，每一对触指上燃烧着一个聚集型电弧，这样在触头上分布着许多条聚集型电弧，称为半聚集型真空电弧，它也是有利于熄弧的。其开断能力要比槽形横磁吹触头大，寿命也长些。

纵磁吹触头结构如图5-34所示。在触头的背面安装有电流线圈，产生与电弧成比例的纵向磁场。电流从中心导电杆流入，分成四部分由线圈中心沿径向向外部分流，在边缘处经过圆弧状线圈流入触头表面。流经圆弧部的电流会产生与电弧轴线平行的纵向磁场。这种磁吹方式可以开断200kA/10kV的电流。

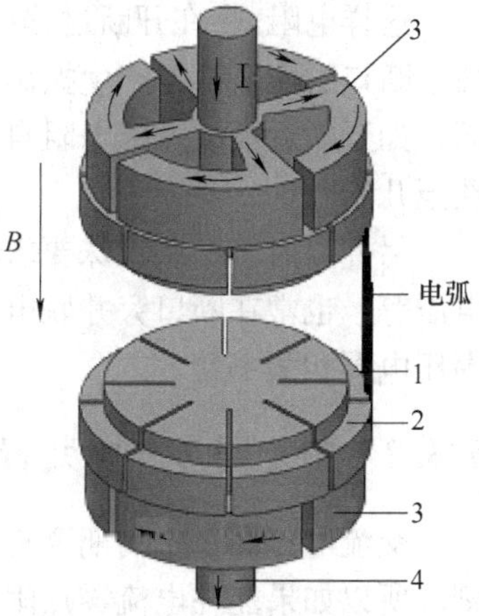

图5-34　纵磁吹触头结构

1—触头　2—电极

3—磁吹线圈　4—导电杆

在真空灭弧室当中，当开断交流电路，被开断的电流瞬时值减小到某一数值时，扩散型真空电弧会发生电流突然被截断的现象。这样，在开断电感性负载电流时，弧隙上将产生很高的过电压，这也曾经是阻碍真空断路器发展的主要因素。经过大量的科学研究，发现截流值的大小与触头材料的选取有很大关系，后来采用铜铬合金、铜铋铈、铜铋银等多元合金做触头材料，截流现象得到了很大改善。

真空灭弧室的优点在于它的体积小，操作功小，维修工作量小。没有污染，易于频繁操作，开关寿命长，易用于矿井下作防爆电器等。

5.4　提高灭弧装置开断能力的辅助方法

除了上一节所讲到的灭弧装置，实际上一些辅助灭弧方式也被用来提高灭弧装置的开断能力。

5.4.1　弧隙两端并联低值电阻

图 5-35 所示的线路中，断路器有两个断口，断口 1 并联电阻 R_b，当断路器开断电流时，断口 1 及 2 中均产生电弧。由电路知识可知，如果 $R_b \leqslant \frac{1}{2}\sqrt{\frac{L}{C}}$，则所并联的断口的开断过程中暂态恢复电压为非振荡过程。这样可以通过选择合适的 R_b 值来降低恢复电压的上升陡度和幅值以提高断口 1 的开断能力。

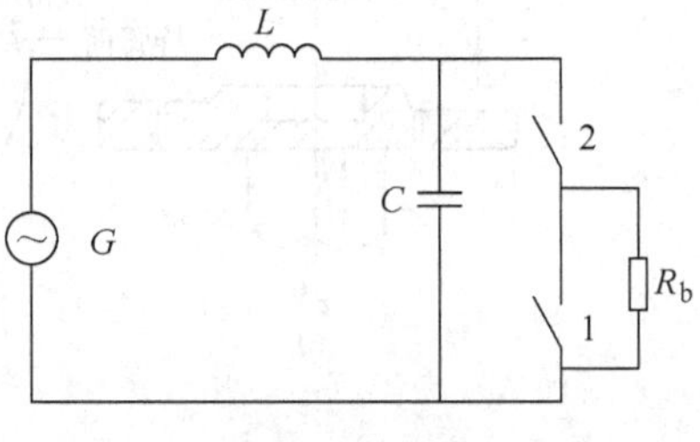

图 5-35　并联低值电阻提高开断能力

断口 1 中的电弧熄灭后，R_b 对断口 2 来说是一个串联电阻，它使流过 2 中的电流幅值降低，功率因数加大，工频恢复电压降低，提高了灭弧能力。如果 $R_b \geqslant \frac{1}{2}\sqrt{\frac{L}{C}}$，则断口 2 在灭弧时的暂态恢复电压也是非振荡过程。

这样电阻 R_b 在开断过程中先与断口 1 并联，后与断口 2 串联，由上面分析可知，要使两个断口的恢复都不产生振荡是相互矛盾的，无法同时满足。但并联电阻还要考虑到其他方面，如开断近极故障、电阻自身的热容及尺寸等，一般用于提高开断能力的并联电阻多为几欧至几十欧。

另外，对于一些特殊要求场合，比如开断感性小电流，开断容性电流，用来限制合闸过电压等，也常在断口旁并联电阻，它们的阻值从较小到很大，取值不同，相关内容可以查阅高压电器相关书籍。

5.4.2　附加同步开断装置

交流电流在每个周期要有两次过零，而过零点是电力开关开断电路、熄灭电弧的最佳时刻。所以如果能在电流零点附近高速地打开断路器的触头达到一定的开距，就使得断路器的断口能够承受恢复电压而不致发生间隙击穿，此时弧隙中承受的燃弧时间将会很短，以至于间隙中热游离因素较少，弧隙将不会发生热击穿。这种开断方式叫做同步开断。

影响同步开断的主要技术因素有以下几方面：

（1）要有动作分散性很小的操动机构来操动动触头的动作，以保证在触头打开的合适时刻电流正好过零。

（2）操动机构要有足够高的起始分闸速度，使动触头在极短的时间内达到可靠熄弧的开距。

（3）过零点的可靠检测及触发信号的适时给出。尤其在短路发生后，电流由两部分分量组成，电流分为大、小半波，此时对于过零点的检测会产生一定的难度。

传统的液压、气动、弹簧等操动机构的分散性相对较大，近年来发展的永磁操动机构、斥力操动机构以及基于安培力的磁力操动机构等很好地实现了动作的精准性，它们采用电操作的可调性，可以实现动作过程的实时跟踪和调节，从而保证了过零时刻的开距要求和分断速度。对于真空断路器来说，可能会在电流的首次过零即实现同步开断，而在长行程的高压气体断路器中，可能会在第二个甚至是第三个过零点处实现同步开断。

图 5-36 所示是一种用于中低压领域同步开关（图中的开关叫做基于高速斥力机构的真

空接触器）的原理结构图。它采用真空灭弧室以及高速斥力机构组成。斥力机构是通过电容器对线圈脉冲放电，导致其邻近的非导磁金属铜盘中产生涡流斥力这一工作原理动作的。饱和式互感器TA的一次绕组为开断电路，当一次电流瞬时值较大时，互感器铁心饱和，二次侧几乎没有电流输出。只有当一次电流瞬时值减小到某一数值时，铁心退出饱和，二次绕组中才会出现与一次电流成比例的电流，此时启动触发装置，使得电容对线圈放电。或者二次电流由采集系统采集、比较、判断，然后触发半导体，使电容对线圈放电，导致铜盘瞬间与线圈间产生斥力而高速运动（其触动时间一般小于300μs），在一次电流过零时开断电路，从而实现了同步开断。

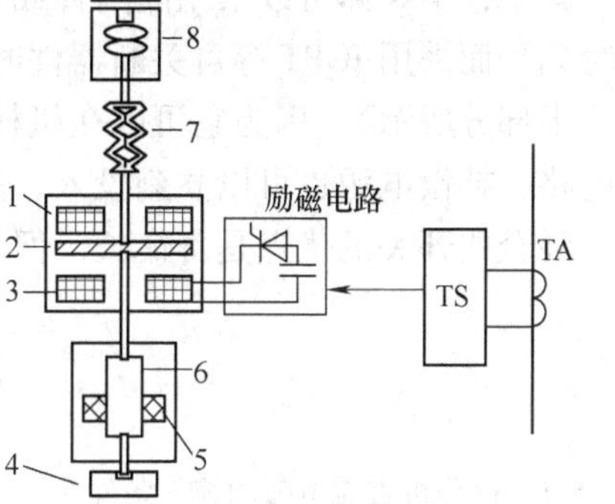

图5-36 同步开关的原理结构图

1—分闸线圈 2—铜盘 3—合闸线圈 4—缓冲装置 5—永磁体 6—铁心 7—绝缘支柱 8—真空灭弧室

5.4.3 机械与半导体混合式开关

机械式开关也叫有触点开关（例如图5-36中的真空开关），它的优点在于通流能力强，工作可靠，不易损坏等。而缺点在于它在接通时容易产生预击穿，而在分断时会产生电弧而烧蚀触头。半导体开关也叫无触点开关，其优点在于可控触发，触发能量小，导通速度快，接通和分断电路时不会产生电弧。而缺点在于通流、耐压能力小，工作时有损耗，易发热，易损坏等。所以一种混合式的开关近年来得到了较多应用，其主要应用于低压领域。

图5-37所示是一种接触器触点与半导体并联工作的混合式开关的原理图（见图中上半部分）。电路中高速接触器采用如图5-36中的高速斥力真空接触器，在电路断开时，半导体无触发信号，工作在截止状态。当需要关合电路时，给半导体触发信号，使之先导通，待真空接触器触点完全闭合后，半导体即被短接，两端不承受电压，同时去掉门极信号，半导体不会导通，则混合开关工作在机械触点情况下。而在分断电路时，先打开真空接触器，此时电流被转移到半导体回路，控制系统已经预先在半导体上加上门极触发信号，使半导体预先导通，电流被转移到半导体回路的短暂延时后，去掉门极信号，半导体截止。这样就实现了在分断电路时的无弧分断。

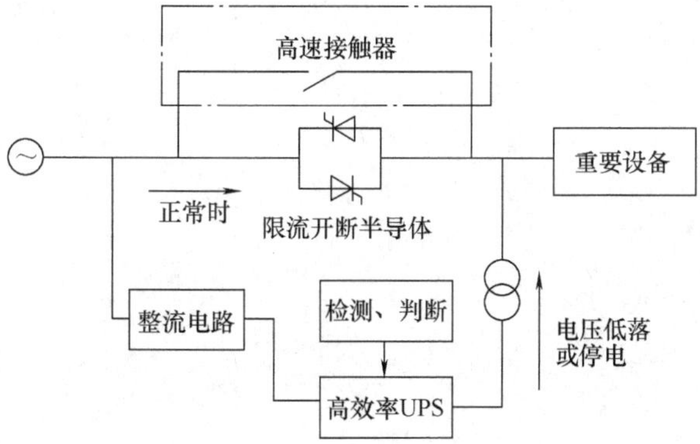

图5-37 混合式开关原理图

其中，半导体可以采用晶闸管或者 IGBT 等。采用晶闸管，电路分断时刻为交流自然过零时刻。而采用 IGBT 等可关断器件时，此电路可以用来作为电压瞬时低落补偿装置（如图中下半部分所示），因为它可以在机械触点断开后不久就可以应用 IGBT 配合续流电路来开断电路，补偿电源也可以立刻投入，而不必等到电流零点。

混合式开关的优点是寿命长，但是成本较高，因此还没有大量普及。

思考题与习题

5-1 试分析直流电弧的熄灭条件。

5-2 熄灭直流电弧有哪些方法？

5-3 什么是截流，有什么危害？

5-4 什么是燃弧时间，其时间长短对开关设备有何影响？

5-5 交流电弧的熄灭条件是什么？

5-6 弧后残余电阻对介质恢复特性和电压恢复特性分别有何影响？

5-7 试述开关设备中都有哪些灭弧装置？

5-8 磁吹在开关开断时起什么作用？其方向如何判定？

5-9 栅片灭弧装置的工作原理是什么？什么是背后击穿现象？

5-10 固体产气式和石英砂式灭弧装置有什么相同点和不同点？

5-11 为什么称油灭弧装置为逆弧式灭弧？其弧道旁的油囊起什么作用？

5-12 为什么说 SF_6 气体具有很好的灭弧特性？

5-13 真空灭弧室中屏蔽罩和波纹管分别起什么作用？

5-14 影响同步开断的主要技术因素有哪些？

5-15 试述混合式开关的工作原理。

5-16 一直流含电感电路的电源电压 $E=220\text{V}$、负载电阻 $R=6\Omega$，电弧的伏安特性见表 5-1。

U_h/V	220	180	158	132	106	94	86	79	75
i_h/A	1	2	3	5	10	15	20	30	40

试计算出稳定燃弧时电弧电流 i_h 有多大？如果想熄灭电弧，电路中应至少串入多大的附加电阻？

第 6 章　开关电弧数学模型

6.1　电弧模型概述

在电器开关领域研究电弧的目的，不在于如何利用电弧稳定燃烧的特性为生产服务，而在于采取有效的熄弧措施使其存在的时间尽量缩短，以减轻其危害。所谓电弧数学模型，就是人们希望能从理论上采用数学公式来描述电弧各个参数之间的关系，为此而建立电弧的物理数学描述。在不同的开关电器中，电弧所处的条件也不相同。从对开关电器的研究开始，国内外学者就探究如何建立电弧模型，研究电弧在发生、发展直至熄灭的整个过程中，所存在的电、磁、热、机等多物理场之间相互作用的复杂的动态变化过程。

CAD \ CAE \ CAM 是实现现代电器设计的有效途径之一。研究开关电器的开断过程，有必要从电弧数学模型的研究入手。电弧从微观看是伴随着大量的电离和消电离物理、化学过程的粒子团。在电弧的整个燃烧过程中，进行着大量的电离和消电离、扩散和复合的过程，且伴随着复杂的光、热和能量的传递。宏观看是一质量轻、极易变形的气体导电通道。

目前的电弧模型主要是建立在许多假设条件的基础上，通过对多物理现象的理论推导和仿真而得到。电弧的数学模型可分为两大类，一类为黑盒模型（Black-Box Model）：它抛开电弧内部复杂的物理过程，只研究电弧的外部特性，即弧压与电弧电流关系的宏观研究。另一类为物理数学模型（Physical-Mathematical Model）：它以电弧存在的整个过程中出现的物理现象为基础进行深入的研究，并尽可能地应用数学方法加以描述，形成可进行数学求解的方程式，对能量转换有更精确的描述。

最早的电弧模型是 1939 年由克西（Cassie）和 1943 年由麦也尔（Mayr）提出的两个著名的电弧模型。这两种电弧模型均以能量守恒方程为基础，认为电弧是一可变的电阻，在电弧形状为圆柱形的假设条件下，对电弧进行宏观研究，基本上属于黑盒模型。因为它们数学上简单，所以 Cassie 和 Mayr 模型曾在断路器的设计中得到广泛应用。尽管早在 20 世纪 30 年代，电弧模型的理论研究已经开始，然而，由于计算技术的局限性，当时的工作只是定性研究，很难进行计算分析。自 20 世纪 70 年代以来，随着计算技术的发展以及对电弧等离子体物理的深入研究，电弧模型的研究也进入了新的发展时期，由原来粗浅的假设和简单的试验分析进入到对电弧特性的深入研究，使得电弧模型不再完全依赖于试验结果，而是利用计算机技术，对质量守恒方程、动量守恒方程及欧姆定律进行求解。虽然所提出的电弧模型通常建立在关于温度、速度、传导的能量传输过程的基础上，但电弧模型的建立仍依赖于大量的假设，如假设电弧在气流流道中主要与轴线平行等。这一时期具有代表性的研究成果有 Leslie S. Frost，M. D. Cowley，Swanson B W，Hermann W，J. J. Lowke，M. T. C. Fang 等学者提出的一维模型。

Leslie S. Frost 于 1971 年提出了简化的焓流数学模型，认为弧柱是一具有电弧能量加热和气体膨胀流加速的等离子体发生器，假设电弧能量均通过轴向流动气流，电弧通道温度恒定，忽略径向热传导，气流是在电弧长度范围内轴向压力梯度近似不变的喷口区域中的流动。M. D. Cowley 于 1974 年提出采用边界层积分方法，将电弧守恒方程的积分形式与外部气流方程统一表达以分析电弧。在后续的论文中，Chan 等拓展了 M. D. Cowley 的公式，弧芯包含了能量积分方程。J. J. Lowke 于 1975 年提出了强制对流稳定的大电流电弧的简单通道模型，模型假定电弧沿半径方向温度均匀分布，在给定气压下，每立方厘米的辐射损耗由净发射系数决定。Hermann W 于 1977 年提出了超音速强气流大电流稳定电弧的模型，模型中假设电弧沿轴向均匀分布，电弧只有径向的温度梯度。Swanson B W 于 1977 年提出了应用边界层理论考虑湍流的喷口电弧一阶积分模型。

可见，这一时期的电弧模型的特点是：各模型均将电弧简化为空间一维下的时间特性，假设电弧温度均匀或沿径向按一定的规律变化，而后沿此方向积分，得到各状态变量沿轴向随时间变化的情况。虽然模型简单，使用方便，但对于电弧的模拟存在诸多人为假定的因素。在最简化的阶段，广泛采用基于一些特殊的假设和自由系数的黑盒子模型。有的模型研究虽是基于能量守恒方程的基础上，但对于这些联立的高度非线性偏微分方程难以进行求解。由于当时的数值计算条件的限制，很难对电弧模型进行数值模拟。不过这些模型当时已经被用于空气断路器中，并借助于大量的短路测试结果，进行电弧特性等的有限预测。

20 世纪 70 ~ 80 年代，由于断路器的发展，以质量守恒定律、动量守恒定律、能量守恒定律、气体状态方程及欧姆定律为基础的物理数学模型得到了较快发展，出现了一系列用于不同情况下的一维电弧模型。20 世纪 80 年代后期，随着计算机数值计算的快速发展和对电弧理论过程认识的深入，出现了一系列的二维电弧模型，通过求解非定常或定常流体的二维欧拉方程组，研究电流过零后弧隙介质恢复强度，反映电弧等离子区的能量转换过程。电弧电流过零后介质恢复特性的研究基本上是从这一时期的电弧模型的建立而开始展开具体工作的。这一时期具有代表性的研究成果有 K. Ragaller，Schade. E，J. J. Lowke，Kuwahara H，Ikeda H，R. R. Mitchell，Zhang J F 和 M. T. C. Fang，Yanabu 等学者提出的模型。

K. Ragaller 与其合作者在模型断路器上获得了详细的介质恢复特性的实验和理论研究成果。他们在二维非定常电弧模型的基础上，应用流柱理论研究了稳态轴向气吹电弧零后介质恢复特性。Mitchell 提出了新的二维层流模型，对电弧电流零后介质恢复特性进行了分析。并在后续的研究中指出应用流柱理论的计算结果与介质恢复过程的前两个阶段（“快—慢”）的实验结果能很好地相符，但不能准确模拟最后“快”的阶段，不能说明此阶段试验数据的分散性。并提出了“临界容积”的概念，提出如果电流过零后残留热气体的容积小于“临界容积”（$1mm^3$），热气体的容积内将不含有自由电子，击穿将被抑制，导致介质恢复最后“快”的阶段。

这一时期电弧模型的主要特点是：从空间一维电弧发展到空间二维电弧模型，是有关断路器开断过程研究的一次飞跃，与以往的一维模型相比，减少了过多的假设，但由于这些模型建立于比较理想的灭弧室简化结构，多是对欧拉方程组进行求解，电弧的散热方式为简单的对流与辐射，没有充分考虑热传导及流体的黏性、具体流路结构以及电弧对气流特性的影响等。

进入 20 世纪 90 年代后，电弧模型研究的重点转向实际断路器灭弧室的数值模拟和相应的试验研究。如 Jiu Duan Yan 和 M. T. C. Fang 等应用简化一维电弧模型对自膨胀断路器内部电弧进行模拟，考虑了电磁力、径向能量传输以及湍流的影响。采用一维简化电弧模型的最大优点是节省计算时间，用以预测设计参数的变化趋势。在后续的研究工作中，Jiu Duan Yan 和 M. T. C. Fang 等又应用商用软件包对自膨胀式断路器气流场进行了数值求解，对粘性项以及湍流模型的选取进行了探讨。J. C. Verite 和 T. Boucher 等提出在电弧模型的建立中，建立了考虑到 Laplace 力对气流作用的电弧模型，采用有限差分法进行了气流场求解，分析了 Laplace 力对高速气流的影响，得出了旋弧断路器的速度分布、马赫分布以及温度分布。其中，流体力学方程包括：质量守恒、动量守恒、能量守恒方程、电磁学方程。其电磁方程为法拉第定律、准静态场中的安培定理、电流连续方程和欧姆定律。此后，J. C. Verite 和 T. Boucher 等又提出将物理电弧模型与外部电路模型组合的电弧模型。Grega Bizjak 和 Peter Zunko 等提出了基于 Cassie 和 Mayr 模型的差分电弧方程，对电流开断进行模拟，但该模型的不足之处是在电流过零附近的电弧模拟受到限制。J. Y. Trepanier 和 X. D. Zhang 等提出了基于轴对称形式的欧拉方程与欧姆热及流体中热辐射交换相结合的物理电弧模型，采用有限体积法进行气流场求解，考虑了黏性项的作用，但没有计及湍流的影响。

这一时期电弧模型的研究工作是在前人研究的基础上，进行了基于定常欧拉方程组的灭弧室二维冷气流场的介质特性研究、简化电弧模型二维热气流场的计算、小容性电流气流场数值分析、电弧存在产生喷口堵塞的研究等。

6.2 气体介质电弧数学模型

6.2.1 气体介质电弧数学模型的分类

气体介质电弧主要是指在压缩空气中或 SF_6 气体中产生的电弧。SF_6 断路器在开断中所产生的电弧，其微观看是伴随着大量的电离和消电离物理、化学过程的粒子团。在电弧的整个燃烧过程中，进行着大量的游离和消游离、扩散和复合的过程，伴随着复杂的光、热和能量的传递。宏观看是一质量轻、极易变形的气体导电通道，电弧可认为是一存在于电极间动态变化的热流。由于 SF_6 断路器的电弧变化过程涉及物质的组成和物性变化、可压缩流体的流动、电磁场分布、能量的输运等，它受电场、磁场、气流场等共同作用和影响，是一个十分复杂的物理、化学过程，是一项难度很大的研究内容。这使得对高压断路器开断中最苛刻的短路开断情况下绝缘性能、介质恢复特性、开断性能的分析与研究受到限制。而对于断路器的短路开断性能的研究，又必须建立在对电弧模型的更真实的描述基础之上。

6.2.2 黑盒模型

电弧黑盒模型是描述在一个开断过程中，开断电弧与相应的电路之间的相互作用。电弧黑盒模型的基本目标是采用一个实验的电压和电流曲线以及一个已知的数学形式（微分方程式）来推导出这个实验的特殊的电弧数学模型。为此，数学模型可用于求解对于一个实验的极限值（以 $\frac{di}{dt}$ 或 $\frac{du}{dt}$ 表示），也可求得电路对此极限的影响，如并联电容、线路固有振荡的振幅等。

在20世纪70年代以后，随着计算机技术的发展，电弧黑盒模型取得显著的发展，很多学者发表了相关论文。大部分的黑盒模型与克西（Cassie）模型和麦也尔模型（Mayr）有关。如上所述，Cassie 和 Mayr 均是根据当时电弧物理过程的知识而建立的电弧数学模型。但两者都是将电弧当做一个二端元件即可变电阻，这也是黑盒模型所采用的方法。

由于测量装置的改进和计算机应用的发展，从 20 世纪 70 年代开始，国内外学者试图使电弧方程式适合实验结果，或者是修正方程式，或者是在严格形式的基础上确定新的电弧方程式。

黑盒模型通常被写成一个公式，其中随时间变化的电弧电导作为电路参数的函数，如电流、电弧电压，以及作为电弧参数的函数，如稳态电弧电场强度、电弧时间常数、散出功率和稳态电弧电导。最初的黑盒模型都假定电弧参数为常数。

6.2.3 经典的电弧模型

1. Cassie 电弧模型

Cassie 认为，电弧具有圆柱形气体通道的形状，其截面有均匀分布的温度。此通道有相当明确的界限，即直径，在直径以外其电导是相当小的。假使通过这个电弧通道的电流发生变化，则其直径也同时变化，但温度不变，即认为电弧的温度在空间和时间上都是不变的。在工频电流波的大部分上，电弧电压梯度保持常数。因此，能量和能量散出的速度与弧柱横截面积的变化成正比。能量的释放是由于气流或与气流有关的弧柱变形过程所造成的。

Cassie 电弧模型的方程式为

$$\frac{1}{g}\frac{\mathrm{d}g}{\mathrm{d}t}=\frac{\mathrm{dln}g}{\mathrm{d}t}=\frac{1}{\tau}\left(\frac{u^2}{u_{\mathrm{c}}^2}-1\right) \tag{6-1}$$

式中，g、u、τ 和 u_{c} 分别表示电弧电导、电弧电压、电弧时间常数、恒定电弧电压。其中，恒定电弧电压是 IEC 瞬态恢复电压（TRV）表示方法中的参考电压，取为 TRV 的峰值。

2. Mayr 电弧模型

Mayr 也认为电弧具有一个圆柱形气体通道的形状，但其直径是恒定的。从电弧间隙散出的能量是常数，能量的散出是依靠热传导和径向扩散的作用。这就是说，电弧温度随着离电弧轴心的径向距离和时间而发生变化。

Mayr 假定：

（1）弧柱为直径不变的圆柱体，其中温度随离开轴线距离的增大而降低。

（2）只研究长弧情况，即认为电弧电压等于弧柱电压降，同时不计沿轴向和从电极散发的热量。

（3）弧柱能量的散发主要是由于传导和一部分辐射，不考虑对流作用。

（4）不考虑弧柱中气体的热物理性质随温度变化的关系。

（5）弧柱中的热游离情况可按沙哈公式确定。

$$g=g_0e^{Q/Q_0} \tag{6-2}$$

式中，g_0 为常数；g 为电弧电导；Q_0 为单位体积电弧所储存的某一能量；Q 为电弧能量。

Mayr 电弧模型是基于热平衡、热惯性、热游离三个基本原理推导而得的，其方程式为

$$\frac{1}{g}\frac{\mathrm{d}g}{\mathrm{d}t}=\frac{\mathrm{dln}g}{\mathrm{d}t}=\frac{1}{\tau}\left(\frac{ui}{P}-1\right) \tag{6-3}$$

式中，u 为电弧电压；i 为电弧电流；τ 为电弧时间常数；P 为电弧散热功率。

Mayr 电弧模型的物理意义很明确，当电弧功率 ui 大于散热功率 P 时，电弧温度将升

高，热游离加强，电弧电导 g 有增加的趋势。由于电弧有热惯性，也即有时间常数 τ，使得电弧升温或电弧电导 g 的增加趋于缓慢。Mayr 方程较适用于小电流，包括零区的电弧过程。

3. Browne 联合电弧模型

Mayr 假设中，电弧温度高达 6000K，而实际中电弧温度可以达到 20000K。如此高的温度使气体导电性能大大增加，既要考虑温度又要能够准确描述电弧动态特性，因此，根据 Cassie 模型的假设，建立如 Mayr 模型的电弧模型。T. E. Browne 在 1948 年，提出了组合电弧模型，采用与 Cassie 相似的方程定义电流控制电弧形式，然后将其转化为与 Mayr 相似的方程定义温度控制形式，在开断即将开始，电流即将过零时刻，又转化为与 Cassie 类似的方程，这些等式被应用的时间点为电流过零时刻。Browne 简化 Cassie 和 Mayr 方程如下：

（1）电流过零前时刻 Cassie 方程为

$$\frac{\mathrm{d}}{\mathrm{d}t}\left(\frac{1}{R^2}\right)+\frac{2}{\theta}\left(\frac{1}{R^2}\right)=\frac{2}{\theta}\left(\frac{1}{E_0}\right)^2 \tag{6-4}$$

（2）电流过零前时刻 Mayr 方程为

$$\frac{\mathrm{d}R}{\mathrm{d}t}-\frac{R}{\theta}=-\frac{e^2}{\theta N_0} \tag{6-5}$$

该模型被广泛用于断路器开断参数计算和产品设计中。尽管应用广泛，但其内部参量 θ 仅由试验所得结果推导而得。Browne 通过气体断路器试验结果计算出电弧时间参数，并发现它只有 1μs，这与其他研究人员发现的一般范围相一致。

4. 其他电弧模型

近年来，基于先进的数值分析方法，一系列电弧数学模型被提出，然而其基本理论还是建立在经典电弧理论基础上，同时也有一些新的、复杂的理论被提出。最显著的是由 Hermann 和 Ragaller 提出的电弧模型，该电弧模型主要用于描述空气或 SF_6 气体断路器的开断过程，其特点是考虑喷口区域下游的涡流作用。

6.2.4　两种用于 SF_6 断路器内的气体电弧模型

对于气吹开关电器，由于电弧处于局部热平衡状态（Iocal Thermal Equilibrium，LTE），可以将弧柱视为热气流，满足质量、动量和能量守恒方程，适用于热动力学定律和 Maxwell 电磁方程。这就意味着气体的组成、热导率和电导率是决定电弧温度的基本因素。

1. 电弧能量流模型

SF_6 断路器在大电流短路开断过程中，在灭弧室内将产生电弧。由于其受电场、磁场、气流场等多物理场的共同作用和影响，所以很难给出一种明确的解析表达式。

尽管电弧形态万千，但追其根本应是一具有高能量的等离子体。在总结国内外电弧模型成果的基础上，针对以往研究在电弧与气流场相互作用表现不足的情况，**电弧能量流**模型给出一种气流与电弧相互作用的二维电弧能量流模型，认为电弧是一高温带电粒子流。微观上看，在电弧的整个燃烧过程中，进行着大量的游离和消游离、扩散和复合的过程，伴随着复杂的光、热能量的传递。宏观上看，电弧可认为是一存在于触头间的能量流。**电弧能量流**模型将电弧和气流采用一个统一的控制方程组来描述，以反映电弧和气流两者间的相互作用，描述气流对电弧的气吹和电弧所形成的喷口堵塞现象。

电弧能量流模型作出如下假设：

（1）电弧的各种成分均遵循质量守恒、动量守恒和能量守恒方程。

（2）所有电弧能量集中于一电弧区域中，电弧区域是以灭弧室中轴为对称轴。

电弧能量流模型的特点是：

（1）在电弧能量流模型的求解中，电弧沿轴向和径向的能量输入参数均是变化的。

（2）电弧的温度分布不受其他任何条件的限制，是一个气流场动态求解的结果。

（3）电弧的能量逸散不需要进行轴向和径向传输的假设，完全根据气流场气流运动仿真求得。

为描述电弧输入能量与电流大小变化的影响，将电弧区域的大小（用电弧直径表示）等效为随着交流电流输入值的大小而变化，由此通过对能量输入范围的调整，达到对不同电流电弧的研究。

设触头间距为 l，此时电弧电流为 $i(t)$，在离静触头距离为 x 处单位长度的电弧电压为 $u(t,\ \eta)$，则单位时间单位长度电弧的能量为

$$E_1 = i(t)u(t) \tag{6-6}$$

设 x 处电弧截面积为 $A(\eta)$，则相应地单位体积内的电弧能量可表示为

$$e_1 = i(t)u(t)/A(\eta) \tag{6-7}$$

式中，η 为轴向标准位移，$\eta = x/l$。

在电弧弧芯处，温度可达 20 000～30 000K 以上，热辐射成为主要的散热因素。电弧中的辐射是一非常复杂的现象，它包括两部分内容，即在高温下以光谱形式构成的能量发射和电弧等离子体对发射光谱的自吸收。考虑到辐射对能量的影响，采用净辐射率来进行辐射的等效处理。设净辐射的能量占电弧能量的比率为 r，则单位长度考虑辐射后的能量为

$$\begin{aligned} E &= i(t)u(t) - ri(t)u(t) \\ &= (1-r)i(t)u(t) \end{aligned} \tag{6-8}$$

则单位体积注入弧隙间的净能量为

$$e = (1-r)i(t)u(t)/A(\eta) \tag{6-9}$$

式中，$A\ (\eta)\ = \pi d^2/4$，d 为电弧等效直径。

电弧直径可表示为

$$d = \sqrt{4A(\eta)/\pi} \tag{6-10}$$

式中，$A(\eta) = \sqrt{\dfrac{lc}{P_{\text{in}}\alpha F\sigma v_{\text{out}}}}\vec{A}(\eta)$；$\vec{A}(\eta) = \dfrac{\vec{V}(\eta)}{\sqrt{\eta(1-\alpha'\eta)/\alpha}}$；$F = \dfrac{\rho ch}{p}$；

$\vec{V}(\eta) = (\alpha\alpha'^3)^{-\frac{1}{4}}\sqrt{(\alpha'\eta - \dfrac{1}{2})(\alpha'\eta)^{\frac{1}{2}}(1-\alpha'\eta)^{\frac{1}{2}} + \dfrac{1}{4}\arcsin(2\alpha'\eta - 1) + \dfrac{\pi}{8}}$；$\alpha' = 1-\alpha$；

$\alpha = P_{\text{out}}/P_{\text{in}}$。其中 σ 为电导率；c 为音速；p 为压力；h 为焓；F 为热通量；P_{in}、P_{out} 分别为上游和下游的压力；ρ 为气体密度；v_{out} 为出口速度。

对于 SF_6 气体，在低温状态下可视为理想气体，满足状态方程，即

$$p = \rho R_{SF_6} T \tag{6-11}$$

式中，R_{SF_6} 为 SF_6 气体常数。

在短路电流下，由于电弧温度将达数万开尔文，所以对式（6-11）进行修正，即

$$p = \beta\rho R_{SF_6} T \tag{6-12}$$

式中，β为修正系数，如图6-1所示。

从所推导的电弧单位体积能量公式可见，电弧的能量不仅受触头间的电流、电压影响，而且还受触头间气流场的压力、速度、密度、温度、电导率等气体分布参数的影响。所有的参数一方面影响触头间电弧的发生、发展；同时电弧的存在又直接改变了这些气体参数值的变化。整个电弧正是在此“矛盾”中产生、发展直至熄灭的。

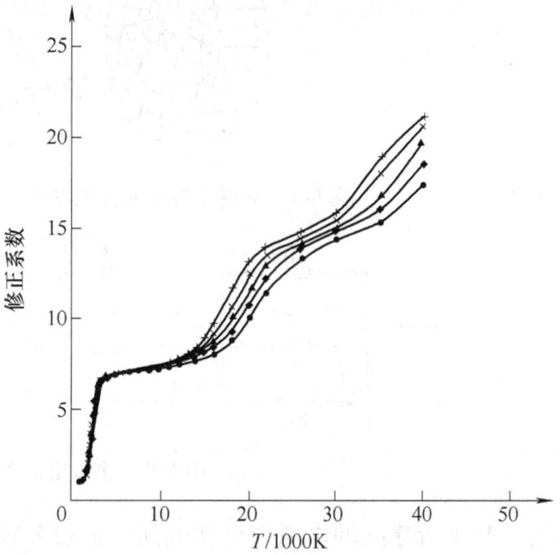

图6-1　修正系数

2. 等效电阻网格法的电弧数学模型

电弧能量注入的“等效电阻网格法”的主要思想是：弧隙中电流的流动可以认为由一组“电流管”来描述，在任一截面内，所有“电流管”的总和等于此时弧隙中流过的电流。在所有“电流管”中电流的大小决定于其自身电导的大小。当前时刻输入某一“电流管”中能量的大小及其在气流场作用下能量的输运，决定了下一个时刻的“电流管”中电导的大小，各“电流管”中的能量等于等效的电阻耗散能量。

在电弧模型的具体应用过程中，将弧隙区域空间分割成一定数量的网格。此网格沿轴线呈“薄片状”分布，并沿轴方向形成连通的“流管”。其中任一“薄片”中，电流的总和等于线路此时的电流值。电流的分布决定于各计算段中各单元的电导值的大小。任一单元体的电导决定于单元本身的结构尺寸和该单元的电导率，即是该单元体自身的属性。单元体的电导率又决定了该单元体当前时刻的温度和压力值。对电弧的能量及其逸散不需要进行轴向和径向的传输假设，而是根据气流场对气流吹动的仿真求得。单元体中的电导随温度、压力而变化，等效单元体中电弧能量的注入也相应地动态变化。

由于电弧等离子体在断口极间运行，在受到高速SF_6气流的气吹作用时，将使电弧形状发生不规则的扭曲。采用质量、动量和能量守恒的流体动力学方程模拟随时间而变化的二维空间电弧。对SF_6气吹电弧进行如下假设：

（1）满足局部热力学平衡状态（LTE）。

（2）忽略重力和电磁力的影响。原因在于：SF_6气体流动的惯性力远大于其本身的重力，与电弧周围冷气流区域相比，高温弧柱等离子体的密度低，运动速度约为周围冷气流的10%，带电粒子运动所产生的电磁力很小。

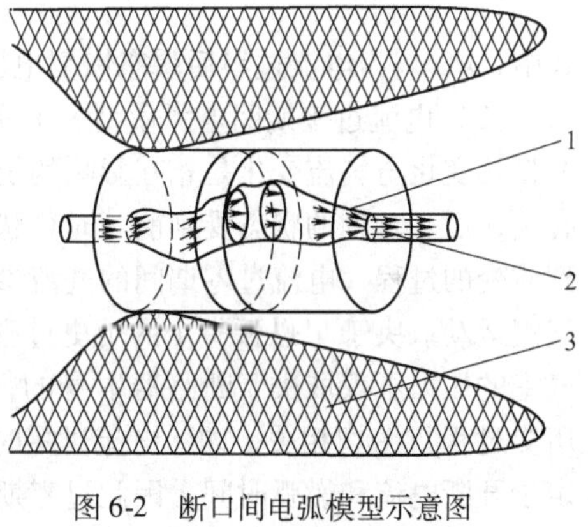

图6-2　断口间电弧模型示意图

1—电弧区域　2—触头　3—喷口

电弧模型示意图与等效模型如图6-2、图6-3及图6-4所示。

在电流的不同变化区域，对于第i、j个单元来说，各单元的等效电弧注入能量在同一时刻各不相同，不同时刻亦不相同。以上述等效单元体

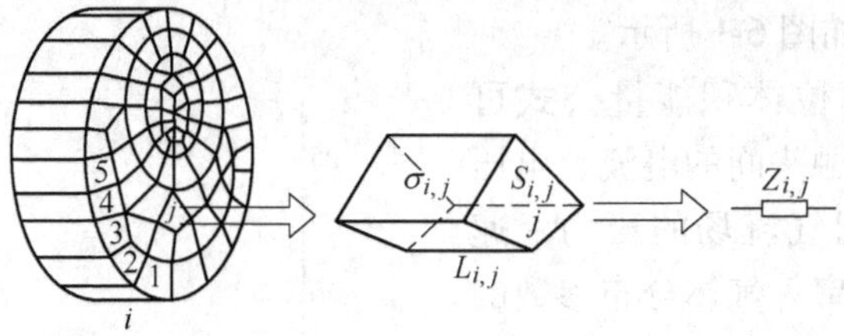

图 6-3 采用等效单元体法描述的第 i 个“薄片”中的电弧动态模型

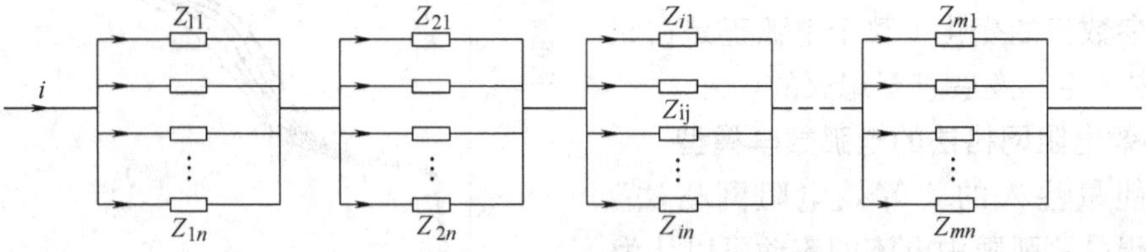

图 6-4 喷口电弧等效电阻网格计算模型

法为基础所建立的电弧模型在电弧电流过零前后以及过零期间的不同阶段分别表述为：

（1）电流过零前电弧模型为

$$W_{i,j} = \frac{G_{i,j}}{\left(\sum_{k=1}^{n} G_{i,k}\right)^2} i^2(t) - W_{\mathrm{rad}} \tag{6-13}$$

式中，$G_{i,j}$为所在单元电导值，$G_{i,j} = \frac{\sigma_{i,j}(T,\ P)\ S_{i,j}}{L_{i,j}}$。其中 $\sigma_{i,j}(T,\ P)$ 表示气体电导率；$\sum_{k=1}^{n} G_{i,k}$ 为该单元所在的第 j 列的总电导值；$i(t)$ 为开断电流瞬时值，有

$$i(t) = \sqrt{2} I \sin(\omega t + \delta) \tag{6-14}$$

式中，I 为开断电流的有效值；ω 为角频率；δ 为起弧角。

（2）电流过零后电弧模型。由于电流过零后，不易通过弧后电流来反映电弧能量的变化，在此通过零后电源电压的变化来反映电弧能量的变化，如下所示

$$W_{i,j} = \frac{\left(\sum_{k=1}^{n} G_{i,k}\right)^2}{G_{i,j}} u^2(t) - W_{\mathrm{rad}} \tag{6-15}$$

式中，$u(t)$ 为电流过零后瞬态恢复电压。

（3）电流过零期间电弧模型。事实上，断路器开断过程中，零前、零后以及过零时刻电弧的变化与气流变化是相互影响的统一体，而且此变化和影响是与电弧和气流的发展进程有关，后一时刻的状态受到前一时刻状态的影响。期间电弧能量的输运过程也是一个由量变到质变的过程，电流过零期间的气流参数变化，对断路器的开断影响很大，而电流过零时的气流运动取决于“燃弧整个的历史过程”，孤立地认为是某一时刻的自身属性是片面的。压气室的压力不仅取决于断路器本身的行程特性和压气缸压力特性，同时也与“燃弧整个的历史过程”密切相关，即：电流过零时的气吹压力与电弧能量密切相关。而电弧能量又决定于开断电流和燃弧时间，因此过零期间电弧模型的建立应充分考虑电弧与高速气流的相互作用。

通过在电流过零期间的电弧模型建立体现了电场、温度场以及压力场的耦合作用，相应地电流过零期间电弧模型为

$$W_{i,j} = \sigma_{i,j}(T,P)S_{i,j}L_{i,j}E_{i,j}^2 - W_{\mathrm{rad}} \tag{6-16}$$

式中，$S_{i,j}$为所在单元的面积；$L_{i,j}$为单元长度；$E_{i,j}$为对应电场强度；W_{rad}为单位体积单位时间内净辐射损耗。

开断过程中不同阶段的电弧模型应用示意图如图 6-5 所示。

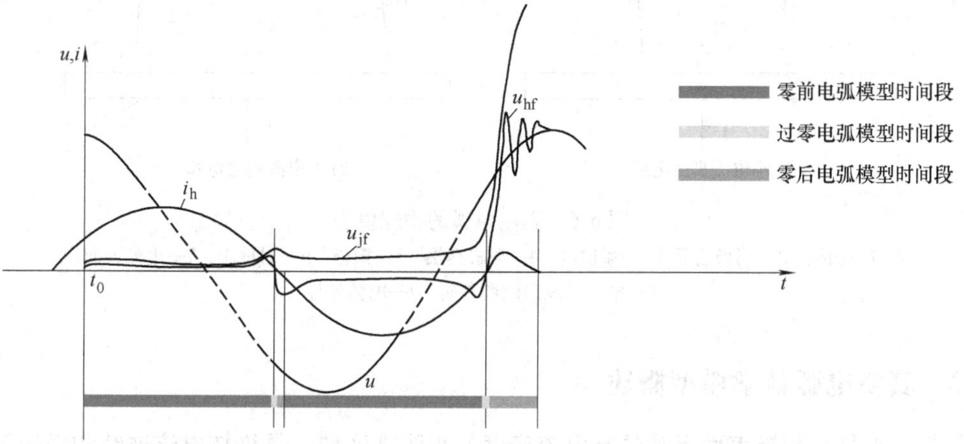

图 6-5　SF_6断路器开断过程中 SF_6气体电弧模型应用示意图

6.3　真空电弧数学模型

真空中的电弧与气体介质中的电弧有着本质的不同。在气体电弧中，原来的气体被游离产生带电粒子。真空中，电极间气体非常稀薄，不存在原来气体的游离问题，弧柱中存在的带电粒子，主要来自电极蒸发的金属蒸气分子的游离。

6.3.1　真空电弧的概述

1. 真空电弧的定义

真空电弧即真空中金属蒸气电弧等离子体，主要是由金属电极蒸气电离形成的，与其他气体电弧存在本质区别。真空电弧中存在自由电子与金属离子，具有强导电性，且满足准中性，在开断过程中与电极间存在相互影响。并且带电粒子的运动和局部电荷的集中，可产生电流和电场，从而产生磁场，电磁场又会影响其他带电粒子的运动，具有集体效应。真空电弧属于低温等离子体，处于非热平衡态。当电弧为扩散态时弧柱等离子体几乎全部由阴极斑点发射提供，而阳极只是被动接收阴极发射的粒子，并且在阳极前存在一鞘层。当电弧集聚在阳极上形成阳极斑点时，阳极也向外喷射金属蒸气。

2. 真空电弧的物理模型

真空电弧主要由三部分组成，它们分别是：阴极斑点区、弧柱等离子区和阳极鞘层区。当电流不是足够大时，电极间的等离子体主要由阴极斑点来提供。所以，等离子体的流动主要由阴极斑点发射出的离子和电子流向阳极，电子和离子是电流的载体。电流的方向由阳极

指向阴极，物理模型如图6-6所示。

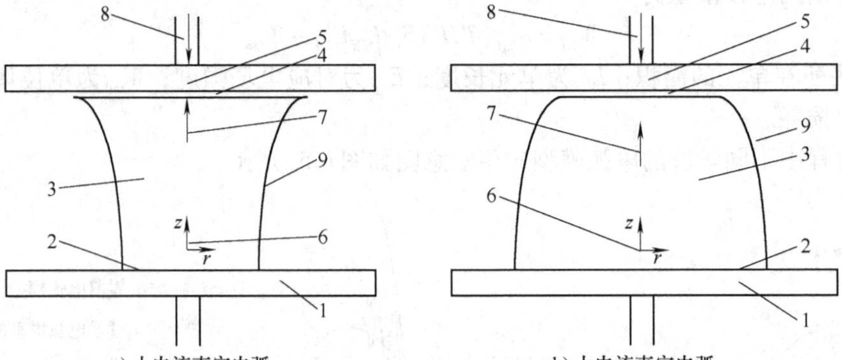

图6-6 真空电弧的物理模型

1—阴极 2—阴极边界 3—弧柱区 4—阳极鞘层 5—阳极 6—对称轴 7—电弧方向 8—电流与纵向磁场方向 9—电弧外界

6.3.2 真空电弧数学模型概述

阴极斑点是在阴极表面运动的高电流密度的小明亮区域，是维持电流连续和极间等离子体的主要来源。关于阴极斑点发射电子有不同理论，如热电子发射、场致发射、热-场致发射等。典型的阴极斑点模型有稳态模型和Beilis提出的气体动力学模型。

通过对极间等离子体的实验与仿真研究，可得到极间等离子体的参数和特性分布，对于研究真空中金属蒸气电弧等离子体的内部输运机理至关重要。早期的真空电弧模型包括零阶模型和辐射碰撞模型。模型相对简单，对物理过程进行了大量简化。其中，零阶模型不考虑磁场作用，假设等离子体参数和电流密度在极间等离子体的横截面内均匀分布，可计算极间等离子体中电子密度和电流密度的关系及电子的迁移速度等参数。辐射碰撞模型是针对某一种离子的若干激发态列写方程，描述极间等离子体的非弹性碰撞，如电子离子碰撞和电子原子碰撞，对辐射及碰撞过程进行经验近似且不考虑磁场对粒子碰撞的影响，存在一定局限性。

Boxman是最早将真空电弧当做流体来看待的，模型是建立在几个单阴极斑点射流混合的基础上，主要针对多阴极斑点（MCS）电弧，不考虑电磁与流体的相互作用。Israeli在Boxman的研究基础上，采用磁传输方程分析了自生磁场对电流分布的影响，并采用渐近分析法分析电极间的电流分布，不考虑阳极鞘层影响。

Keidar和Beilis将电磁方程与流体方程进行耦合求解，即对所有MHD方程组进行求解，包括质量守恒方程、动量守恒方程、广义欧姆定律和电流连续定律，并考虑电弧边界移动，对小电流开断进行了研究。Keidar又将模型推广到大电流开断，但以上电弧模型均没有考虑离子和电子能量守恒方程。

E. Schade和D. Shmelev建立了综合考虑环向磁场和纵向磁场作用、大电流电弧能量平衡问题以及阳极蒸气对真空电弧影响的模型，并通过计算得出了输入阳极的能流密度分布，研究结果揭示了大电流开断下真空电弧的物理特性。该模型忽略了离子动能和离子黏性对真空电弧的影响，并规定阳极射流不能到达阴极，这与大电流试验情形的集聚弧形态（阳极射流可贯穿弧隙到达阴极）存在一定差异。

Shinji Takahashi 使用 PIC-MCC 方法，运用 PEGASUS 软件对高压真空灭弧室开断能力进行数值模拟，并将仿真结果与实验研究进行了对比。Miller 讨论了阳极斑点的模式转变，根据电极间距和电弧电流将阳极斑点模式分为扩散弧模式、点状模式、阳极斑点模式以及集聚弧模式。

6.3.3 真空电弧经典数学模型

1. 连续传输模型

连续传输模型是由 Andrews 和 Varey 提出的，这个电弧模型由以下方程表示：

$$l^2 = \frac{4\varepsilon_0 U_0}{9eZN_i}\left\{\left[1+\frac{u(t)}{U_0}\right]^{\frac{3}{2}}+\frac{3u(t)}{U_0}-1\right\} \tag{6-17}$$

$$U_0 = \frac{M_i}{2e}\left(v_i - \frac{\mathrm{d}l}{\mathrm{d}t}\right)^2 \tag{6-18}$$

$$i(t) = \frac{\pi D^2 Z N_i e}{4}\left(v_i - \frac{\mathrm{d}l}{\mathrm{d}t}\right) \tag{6-19}$$

式中，l 为正离子的鞘层长度；U_0 为鞘层边缘电势；Z 为平均电荷常数；N_i 为鞘层边缘离子密度；$u(t)$ 为真空触头间电压；ε_0 为介电常数；e 为电子电荷；M_i 为离子质；v_i 为离子在鞘层边缘的速度；$i(t)$ 为真空触头零后电流；D 为弧柱直径，近似于触头直径。

这个模型描述了离子鞘层从阳极到阴极的扩散。鞘层的发展有两个极限，它可以由 Child-Langmuir 定律缓慢描述，也可以由离子最大模型快速描述。这个模型之所以被称为传输模型，是因为它用数学化的模型将两个极限之间的零后电弧电流进行了描述。

式（6-17）描述了从阳极到阴极正离子鞘层的增长，在零后，鞘层从电极间内部区域到准中性等离子区域，如果开断成功，自由电子会从鞘层逃逸出来使得正的金属离子落在后面。鞘层厚度是关于暂态恢复电压的复杂函数，还有等离子体密度和其他等离子参数。

式（6-18）是描述在鞘层边缘的带电离子，这个表达式假设在鞘层内部没有电子，而且鞘层边缘是非常平滑的，在零后这个边缘将电极内部区域分成两部分，离子鞘层临近新的阴极，准中性等离子体临近新的阳极。

式（6-19）描述了零后电流在零后这段期间在灭弧室内流动的情况，电流 $i(t)$ 有两个组成部分，一个是代替电流，同鞘层的速度成正比，表示由电场产生的电流是像 Maxwell 方程表达的那样的$\frac{\partial D}{\partial t}$部分；另一部分是传导部分，是由离子的运动速度决定的。

2. 真空磁流体（MHD）模型

Shmelev 提出了一种单流体磁流体真空电弧模型，这种模型近似地描述了大电流下真空电弧的特性，但是这种模型并没有考虑外部轴向的磁场作用。基于 Shmelev 的模型，E. Schade通过补充外部轴向磁场，完善真空电弧磁流体模型。模型描述如下：

质量守恒方程：

$$\frac{\partial n_i}{\partial t} + \mathrm{div} n_i u = 0 \tag{6-20}$$

动量守恒方程：

$$mn_{\mathrm{i}}\left(\frac{\partial u_{z}}{\partial t}+u_{z}\frac{\partial u_{z}}{\partial z}+u_{r}\frac{\partial u_{z}}{\partial r}\right)=\frac{1}{c}(j_{r}B_{\theta}-j_{\theta}B_{r})-\frac{\partial(n_{\mathrm{i}}T_{\mathrm{i}}+n_{\mathrm{e}}T_{\mathrm{e}})}{\partial z} \tag{6-21}$$

$$mn_{\mathrm{i}}\left(\frac{\partial u_{r}}{\partial t}+u_{z}\frac{\partial u_{r}}{\partial z}+u_{r}\frac{\partial u_{r}}{\partial r}-\frac{u_{\theta}^{2}}{r}\right)=\frac{1}{c}(-j_{z}B_{\theta}+j_{\theta}B_{z})-\frac{\partial(n_{\mathrm{i}}T_{\mathrm{i}}+n_{\mathrm{e}}T_{\mathrm{e}})}{\partial r} \tag{6-22}$$

$$mn_{\mathrm{i}}\left(\frac{\partial u_{\theta}}{\partial t}+u_{z}\frac{\partial u_{\theta}}{\partial z}+u_{r}\frac{\partial u_{\theta}}{\partial r}+\frac{u_{\theta}u_{r}}{r}\right)=\frac{1}{c}(-j_{r}B_{z}+j_{z}B_{r}) \tag{6-23}$$

$$\boldsymbol{v}=\boldsymbol{u}-\frac{\boldsymbol{j}}{en_{\mathrm{e}}},\ n_{\mathrm{e}}=n_{\mathrm{i}}\sum_{k=1}^{4}kc_{k}=Zn_{\mathrm{i}} \tag{6-24}$$

热平衡方程：

$$\frac{3}{2}n_{\mathrm{i}}\left(\frac{\partial T_{\mathrm{i}}}{\partial t}+u_{z}\frac{\partial T_{\mathrm{i}}}{\partial z}+u_{r}\frac{\partial T_{\mathrm{i}}}{\partial r}\right)+n_{\mathrm{i}}T_{\mathrm{i}}\mathrm{div}\boldsymbol{u}=3\frac{m_{\mathrm{e}}}{m}\frac{n_{\mathrm{e}}}{\tau_{\mathrm{ei}}}(T_{\mathrm{e}}-T_{\mathrm{i}}) \tag{6-25}$$

$$\frac{3}{2}n_{\mathrm{e}}\left(\frac{\partial T_{\mathrm{e}}}{\partial t}+v_{z}\frac{\partial T_{\mathrm{e}}}{\partial z}+v_{r}\frac{\partial T_{\mathrm{e}}}{\partial r}\right)+n_{\mathrm{e}}T_{\mathrm{e}}\mathrm{div}\boldsymbol{v}+\mathrm{div}Q=-3\frac{m_{\mathrm{e}}}{m}\frac{n_{\mathrm{e}}}{\tau_{\mathrm{ei}}}(T_{\mathrm{e}}-T_{\mathrm{i}})+S_{\mathrm{e}}-R \tag{6-26}$$

磁场强度：

$$Q=\beta n_{\mathrm{e}}T_{\mathrm{e}}(\boldsymbol{v}-\boldsymbol{u})-\gamma\frac{n_{\mathrm{e}}T_{\mathrm{e}}\tau_{\mathrm{ei}}}{m_{\mathrm{e}}}\nabla T_{\mathrm{e}},\ S_{\mathrm{e}}=\frac{\boldsymbol{j}^{2}}{\sigma}+\frac{\beta}{e}\boldsymbol{j}\cdot\nabla T_{\mathrm{e}} \tag{6-27}$$

$$\frac{\partial B_{\theta}}{\partial t}+\frac{\partial v_{z}B_{\theta}}{\partial z}+\frac{\partial v_{r}B_{\theta}}{\partial r}-\frac{\partial v_{\theta}B_{z}}{\partial z}-\frac{\partial v_{\theta}B_{r}}{\partial r}=\frac{c^{2}}{4\pi}\left[\frac{\partial}{\partial r}\left(\frac{1}{r\sigma}\frac{\partial rB_{\theta}}{\partial r}\right)+\frac{\partial}{\partial z}\left(\frac{1}{\sigma}\frac{\partial B_{\theta}}{\partial z}\right)\right] \tag{6-28}$$

$$\frac{\partial A}{\partial t}+v_{z}\frac{\partial A}{\partial z}+\frac{v_{r}}{r}\frac{\partial_{r}A}{\partial r}=\frac{c^{2}}{4\pi}\frac{1}{\sigma}\left[\frac{\partial}{\partial r}\left(\frac{1}{r}\frac{\partial rA}{\partial r}\right)+\frac{\partial}{\partial z}\left(\frac{\partial A}{\partial z}\right)\right] \tag{6-29}$$

$$B_{r}=-\frac{\partial A}{\partial z},\ B_{z}=\frac{1}{r}\frac{\partial rA}{\partial z},\ \boldsymbol{j}=\frac{c}{4\pi}\mathrm{rot}\boldsymbol{B},\ \sigma=\frac{n_{\mathrm{e}}e^{2}\tau_{\mathrm{ei}}}{m_{\mathrm{e}}} \tag{6-30}$$

欧姆定律：

$$\nabla\phi=\frac{\boldsymbol{j}}{\sigma}+\frac{1}{ecn_{\mathrm{e}}}[\boldsymbol{j},\boldsymbol{B}]-\frac{1}{c}[\boldsymbol{u},\boldsymbol{B}]-\frac{\nabla n_{\mathrm{e}}T_{\mathrm{e}}}{en_{\mathrm{e}}} \tag{6-31}$$

$$\sigma_{0}=\frac{e^{2}n_{\mathrm{e}}\tau_{\mathrm{ei}}}{m_{\mathrm{e}}},\ \sigma_{\mathrm{II}}=\frac{\sigma_{0}}{\alpha_{0(z)}},\ \sigma_{\perp}=\frac{\sigma_{0}}{\alpha_{0(z,x)}} \tag{6-32}$$

$$x=\omega\cdot\tau_{\mathrm{ei}},\ \alpha(z,x)=\left(1-\frac{\alpha_{1}(z)x^{2}+\alpha_{2}(z)}{x^{4}+\delta_{1}(z)x^{2}+\delta_{2}(z)}\right) \tag{6-33}$$

式中，n_{i} 为离子密度；n_{e} 为电子密度；$\boldsymbol{u}$ 为离子速度；$\boldsymbol{v}$ 为电子速度；T_{i} 为离子温度；T_{e} 为电子温度；$\boldsymbol{j}$ 为电弧电流密度；J 为总电弧电流；c_k 为离子比热容；Z 为平均离子电荷数；τ_{ei}为电子离子碰撞时间；Q 为电子热量；R 为能量损耗；β、γ、α，δ 为 Braginskii 系数；$\boldsymbol{B}$ 为磁场强度；σ 为电导率；A 为矢量 θ 的分量；ϕ 为电位；m 为离子质量；m_{e} 为电子质量；e 为电子电荷；c 为光速。

思考题与习题

6-1 试述柯西模型、麦也尔（Mayr）电弧模型的主要特点。

6-2 何谓电弧物理数学模型，试述其主要特点。

第 7 章　电接触理论

7.1　概述

任何导电系统都不可能由均一导体组成，其中必然存在接触和过渡。通常把两个或几个导体以机械方式接触，而使电流从一个导体流到另一个导体来完成电路的接通任务，称为电接触。它是一种物理现象。通过互相接触以实现导电的具体物件称为电触头（简称触头），它是电器中非常重要且又不可缺少的一部分，若设计或加工不好，而使导体之间接触不良，则将导致整个系统工作紊乱甚至停顿，后果不堪设想。

7.1.1　电接触内表面的物理图景

任何接触处的表面，都不可能是理想的表面，尽管接触面经过精加工或者研磨等工序，用肉眼看起来是完全的紧密贴合，但从微观角度来看，总是凹凸不平而波纹起伏的。不同材料、不同加工方法以及不同的加工工艺过程所得到的表面微观状态都各不相同，它将在很大程度上影响两金属表面相互接触的物理过程和接触内表面的物理图景。经加工处理后表面的不平整度可以用表面轮廓仪直接测绘出其起伏的波形。图 7-1 所示为经不同的加工处理方法后的钢表面轮廓图，并与玻璃表面相比较。

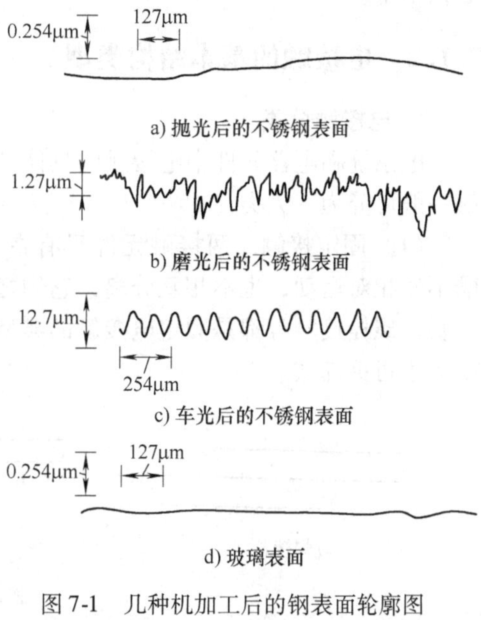

图 7-1　几种机加工后的钢表面轮廓图

当两金属清洁而粗糙的表面相互接触时，如果两金属材料的硬度都为无限大，则无论实际的接触力有多大，材料都不会产生任何变形。在此情况下，根据几何学上三点构成一个平面的原理，则两金属接触内表面上实际接触在一起的点最多只有三个。但是，实际金属材料的硬度不可能为无限大，它们在外力作用下材料都会产生变形。当施加的压力较小时，材料会产生弹性变形；如果压力超过一定限度，材料将产生永久变形。因此，对两实际金属表面加压接触的过程可作如下的描述。

设两金属表面开始接触时有三个起始实际接触点，由于刚接触时实际接触点尚未产生变形，总实际接触面积非常小，接近于零。因实际接触点所受的压强等于外加接触力除以总实际接触面积，起始实际接触面积接近于零，故此时起始接触点将因受到巨大压强（接近无限大）而产生变形。根据金属材料应力与应变的特性可知，起始接触点在强大压强作用下将由弹性变形过渡至塑性变形。在起始接触点受压变形的同时，总实际接触面积扩大，两金属表面的未接触部分逐步互相靠近。这样，金属表面凸出高度较小的点也会陆续不断接触而出现许多新的实际接触点。由于总的实际接触面积不断增大，实际接触面上所受的压强不断减小。最后，当实际接触面产生的变形力与外力达到平衡时，实际接触面不再扩大，接触过程到此结束。接触过程稳定后，接触内表面中的实际接触点有的已进入塑性范围，有的尚处在弹性范围，有的两者兼而有之。

空气中放置的普通金属材料，其表面往往会与氧发生作用，生成一层不导电的氧化膜。当具有氧化膜的两金属表面接触时，在实际接触斑点内，只有氧化膜发生破裂的地方，才有可能形成金属的直接接触，这些金属接触的斑点才是真正能导电的点，称为导电斑点。因此，一般地说，具有氧化膜的两实际金属表面接触时，接触内表面的物理图景可用图 7-2 表示。图中，在实际接触面内，有些部分被绝缘膜覆盖（用影线表示），有些部分膜被压破，形成许多金属接触点影（用黑点表示），有的膜被大块剥离，形成大面积金属接触（黑色面积）。研究表明，工程应用中的电接触，实际接触斑点的总面积往往只占整个视在接触面积的千分之几（在非常强大的接触压力下，这个比值也只可能达到百分之几），而导电斑点的总面积又要比实际接触斑点的总面积小得多。

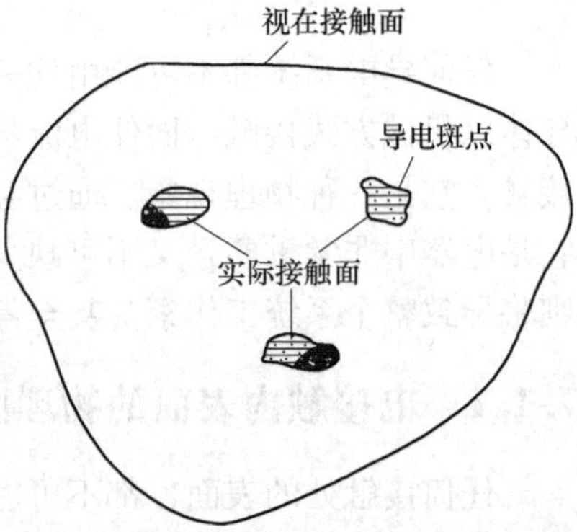

图 7-2 具有氧化膜的两实际金属表面接触时，接触内表面的物理图景

7.1.2 电接触的基本结构类型

1. 电接触分类

电系统和电器元件中电接触的具体结构类型是多种多样的。按照工作方式的不同，电接触一般可分为三大类：

（1）固定接触。两接触元件只有在维修时才断开，而在工作时间内固定接触在一起，既不作相对运动，也不相互分离，它们之间的电接触靠固定接触来维持。如铆钉接触、焊接接触、螺栓接触等都是固定电接触的典型例子，如图 7-3 所示。除栓接的为可拆卸式外，其余为不可拆卸式。

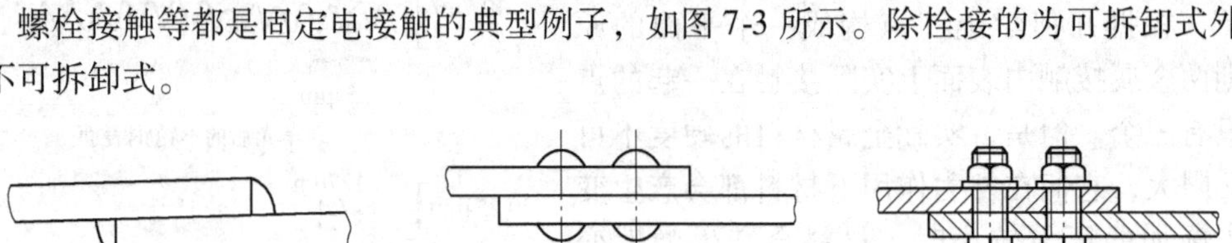

a) 焊接式　b) 铆接式　c) 栓接式

图 7-3 固定接触

固定接触一般不存在碰撞振动和电弧，因它只有一种工作状态，即长期闭合状态。固定接触的主要技术问题是要求接触电阻低而稳定，并且有较低的温升。可以看出固定接触的有利条件是可以通过螺栓等紧固件使接触面之间有较高的接触压力；它的不利条件是接触部位在长期闭合通电过程中容易引起腐蚀，在某些情况下，可能引起接触电阻与温升恶性循环。在温度较高或周围有腐蚀性气体的场合，在不同的金属导体接触时产生电化学腐蚀以至于影

响正常工作。

在固定接触中尤其是母线搭接时，由于材料的蜕变效应以及冷热循环所引起的热胀冷缩现象，使原有的紧固压力会逐渐减弱，此时必须定期检查以控制搭接处的接触电压降。

（2）滚动和滑动接触。两接触元件通过二者的平移或旋转运动来实现静止接触件与运动接触件之间的电能或信号传输，是一种特殊的电接触形式。两接触元件能作相对滚动或滑动运动，却不相互分离。例如电机的电刷和换向器之间的接触、电力机车受电弓滑板与接触网导线之间的接触等。如图7-4a所示。

（3）可分合接触。在工作过程中，两接触元件可以随时分离或闭合的一种电接触形式。触头之间的接通与分断会导致所处电路中电流的接通与分断。通常将可分合电接触中的两接触元件称为触头或触点。触头总是成对的，其中可动的接触元件称为动触头，不动的接触元件称为静触头。在传动机构的带动下触头完成分合的动作。在动静触头接触时，依靠弹簧的压力使动、静触头紧密地接触，保证可靠的电接触连接，如图7-4b所示。各类开关器件中触头（触点）之间的接触就属于典型的可分合电接触。

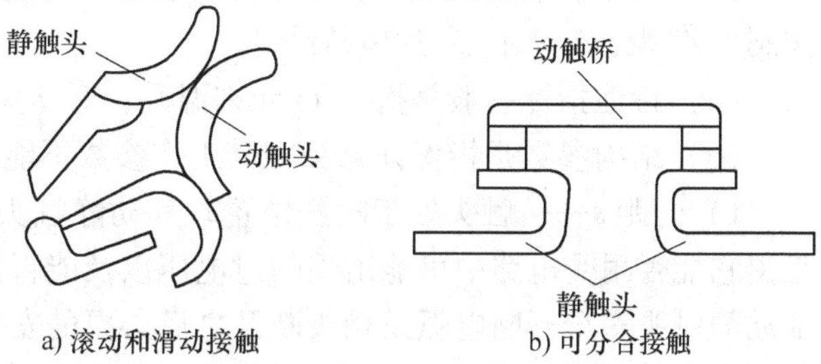

图7-4　两种不同的接触方式

触头按在电路中的作用分为主触头和辅助触头。主触头用于主电路，辅助触头用于辅助电路和控制电路。因为辅助触头常起电气联锁作用，故又称为联锁触头，分为常开触头和常闭触头。在没有电的情况下，触头是断开的为常开触头，触头是闭合的为常闭触头。

可分合接触按控制电流的大小又可分为：

（1）弱电流触头——电流在几安以下，继电器触头一般属于弱电流范围。

（2）中电流触头——电流从几安到几百安，大部分低压电器的触头都属于中电流范围。

（3）强电流触头——电流在几百安以上，高压断路器和低压断路器一般属于强电流范围。

可以看出，上述三种接触形式共有的工作状态是接触元件闭合接通电流。运行经验表明，当两导体相互接触流过电流时，接触处会出现局部高温，严重时可达接触导体材料的熔点。在可分合接触中它的通电状态除闭合通电以外，还有由闭合过渡到分离，最后切断电路；或由分离过渡到闭合，最后接通电路，以及处于开断状态等。触头在切断电路的过程中，触头之间往往会出现电弧。由于电弧的温度很高，大大超过一般金属材料的熔点或沸点，即使电弧存在的时间很短，也会使触头表面熔化或汽化，造成触头材料的损失，或者产生触头的熔焊。因此，在以上三种电接触类型中，工作任务最重也最艰巨的是可分合接触。

在上述三种接触形式中，不同的接触方式所涉及的问题也是不相同的。对于固定接触而言，常见的问题是接触电阻、接触处的温升以及静熔焊；滑动和滚动接触除了上述问题外，还存在润滑和磨损的问题；可分合接触最关心的是接触电阻、电弧以及由电弧作用而引起的材料转移、接触劣化、动熔焊等。因此为了保证电接触长时间稳定而可靠地工作，具体要求为：

（1）长期通过额定电流时，温升符合国家标准，而且接触电阻保持稳定。

（2）短时通过短路电流或脉冲电流时，接触处不应发生熔焊；且具有足够的电动稳定性和热稳定性，并能保证一定的电气寿命。

（3）可分合接触在开断过程中，触头材料损失应尽可能的小。

（4）可分合接触在闭合过程中，接触处不应发生不能断开的熔焊，且触头表面不应有严重损伤或变形。

2. 触头的基本参数

任何电器的触头都有工作参数、特性指标和结构参数。

（1）工作参数是指触头使用条件的参数，一般包括：① 额定电压；② 额定电流；③ 工作制；④ 操作频率；⑤ 通电持续率。

（2）特性指标一般是指：① 允许温升；② 动稳定电流和热稳定电流；③ 电寿命。

（3）结构参数是指保证触头在其工作参数下能可靠工作的结构措施。它包括：

1）开距 ***s***——触头处于断开位置时其动静触头之间的最短距离，如图 7-5a 所示。其值是由它能否耐受电路中可能出现的过电压以及能否保证顺利熄灭电弧来决定的；开距用来保证动静触头安全开断电弧及触头断开之后必要的安全绝缘间隔。触头的开距必须保证触头分断时电路能可靠地灭弧，并具有足够的绝缘能力，经得起过电压的冲击而不被击穿。

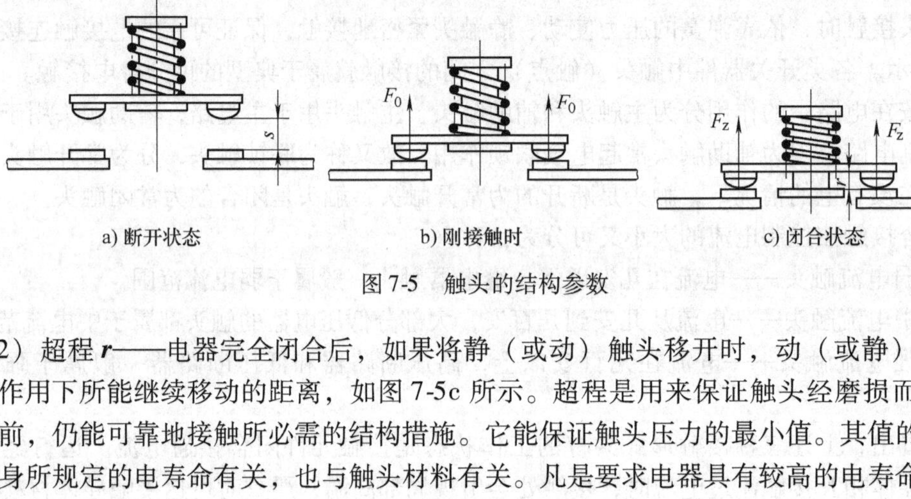

图 7-5　触头的结构参数

2）超程 ***r***——电器完全闭合后，如果将静（或动）触头移开时，动（或静）触头在弹簧的作用下所能继续移动的距离，如图 7-5c 所示。超程是用来保证触头经磨损而电寿命终结之前，仍能可靠地接触所必需的结构措施。它能保证触头压力的最小值。其值的大小与电器本身所规定的电寿命有关，也与触头材料有关。凡是要求电器具有较高的电寿命的，超程就应大些；而触头材料的耐磨性能较好时，超程就可以小些。超程在工作过程中不断减小。

3）预压力 $\boldsymbol{F}_0$——动触头与静触头刚接触时，每个触头所承受的压力称为初压力，如图 7-5b所示。它是由调节触头弹簧预压缩量来保证的。触头具有的初压力可以防止接触时的碰撞振动以及电动斥力使两触头弹开。增大 $\boldsymbol{F}_0$ 可以降低触头闭合过程的弹跳。

4）终压力 $\boldsymbol{F}_z$——当动静触头闭合终了时，每个触头上的压力称为终压力，如图 7-5c 所示。它由触头弹簧的最终压缩量决定。此压力保证触头在闭合状态时，实际的接触面增加，接触电阻减小而稳定，温升不超过允许值。

触头的初压力和终压力都由弹簧产生，如不考虑弹簧形状的变化和疲劳，初压力一般不会变化。终压力则随超程大小而变化。超程大终压力就大。电器触头的温升试验，就是对应于触头允许的磨损量时的终压力而进行的（触头压力在产品标准或技术文件中有规定）。

触头的开距、超程、初压力和终压力都是必须检测的重要参数。在电器的使用及维修中，常用这些参数来观察触头的工作情况及检验电器的工作状态。

3. 触头的工作状态及主要要求

触头的工作状态有四种：

（1）触头处于闭合状态。在闭合位置时触头主要起连接导电作用，因而对它的要求是防止触头过热和熔焊，并要保证工作过程中接触电阻的稳定性。

因接触电阻的存在，当额定电流长期通过时，触头就要发热，其发热温度不得超过规定值。由于接触电阻会引起触头的过热，因此必须设法减小接触电阻。当接触形式确定后，以选择适当的接触压力来限制接触电阻。此外还需要降低触头本体的温升，为此需加大触头的散热面积，以改善散热条件。

当触头在通过短路电流时，若触头间的接触压力不够大，接触处的发热可达到触头材料的熔化温度而使触头熔焊；另一方面，短路时电动力的作用也会使触头间的接触压力减小，接触电阻增加，严重时甚至会使触头分开和产生机械振动，导致熔焊。

为了保证触头在通过短路电流时不致熔焊，除了合理地选择导电回路的布置外，主要是增加触头终压力，以保证触头的电动稳定性。

（2）触头闭合过程。在此过程中，当动静触头靠近到一个很小距离时会发生预击穿，即在很高的电场强度下引起触头间气隙的火花放电和电弧，但是随后动静触头立即接通，使电路接通。显然放电时阴极电子流轰击阳极会造成触头材料的电磨损；同时由于闭合时动静触头的撞击和摩擦也会引起触头材料的磨损。这种磨损称为机械磨损。如果接通时动触头不发生振动，那么触头的闭合会使火花放电和电弧立即熄灭。在这种情况下，电磨损和机械磨损都是很小的。

接通过程中触头是否发生熔焊，不仅取决于接通电流的大小，还和预击穿时触头间的距离、预燃弧时间、机械振动的大小有关。

为了减小接通时触头的磨损和防止触头熔焊而采取的主要措施是提高触头的接通速度和增大触头的初压力。触头初压力的增大，可以大大减弱触头因碰撞而引起的机械振动。

（3）触头处于断开状态。触头必须有足够的开距，以保证可靠地熄灭电弧和开断电路。

（4）触头的开断过程。这是触头最繁重的工作过程。当触头开断电路时，一般在触头之间会产生电弧，电弧的高温会使触头表面金属熔化、蒸发或喷溅，造成触头的烧伤和材料的转移，使触头材料受到磨损。电磨损的大小与开断电流的大小、燃弧时间以及触头本身的材料有关。开断电流越大，燃弧时间越长，电磨损就越大。电磨损对触头的工作很不利，它将直接影响到开关电器的寿命，使开关电器的分断次数受到限制。特别是断路器，其额定短路开断电流特别大，在开断过程中触头烧损严重，一般只允许满容量分断8次。可以看出这个过程的主要问题是熄灭电弧和减少由于电弧而产生的触头电磨损。

改善触头在开断过程中工作条件的主要措施是选用抗熔焊、耐电弧烧损的材料，增强灭弧性能和提高触头的开断速度，特别是提高触头的初分速度，以缩短燃弧时间。另外还应在结构上加以改进，把触头的起弧和燃弧部分与闭合位置时的接触部分分开（如加装引弧角等），以保证触头在烧损后仍能处于良好的接触状态。

综上所述，电接触理论主要研究接触电阻、温升、熔焊和磨损等几个重要现象的机理和相关的计算问题。

7.2 接触电阻

7.2.1 接触电阻理论

两个导电元件接触在一起实现电的连接，其导电能力要比同样尺寸的完整导体差。其原因是在两个导电元件的接触处产生了一个附加电阻，此电阻称为接触电阻。

接触电阻是怎样产生的呢？如图 7-6a 所示，假设导体通以电流 I，用电压表量出其中一段长度导体的电压降为 U，则导体电阻为

$$R=\frac{U}{I} \tag{7-1}$$

如果将导体截断，然后把截断后的两段导体对接起来，如图 7-6b 所示，仍通以原来的电流，并用同一电压表测量该段导体的电压降为 U'，会发现 U' 比 U 大得多。对应于图 7-6b 所示的导体电阻为

$$R'=\frac{U'}{I} \tag{7-2}$$

因为 $$U'>U \tag{7-3}$$

所以 $$R'>R \tag{7-4}$$

两种情况下，电阻的差值为

$$R_{\mathrm{j}}=R'-R \tag{7-5}$$

由式（7-5）可以看出，截断后的导体电阻 R' 除含有该段导体材料的电阻 R 外，还存在附加电阻 R_{j}，这个电阻就定义为接触电阻。动静触头接触时也同样存在接触电阻。

接触电阻的物理实质是什么？电接触学科的奠基人霍尔姆（R. Holm）给出了正确的解释。他指出：任何用肉眼看来磨得非常光滑的金属表面，实际上都是粗糙不平的，当两金属表面互相接触时，它们不是整个面积接触，只有某些凸出的部分发生了真正的接触，真正的电流通路只在有限的点上。由于实际接触面比视在接触面小得多，当电流通过这些很小的实际接触面时，迫使电流线发生收缩，如图 7-7 所示。由于电流线收缩，增大了电流路径，有效导电截面积减小，因而有效电阻值增加，引起额外的电阻增量。这个因电流线收缩而形成的附加电阻称为收缩电阻，是构成接触电阻的一个分量。

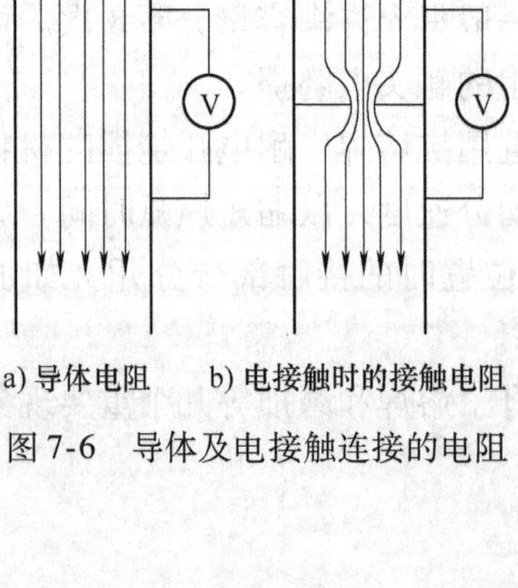

a) 导体电阻　b) 电接触时的接触电阻

图 7-6　导体及电接触连接的电阻

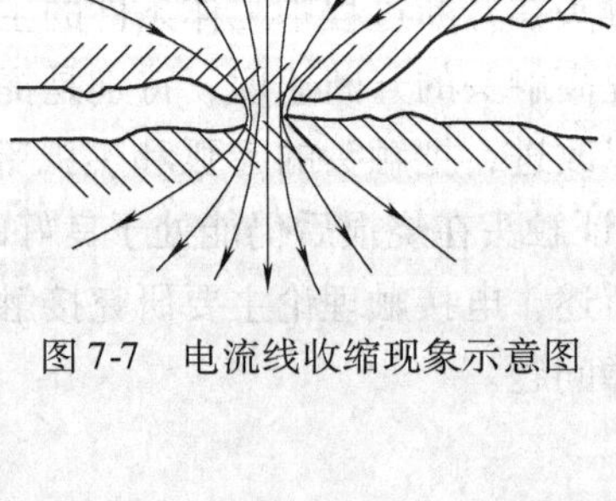

图 7-7　电流线收缩现象示意图

除了因电流收缩引起的电阻增量外，由于种种原因，会在金属表面上覆盖着一层导电性很差的薄膜，它改变了电流通路中的位势分布，影响了自由电子的运动，也会产生另一个附加电阻，称为膜电阻，它是构成接触电阻的另一个分量。

接触面暴露在大气中会导致表面膜层的产生。它包含尘埃膜、化学吸附膜、无机膜和有机膜。尘埃膜由灰尘、织物纤维、介质中的杂质和放电产生的含碳微粒形成，它极易生成也易脱落。化学吸附膜由气体分子和水分子吸附在接触面上形成，其厚度与电子固有波长相近，电子能以一定的概率通过它。以上两种膜都会使接触电阻略微有所增加，但是一般来说无害，仅表现出不够稳定。无机膜是指若导电材料暴露在空气中，由于化学腐蚀的作用，在金属表面形成各种无机物的薄膜（如氧化膜、硫化膜）；若在潮湿的空气中，在电解质的作用下，会使不同金属之间发生电化学腐蚀，并在接触表面积存锈蚀物。有机膜是指从绝缘材料或其他有机物中析出的有机蒸气，在接触表面形成的粉状有机聚合物。其特征是阻值可高达几兆欧，所以不导电，且击穿强度高，击穿电压为无机膜的10倍左右。

在高压或低压强电流电器中，通常触头之间的接触压力都很大，足以将表面膜压碎，且容易在膜之间形成一个大于10^6V/cm的高场强将膜击穿，所以接触电阻主要为收缩电阻；在低压小容量电器中的主要问题则是膜电阻，特别是有机膜。

综上所述，接触电阻一般应包含三个部分：一个接触元件一边的收缩电阻R_{s1}，接触面间的膜电阻R_b，另一接触元件一边的收缩电阻R_{s2}。因三者在电路上是串联的关系，所以接触电阻R_j可表示为

$$R_j = R_{s1} + R_b + R_{s2} \tag{7-6}$$

如果两接触元件的材料相同，即$R_{s1} = R_{s2} = R_s$，则接触电阻的大小为

$$R_j = 2R_s + R_b \tag{7-7}$$

如果接触元件表面不存在薄膜，例如真空中清洁的金属表面接触，即$R_b = 0$或者$R_b \ll 2R_s$，则接触电阻的大小为

$$R_j \approx 2R_s \tag{7-8}$$

由于接触电阻的存在，会引起接触面附加的功率损耗，可能导致局部过热，从而加速氧化、腐蚀的进程。而氧化和腐蚀又增大了接触电阻，这样的恶性循环将使接触面完全失去导电性，对于开关电器而言是不允许的。所以在电器实际应用中，接触电阻应尽可能地减小，而且保持长期稳定。

7.2.2 接触电阻计算

为了进行理论上的定量分析和计算，取一个孤立的导电斑点，对其建立物理模型。现做如下假定：

（1）接触内表面中，导电斑点的几何形状为圆形，半径为a（常称为导电斑点a），且a为常数。

（2）导电斑点a之间有足够大的分散距离，以致斑点与斑点之间电流-电位场互不干扰。

（3）两接触元件中，收缩区内的电流-电位场完全对称，且材料的电阻率处处相等。

图7-8给出了孤立斑点a附近电流收缩区中一系列电流线和等位面构成的收缩电阻物理模型。图中，细底线表示接触内表面，中间一小段粗线代表导电斑点a。因斑点上下两边的场分布对称，故只需绘出上边一半。在此模型中除一个斑点a能导电外，其余的接触面均不

导电。如果斑点 a 圆形平面上电位处处相等（为一等位面），并取此平面上的电位为零，在两接触元件收缩区的无限远处电位为 $\pm\frac{1}{2}U_j$（在实际工程应用中，U_j 近似地对应于接触元件两端测得的电压降），则沿模型电流线方向的等位面将为一系列共焦点的椭球壳，如图 7-8 所示。

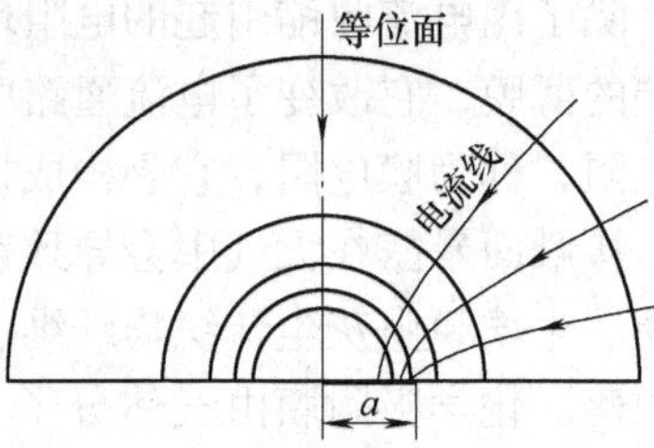

图 7-8 孤立斑点 a 收缩电阻的物理模型

根据导电媒质中恒定电场与介质中静电场的相似关系，有

$$\frac{C}{G}=\frac{\varepsilon}{\kappa} \tag{7-9}$$

式中，G、κ 为导电媒质中的电导、电导率；C、ε 为介质中相同场的电容、介电常数。利用上述关系可以导出孤立斑点 a 总收缩电阻的理论公式为

$$2R_s=\frac{\rho}{2a} \tag{7-10}$$

式中，ρ 为接触元件材料的电阻率；a 为导电斑点 a 的半径。

由式（7-10）可以看出：收缩电阻的本质就是金属电阻，它的大小与接触元件材料的电阻率成正比，与导电斑点的直径成反比。

在一般情况下，接触内表面中导电斑点的数目不止一个，假定有 n 个导电斑点，此 n 个斑点在电路上是并联的关系。在建立收缩电阻物理模型所作的假定条件下，n 个导电斑点的总收缩电阻为

$$2R_s=\frac{\rho}{\sum_{i=1}^{n}2a_i} \tag{7-11}$$

式中，a_i 为第 i 个导电斑点的半径。

如果取 $\sum_{i=1}^{n}2a_i=2na_p$，其中 a_p 为 n 个斑点半径的平均值，则式（7-11）变为

$$2R_s=\frac{\rho}{2na_p} \tag{7-12}$$

由式（7-12）可以看出，计算收缩电阻时必须事先知道 n 和 a_p，而这两个参数在实际应用中又往往是非常难以确定的，因此在很大程度上影响了实际的应用效果。

同理，在推导膜电阻的计算公式时，假设电子透过位垒形成的电流密度为 J，接触面之间的电压为 U，定义 $U/J=\sigma$，称为膜的隧道电阻率，或称为膜的面电阻率。根据膜的面电阻率的定义，电子透过斑点 a 表面膜所遇到的膜电阻为

$$R_b=\frac{\sigma}{\pi a^2} \tag{7-13}$$

如果接触内表面上导电斑点的个数为 n，平均半径为 a_p，则总的膜电阻为

$$R_b=\frac{\sigma}{\pi na_p^2} \tag{7-14}$$

从式（7-14）可以看出，与接触电阻存在同样的问题，即式中导电斑点个数 n 和平均半

径 a_p 无法确定。

研究表明，不同的金属材料在不同的环境条件下会生成各种性质不同的表面膜，但从膜的导电性来看，主要有两类性质完全不同的表面膜。第一类为绝缘膜，这类膜的电阻率非常大，为$10^5\sim10^{10}\Omega\cdot m$的数量级。它的厚度较厚，为$10^{-9}\sim10^{-8}m$的数量级。例如普通金属表面上的氧化膜，少数贵金属表面上的硫化膜，这种膜颜色灰暗，故有暗膜之称。还有有机蒸气环境中形成的聚合物膜，某些材料在电弧作用下生成的玻璃状绝缘膜等。第二类为导电膜，这类膜的面电阻率约为$10^{-9}\sim10^{-4}\Omega\cdot cm^2$的数量级，它的厚度极薄，为$10^{-10}m$的数量级，这类膜由“吸附”效应产生，故又称为吸附膜。

金属表面膜的生长与材料的种类、环境介质的情况以及其他许多复杂的因素有关。一般来说，贵金属材料，例如金，它的表面只生成肉眼看不见的吸附膜，而不发展成暗膜。这种膜极易隧道导电，对接触无害，在弱电接触中得到了广泛应用。银在空气中也不易氧化，但当大气中有臭氧存在时，银的表面便能氧化成 Ag_2O。Ag_2O 易于清除，且在200℃时即分解，对接触导电没有什么影响。由于银的价格比金低，故工业上大量使用银作触头材料。但是，当银暴露在含有 H_2S 的大气中时，其表面容易生成 Ag_2S 绝缘暗膜。实验证明，干燥的 H_2S 不易侵蚀银，含硫气体只有溶解在银表面的水膜中，才会引起化学反应，生成 Ag_2S。运行经验证明，即使大气中 H_2S 或 SO_2 的含量非常微弱（比如$1/10^9$），温度也很低，银的表面也能毫无困难地生成 Ag_2S 膜。由于 Ag_2S 膜电阻率很大，室温下为$10^5\sim10^{10}\Omega\cdot m$，接近于绝缘体的半导体，故长期工作在含硫气体中的银触头，易于出现接触导电失效的现象。在含硫的潮湿空气中，嵌金或镀金的银面上，Ag_2S 膜会爬过银面生长到金面上来，Ag_2S 也能通过镀金的孔隙而漫延到镀金层的表面上来。

普通金属材料（例如铜）的表面，在空气中就会由吸附膜发展成为肉眼可见的氧化暗膜。氧化膜的生长规律在理论上可由氧化速率的抛物线定律来决定。在实际复杂的条件下，在不同的温度范围内，膜的生长规律比较复杂。图7-9给出了几种常用触头材料在某些条件下膜的生长厚度与时间的关系曲线。这些曲线所示的膜生长规律有一定的代表意义，它们的共同特点是：膜的起始生长速度很快，以后减慢，并趋于一稳定的生长速度。由图还可以看出，不同材料、不同介质、不同温度对膜的生长影响很大。在材料和介质一定的条件下，温度常是膜生长的决定性因素。例如油中的铜，当温度超过120℃以后，膜的生长速度明显增大（见图7-9b）。空气中的铜，温度在400℃内形成 Cu_2O 膜，在更高的温度下形成 CuO 膜，温度超过1100℃又变成 Cu_2O，如取温度超过2000℃，氧化物便完全分解。有的材料，例如铝和不锈钢，当表面膜生长到一定厚度（如达到$10^{-9}m$）以后不再增长，这种膜称为保护膜

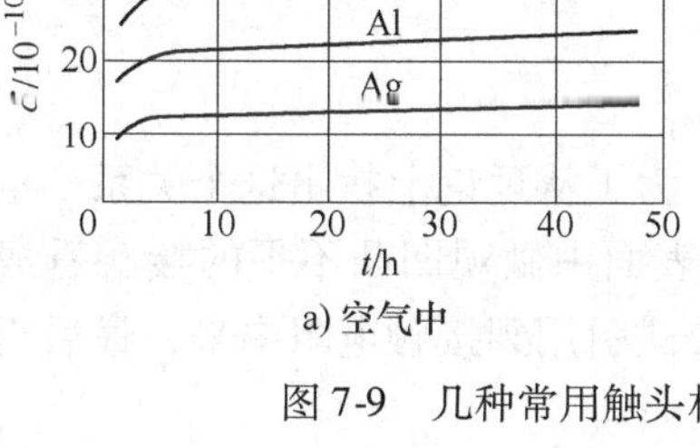

a) 空气中

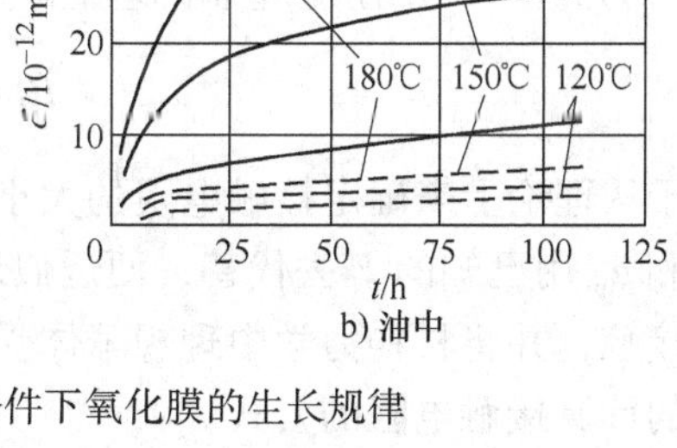

b) 油中

图7-9 几种常用触头材料在不同条件下氧化膜的生长规律

或钝化膜。有的材料，例如钨，在电弧作用下生成 WO_3 氧化物，这种氧化物呈浅黄绿色粉末，易于清除。银钨或银钼在电弧作用下会生成钨酸盐或钼酸盐。在有机蒸气环境中，金属表面常附有一种粉状的有机聚合物，在摩擦作用下形成高分子有机膜。在加工、运输、工作的过程中，金属表面常有油脂、灰尘的沾污。在湿度较大的环境中，还有水汽的吸附形成水膜。

可以看出，金属表面上膜的生长是一个非常复杂的现象，对于电接触应用来说，我们最关心的是膜的导电性和膜是否易于破坏的问题。

近代物理告诉我们，电子具有粒子和波动两重性质，即所谓的“波”“粒”二相性。按照经典理论，一层绝缘膜，不论它的厚度如何，电子都不能穿过它而导电。但是，根据量子力学理论，电子作为波的性质，是能透过薄膜而导电的，这个效应称为“隧道效应”。对于极薄的导电膜，电子可借“隧道效应”透过薄膜而导电；而对于很厚的绝缘膜，电子隧道透过膜的几率非常小，故实际上膜是不导电的。

研究表明，如果把电压加到一个具有完整的绝缘膜的接触面之间，当电压由零逐渐升高时，膜一直会保持在绝缘状态（电阻值在 MΩ 的数量级），但膜电阻随电压的上升而下降，电压越大，阻值越小，呈现出半导体的特性。当电压升高到某一临界值时（例如 5V，视具体膜的种类和厚度而定），膜被击穿，电阻突然消失，接触面之间的电压立即下降到零点几伏的数量级，电流导通。图 7-10 表示绝缘膜的这种电击穿过程，图中实线段表示加电压或减电压时膜处于完好的绝缘状态。当外加电压超过临界电压 U_0 时，膜被击穿（击穿过程用虚线段表示），电流通路形成，最后稳定在终止点（R_z，U_z）工作。由于膜的击穿与气体介质击穿的过程不同，霍尔姆把膜的击穿称为膜的熔解（Fritting）。

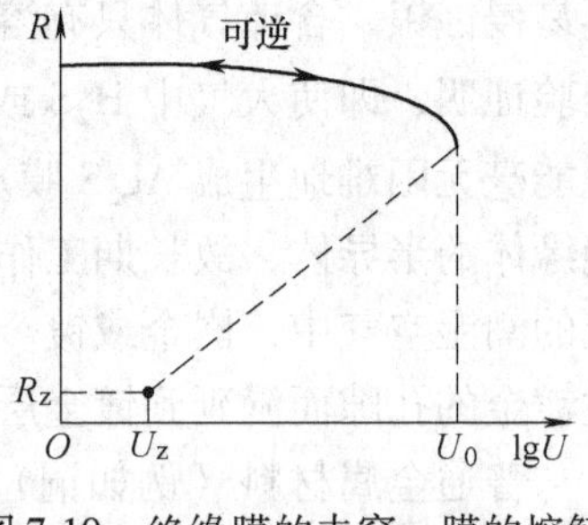

图 7-10 绝缘膜的击穿—膜的熔解

研究指出，大多数情况下膜击穿后的电压在 0.3 ~ 0.5V，但也发现某些情况下膜击穿后电压在 0.01 ~ 0.02V。前者称为 A 类熔解，后者称为 B 类熔解。

绝缘膜除用电的方法破坏外，还可用机械的方法破坏。机械方法是在接触元件上施加一定的外力，从而使实际接触面的微观凸起接触处获得极高的应力。当凸起处受压变形时，膜亦随之破裂。或者在两接触面受压的同时，使两表面做相对滚滑，将膜磨碎并剥离。研究还指出，膜的机械破坏要求实际接触面上作用有很高的局部压力，并且表面膜比本体金属应具有大得多的硬度和脆性。为此需要保持接触表面有一定的粗糙度，使接触斑点有小的接触面积，以获得高的局部接触压力。同时选用适当的接触材料和结构，例如固定接触用锡镀层做接触区过渡材料，可分合接触用滚滑结构等。

上面分别对接触电阻中的收缩电阻和膜电阻作了理论上的分析。根据式（7-7）、式（7-12）及式（7-14），可以写出接触电阻的理论计算公式为

$$R_j = \frac{\rho}{2na_p} + \frac{\sigma}{\pi n a_p^2} \tag{7-15}$$

由于从理论上来确定接触电阻的大小非常困难，为了从理论上找出这个关系，从而把未知的 n 和 a_p 用已知的 F 去代替，便近似地把接触内表面中微观凹凸不平的接触看成是宏观球体的接触，并将材料力学中理想球体受压变形的公式引用到接触电阻中来，最后得出工程上实用的计算接触电阻的公式。

实验指出，两接触元件接触时，在材料和表面状况一定的条件下，接触点个数 n 和平均半径 a_p 是接触力 F 的函数。根据弹性力学分析，理想光滑弹性球与平面接触，接触面半径 a 与接触力 F 之间的关系为

$$a = \sqrt[3]{\frac{F}{E}r} \tag{7-16}$$

式中，E 为材料弹性模量；r 为球的半径。

在塑性变形情况下，刚性球对平面试件做压痕试验时，其压痕面积 A 与接触力 F 之间的关系为

$$F = HA = H\pi a^2 \tag{7-17}$$

式中，H 为材料的布氏硬度；a 为压痕口半径。

因压痕凹陷很小，近似地可认为 $A = \pi a^2$。将式（7-17）引用于电接触中应作一定的修正，因为电接触一般不是光滑刚性球对平面的接触，而是相近硬度材料其表面又有一定粗糙度的接触，变形也不完全是塑性，而多少有一定的弹性变形。为了考虑这些差别，引入一因数 ξ，并将式（7-17）改写成

$$F = \xi H\pi a^2 \tag{7-18}$$

式中，ξ 在0.3～1之间。接触面越光滑，变形为塑性时，ξ 越接近于1。

由式（7-16）和式（7-18）可以看出，理想球和平面接触时，接触面半径 a 与接触力 F 之间的关系为

$$a \propto F^m \tag{7-19}$$

弹性变形时 $m = \frac{1}{3}$，塑性变形时 $m = \frac{1}{2}$。如果将此关系代入接触电阻理论公式（7-15），并认为 $na_p = a$，同时把膜的影响合并到收缩电阻中去，便可写出

$$R_j \propto F^{-m} \tag{7-20}$$

因此根据理论分析和实验结果，得出工程上实用的经验公式为

$$R_j = \frac{K_j}{(0.102F)^m} \tag{7-21}$$

式中，F 为触头压力（N）；R_j 为触头接触电阻（μΩ）；m 为与触头接触形式、压力范围和实际接触点数有关的指数，点接触时此值为0.5，线接触时其值在0.5～1之间，约为0.7，面接触时此值为1；K_j 为与接触材料、接触表面加工方法、接触表面状况等有关的系数，见表7-1。

表7-1　各种触头材料的 K_j 值

触头材料	表面状况	K_j
银-银	未氧化	60
铜-铜	未氧化	80～140
铝-铜	未氧化	980
铝-黄铜	未氧化	1900
黄铜-黄铜	未氧化	670
镀锡的铜-镀锡的铜	未氧化	100
AgCdO12-AgCdO12	未氧化	170
AgCdO12-AgCdO12	氧化	350

从式（7-21）可以看出，由于影响接触电阻的因素非常复杂，不同的研究者在不同条件下得到的实验数据往往会有较大的差别，它不能概括所有因素对接触电阻的影响，具有很大的局限性，所以式（7-21）只能用来估算接触电阻的数量级。通常工厂中采用测量接触电压降的方法来实测接触电阻，即在电接触连接处通过一定的电流时，测量其两端的电压降，然后计算出接触处的电阻大小即可。

7.2.3 接触电阻的影响因素

开关电器工作时，其工作的可靠性和稳定性都与接触电阻的大小有关，一般希望得到低而稳定的接触电阻。影响接触电阻的因素很多，如接触形式、接触压力、金属材料性质、触头温度、接触表面的加工情况、化学腐蚀、电化学腐蚀等。现分别阐述如下：

1. 接触形式

接触表面的接触形式有三种：点接触、线接触、面接触，如图 7-11 所示。

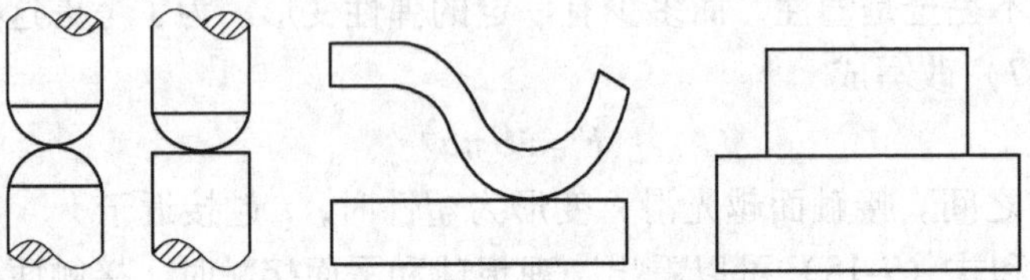

a) 点接触　　b) 线接触　　c) 面接触

图 7-11　接触形式

所谓点接触是指在一个很小的面积内，有若干个接触点发生了真正的接触，而并非只有一个点接触；线接触是指沿着一条线或狭长的表面发生的接触；面接触是指沿着宽阔的平面所发生的真正接触。

在小接触压力时，点接触的接触电阻较小，面接触的接触电阻要比点接触和线接触的接触电阻大；在较大压力的情况下，面接触的接触电阻较小；在更大接触压力时，三种不同接触方式的接触电阻相差不大。

试验结果表明，在相同的一定范围的压力条件下，线接触的接触电阻可以比点接触和面接触都低，这是由于触头上的压力和实际接触面积得到适当配合的结果。面接触的接触点数虽然较多，但压强小；而点接触的接触点数很少，但压强较大，因此面接触和点接触时的接触电阻都较大。

一般来说，由于点接触时接触面很小，则膜电阻也较小，但散热面积及热容量都较小，所以多用于小电流的场合（如继电器触头等），但为了保证有足够的压强，要求触头的曲率半径要小，且要最大限度地破坏和清除触头表面的氧化膜，以消除膜电阻的影响。线接触的压力集中，实际的压力强度较大，在中等压力的情况下，接触电阻较小，广泛用于接触器、断路器以及高压开关电器的可动接触中。线接触的主要优点在于调整方便，且在触头闭合过程中有相对运动而使触头表面得到自动净化，可以消除膜电阻的影响。面接触的接触面相对较大，压力很大，使接触电阻减小，且散热面积及热容量都较大，多用于大电流以及固定接触中。

对于固定接触，接触部分的名义接触面积要足够大，以利于散热，通常要求每安培额定电流需要的名义接触面积，对材料为金属铝时不应小于4 ~ 7mm^2，材料为金属铜时不应小于3 ~ 5.5mm^2（额定电流大时，单位电流所需的面积取大值）。为了保证接触均匀，一般在每1600 ~ 2500mm^2的名义接触面积上，需要有一个压紧螺钉。具体可根据有关规定选用。

2. 接触压力

接触压力对接触电阻的影响最大，当接触压力很小时，接触压力微小的变化将使接触电阻的值产生很大的波动。实验得出：接触处压力越大，则接触电阻越小。接触电阻与接触压力的关系如图7-12所示。

将式（7-21）进行变换可以得出

$$R_j(0.102F)^m = K_j$$

由此可知，触头接触电阻与触头压力呈近似双曲线关系，即接触电阻 R_j 在一定的压力范围内随外加压力 F 的增大而减小。当接触电阻减小到一定数值时，即使再增加接触压力，R_j 也减小得不明显，即 R_j 的数值基本保持不变（见图7-12）。对于这种现象可以解释如下：在压力作用下，两表面接触处产生弹性变形，压力增大，变形增加，有效面积也增加，接触电阻减小，但压力的增加却无法使整个表面接触；同时由于压力增加到一定程度后，表面膜被压碎，膜电阻已经稳定于一个较小的数值。但只要有接触面的存在，总会有一定数量的接触电阻，因此当压力大到一定程度后接触电阻就不再降低，而保持在一个较小的数值上。

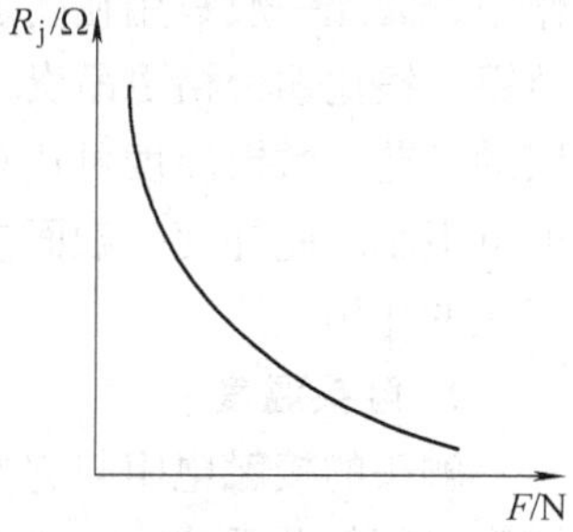

图7-12 接触电阻与接触压力的关系

从图7-12可以看出，要使两个导体之间实现电接触，把电路接通，必须在导体接触处施加一定的压力，将接触处压紧，并不是把两个导体随便碰在一起就可以了。如果导体间的相互压力为零，则接触电阻为无穷大，实际上就是没有使电路接通。

为了保证触头能够在给定的电流条件下正常地工作，通常希望触头的接触电阻越小越好，因此触头之间的压力就不能小于某一数值。但是压力过大也是完全不必要的，如上所述，随着压力增加到某一值，接触电阻的减小已经变得不明显了，相反还将带来其他不利的影响，如使材料的弹性消失，极有可能破坏电接触连接。所以选择适当的触头压力显得尤为重要。

3. 金属材料性质

构成电接触的金属材料的性质直接影响接触电阻的大小。这些材料的性质包括电阻率、材料的机械强度和硬度、材料的化学性能等。电阻率越高，接触电阻越大；硬度越高，材料越不容易变形，在一定的压力下接触面积就越小，因而接触电阻就越大。

单纯从减小电阻率的观点来看，可以选用电阻率值小、硬度低（材料软）的材料。但是还必须注意到对触头材料的另一些方面的要求，如化学性质要稳定，应有足够的机械强度，不易产生电化学腐蚀，耐电弧烧蚀以及价格便宜等。因此在选定触头材料时应综合考虑。

在化学性质方面，主要是接触表面氧化和化学腐蚀的影响，它们都可以造成触头工作时接触电阻的增加。如铝在空气中室温的条件下，就能被氧化而生成坚硬的、电阻率很高的厚氧化膜，对导电很不利；而金、铂等贵金属虽化学性能稳定，表面不易产生不导电的膜，但其价格较昂贵。

由于材料很容易在表面形成氧化膜，如果不设法清除，接触电阻就会显著增大。为了减少表面氧化作用对接触电阻的影响，目前常采用表面处理的方法。在触头接触处易氧化的材料表面用不易氧化、氧化膜电阻率小而不太坚硬的材料（如银、锡、锌、镉等）作为保护覆盖层，即用软金属覆盖在硬金属上。例如铜、黄铜、青铜的电接触连接一般需要在表面镀锡、搪锡或镀银、镶银的办法；铝用作固定电接触材料时需要在表面上涂凡士林或用超声波搪锡、镀银。但是由于镀层较薄（一般在几十微米以下），大多不能承受机械磨损和电弧的作用，因此一般只用在固定电接触中。对于可分合电接触的触头而言，常直接采用铜以及铜镀银，银比铜价格更昂贵，但银的化学性质比铜更稳定；也可在铜导电杆和触指上采用敷银层的工艺，敷银厚度可达0.6～0.7mm。这种接触方式的机械强度较高，接触稳定性好且接触电阻小。此外使接触面接触得紧密和减少外界条件对接触处的影响，都可以起到减少表面氧化的作用。

4. 触头温度

触头的接触电阻与它本身的金属电阻一样，也受温度的影响。由试验得到，接触电阻与温度之间的关系式为

$$R_j = R_{j0}\left(1 + \frac{2}{3}\alpha_0\theta\right) \tag{7-22}$$

式中，R_{j0}为触头在0℃时的接触电阻（Ω）；α_0 为触头材料的电阻温度系数（1/℃）；θ 为触头的温度（℃）。

可以看出，随着触头温度的升高，金属的电阻率有所增加，接触电阻也增加。但当温度上升到材料的软化点后，材料硬度急剧下降，使有效面积增大，接触电阻减小。所以在温度的上升过程中，具有一定的补偿作用。

此外温度的升高使化学腐蚀和氧化作用加强。例如铜在70～80℃时，它的表面氧化作用便趋于剧烈，会使表面膜电阻增加。温度高，接触电阻增大，损耗就大，又使接触处温度再升高，形成一个恶性循环。若一直继续下去，触头的温度甚至就有可能升高到材料的软化温度或熔点。因此国际和各国家的技术标准对电器各部分的最大允许发热温度都有明确的规定。如对于铜在环境温度为40℃时，其最大允许发热温度不得超过75℃（在空气中）；铜镀银时可提高到105℃；对于裸铜的固定接触，最大允许发热温度则为90℃。

图7-13表示在压力不变的情况下，接触电阻 R_j 与触头温度 θ 的关系曲线。曲线1的压力比曲线2的压力小，因此接触电阻大。

在 A 点以前，R_j 与 θ 的关系由式（7-22）决定。接触电阻随温度升高而增加到 A 点时，θ 在250～400℃（具体温度视不同的材料而定），材料软化，接触面扩大，接触电阻突降，这时触头材料机械强度突减，触头将遭到破坏，这是不允许的。这种情况有可能发生在触头通过较长时间短路电流的故障状态。当触头温度达到材料的熔化点温度后，接触处就会熔焊在一起，触头难以分离，电器将不能正常工作。在设计触头时，应恰当地选择触头的材料和触头压力，使触头在通过额定电流时不会软化，通过最大电流时也不致熔焊。

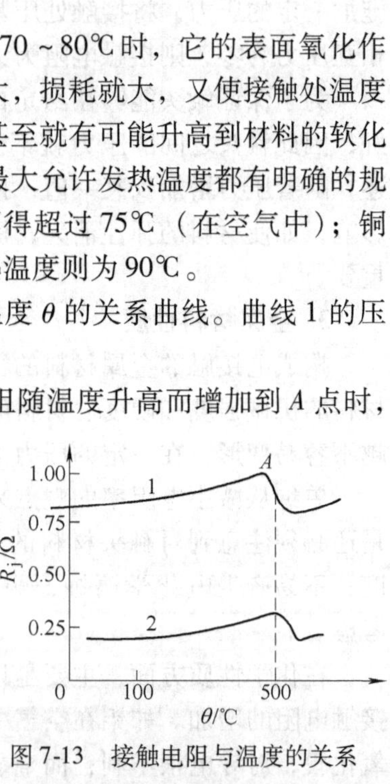

图7-13 接触电阻与温度的关系

5. 接触表面的加工情况

表面粗糙度影响接触面的实际接触点数目，因而对接触电阻有一定的影响。接触表面可以粗加工，也可以精加工。至于采用哪种方式加工更好，要根据负荷大小、接触形式和用途而定。

对接触表面粗糙度要求过低，磨光的表面反而会使实际接触面积减小而增大接触电阻。当然粗糙度低的触头不易受污染，也不易生成各种表面膜，因而可以减少周围介质对接触电阻的影响，保证接触电阻的稳定。

对于大、中电流的触头表面，不要求精加工，通常加工接触表面的粗糙度达 $R_a = 12.5 \sim 3.2\mu m$ 就足够了，有时用锉刀挫平即可。但为了保证有更多的接触点，应提高接触面的平整度。两个平整而较粗糙的平面接触在一起，触点数目较多，且能有效清除氧化膜。相反，精加工的表面，当装配稍有歪斜时，接触点数会显著减少。

对于某些小功率电器，触头电流在毫安级以下，为了保证接触电阻值小而稳定，要求触头表面粗糙度越低越好，达到 $R_a < 0.2\mu m$。而为了达到这样低的粗糙度，往往采用机械、电或化学抛光等先进工艺。

6. 化学腐蚀

触头在长期工作过程中，由于化学腐蚀和电化学腐蚀，都会引起接触电阻有所改变。

所谓化学腐蚀是指单纯由化学作用而引起的腐蚀。

（1）当触头在长期闭合时，周围介质的氧分子等会从接触点周围逐渐渗透，与金属起化学反应，形成金属氧化物，这样会使实际接触面积减小，接触电阻增加。接触面温度越高，氧化作用越强。为了保证接触电阻的稳定，必须保证接触点在长期工作下的温度不能过高，这就是国家标准中规定电接触连接的极限允许温升较低的原因所在。

（2）当触头在分开位置时，由于空气中的氧气、硫化氢、二氧化硫、氯等与触头表面发生接触，在金属表面生成相应的氧化物、硫化物、氯化物等。此外触头也可以与变压器油中的有机酸等起化学反应，生成不导电的化学膜。它们都会引起接触电阻的增加。

为了减小化学腐蚀的影响，通常采用以下几种方法：

1）增大接触压力，将接触面上所产生的不导电膜压碎。

2）设计触头时，尽可能选用能自动净化的接触形式，以利于去除氧化膜。

3）在接触处加覆盖层，可以保护接触面，以减小化学腐蚀的影响。

4）采用密封装置，如将触头放置到密闭装置内，以防止与空气中气体发生接触或防止周围介质的倾入；若对可靠性要求较高的触头而言，还可以在密封装置中抽真空等。

7. 电化学腐蚀

当金属和电解质溶液接触时，由于电化学作用而引起的腐蚀，称为电化学腐蚀。

大气中含有水分和其他气体（如 CO_2、HCl、SO_2等），两种不同金属（如铜和铝）的接触处受潮后，其吸收的水分子和 CO_2、HCl 等气体形成电解质溶液，并将发生离解：

$$HCl = H^+ + Cl^-$$

$$H_2O + CO_2 \rightleftharpoons H_2CO_3 \rightleftharpoons 2H^+ + CO_3^-$$

水亦有轻度离解：

$$H_2O \rightleftharpoons H^+ + OH^-$$

因此溶液中有 H^+、Cl^-、OH^- 等离子，溶液呈酸性。在酸性溶液中，形成了以铜、铝为电极的化学电池。

由于铝比铜的金属活泼性强，在上述电池中，铝失去电子成为铝离子进入溶液，与溶液中的阴离子发生变化。

$$Al - 3e \rightarrow Al^{3+}$$

$$Al^{3+} + 3OH^{-} \rightarrow Al(OH)_3 \downarrow$$

产生的 $Al(OH)_3$ 使触头的接触电阻增加。由于铝极上有多余的电子而成为负极，由图 7-14a可知铜与铝是直接接触的，如同电池被短路，类似于图 7-14b 所示那样，电子由铝极经外电路流向铜电极（正极）。溶液中氢离子在铜极上获得电子，生成氢气逸出。

$$2H^{+} + 2e \rightarrow H_2 \uparrow$$

上述反应不断进行，使铝逐渐被腐蚀，这就是电化学腐蚀。

各种金属的活泼性，可按它们在标准电极电位表中的先后顺序来决定（见表 7-2）。

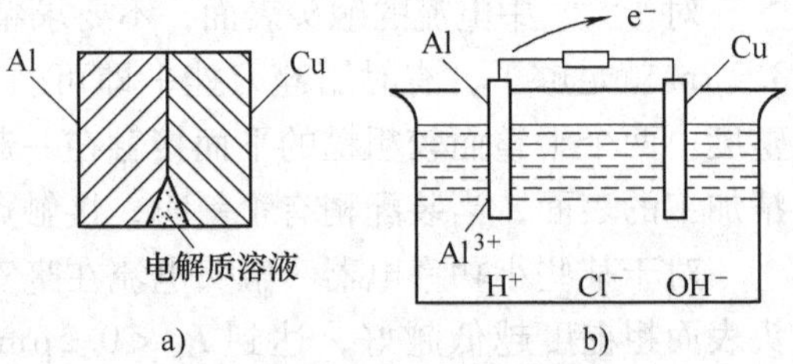

图 7-14 电化学腐蚀原理图

表 7-2 标准电极电位表

金 属	铝 Al	锌 Zn	铬 Cr	铁 Fe	镉 Cd	镍 Ni	锡 Sn	氢 H	铜 Cu	银 Ag	铂 Pt	金 Au
电位/V	-1.66	-0.76	-0.74	-0.44	-0.4	-0.25	-0.14	0	0.34	0.8	1.2	1.5

当两种不同的金属组成化学电池时，由于电极电位小的金属其活泼性较大，构成负电极而容易被腐蚀，正电极则不被腐蚀。两种金属的电极电位值相差越大，构成负电极的金属腐蚀就越严重。

通常规定氢的电极电位为 0V，在氢以后的金属具有不同的正电位（如铜的电极电位为 0.34V）；而在氢前面的金属具有不同的负电位（如铝的电极电位为 -1.66V）。

为了减小电化学的腐蚀作用，在选取触头对时，不宜采用在电极电位顺序表中电位相差较大的金属构成电接触，而应取电极电位顺序表中位置靠近的，以减小化学电位。例如不宜采用铝-铜作为触头对。在两种金属的接触表面，可以用电镀或喷涂等方法覆盖同一种金属，以减少电化学腐蚀。但对电镀层或涂层而言也要注意电化顺序，例如铜镀锡等。有些电接触必须采用铜与铝接触时，可在铝表面用铜或银覆盖，或在铜与铝之间加上锌片。

保持触头清洁，并与大气隔绝，可以避免空气中的水分凝聚在触头表面，有效地预防电化学腐蚀，如在电接触缝隙处涂以油漆以及凡士林等薄膜。

7.3 接触导体温升

电器触头在长期通过额定电流时的发热温升不能超过国家标准规定的数值，以保证触头接触稳定，工作可靠。否则触头温升过高会引起接触电阻增大，导致其温升继续上升，有可能使触头发生熔焊在一起的现象，影响正常工作。

触头的发热与一般导体不同，它分本体发热和触点发热两部分。由于接触处要产生接触电阻，因而产生的热量很大，同时其表面积很小，接触处产生的热量通过热传导方式向两边导体沿轴向传导出来，通过导体外表面周围介质的接触，将热量散发到周围介质中去。因此，接触处的温度要比触头本体高。综上所述，接触导体的最高温升应包含三部分：一是触头接触处的温升，二是触头与导体连接处的温升，三是导体本身的温升。

7.3.1　触头的发热

根据接触面附近电流收缩的物理图景，首先对接触面附近的温度分布情况作一定性分析：当电流流过触头接触处（实际上是通过接触面上的导电斑点 a）时，电流线必定发生收缩，电流密度相应增大。在导电斑点 a 上，电流线收缩达到极限，电流密度最大（比如说可达 $10^{11}\mathrm{A/m^2}$ 的数量级）。由于转化为热量的功率损耗与电流密度的平方成正比，电流线越收缩，电流密度越大，功率损耗将成平方倍地增加。在散热方面，由于内表面中气隙很小，不能与外界造成对流，同时空气的热导率很小，传热能力极差，辐射散热又因接触处正常工作的温度不高，可以忽略。因此，电流收缩区产生的大量热量只能通过两接触元件导体本身传导出来，最后散失到周围介质中去。因导电斑点上电流密度最大，传热面积最小，所以此处的温度最高。离开导电斑点越远的地方，电流密度越低，传热面积越大，故温度越来越低，直至与远处的导体温度相等。

当导体具有足够长度时，导体端部的稳定温升可以表示为

$$\tau_{\mathrm{wd}} = \frac{I^2\rho}{K_{\mathrm{T}}pA} \tag{7-23}$$

式中，I 为通过导体的电流（A）；ρ 为导体的电阻率（$\Omega \cdot \mathrm{m}$）；K_{T} 为导体的综合表面传热系数[$\mathrm{W/(m^2 \cdot K)}$]；p 为导体的横截面周长（m）；A 为导体的截面积（$\mathrm{m^2}$）。

由于触头接触处的接触电阻受很多因素影响，难以准确计算，如触头、触头支架以及连接导线形状复杂，加之热传导的路径、散热面积等都无法准确计算。因此，触头的热计算只能近似估算。下面根据电流线收缩理论来推导触头接触处的温升。

图 7-15 所示为计算触头连接处温升的示意图。图中示出了距接触面 x 处的截面 1 的温升为 τ，电位差为 U。假定接触面既是等温面又是等电位面。显然接触面处的温升为最高温升 τ_{jm}，其温度梯度为零。假设接触面的电位为零，又设触头对称于接触面，则触头与导体连接的截面 3 处的电位为 $\frac{1}{2}U_{\mathrm{j}}$。其中 U_{j} 为接触面的接触电压降。

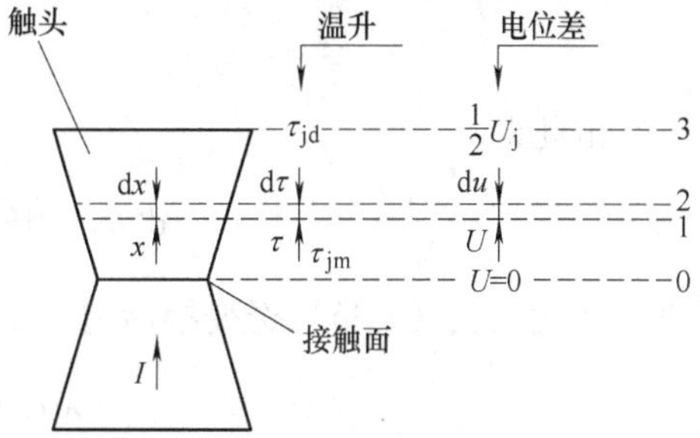

图 7-15　触头接触处的温升计算

设截面 1 与 2 之间 dx 段的热阻为 dR_{T}，电阻为 dR_{e}。由于流过各截面的电流 I 都相同，则 dx 段的电阻为该段电压降与电流之比，即

$$\mathrm{d}R_{\mathrm{e}} = \frac{\mathrm{d}U}{I}$$

流入截面 1 的热流为

$$P_1 = -\frac{\mathrm{d}\tau}{\mathrm{d}R_{\mathrm{T}}}$$

由截面 2 流出的热流为

$$P_2 = -\frac{\mathrm{d}(\tau + \mathrm{d}\tau)}{\mathrm{d}(R_{\mathrm{T}} + \mathrm{d}R_{\mathrm{T}})}$$

电流通过 $\mathrm{d}x$ 段产生的焦耳热为

$$P_3=\frac{(\mathrm{d}U)^2}{\mathrm{d}R_\mathrm{e}}$$

若不考虑触头侧面向周围介质的散热，则热平衡方程为

$$P_2=P_1+P_3$$

即

$$\frac{\mathrm{d}\tau}{\mathrm{d}R_\mathrm{T}}-\frac{\mathrm{d}(\tau+\mathrm{d}\tau)}{\mathrm{d}(R_\mathrm{T}+\mathrm{d}R_\mathrm{T})}=\frac{(\mathrm{d}U)^2}{\mathrm{d}R_\mathrm{e}}$$

整理变换得

$$\frac{\mathrm{d}\tau}{\mathrm{d}R_\mathrm{T}}-\frac{\mathrm{d}\tau+\mathrm{d}^2\tau}{\mathrm{d}R_\mathrm{T}+\mathrm{d}^2R_\mathrm{T}}=\frac{(\mathrm{d}U)^2}{\mathrm{d}R_\mathrm{e}}$$

$$\frac{\mathrm{d}\tau(\mathrm{d}R_\mathrm{T}+\mathrm{d}^2R_\mathrm{T})-\mathrm{d}R_\mathrm{T}(\mathrm{d}\tau+\mathrm{d}^2\tau)}{\mathrm{d}R_\mathrm{T}(\mathrm{d}R_\mathrm{T}+\mathrm{d}^2R_\mathrm{T})}=\frac{(\mathrm{d}U)^2}{\mathrm{d}R_\mathrm{e}}$$

因为 $\mathrm{d}^2R_\mathrm{T}\ll\mathrm{d}R_\mathrm{T}$，所以忽略 d^2R_T 后可得

$$-\frac{\mathrm{d}^2\tau-\mathrm{d}\tau\dfrac{\mathrm{d}^2R_\mathrm{T}}{\mathrm{d}R_\mathrm{T}}}{\mathrm{d}R_\mathrm{T}}=\frac{(\mathrm{d}U)^2}{\mathrm{d}R_\mathrm{e}} \tag{7-24}$$

$\mathrm{d}x$ 段的电阻和热阻分别为

$$\mathrm{d}R_\mathrm{e}=\frac{\rho\mathrm{d}x}{S}$$

$$\mathrm{d}R_\mathrm{T}=\frac{\mathrm{d}x}{\lambda S}$$

式中，S 为截面积（m^2）；ρ 为导体的电阻率（$\Omega\cdot\mathrm{m}$）；λ 为触头材料的热导率（$\mathrm{W/(m\cdot K)}$）。

$\mathrm{d}x$ 段的电阻和热阻的比值为

$$\frac{\mathrm{d}R_\mathrm{T}}{\mathrm{d}R_\mathrm{e}}=\frac{1}{\rho\lambda} \tag{7-25}$$

由此得

$$\mathrm{d}^2R_\mathrm{T}=\mathrm{d}R_\mathrm{e}\mathrm{d}\left(\frac{1}{\lambda\rho}\right)=-\mathrm{d}R_\mathrm{e}\cdot\frac{\mathrm{d}(\lambda\rho)}{(\lambda\rho)^2}$$

将上式代入式（7-25）经变换后得

$$\frac{(\lambda\rho)\mathrm{d}^2\tau+\mathrm{d}\tau\mathrm{d}(\lambda\rho)}{\mathrm{d}U}=-\mathrm{d}U$$

或

$$\mathrm{d}\left[(\lambda\rho)\frac{\mathrm{d}\tau}{\mathrm{d}U}\right]=-\mathrm{d}U$$

积分后可得

$$\lambda\rho\frac{\mathrm{d}\tau}{\mathrm{d}U}=-U+C \tag{7-26}$$

积分常数 C 决定于触头接触面处的边界条件，即

当 $U=0$ 时，$\tau=\tau_{jm}$，则$\frac{d\tau}{dx}=0$。

因为电位差与该段的电阻大小有关，所以与该段的长度成正比。根据$\frac{d\tau}{dx}=0$，得$\frac{d\tau}{dU}=0$。故当 $U=0$ 时，将$\frac{d\tau}{dU}=0$ 代入式（7-26）得到积分常数的大小为

$$C=0$$

积分表达式为

$$\lambda\rho\frac{d\tau}{dU}=-U$$

变换得

$$\int_{\tau_{jd}}^{\tau_{jm}}(\lambda\rho)d\tau=\int_{\frac{U_j}{2}}^{0}(-U)dU$$

积分后可得

$$\lambda\rho(\tau_{jm}-\tau_{id})=\left(-\frac{U^2}{2}\right)\Bigg|_{\frac{U_j}{2}}^{0}=\frac{U_j^2}{8}$$

$$\tau_{jm}-\tau_{id}=\frac{U_j^2}{8\lambda\rho} \tag{7-27}$$

式中，U_j 为由接触电阻 R_j 而引起的接触电压降（V）；τ_{jd}为触头与导体连接处的温升（K）。

由于金属材料具有这样的特性：电阻率与热导率成反比，即电阻率值越大，热导率值越小。对于任何纯金属材料，从理论上讲其电阻率与热导率的乘积与热力学温度 T 呈线性关系，即

$$\lambda\rho=LT \tag{7-28}$$

式中，L 为 Lorenz 系数，与金属材料的种类和温度都无关，其理论值的大小为

$$L=2.4\times10^{-8}\mathrm{V^2/K^2}$$

将式（7-28）代入式（7-27），则接触导体的最高温升为

$$\tau_{jm}=\frac{U_j^2}{8LT}+\tau_{id} \tag{7-29}$$

触头与导体连接面上的稳定温升可以用下式计算：

对于单断点触头
$$\tau_{id}=\tau_{wd}\left[1+\frac{175U_j}{\sqrt{\tau_{wd}}}\right] \tag{7-30}$$

对于双断点触头
$$\tau_{id}=\tau_{wd}\left[1+\frac{350U_j}{\sqrt{\tau_{wd}}}\right] \tag{7-31}$$

因此触头接触处的稳定温升 τ_{jm}的大小为

对于单断点触头
$$\tau_{jm}=\frac{U_j^2}{8\lambda\rho}+\tau_{id}=\frac{U_j^2}{8\lambda\rho}+\tau_{wd}\left[1+\frac{175U_j}{\sqrt{\tau_{wd}}}\right] \tag{7-32}$$

对于双断点触头
$$\tau_{jm}=\frac{U_j^2}{8\lambda\rho}+\tau_{id}=\frac{U_j^2}{8\lambda\rho}+\tau_{wd}\left[1+\frac{350U_j}{\sqrt{\tau_{wd}}}\right] \tag{7-33}$$

例 7-1　已知触头导电板的厚度 $h=6\mathrm{mm}$，宽度 $b=40\mathrm{mm}$，电阻率 $\rho=2.3\times10^{-8}\Omega\cdot\mathrm{m}$，

综合表面散热系数 $K_T = 9\text{W}/(\text{m}^2 \cdot \text{K})$，双断点触头的接触电阻 $R_j = 5\times10^{-6}\Omega$。当通过电流 $I = 600\text{A}$时，求触头接触处的温升。（假设周围环境温度 $\theta_0 = 30℃$）

解：（1）求 τ_{wd}

$$\tau_{wd} = \frac{I^2\rho}{K_T PA} = \frac{600^2\times2.3\times10^{-8}}{9\times92\times10^{-3}\times240\times10^{-6}}\text{K} = 42\text{K}$$

（2）求 U_j

$$U_j = IR_j = 600\times5\times10^{-6}\text{V} = 3\times10^{-3}\text{V}$$

（3）求 U_{jd}

$$\tau_{id} = \tau_{wd}\left[1+\frac{350U_j}{\sqrt{\tau_{wd}}}\right] = 42\times\left(1+\frac{350\times3\times10^{-3}}{\sqrt{42}}\right)\text{K} = 48.8\text{K}$$

（4）求 U_{jm}

$$\tau_{jm} = \frac{U_j^2}{8LT} + \tau_{id}$$

$$T = \tau_{jd} + \theta_0 + 273\text{K} = (48.8+30+273)\text{K} = 351.8\text{K}$$

$$\tau_{jm} = \left[\frac{(3\times10^{-3})^2}{8\times2.4\times10^{-8}\times351.8} + 48.8\right]\text{K} = 49\text{K}$$

7.3.2　接触电阻与接触电压降

触头接触面温度上升时，由于接触电阻 R_j 增大，接触电压降 U_j 也会增大。反之亦然。但实验所得到的“R_j-U_j”特性并非全然如此（见图 7-16）。由图可见，整个 R_j-U_j 特性可分成五段：

第一段（*ab* 段）：当通过电接触的电流增大时，接触电压降和相应的斑点 *a* 温度增高。根据电阻随温度升高而增大的规律，接触电阻（因接触表面是清洁的，所以主要是收缩电阻）也就随着温度的升高而增大，这就是 *ab* 段曲线上升的原因。

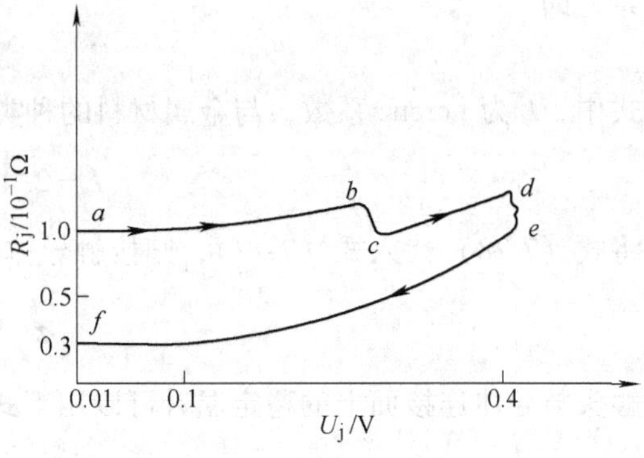

图 7-16　触头的 R_j-U_j 特性

第二段（*bc* 段）：当接触电压降及相应的斑点 *a* 温度达到 *b* 点（为材料的软化点）时，由于材料的机械强度大大减小，使实际接触面积很快扩大，此时接触电阻便显著减小。对应于触点温度已高达能使触点金属材料机械性质发生突然下降的 *b* 点，即材料达到软化的程度，称为接触材料的软化电压。这时，在接触压力的作用下，由于接触面积增大，会使 R_j 骤减。材料为铜时，其软化电压为 0.12V，相应的软化温度为180℃。

第三段（*cd* 段）：曲线达 *c* 点以后如果再继续增大电流，斑点 *a* 及收缩区的温度再继续增高，但由于材料达软化点以后的一段温度范围内机械强度不再减小，接触斑点 *a* 面积不再继续扩大。根据 *ab* 段相同的规律，R_j 仍将随 U_j 而逐渐增大。

第四段（*de* 段）：当接触电压降和斑点 *a* 温度达 *d* 点时，斑点 *a* 处材料熔化，熔融金属在外力作用下被挤压向周围蔓延，此时斑点 *a* 处金属熔为一体，接触电阻便再度骤减至 *e*

点。因为此时接触面积因温度已达到熔点而增大很多，对应于 d 点的电压称为材料的熔化电压。同样对于材料铜，其熔化电压为0.43V，相应的熔化温度为1083℃。

第五段（ef 段）：斑点 a 熔化后，接触电阻突然减小，由于发热减小，热传导能力增强，斑点 a 处熔化金属迅速冷却凝固，整个收缩区温度逐渐降低，曲线便沿 ef 下降至 f 点。

对于继电器触头，通常可取

$$U_j=(0.5\sim0.8)U_2 \tag{7-34}$$

式中，U_2 为触头的熔化电压。

如果已知触头的允许通过电流为 I，则大体上可以求得触头的允许接触电阻为

$$R_j=U_j/I \tag{7-35}$$

要说明的是即使触头工作在稳定状态，触头的接触电阻也并非是恒值，而是随着时间的变化而不断变化（见图7-17）。因为触点表面始终受大气中腐蚀性气体的作用而产生薄膜，其厚度是与时俱增的，所以接触电阻 R_j 也随之不断增大。然而，随着 R_j 的增大，接触电压 U_j 也在增大，使能破坏薄膜的膜层电场强度和温度同时在增大。当它们增加到一定值时，薄膜就被破坏，R_j 随即骤降。在此之后，上述过程又重复进行。如果形成的薄膜厚度非常坚固，则 R_j 将会增加到非常大的值。此时的触头温升已经足以危害电器绝缘，使之不能正常工作，故必须注意防止产生这样的薄膜。

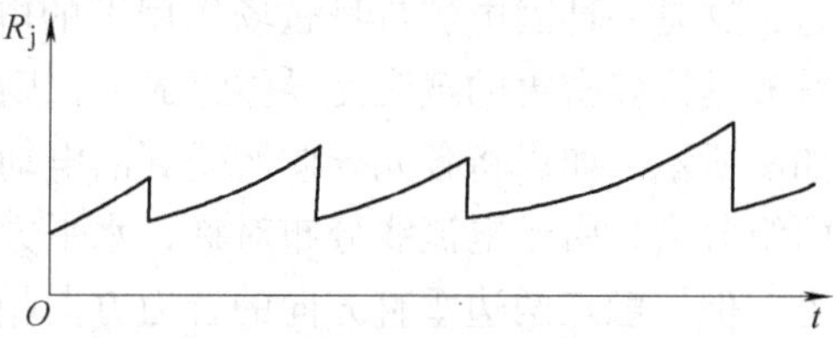

图7-17 接触电阻随时间的变化

然而形成薄膜的主要原因是金属在大气中受到腐蚀——氧化作用。在这方面铜比银的氧化要严重得多。所以在实际应用中常在铜触头上镀银或在接触处嵌上银或银合金块。此外还在结构上采取措施使触头在通断过程中能自行破坏氧化膜，以减小接触电阻，如采用线接触的触头就是如此。对于连接触头，为了防止生成氧化膜，经常于装配前在接触面上涂敷工业用凡士林等防锈油脂予以保护，但装配前应将接触面擦拭干净，以免妨碍导电。近年来，在接触面上已广泛采用涂敷兼有降低接触电阻和保护接触面两种作用的导电膏。

可以看出，研究各种接触材料的 R_j-U_j 特性以及软化电压和熔化电压有很重要的实用意义。软化电压和熔化电压同为触头材料的特性参数。如果已知材料的软化电压和熔化电压，就可以估计出触头不发生熔焊时的最大通过电流，或估计接触电阻的上限，并以此为依据确定触头的其他参数。显然，触头接触处的最高温升应小于触头材料的软化温度。表7-3给出了一些触头材料达到软化温度时的电压 U_1 和熔化温度时的电压 U_2。

表7-3 触头材料的软化电压和熔化电压

材料名称	软化电压 U_1/V	熔化电压 U_2/V	材料名称	软化电压 U_1/V	熔化电压 U_2/V
铝（Al）	0.1	0.3	铬（Cd）	—	0.15
铁（Fe）	0.21	0.6	锡（Sn）	0.07	0.13
镍（Ni）	0.22	0.65	金（Au）	0.08	0.43
铜（Cu）	0.12	0.43	钨（W）	0.4	1.1
锌（Zn）	0.1	0.17	铂（Pt）	0.25	0.65
银（Ag）	0.09	0.37	铜-锌（40%）	—	0.2

由上述可以得出应根据触头的要求来选定材料。在通过额定电流时的电压降 U_j 应小于该种材料达到软化温度时的电压 U_1；而通过过载电流的电压降应小于达到熔化温度时的电压降 U_2。为了安全起见，一般应使 U_j 值远远小于 U_1。如果已知电压 U_j，则可以确定允许的接触电阻大小；然后通过式（7-21）求得所需的触头压力。如果已知触头与导体连接处的温升 τ_{jd}，根据式（7-27）或式（7-28）可以直接求出触头连接处的最大温升 τ_{jm}。

7.4 触头间的电动力

触头之间的电动力包括触头回路的电动力和触头接触处由于电流线收缩引起的电动力两部分。触头回路的电动力计算，在前面第3章中已经讨论过了，现在来分析触头接触处由于电流线收缩引起的电动力。

当电流通过触头时，由于电流线在接触面附近发生收缩，因而在触头间会出现电动斥力，这是一种因电流自身磁场作用下的电动力，如图7-18所示。如果把收缩区中的电流线看成是许多密集的载流元导体组成的，则各元导体所受到的电动力垂直于电流线，力的方向如图所示。如果将各元导体所受到的电动力分解成平行于视在接触面和垂直于视在接触面的两组分力，由于电流线分布对称，水平方向的分力相互抵消，垂直方向的分力相加，方向向上，但接触点两边垂直方向的合力方向相反，就是触头间的电动斥力。

触头接触处由于电流线收缩引起的电动力的计算比较复杂，加之由于触头接触面的加工粗糙程度不同，使触头压力对接触处的状态影响较大，因而难以确定触头接触处电流线收缩的情况，也就无法计算其电动力。现假定接触内表面只有一个导电斑点，或认为导电斑点全部都集中在中心而形成一个大的导电斑点。为了简化分析，把触头复杂的情况理想化，还假定：接触面上的导电斑点不是一个平面而是一个超导小球，此超导小球为一等电位体。在这个假定条件下，收缩区中的等位面不再是一系列的椭圆球，而变成一系列通过超导小球同心的圆球面，电流线则成为一系列通过超导小球球心的辐射状直线。图7-19所示为在这些假定条件下用来分析触头电动力的收缩区电流-电位场（只绘出一半）。

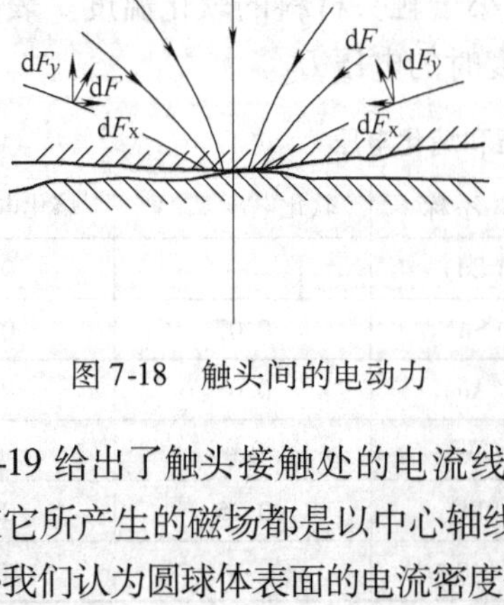

图7-18 触头间的电动力

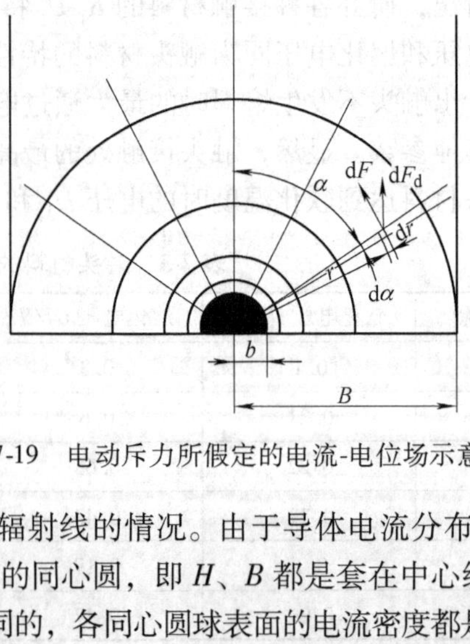

图7-19 电动斥力所假定的电流-电位场示意图

图7-19给出了触头接触处的电流线为球形辐射线的情况。由于导体电流分布的对称性，可以假定它所产生的磁场都是以中心轴线为圆心的同心圆，即 H、B 都是套在中心线上的同心圆。另外我们认为圆球体表面的电流密度也是相同的，各同心圆球表面的电流密度都是均匀的。

令导电斑点小球的半径为 b，圆柱形接触导体的截面半径为 B。取距中心线夹角为 α 处的一个无限薄的锥形导体元 $d\alpha$，分析离小球中心 r 处的无限小段 dr 上所受的电动力。

dr 处的磁场强度为

$$H=\frac{I}{2\pi r}\frac{(1-\cos\alpha)}{\sin\alpha} \tag{7-36}$$

式中，I 为通过触头的电流（A）。

令流过导体元 $d\alpha$ 中的电流为 dI，则 dr 环所受到的电动力为

$$dF=\mu_0 H dI dr \tag{7-37}$$

式中，μ_0 为空气磁导率。

电动力的方向按左手定则确定，垂直于 dr。

现将 dr 所受的电动力 dF 分解成平行于视在接触面和垂直于视在接触面的两个分量，因电流线分布成轴对称，水平方向分力相互抵消，只剩下垂直方向的分力 dF_d 为

$$dF_d=\mu_0 H dI dr\sin\alpha \tag{7-38}$$

通过 $d\alpha$ 导体元中的电流为

$$dI=I\sin\alpha d\alpha \tag{7-39}$$

故 dr 环在垂直方向所受的分力为

$$dF_d=\mu_0 HI\sin^2\alpha dr d\alpha \tag{7-40}$$

将式（7-36）代入上式，积分得整个收缩区导体在垂直方向所受电动力的总和为

$$\begin{aligned}F_d&=\frac{\mu_0 I^2}{2\pi}\int_b^B\frac{dr}{r}\int_0^{\frac{\pi}{2}}(1-\cos\alpha)\sin\alpha d\alpha\\&=\frac{\mu_0}{4\pi}I^2\ln\frac{B}{b}\end{aligned} \tag{7-41}$$

由此可见，电流线收缩所产生的电动斥力只与有效接触面半径 b 和视在接触面半径 B 有关，而与电流在收缩区内过渡的情况无关。触头间电动力公式的形式与第3章中导体间电动力公式的一般形式完全相同。对于触头间因电流线收缩产生电动斥力这种特殊情况来说，它的回路系数与截面系数的乘积为 $\ln\frac{B}{b}$。

对于具体结构来说，视在接触面积是可以知道的，设为 $A=\pi B^2$，考虑到有效接触面积与接触压力之间的关系，即利用式（7-18）把 b 转换成接触力 F，经代换整理后，得到便于应用的触头间电动斥力公式为

$$F_d=\frac{\mu_0}{4\pi}I^2\ln\sqrt{\frac{\xi HA}{F}} \tag{7-42}$$

式（7-42）说明电动斥力与触头视在接触面积 A、触头材料的抗压强度 H、触头压力 F 等有关。H 和 A 越大，电流线收缩得越厉害，电动斥力也就越大。触头压力 F 越大，有效接触面积增加，电动斥力也就越小。实际上，在真正的工作过程中，接触点不止一个，所以流过每个接触点的电流减小了，故电动斥力将小得多。

当触头材料、结构和参数一定时，电动斥力仅与电流的平方成正比。触头处于闭合位置而且通过短路电流时，其收缩电动力企图将触头排斥开。如果收缩电动力大于触头压力，则触头将被排斥开，并且产生电弧，从而导致触头烧损或熔焊。因此校核触头的动稳定性时，

既要考虑触头回路产生的电动斥力，还要核算触头接触处因电流线收缩而产生的电动斥力。

大功率电器中，常采用多触头并联结构的方法来减小触头间的电动斥力。设并联触头数为 n，总电流为 I，则流过各并联触头的电流将减小 $\frac{1}{n}$ 倍，因此每个触头间所受电动力只有用一个触头时的 $\frac{1}{n}$。

7.5 触头闭合过程的振动分析

触头在闭合过程中常常会产生类似皮球掉到地上来回跳跃的现象，称为触头的机械振动。伴随着机械振动、闭合时接触电阻周期性的增大，分开时在间隙内产生电弧，使触头不能正常地工作。由于在接通时负载电流往往较大，所以接通电弧的危害有时颇为严重，其中最危险的就是触头的熔焊和烧损。为了减小或消除这种有害的机械振动，以便采取适当措施，我们必须了解触头振动的物理过程，分析其影响振动的因素。

触头振动的具体过程与触头结构有关。电器中的触头结构可分成三类：第一类为动触头边装有弹簧，静触头为刚性连接；第二类为静触头边装有弹簧，动触头为刚性连接；第三类为动静触头都装有弹簧。下面将根据第一类触头结构，分析触头振动的物理过程和影响因素。对这类触头振动的分析方法和结论，具有一定的普遍意义。

图 7-20 所示为分析触头机械振动的模型。其中动触头上装有弹簧，驱动装置的力直接作用在支板上带动动触头运动，静触头固定。在接通过程中动触头以速度 v_1 碰撞静触头，由于碰撞触头接触面将发生弹性变形和塑性变形。动触头具有一定的动能，一部分消耗于接触面的摩擦和塑性形变，其余部分则转化为弹性形变势能。当形变达到最大值时，形变势能最大，动触头的动能减小到零，运动停止。随后触头形变转向恢复，释放形变势能，使动触头以速度 v_2 开始向相反方向跳开，此即反弹运动。动触头在反弹运动期间，一方面使触头弹簧压缩将动能储存于弹簧之中，另一方面驱动装置继续推动触头支板。此时接触弹簧为动触头压缩，并将动能转换为弹簧的弹性势能。当动触头反跳的力与弹簧的伸张力相等时，反弹过程结束，动触头的反跳距离达到最大值。以后动触头在弹簧张力的作用下，又开始第二次向静触头方向运动而闭合，于是又发生碰撞和反跳。如此周而复始，直到振动完全消失。由于触头每一次的碰撞和反跳都要损失部分的能量，同时触头压缩弹簧，所以振动幅度将逐渐减小，如图 7-21 所示。图 7-22a、b、c 代表三个不同时刻的运动状态。图 7-21 的曲线表明，

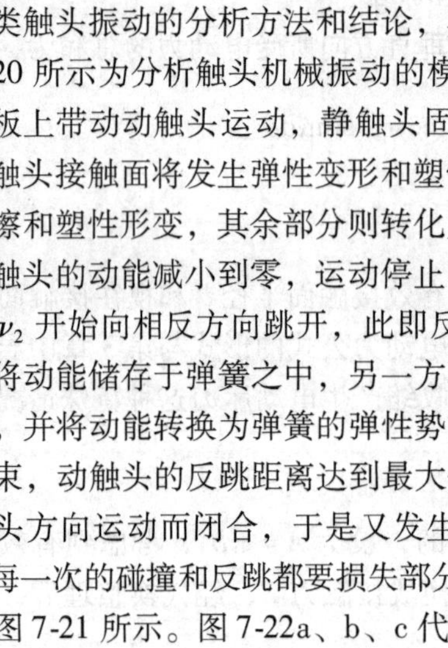

a) 接通过程　b) 反弹过程

图 7-20　触头的机械振动过程

1—静触头　2—动触头

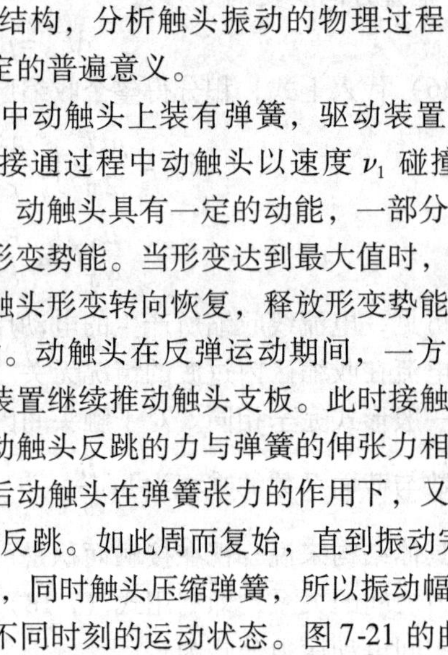

图 7-21　触头振动弹开距离与时间的关系

1、2、3段触头尚在压缩变形和逐步恢复的过程中，压缩变形距离为 $x=x_d$。这段时间内，两触头仍处于接触状态，动静触头之间的相对分开距离为零。在3-4段中，触头变形恢复完毕，动静触头开始分离。当 $t=t_m$ 时，动触头反跳距离达到最大，即 $x=x_m$（图中 c 瞬间），此时，两触头相对分开距离亦达到最大。以后，动触头再向静触头运动，又发生第二次碰撞。当触头发生第三次碰撞（图中第8点）以后，动触头反跳的距离已经小于触头的变形距离，因此触头虽仍有振动，但不再分离，此时便可以认为触头的振动过程已经结束。非常明显，如果能设法使触头第一次碰撞后反跳的最大距离限制到小于触头的变形距离，即做到 $x_m<x_d$，则这种状态下的振动称为无危险振动。

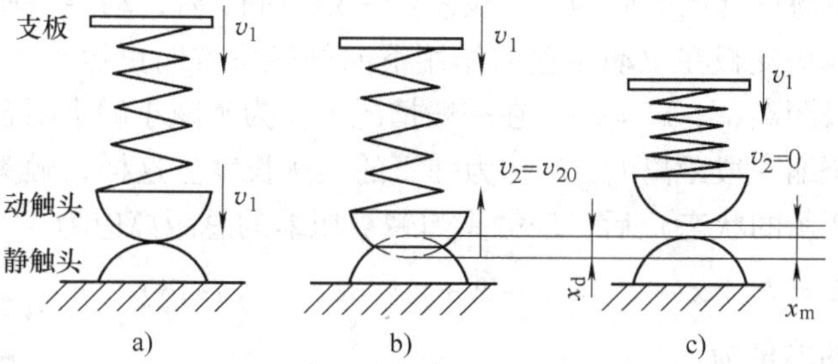

图7-22 触头振动过程图示

下面以图7-22所示的模型，对触头第一次碰撞后动触头反跳的最大距离 x_m 做定量分析，导出其计算公式，以便从中找出尽量减小 x_m 的途径，并对 x_m 作出估算。

设动触头的质量为 m_1，忽略弹簧的质量。驱动力加在支板上使动触头以 v_1 的速度向静触头方向运动，如果忽略摩擦和介质阻力，则动触头刚与静触头碰撞前所具有的动能为$\frac{1}{2}m_1v_1^2$。触头碰撞后，动触头的动能转变为触头表面材料变形的位能（不计触头间的摩擦），当弹性变形恢复时动触头发生反跳，令动触头反跳的初值为 v_{20}，相应的动能为$\frac{1}{2}m_1v_{20}^2$。当动触头材料为理想弹性体时，动触头碰撞前后的动能应相等，即

$$\frac{1}{2}m_1v_1^2=\frac{1}{2}m_1v_{20}^2 \tag{7-43}$$

从式（7-43）可以看出，实际上动触头碰撞前后瞬间的速度应相等。但是，触头材料实际上并不是理想弹性体，在碰撞压缩变形时总有一部分能量消耗在材料的塑性变形上。假设塑性变形消耗的能量为 W_A，则触头碰撞前后的能量平衡为

$$\frac{1}{2}m_1v_1^2=\frac{1}{2}m_1v_{20}^2+W_A \tag{7-44}$$

因为 W_A 为正数，所以

$$|v_{20}|<|v_1| \tag{7-45}$$

即动触头碰撞后反跳的初速度一般都小于碰撞前动触头的速度。令

$$\varepsilon v_1=-v_{20} \tag{7-46}$$

式中，ε 为触头材料的弹性系数，其值在0~1之间。对于理想弹性体 $\varepsilon=1$，对于理想塑性体 $\varepsilon=0$。

将式（7-46）代入式（7-44）得

$$W_A=(1-\varepsilon^2)\frac{1}{2}m_1v_1^2=K\frac{1}{2}m_1v_1^2 \tag{7-47}$$

式中，K 为触头材料的恢复系数，$K=1-\varepsilon^2$。对于理想弹性体 $K=0$，对于理想塑性体$K=1$。表 7-4 列出了几种常用材料的恢复系数。

表 7-4　几种常用材料的恢复系数（平均值）

材料名称	铜	黄　铜	银	铁	钢
K	0.95	0.87	0.81	0.75	0.5

取动触头开始反跳的起始时间为零，反跳经一定时间 t 后，动触头使弹簧压缩了某一距离。与此同时，动触头支板在驱动装置的作用下向静触头方向也运动了一段距离 v_1t，并使触头弹簧再压缩一段距离 x'，$x'=v_1t$。在一般情况下，为了减小触头闭合时的反跳，触头弹簧在装配时要预先压缩一段距离 l_0，l_0 称为弹簧的预压长度。这样，触头第一次碰撞反跳经 t 时间（见图 7-23 所示的状态）后，动触头弹簧被压缩的总距离应为

$$\sum x=l_0+x+x'=l_0+x+v_1t \tag{7-48}$$

相应地弹簧所储藏的能量为

$$W_x=\frac{1}{2}C\left(\sum x\right)^2=\frac{1}{2}C(l_0+x+v_1t)^2 \tag{7-49}$$

式中，C 为弹簧常数，又称弹簧刚度。

由于触头弹簧装配时预压 l_0 所储藏在弹簧中的能量为 $W_0=\frac{1}{2}Cl_0^2$，它并非动触头反跳运动时动能的转化。因此，在分析触头运动能量关系时，应不考虑这部分的能量，所以应该将 W_x 减去 W_0 才是动触头反跳经 t 时间后转化为弹簧的位能，即

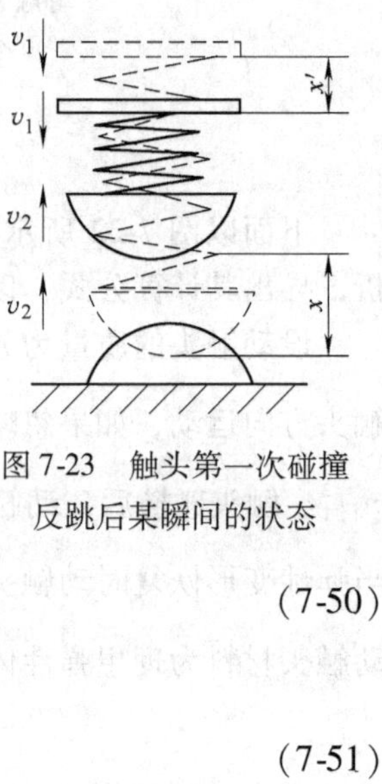

图 7-23　触头第一次碰撞反跳后某瞬间的状态

$$W=W_x-W_0=\frac{1}{2}C(l_0+x+v_1t)^2-\frac{1}{2}Cl_0^2 \tag{7-50}$$

这样，动触头反跳经时间 t 后，其能量平衡关系为

$$\frac{1}{2}m_1v_1^2=\frac{1}{2}m_1v_2^2+W+W_A \tag{7-51}$$

式中，v_2 为动触头反跳经时间 t 的瞬时速度。

当动触头反跳达最大距离 $x=x_m$ 时，对应的时间为 $t=t_m$，$v_2=0$，式（7-51）变为

$$\frac{1}{2}m_1v_1^2-W-W_A=0 \tag{7-52}$$

将式（7-47）和式（7-50）代入式（7-52）即可求得动触头第一次反跳所能达到的最大距离，即

$$x_m=\sqrt{l_0^2+(1-K)\frac{m_1v_1}{C}}-(l_0+v_1t_m) \tag{7-53}$$

又设动触头反跳速度随时间变化的关系为直线，如图 7-24 所示，则动触头从开始反跳到达最大距离 x_m 期间，其平均速度为

图 7-24　触头反跳后速度随时间的变化

$$-\left(\frac{v_{20}+0}{2}\right)=-\frac{v_{20}}{2} \tag{7-54}$$

于是，动触头到达 x_m 所需的时间 t_m 就可求得，即

$$t_m=\frac{x_m}{-\frac{v_{20}}{2}}=\frac{2x_m}{-v_{20}}=\frac{2x_m}{v_1(1-K)} \tag{7-55}$$

将 t_m 代入式（7-53）整理后可得

$$x_m=\frac{\sqrt{l_0^2+(1-K)m_1v_1^2}-l_0}{1+\frac{2}{\sqrt{1-K}}} \tag{7-56}$$

因触头预压力（又称触头初压力）F_0 等于弹簧刚度 C 乘以弹簧预压长度 l_0，即 $F_0=Cl_0$，故式（7-56）还可写成

$$x_m=\frac{\sqrt{F_0^2+C(1-K)m_1v_1^2}-F_0}{C\left(1+\frac{2}{\sqrt{1-K}}\right)} \tag{7-57}$$

式（7-57）的结果表明，动触头第一次反跳所能达到的最大距离 x_m 与动触头的闭合速度 v_1、动触头的质量 m_1、弹簧刚度 C、触头预压力 F_0、触头材料恢复系数 K 等因数有关。当 v_1 越小、m_1 越小、C 越大、F_0 越大、K 越接近于1时，则 x_m 越小，表示触头振动越轻微。如果触头第一次碰撞后反跳的最大距离 x_m 限制到等于或小于触头的变形距离 x_d（参看图7-21），则触头在整个振动过程中的接触面永远不会分离，因而也就满足了无危险振动的条件。根据式（7-57）所示的结论，采用较大的触头预压力、选用刚度较大的触头弹簧、减小动触头闭合速度、减轻动触头质量、选用恢复系数接近于1的触头材料，即可实现触头的无危险振动。但是，由于电器其他性能上的要求，要全部满足上述条件显然是不切实际的，这就要求必须根据不同的实际情况，全面合理地予以处理。

7.6 触头熔焊

动、静触头因高温而熔化，以至于焊在一起而无法正常分开的现象称为“熔焊”或“热熔焊”。触头工作时，有两种不同情况下产生的熔焊：一种是仅仅由接触电阻的发热使导电斑点及其附近的金属熔化而焊接，这种情况下产生的熔焊称为“静熔焊”，它多半在固定接触连接或接触力足够大的闭合状态触头中出现。另一种是除接触电阻的发热外主要是由于闭合过程中触头的相互碰撞而引起的机械振动或触头之间的收缩电动力，在通过大的过载电流或短路电流时，电动力可能将触头排斥开，使触头间隙产生电弧，电弧的高温使触头表面金属熔化和汽化，当触头最终闭合时，动、静触头焊接在一起不能分开，这种情况下的熔焊称为“动熔焊”，它多半在触头闭合过程中或接触力较小的闭合状态触头中出现。

静熔焊和动熔焊统称为“热熔焊”。可以看出，触头熔焊现象和电流的大小关系很大，它可能发生于短路电流或短时强脉冲电流情况下，一般在额定电流下是不可能发生的。

触头静熔焊和电流的关系一般有下列现象：电流通过一对处于闭合状态的触头，使电流

由零逐渐增大，当电流达到一定数值时，触头接触内表面斑点 a 处薄层金属刚刚开始熔化，接触电阻下降，这时如果切断电流，很容易地就能使触头分开，分开后可以观察到接触表面有轻微的熔化痕迹，这时的电流称为触头开始熔化电流。如果通过触头的电流进一步增大，例如超过触头开始熔化电流的20%~30%，斑点 a 及其附近的金属有较大面积的熔化，触头开始焊接，这时要使触头分开必须施加一定的拉力。触头开始出现焊接现象的电流称为开始焊接电流。通过触头的电流再继续加大，斑点 a 附近熔化区向纵深发展，使触头基底金属熔为一体，电流越大，焊接越牢固，焊接力也越大，直至达到或接近触头基底金属的抗拉强度。

触头的开始熔化电流与电流通过触头的时间有关。图 7-25 所示为一对面接触的铜触头，视在接触面积为 $50 \times 15\text{mm}^2$，在不同的通电时间 t 下所对应的开始熔化电流 I_{rh} 的实验结果。由实验曲线可以看出，当电流通过触头的时间很短时（在图示的条件下 $t<1\text{s}$），开始熔化电流很大，并且 t 越小 I_{rh} 变化越陡。当通电时间超过 1s 后，开始熔化电流不再变化，表现出与通电时间无关。出现这个现象的原因是，斑点 a 及其附近熔化区的体积非常小（斑点 a 尺寸在零点几毫米数量级以内），它的热时间常数也非常小（微秒数量级）。根据第 2 章电器发热过程的分析可知，当通电时间达 4 倍热时间常数时，温度即接近于稳定状态，因此，对于斑点 a 熔化区，即使通电的时间很短（例如在 1s 以内），也早已到达热稳定状态，因而当 $t>1\text{s}$ 时，呈现出开始熔化电流几乎与通电时间无关的特性。

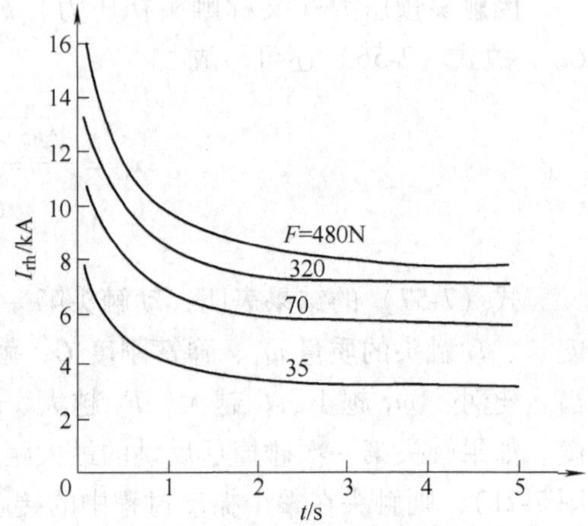

图 7-25 铜触头开始熔化电流与通电时间的关系

由于斑点 a 发热区的热时间常数非常小，当短路电流通过触头时，若考虑触头的热稳定问题，可近似地按稳态发热情况来处理。例如估算短路下触头的熔化电流，可利用下列关系式计算：

$$T_{\text{m}}^2 - T_0^2 = \frac{1}{4L}U_j^2 \tag{7-58}$$

式中，T_{m}、T_0 分别为斑点 a 上及收缩区外导体的温度（K）。

在 $T_{\text{m}} \gg T_0$ 的情况下（例如斑点 a 的温度已经达到了材料的熔点），由于 $T_0^2 \ll T_{\text{m}}^2$，所以忽略 T_0^2后，导电斑点 a 上的温度与接触电压之间就有直接的对应关系，即

$$T_{\text{m}}^2 \approx 3200U_j \tag{7-59}$$

要说明的是，这些公式都是在许多假定条件下推导出来的理论结果，实际情况下的触头熔焊往往要比理论假定条件复杂得多，因此，对于各种不同实际情况下的触头，大都采用实验方法来确定熔化电流。触头闭合时产生的动熔焊过程可描述如下：当触头闭合接近接触时，因触头间有线路电压存在，间隙可能被击穿而产生短时电弧（此现象称为触头的预击穿）。触头一旦接触，电弧熄灭，电流接通，接触电阻由无限大很快下降到很小的数值，这段期间只有接触电阻发热。触头第一次碰撞后产生反跳，反跳的原因一是触头机械能量的转换，二是触头电动斥力的作用。当两接触面开始分离产生电孤时，电弧使接触面金属熔

化、汽化。触头反跳达最大距离后又开始重新闭合，当两触头重新接触时，电弧熄灭，触头表面熔化金属被挤压散开迅速冷却，触头焊接。有时，以上过程重复几次，最后发生焊接。图 7-26 所示为触头闭合时动熔焊过程图解。

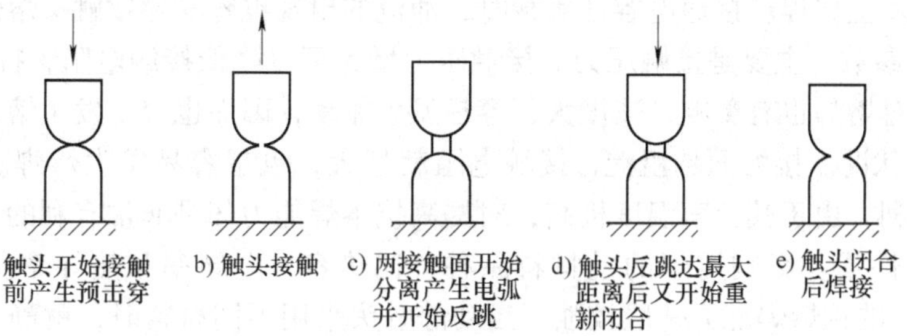

图 7-26　触头闭合时产生动熔焊过程的图解

触头在最后形成熔焊的过程中，由于熔化金属被触头弹簧施加的力挤压展开，使实际接触面积大大增加，因而接触电阻和触头电动力都大大减小，热损失也相应地大大减小。由于垂直熔化面的方向有很大的温度梯度，同时热传导面积大大扩大，故熔化的金属将迅速冷却，且具有高度的方向性。整个凝固过程往往只在几毫秒以内结束。

触头在闭合过程中如果产生危险的机械振动，或者触头在闭合状态因接触力不够，被触头电动力斥开，则在接触面分离的过程中将产生电弧。此时，使接触表面金属熔化和汽化的热源有两部分：一部分是触头接触处因电流线收缩而引起的电阻损失，另一部分是触头表面被斥开由电弧产生的损耗。这两部分损失相比，往往是后者大大高于前者。因此，触头静、动熔焊的主要区别是：前者为电阻焊接，后者为电弧焊接。

由于触头发生熔焊后严重影响了触头的正常工作，为了保证工作的可靠性，触头焊接后需要拉开，把拉开触头的力称为触头焊接力。触头焊接力等于焊接处金属的抗拉强度乘以熔焊面积。金属的抗拉强度越大，熔焊面积越大，则焊接力也越大。熔焊面积与触头材料的电阻率和熔化温度有关，材料的电阻率越大，接触电阻越大，热损失越大，熔焊面积也越大；而材料的熔化温度越高，熔焊面越小。因此，触头材料的焊接力一般地随材料的电阻率和抗拉强度的增大而增大，随材料的熔化温度的增高而降低。对于某些电阻率和熔化温度比较接近的材料，例如金、银、铜等，它们的焊接力则主要决定于材料的抗拉强度。图 7-27 所示为这些材料的实验结果。

研究表明，触头焊接力一般表现为随机性质，且符合正态分布。这说明，接触表面条件和电弧出现位置的随机性将显著影响熔焊面积的大小和分布，从而使焊接力随机变化。

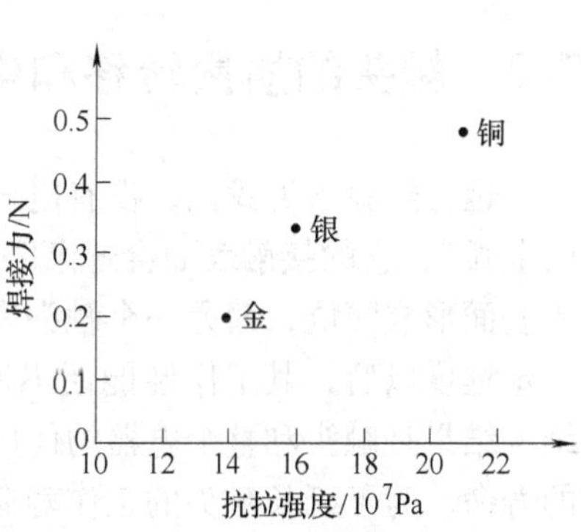

图 7-27　金、银、铜抗拉强度与焊接力的关系

影响熔焊的主要因素有：

(1) 电参数。它包括流过触头的电流、电路电压和电路参数。导致熔焊的根本原因是通过触头的电流产生的热量。触头开始熔焊时的电流称为最小熔焊电流 I_{min}，它与触头材料、接触形式和压力、通电时间等许多因素有关。此电流的大小到目前为止尚无可信的计算

公式，通常是通过实验的方式获取。线路电压对静熔焊的影响仍是电流的影响；对动熔焊的影响则表现为电压越高越容易燃弧，且电弧能量越大。电路参数的影响是指电感和电容的影响。接通感性电路时，若负载无源，电感有抑制电流增长的效应；若负载有源，则因起动电流甚大而极易发生熔焊。接通电容性负载时，涌流的出现也容易导致触头熔焊。

（2）机械参数。主要是接触压力。接触压力增大可以降低接触电阻，提高抗熔焊能力。触头闭合速度对熔焊也有影响，速度大，容易发生振动，因而也容易发生熔焊。

（3）表面状况。接触面越粗糙，接触电阻就越大，也越容易发生熔焊。但接触面的氧化虽对导电不利，由于其分解温度极高，对提高抗熔焊能力却是非常有利的。

（4）材料性质。影响熔焊的是材料品种、比热容、电导率和热导率。金属陶瓷材料（在后面介绍）的抗熔焊能力一般较强。当动静触头采用不同材料时，就静熔焊而言，抗熔焊能力仅相对弱的一方有所提高；但对动熔焊而言，不仅不能提高抗熔焊能力，有时还会有所降低。

上面对触头熔焊产生的原因以及影响熔焊的主要因素进行了分析。对电器工作者来说，研究触头熔焊的目的是要找出一定的措施，以减小触头熔焊对电器设备造成的危害。减轻触头熔焊危害的方法有以下几种：

（1）采用电阻率小、抗拉强度小和熔化温度高的材料。

（2）在材料中加入少量其他元素，使熔焊处最后的凝固面变成强度较低的脆性材料。这样，断裂将出现在熔焊的交界面上，不致拉伤底层触头材料，且断面光滑，拉断触头所需的能量很小。

（3）除根据以上原则选择合适的触头材料以外，一切能减小触头振动的措施，都有利于减轻触头熔焊。

触头除了因高温熔化而产生的焊接外，还有一种触头焊接现象，它产生于常温状态，通常称为“冷焊”。“冷焊”常常发生在用贵金属材料（如金与金合金等）制成的小型继电器触头中。其原因是贵金属表面不易形成氧化膜，纯洁的金属接触面在触头压力的作用下，由于金属原子和原子之间化学亲和力的作用，使两个触头表面牢固地粘结在一起，产生“冷焊”现象。“冷焊”一旦发生就很难处理，因为金属间的内聚力往往非微小的接触压力所能克服，况且弱电触头又常常密封于外壳内，很难用其他手段使之分离。目前，一般通过实验防止“冷焊”，在触头及其镀层材料的选择方面可采取适当的措施。

7.7 触头的质量转移和电磨损

运行经验告诉我们，没有电流或通有电流的触头在多次操作以后（不论是否产生火花或电弧），它的接触表面会逐渐磨损，或使金属由一个触头转移到另一个触头，致使一个触头表面形成凹坑，而另一个触头表面却形成针状凸起，这种现象称为触头磨损。触头磨损到一定程度以后，其工作性能便不能保证，最后使触头完全不能使用，此时触头寿命即告终结，结果是触头和整个电器的使用期限都缩短了。继电器和接触器的电寿命主要取决于触头的寿命。为了延长触头的工作寿命，必须了解触头的磨损规律，以便采取适当措施减小或消除触头磨损。

触头磨损现象非常复杂，但就磨损产生的原因来区分有机械的、化学的和电的（包括热的）三种。机械磨损由触头通断过程中的碰撞和滑动等机械摩擦引起，机械摩擦使触头压扁、开裂和磨损。触头压力越大，机械磨损也越大。化学磨损是由于周围介质中的腐蚀性气体或蒸气对触头材料的侵蚀所造成的，它使触头表面形成非导电性薄膜，引起接触电阻增大，并且不稳定，甚至完全破坏了触头的导电性。这种非导电性薄膜，在触头相互碰撞和触头压力等的作用下，逐渐剥落，形成金属材料的损耗。机械磨损和化学磨损所占的比例较小，仅占全部磨损的10%以下，一般不作考虑。电磨损是主要的，它是触头损坏的主要原因，占全部磨损的90%以上。本节主要分析触头电磨损的一些重要现象和机理。

触头在分、合电路的过程中，在触头间隙中进行着剧烈的热和电的物理过程，伴随而产生金属液桥、电弧和火花放电等各种现象，从而引起了触头材料的金属转移、喷溅和汽化，使触头材料损耗和变形。这种现象引起的触头磨损称为电磨损。

电磨损的形式主要有两种：桥磨损（液桥的金属转移）和电弧磨损（电弧对触头的烧损）。

各种不同的物理现象所引起的触头磨损有不同的特征，见表7-5。

表7-5　各种不同形式的电磨损特征

电　压	电　流	主要现象	磨损特征	原　因
$U<U_{hh}$	$I<I_{00}$	无火花与液桥	无质量转移（机械磨损）	氧化和撞击摩擦
$U<U_{00}$	$I>I_{00}$			
$U_{00}<U<U_0$	$I>I_{00}$	液桥	阳极（多数） 阴极（少数）	液桥温度分布不对称，最高温度点靠近阳极
$U_0<U<U_{hh}$	$I_{00}<I<I_0$	液桥与短弧	阳极	获得大量动能的电子轰击阳极，使阳极汽化大于阴极
$U>U_0$	$I_0<I<I_x$	弱弧	阴极	阳极弧根直径大于阴极，阴极汽化比阳极严重
$U>U_0$	$I>I_x$	强弧	阳极	阳极电压降增大
$U>U_{hh}$	$I<I_0$	火花	阴极	正离子轰击阴极，产生剧烈的金属蒸气

注：1. U_{00}和I_{00}分别为形成液桥的最小电压和电流，$U_{00}\approx 2\text{V}$，I_{00}为50～60mA。
2. U_0和I_0分别为生弧电压和电流。不同的金属，其生弧参数各不相同。
3. U_{hh}为触头的火花电压，U_{hh}大于270～300V范围内的某一值。
4. I_x为某一极限电流，$I_x\approx 10\sim 20\text{A}$。

1. 桥磨损（液桥的金属转移）

触头在开断过程中，若分断电流足够大，最后分断点的电流密度可高达（$10^7\sim10^{12}$）A/m^2。于是该点及其附近的触头表面金属材料将熔化，并在动静触头之间形成熔化的液态金属桥，简称为液桥。在从触头完全闭合起到触头刚开始分离为止的时间内，首先是触头的接触压力逐渐减小，从而接触面积越来越小，接触电阻越来越大。当触头接触电压降增大到相当于触头材料的熔化电压时，由此产生的焦耳热促使触头接触斑点附近的金属熔化，形成所谓的金属液体滴。随着开断过程的继续进行，被熔化的金属液体滴拉长，形成一个高温的液桥，如图7-28a

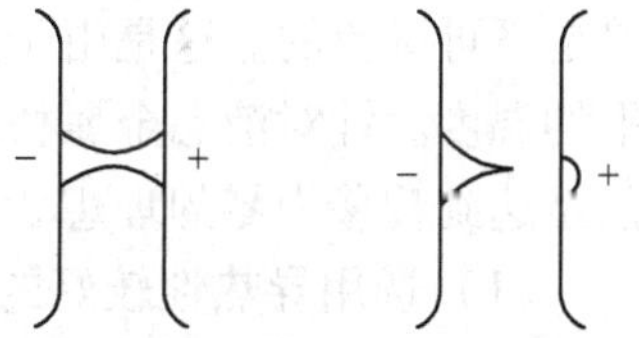

a) 金属桥形成　　b) 金属桥拉断后

图7-28　金属桥形成和拉断后的示意图

所示。触头再继续分开，金属桥被拉细，接触电压继续增高，当达到触头材料的沸腾电压时，金属桥突然汽化。桥被拉断，结果在一边触头表面上形成一根针刺，另一边触头表面形成一个凹坑，如图 7-28b 所示。触头材料便由一个极定向地转移到了另一个极，这种因金属桥作用使触头材料由一极转至他极的现象称为桥转移。

实验研究得出，金属桥的伏安特性与电弧的伏安特性相类似，它具有负电阻的性质，即当电流增大时，桥两端的电压降减小。如果保持电流不变，将金属桥拉长，或者把金属桥置于高导热的气体中，桥的电压降便增高。实验还指出，金属桥能否形成和保持稳定，主要与触头材料和周围介质情况有关。一般地说，液桥的长度和触头材料的性质有关。由贵金属材料做成的触头较难形成液态金属桥，液桥仅有几微米的数量级，而普通金属材料较易形成液态金属桥，液桥长度可达毫米数量级。例如铁在空气中能形成较长的和稳定的金属桥，而银和铜就很难形成桥。此外液桥存在的时间与触头工作条件有关，并在很大范围内变化，从几十到几千微秒数量级。

观察指出，液态金属桥形成后，即使桥的几何形状是完全对称的，其温度沿桥的长度分布并不对称。在一般情况下，桥的最高温度不在桥的中部，而在靠近某个极面的地方。根据各种触头材料的实验结果发现，大部分材料形成的金属桥最高温度均偏向阳极，少数材料却偏向阴极。

金属桥最高温度的偏移方向，决定了桥最后断开的位置。如果桥最高温度偏向阳极，则断裂处亦发生在近阳极处。这就使阳极表面因金属向阴极转移而出现凹陷，阴极表面出现针状凸起物，经过多次拉断后，阳极材料损耗严重。与此情况相反，若桥最高温度偏向阴极，则桥最后在阴极附近断开，在阴极形成凹坑，阳极形成针刺，材料便由阴极转至阳极。触头每分断一次就要出现一次桥磨损，只是转移的金属量甚少而已。

在弱电用电器（如继电器、调节器）中，液桥转移对触头电磨损有着重要影响。为了估算液桥对触头的腐蚀，根据大量的实验结果归纳得出触头开断一次因桥转移而损失的触头材料体积 V 与开断电流 I 的关系可表示为

$$V = kI^3 \tag{7-60}$$

式中，k 为与触头材料有关的系数（m^3/A^3）。

表 7-6 列出了某些材料的 k 值。

表 7-6　几种材料的 k 值

材　料	金	铂	银	钯
$k\times10^{-20}$	4.42	5.63	6.75	5.32

由上述可以看出，若阴极和阳极采用同一种材料制成并具有相同的导热性能，液桥的金属转移是不可避免的。这是由于触头在开断过程中，阴极和阳极具有不一样的温度状态和不同的平均温度。针对液态金属桥温度分布不对称的特点，可以用下列方法来限制桥转移的体积，甚至达到转移为零的理想状态。

（1）选用导热性较好的材料作为桥最高温度偏移边的触头而组成所谓“补偿触头对”。例如，在大多数情况下，桥的最高温度均偏向了阳极，故可采用高导热材料，比如银或金，作为阳极触头，而用其他材料作为阴极触头，组成“触头对”，建议按表 7-7 所列内容来选择不同性质的材料做触头的阴极和阳极。由于阳极触头导热能力较强，增加了阳极的热传

导，可使液桥温度分布接近对称，桥体积减少，因而可以限制桥转移。

表7-7　限制桥转移的触头对

序号 极性	1	2	3	4	5	6	7
阴极	P_t	P_d	P_t	P_d	P_t-I_r（10）	P_t-I_r（10）	A_u
阳极	A_g	A_g	A_u	A_u	A_g	A_u	A_g

（2）利用不同金属材料形成的液桥直径不同，适当选配“触头对”，实现触头正负转移的平衡。例如，用金做阳极，铂做阴极，开始铂形成的液桥直径大，材料从阴极转向阳极，当阳极表面布满铂后，桥转移方向相反，材料又从阳极转向阴极，这样桥转移就能达到自动补偿的目的。

（3）在某些金属材料中加入其他金属成分形成合金。当合金含量比例为某一数值时，金属的温度成对称分布。此外，某些金属材料，当通过桥的电流增大到某一数值时，桥的温度由不对称变为对称。

2. 电弧磨损（电弧对触头的烧蚀）

液态金属桥断裂并形成触头间隙后，若触头开断电流不大，间隙内将发生火花放电。较高的电压使触头间隙最薄弱处可能被强电场击穿，较小的功率则使间隙内几乎不可能发生热电离，最终只能形成火花放电。火花放电电流产生的电压降可能使触头两端的电压降下降到不足以维持气体放电所需的强电场，以至于放电中止。此后气体又会因电压上升再度被击穿，重新发生火花放电。因此，火花放电呈间隙性，而且很不稳定。火花放电时是阴极向阳极发射电子，所以将有部分触头金属材料从阴极转移到阳极，即阴极遭受了严重磨损。

如果触头开断电流增大到几十安以上，甚至达几百到几千安或更大，电压也高于最小生弧电压（10V以上），则触头断开后产生极强的电弧，触头的磨损进入了大功率的磨损阶段。此时电弧弧柱为等离子体，其中正离子聚集于阴极附近成为密集的正空间电荷层，使该处出现很强的电场。质量较大的正离子被电场加速后轰击阴极表面，使之凹陷，而相应的阳极表面则出现突起物。也就是说，阴极材料转移到了阳极，形成阴极磨损。与此同时，由于电弧两极斑点的电流密度大，电弧的温度极高，弧根处附近的触头材料不仅大量汽化，而且熔化后的金属被强烈的气流和电动力吹离触头，向周围飞溅。因为熔化的金属多数被吹到触头间隙以外，不再沉积在触头表面（称为净损失），金属蒸气再度沉积于触头接触表面的几率已大大减少。所以强电流下无论阴极还是阳极触头都受到严重的电磨损。

从上述触头磨损的现象可以看出，不论火花放电或电弧放电，都使触头材料逐渐损耗，这就是电弧对触头的烧蚀。与此同时，也可以得出触头磨损有两种不同的机理：一种是带电粒子在电场的作用下轰击电极，使触头表面材料蒸发而损失；另一种是在电动力和气吹作用下，使熔化的金属成滴状喷出而损耗。

由于电弧对触头的腐蚀现象十分严重，电弧磨损要比液桥形成的金属转移高出5~20倍，下面分析触头在电弧作用下由蒸发引起的材料损失。

令电弧的阴极电压降为U_c，电弧电流为I，则阴极区域的电弧功率为U_cI。假设此电弧功率的一部分使电极表面材料汽化，令材料单位体积熔化和汽化的潜热之和为h，则电极表面金属汽化的速率为$\beta \frac{U_c I}{h}$，其中β为小于1的系数。

令$\beta \frac{U_c}{h}=\alpha$，单位时间内由阴极表面汽化散失的材料体积应为

$$\beta \frac{U_c}{h} I=\alpha I \tag{7-61}$$

$\alpha=\beta \frac{U_c}{h}$与触头材料有关，且是电流$I$的函数，称为电弧磨损系数。

若触头间电弧燃烧的时间为t_a，电弧电流I随时间t而变化，则在t_a时间内阴极汽化散失的材料总体积为

$$V_{t_a} = \int_0^{t_a} \alpha I \mathrm{d}t = \bar{a} q \tag{7-62}$$

式中，$\bar{a}$为α的平均值；q为t_a时间内通过触头的总电量，$q = \int_0^{t_a} I \mathrm{d}t$。

同理，亦可得到阳极汽化体积的相似公式。

式（7-62）表明，触头表面材料因电弧作用而汽化的体积与电弧放电期间通过触头的电量成比例。根据这个分析结论，可以写出触头分合一次所引起的电弧磨损质量的经验公式为

$$m=(a_0 q_0+a_b q_b)\gamma N/\eta \tag{7-63}$$

式中，a_0、a_b分别为触头分、合时的磨损系数，其值列于表7-8中；q_0、q_b分别为触头分、合时通过触头的电量（C）；N为触头的操作次数；γ为触头材料的密度（g/cm^3）；η为金属蒸气沉积系数，$\eta=0.5\sim1$。

表7-8　某些材料的小电流电弧磨损系数

材　料	$a_0\times10^{-6}/(cm^3/C)$	$a_b\times10^{-6}/(cm^3/C)$
银（Ag）	0.3～16	0.5～3.6
金（Au）	15	1.4～3.3
钨（W）	3.6～5.5	0.16～0.45
铜（Cu）	5	—

在强电流电弧作用下，触头表面材料除蒸发以外，还伴随着强烈的液滴喷溅。根据式（7-61）对电弧磨损系数α所作的定义，如果触头表面材料熔化后就被电动力或气流吹走，则因材料熔化所消耗的潜热要比汽化小，故在$\alpha=\beta \frac{U_c}{h}$中，系数$h$减小，而电弧磨损系数却大大增加。

在不同的实际情况下，由于触头的电弧磨损过程较为复杂，常同时存在多种机理的作用。因此，往往只能通过实验结果概括成经验公式。当电流上百安时，触头磨损可按下列经验公式估算：

$$m=KNI^2\times10^{-9} \tag{7-64}$$

式中，I为开断电流（A）；N为触头操作次数；m为磨损质量（g）；K为磨损系数，见表7-9。

表7-9 触头材料的磨损系数

材料名称	铜	银	银-氧化镉（85-15）合金	银-镍合金
磨损系数	0.7	0.3	0.15	0.1

材料性能不同，对触头磨损程度也不同。图7-29所示为不同的触头材料耐电弧腐蚀的相对性能比较。

不同的触头材料，其磨损量（体积）也不相同，且阴极和阳极的磨损程度也是不一样的，如图7-30所示。图中：曲线1触头材料为银；曲线2为铜；曲线3为银-镍（60-40）合金；曲线4为银-镉（85-15）合金；曲线5的触头材料成分同曲线4，且弥散化；曲线6为银-钨（70-30）合金。

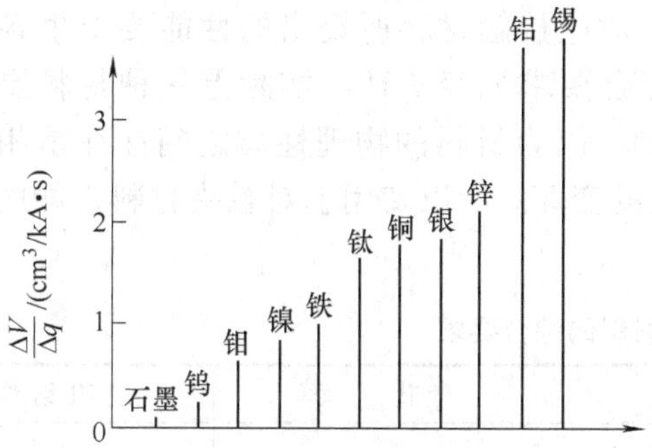

图7-29 不同的触头材料耐电弧腐蚀的相对性能比较

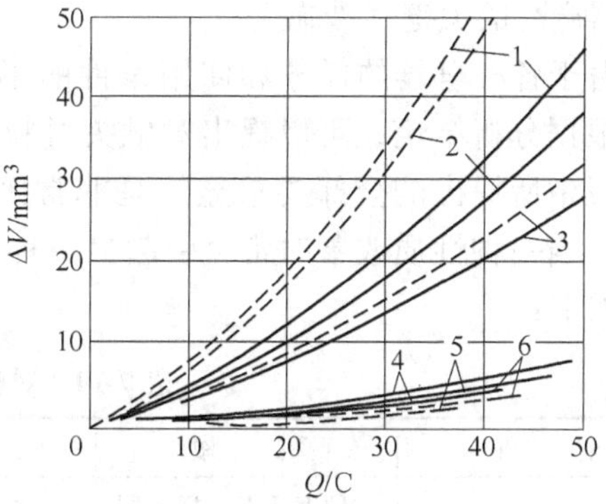

图7-30 触头磨损和电量的关系
实线—阴极，虚线—阳极

减小中、大功率电器电弧磨损的主要途径是选用磨损系数小的复合材料制成触头（详见7.8节）；采用有效灭弧措施，缩短燃弧时间，或者利用横向磁场吹弧，使弧根尽快离开接触点，以减小接触点处的烧损。

研究表明，具有横向磁场吹弧的电器，当触头刚刚分离产生电弧时，电弧不可能被磁场驱动，只有当触头分开到一定距离后，电弧才能被磁场驱动，这个现象称为电弧起始停滞现象。图7-31所示为不同的触头材料，弧根在触头停滞的时间（从触头分开瞬间到电弧开始运动的时间）、磨损量和电流之间的关系。曲线对应于下述实验条件：磁吹强度为300～3000A/cm，触头断开速度为0.1～1.0m/s。

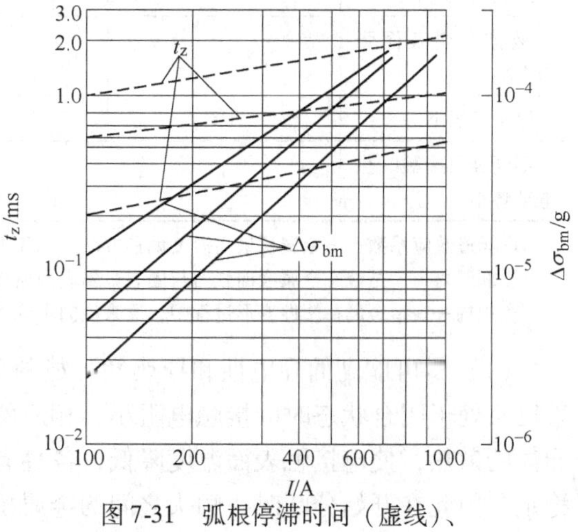

图7-31 弧根停滞时间（虚线）、磨损量（实线）和电流的关系

实验结果指出，不同的材料，起始停滞时间是不同的。对于同一种材料，随着开断电流的增大，起始停滞时间也越长，触头的磨损量也越大。但磨损量随电流的增长大于停滞时间的增长。当触头分断速度小于一定

值以后，电弧起始停滞时间将显著增大。因此，选用合适的触头材料、控制触头的分断速度以及设计好的灭弧装置，有可能使电弧起始停滞时间和触头磨损量减至最小。

7.8 电接触材料

7.8.1 触头材料的要求和分类

触头材料是所有开关电器中不可缺少的元件。电接触的可靠工作与否，与所采用的触头材料的性质（如接触电阻、接触电压、触头温升、触头电动力、触头熔焊、触头磨损等）有着密切的关系。可以认为采用优异性能的触头材料是改善电器性能和制造出高技术经济指标电器产品的关键性措施之一。

由于各种电器的任务和使用条件的不同，对电接触材料所提出的性能要求也各不相同。根据分析结论，可以提出对触头材料的综合要求见表7-10。实际上一种材料要同时满足表中所提出的全部要求显然是非常困难的，因为材料的物理性质之间往往是相互关联的，当一种性质改善时常会引起另一种性质的变坏。所以实用上对触头材料性能的主要要求如下：

表7-10 对触头材料的综合要求

电气	机械	热	化学	组织结构
电导率和热导率高	硬度适当（视不同应用情况而异）	软化、熔化、汽化、升华温度高	电极电位高	晶格型式简单
生弧电压和电流高	弹性、塑性适当	熔化、汽化、升华潜热大	与周围气体的化学亲和力小	合金是固溶体结构
电子逸出功和游离电位高	抗压、抗剪强度高	比热容大	化学生成膜的分解温度低	织构③的取向和电、热通量一致
汤逊效应系数①近于零	摩擦系数小	电弧作用下金属蒸气压力小	化学生成膜的机械强度和电强度小	
润湿角②近于零				
液体金属表面张力大				
原子容积小				
不同金属接触时热电动势小				

① 汤逊效应系数——金属桥最高温度偏移方向与电流方向一致时系数为正，桥温度分布对称时系数为零；

② 润湿角——指液态金属表面张力与固态金属表面所成的角。此角小，粉末冶金材料的磨损也小；

③ 织构——指金属在塑性变形过程中，原来位向不同的各晶粒在空间位向上呈现择优取向的规律性。

（1）尽可能高的导电性和导热性。材料的电阻率要小，热导率要大。电阻率小，意味着触头处于闭合状态时的接触电阻小，相应的热损耗小。而热导率大，可以大大加强触头和导体的散热，使电接触表面温度降低，各种有害的氧化膜不容易形成，从而保持接触电阻的稳定，因此在开始分断时，触头之间的金属桥很难形成。此外良好的散热还可以降低生弧条件，使金属不容易汽化和熔化，降低触头的电磨损；同时可在电弧熄灭瞬间，使介质强度得以迅速恢复，电弧重燃的几率大大减小，提高了电器的开断性能。

（2）良好的力学性能。材料应有适当的强度和硬度，摩擦系数要小。材料的机械强度高可以使电接触坚固耐用，延长使用寿命，且在机械力和电动力作用下不致引起变形，这点对牵引电器而言显得尤为重要。硬度低的材料虽可以保证在接触时有更多的接触点，使接触电阻减小，但同时也加速了触头的机械磨损；而且周围大气中的尘埃容易停滞在软材料的接触面上，因此对硬度只能根据不同的使用条件提出适当的要求。材料的弹性和塑性也应适当选择。弹性大的触头容易在闭合过程中产生严重的振动，从而导致磨损的增加；同时弹性大的材料加工成形相对比较困难，工艺性差。塑性大的材料会引起严重的变形和机械磨损。对于材料的摩擦系数要小，可以减小机械磨损，避免形成有机膜和触头产生冷焊现象。

（3）良好的化学性能。电接触材料应具有很好的化学稳定性。要求它和周围介质中气体的化学亲和力要最小，以便最大限度地减少材料的化学腐蚀。化学亲和力小的触头材料可以限制触头表面无机膜的生成和接触电阻的增大。即使在触头上生成了化学膜，当然希望膜的热稳定性差，在加热时可以很快分解，并且要求此种化学膜在机械力的作用下容易破碎，在电场作用下容易击穿。

此外，还应考虑材料的可加工性、经济适用、价格便宜等方面的问题。综上所述，触头材料的选择只能根据工作条件和负载大小以满足主要的性能指标。

触头材料一般有纯金属、金属合金和金属陶瓷材料三类。

1. 纯金属材料

（1）银（Ag）。银是高质量的触头材料，纯金属中银的导电性和导热性都是最好的。银在常温时不易氧化，在潮湿的含硫气体中易硫化；但在高温时产生的氧化膜很容易分解还原成金属银，如 Ag_2O 在200℃时分解，AgO 在100℃时分解。其氧化膜的电阻率较低，且容易去除；银的硫化物电阻率虽较高，当温度达到300℃时硫化银也能进行分解。因此银触头能自动清除氧化物，接触电阻低且稳定，极限允许温度较高。银触头切换较小电流时，具有一定的抗电磨损性能。银的缺点是熔点低，硬度小，在强电弧作用下易喷溅。由于银的价格高，一般只适用于作继电器和小容量接触器的触头，或用在固定接触中作镀层材料。

（2）铜（Cu）。铜是被广泛使用的触头材料，导电性和导热性能仅次于银。铜与银相比有较大的硬度和强度，熔点较高，价格低廉，容易加工。但铜氧化膜的导电性很差，当长时间处于较高的环境温度下，氧化膜不断加厚，接触电阻成倍地增大，其严重性甚至可使线路中断。因此铜不适合作为非频繁操作电器的触头材料。对于频繁操作的接触器，当电流大于150A 时，氧化膜在电弧的作用下分解，因此可以采用铜触头，并做成单断点指式触头，利用在分、合过程中的动、静触头相对滑动，以消除氧化膜。现在，用纯铜作触头材料已经比较少见。

（3）铝（Al）。铝的导电性和导热性在纯金属材料中居第三位，也属于最常用的导电材料之一。其优点是质量轻而具有一定的机械强度，且价格低廉。缺点是在大气中金属表面很快形成一层氧化膜（Al_2O_3），该氧化膜的电阻率极大，并且非常稳定，很难去除。此外铝在空气中腐蚀速度快，所以铝不能作触头材料而广泛用作载流母线的材料及其他线材。

（4）金（Au）。金的导电和导热性次于银和铜，突出的优点是不氧化，接触电阻稳定。金的缺点是价格贵，易于产生冷焊、变形和磨损，一般用于弱电触头或用作镀层。

（5）铂（Pt）。铂是贵金属，其化学性能稳定，在空气中既不生成氧化膜，也不产生硫化膜，接触电阻非常稳定。铂的导电性和导热性较差，在触头开始分断时容易产生金属液桥，使触头上形成毛刺。但铂价格昂贵，资源缺乏。此外在有机蒸气中，由于铂的催化作用，在触头上容易生成有机膜。因此不采用纯铂作继电器的触头材料，一般都采用铂的合金作小功率继电器的触头。

(6) 钨（W）。钨是通用的触头材料。钨的许多性质和铂相近，但由于它有很高的硬度、耐热性和耐腐蚀性，因此它的抗电弧烧损、抗熔焊性能都很好，触头寿命长，而且钨触头在工作过程中几乎不会产生熔焊。但其电阻率大，容易氧化，在高温下形成不导电的氧化膜，以至于接触电阻特别大。为了破坏氧化膜，需要很大的接触压力，所以它适用于高低压断路器的大电流触头，工程上不采用纯钨触头。

(7) 石墨（C）。它是非金属材料，不容易氧化和产生氧化膜。其电阻率高，机械强度低，耐弧和耐熔焊性能好。一般只用作开关电器的灭弧触头材料。

由于纯金属本身性能的差异，将它们以不同的成分相配合构成合金或金属陶瓷材料，可以使触头的性能得到很大的改善。

2. 金属合金

(1) 银合金。银常与金、钯以及其他金属组成合金。

1) 银-金合金。能耐大气腐蚀，当金含量低于50%时能生成硫化膜，这种合金的可塑性好，容易加工。

2) 银-钯合金。类似于银金合金，但它具有电阻率大而电阻温度系数小的特点，钯对银有保护作用，当钯的含量超过50%时不会硫化，加工性能也很好。

3) 银-镉合金。氧化镉在银中不仅起着增加强度和硬度的作用，还能大大提高抗弧能力。当触头在电弧高温作用下，氧化镉的杂质沉积于接触点附近的银镉合金中成为固溶体，这种镉的氧化物在900～1000℃时进行分解，并起着自动熄弧作用。氧化镉的熄弧作用和它在银基体上的分布状态有关，它直接影响触头的工作寿命。实验证明，在银-镉合金中进行内氧化时所形成的氧化镉晶核，可以大大降低氧化镉晶粒的尺寸，提高氧化镉在银基体上分布的均匀性，从而显著地提高抗弧能力。

4) 银-铜合金。适当提高银-铜合金中的含铜量，可以提高硬度和耐磨性，故用于频繁操作时银-铜合金优于纯银。但含铜量达一半后极易氧化，使接触电阻不稳定。但银铜合金的熔点低，可作为焊接触头的银焊料。它不宜用于接触压力小的电器。

5) 银-钨合金。当含钨量为30%～80%时，银-钨合金耐弧性能好，基本上不熔焊。它在工艺性和电阻率方面都优于铜-钨合金。因此，它尤其适用于大容量开关电器。

6) 银-镍合金。当含镍量为5%～40%时，由于镍熔点较高，加入后可以提高抗硫化及抗熔焊性能。它的接触电阻稳定，耐磨损，易做辗压加工；但抗熔焊能力较低，且价格较高。此合金一般用于中小容量的开关电器中。

7) 银-石墨合金。其含碳量与铜-石墨合金相当，具有高抗熔焊能力，但质地软，不耐摩擦，一般用于非频繁操作的大中容量的电器中。

8) 银-碳化钨合金。碳化钨的化学稳定性优于钨，耐腐蚀性也较高，故接触电阻比较稳定，能耐受大电流，适用于低电压、大电流电器。

(2) 金合金。金也常与其他金属组成合金。

1) 金-镍合金的硬度比较大，且硬度随镍含量的增加而增加，但电阻率亦增大。这种合金有好的抗熔焊和桥转移性能，能防止冷焊现象，但在电弧作用下易氧化，使接触电阻增大。

2）金-铂合金在常温下光泽不变暗色，加温时不氧化。

3）金-锆合金可以显著提高硬度，也不氧化，但抗熔焊性较差。

4）金-银-钯合金硬度高，不氧化，但容易形成桥转移。

（3）铂合金。

1）铂-铱合金。随铱含量的增加，其硬度、机械强度和电阻率都增大，它的生弧参数较铂高，触头使用寿命长。

2）铂-钌合金具有更高的硬度。

（4）钨钼合金。钨钼合金中，当含钼量为45%时，硬度和电阻率最大，而电阻温度系数最小。含钼为34%时，触头电磨损最小。含钼量的增加会导致触头严重氧化，因而这种材料适用于惰性气体或真空中工作的触头。

（5）钯-铱合金。钯-铱合金中的铱可以有效地提高合金的硬度、强度以及耐受腐蚀的稳定性，因此使用较广泛。

3. 金属陶瓷材料

金属陶瓷材料亦称为粉末冶金材料。它是一种为了满足电器对触头材料提出的各种复杂的、甚至是矛盾的要求而发展起来的触头材料。金属陶瓷材料是将两种或两种以上的金属机械混合而成的，而两种金属却能各自保留自己原有的物理性能。其中的一种为难熔相，它的硬度高、熔点高，在高温和冲击力作用下不变形，在电弧作用下不熔化，因此这种金属在合金结构中起骨架作用。这类金属有钨、钼、金属氧化物等。另一种金属为载流相，它主要起导电和导热作用，即起承载电流的作用。这类金属有银、铜等。由于载流相金属熔点都较低，在电弧高温作用下熔化后能保留在难熔相金属骨架形成的孔隙中，故可防止发生熔化金属的大量喷溅现象，使触头电磨损大大减小。因此，金属陶瓷材料具有较低的接触电阻，又耐弧、耐磨损和抗熔焊。下面介绍一些常用的金属陶瓷材料，如银-氧化镉、银-氧化铜、银-氧化锌、银-氧化锡铟、银-钨、铜-钨、银-石墨等。

（1）银-氧化镉。这种材料具有好的耐电弧磨损、抗熔焊和接触电阻低而稳定的特点，广泛应用于中等功率的电器中。银-氧化镉具有这些优良性能的原因是：

1）在电弧作用下氧化镉分解，从固态升华到气态（分解温度约为900℃），产生剧烈的蒸发，起着吹弧作用，并清洁触头表面。

2）氧化镉分解时吸收大量的热，有利于电弧的冷却与熄灭。

3）弥散的氧化镉微粒能增加熔融材料的黏度，减少金属的飞溅损耗。

4）镉蒸气一部分重新与氧结合形成固态氧化镉，沉积在触头表面，阻止触头的焊接。

氧化镉含量在12%~15%时可以得到最佳性能。含量过低，氧化镉（难熔相）效应难以发挥；含量过高，不仅不能扩大效果，反而有损于工艺性。如果在银-氧化镉中添加一些微量元素，例如硅、铝、钙等能进一步细化晶粒，提高耐电磨损性能。其缺点是镉蒸气有毒。

（2）银-氧化锡铟。它的优点是无毒，且抗熔焊性和分断能力均与氧化镉相当，而耐电弧磨损能力强。至于氧化锡骨架则有较高的热稳定性，不被电弧高温所分解和蒸发，因而能有效阻止银的蒸发和喷溅。银氧化锡的缺点是电弧斑点移动较少，容易使电弧运动停滞。解决此问题的方法是，必须适当控制铟的含量，并着力去除触头表面层内所含的碳等容易产生电子发射的元素，同时注意触头表面的加工质量精度。

（3）银-氧化铜。与银-氧化镉相比，耐磨损，抗熔焊性能好，无毒，使用寿命长，价格便宜，组织结构更均匀，分解温度更高。在高温下，触头的硬度更大。通过温升试验比较，在触头接触处具有更低而稳定的接触电压降，导电性能更好，发热情况较轻，温升较低，因此得到了广泛应用。缺点是当焊接温度稍高或时间偏长时，触头表面就会起泡，在生产和焊接过程中所形成的粉尘对人体有害。

（4）银-氧化锌。它抗熔焊、抗电弧磨损性能好，且电导率高，常用于各种低压开关电器中。

（5）银-钨。这种材料兼具有银、钨各自的优点，即具有银良好的导电性和易加工性，同时又有钨的高熔点、高硬度，耐电弧腐蚀，抗熔焊，金属转移小等特性。随着钨含量的增加，耐电弧磨损和抗熔焊性能提高，但导电性能下降。用于低压电器时，钨含量为30%~40%；用于高压电器时，钨含量为60%~80%。

银-钨的缺点是接触电阻不稳定，随触头开闭次数的增加，接触电阻也增大，严重者可达初始值的10倍以上，其原因在于分断过程中，触头表面会产生三氧化钨（WO_3）或钨酸银（Ag_2WO_4）等接触电阻高的薄膜，由于这种膜不导电，会使接触电阻剧增。

（6）铜-钨。这种材料性能与银-钨相似，抗熔焊及耐电弧能力强，但比银-钨更易氧化形成钨酸铜（$CuWO_4$）薄膜，使接触电阻迅速增大。它不宜作低压断路器触头，但可用作油断路器触头。

（7）银-石墨。它的导电性好，接触电阻小，抗熔焊性能很好，在短路电流下也不会发生熔焊；缺点是电磨损大。一般石墨含量不超过5%。

（8）银-铁。有好的导电、导热、耐电磨损等性能，用于中、小电流接触器中，比纯银触头的电寿命成倍提高；主要缺点是在大气中容易生锈斑。

（9）银-铬。由于铬分散在银母相中，所以抗熔焊及抗电弧磨损性能好，接触电阻小而稳定；常用于小容量电器。

（10）银-碳化物。它具有很好的抗熔焊和抗电弧磨损性能。由于抗氧化性好，所以接触电阻稳定。此外，还具有体积小、重量轻等优点，又能节银。

7.8.2 触头材料的选用原则

触头材料是所有开关电器中不可缺少的元件。尤其是对真空开关而言，更为突出。它不但决定了真空开关的性能，而且还决定了真空开关的应用范围以及新产品的开发和发展方向。目前世界上中等电压等级领域的所有开关，大多已被真空开关所占有，其主要因素除了真空本身具有的特点外，也是由于触头材料的性能适应了应用的需要。例如：真空断路器开断能力的提高，耐压强度的改善；真空接触器截流值的降低，电寿命开断次数的增加；真空灭弧室体积进一步小型化等都与触头材料的改进有着密切的关系。此外，真空开关今后要向高电压、大容量等级的方向发展，触头材料仍是关键的因素之一。

综上所述，对触头材料的要求包含电气、机械、热、化学和组织结构五个方面，具体选用时只能根据工作条件和负载大小以满足主要的性能指标。

（1）弱电流触头材料的选用。对于弱电流触头，一般选用纯金属，如铜、银、铂等，有时也用金、镍和钼。

纯银硬度低，不耐磨，容易硫化，在酸性介质中使用，接触电阻很大，因此很少单独使用。由于银的价格高，一般只适用于作继电器和小容量接触器的触头，或用在固定接触中作镀层材料。

铜在空气中产生的氧化膜导电性很差，耐电弧磨损性能差，所以现在用纯铜作触头材料已经比较少见。

金是塑性材料，质软容易产生变形和磨损，一般用于弱电触头或用作镀层。在作为镀层覆盖于触头表面时，电流一般不超过0.5A，否则电磨损的速度会加快。

铂由于容易产生液桥，且在有机蒸气中容易生成有机膜，因此不采用纯铂作继电器的触头材料，一般都采用铂的合金作小功率继电器的触头。

（2）中电流及强电流触头材料的选用。对于中电流及强电流触头，一般选用铜、黄铜、青铜或其他合金，并且大量应用金属陶瓷材料。

黄铜耐电弧性能好，青铜既耐磨又耐弧。金属陶瓷材料是由两种或两种以上的金属粉末混合在一起，压制成形后，经烧结而成的，是彼此不相熔合的机械混合物。如前面介绍过的银-钨陶瓷材料综合了两种材料的优点，银起导电作用，钨起骨架作用，在电弧的高温及冲击力作用下，触头电磨损和机械磨损都较小。此外这种金属陶瓷材料的价格比纯银要便宜些。

金属陶瓷材料用于大容量的触头材料，一般有银-钨、铜-钨、银-镍、银-石墨、银-氧化镉、银-氧化锡、银-氧化锌等。在高压电器中，由于电弧较为强烈，因而要求触头材料有更高的耐电弧能力，所以采用钨含量较高的金属陶瓷材料，如银-钨70、铜-钨80、铜-钨60、铜-钨50等。在低压电器中，多采用银-钨40和银-钨30两种金属陶瓷材料。

银-石墨陶瓷材料也可以用作低压断路器的触头，它具有最好的抗熔焊性。若将银-石墨和银-钨配对使用，可以使触头的抗熔焊性大大改善，特别是银-石墨用作阳极时，效果更佳。金属陶瓷材料的缺点是电导率较低，因此常制成薄片等形状焊在触头的接触面上。

（3）固定电接触所用材料的选用。对于固定电接触连接，例如母线，现广泛采用铝代替铜。因为铝相对于铜而言，质量轻，并且具有一定的机械强度，价格较低。但由于铝容易氧化，且氧化膜的导电性很差，一般采用铝表面覆盖银、铜和锡等方法以减小接触电阻。

（4）真空开关电器所用的触头材料。真空开关触头是一种特殊的强电用触头。由于真空开关电器的触头材料对电弧的特性与弧后介质恢复过程的影响很大，因此除了满足对一般触头材料的要求外，还要求触头表面特别洁净及具有更高的抗熔焊性能。在真空开关电器中，触头间的开距小，电压梯度大，容易引起电击穿，所以要求触头材料具有坚固而致密的组织，在强电场作用下仍能保持光滑完整的表面。真空中的灭弧能力很强，在分断小电流时，容易出现电流还在某一值时被强迫下降到零的现象，从而引起过早熄灭电弧而产生很大的过电压。为了降低截流过电压，要求材料的截流水平值小。此外真空开关的触头材料的含气量必须很小，以保证在电弧作用下，从材料中释放出来的气体不影响灭弧室的真空度。下面介绍各种不同类型的真空开关触头材料的性能及其特点。

1）以易熔金属为主的合金材料。采用纯铜作为真空开关的材料，这类触头材料的特点是具有相当好的耐压强度，截流值也小，但抗熔焊性很差。

为了克服上述缺点，人们研究了铜铋合金。铜铋合金具有良好的抗熔焊能力。由于铜铋合金在燃弧时蒸发大量的铋蒸气，增加了电弧的游离强度，降低了截流值和截流过电压。同时铜铋合金中保留了铜良好的导电性和导热性，且由于熔点较低，即使达到熔点温度，也不会显著地发射电子，所以铜铋合金具有较好的开断电流的能力。

铜铋合金的缺点是金属蒸气压力较高，虽然对降低截流值有一定的好处，但在电流过零时的介质恢复速度比较慢，在过电压的作用下容易引起触头间隙击穿；而且触头烧损较快，对触头的电寿命影响较大。

近几年研究的高导电和半难熔金属形成的粉末冶金铜铬材料，采用铬粉压制成形，经真空烧结成多孔的触头基体，然后向基体内渗入铜而成；其耐压水平和分断能力高于铜铋合金，但截流值低于铜铋合金，如CuCr50真空触头材料，致密性好，均匀无缺陷；具有较高的开断短路电流的能力，极限电流密度大于$1.6\times10^{7}A/m^{2}$；耐压强度高，在间隙为$0.75mm^{2}$时，具有较高的击穿电压，其值为38.1kV。截流值低，平均截流值约为4.92A。并且具有优良的真空性能，由于铬具有强烈的吸气能力，完全可以保证灭弧室内具有一定的真空度，以满足真空灭弧室的基本要求。

2）以难熔金属为主的合金材料。早期的真空开关中多采用钨、钼等难熔金属作触头材料。这类触头材料的特点是具有适当的分断能力、良好的抗熔焊性及耐压强度。但是由于难熔金属的熔点较高，产生的电弧可以将触头加热到具有显著热电子发射的温度，从而降低了开关的分断能力；并且在开断小电感电流时由于截流值较高，会产生很高的过电压。

为了克服上述缺点，人们研究了钨-铜铋锆合金材料。这种触头材料具有钨的耐电弧烧蚀和抗熔焊性能，适用于频繁操作的真空接触器。铋用来减小截流值；锆用来润湿钨粒，提高浸渍效果（此触头材料用浸渍法制成）。由于钨的灭弧能力小，因而分断电流的能力受到一定的限制。

3）以非金属碳为主要成分的合金材料。碳的优点是截流值低，平均为0.3A左右。由于碳具有较高的升华温度和较低的蒸气压，因而触头磨损小于铜铋等合金。但碳的机械强度低，容易受到机械冲击而破坏，影响正常工作；同时电阻率也大，触头发热严重。若适当加入一些其他元素，例如加入铜后，就可以大大改善机械强度和降低电导率。当加入铜的含量超过15%时，截流值可以保持在1A以下。

7.8.3 栓接触头材料的选用原则

以螺栓或螺钉连接的可拆卸式连接触头称为栓接触头。栓接触头在电气工程中占有非常重要的地位。特别是在大容量高低压电器中，触头之间的连接普遍都用母线连接，而母线和母线作为连接触头绝大多数用螺钉或螺栓把它们紧紧连接在一起，以保证有良好的导电性。

母线用高电导率的材料制成，例如铜质或铝质型材。不论铜母线还是铝母线，搭接面的氧化膜都对电器能否正常工作起着决定性的作用。铜因各种原因所产生的氧化膜的电阻率和纯铜相比要大十几个数量级（$10^{7}\sim5\times10^{8}\Omega\cdot m$），即使氧化膜的厚度很薄，其电阻也可以达1MΩ以上。铝氧化膜的电阻率就更高了，可以达$10^{10}\Omega\cdot m$。更为严重的问题是这类氧化膜很难用电或热的方法去除，而只能借助于机械摩擦的方式去除。然而母线之间的搭接是属于固定接触形式中的一种接触方式，由于它们之间相对静止，既不能作相对滚动也不能作滑动运动，因此氧化膜对铜母线或铝母线搭接的导电问题是一件非常棘手而又迫切要解决的头等大事。

此外，铜和铝母线的氧化还会因氧化膜层的脱落和破碎造成材料的损失，即化学腐蚀。

腐蚀的速度与周围环境有很大的关系，可以用年腐蚀率来衡量腐蚀的严重程度。凡是温度高、湿度大的地方，有盐雾处及存在大量有害工业气体处，其腐蚀速度就越快，腐蚀也就越严重，年腐蚀率就越大（见表7-11）。电化学腐蚀对母线的搭接面也是非常有害的。因为在搭接区的很小缝隙内经常吸附有水蒸气、氯化氢、二氧化硫和二氧化碳等气体，它们能生成导电的酸性电解质溶液。当两种不同的金属导体相接触时，只要被酸性电解溶液所浸湿，就将形成原电池，使电极电位低的金属遭到腐蚀。可以看到，不论是化学腐蚀还是电化学腐蚀，都将使材料受到严重的侵蚀，它将引起搭接面的接触状况劣化，而使接触电阻剧增，温度骤升，最终使电接触连接受到破坏，影响正常工作。

表7-11 材料铜和铝的年腐蚀率

环境			沙漠	农村	海上	工业区
年腐蚀率 mm/年	10年统计	铜	125	575	650～1300	1175
		铝	—	25	200～700	775
	20年统计	铜	125	425	1260	1350
		铝	75	75	275～625	725

栓接母线紧固后，其内部将产生机械应力。在一定的温度下，当应力超过某一极限值时，即使外力不再增大，材料的塑性形变仍将缓慢地增大，即蠕变现象。抵抗蠕变的强度称为蠕变极限，它随温度的升高而下降。此外金属材料的硬度越低，蠕变极限下降得越厉害。

为了改善母线搭接区的接触情况，防止金属材料发生化学腐蚀和电化学腐蚀，常用的方法有以下几种：在接触面上压花，间隙处填铜屑，搭接区包封，接触面搪锡等。在这些方法中，使用得最多的还属搪锡。虽然锡的电导率和热导率比铜要低很多，只有铜的1/7～1/6，但是锡质地较软，在相同的接触压力作用下，导电斑点的数量较多，导电斑点的半径也较大，所以搪锡不仅可以减小接触电阻，有利于降低温升和能耗，同时可以削弱蠕变危害的程度，而且还可以避免母线在带有导电性极差的氧化膜的情况下实现电连接。

然而，这些方法都需要有与之相配套的工艺装备，这些工艺装备大多设备复杂，以至于成本较高，通用性不强，或对化学腐蚀和电化学腐蚀的防护性效果较差等。因此近年来已广泛使用接触导电膏涂料。

接触导电膏是一种含有导电填料和胶粘剂的具有流动性的糊状导电涂料。此涂料具有以下突出的特点：

（1）能去除氧化膜以及其他的膜层。导电填料为金属粉末，它不仅可以导电，更重要的是在涂敷过程和用螺栓紧固时从导电斑点被挤出的过程中，通过机械研磨作用破碎并清除了金属表面的各种膜层，从而使导电斑点基本上呈现纯金属接触状态。

（2）具有密封保护以防止化学腐蚀和电化学腐蚀。导电膏涂敷后，将搭接面之间的缝隙全部填补，空气中的氧气和腐蚀性气体以及大气中的水分和其他气体根本无法侵入，从而保证了搭接面不会被腐蚀而生成任何膜层。

（3）可以使原有的间隙成为隧道效应导电通道。涂敷导电膏后，一方面破除了斑点上的各种膜层，可以防止重新被氧化，使原来的微小金属接触面得到充分利用；另一方面利用导电膏将搭接面间的全部缝隙填满，这样可在中间形成类似于隧道效应的导电通道，使实际的接触面得以扩大，以保证良好的导电性。

可以看出，使用接触导电膏涂料后可以最大限度地减小接触电阻、能耗和温升，并使它们在长期运行过程中保持稳定，最终全面改善接触连接的工作特性；同时还可以提高运行的可靠性而减少维修的次数和费用以及降低停电检修带来的损失。由于导电膏本身具有无毒、无臭、无污染、抗寒、耐腐蚀、耐高温、不氧化、性能稳定等特点，加之涂敷工艺又非常简单易行，适用性强，价格低廉，所以非常容易推广应用。

7.8.4 触头材料的发展趋势

用于真空断路器的触头材料目前大多采用 CuCr 合金。这类合金材料在含量上国内普遍采用 Cu 和 Cr 的含量均等，各占 50%，而国外则多数采用 Cu、Cr 比为 75∶25。其主要原因是由于 Cu、Cr 各占 50% 的触头材料中含 Cr 量相对较高，抗熔焊能力要比 Cu、Cr 比为 75∶25的触头材料强。但从电导率来比较，则 Cu、Cr 比为 75∶25 要比 Cu、Cr 比为 50∶50 的高。此外，国外 Cr 粉的价格要比国产的 Cr 粉贵很多，生产成本对触头材料而言也是一个很重要的影响因素，为了降低成本，可采取减少触头材料中 Cr 含量的方法。

为了进一步提高触头的开断能力，国外正在研究一种在 Cu-Cr 合金的基础上添加其他元素，如 Ta 或 Nb，组成 Cu-Cr-Ta-Cr_2Ta 或 Cu-Cr-Nb-Cr_2Nb 合金触头材料。若再添加少量的 Ti、Zr、Al 等还可以进一步提高开断能力和改善耐电压等级。研究结果表明：在以 Cu-Cr 合金为基础的成分上，通过加入适量的其他元素可以提高原 Cu-Cr 合金触头材料的开断能力，为原来的 1.2～2 倍。

此外，除了采用上述材料外，也有采用 Cu-Co-Ta、Cu-Fe-Ta 或 Cu-Cr-TaB_2合金等来提高开断能力。从总体上来看，都是以铜作为合金的基体，再加入其他金属从而提高开断能力和耐压强度。

用于真空接触器的触头材料，在国外比较流行的是 Ag-W-C 合金。它具有电寿命长的特点，平均截流水平低于 2A，而国内则将 Ag-W-C 材料中的 Ag 用铜来代替，制成 Cu-W-C 合金，其寿命也很长，但平均截流水平比 Ag-W-C 合金高，约为 4A。桂林电器科学研究所研制出一种 Cu-W-Al-Ti 合金，其电寿命较长，平均截流水平接近于 Ag-W-C 合金。上海电器科学研究所（现改名为上海电器科学研究所有限公司）研制出一种 Cu-W（W-C）合金，其性能介于 Ag-W-C 合金和 Cu-W-C 合金之间。

用于真空负荷开关的触头材料，一般要求较低，尽量采用价格低的合金材料。如 Cu-Bi 合金、Cu-Te-Se 合金和 Cu-W 合金等。

思考题与习题

7-1 电接触与触头是同一概念吗？

7-2 触头有哪几个基本参数？

7-3 何谓触头的开距、超程、初压力和终压力？各起什么作用？

7-4 接触电阻是怎样产生的？影响它的因素有哪些？

7-5 试分析表面膜的导电机理。

7-6 触头在长期通电的运行过程中，接触电阻是否不变？为什么？

7-7 如何减小触头的机械振动？

7-8　何谓熔焊？它有几种形式？

7-9　何谓冷焊？怎样防止发生冷焊？

7-10　什么是触头的桥磨损？降低桥磨损的方法有哪些？

7-11　触头电磨损有几种形式？它与哪些因素有关？采取什么措施可以减小电磨损？

7-12　对触头材料性能的一般要求有哪些？金属陶瓷材料有何优点？

7-13　近代生产的接触器触头，一般都采用复合材料而不用纯金属，为什么？

7-14　银-氧化镉和银-氧化锡铟粉末合金的触头材料有何特点？

7-15　真空开关电器使用什么触头材料？

7-16　在固定接触的铜母线和铝母线搭接中，为什么在接触面要采取搪锡处理的方法？

7-17　某交流接触器，采用纯银双断点桥式触头，其参数为：$\lambda\rho = 8.2\times10^{-6}\mathrm{V^2/K}$。触头的接触电压降 $U_j = 0.01\mathrm{V}$，连接导电板的截面积 $A = 8\times35\mathrm{mm}^2$，导电板材料为铜，其电阻率 $\rho_{100} = 2.3\times10^{-8}\Omega\cdot\mathrm{m}$，散热系数 $K_T = 7\mathrm{W/(m^2\cdot K)}$。当通过电流 $I = 600\mathrm{A}$ 时，试计算触头的最高温升。

7-18　某断路器的动触头用铝（未氧化）制成，静触头用铜（未氧化）制成，其接触压力为 180N，接触形式为线接触，试求其接触电阻。

第 8 章　电磁系统磁路计算基础

8.1　概述

电磁系统是由磁系统和励磁线圈组成，用以实现电磁能转化为机械能或其他能量形式，从而完成特定任务的电器组件或部件。电磁系统中的磁系统主要由具有高导磁材料（通常采用软磁材料或铁磁材料）的部件和一定的工作气隙所组成的闭合磁路所构成。电磁系统是应用最广泛的执行元器件之一，特别在开关电器的操动机构中被广泛使用，这种用于电磁操动机构的电磁系统具有一般电磁系统所具备的特殊结构和特点，通过对其进行研究可以很好地了解电磁系统的构造及其工作原理。因此，以下如无特殊说明，本书所涉及的电磁系统均为开关电器中的电磁系统，有时又称为电磁铁。

开关电器中的电磁系统或电磁铁主要由铁磁材料所构成的通常被称为铁心的零部件、工作气隙以及励磁线圈所构成，其中的工作气隙是指相对静止的静铁心和可以运动或转动的动铁心或衔铁之间所形成的气隙。工作时，通过励磁线圈通电，使得磁系统被磁化，从而在工作气隙与动铁心或衔铁交界处产生电磁吸力，使之运动或转动做机械功，并由此驱动开关电器的触头分断或闭合，从而完成电路的切断或接通任务。

电磁系统除了可以作为开关电器的执行部件外，还可以作为特殊用途的电器使用，例如牵引电磁铁、起重电磁铁、制动电磁铁、电磁离合器和电磁吸盘等，也可以应用于电磁传感器、电磁稳压器和磁放大器等。

通常，开关电器中的电磁系统是将电磁能转化为机械能，如果磁系统的励磁仅由永久磁铁来实现，则此电磁系统又被称为永磁系统，永磁系统工作时可以直接将磁能转化为机械能。对于上述电磁系统的设计和计算，均需要了解电磁系统中的电磁场分布，为此可以采用电磁场分析方法直接分析、计算相关的电磁场问题。利用场的方法分析计算电磁系统问题，具有计算准确度相对较高、能够给出场域的分布情况、可以考虑较复杂的磁极形状等优点。尽管如此，工程中许多电磁系统的设计和计算问题需要一种相对简洁、并且能够反映工程实际需求的电磁系统分析与计算方法，即所谓的磁路分析方法，该方法的本质是将“场”的问题转化为“路”的问题加以分析和计算，从而可以借鉴电路的分析方法来完成磁路分析。本书重点在于采用磁路分析方法，实现电磁系统的分析与计算，根据具体电磁系统形式的不同，首先建立该电磁系统的分析计算物理模型，再根据该物理模型推导出数学计算模型，最后采用合适的分析计算方法求解该数学模型，从而求得所关心的电磁或机械物理量。事实上，只要所建立的物理模型能够较真实地反映所分析的电磁系统，所推导的数学模型合理，并且所采用的分析方法合适，则利用磁路分析方法完全可以满足大多工程应用中的电磁系统计算问题的需要。

8.1.1　电磁系统的典型结构和基本特性

1. 电磁系统的典型结构

图 8-1 所示为一转动式电磁系统结构原理图，其中的电磁系统主要由励磁线圈、静铁心、工作气隙、衔铁和反力弹簧等部件组成。止挡的作用是确保衔铁的初始工作位置，而静触点和动触点则作为继电器的输出执行部件，以完成对电路的接通与分断任务。

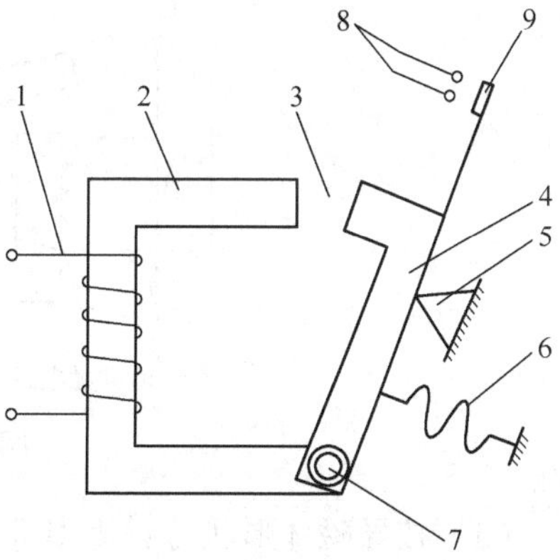

图 8-1　转动式电磁系统结构原理图
1—励磁线圈　2—静铁心　3—工作气隙
4—衔铁　5—止挡　6—反力弹簧
7—转轴　8—静触点　9—动触点

2. 电磁系统的工作原理

（1）励磁线圈通电。励磁线圈通电后，电磁系统的磁路中将会产生磁通，其中通过主磁路的磁通（主磁通）将会产生一个作用于衔铁的电磁吸力（磁力线尽可能缩短）。若该电磁转矩大于反力弹簧作用在衔铁的反力矩，则衔铁将开始绕其转轴向静铁心转动，直至衔铁与静铁心相接触（可能存在一定的间隙，视磁系统的结构而定）。与此同时，与衔铁刚性相连的触点也将随之转动，最终将与静触点闭合，从而完成电路的接通任务。

（2）励磁线圈断电。磁线圈断电后，磁路中磁场将消失，作用在衔铁上的电磁吸力也将消失，当反力矩大于闭合位置的电磁转矩时，衔铁开始向其初始位置转动，最终返回其初始位置，而动触点也随之与静触点分开，从而完成电路的分断任务。

3. 电磁系统的分类

（1）按励磁线圈中电流的类型分为直流电磁系统、交流电磁系统、交直同时磁化电磁系统、极化电磁系统和永磁系统等。

直流电磁系统电磁铁的励磁线圈通有直流电流，如果忽略电流以及电磁系统的过渡过程，即仅考虑电磁系统的静态特性，系统的导磁体中不存在涡流和磁滞损耗，因此，可以采用整块碳钢或工程电工纯铁制成。

对于交流电磁系统而言，由于其励磁线圈通有交流电流，工作时，导磁体中的磁通也是交变的，从而在其中产生涡流和磁滞损耗，因此，交流电磁系统通常采用薄硅钢片叠制而成。

交直同时磁化电磁系统可能含有 2 个以上分别通有直流和交流的励磁线圈，依据直流和交流线圈在磁路中产生磁通的比例，系统将呈现直流电磁系统或交流电磁系统的特性，其中导磁材料及其形状将分别按直流或交流电磁系统加以选取。

极化电磁系统中，除了励磁线圈外，通常还装有永久磁铁。事实上，永久磁铁也可以被视为一种特殊的励磁源，其作用与一般的励磁线圈类似，只不过永久磁铁的工作特性是按照其固有的特性来实现的。

若磁系统中含有永久磁铁，则通常将这样的系统称为永磁系统，该系统可以仅由永久磁铁产生磁通，但许多工程应用中还配备励磁或去磁线圈。

（2）按线圈的连接方式分：为并励电磁系统和串励电磁系统。

图 8-2a 所示并励电磁系统的励磁线圈与电源并联连接，其端电压将是恒定的，因此，有时也称为电压线圈。图 8-2b 所示串励电磁系统的励磁线圈是与回路负载阻抗串联连接的，线圈中的电流与负载电流相同，因此，有时也称为电流线圈。电流线圈的导线线径通常较粗，线圈的匝数也较少。

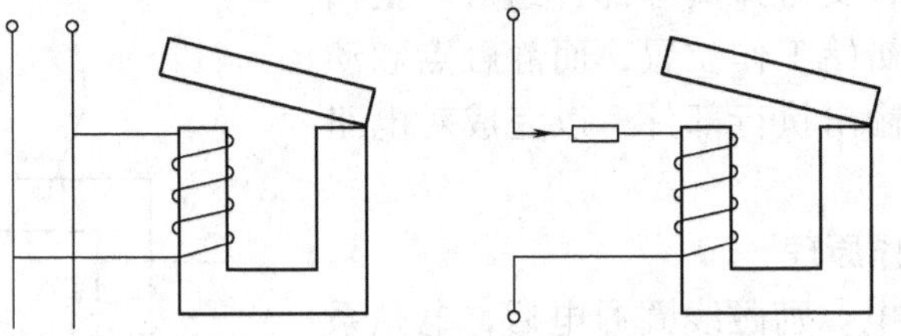

a) 并励电磁系统　　b) 串励电磁系统

图 8-2　并励与串励电磁系统

（3）按导磁体形状分：为 U 形、E 形和螺管式等形式电磁铁；图 8-3a、b、e 为 U 形，图 8-3c、d、f 为 E 形，图 8-3g 为螺管式电磁铁。

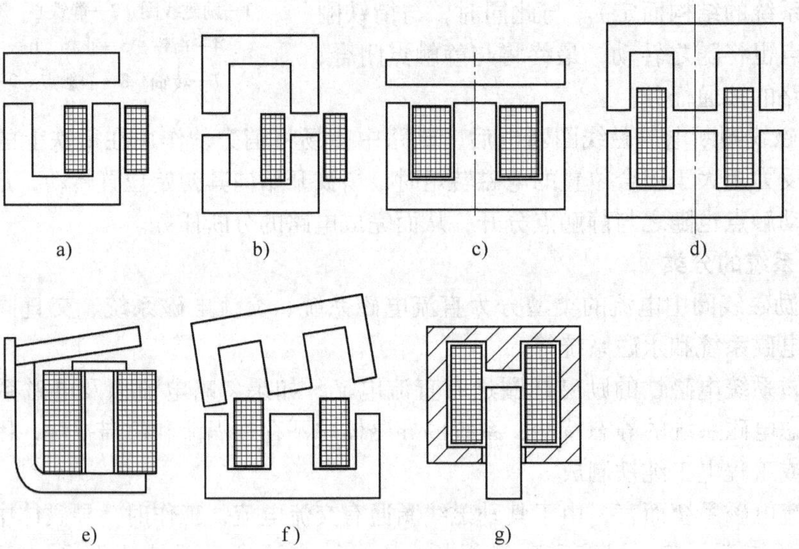

图 8-3　电磁系统的典型结构形式

（4）按动铁心或衔铁的运动方式分：为直动式和转动式（拍合式）等。图 8-3e、f 为转动式电磁系统，其余均为直动式电磁系统。

4. 电磁系统的基本特性

（1）吸力特性：对于直动式电磁铁，在线圈通电情况下，作用在动铁心上的电磁力与工作气隙长度有关，其吸力特性呈现非线性特性，而且随着工作气隙的增大，电磁铁所产生的电磁吸力将减小（如图 8-4 所示）。根据是否考虑了励磁电流过渡过程以及动铁心或衔铁的动态特性，吸力特性又分为静态吸力特性和动态吸力特性。

静态吸力特性：不考虑励磁电流的过渡过程以及衔铁或动铁心的运动特性，可表示为：

$$F_x = f(\delta)$$

动态吸力特性：考虑励磁电流的过渡过程以及衔铁或动铁心的运动特性，可表示为

$$F_x = f(\delta, t)$$

本章以下内容如无特殊声明，吸力特性均指电磁系统的静态吸力特性，并简称吸力特性。

动铁心或衔铁从气隙大小为 δ_q 运动到 δ_z 所做的机械功 W_n 可按下式计算：

$$W_n = \int_{\delta_q}^{\delta_z} F_x(\delta) \mathrm{d}\delta \tag{8-1}$$

式（8-1）被定义为动铁心或衔铁拟定功，它能够表征电磁系统在一定位置上输出有效功的能力，这对于考核该电磁系统的效率具有一定的指导意义。

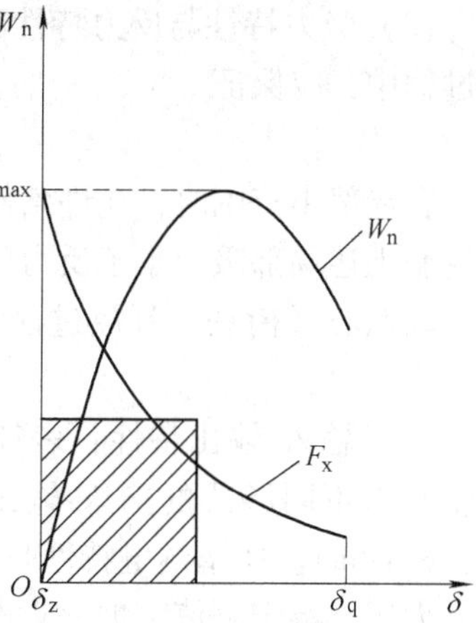

图8-4　电磁系统的静态吸力特性

对于转动式电磁铁则通常采用电磁转矩特性 $M = f(\alpha)$ 来描述电磁系统的驱动能力。计算时，通常将电磁转矩归算至工作气隙处、铁心柱中心线处的作用力。

（2）反力特性：即电磁系统中动铁心或衔铁做功所需克服的机械负载反作用力 $F_f(\delta)$。

对于开关电器中最常见的电磁式继电器或接触器的电磁系统而言，系统反力的作用是保证励磁线圈断电后，动铁心（衔铁）能够可靠地返回其初始位置。

图8-5a所示为瞬时脱扣机构的反力特性，其特点是反力仅在动铁心或衔铁行程的某一特定阶段产生作用，而不是在整个行程全长，它可能出现在行程的开始阶段，或行程的中间某段，或行程的末段。电磁脱扣器中常见这种反力特性。

图8-5b所示具有起重性质负载的反力特性，其特点是在设计行程范围内反力基本保持不变，例如电磁铁所吸持的重物或需要克服的某一不变的摩擦反力等。

图8-5c所示为具有弹簧性质负载的反力特性，特点是反力与行程呈线性变化关系，而且在行程的起始位置，有一初始反力作用于系统中。

图8-5d、e为具有多级弹簧负载时的反力特性，例如电磁式继电器和接触器中所采用的反力。图8-5d所示为释放弹簧＋常开触头弹簧所产生的反力特性；图8-5e所示为释放弹簧＋常开触头弹簧＋常闭触头弹簧所产生的反力特性。

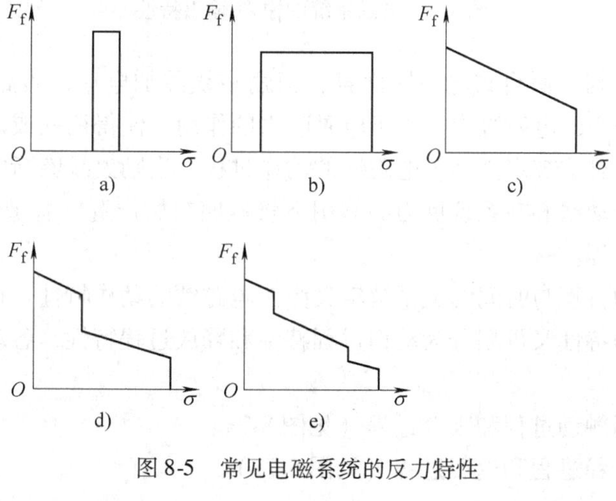

图8-5　常见电磁系统的反力特性

（3）吸力特性与反力特性配合：为了保证电磁系统的可靠工作，在动铁心（衔铁）闭合过程中，应保证

$$F_x(\delta) > F_f(\delta)$$

在局部小范围时，允许条件不满足，这是因为在运动惯性的作用下，动铁心或衔铁仍可以克服上述局部吸力小于反力区域的制动作用，最终完成铁心或衔铁的吸合过程。

动铁心（衔铁）释放过程中，应满足

$$F_x(\delta) < F_f(\delta)$$

（4）输入-输出特性：表征电磁系统的输入量与输出量之间的关系。不同类型的电磁系统具有不同形式的输入-输出特性，例如电磁式继电器具有继电特性的输入-输出特性（见图 8-6a）。所谓继电特性是指当输入量 x 从零逐渐增大时，输出量 y 并不发生改变，直至 x 大于一特定阈值 x_d时，y 才发生状态改变，从其初始状态跃变到另一特定状态。此后，即使再增加 x 值，y 的状态也不再发生改变；若再将输入量 x 逐渐减少，则一开始 y 的状态并不发生改变。即使 $x=x_d$时，y 的状态也不变，直至值降低至另一特定阈值 x_d'时，即$x=x_d'$时，y 的状态才发生改变，从而返回其初始状态。由于所有电磁式继电器均具有这种输入-输出特性，故这种输入-输出特性被称为继电特性，继电保护电器中广泛使用这种输入-输出特性。

图 8-6b 所示为磁放大器的输入-输出特性，在一定范围内，较小的输入电流经磁放大器后，可以线性地输出一较大的输出电流，因此，这种输入-输出特性又被称为控制特性。

图 8-6c 所示为线性电磁铁的输入-输出特性，它反映了控制电流与行程的关系。

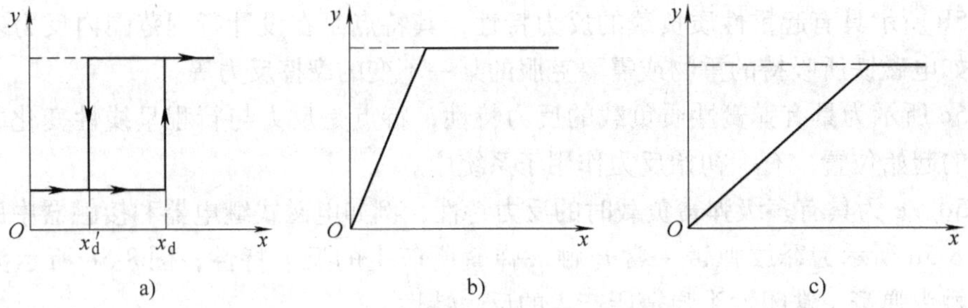

图 8-6 电磁系统的输入-输出特性

（5）时间特性：对于吸合式电磁铁而言，当励磁线圈加电后，磁路中产生磁通，并产生作用于衔铁或动铁心的电磁吸力，由于电磁吸力的作用，使得衔铁或动铁心从其释放位置运动到闭合位置，此过程被定义为该电磁铁的动作过程。当励磁线圈断电后，磁路中的磁通将逐渐消失，衔铁或动铁心在系统反力的作用下将返回初始位置（释放位置），此过程被定义为电磁铁的释放过程。

衔铁或动铁心的行程与时间的关系被定义为该电磁铁的动作特性。根据衔铁起始和终止位置的不同，其动作特性又可划分为动作过程特性和释放过程特性，各动作过程所需的时间称为时间特性。

动作过程又包括触动过程和吸合过程（见图 8-7a）。

释放过程包括开释过程和返回过程（见图 8-7b）。

1）触动阶段（OA）：电磁吸力小于系统反力，即 $F_x(\delta) < F_f(\delta)$，工作气隙保持不变 $\delta = \delta_q$，直至 $F_x(\delta) = F_f(\delta)$，衔铁开始运动。

此过程所需的时间称为触动时间 t_c。

2）吸合阶段（AB）：电磁吸力大于系统反力，衔铁开始运动，工作气隙逐步减小，$F_x(\delta) > F_f(\delta)$，$\delta_q > \delta > \delta_x$。直至衔铁运动到闭合位置 B。

此过程所需的时间称为吸合运动时间 t_x。

整个动作过程所需时间称为动作时间 t_d，$t_d = t_c + t_x$。

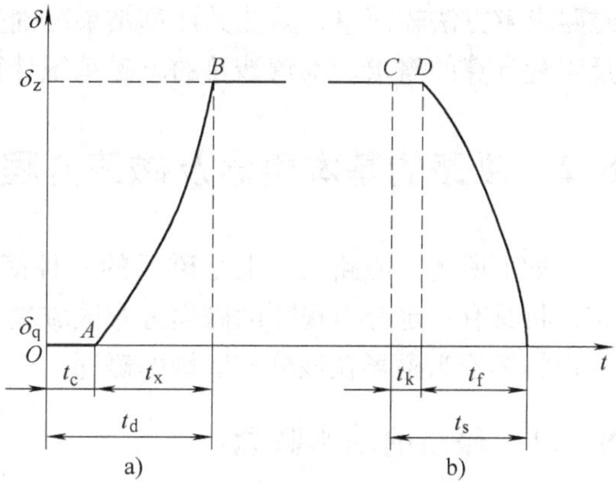

图 8-7　电磁系统的时间特性

3）开释阶段（CD）：励磁线圈断电后，励磁电流将按一定的指数规律逐渐衰减，主磁路中的磁场也随之逐渐衰减。一定时间内，作用于衔铁上的吸力大于反力，故衔铁保持静止状态，工作气隙保持在闭合状态，直至 $F_x(\delta) = F_f(\delta)$，$\delta = \delta_x$。此过程所需的时间称为开释时间 t_k。

4）返回运动阶段（DF）：电磁吸力小于系统反力，衔铁返回，直至起始位置。

此过程所需的时间称为返回运动时间 t_f。

整个释放过程所需时间称为释放时间 t_s：$t_s = t_k + t_f$。

8.1.2　电磁系统计算的基本任务及其计算方法

1. 电磁系统的计算任务

根据电磁系统计算目的的不同，电磁系统计算可划分为两大具体计算任务：正求任务和反求任务。

（1）正求任务：给定工作气隙磁通，求建立该磁通所需要的磁动势。

（2）反求任务：给定磁动势，求解其在工作气隙中所能产生的工作气隙磁通。

通常，正求任务相当于电磁系统的设计，即根据对电磁系统做功的要求，给定电磁系统的初步几何尺寸，包括工作气隙的大小以及该气隙下电磁吸力的大小，由此可以推出工作气隙磁通，再计算出所需的励磁磁动势。与此相对应，反求任务相当于电磁系统的验算，即在电磁系统几何尺寸确定的条件下（包括励磁线圈参数等），确定在一定工作气隙下所产生的工作气隙磁通，进而计算出所能产生的电磁吸力，以便考核该电磁系统是否能够满足特定使用者的需要。

2. 计算方法

电磁系统的计算方法主要分为两大类：电磁场求解方法和磁路求解方法。

电磁场求解方法通常利用有限元分析方法，将所研究电磁场的场域划分成众多具有规则形状的子域（网格），这一过程被称为场域的剖分。然后，利用变分方法，将电磁场问题转化为在具有规则形状网格内部的线性求解问题。

工程上，磁场求解问题通常可以简化处理，根据所研究磁场的特点，将磁场分布简化为磁路，再借助于电路的分析与求解方法求解该磁路，从而求得所需参数。

由此可见，磁场直接求解方法的计算准确度较高，但是，计算较复杂，计算时间较长；

磁路求解方法较简单，虽然其计算结果准确度不如磁场直接求解方法，但在一定条件下可满足工程计算的需求。本章涉及的电磁系统计算均采用磁路求解方法来实现。

8.2 磁路的基本概念及磁路方程

如上所述，磁路实质上是磁场的一种简化表示形式，它是根据所研究磁场中磁通的分布，将具有一定分布规律的磁通分布区域集合为一条具有特定边界的磁路，该磁路中通过的磁通将等价为磁场在该分布区域的磁通。

8.2.1 磁路的基本概念

1. 磁通管

在磁场中任意作一闭合曲线，并作该曲线各点的磁力线，则该族磁力线所包围的区域被定义为磁通管。

2. 磁路

根据磁场分布情况，将连续的磁通分布区域转化为具有特定边界的集中磁通路径，由此所构成的磁通路即为磁路，磁路是磁场的一种近似描述方式。

根据电磁系统励磁线圈电流种类（直流或交流）的不同，磁路又可以划分为直流磁路和交流磁路，直流磁路和交流磁路的特性及其计算方法也不尽相同。

3. 主磁通与漏磁通

主磁通：通过工作气隙（主气隙）所形成磁路的磁通。

漏磁通：未通过工作气隙（主气隙）的磁通。

4. 磁路参数

磁路计算中所涉及的磁路参数包括：磁通 Φ、磁动势 Hl、磁压降 U_m、磁阻 R_m（R_δ）和磁导 Λ_δ等，它们与电路参数具有表 8-1 所列的对应关系。

表 8-1 磁路参数与电路参数的对应关系

磁路参数	磁动势	磁通	磁压降	磁阻	磁导
电路参数	电动势	电流	电压	电阻	电导

除此之外，磁路计算中还涉及磁感应强度 H 和磁场强度 B。对于工程中常用的导磁材料，二者的关系通常可由导磁体材料的磁化曲线确定。

由此可以得出磁路参数的基本关系：

$$\text{磁阻}=\frac{\text{磁压降}}{\text{磁通}}\qquad\qquad \text{磁导}=\frac{1}{\text{磁阻}}=\frac{\text{磁通}}{\text{磁压降}}$$

$$\text{磁压降}=\text{磁通}\times\text{磁阻}$$

本章节所有公式中的变量单位，如无特殊说明，均采用 SI 单位。

8.2.2 磁路的基本定律及磁路方程

1. 磁路的基本定律

磁路基本定律的依据来源于电路的基本定律。

（1）磁路基尔霍夫第一定律（磁通连续定理），即

$$\sum \Phi = 0 \tag{8-2}$$

即流入与流出磁路中任一节点的磁通为零。

（2）磁路基尔霍夫第二定律（安培环路定律）：磁路中任一闭合回路所包含磁动势的代数和等于该回路磁压降的代数和。

$$\sum_{j=1}^{m} iN_j = \sum_{k=1}^{n} U_{mk} \tag{8-3}$$

式中，iN_j为磁路中第 j 个磁动势；U_{mk}为第 k 段磁路的磁压降。

（3）磁路欧姆定律

$$U_m = \Phi R_m \tag{8-4}$$

式中 U_m为磁路中的磁压降；Φ 为磁路中的磁通；R_m为磁路中的磁阻。

2. 磁路方程

根据磁路的基本定律，建立磁路参数的关系方程，通常要求磁路参数满足下列条件：

1）导磁体内磁场强度 H 和磁力线都与平均磁感应强度 B 平行。

2）在与平均磁感应强度 B 垂直的任何截面内，磁通 Φ 分布是均匀的。

以上假设条件对于相对磁导率 $\mu_r \gg 1$ 的导磁体都是成立的。

8.2.3 拉普拉斯场量的对偶关系

事实上，电磁系统中磁极间气隙中的磁场、自由空间内的静电场以及恒定电场均属于拉普拉斯场，因此，在位函数分布和边界条件相似的条件下，不同场的场量之间存在一定的对偶关系，利用这种对偶关系，可以将一种较复杂的场量计算转化为相对较简单的另一种场量计算。例如，可以将较复杂的磁场计算转化为静电场计算，从而得出所求的相关磁场参数。表8-2所示为磁场、自由空间内的静电场以及恒定电场之间场量的对偶关系。

表8-2 磁场、自由空间内的静电场以及恒定电场之间场量的对偶关系

位场类型	场量对偶关系					
真空中的恒定磁场	H	B	U_m	Φ	μ_0	Λ
真空中的静电场	E	D	ϕ	Q	ε_0	C
导电媒质中的恒定电场	E	J	ϕ	I	γ	G

8.3 气隙磁导计算

如前所述，磁路计算的实质是电磁场的简化计算，即根据磁场中磁通线的分布情况，将其划分为若干集中磁通路，这些集中磁通路的集合即为磁路计算方法中所涉及的磁路。根据磁路参数与电流参数以及磁路基本定律与电流基本定律的对应关系可知，在磁动势一定的条件下，磁路中磁通的大小取决于磁路磁阻的大小。因此，磁阻的计算是磁路计算的基础。

通常，工程实用电磁铁常用的导磁材料的磁导率远远大于空气的磁导率，其所具有的磁

阻也远远小于气隙磁阻。因此，磁路中的气隙磁阻在磁路计算中十分重要，它对磁路计算的准确度影响很大。实际应用中通常多使用气隙磁阻的倒数，即气隙磁导。

通常，将衔铁与静铁心极面之间的气隙磁导定义为工作气隙磁导，这是因为电磁铁工作过程中，衔铁需要在该段气隙运动做功，从而完成特定的任务。如果气隙所流过的磁通为漏磁通，则工程计算中又将该气隙磁导称为漏磁导。

8.3.1　气隙的磁导定义

$$\Lambda_\delta = \frac{\Phi_\delta}{U_\delta} \tag{8-5}$$

式中，Λ_δ为气隙磁导；Φ_δ为气隙中的磁通；U_δ为气隙间的磁压降。

气隙中的磁通可以由磁通流过某一曲面 A 的磁感应强度 B_δ关于该曲面的面积分求得，即

$$\Phi_\delta = \iint_A B_\delta \mathrm{d}A \tag{8-6}$$

气隙间的磁压降的计算可以由气隙间的磁场强度沿任意路径 l 的线积分，即

$$U_{m\delta} = \int_\delta H \mathrm{d}l \tag{8-7}$$

式中，积分路径 l 通常为连接磁极极面的任意曲线。

8.3.2　气隙磁导的计算方法

气隙磁导的计算方法有解析法、磁场分割法、图解法和经验公式法等。

图解法求解气隙磁导的实质是利用绘图的方法将磁场图景描绘出来，即将磁场分割成若干具有一定尺寸比例规律的磁通路，依据磁导定义求得该子磁通路的磁导，再根据所有子磁通路的串并联关系，确定总的气隙磁导。通常，图解法仅限于二维场的场景描绘。图解法虽然能够描绘出较复杂的二维场景，但作图过程极其复杂，工作量很大，且准确度不易得到保证，工程上极少采用。

经验公式法是在实验或其他已被认可的磁导分析结果基础上，推导或归算出的气隙磁导计算公式或图表，显然，该气隙磁导计算方法仅适用于与经验公式相类似的特定磁场计算问题。

本节重点介绍解析法和磁场分割法。

1. 解析法

解析法计算气隙磁导的实质是根据气隙磁导定义，采用解析方法直接求解气隙磁导，因此，其适用范围包括：磁极形状规则；气隙内磁通分布均匀；磁位等位面分布均匀；忽略磁极的边缘效应及扩散磁通等磁场问题。

（1）平行磁极间气隙磁导计算。

如图 8-8 所示，当气隙长度 δ 与磁极几何尺寸相比较小时，工程上通常可以忽略磁极边缘的扩散磁通，并假定

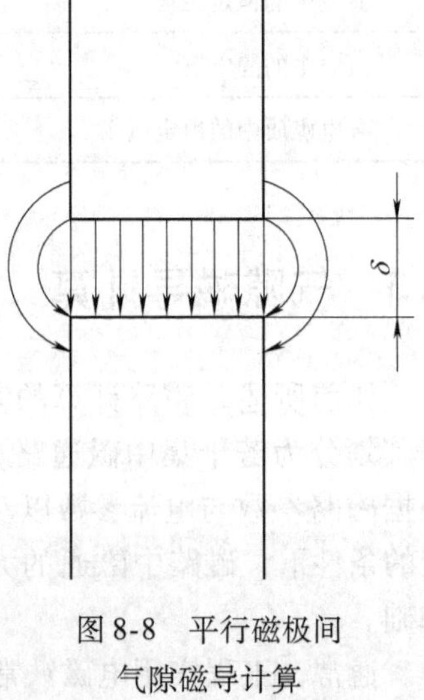

图 8-8　平行磁极间气隙磁导计算

磁极间的磁通线均匀分布，且垂直于磁极极面。此时，由式（8-6）可以求得该气隙磁通，即

$$\Phi_\delta = \iint_A B\mathrm{d}A = BA \tag{8-8}$$

式中，B 为平行磁极间磁感应强度；A 为平行磁极极面积。

而磁极间的磁压降可按式（8-7）求得，即

$$U_\delta = \int_\delta H\mathrm{d}l = H\delta \tag{8-9}$$

式中，H 为平行磁极间磁场强度；δ 为平行磁极间气隙长度。

进而可以由气隙磁导定义求得平行磁极间的气隙磁导，即

$$\Lambda_\delta = \frac{\Phi_\delta}{U_\delta} = \frac{BA}{H\delta} = \mu_0 \frac{A}{\delta} \tag{8-10}$$

式中，μ_0为真空磁导率。

工程上，在上述气隙磁导计算公式基础上，通过一定的修正系数，来考虑磁极边缘的扩散磁通的影响。

1）边长分别为 a 和 b 的平行矩形磁极。

若 $\delta/a \leqslant 0.2$ 或 $\delta/b \leqslant 0.2$，则可以忽略磁极边缘的扩散磁通，气隙磁导可按下式计算，即

$$\Lambda_\delta = \mu_0 \frac{A}{\delta} = \mu_0 \frac{ab}{\delta} \tag{8-11}$$

否则，应考虑磁极边缘的扩散磁通，此时气隙磁导可按下式计算，即

$$\Lambda_\delta = \frac{\mu_0}{\delta}\left(a + \frac{0.307}{\pi}\delta\right)\left(b + \frac{0.307}{\pi}\delta\right) \tag{8-12}$$

2）直径为 d 的平行圆形磁极。

若 $\delta/d \leqslant 0.2$，则可以忽略磁极边缘的扩散磁通，气隙磁导可按下式计算，即

$$\Lambda_\delta = \mu_0 \frac{A}{\delta} = \mu_0 \frac{\pi d^2}{4\delta} \tag{8-13}$$

否则，应考虑磁极边缘的扩散磁通，此时气隙磁导可按下式计算，即

$$\Lambda_\delta = \frac{\mu_0}{\delta}\left(0.886d + \frac{0.307}{\pi}\delta\right)^2 \tag{8-14}$$

（2）端面不平行磁极间气隙磁导计算。

图 8-9 所示为两个磁极极面夹角为 θ 的矩形磁极，如果磁极间气隙长度 δ 远小于磁极极面的最小几何尺寸，则可以忽略磁极边缘的扩散磁通，并认为磁极间的磁力线是以两磁极端面中心线延长线的交点为圆心的圆弧线。由于气隙中半径为 r_2 处的气隙长度大于半径为 r_1 处的气隙长度，而磁极表面为等磁位，所以沿半径方向各处的磁场强度和磁感应强度不再处处相等，磁场呈不均匀状态。

若沿 r 方向任取一元长度 $\mathrm{d}r$，且认为元面积 $b\mathrm{d}r$

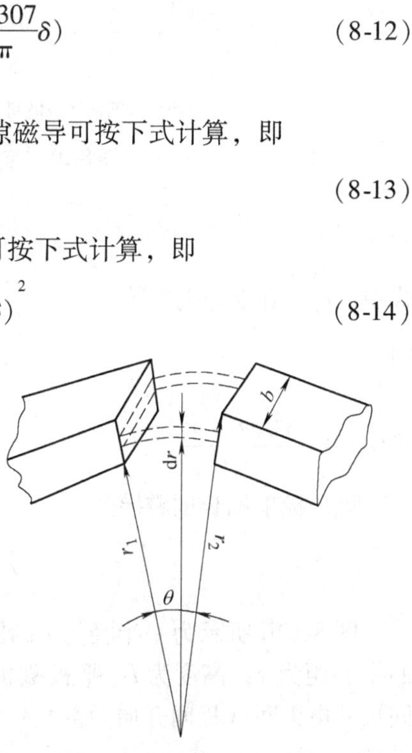

图 8-9　端面不平行磁极间气隙磁导计算

内的磁场分布是均匀的，则该元面积的气隙磁导 $\mathrm{d}\Lambda_\delta$ 为

$$\mathrm{d}\Lambda_\delta = \mu_0 \frac{b\mathrm{d}r}{\delta} = \mu_0 \frac{b\mathrm{d}r}{\theta r} \tag{8-15}$$

由此可以求得磁极总气隙磁导为

$$\Lambda_\delta = \int_A \mathrm{d}\Lambda_\delta = \int_{r_1}^{r_2} \mu_0 \frac{b}{\theta} \frac{\mathrm{d}r}{r} = \mu_0 \frac{b}{\theta} \ln \frac{r_2}{r_1} \tag{8-16}$$

（3）与平行圆柱体磁极相关的气隙磁导计算。

图 8-10a 所示为两平行等高度的圆柱体磁极，其半径分别为 r_1 和 r_2，中心距为 y，圆柱体高度为 l。直接利用气隙磁导定义来计算气隙磁导较困难，这里宜采用磁场和自由空间内的静电场之间场量的对偶关系来计算气隙磁导。即先求得同形状及尺寸电极间（极间介质为空气）的电容 C，再根据磁场与电场场量的对偶关系求得气隙磁导 Λ_δ。

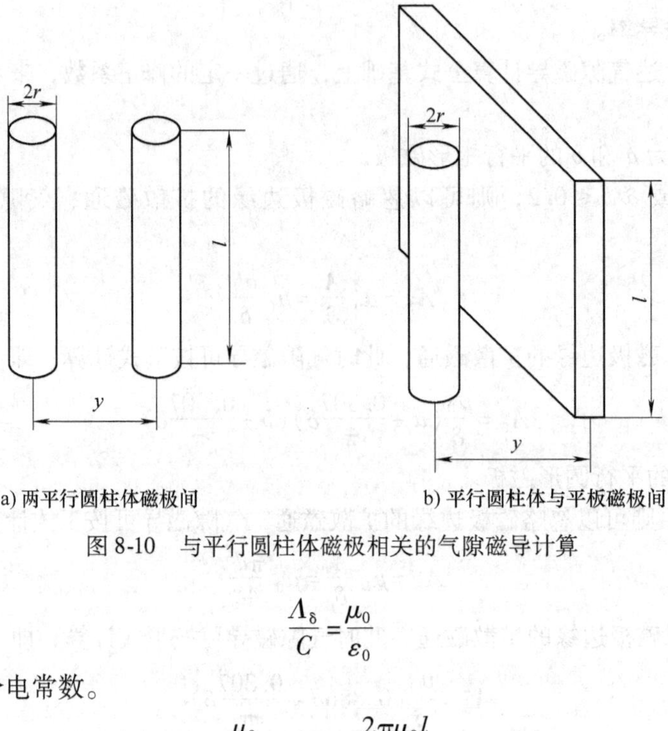

a) 两平行圆柱体磁极间　　b) 平行圆柱体与平板磁极间

图 8-10　与平行圆柱体磁极相关的气隙磁导计算

$$\frac{\Lambda_\delta}{C} = \frac{\mu_0}{\varepsilon_0} \tag{8-17}$$

式中，ε_0 为真空介电常数。

则

$$\Lambda_\delta = \frac{\mu_0}{\varepsilon_0} C = \frac{2\pi\mu_0 l}{\ln(k + \sqrt{k^2+1})} \tag{8-18}$$

式中　$k = \dfrac{y^2 - r_1^2 - r_2^2}{2r_1 r_2}$

该磁极单位长度磁导为

$$\lambda = \frac{\Lambda_\delta}{l} l = \frac{2\pi\mu_0}{\ln(k + \sqrt{k^2+1})} \tag{8-19}$$

图 8-10b 所示为一半径为 r 的圆柱体磁极与一与其平行放置的平板磁极结构，两磁极的中心距为 y，高度为 l，平板磁极的宽度远大于圆柱体磁极直径。同理，先求得同形状同尺寸电极间（极间介质为空气）的电容 C，再根据磁场与电场场量的对偶关系求得气隙磁导 Λ_δ。

$$\Lambda_\delta = \frac{2\pi\mu_0 l}{\ln\left(\frac{y+\sqrt{y^2-r}}{r}\right)} \tag{8-20}$$

该磁极单位长度磁导为

$$\lambda = \frac{\Lambda_\delta}{l} = \frac{2\pi\mu_0}{\ln\left(\frac{y+\sqrt{y^2-r}}{r}\right)} \tag{8-21}$$

若$y>4r$，$\sqrt{y^2-r}\approx y$，则

$$\lambda = \frac{2\pi\mu_0}{\ln\left(\frac{2y}{r}\right)} \tag{8-22}$$

2. 磁场分割法

磁场分割法的实质是根据磁极之间气隙的磁场分布规律以及磁通可能通过的路径，将整个气隙磁场划分为若干个有规则形状的磁通管，并按解析法求出它们的磁导，最后根据这些磁通管的并联关系，求出整个气隙的磁导。显然，磁场分割法是实际磁场的一种简化描述，如果所划分的磁通管足够多且符合实际磁场磁通的分布，则利用磁场分割法可以计算出各种形状复杂磁极间的气隙磁导，而且可以保证较高的计算准确度。因此，磁场分割法适用于磁极几何形状复杂或必须考虑边缘效应时的气隙磁导计算，它是工程中经常应用的一种气隙磁导计算方法。

利用磁场分割法计算气隙磁导的关键在于：

1）合理划分磁通管，尽可能使其符合实际磁场中磁通的分布；

2）各磁通管应具有规则的几何形状，以便于计算；

3）利用解析法求得各磁通管的气隙磁导；

4）根据各自磁通路径的并联关系，求出整个气隙的磁导。

其中各磁通管的气隙磁导可按式（8-23）或式（8-24）计算：

$$\Lambda_{\delta i} = \mu_0 \frac{A_{pi}}{l_{pi}} \tag{8-23}$$

$$\text{或}\ \Lambda_{\delta i} = \mu_0 \frac{V_i}{l_{pi}^2} \tag{8-24}$$

式中，l_{pi}为第i个磁通管中磁力线的平均长度；

A_{pi}为第i个磁通管的平均截面积；

V_i为第i个磁通管的体积。

气隙总磁导等于各并联磁通管的气隙磁导之和，即

$$\Lambda_\delta = \sum_{i=1}^{n} \Lambda_{\delta i} \tag{8-25}$$

下面举例说明利用磁场分割法计算气隙磁导的计算方法：

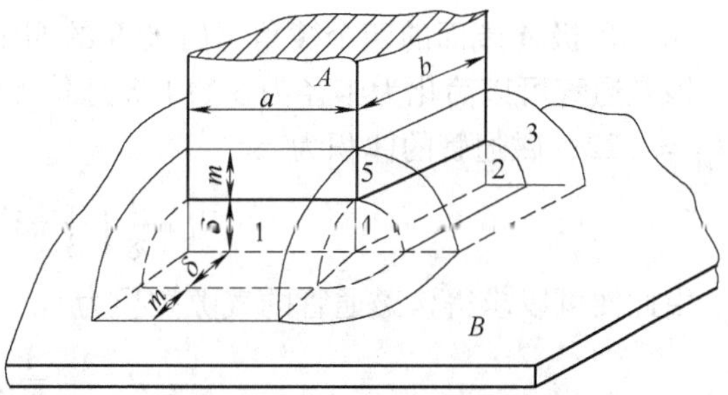

图8-11　磁场分割法划分磁通管

图8-11所示为一边长分别为a和b

的矩形截面磁极 A 与另一面积无限大的平板磁极 B 之间气隙磁场的分割，两磁极间的最小气隙长度为 δ。根据该结构磁极间气隙磁场中磁通的分布规律，可以将气隙磁场划分为下列磁通管：

（1）磁极 A 正下方的平行六面体 1（1 个）。

该磁通管的气隙磁导为

$$\Lambda_{\delta 1}=\mu_0\frac{ab}{\delta} \tag{8-26}$$

（2）磁极 A 端面四条棱线对磁极 B 的四个扩散磁通管。

每个磁通管可以简化成半径为 δ 的 1/4 圆柱体 2，该磁通管的平均气隙长度在 δ 和 $\pi\delta/2$ 之间，通过作图法可以确定气隙平均长度 $l_{p2}=1.22$；高度为 a 的磁通管体积 $V_{2a}=\pi\delta^2 b/4$，由此便可以求得该磁通管的气隙磁导为

$$\Lambda_{\delta 2a}=\mu_0\frac{V_{2a}}{l_{p2}^2}=\mu_0\frac{\frac{\pi}{4}\delta^2 a}{(1.22\delta)^2}\approx 0.528\mu_0 a \tag{8-27}$$

同理可求得高度为 b 的磁通管的气隙磁导为

$$\Lambda_{\delta 2b}=\mu_0\frac{V_{2b}}{l_{p2}^2}\approx 0.528\mu_0 b \tag{8-28}$$

（3）磁极 A 侧面至磁极 B 的四个扩散磁通管。

该磁通管可以简化为内半径为 δ、厚度为 m 的 1/4 圆筒 3。该磁通管的平均长度为

$$l_{p3}=\frac{\frac{1}{4}2\pi\delta+\frac{1}{4}2\pi(\delta+m)}{2}=\frac{\pi}{4}(2\delta+m)$$

高度为 a 的圆筒 3 的体积为

$$V_{3a}=\frac{1}{4}[\pi(\delta+m)^2 a-\pi\delta^2 a]=\frac{\pi}{4}a[(\delta+m)^2-\delta^2]=\frac{\pi}{4}am(2\delta+m)$$

由此便可以求得该磁通管的气隙磁导为

$$\Lambda_{\delta 3a}=\mu_0\frac{V_{3a}}{l_{p3}^2}=\mu_0\frac{\frac{\pi}{4}bm(2\delta+m)}{\left[\frac{\pi}{4}(2\delta+m)\right]^2}=\frac{4am}{\pi(2\delta+m)}=\frac{2a}{\pi\left(\frac{\delta}{m}+0.5\right)} \tag{8-29}$$

同理可求得高度为 b 的磁通管的气隙磁导为

$$\Lambda_{\delta 3b}=\mu_0\frac{V_{3b}}{l_{p3}^2}==\frac{2b}{\pi\left(\frac{\delta}{m}+0.5\right)} \tag{8-30}$$

（4）磁极 A 端面的四个棱角至磁极 B 的四个扩散磁通管。

该磁通管可以简化为半径为 δ 的 1/8 球体 4。通过作图法可以确定该磁通管的平均长度为 $l_{p2}=1.22$；磁通管的体积为

$$V_4=\frac{1}{8}\left(\frac{4}{3}\pi\delta^3\right)=\frac{1}{6}\pi\delta^3$$

由此便可以求得该磁通管的气隙磁导为

$$\Lambda_{\delta 4}=\mu_0\frac{V_4}{l_{p3}^2}=\mu_0\frac{\frac{1}{6}\pi\delta^3}{(1.3\delta)^2}\approx 0.308\mu_0\delta \tag{8-31}$$

（5）磁极 A 四个侧面棱线至磁极 B 的四个扩散磁通管。

该磁通管可以简化为内半径为 δ、厚度为 m 的 1/8 球壳 5。该磁通管的平均长度为

$$l_{p5}=\frac{\frac{1}{2}\pi\delta+\frac{1}{2}\pi(\delta+m)}{2}=\frac{\pi}{4}(2\delta+m)$$

磁通管的平均截面积为

$$A_5=\frac{1}{8}[\pi(\delta+m)^2-\pi\delta^2]=\frac{\pi}{8}m(2\delta+m)^2$$

该磁通管的气隙磁导为

$$\Lambda_{\delta5}=\mu_0\frac{A_5}{l_{p5}}=\mu_0\frac{\frac{\pi}{8}m(2\delta+m)^2}{\frac{\pi}{4}(2\delta+m)}=0.5\mu_0 m \tag{8-32}$$

总气隙磁导为

$$\begin{aligned}\Lambda_\delta&=\Lambda_{\delta1}+2(\Lambda_{\delta2a}+\Lambda_{\delta2b})+2(\Lambda_{\delta3a}+\Lambda_{\delta3b})+4(\Lambda_{\delta4}+\Lambda_{\delta5})\\&=\mu_0\left[\frac{ab}{\delta}+1.04(a+b)+\frac{4(a+b)}{\pi\left(\frac{\delta}{m}+0.5\right)}+1.232\delta+2m\right]\end{aligned} \tag{8-33}$$

8.4 直流磁路计算

所谓直流磁路是指电磁系统的励磁源（通常是励磁磁动势）为直流，故又可称为恒磁动势磁路，因此，直流磁路参数均为直流量。

8.4.1 直流磁路特点及其求解方法

1. 磁路参数的特点

工程中，电磁系统均是由具有良好导磁性能的铁磁材料所制成的导磁体和工作气隙以及其他非工作气隙所构成的。众所周知，大多工程实用的铁磁材料的磁场强度 H 与磁感应强度 B 仅在一定范围内呈线性关系，当励磁磁动势较高时，铁磁材料往往工作于非线性区域，这就使得磁路参数呈现非线性的特点。

此外，磁路参数还具有分布性的特点，这是因为磁路中通常存在漏磁通，磁路中不同位置的磁通将发生变化。

由于磁路参数的非线性和分布性，使得磁路计算比电路计算更复杂。

2. 磁路计算方法

虽然磁路参数具有非线性和分布性，但对于工程实际的磁路计算问题，这种非线性和分布性的程度将有所不同，因此，实际工程磁路计算时，通常将磁路计算问题划分为以下三类：

（1）仅考虑漏磁、忽略铁磁阻的影响。这里考虑了磁路参数的分布性，但忽略了磁路参数的非线性，从而可以简化磁路方程，有利于磁路参数的求解。

（2）仅考虑铁磁阻、忽略漏磁的影响。此时，磁路计算考虑了磁路参数的非线性，但忽略了磁路参数的分布性，这同样可以使得磁路方程简化。

（3）两者均考虑。磁路计算过程中既考虑了磁路参数的非线性，也考虑了磁路参数的分布性，相比而言，此时磁路计算最复杂。

实际磁路计算应根据磁路特点以及设计和计算要求，抓住矛盾的主要方面，选择合适的计算方法，例如：

（1）漏磁起主导作用。例如，当衔铁在起始位置时，工作气隙最大，工作气隙磁阻最大，磁路中磁通（主磁通）最小，故铁磁阻与工作气隙磁阻相比，可以忽略。

（2）铁磁阻起主导作用。例如，当衔铁处于闭合位置时，工作气隙最小，工作气隙磁阻最小，漏磁通与主磁通相比较小，可以忽略不计。但此时，主磁通较大，故铁磁阻较大，必须考虑。

（3）漏磁和铁磁阻均必须考虑。例如，衔铁位于中间位置时，漏磁通与主磁通相比，不能忽略不计。同时，由于磁通也高于起始位置的磁通，应考虑铁心磁阻的影响。

8.4.2 直流磁路方程的建立

考虑磁路参数的分布性和非线性，可通过建立相应的数学模型，即磁路微分方程，并采用合适的数学方法求解相关磁路参数。

图 8-12 所示为一直动式电磁铁简化模型，其中一侧铁心柱上均匀地密绕着长度为 l 的励磁线圈。在距线圈底部（近似地看做是铁心柱的根部）为 y 处取一元长度 Δy，流入元长度 Δy 的磁通为 Φ_y，磁压降为 U_{my}。

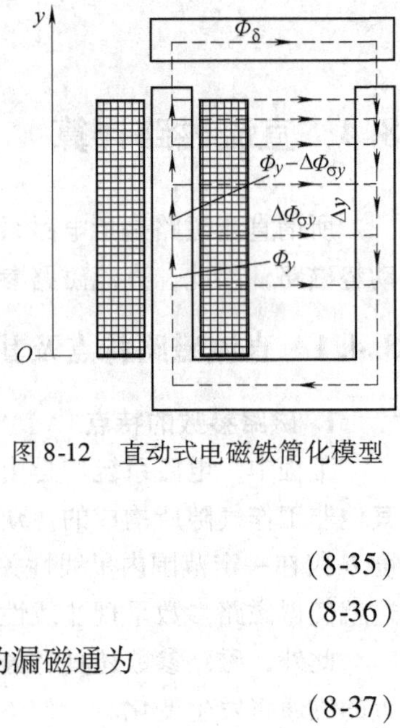

图 8-12 直动式电磁铁简化模型

在此元长度上存在：

漏磁增量 $\Delta\Phi_{\sigma y}$；

磁通增量 $\Phi_y-\Delta\Phi_y$；

磁压降增量 $\Delta U_{my} = U_{my+dy}-U_{my}$；

元长度 Δy 所铰链的磁动势为

$$f_m\Delta y=\frac{IN}{l}\Delta y \tag{8-34}$$

（1）根据磁通连续性定理，对于长度元 dy 有

$$\Phi_y=\Phi_y-\Delta\Phi_y+\Delta\Phi_{\sigma y} \tag{8-35}$$

则

$$\Delta\Phi_y = -\Delta\Phi_{\sigma y} \tag{8-36}$$

令两铁心柱之间的单位长度漏磁导为 λ，则元长度 Δy 上的漏磁通为

$$\mathrm{d}\Phi_{\sigma y} = U_{my}\lambda\,\mathrm{d}y \tag{8-37}$$

代入式（8-36），得

$$\Delta\Phi_y = -\Delta\Phi_{\sigma y} = -U_{my}\lambda\Delta y \tag{8-38}$$

则

$$\frac{\Delta\Phi_y}{\Delta y} = -U_{my}\lambda \tag{8-39}$$

（2）根据安培环路定律，对于元长度 Δy，有

$$U_{my+dy}-U_{my}+H_{1y}\Delta y+H_{2y}\Delta y=f_m\Delta y \tag{8-40}$$

式中，H_{1y}、H_{2y} 为绕有线圈的铁心及无线圈的磁轭上的长度 Δy 内的磁场强度。

$$\Delta U_{my}=U_{my+dy}-U_{my}=(f_m-H_{1y}-H_{2y})\Delta y \tag{8-41}$$

则
$$\frac{\Delta U_{my}}{\Delta y}=f_m-(H_{1y}+H_{2y}) \tag{8-42}$$

如果元长度 Δy 足够小，则该磁路模型将能够较真实地反映实际磁路的物理模型，即能够很好地描述实际磁路的参数状态，因此，对于式（8-39）和式（8-42）关于元长度 Δy 求极限，便可以推出该直流磁路方程，即

$$\lim_{\Delta y \to 0}\frac{\Delta \Phi_y}{\Delta y}=\frac{d\Phi_y}{dy}=-U_{my}\lambda$$

$$\lim_{\Delta y \to 0}\frac{\Delta U_{my}}{\Delta y}=\frac{dU_{my}}{dy}=f_m-(H_{1y}+H_{2y})$$

考虑到导磁体的磁特性，即可得出用于描述上述直流磁路的磁路数学模型，即

$$\frac{d\varphi_y}{dy}=-U_{my}\lambda \tag{8-43}$$

$$\frac{dU_{my}}{dy}=f_m-(H_{1y}+H_{2y}) \tag{8-44}$$

$$H_{1y}=f_1(B_{1y})=f_1\left(\frac{\varphi_y}{A_1}\right)$$

$$H_{2y}=f_2(B_{2y})=f_2\left(\frac{\varphi_y}{A_2}\right)$$

式中，B_{1y}、B_{2y}为与 H_{1y}、H_{2y} 对应的磁感应强度；A_{1y}、A_{2y} 为与 H_{1y}、H_{2y} 长度元对应的截面积。

针对不同磁路参数的计算问题，采用合适的数学方法求解上述磁路数学模型，即可求得沿铁心高度的分布磁通、磁压降，进而可以求得工作气隙磁通或励磁磁动势等参数。

8.4.3　不计漏磁通的无分支磁路计算

当磁路中主磁路的磁导远大于漏磁路的磁导时，则漏磁路的磁通与主磁路的磁通相比很小，可以忽略不计。此时磁路参数可视为集中参数，且磁路中仅有主磁路存在磁通，从而使得磁路模型得到简化。

图 8-13 所示为一不计漏磁的直动式 U 形电磁铁模型及其等效磁路。

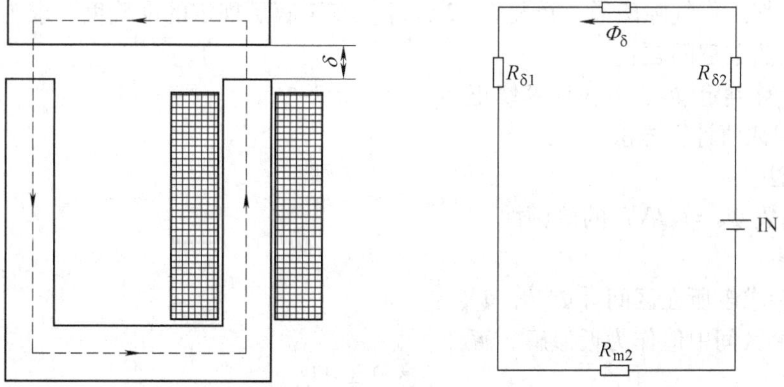

图 8-13　不计漏磁的直动式 U 形电磁铁模型及其等效磁路

1. 正求任务

给定工作气隙磁通 Φ_δ，求建立该磁通所需要的磁动势 IN。

求解步骤如下：

（1）求工作气隙磁导（阻）。

（2）确定衔铁、轭铁和铁心的磁感应强度。即

$$B_0=\frac{\Phi_\delta}{A_0}$$

$$B_1=\frac{\Phi_\delta}{A_1}$$

$$B_2=\frac{\Phi_\delta}{A_2}$$

$$B_3=\frac{\Phi_\delta}{A_3}$$

（3）由 B_0、B_1、B_2、B_3，查磁化曲线求得各段铁磁体的磁场强度 H_0、H_1、H_2、H_3。

（4）建立磁路磁动势平衡方程式，有

$$\begin{aligned}IN&=\Phi_\delta(R_{\delta_1}+R_{\delta 2})+H_0l_1+H_1l_2+H_2l_2+H_3l_1\\&=\Phi_\delta R_\delta+l_2\left[(H_0+H_3)\frac{l_1}{l_2}+H_1+H_2)\right]\\&=\Phi_\delta R_\delta+l_2H_{gs}\end{aligned}$$

式中，$R_\delta=R_{\delta1}+R_{\delta2}$，$H_{gs}=(H_0+H_3)\dfrac{l_1}{l_2}+H_1+H_2$。

2. 反求任务

给定磁动势 IN，求解其在工作气隙中所能产生的工作气隙磁通 Φ_δ。

问题：磁通为待求量，如何建立磁动势平衡方程式？

解决方法：将反求任务转化为正求任务求解。

（1）逐次逼近法

求解步骤：

1）先估计一工作气隙磁通 $\Phi_\delta^{(1)}$，利用正求任务方法求得与 $\Phi_\delta^{(1)}$ 对应的 $IN^{(1)}$。

2）将 $IN^{(1)}$ 与已知 IN 比较，若两者之差满足规定准确度要求，则工作气隙磁通 $\Phi_\delta=\Phi_\delta^{(1)}$。否则，调整工作气隙磁通，重复 1、2 计算，直至满足规定的准确度要求为止。

逐次逼近法关键问题：

第一次计算确定 Φ_δ、下次计算修正 Φ_δ。

（2）采用数值计算方法

1）两分法。

前提：函数 $\Phi_\delta=f(IN)$ 的单调性。

求解步骤：

① 确定待求解所在区间 $[\Phi_\delta^{(a)},\ \Phi_\delta^{(b)}]$。

② 将求解区间中值作为近似解，解

$$\Phi_\delta^{(1)}=\frac{\Phi_\delta^{(a)}+\Phi_\delta^{(b)}}{2}\tag{8-45}$$

③ 利用正求任务方法求得与 $\Phi_\delta^{(1)}$ 对应的 $IN^{(1)}$。

④ 将 $IN^{(1)}$ 与已知 IN 比较，$\varepsilon = IN - IN^{(1)}$。若两者之差 ε 满足规定准确度要求，则工作气隙磁通 $\Phi_\delta = \Phi_\delta^{(1)}$，计算过程结束。

否则，转入下一步。

⑤ 重新确定待求解所在区间，若 $\varepsilon > 0$，则令 $\Phi_\delta^{(a)} = \Phi_\delta^{(1)}$。

否则，令 $\Phi_\delta^{(b)} = \Phi_\delta^{(1)}$。重复②、③、④、⑤的计算。

2）插值法。

常用线性插值函数所构成的方程

$$\varepsilon(\Phi_\delta) = \frac{\varepsilon(\Phi_\delta^{(2)}) - \varepsilon(\Phi_\delta^{(1)})}{\Phi_\delta^{(2)} - \Phi_\delta^{(1)}}(\Phi_\delta - \Phi_\delta^{(1)}) + \varepsilon(\Phi_\delta^{(1)}) = 0 \tag{8-46}$$

的解，作为问题的近似解。

求解步骤：

① 给定 $\Phi_\delta^{(1)}$、$\Phi_\delta^{(2)}$。

② 利用正求任务方法求得对应的 $IN^{(1)}$、$IN^{(2)}$，并计算误差 $\varepsilon(\Phi_\delta^{(1)})$、$\varepsilon(\Phi_\delta^{(1)})$。

③ 利用线性插值函数求问题的近似解，即

$$\Phi_\delta^{(3)} = \Phi_\delta^{(1)} - \frac{\Phi_\delta^{(2)} - \Phi_\delta^{(1)}}{\varepsilon(\Phi_\delta^{(2)}) - \varepsilon(\Phi_\delta^{(1)})}\varepsilon(\Phi_\delta^{(1)}) \tag{8-47}$$

④ 利用正求任务方法求得对应的 $IN^{(3)}$，并计算误差 $\varepsilon(\Phi_\delta^{(3)})$。

⑤ 判断计算误差是否满足规定要求。

若 $|\varepsilon(\Phi_\delta^{(3)})| < \varepsilon_0$，计算过程结束，$\Phi_\delta = \Phi_\delta^{(3)}$。

否则，令 $\Phi_\delta^{(1)} = \Phi_\delta^{(2)}$，$\Phi_\delta^{(1)} = \Phi_\delta^{(2)}$；

$$\varepsilon(\Phi_\delta^{(1)}) = \varepsilon(\Phi_\delta^{(2)}),\ \varepsilon(\Phi_\delta^{(2)}) = \varepsilon(\Phi_\delta^{(1)})。$$

重复③、④、⑤的计算。

8.4.4 考虑漏磁时的U形磁路

1. 物理模型

图8-14所示为一U形电磁铁，其一侧铁心柱均匀绕有 N 匝线圈，单位长度铁心漏磁导为 λ，两铁心截面积相等，均为 A。

2. 数学模型

$$\begin{cases} \dfrac{d\Phi_y}{dy} = -\lambda U_{my} \\ \dfrac{dU_{my}}{dy} = f_m - 2H_y \end{cases} \tag{8-48}$$

式中

$$f_m = \frac{IN}{l} \tag{8-49}$$

将式（8-48）两边关于铁心高度求导，并代入式（8-49），可得

$$\frac{d^2\Phi_y}{dy^2} = -\lambda\frac{dU_{my}}{dy} = -\lambda(f_m - 2H_y) \tag{8-50}$$

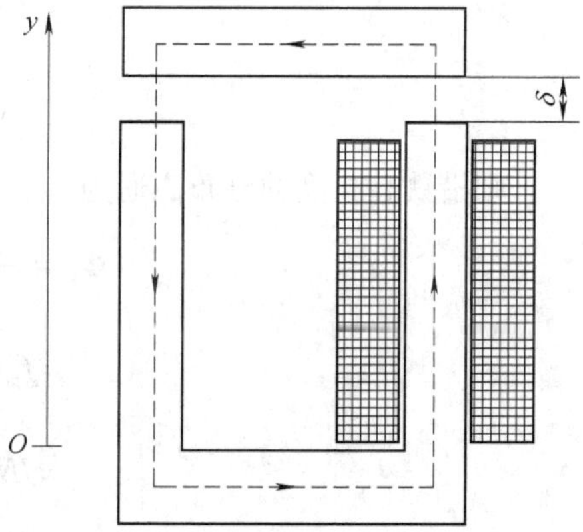

图8-14　直动式U形电磁铁模型

因为 $$\Phi_y = B_y A$$

所以 $$\frac{d^2\Phi_y}{dy^2} = A\frac{d^2B_y}{dy^2} = -\lambda(f_m - 2H_y) = -\lambda\left(f_m - \frac{2B_y}{\mu_y}\right) \tag{8-51}$$

式中，μ_y为铁心柱 y 处的磁导率。

由此即可得出考虑漏磁的 U 形磁路方程为

$$-\frac{A}{\lambda}\frac{d^2B_y}{dy^2} + \frac{2B_y}{\mu_y} = f_m \tag{8-52}$$

求解二阶微分方程式，即可求得沿铁心高度的分布磁感应强度 $B(y)$，进而求得分布磁通 $\Phi(y)$。当 $y = l$ 时，所求得的磁通为工作气隙磁通 $\Phi_\delta = \Phi(l)$。

难点：铁心材料的磁导率通常具有非线性性质，故方程的解析求解比较困难。

特例：忽略铁磁阻，底铁处无气隙。

$$\mu \to \infty \quad 即 H \to 0$$

则 $$\frac{dU_{my}}{dy} = f_m \tag{8-53}$$

$$dU_{my} = f_m dy \tag{8-54}$$

求解方程，可得

$$U_{my} = f_m y + C_1$$

已知边界条件：忽略铁磁阻，底铁处无气隙，即 $y = 0$ 处，$U_{my} = 0$。

故 $C_1 = 0$ 。

所以，距底铁高为 y 处的磁压降为

$$U_{my} = f_m y \tag{8-55}$$

将磁压降代入式（8-48），得

$$d\Phi_y = -\lambda U_{my} dy = -\lambda f_m y dy$$

其解为

$$\Phi_y = -\frac{1}{2}\lambda f_m y^2 + C_2$$

已知边界条件：

$$\Phi_y(y = l) = \Phi_\delta = IN\Lambda_\delta = f_m l \Lambda_\delta$$

则 $$f_m l \Lambda_\delta = -\frac{1}{2}\lambda f_m l^2 + C_2$$

$$C_2 = f_m l \Lambda_\delta + \frac{1}{2}\lambda f_m l^2$$

则沿铁心高度的分布磁通为

$$\begin{aligned}\Phi_y &= -\frac{1}{2}\lambda f_m y^2 + f_m l \Lambda_\delta + \frac{1}{2}\lambda f_m l^2 \\ &= f_m l\left[\Lambda_\delta + \lambda\frac{(l^2 - y^2)}{2l}\right] \\ &= IN\left(\Lambda_\delta + \lambda\frac{l^2 - y^2}{2l}\right) \\ &= IN\Lambda_y\end{aligned} \tag{8-56}$$

式中
$$\Lambda_y = \lambda \frac{l^2 - y^2}{2l}$$

根据方程可以画出对应的等效磁路图如图 8-15 所示。

实际上，Λ_y为考虑磁路中的漏磁，但忽略了铁磁阻影响条件下的磁路总磁导，它与工作气隙磁导 Λ_δ、铁心柱单位高度漏磁导 λ 以及铁心柱单位高度 l 有关。

图 8-16 所示为该磁路中的分布磁通和漏磁通。

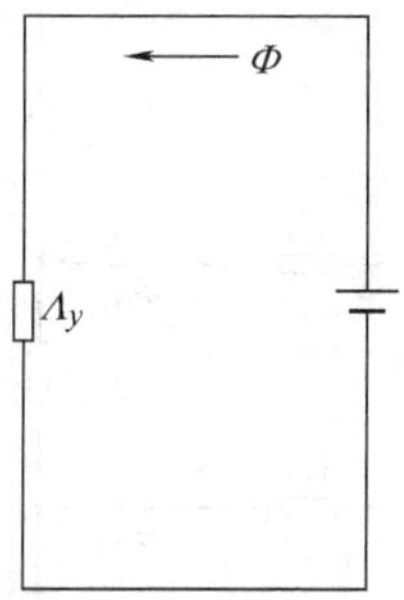

图 8-15　直动式 U 形电磁铁等效磁路图

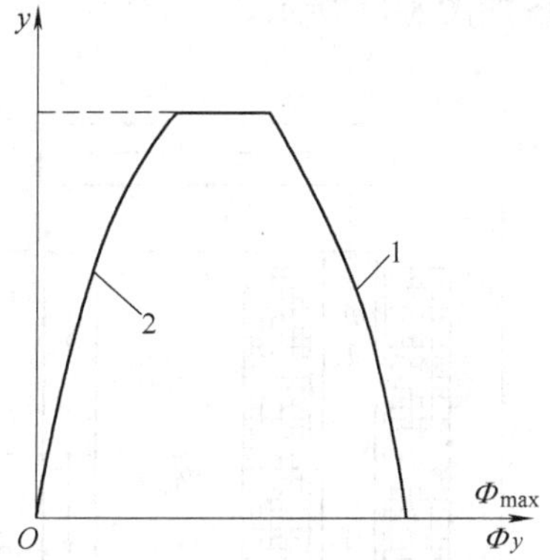

图 8-16　磁路中的分布磁通和漏磁通

由此可以得出磁路中主磁通（见图 8-16 曲线 1）和漏磁通（见图 8-16 曲线 2）的分布规律如下：

主磁通：底铁处主磁通最大，随着铁心高度的增加，主磁通按双曲线规律减少，工作气隙处主磁通最小。磁路中的最大主磁通为

$$\Phi_{max} = \Phi_y(y=0) = IN\left(\Lambda_\delta + \frac{1}{2}\lambda l\right) \tag{8-57}$$

沿铁心高度分布的漏磁通为

$$\begin{aligned}\Phi_{\sigma y} &= \Phi_{max} - \Phi_y \\ &= IN\left(\Lambda_\delta + \frac{1}{2}\lambda l\right) - IN\left(\Lambda_\delta + \lambda \frac{l^2 - y^2}{2l}\right) \\ &= IN\lambda \frac{y^2}{2l}\end{aligned} \tag{8-58}$$

漏磁通：底铁处漏磁通为零，随着铁心高度的增加，漏磁通按双曲线规律逐渐增大，最大漏磁通出现在铁心与工作气隙交界处。

8.4.5　复杂磁路的计算

所谓复杂磁路计算泛指磁路的非线性和分布性都必须考虑的磁路计算，其中包括铁磁材料的磁化曲线、漏磁通的分布等因素。复杂磁路的计算可以采用数值微分方程以及非线性方程的求解方法以此来直接求解能够描述磁路计算的数学模型，其计算准确度较高。此外，工程上可采用一些简化方法来求解，例如采用分段法、归算漏磁导法、漏磁系数法等，这些复杂磁路的计算方法较简单，虽然准确度相对较低，但如果所建立的数学模型合理、计算参数选择合适，则可以满足工程计算的需要。

1. 分段法

采用分段法求解复杂磁路的宗旨是将磁路沿铁心高度分成若干段，并假定每段内的磁路参数为集中参数，该段的漏磁通集中在该段的上端面处，由此可以建立用于求解复杂磁路的分段法物理模型。利用磁通连续定理和磁路安培环路定理，建立分段法的复杂磁路数学模型，根据磁路的求解任务，采用合适的数学方法求解，即可以求得所需的磁路和电路参数。

图 8-17a 所示为一直动式电磁铁，先将铁心分成两段，由此可以得出分段法求解模型，其等效磁路图如图 8-17 所示。

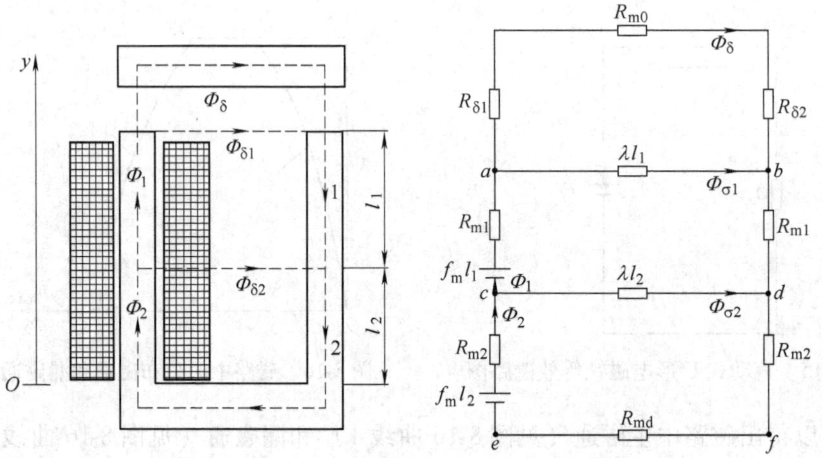

a) 物理模型　　b) 等效吸力图

图 8-17　直动式 U 形电磁铁分段法物理模型及其等效磁路

（1）正求任务：已知工作气隙磁通 Φ_δ，求解所需的励磁磁动势 IN。

求解步骤：

1）设定单位高度励磁磁动势 f_m 的初始值。

2）求工作气隙磁阻 $R_{\delta1}$、$R_{\delta2}$ 及总工作气隙磁阻 R_δ。

3）求动铁心磁感应强度 $B_{m0}=\Phi_\delta/A_0$，查磁化曲线，求得磁场强度 H_0。

4）求 ab 两点磁压降，即

$$U_{mab}=\Phi_\delta(R_\delta+R_{m0})=\Phi_\delta R_\delta+\Phi_\delta R_{m0}=\Phi_\delta R_\delta+H_0 l_0 \tag{8-59}$$

5）求第 1 段的漏磁通，即

$$\Phi_{\sigma1}=U_{mab}\lambda l_1 \tag{8-60}$$

6）求第 1 段的磁通，即

$$\Phi_1=\Phi_\delta+\Phi_{\sigma1} \tag{8-61}$$

7）求第 1 段铁心磁感应强度 $B_{m1}=\Phi_1/A_1$，查磁化曲线，求得磁场强度 H_1。

8）求 cd 两点磁压降，即

$$U_{mcd}=U_{mab}+2H_1 l_1-f_m l_1 \tag{8-62}$$

9）求第 2 段的漏磁通，即

$$\Phi_{\sigma2}=U_{mcd}\lambda l_2 \tag{8-63}$$

10）求第 2 段的磁通，即

$$\Phi_2=\Phi_1+\Phi_{\sigma2} \tag{8-64}$$

11）求第 2 段铁心磁感应强度 $B_{m2}=\Phi_2/A_2$，查磁化曲线，求得磁场强度 H_2。

12）求 ef 两点磁压降，即

$$U_{\mathrm{mef}} = U_{\mathrm{mcd}} + 2H_2 l_2 - f_{\mathrm{m}} l_2 \tag{8-65}$$

13）求底铁的磁感应强度 $B_{\mathrm{m4}} = \Phi_2/A_4$，查磁化曲线，求得磁场强度 H_4；

14）由 H_4，求得底铁的磁压降为

$$U'_{\mathrm{mef}} = -H_4 l_0 \tag{8-66}$$

由于磁压降与积分路径无关，所以底铁的磁压降应等于 ef 两点的磁压降。但是，由于单位高度励磁磁动势 f_{m} 为待求量，本次计算采取一个假定值，通常是不等于实际值的。因此，由上述两条路径所求得的磁压降是不相等的，二者存在用电的偏差，即

$$\Delta U_{\mathrm{m}} = U'_{\mathrm{mgh}} - U_{\mathrm{mgh}} \tag{8-67}$$

15）若 $|\Delta U_{\mathrm{m}}| < \varepsilon_0$，则假设 f_{m} 正确，令 $IN = f_{\mathrm{m}} l$，求解过程结束。

否则，重新选定 f_{m}，再重复 2）~15）的计算过程。

事实上，如果磁路的分段数足够多，则采用分段法计算复杂磁路的计算准确度可以满足过程计算需要。

（2）反求任务：已知励磁磁动势 IN，求解该励磁磁动势所产生的工作气隙磁通 Φ_δ。

求解步骤：

由已知 IN，求出单位高度励磁磁动势 f_{m}，并假设一个工作气隙磁通 Φ_δ，再利用磁路计算的正求任务的计算方法及其步骤求解。需要注意的是第 15）步，计算的结束判断及重新确定工作气隙磁通的假定值。即

若 $|\Delta U_{\mathrm{m}}| < \varepsilon_0$，则假设的工作气隙磁通 Φ_δ 正确，求解过程结束。

否则，重新选定 Φ_δ，再重复 2）~15）的计算过程。

2. 归算漏磁导

归算漏磁导方法基于将分布的磁路参数归算至集中参数的计算方法，前提是归算前后的磁通或磁链保持不变，即将分布参数漏磁导归算到集中参数等效磁路的漏磁导。

磁通不变原则——适用于直流电磁铁吸力计算。

磁链不变原则——适用于动态计算、交流磁路计算。

物理模型：图 8-18a 所示为一直动式 U 形电磁铁，其一侧铁心柱均匀绕有 N 匝线圈，单位长度铁心漏磁导为 λ，两铁心截面积相等，不计算铁磁阻的影响。

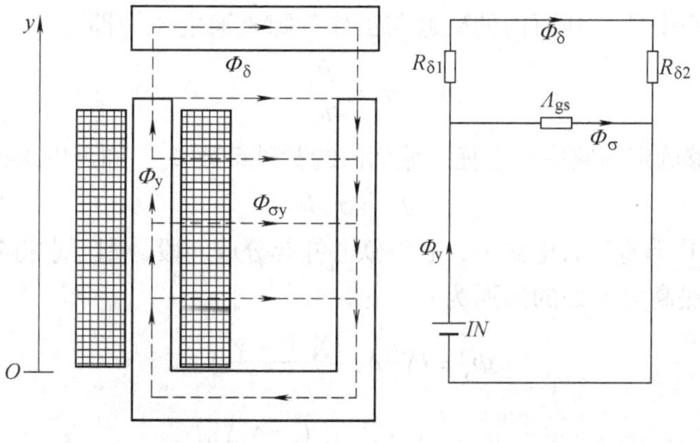

a) 物理模型　　b) 等效吸力图

图 8-18　直动式 U 形电磁铁归算漏磁导法物理模型及其等效磁路

1）磁通不变原则。

已知电磁铁沿铁心高度 y 的分布漏磁通，即

$$\Phi_{\sigma y}=IN\lambda\frac{y^2}{2l} \tag{8-68}$$

若磁通保持不变，则归算至工作气隙磁极表面处的总漏磁通也应保持不变。即

$$\Phi_{\sigma y}|_{y=l}=IN\lambda\frac{y^2}{2l}|_{y=l}=IN\lambda\frac{l}{2}=IN\Lambda_{gs} \tag{8-69}$$

式中 $$\Lambda_{gs}=\frac{\lambda l}{2}$$

Λ_{gs}即为在磁通不变原则下推导出的归算漏磁导，由此可以将复杂磁路简化为图8-18所示的等效磁路图，其中铁心柱的漏磁导被归算至铁心段面处。

2）磁链不变原则。

已知电磁铁沿铁心高度 y 的分布漏磁通为

$$\Phi_{\sigma y}=IN\lambda\frac{y^2}{2l} \tag{8-70}$$

漏磁通的增量 $$\mathrm{d}\Phi_{\sigma y}=IN\lambda\frac{y}{l}\mathrm{d}y \tag{8-71}$$

对应的漏磁链增量 $$\mathrm{d}\Psi_{\sigma y}=N_y\mathrm{d}\Phi_{\sigma y}=\left(y\frac{N}{l}\right)IN\lambda\frac{y}{l}\mathrm{d}y=IN^2\lambda\frac{y^2}{l^2}\mathrm{d}y \tag{8-72}$$

若磁链保持不变，则归算至工作气隙磁极表面处的总漏磁链也应保持不变。即

$$\Psi_{\sigma y}|_{y=l}=\int_0^l\mathrm{d}\Psi_{\sigma y}\mathrm{d}y=\int_0^l IN^2\lambda\frac{y^2}{l^2}\mathrm{d}y=IN^2\frac{\lambda l}{3}=NIN\Lambda_{gs} \tag{8-73}$$

式中 $$\Lambda_{gs}=\frac{\lambda l}{3}$$

3. 漏磁系数法

方法依据：铁心柱各处的磁通 Φ_y 为分布参数，但与工作气隙 Φ_δ 存在一定的比例关系。若能求得该比例关系，则在已知气隙磁通的条件下，可求得沿铁心柱高度的分布磁通 Φ_y，从而求得所需要的磁路参数。

漏磁系数：铁心中任一截面内的磁通与工作气隙磁通之比，即

$$\sigma_y=\frac{\Phi_y}{\Phi_\delta} \tag{8-74}$$

因此，只要能够确定磁路中铁心任一截面内的漏磁系数 σ_y，即可以求得该处的磁通，即

$$\Phi_y=\sigma_y\Phi_\delta \tag{8-75}$$

图8-19所示为U形直动式电磁铁，若将铁心柱等分成两段，则可求得各段的漏磁系数 σ_y。

已知铁心柱距底高为 y 处的磁通为

$$\begin{aligned}\Phi_y&=IN\left(\Lambda_\delta+\lambda\frac{l^2-y^2}{2l}\right)\\&=\Phi_\delta\left(1+\lambda\frac{l^2-y^2}{2l\Lambda_\delta}\right)\end{aligned} \tag{8-76}$$

由此可以求得该处的漏磁系数为

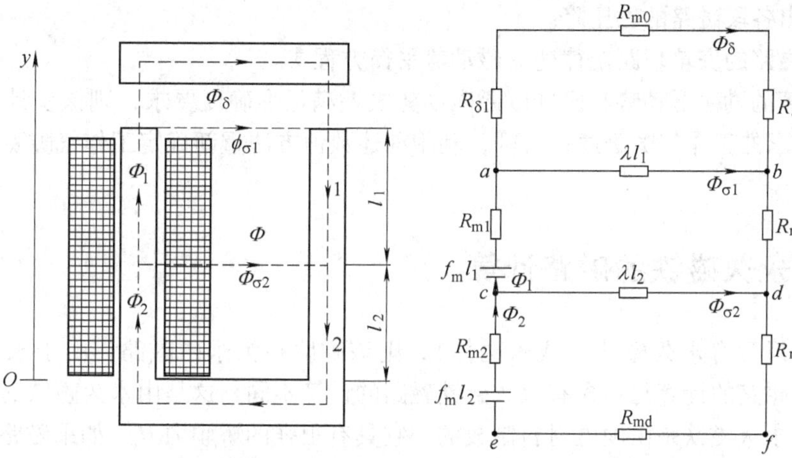

a) 物理模型　　b) 等效吸力图

图 8-19　直动式 U 形电磁铁漏磁系数法物理模型及其等效磁路

$$\sigma_y=\frac{\Phi_y}{\Phi_\delta}=1+\lambda\frac{l^2-y^2}{2l\Lambda_\delta} \tag{8-77}$$

将铁心柱等分成两段，则

$$\sigma_y|_{y=0}=1+\frac{\lambda l}{2\Lambda_\delta} \tag{8-78}$$

$$\sigma_y|_{y=\frac{l}{2}}=1+\frac{3\lambda l}{8\Lambda_\delta} \tag{8-79}$$

$$\sigma_y|_{y=l}=1 \tag{8-80}$$

铁心柱上半段的平均漏磁系数为

$$\sigma_{yps}=\frac{1}{2}(\sigma_y|_{y=l}+\sigma_y|_{y=\frac{l}{2}})=1+\frac{3l}{16\Lambda_\delta} \tag{8-81}$$

铁心柱下半段的平均漏磁系数为

$$\sigma_{ypx}=\frac{1}{2}(\sigma_y|_{y=0}+\sigma_y|_{y=\frac{l}{2}})=1+\frac{7l}{16\Lambda_\delta} \tag{8-82}$$

由此可以画出利用漏磁系数法计算复杂磁路的等效磁路图（见图 8-19b）。

利用漏磁系数法的计算步骤如下：

（1）正求任务：

1）计算工作气隙磁导。

2）计算各段磁路的漏磁系数。

3）利用漏磁系数及工作气隙磁导求得各段磁路中的磁通。

4）再由此计算出各段磁路的磁压降。

5）利用磁路的安培环路定律建立磁动势平衡方程式，并求得励磁磁动势。

（2）反求任务：

1）计算工作气隙磁导。

2）计算各段磁路的漏磁系数。

3）选定一工作气隙磁通初始值。

4）利用漏磁系数及工作气隙磁导求得各段磁路中的磁通。

5）计算出各段磁路的磁压降。

6）利用磁路的安培环路定律建立磁动势平衡方程式。

7）若计算的励磁磁动势与已知励磁磁动势之差满足准确度要求，则该步计算的工作气隙磁通即为所求的工作气隙磁通；否则，利用前述数值方法重新确定工作气隙磁通，重复计算步骤4）~7）。

8.5 含有永久磁铁的磁路计算

磁路中如果含有永久磁铁（或永磁体），则该磁路称为永磁磁路。由于永久磁铁的存在，使得永磁磁路的计算与不含有永久磁铁磁路的计算不同，这是由永久磁铁的固有特性造成的。通常，永久磁铁是由硬磁材料制成的，它具有很强的矫顽力 H_c。如果磁路中仅含有永久磁铁，则永磁磁路计算将采用永磁材料的去磁曲线或回复曲线，即永磁磁路的工作点将位于永磁材料的去磁曲线或回复曲线上，而不在其磁化曲线上。因此，永磁磁路计算问题的关键是确定永磁体的工作点。

8.5.1 永久磁铁的工作曲线

永磁体的工作点除了与其材料特性有关外，还与其磁化工艺及过程磁路中永磁体以外的磁路参数有关。图8-20所示为一个具有开口的由硬磁材料制成的永磁体环，开口长度为 δ，永磁体环上均匀绕有磁化线圈，从而保证永磁体环中各截面的磁感应强度处处相等。为了减小励磁电流，在永磁体环的开口处加入一块具有高磁导率的软磁材料。

1. 永磁体的磁化

如果给励磁线圈通以足够大的电流 i，则磁环中将产生一很强的磁场强度 H，有

$$H=\frac{iN}{l}>(3\sim5)H_c \tag{8-83}$$

式中，l 为永磁体长度，对于图8-20所示环形永磁体，则有 $l=2\pi R-\delta\approx2\pi R$。

反复改变励磁电流 i 的大小和方向若干次后，则永磁体环的工作点将会在一稳定的磁滞回线上变化，如图8-21所示。

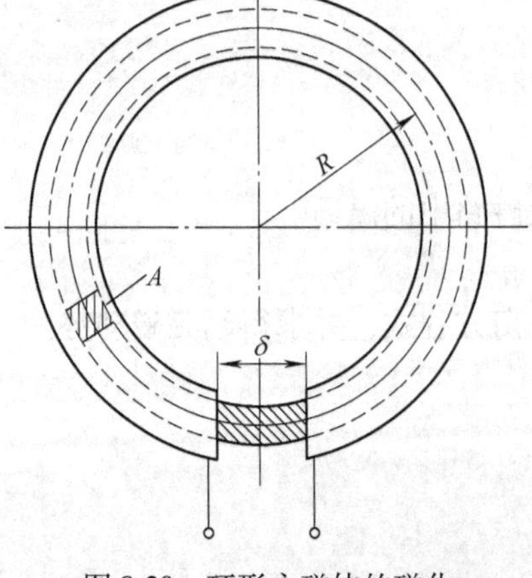

图8-20 环形永磁体的磁化

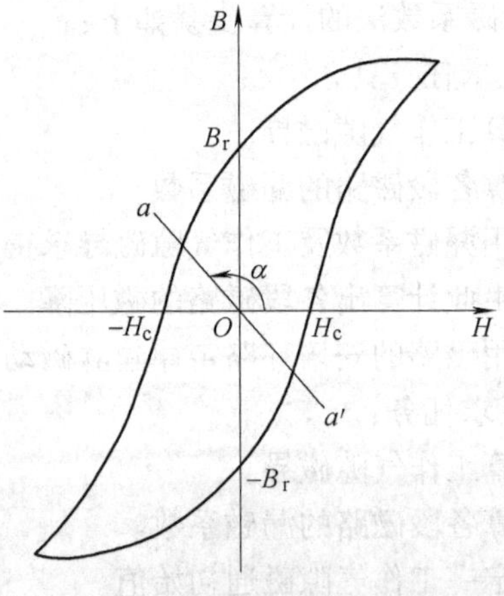

图8-21 永磁体的磁滞回线

2. 永久磁铁的工作曲线

经过上述磁化过程处理后的硬磁材料环具备了永久磁铁的特性。去除开口处的软磁材料后（见图 8-22），不再施加励磁电流，则永磁体环将工作于（0，B_r）或（0，$-B_r$）上。根据永磁体磁化及去磁过程的不同，永磁体可能的工作曲线有去磁曲线和回复线。

（1）去磁曲线：永磁体的去磁曲线是指当外加磁场强度单调变化时，磁感应强度 B 从饱和状态减小到零的那部分磁滞回线，即饱和磁滞回线上第二或第四象限部分的曲线，如图 8-21所示。

（2）回复线：为使永磁体的工作点不为外界磁场所影响，有时需利用交流磁场进行一定程度的去磁处理，使之工作于一条稳定的回复线上，例如图 8-23 所示的线段 bc。

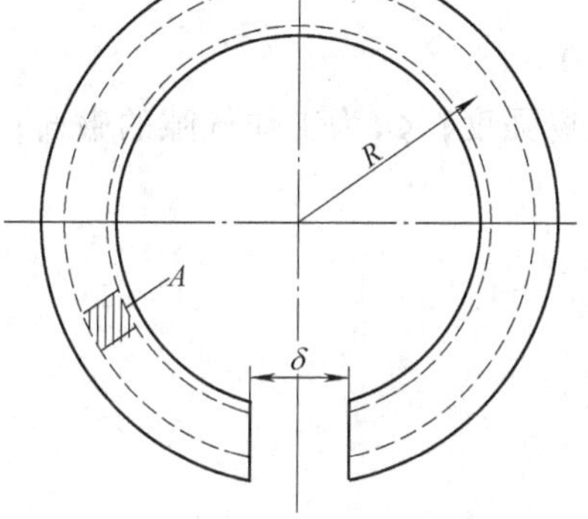

图 8-22　开口永磁体环

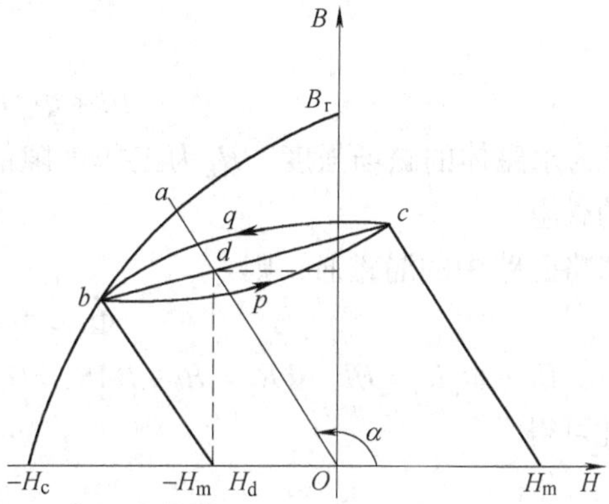

图 8-23　永磁体交流去磁时的工作点

交流去磁利用专门的交流去磁线圈产生去磁磁场，使得永磁体在一定范围内反复磁化。当去磁线圈通入交变电流 $I_m N\ \sin\omega t$ 时，根据磁路安培环路定律，得

$$Hl + \Phi_\delta R_\delta = I_m N\sin\omega t \tag{8-84}$$

整理，得

$$\begin{aligned} H &= \frac{I_m N}{l}\sin\omega t - \frac{\Phi_\delta R_\delta}{l} \\ &= H_m \sin\omega t - \frac{\Phi_\delta R_\delta}{l} \end{aligned} \tag{8-85}$$

忽略漏磁的影响，$\Phi = \Phi_\delta = BA$，则

$$H = H_m\sin\omega t - \frac{BAR_\delta}{l} = H_m\sin\omega t + B\cot\alpha \tag{8-86}$$

式中，$\alpha = \pi - \arctan\dfrac{l}{AR_\delta}$；$A$ 为永磁体截面积。

交流去磁磁场的作用在于产生一个端点为 b 和 c 的局部磁滞回线。若永磁材料退磁到 b 点后，再使去磁磁场减小到零，则磁状态不是沿去磁曲线回升，而是沿 bpc 曲线回升。若再度加大去磁磁场，则磁状态的改变是沿 cqb 曲线回到接近 b 的工作点。经过多次反复去磁处理后，将形成被称为局部磁滞回线或回复回线的 $bpcqb$ 回线。由于回复回线的两个分支非常接近，因此，工程上可近似地用直线 bc 代替该回线，bc 即为该永磁体的回复线。

去除交流磁场后，永磁体的工作点就稳定在回复线与负载线的交点 d 上，而不经过交流去磁处理，则永磁体的工作点将处于去磁曲线与负载线的交点 a 上。

8.5.2 永久磁铁的工作点及其等效处理

经过上述磁化过程处理后的硬磁材料环具备了永久磁铁的特性，根据永磁体是否经过交流去磁处理，永磁体可能存在两种工作状态，即工作点位于去磁曲线上或工作点位于回复线上。

1. 永磁体的工作点

（1）永磁体的工作点位于去磁曲线上。

根据磁路安培环路定律，应有

$$Hl + H_\delta \delta = 0 \tag{8-87}$$

或

$$Hl + \Phi_\delta R_\delta = 0 \tag{8-88}$$

式中，H 为永磁体的磁场强度；H_δ 为工作气隙的磁场强度；Φ_δ 为工作气隙的磁通；R_δ 为工作气隙的磁阻。

若忽略磁路中的漏磁通，则

$$\Phi_\delta = \Phi = BA$$

所以，$Hl + \Phi_\delta R_\delta = Hl + \Phi R_\delta = Hl + BAR_\delta = 0$。

由此可得

$$\tan\alpha = \frac{B}{H} = -\frac{l}{AR_\delta} = -\frac{l}{A}\Lambda_\delta \tag{8-89}$$

式（8-89）说明，永磁环内气隙磁场建立后，磁路中的磁感应强度 B 与磁场强度 H 存在特定关系，其比值应为一负的常数，即 B 与 H 的关系应为一过原点、且斜率为 $\tan\alpha = -(l/A)\Lambda_\delta$ 的直线（图 8-21 中的线段 aa'），该线被称为负载线。

而永磁环的工作点必将位于其去磁曲线与负载线的交点处，且由于 B/H 为负数，工作点只能位于第二象限或第四象限，二者是对称的。

需要注意的是，如果要求永磁体能够可靠地工作于去磁曲线上，则必须确保在工作过程中磁路的磁阻（主要取决于气隙磁阻）不变，并且磁系统在充磁后不再经受去磁，即磁系统在工作过程中无去磁效应（电流去磁或磁导去磁），这在许多工程实用永磁磁路中不能得到满足。

如图 8-23 所示，假定永磁体原来工作于去磁曲线上的 a 点，如果有一干扰磁场或工作气隙发生了变化，使永磁体去磁，导致其工作点沿去磁曲线下降至 b 点。当此干扰磁场消失后，或工作气隙又恢复到原来的状态，永磁体的工作点不会再回到 a 点上，而是沿着以 b 点为起始点的回复线 bc 上升至 d 点（如果工作气隙磁导不变，及负载线的斜率保持不变）。由此可见，在干扰磁场作用后，或工作气隙发生了变化，永久磁铁的工作点发生了变化，从而使工作气隙中的磁通发生变化。

为了使永久磁铁的工作点不受外界干扰磁场或工作气隙变化的影响，工程上通常在装配后要对磁路进行一次“交流去磁”处理，使永磁体工作于一条稳定的回复线上。

（2）永磁体的工作点位于回复线上。

经过“交流去磁”处理后，永磁体的工作点将处在回复线 H_1A_1 上，只要外界干扰磁场强度与磁路中磁阻的磁场强度之和不大于 B 点处的磁场强度 H_B，永久磁铁的工作点就不至于降于 H_1 点以下，而是稳定地处于回复线 H_1A_1 上，即永久磁铁可以重复地工作在回复线 H_1A_1 上。因此，磁路中的磁通也基本保持不变。

当今，实用的永磁系统（含有永磁体的电磁系统）大都采用稀土永磁材料——钕铁硼（NdFB）作为永磁体。钕铁硼永磁体具有很高的矫顽磁力和最大磁能，而且其去磁曲线是线性的，从而省去了交流磁化处理工艺过程。

2. 永久磁铁的最佳工作点

永磁体位于其工作点的磁感应强度 B 与磁场强度 H 的乘积 $|BH|$ 被定义为永磁体输出的磁能，$|BH|$ 的大小取决于永磁体的磁路性能及其工作点。如果永磁体工作于去磁曲线上，则其 $|BH|$ 值由磁感应强度 B 值所决定，并存在一最大值 $|BH|_{max}$，（见图 8-24）。与此所对应的点即为永磁体的最佳工作点。因为当永磁体工作于该点时，在相同的气隙磁场能量要求下，其体积（或材料用量）最小。换言之，此时该永磁体输出的能量最大。

当永磁体工作于回复线上时，其工作点的选择主要决定于永磁体可能受到的外界磁场，这里的外界磁场包括工程上常见的双稳态或单稳态永磁操动机构吸合和释放线圈所产生的磁场。当最大外界磁场出现时，应保证永磁体的工作点不迁移至去磁曲线上。否则，当外界磁场消失后，永磁体回复线的起点将发生变化，从而使得其工作点的磁感应强度值变小。因此，应尽可能将工作点靠近其回复线的起点，以保证能够获得尽可能大的 $|BH|$ 值。

3. 永磁体的等效处理

事实上，永磁体在磁路计算过程中可以被看做一个具有恒定磁动势 F_{pm} 的面电流线圈，它套在一个以永磁体的去磁曲线或回复线为等效磁化曲线的磁导体上。在实际磁路计算中，可以将永磁体等效为一个恒定磁动势为 F_{pm} 且具有内磁阻 R_{pm} 的磁势源。根据永磁体工作点是位于其回复线上还是去磁曲线上，恒定磁动势 F_{pm} 和内磁阻 R_{pm} 具有不同的取值及物理特性。

（1）工作于去磁曲线上。如图 8-25 所示，当永磁体工作于去磁曲线 a 点时，其磁路参数必然满足下列关系：

$$-H_c = \frac{B_a}{\tan\beta} - H_a \tag{8-90}$$

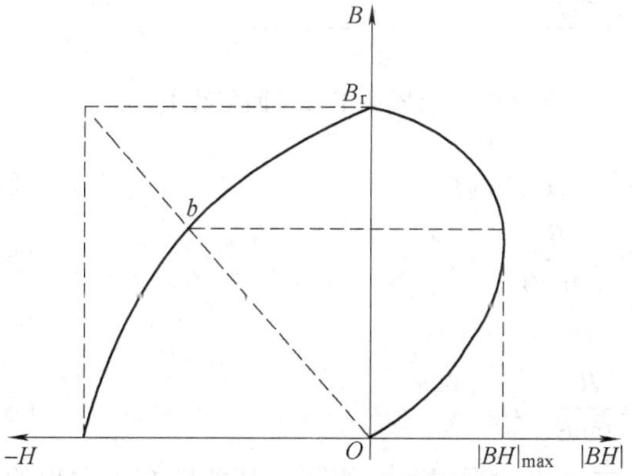

图 8-24　永磁体的最佳工作点

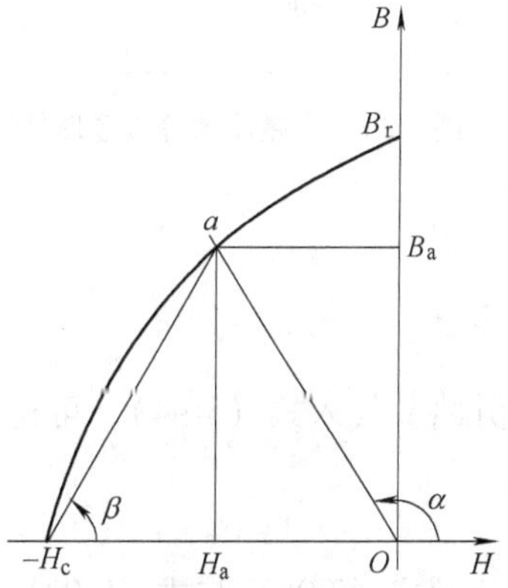

图 8-25　永磁体工作于去磁曲线上

式中，H_c为永磁体矫顽力，为负数；H_a为永磁体工作点磁动势，为负数；B_c为永磁体工作点磁感应强度，为正数。

考虑磁路负载，即根据式（8-90）可得

$$-H_a = \frac{B_a}{\frac{l}{A}\Lambda_\delta} = \frac{B_a A}{l}R_\delta = \frac{\Phi}{l}R_\delta \tag{8-91}$$

式中，Φ 为磁路中的磁通。

将式（8-91）代入式（8-90），并令 $\mu_{pm} = \tan\beta$，可得

$$-H_c = \frac{B_a}{\mu_{pm}} + \frac{\Phi}{l}R_\delta = \frac{B_a}{\mu_{pm}}\frac{Al}{Al} + \frac{\Phi}{l}R_\delta = \frac{\Phi}{\mu_{pm}}\frac{l}{Al} + \frac{\Phi}{l}R_\delta = \frac{\Phi}{l}\left(\frac{l}{\mu_{pm}A} + R_\delta\right) \tag{8-92}$$

将式（8-92）两边同乘以永磁体长度 l，并令 $R_{pm} = \frac{l}{\mu_{pm}A}$，可得

$$-H_c l = \Phi(R_{pm} + R_\delta) \tag{8-93}$$

由式（8-93）可以画出永磁体工作于去磁曲线工作点上的等效磁路图（见图 8-26）。图中永磁体等效磁动势 $F_{pm} = -H_c l$，等效内磁阻 $R_{pm} = \frac{l}{\mu_{pm}A}$。

当永磁体工作于去磁曲线上时，永磁体的等效磁动势为一恒定磁动势 $F_{pm} = -H_c l$，与工作点无关；而其等效内磁阻呈现非线性特性，它将随着工作点的改变而非线性变化。

（2）工作于回复线上。当永磁体工作于回复线 bc 上时（见图 8-27），且工作时的磁感应强度不低于回复线起始点 B_b时，磁路将工作于线性段，即磁感应强度 B 与磁场强度 H 呈线性关系，永磁体的磁感应强度将在［B_b，B_c］区间变化，且满足

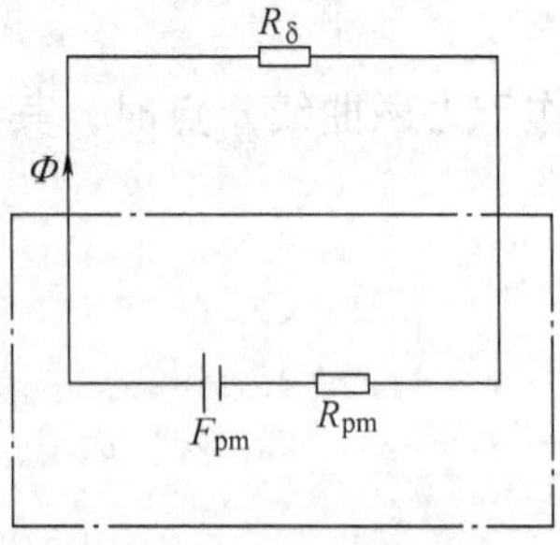

图 8-26 永磁体的等效磁路图

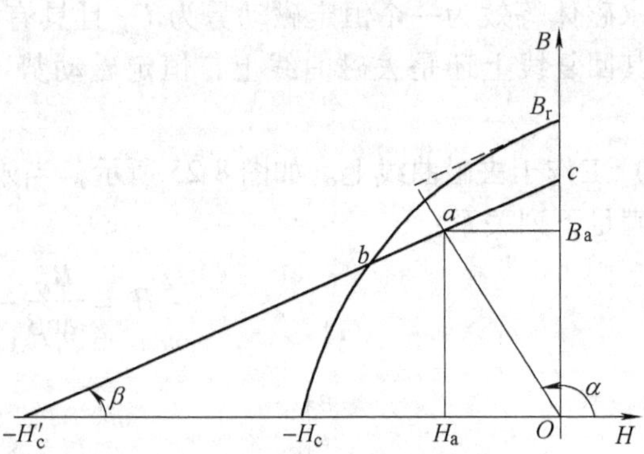

图 8-27 永磁体工作于回复线上

$$B_c = B_a + (-H_a)\tan\beta \tag{8-94}$$

令

$$-H'_c = \frac{B_c}{\tan\beta} \tag{8-95}$$

并将其代入式（8-94），可得

$$-H'_c = \frac{B_a}{\tan\beta} - H_a \tag{8-96}$$

比较式（8-96）与式（8-90）可以发现，二者表达形式基本相同，其差别在于方程的左端项。式（8-90）的左端项为永磁体矫顽力 $-H_c$，而式（8-96）的左端项 $-H'_c$ 是由式（8-95）

确定的，该值恰好是永磁体回复线的延长线与 H 轴交点的磁场强度值。由此便可以得出永磁体工作于回复线上时的等效磁动势源：等效磁动势 $F_{pm} = -H'_c l$，等效内磁阻 $R_{pm} = \frac{l}{\mu_{pm}A}$。

当永磁体工作于回复线上时，永磁体的等效磁动势 F_{pm} 与永磁体回复线的起点有关；由于等效内磁阻 R_{pm} 仅与永磁体的几何尺寸以及永磁体回复线的斜率有关，它近似等于 B_r 点对去磁曲线所作的切线的斜率，这是由永磁体的去磁处理特性造成的。因此，当永磁体的几何尺寸及其回复线的起点确定之后，其等效磁动势 F_{pm} 和等效内磁阻 R_{pm} 就已经确定了，它们与工作点无关。

经过上述等效处理后，永磁磁路的计算问题就可以转化为一般的磁路计算问题了。因此，凡是适用于直流磁路计算的方法，理论上均可应用于一般磁路计算。

8.6　交流磁路计算

上述直流磁路的励磁源为直流励磁源，其中包括通有直流电流的励磁线圈所形成的直流励磁源以及永磁体所构成的励磁源。然而，实际工程应用更广泛的励磁源为交流励磁源，它通过在励磁线圈施加交流电压或电流而形成，这种包括交流励磁源的磁路称为交流磁路。

8.6.1　交流磁路的特点

1. 存在电磁感应现象

交流电磁系统的电磁场属于交变电磁场，由于存在电磁感应现象，交变励磁电流将在导体中引起涡流并产生损耗，而在铁磁体中产生磁滞损耗，其结果将导致磁通与磁动势之间产生相位差；计算中，引入磁抗和磁阻抗概念，通常采用复数（或向量）运算方式实现电路和磁路参数的计算。

2. 磁路参数对电路参数的影响

实际上，交流电磁系统可以被视为一带铁心的电感线圈，而且电磁操动机构的电磁系统具有可变的气隙，所以该等效电感可视为带有导磁体的可变电感。

$$\dot{I} = \frac{\dot{U}}{\dot{Z}} = \frac{\dot{U}}{R + \mathrm{j}\omega L} \tag{8-97}$$

式中，U 为电源电压；Z 为励磁线圈电抗；R 为励磁线圈电阻；L 为励磁线圈电感；ω 为电源角频率。

根据电感定义：

$$L = \frac{\Psi}{i}$$

式中，Ψ 为与励磁线圈铰链的励磁磁链；i 为励磁线圈电流。

忽略漏磁的影响，则 $\Psi = N\Phi$。

则

$$L = \frac{\Psi}{i} = \frac{N\Phi}{i} = \frac{N^2\Phi}{iN} = N^2\Lambda \tag{8-98}$$

式中，Λ 为电磁系统等效磁导。

忽略铁磁阻的影响，则 $\Lambda = \Lambda_\delta$。

则
$$\dot{I}=\frac{\dot{U}}{R+\mathrm{j}\omega L}\approx\frac{\dot{U}}{R+\mathrm{j}\omega N^2\Lambda_\delta} \tag{8-99}$$

忽略励磁线圈电阻的影响，则励磁线圈电流有效值为
$$I\approx\frac{U}{\omega N^2\Lambda_\delta} \tag{8-100}$$

分析：工作气隙 $\delta\uparrow\rightarrow$ 磁导 $\Lambda\downarrow\rightarrow$ 线圈电感 $L\downarrow\rightarrow$ 电抗 $Z\downarrow\rightarrow$线圈电流 $I\uparrow\rightarrow$线圈温升 $T\uparrow$。

特别注意：

（1）交流电磁铁处于释放位置时，因释放位置工作气隙最大，故线圈中流过很高的电流，若衔铁（或动铁心）被卡住，则可能会由于线圈温度过高，而烧毁线圈。

（2）交流电磁铁处于闭合位置时，正常情况下，工作气隙最小，线圈中的电流也很小。如果磁极表面粘附异物，导致工作气隙增大，从而使得线圈电流增高，长期通电，也会造成线圈温度过高，从而烧毁线圈。

3. 铁磁材料非线性

由于铁磁材料 $B-H$ 的非线性特性，从而导致电流或电压波形将含有谐波分量，从而增加了交流磁路的计算难度。

并励电磁铁——线圈电压为正弦波形，则线圈电流呈非正弦波形。

串励电磁铁——线圈电流为正弦波形，则线圈电压呈非正弦波形。

4. 电磁吸力

由于交变励磁电流的作用，导致由此所产生的电磁吸力也将随时间变化，一个周期内两次过零。因此，为了保证交流电磁铁能够可靠工作，通常必须安装“分磁环”。

5. 交流磁路的分析计算方法

根据磁路中铁磁材料的饱和程度，交流磁路的分析计算可以采用等效正弦波法或动态分析法。所谓等效正弦波法就是认为全部磁路参数均按正弦规律变化，类似交流电路的分析方法，可以将磁路参数用复数表示，并利用磁路的基本定律，列写相关磁路方程，最后求解所需的磁路参数。因此，等效正弦波法适用于铁心未饱和，即波形畸变不严重的使用场合。实际工程应用中，电磁系统中的铁磁体工作时通常处于未饱和状态，故可以采用等效正弦波法来分析计算交流磁路问题。

利用动态分析法分析计算磁路参数的实质是根据分析计算物理模型，直接建立电路与磁路参数的动态方程（组），通过采用合适的数学方法求解该动态方程（组）便可以求得所需的电路和磁路参数。动态分析法既可以应用于线性磁路，也可以应用于工作在饱和状态的磁路计算。

8.6.2 交流磁路的基本概念

交流磁路与直流磁路相比，由于其励磁源为交变电流，因此，交流磁路计算通常要比直流磁路计算复杂。尽管如此，直流磁路计算中的许多概念以及基本分析计算方法仍然适用于交流磁路计算中。

采用等效正弦波法分析计算交流磁路时，认为电路参数和磁路参数均随时间按正弦规律变化，计算过程中磁感应强度 B、磁通 Φ 采用幅值计算；电压 U、电流 I、感应电动势 E、磁场强度 H 采用有效值。

1. 复磁阻抗

交流磁路中的磁阻通常用复磁阻抗表示，即

$$\dot{Z}=R_m+jX_m \tag{8-101}$$

式中，R_m为铁磁体磁阻；X_m为铁磁体磁抗。

2. 铁损的处理

交流电磁铁的导磁体中，在交变电磁场的作用下，将产生铁磁损耗（简称铁损），该损耗可以等效为一个虚拟导体环所产生的损耗。而磁滞和涡流效应对电磁系统而言，又相当于一个去磁磁动势。

设虚拟导体环的电阻为 R_2、匝数为 N_2，由于磁场的作用所产生的感应电流为 i_2。

（1）磁路方程：该段磁路的磁压降为

$$u_m=\Phi_m R_m-i_2N_2 \tag{8-102}$$

式中，Φ_m为磁路中的磁通；R_m为该段中的磁阻。

其中

$$i_2=-\frac{e_2}{R_2}=-\frac{1}{R_2}\frac{d\Psi}{dt}=-\frac{N_2}{R_2}\frac{d\Phi_m}{dt} \tag{8-103}$$

则

$$u_m=\Phi_m R_m+\frac{N_2^2}{R_2}\frac{d\Phi_m}{dt} \tag{8-104}$$

（2）电路方程为

$$u=iR-e=iR+L_2\frac{di}{dt} \tag{8-105}$$

由磁路方程和电路方程可以得出磁路参数和电路参数之间的关系为

$$u\Leftrightarrow u_m\quad i\Leftrightarrow\Phi_m\quad R\Leftrightarrow R_m\quad L_2\Leftrightarrow\frac{N_2^2}{R_2}$$

磁路方程和电路方程的向量表达式为

$$\dot{U}_m=\dot{\Phi}(R_m+jX_m)=\dot{\Phi}\dot{Z}_m \tag{8-106}$$

$$\dot{U}=\dot{I}(R+j\omega L)=\dot{I}\dot{Z} \tag{8-107}$$

则

$$X_m=\omega L_2=\omega\frac{N_2^2}{R_2} \tag{8-108}$$

虚拟导体环的感应电动势为

$$e_2=-\frac{d\Psi}{dt}=-N_2\frac{d\Phi}{dt} \tag{8-109}$$

虚拟导体环的感应电动势的复数表达形式为

$$E_2=-j\frac{\omega N_2}{\sqrt{2}}\Phi_m \tag{8-110}$$

虚拟导体环的损耗（等效铁心中的铁损）为

$$P=\frac{E^2}{R_2}=\frac{1}{R_2}\left(\frac{\omega N_2}{\sqrt{2}}\Phi_m\right)^2=\omega\frac{N_2^2}{R_2}\frac{\omega\Phi_m^2}{2}=X_m\frac{\omega\Phi_m^2}{2} \tag{8-111}$$

虚拟导体环的等效磁抗为

$$X_{\mathrm{m}}=\frac{2P}{\omega\Phi_{\mathrm{m}}^{2}} \tag{8-112}$$

铁损的计算公式为

$$P=P_{\mathrm{w}}+P_{\mathrm{c}}$$

$$P_{\mathrm{w}}=\sigma_{\mathrm{w}}\left(\frac{f}{100B_{\mathrm{m}}}\right)^{1.6}\gamma V$$

$$P_{\mathrm{c}}=\begin{cases}\sigma_{\mathrm{w}}\left(\dfrac{f}{100B_{\mathrm{m}}}\right)^{1.6}\gamma V; & B_{\mathrm{m}}<1\mathrm{T}\\ \sigma_{\mathrm{w}}\left(\dfrac{f}{100B_{\mathrm{m}}}\right)^{1.6}\gamma V; & B_{\mathrm{m}}>1\mathrm{T}\end{cases}$$

式中，σ_{w}为铁磁体涡流损耗系数；σ_{c}为铁磁体磁滞损耗系数；f为电源频率（Hz）；γ为铁心材料密度（$\mathrm{kg/m^3}$）；V为铁心体积（$\mathrm{m^3}$）。

3. 磁阻的计算

$$Z_{\mathrm{m}}=\frac{U_{\mathrm{m}}}{\Phi_{\mathrm{m}}}=\frac{\sqrt{2}HL}{B_{\mathrm{m}}A} \tag{8-113}$$

4. 励磁磁动势的有功分量和无功分量

图 8-28 所示为励磁磁动势有功分量、无功分量以及磁通的向量图。

$$\dot{I}N=I_{\mathrm{q}}N+\mathrm{j}I_{\mathrm{p}}N \tag{8-114}$$

无功分量I_{q}产生磁通，与Φ_{m}同相位；有功分量I_{p}为铁损，超前Φ_{m}90°。

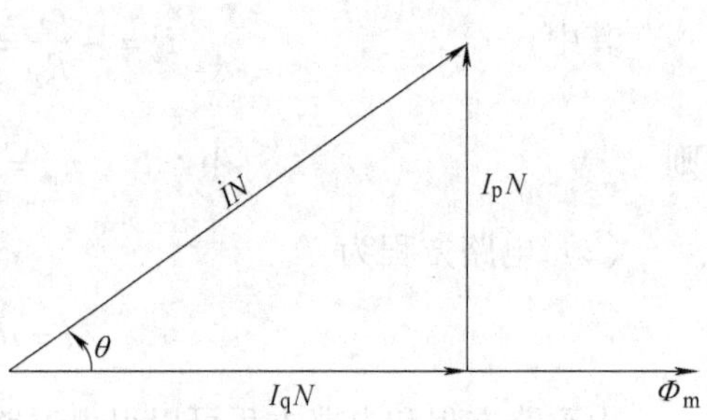

图 8-28 交流磁动势向量图

$$\sqrt{2}\dot{I}N=\sqrt{2}I_{\mathrm{q}}N+\mathrm{j}\sqrt{2}I_{\mathrm{p}}N=\Phi_{\mathrm{m}}(R_{\mathrm{m}}+\mathrm{j}X_{\mathrm{m}}) \tag{8-115}$$

$$I_{\mathrm{q}}=\frac{\Phi_{\mathrm{m}}R_{\mathrm{m}}}{\sqrt{2}N} \tag{8-116}$$

$$I_{\mathrm{p}}=\frac{\Phi_{\mathrm{m}}X_{\mathrm{m}}}{\sqrt{2}N} \tag{8-117}$$

5. 磁抗与电抗的比较

磁路中的磁抗X_{m}与电路中的电抗X比较，具有下列特点：

（1）X_{m}阻碍Φ的变化，X阻碍i的变化。

（2）X_{m}源于铁磁体的损耗，消耗有功功率，故是磁阻抗的有功分量；而X不消耗有功功率，因而X是电阻抗的无功分量。

（3）铁心损耗的效应与导体短路环一样，都起去磁的作用，表现为在励磁不变时磁通减小，或者是产生同样的磁通需要更大的励磁磁动势。

8.6.3 交流磁路分析与计算

1. 交流磁路的基本定律

交流磁路的基本定律包括基尔霍夫第一定律和第二定律、电磁感应定律。

（1）交流磁路的基尔霍夫第一定律：

正弦交流情况下，第 k 支路的磁通瞬时值为 $\Phi_k = \Phi_{mk}\sin(\omega t + \theta_k)$。

$$\sum_{k=1}^{n} \Phi_k = \sum_{k=1}^{n} \Phi_{mk}\sin(\omega t + \theta_k) = 0 \tag{8-118}$$

（2）交流磁路的基尔霍夫第二定律：

正弦交流情况下，磁路中任一支路的磁动势为 $i_j N_j = I_{mj} N_j \sin(\omega t + \alpha_j)$。

任一回路的各支路磁压降的代数和等于该回路各支路磁动势的代数和。即

$$\sum_{j=1}^{m} i_j N_j = \sum_{k=1}^{n} \Phi_k Z_{mk} \sum_{j=1}^{m} I_{mj} N_j \sin(\omega t + \alpha_j) = \sum_{k=1}^{n} \Phi_{mk} Z_{mk} \sin(\omega t + \theta_j) \tag{8-119}$$

（3）电磁感应定律：

$$e = -\frac{d\Psi}{dt} = -\frac{d\Phi}{dt} = -N\omega\Phi_m\cos(\omega t + \theta) \tag{8-120}$$

上述定律的向量表达形式为

$$\sum_{k=1}^{n} \dot{\Phi}_{mk} = 0 \tag{8-121}$$

$$\sum_{k=1}^{n} \dot{\Phi}_{mk}\dot{Z}_{mk} = \sum_{j=1}^{m} \dot{I}_{mj} N_j \tag{8-122}$$

$$\dot{E} = -j\frac{\omega N \Phi_m}{\sqrt{2}} \tag{8-123}$$

2. 交流等效磁路和磁路与电路参数向量图

图 8-29 所示为一拍合式 U 形交流电磁铁及其等效磁路图，其主工作气隙处的铁心极面上装有分磁环，以 $\Phi_{\delta m}$ 为参考向量，可以画出磁路参数及电路参数向量图，如图 8-30 所示。

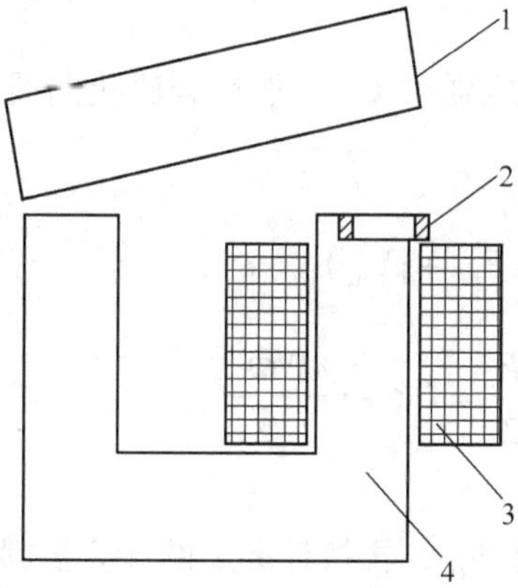

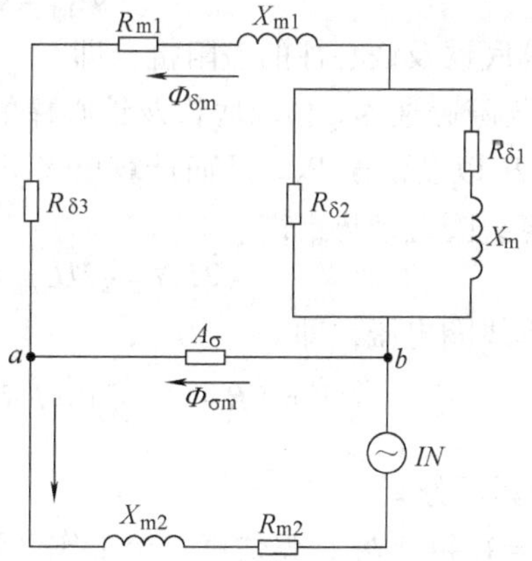

图 8-29　交流电磁铁物理模型及其等效磁路图

1—衔铁　2—分磁环　3—激磁线圈　4—铁心

3. 交流磁路的计算

交流磁路计算应采用考虑铁损的交流磁化曲线。

任务 1：已知工作气隙磁通 Φ_δ，求线圈电压 U 和励磁磁动势 IN。

任务 2：已知线圈电压 U，求工作气隙磁通 Φ_δ 及励磁磁动势 IN。

（1）计算任务 1。

1）作等效磁路图。

2）计算磁阻和磁抗，包括工作气隙磁导和铁心漏磁导等，其中漏磁导按恒磁链原则归算至工作气隙的铁心极面处，即 $\Lambda_{\sigma gs}=\lambda l/3$。

Z_{m1}的计算：

由工作气隙磁通 $\Phi_{\delta m}$，求衔铁的磁感应强度 B_{m1}，然后查磁化曲线，求得对应的磁场强度 H_1以及铁损 P_1。

$$Z_{m1}=\frac{\sqrt{2}H_1l_1}{B_{m1}A_1}$$

$$X_{m1}=\frac{2P_1}{\omega\Phi_\delta^2}$$

$$R_{m1}=\sqrt{Z_{m1}^2-X_{m1}^2}$$

$$\dot{Z}_{mab}=R_\delta+R_{m1}+jX_{m1}$$

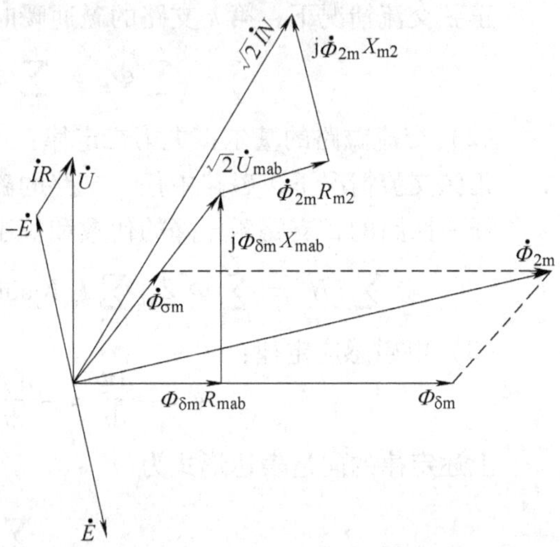

图 8-30 交流电磁铁磁路及电路参数向量图

3）计算磁极极面处的磁压降，即

$$\dot{U}_{mab}=\frac{\Phi_{\delta m}}{\sqrt{2}}\dot{Z}_{mab}$$

4）计算漏磁通，即

$$\dot{\Phi}_{\sigma m}=\sqrt{2}\dot{U}_{mab}\Lambda_{\sigma gs}$$

5）计算底铁磁通，即

$$\dot{\Phi}_{2m}=\dot{\Phi}_{\delta m}+\dot{\Phi}_{\sigma m}$$

6）计算底铁及铁心柱的磁阻抗，即

由工作气隙磁通 Φ_{2m}，求底铁及铁心柱的磁感应强度 B_{m2}，然后查磁化曲线，求得对应的磁场强度 H_2以及铁损 P_2。从而计算出 X_{m2}、R_{m2}。

7）计算线圈磁动势，即

$$\sqrt{2}\dot{I}N=\sqrt{2}\dot{U}_{mab}+\dot{\Phi}_{2m}(R_{m2}+jX_{m2})$$

8）计算线圈电压，即

$$\dot{U}=\dot{I}R+(-\dot{E})=\dot{I}R+j\frac{\omega\Psi_m}{\sqrt{2}}=\dot{I}R+j\frac{\omega N\Phi_{2m}}{\sqrt{2}}$$

（2）计算任务 2。

根据 $U=4.44fN\Phi_m$，先估算一个工作气隙磁通 $\Phi_{\delta m}$，再按任务 1 的计算步骤，求得该工作气隙磁通 Φ_δ所对应的线圈电压 U'。

若 $|\Delta U|=|U-U'|<\varepsilon_0$，则该工作气隙磁通 $\Phi_{\delta m}$为所求的工作气隙磁通，计算结束。

否则，重新修正工作气隙磁通 $\Phi_{\delta m}$数值，重复上述计算。

注：如果气隙较大，或者铁损很小可忽略不计时，工程上可采用直流磁路的计算方法来计算交流磁路问题。

思考题与习题

8-1 何谓直流电磁铁的动作时间和释放时间？若要增加释放时间，可以采取什么措施？

8-2　交流电磁铁的吸合触动时间及释放触动时间有何特点？交流电磁铁能否作为延时动作电磁铁使用？为什么？

8-3　何谓磁路？何谓电磁铁的主磁通和漏磁通？试画出单U型直流电磁铁的主磁通和漏磁通路径。

8-4　通常情况下，磁路参数计算要比电路参数计算困难，为什么？

8-5　在磁路分析中，特别是当工作气隙值较大时，通常必须考虑漏磁通的影响，试说明其原因。

8-6　直流电磁铁的衔铁处于吸合位置时，为什么在磁路计算中可以忽略铁心柱的漏磁通对磁路计算的影响？

8-7　直流电磁铁的衔铁处于释放位置时，磁路计算中能否忽略铁心柱的漏磁通？为什么？

8-8　直流电磁系统的衔铁处于闭合位置时，铁心柱上的漏磁通是否比衔铁处于起始位置时的小？如果是这样，那为什么在磁路计算中可以将它忽略不计？

8-9　何谓直流电磁铁磁路的漏磁系数？如何计算？　何谓直流电磁铁磁路的等效磁导？如何计算？

8-10　试说明用漏磁系数法计算复杂磁路的原理，为什么要采用归算漏磁导？何谓漏磁系数？其计算方法是什么？

8-11　额定电压相同的直流电磁铁和交流电磁铁，在额定电压下，前者接入交流电源，后者接入直流电源，试问它们能否正常工作？为什么？

8-12　一交流电磁铁线圈通电后，衔铁被卡在其起动位置上，结果造成线圈被烧毁，试分析其原因。

8-13　交流接触器中电磁系统的重要维护工作之一是保持铁心极面的清洁，为什么？

8-14　某长期工作制方式下工作的交流接触器，其激磁线圈通电数小时后，线圈被烧毁，试分析可能的故障原因。

8-15　交流电磁铁的极靴上通常要装配分磁环，请回答分磁环的作用是什么？

8-16　为什么分磁环损坏后，电磁式交流接触器工作时会发出噪声？

8-17　如果交流电磁铁的分磁环损坏，由此可能造成哪些危害？

8-18　采用等效正弦波法计算交流磁路时，为什么必须考虑铁磁体的磁阻抗而不仅仅考虑磁阻？

8-19　交流并激电磁铁在衔铁打开位置时的磁路计算与衔铁闭合位置的磁路计算有何不同之处？

8-20　交流并激电磁系统的归化漏磁导为什么和直流的不一样？

8-21　交流串激电磁系统的磁路计算与交流并激电磁系统的磁路计算有何相同与不同？

8-22　有一直流并联U型电磁铁，气隙磁导 $\Lambda_{\delta1}=\Lambda_{\delta2}=3\times10^{-8}\text{H}$，铁心柱之间的单位长度漏磁导 $\lambda=1.5\times10^{-6}\text{H/m}$，铁心高度 $l=60\text{mm}$，线圈电压 $U=220\text{V}$，线圈电阻 300Ω，线圈匝数 $N=5000$，衔铁释放，铁心截面积 6cm^2，忽略铁磁阻抗的影响。试求：

1）等效磁路图；

2）线圈磁动势；

2）试用归算漏磁导法计算底铁磁通及工作气隙磁通；

3）求衔铁所受的电磁吸力。

8-23　有一单U型直动式交流并联电磁铁，其线圈额定电压 $U_N=220\text{V}$，电源频率 $f=50\text{Hz}$，线圈匝数 $N=1200$。两侧铁心极面各装有参数相同的一个分磁环，分磁环未包围和包围部分的面积分别为 $A_1=1\text{cm}^2$ 和 $A_2=2.5\text{cm}^2$。衔铁闭合位置时，分磁环未包围部分的气隙磁导为 $\Lambda_{\delta1}=1\times10^{-6}\text{H}$，分磁环包围部分的气隙磁导为 $\Lambda_{\delta2}=5\times10^{-6}\text{H}$，分磁环磁抗 $X_k=4\times10^5\text{H}$，忽略铁磁阻抗、漏磁和线圈电阻。试求：

1）工作气隙磁通；

2）线圈磁动势；

3）分磁环未包围和包围部分的磁通；

4）衔铁所受的最小电磁吸力。

第 9 章 电磁系统的吸力计算

9.1 磁场能量与电磁力的基本关系

9.1.1 磁场的能量

磁场是物质的一种特殊形态，它也具有能量，这个能量来源于外界能源，产生于磁场的建立过程中。磁场能量表现在磁场对位于其中的运动电荷和载流导体有力的作用，并且具有推动它们做功的本领。

1. 磁场的建立及磁场能量的表示方法

电磁系统磁场的建立如图 9-1 所示。设电源电动势为 E，线圈回路的电阻为 R，合上开关 S，电磁系统的励磁线圈中便出现电流 i，后者在周围空间里激发磁场。由于在磁场的建立过程中线圈内会产生阻碍磁场发生变化的感应电动势 e，所以线圈电流 i 和磁链 ψ 都是逐渐增大至其稳定值。

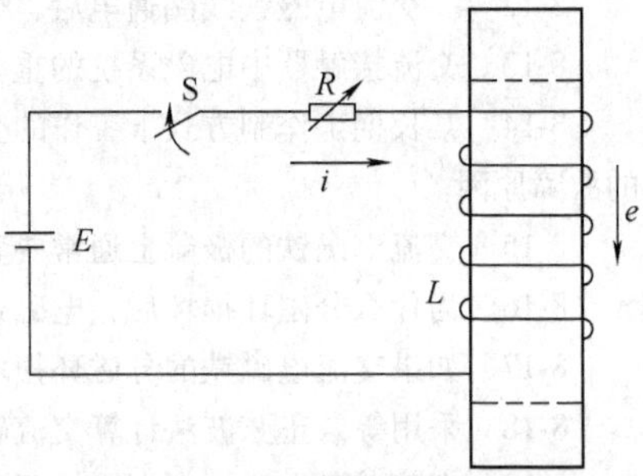

图 9-1 电磁系统磁场的建立

开关 S 已合上但电路尚处于过渡过程阶段时，电路的电压平衡方程为

$$E = iR - e = iR + \frac{d\psi}{dt} \tag{9-1}$$

将式（9-1）两端均乘以 idt，并对整个过渡过程积分得

$$\int_0^t Eidt = \int_0^t i^2 Rdt + \int_0^\Psi id\psi \tag{9-2}$$

式（9-2）就是电路的能量方程。方程左端表示电源在过渡过程中供给电路的能量，方程右端第一项表示电阻在过渡过程中的发热损耗，第二项则表示储存在磁场中的能量。由此可见，在建立磁场的过程中，外界能源——电源所提供的能量有一部分消耗于电阻的发热，另一部分则储存于磁场中，或者说是用以建立磁场。因此，当电路达到稳定状态后，磁场便具有能量，即

$$W_m = \int_0^\Psi id\psi \tag{9-3}$$

如果没有漏磁通，且磁通 ϕ 又与线圈的全部匝数 N 相链，式（9-3）还可写成

$$W_m = \int_0^\Phi iNd\phi \tag{9-4}$$

2. 图解积分法求磁场能量

图 9-2 为磁场能量的示意图，一般在已求得 $\psi = f(i)$ 或 $\phi = f(iN)$ 的情况下，可用图解积分法求磁场能量 W_m，W_m正比于图 9-2 中的阴影部分面积。

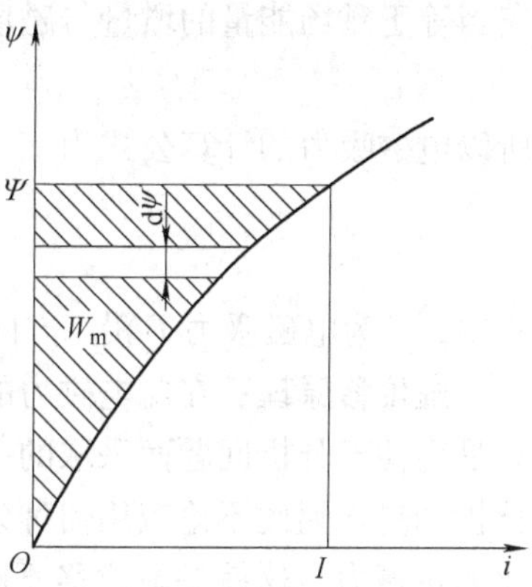

图 9-2 磁场能量的示意图

磁导体未饱和前，磁链 ψ 和磁通 ϕ 均与励磁电流 i 基本上呈线性关系。在这种条件下，式（9-3）和式（9-4）可化为

$$W_m = \frac{1}{2}I\Psi \tag{9-5}$$

和

$$W_m = \frac{1}{2}IN\Phi \tag{9-6}$$

另外，在线性条件下，线圈电感为

$$L = \frac{\psi}{i} = \frac{N\phi}{i} \tag{9-7}$$

所以磁场能量表达式在线性条件下的另一种形式为

$$W_m = \frac{1}{2}Li^2 \tag{9-8}$$

以图解法求解无漏磁的磁路时，有图 9-3 所示的 $\phi = f(iN)$ 关系。整个励磁磁动势 IN 等于铁心磁压降 u_c 与气隙磁压降 u_δ 之和，即

$$iN = u_c + u_\delta = u_m \tag{9-9}$$

将它代入式（9-4），积分得

$$W_m = \int_0^\Phi iN\mathrm{d}\phi = \int_0^\Phi u_c\mathrm{d}\phi + \int_0^\Phi u_\delta\mathrm{d}\phi = \int_0^\Phi u_c\mathrm{d}\phi + \frac{1}{2}\Phi_\delta U_\delta$$

令 $W_c = \int_0^\Phi u_c\mathrm{d}\phi$ 为铁磁（非线性）部分的磁场能量，$W_\delta = \frac{1}{2}\Phi_\delta U_\delta$ 为气隙（线性）部分的磁场能量，则对于无漏磁的磁路有

$$W_m = W_c + W_\delta \tag{9-10}$$

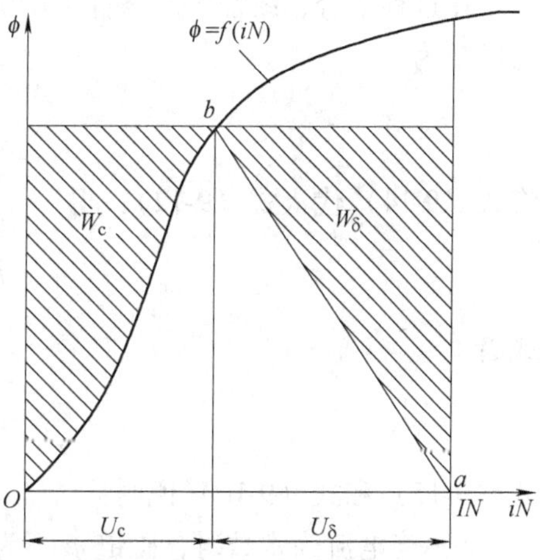

图 9-3 磁场能量的两个分量

即整个磁场能量等于磁导体和气隙媒质这两部分储存的磁场能量之和。

9.1.2 能量转换与电磁力的普遍公式

1. 虚位移原理和广义力

洛仑兹力公式和安培公式是磁场力的理论计算式，一般来讲，计算具体电磁系统吸力时，这些公式都不适用。因此，我们引入虚位移原理和广义力的概念来探讨一种实用的电磁吸力计算公式。

首先，假设磁场内的某一电流回路，例如铁磁物质中的分子电流，或者媒质受到电磁力 F 的作用，就会产生一个虚位移 $\mathrm{d}s$（实际上无此位移），则磁场所做机械功为

$$A = F\mathrm{d}s \tag{9-11}$$

电流回路的移动使得磁场能量 W_m 发生变化，产生一个增量 $\mathrm{d}W_m$。这样，在电流回路发生位移的过程中，电源提供的能量一部分用于电阻的发热损耗，另一部分与磁链变化相关，

应当等于磁场能量的增量与磁场所做机械功之和，即

$$i\mathrm{d}\psi = \mathrm{d}W_{\mathrm{m}} + F\mathrm{d}s \tag{9-12}$$

所以电磁吸力的计算公式为

$$F = i\frac{\mathrm{d}\psi}{\mathrm{d}s} - \frac{\mathrm{d}W_{\mathrm{m}}}{\mathrm{d}s} \tag{9-13}$$

式中，F 为电磁吸力 F 沿 s 方向的分量。

虚位移原理：在此电磁力的计算过程中，吸力是客观存在的，位移却是虚设的。虚位移只是为便于分析问题而采取的一种手段。虚位移的产生条件只会影响分析过程，绝不会影响分析结果。因此不论应用何种条件下产生的虚位移，均可求出实际存在的、不随位移条件变化的机械力。这就是虚位移原理。据此，就可以根据某些特殊条件下的虚位移，导出形式虽然简单但却具有普遍意义的电磁吸力计算公式。这样的特殊条件有：励磁电流不变和磁链不变。现分别就这两种特殊条件进行分析。

（1）励磁电流不变，$I = \mathrm{const}$（常数）。

在这种场合，线性媒质条件下的吸力计算公式可以得到简化。根据式（9-5），磁场能量的增量为

$$\mathrm{d}W_{\mathrm{m}} = \frac{1}{2}I\mathrm{d}\psi \tag{9-14}$$

将式（9-14）代入式（9-12），得

$$I\mathrm{d}\psi = \frac{1}{2}I\mathrm{d}\psi + F\mathrm{d}s \tag{9-15}$$

或者

$$F\mathrm{d}s = \frac{1}{2}I\mathrm{d}\psi = \mathrm{d}W_{\mathrm{m}} \tag{9-16}$$

式（9-15）和式（9-16）说明：

1）当电流为常数时，磁链 ψ 不为常数，磁场必须自电源取得能量才能做机械功。

2）在线性媒质条件下，电源供给电磁系统的能量只有一半用于做机械功，另一半则储存在磁场中以增大磁场能量。

（2）磁链不变，$\Psi = \mathrm{const}$（常数）。

磁链不变情况下，$\mathrm{d}\psi = 0$，则整个系统就不从电源获取能量。根据式（9-12）得

$$F\mathrm{d}s = -\mathrm{d}W_{\mathrm{m}} \tag{9-17}$$

即当磁链不变时，无论媒质是否呈线性，磁场做机械功都是以磁场能量的减小为代价的。

总之，两个简化的电磁吸力计算公式为

$$F = \left.\frac{\mathrm{d}W_{\mathrm{m}}}{\mathrm{d}s}\right|_{I = \mathrm{const}} \tag{9-18}$$

$$F = -\left.\frac{\mathrm{d}W_{\mathrm{m}}}{\mathrm{d}s}\right|_{\Psi = \mathrm{const}} \tag{9-19}$$

其中前者仅适用于线性媒质，后者则普遍适用。

在电磁系统中，以气隙 $\mathrm{d}\delta$ 表示虚位移时，电磁吸力指向气隙减小的方向，即 $\mathrm{d}\delta = -\mathrm{d}s$，则式（9-18）和式（9-19）可改写为

$$F = -\left.\frac{\mathrm{d}W_{\mathrm{m}}}{\mathrm{d}\delta}\right|_{I=\mathrm{const}} \tag{9-20}$$

$$F = \left.\frac{\mathrm{d}W_{\mathrm{m}}}{\mathrm{d}\delta}\right|_{\Psi=\mathrm{const}} \tag{9-21}$$

2. 广义力的概念

为适应不同的运动形式，式（9-18）和式（9-19）还可改写为

$$F_{\mathrm{g}} = \left.\frac{\partial W_{\mathrm{m}}}{\partial g}\right|_{I=\mathrm{const}} \tag{9-22}$$

$$F_{\mathrm{g}} = -\left.\frac{\partial W_{\mathrm{m}}}{\partial g}\right|_{\Psi=\mathrm{const}} \tag{9-23}$$

式中，F_{g} 为广义力；g 为广义坐标。

所谓广义坐标是确定一个系统中各物体几何参数——形状、尺寸和相对位置的一系列独立几何量，诸如距离、角度、面积、体积等。广义力是指企图改变某一广义坐标的力。与广义坐标依次对应的广义力就是力、转矩、表面张力和压力。广义力与广义坐标之积等于功。按照广义力的概念，磁场产生的电磁转矩为

$$M = \left.\frac{\mathrm{d}W_{\mathrm{m}}}{\mathrm{d}\alpha}\right|_{I=\mathrm{const}} \tag{9-24}$$

$$M = -\left.\frac{\mathrm{d}W_{\mathrm{m}}}{\mathrm{d}\alpha}\right|_{\Psi=\mathrm{const}} \tag{9-25}$$

式中，α 为虚角位移。

当媒质为线性时，式（9-22）的计算结果与式（9-23）相同，式（9-24）的计算结果与式（9-25）相同，因为一定状态下的力只取决于这一状态下的电流值和磁链值，而与作虚位移的过程中系统的变化方式无关。

9.1.3 电磁能量的图解表示

1. 电磁能量图解的普遍表示

设某电磁系统，其衔铁未运动前的气隙为 δ_1，电磁系统的磁化曲线 $\psi = f(i)$ 如图9-4中曲线 Oa 所示。此时，电磁系统的磁场能量为

$$W_{\mathrm{m1}} = \int_0^{\psi_1} i\mathrm{d}\psi \tag{9-26}$$

它与图9-4中的面积 oac 相当。如果衔铁在电磁吸力作用下发生运动，并有一位移 $\Delta s = -\Delta\delta = \delta_2 - \delta_1$，则此刻的气隙值为 δ_2。电磁参量亦由原来的 I_1、ψ_1 改变为现在的 I_2、ψ_2，相应的电磁系统的磁化曲线 $\psi = f(i)$ 对应于图9-4中的曲线 Ob。电磁系统的磁场能量为

$$W_{\mathrm{m2}} = \int_0^{\psi_2} i\mathrm{d}\psi \tag{9-27}$$

它与图9-4中的面积 obd 相当。

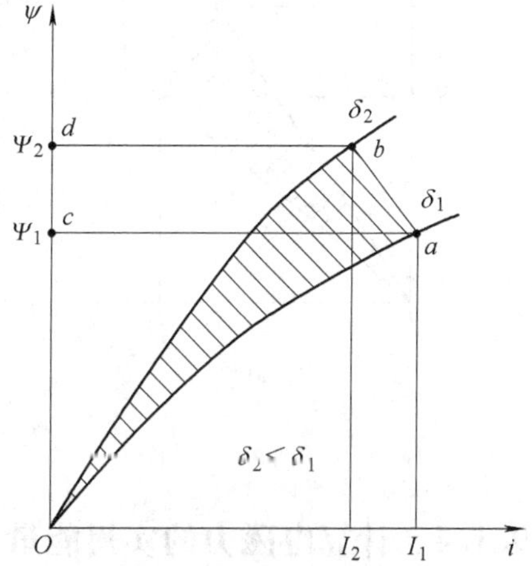

图9-4 电磁能量的图解计算

显然，磁场能量在衔铁运动前后的变化为

$$\Delta W_{\mathrm{m}} = \Delta W_{\mathrm{m1}} - \Delta W_{\mathrm{m2}} \tag{9-28}$$

按式（9-12），衔铁在作虚位移过程中获得的机械能应为

$$F\Delta s = i\Delta\psi - \Delta W_{\mathrm{m}} \tag{9-29}$$

结合图 9-4 来看，它相当于

$$A_{\mathrm{abdc}} - (A_{\mathrm{obd}} - A_{\mathrm{oac}}) = A_{\mathrm{oab}} \tag{9-30}$$

2. 励磁电流不变或磁链不变时的能量图解表示

在 $I=\mathrm{const}$ 和 $\Psi=\mathrm{const}$ 的情况下，A_{oab} 的图形如图 9-5a、b 所示。

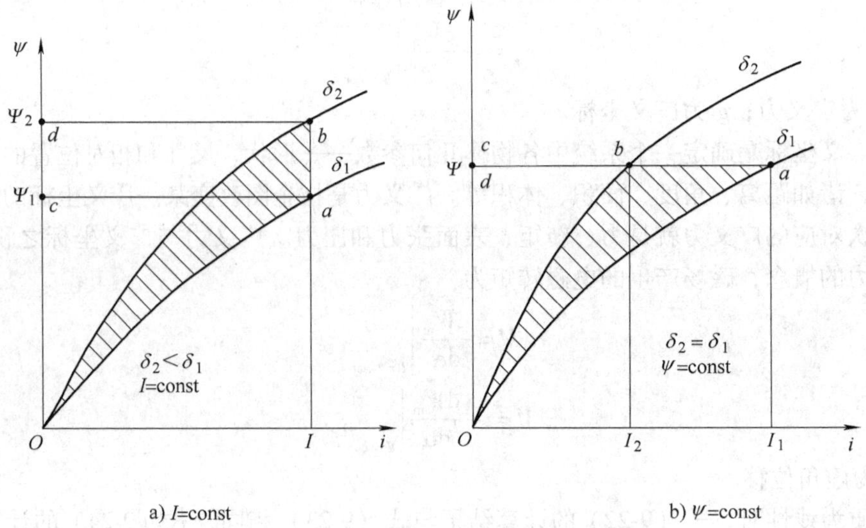

图 9-5　$I=\mathrm{const}$ 和 $\Psi=\mathrm{const}$ 时的磁场能量

对于线性媒质，则有图 9-6a、b、c 所示图形。

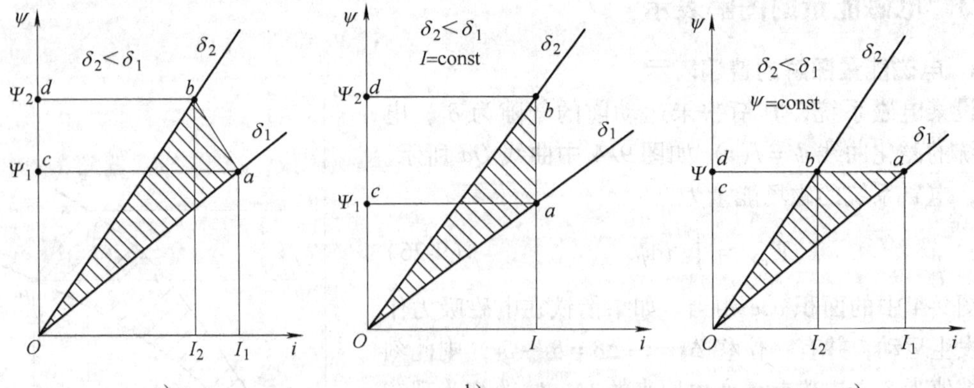

图 9-6　线性情况下的磁场能量

9.1.4　计算电磁力的实用能量公式

前面已经导出电磁系统的磁场能量表达式为

$$W_{\mathrm{m}} = W_{\mathrm{c}} + W_{\delta}$$

若为恒磁链情况，则因 $d\psi=0$，$dW_c=0$，因而对于无漏磁磁路，根据虚位移原理有

$$F=\frac{dW_m}{d\delta}=\frac{dW_\delta}{d\delta}=\frac{d}{d\delta}\left(\frac{1}{2}\phi U_\delta\right)=\frac{d}{d\delta}\left(\frac{1}{2}\frac{\phi^2}{\Lambda_\delta}\right) \tag{9-31}$$

微分后得

$$F=-\frac{1}{2}U_\delta^2\frac{d\Lambda_\delta}{d\delta}$$

这就是电磁系统的电磁力计算公式，也就是所说的吸力计算公式，式中的负号表示力 F 是指向气隙减小的方向。

对于转动式电磁系统，独立几何量是角位移，故待求广义力是电磁转矩，其计算公式为

$$M=-\frac{1}{2}U_\delta^2\frac{d\Lambda_\delta}{d\alpha} \tag{9-32}$$

式（9-31）和式（9-32）虽然是在无漏磁条件下导出的，但它们不论是对线性的或非线性的磁路，也不论是在恒磁动势或恒磁链情况下，全都能够成立。但应注意，只有当漏磁通不随气隙变化即漏磁部分磁场内所储能量不随气隙变化时，才可应用这些公式。

当漏磁通随气隙变化时，式（9-32）的气隙磁导 Λ_δ 应改为包含气隙磁导与归算漏磁导在内的磁导 Λ。当 Λ_δ 与 δ 之间的函数关系能够以解析方式表达时，$d\Lambda_\delta/d\delta$ 可以直接以求导的方式求得。当 Λ_δ 与 δ 之间的函数关系不能以解析方式表达时，就必须先求得不同气隙下的气隙磁导值，得出 $\Lambda_\delta=f(\delta)$ 曲线，然后以数值微分方法或者图解方法，求气隙磁导的导数 $d\Lambda_\delta/d\delta$。

现在介绍一下图解法求 $d\Lambda_\delta/d\delta$ 的方法。

如图 9-7 所示，在 $\Lambda_\delta=f(\delta)$ 曲线上的一点 P 作切线，得

$$\frac{d\Lambda_\delta}{d\delta}=\frac{n}{m}\tan\alpha=-\frac{n}{m}\tan\beta \tag{9-33}$$

其中 n 和 m 是横坐标和纵坐标的比例尺。

在作图时应注意：由于气隙较小时，气隙磁导 Λ_δ 随 δ 的变化很大，也即 $\Lambda_\delta=f(\delta)$ 曲线非常陡峭。在这种场合，按图解法求得的 $d\Lambda_\delta/d\delta$ 的准确度就很差。为此，在气隙较小处，计算点应取得密些。总之，基于能量平衡关系的电磁吸力计算公式，一般仍以用于气隙值不是很小处为宜。

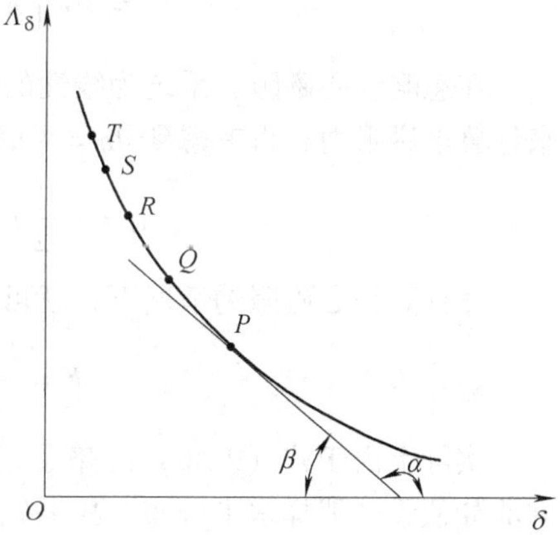

图 9-7　图解法求气隙磁导的导数

9.1.5　对漏磁力的分析

漏磁通随气隙改变时，它对应的磁场能量也能转化为机械功。故当计算电磁吸力时，必须计入这种漏磁场产生的漏磁吸力 F_σ。图 9-8 所示为甲壳螺管式电磁铁的原理结构。对于甲壳螺管式电磁铁，其电磁吸力有两个分量：一部分由主气隙磁导和相应的主磁场能量的变化产生；另一部分由衔铁侧面的有效漏磁通产生，后面这一部分习惯上称为螺管力。

甲壳螺管式电磁系统的漏磁通产生使衔铁运动的螺管力的计算如下：

在距甲壳螺管式电磁铁衔铁端面为 x 处，若不计铁心和非工作气隙上的磁压降，则衔铁与磁轭间的磁压降为

$$U_{m_x}=\frac{IN}{l}(n-x) \tag{9-34}$$

令单位长度上的漏磁导为 λ，则在 x 这段距离内的漏磁通为

$$\Phi_{\sigma_x}=\int_0^x \lambda U_{m_x}\mathrm{d}x=\frac{IN}{l}\lambda\left(nx-\frac{x^2}{2}\right) \tag{9-35}$$

因此，在 x 处的总磁通为

$$\Phi_x=\Phi_\delta+\Phi_{\sigma_x}=IN\left[\Lambda_\delta+\frac{\lambda}{l}\left(nx-\frac{x^2}{2}\right)\right] \tag{9-36}$$

同理，距铁心底座端面为 y 处的总磁通为

$$\Phi_y=\Phi_\delta+\Phi_{\sigma_y}=IN\left[\Lambda_\delta+\frac{\lambda}{l}\left(ny-\frac{y^2}{2}\right)\right] \tag{9-37}$$

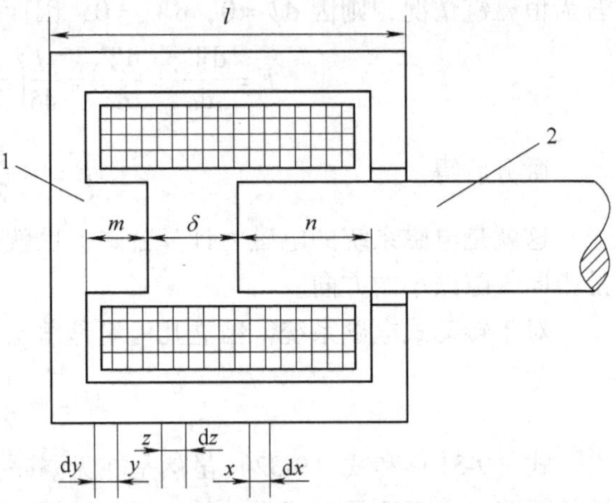

图 9-8 甲壳螺管式电磁铁的原理结构

1—铁心 2—衔铁

故整个电磁系统的总磁链为

$$\Psi=\int_0^n \phi_x\frac{N}{l}\mathrm{d}x+\int_0^\delta \phi_\delta\frac{N}{l}\mathrm{d}\delta+\int_0^m \phi_y\frac{N}{l}\mathrm{d}y \tag{9-38}$$

$$=IN^2\left[\Lambda_\delta+\frac{\lambda}{3l^2}(n^3+m^3)\right]$$

在忽略铁心磁阻、系统为线性的情况下，可应用恒磁动势情况下的公式，即式（9-20）来计算电磁吸力，再考虑到 $\mathrm{d}n=-\mathrm{d}\delta$，有

$$F=-\frac{1}{2}I\frac{\mathrm{d}\psi}{\mathrm{d}\delta}=-\frac{1}{2}(IN)^2\left(\frac{\mathrm{d}\Lambda_\delta}{\mathrm{d}\delta}-\lambda\frac{n^2}{l^2}\right) \tag{9-39}$$

在计算铁心磁阻的情况下，就可用 $\phi_\delta R_\delta$ 取代 IN，把式（9-39）改写为

$$F=-\frac{1}{2}(\phi_\delta R_\delta)^2\left(\frac{\mathrm{d}\Lambda_\delta}{\mathrm{d}\delta}-\lambda\frac{n^2}{l^2}\right) \tag{9-40}$$

实际上由于式（9-40）忽略了衔铁与磁轭法兰间非工作气隙上的磁压降，而且漏磁通并非如假设的那样水平分布，故漏磁导很难计算准确，以致螺管力的计算有一定误差。

从原则上来说，漏磁的任何变化均意味着磁场能量的变化，必然有电磁吸力产生。但在具体计算时，为简便计算，将螺管力的计算方法用于工程实际中还是可行的。

9.2 麦克斯韦电磁吸力公式

法拉第的观点认为，作用于任何铁磁质物体上的电磁力都可认为是空气中的磁力线产生的，或者说是紧挨着物体表面的磁通管外壁上的压力或张力对外作用的结果。

9.2.1 麦克斯韦公式的导出

设在铁磁质物体表面任取一面积元 d$\boldsymbol{A}$，并在其边缘点 A 处作一垂直于磁感应强度 $\boldsymbol{B}$ 的辅助面 AC，在另一边缘点 D 处作一平行于 $\boldsymbol{B}$ 的辅助面 DC（见图9-9）。显然，辅助面 AC 的

面积等于 $\mathrm{d}A\cos\theta$，辅助面 DC 的面积等于 $\mathrm{d}A\sin\theta$。因此，作用在 AC 面上的电磁力为

$$\mathrm{d}\boldsymbol{F}_{\mathrm{AC}}=\frac{1}{2}\frac{\boldsymbol{B}^2}{\mu_0}\mathrm{d}\boldsymbol{A}\cos\theta$$

其方向与 $\boldsymbol{B}$ 一致。将它分解为法向和切向的两个分量，得

$$\mathrm{d}\boldsymbol{F}_{\mathrm{AC}}=\frac{\boldsymbol{B}^2}{2\mu_0}\mathrm{d}\boldsymbol{A}\cos^2\theta\boldsymbol{n}^0+\frac{\boldsymbol{B}^2}{2\mu_0}\mathrm{d}\boldsymbol{A}\cos\theta\sin\theta\boldsymbol{t}^0$$

作用在 DC 面上的电磁力为

$$\mathrm{d}\boldsymbol{F}_{\mathrm{DC}}=\frac{1}{2}\frac{\boldsymbol{B}^2}{\mu_0}\mathrm{d}\boldsymbol{A}\sin\theta$$

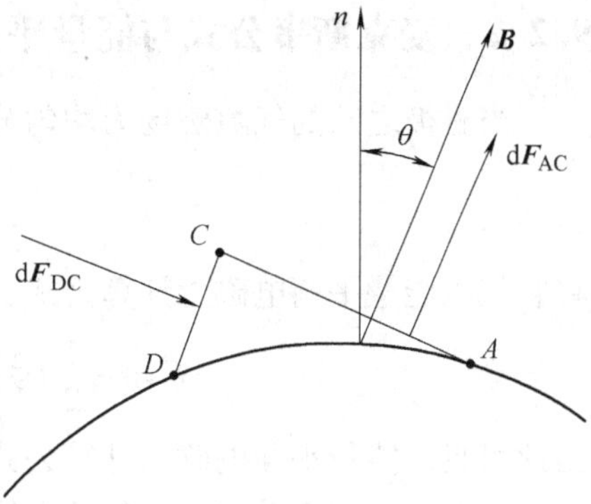

图 9-9　麦克斯韦电磁力计算公式的推导

其方向与 $\boldsymbol{B}$ 垂直。将它亦分为二分量，有

$$\mathrm{d}\boldsymbol{F}_{\mathrm{DC}}=\frac{\boldsymbol{B}^2}{2\mu_0}\mathrm{d}\boldsymbol{A}\sin^2\theta\boldsymbol{n}^0+\frac{\boldsymbol{B}^2}{2\mu_0}\mathrm{d}\boldsymbol{A}\sin\theta\cos\theta\boldsymbol{t}^0$$

它们都将传递到 $\mathrm{d}\boldsymbol{A}$ 面上，故作用在 $\mathrm{d}\boldsymbol{A}$ 面上的电磁力为

$$\begin{aligned}
\mathrm{d}\boldsymbol{F}&=\mathrm{d}\boldsymbol{F}_{\mathrm{AC}}+\mathrm{d}\boldsymbol{F}_{\mathrm{DC}}\\
&=\frac{\boldsymbol{B}^2}{2\mu_0}\mathrm{d}\boldsymbol{A}[(\cos^2\theta-\sin^2\theta)\boldsymbol{n}^0+2\sin\theta\cos\theta\boldsymbol{t}^0]\\
&=\frac{\boldsymbol{B}^2}{2\mu_0}\mathrm{d}\boldsymbol{A}[(2\cos^2\theta-1)\boldsymbol{n}^0+2\sin\theta\cos\theta\boldsymbol{t}^0]\\
&=\left\{\left[\frac{(\boldsymbol{B}\cos\theta)^2}{\mu_0}-\frac{\boldsymbol{B}^2}{2\mu_0}\right]\boldsymbol{n}^0+\frac{(\boldsymbol{B}\cos\theta)(\boldsymbol{B}\sin\theta)}{\mu_0}\boldsymbol{t}^0\right\}\mathrm{d}A\\
&=\left[\frac{\boldsymbol{B}\cos\theta}{\mu_0}(\boldsymbol{B}\cos\theta\boldsymbol{n}^0+\boldsymbol{B}\sin\theta\boldsymbol{t}^0)-\frac{\boldsymbol{B}^2}{2\mu_0}\boldsymbol{n}^0\right]\mathrm{d}A\\
&=\frac{1}{\mu_0}\left[(\boldsymbol{B}\boldsymbol{n}^0)\boldsymbol{B}-\frac{1}{2}\boldsymbol{B}^2\boldsymbol{n}^0\right]\mathrm{d}\boldsymbol{A}
\end{aligned}\tag{9-41}$$

将式（9-41）沿包围铁磁质物体的整个表面积分即得作用于整个铁磁质物体的电磁力为

$$\boldsymbol{F}=\frac{1}{\mu_0}\oint_A\left[(\boldsymbol{B}\boldsymbol{n}^0)\boldsymbol{B}-\frac{1}{2}\boldsymbol{B}^2\boldsymbol{n}^0\right]\mathrm{d}\boldsymbol{A}\tag{9-42}$$

这个公式就是麦克斯韦电磁力计算公式。它虽然是从平行平面场这一特殊情况下导出的，但适用于任何形式的三维场。顺便指出，即使积分并非紧贴铁磁质物体表面，只要它未包围其他铁磁质物体和载流导体，从力的平衡观点来看，积分结果就完全相同。

考虑到 B 在铁磁质物体表面上通常只有法向分量，式（9-42）可简化为

$$\boldsymbol{F}=\frac{1}{2\mu_0}\oint_A\boldsymbol{B}^2\boldsymbol{n}^0\mathrm{d}\boldsymbol{A}\tag{9-43}$$

在实际电磁系统中，磁场有时可认为是集中均匀分布于一小气隙内，故式（9-43）还可再简化为

$$\boldsymbol{F}=\frac{1}{2}\frac{\boldsymbol{B}^2A}{\mu_0}=\frac{\Phi^2}{2\mu_0A}\tag{9-44}$$

式中，A 为气隙处的磁极端面面积。

9.2.2 麦克斯韦公式与能量平衡公式

当磁极之间的气隙磁场为均匀分布、且漏磁导又不随气隙变化时，显然有

$$\frac{\mathrm{d}\Lambda}{\mathrm{d}\delta}=-\mu_0\frac{A}{\delta^2} \tag{9-45}$$

将它代入能量平衡电磁力计算公式，即式（9-31），便得

$$F=-\frac{1}{2}U_\delta^2\frac{\mathrm{d}\Lambda}{\mathrm{d}\delta}=-\frac{1}{2}\left(\frac{\Phi}{\Lambda}\right)^2\frac{\mathrm{d}\Lambda}{\mathrm{d}\delta}=\frac{\Phi^2}{2\mu_0A}=\frac{B^2A}{2\mu_0} \tag{9-46}$$

由此可见，能量平衡电磁力计算公式与麦克斯韦电磁力计算公式可以互相转化。

然而，实用上并非在任何场合皆可由上述两种电磁力公式中任择一种进行计算。例如，当气隙值甚小时，除非气隙磁导能以解析公式表示，一般不宜采用能量平衡电磁力公式，因为 $\mathrm{d}\Lambda/\mathrm{d}\delta$ 有时颇难计算准确，以致电磁力计算产生较大误差。但在这种衔铁接近闭合场合，气隙磁场一般相当均匀，故可用简化的麦克斯韦电磁力计算公式求得相当准确的结果。当然，即使气隙较大，在已知气隙中磁感应强度的分布规律 $B=f(A)$ 时，同样可以采用麦克斯韦电磁力公式。

总之，上述两种电磁力公式原则上都可应用，但在某些条件下，应用其中之一更方便，且可提供更准确的结果。一般来说，小气隙时，B 较均匀，用麦克斯韦电磁力公式较方便；大气隙时，$\mathrm{d}\Lambda/\mathrm{d}\delta$ 较易计算，所以多用能量平衡电磁力公式。

9.3 恒磁动势与恒磁链条件下的吸力特性

电磁系统的吸力特性随其结构形式、几何尺寸、线圈类型等的不同而不同；电磁系统通常是在两种条件下工作：恒磁动势条件（如直流并励电磁系统、交流串励电磁系统）和恒磁链条件（如交流并励电磁系统）。下面在不计铁心磁阻和损耗以及不计磁极边缘效应的前提下，对几种典型结构形式的电磁系统不同情况下的吸力特性作一介绍。

1. U 形拍合式电磁系统（见图 9-10a）

在恒磁动势条件下，当衔铁处于较大气隙行程时，磁路不饱和，一般可不计铁心及非工作气隙磁阻，式（9-31）可改写为

$$F=-\frac{1}{2}(IN)^2\frac{\mathrm{d}\Lambda_\delta}{\mathrm{d}\delta} \tag{9-47}$$

若不计气隙磁通的磁极边缘效应，上式又可简写为

$$F=\frac{1}{2}(IN)^2\mu_0\frac{A}{\delta^2} \tag{9-48}$$

式（9-48）表明，在恒磁动势条件下，电磁系统的电磁吸力与气隙值的平方 δ^2 成反比。

在恒磁链条件下，容易导出线圈电流为

$$I=\frac{u}{2\pi fN^2(\Lambda_\delta+\Lambda_{gs})} \tag{9-49}$$

式中，u 为线圈电压；Λ_{gs} 为恒磁链条件下的归算漏磁导。

将式（9-49）代入式（9-48），得

$$F = \frac{u^2}{8\pi f^2 N^2 \left(\frac{\mu_0 A}{\delta} + \Lambda_{gs}\right)^2} \mu_0 \frac{A}{\delta^2} \tag{9-50}$$

由此可见，恒磁链条件下，电磁力减小的程度更多地决定于漏磁通所占的比重，不像恒磁动势条件下那样明显地随 δ 减小，所以吸力特性要平坦些。图9-10b中曲线1所示为恒磁动势条件下的吸力特性，曲线2为恒磁链条件下的吸力特性。

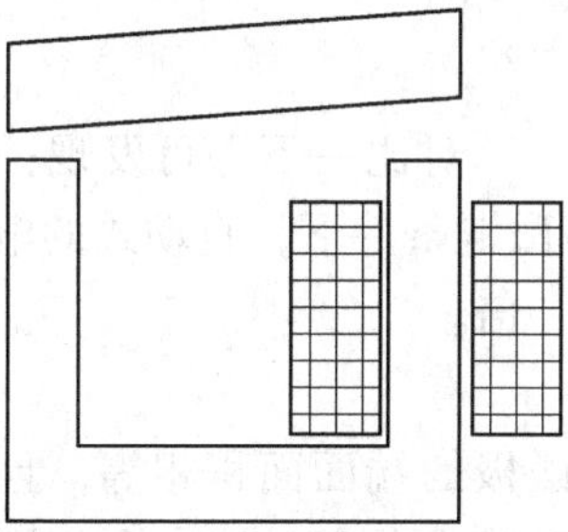

a) 结构示意图

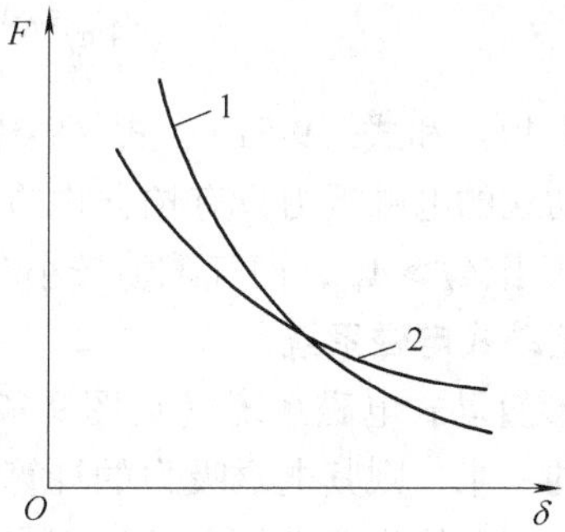

b) 吸力特性

图9-10　U形拍合式电磁系统

2. E形拍合式电磁系统

E形拍合式电磁系统在结构上比U形拍合式电磁系统多了一个工作气隙，如图9-11a所示，故其吸力通常较U形的大。在大气隙时，距转动中心较远的气隙处电磁力非常小，有时几乎可以忽略不计；而在小气隙时，该吸力则随气隙值减小而越来越大。因此，不论在恒磁动势还是恒磁链条件下，E形电磁系统的吸力特性都比U形电磁系统的更为陡峭，尤其是在恒磁动势条件下显得更为明显。图9-11b中曲线1为E形电磁系统的吸力特性，曲线2为U形电磁系统的吸力特性。

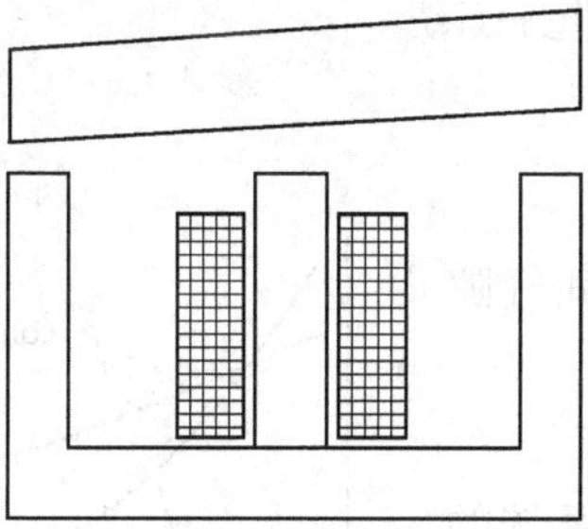

a) 结构示意图

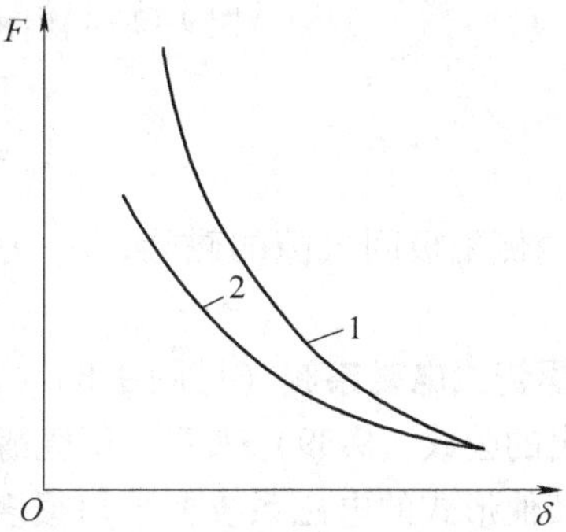

b) 吸力特性

图9-11　E形拍合式电磁系统

3. U形直动式电磁系统

U形直动式电磁系统与U形拍合式电磁系统相比多了一个串联的工作气隙（见图9-12a），

因此在相同的几何条件下，其气隙磁导 Λ_δ 以及它对气隙的导数 $d\Lambda_\delta/d\delta$ 都约为拍合式的一半。因此，在恒磁动势条件下，电磁吸力为

$$F=\frac{1}{4}(IN)^2\mu_0\frac{A}{\delta^2} \tag{9-51}$$

在恒磁链条件下则有

$$F=\frac{u^2}{4\pi f^2N^2\left(\dfrac{\mu_0 A}{\delta}+2\Lambda_{gs}\right)^2}\mu_0\frac{A}{\delta^2} \tag{9-52}$$

将式（9-49）和式（9-51）、式（9-50）和式（9-52）对比一下即可发现：在恒磁动势条件下，直动式的电磁吸力只有拍合式的一半；而在恒磁链条件下，直动式的电磁吸力却比拍合式的大，当 $\Lambda_\delta \gg \Lambda_{gs}$，即气隙值较小时，几乎大出一倍。

4. E 形直动式电磁系统

对于 E 形直动式电磁系统（见图 9-12b），若两侧磁极的端面面积相等，且等于中间磁极端面面积的一半，则其电磁吸力的计算公式与 U 形直动式电磁系统完全相同。若中间磁极端面面积小于两侧磁极端面面积的两倍，则气隙总磁导应按下式计算：

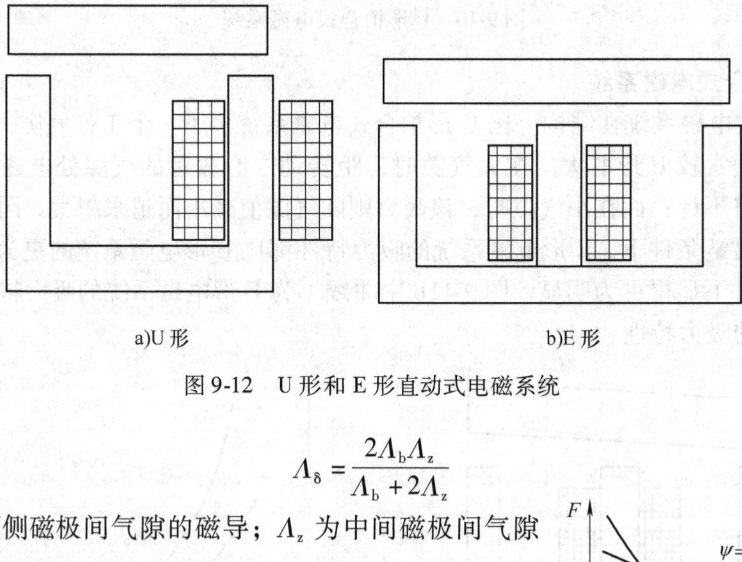

a)U 形　　b)E 形

图 9-12　U 形和 E 形直动式电磁系统

$$\Lambda_\delta=\frac{2\Lambda_b\Lambda_z}{\Lambda_b+2\Lambda_z} \tag{9-53}$$

式中，Λ_b 为两侧磁极间气隙的磁导；Λ_z 为中间磁极间气隙的磁导。

5. 甲壳螺管式电磁系统（见图 9-8）

由已导出的公式（9-39）来看，甲壳螺管式电磁系统的吸力特性比其他形式的电磁系统要平坦很多，特别是在恒磁链条件下，如图 9-13 所示。

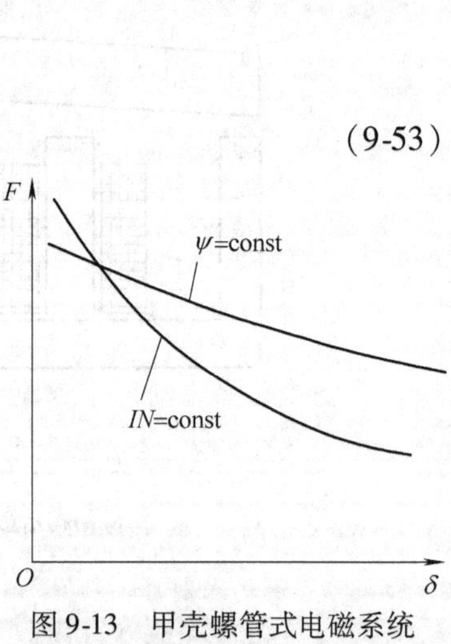

图 9-13　甲壳螺管式电磁系统的吸力特性

总之，恒磁动势条件下的电磁系统吸力特性，通常总是比恒磁链条件下同类型电磁系统的吸力特性更为陡峭。但也并非总是如此，因为吸力特性还与电磁系统的具体几何形状和参数密切相关。

9.4　交流电磁系统电磁吸力的特点与分磁环原理

9.4.1　交流电磁系统电磁吸力的特点

交流电磁系统中励磁线圈的电源电压为正弦交变量，其中的磁通也为正弦交变量。设交变磁通的瞬时值为

$$\phi = \Phi_{\mathrm{m}}\sin\omega t \tag{9-54}$$

则按麦克斯韦电磁力计算公式，电磁力的瞬时值为

$$F = \frac{\phi^2}{2\mu_0 A} = \frac{\Phi_{\mathrm{m}}^2}{2\mu_0 A}\sin^2\omega t = \frac{\Phi_{\mathrm{m}}^2}{4\mu_0 A} - \frac{\Phi_{\mathrm{m}}^2}{4\mu_0 A}\cos 2\omega t \tag{9-55}$$

式（9-55）右端第一项为恒定分量，又称为平均吸力，它等于最大吸力的一半。即

$$F_{\mathrm{p}} = \frac{\Phi_{\mathrm{m}}^2}{4\mu_0 A} = \frac{\Phi^2}{2\mu_0 A} \tag{9-56}$$

式中，ϕ 为气隙磁通的有效值，$\Phi = \Phi_{\mathrm{m}}/\sqrt{2}$。

式（9-55）右端第二项为交变分量，又称为交变吸力，它以两倍电源频率随时间作周期性变化，其幅值与平均吸力相等，即

$$F_{\sim} = \frac{\Phi_{\mathrm{m}}^2}{4\mu_0 A}\cos 2\omega t = F_{\mathrm{p}}\cos 2\omega t \tag{9-57}$$

由此可见，交流电磁系统吸力的特点是，由于磁通的正弦交变性，因此交流电磁系统的吸力具有脉动性，其值在 0 ~ $2F_{\mathrm{p}}$ 之间按两倍电源频率周期性地变化，如图 9-14 所示。

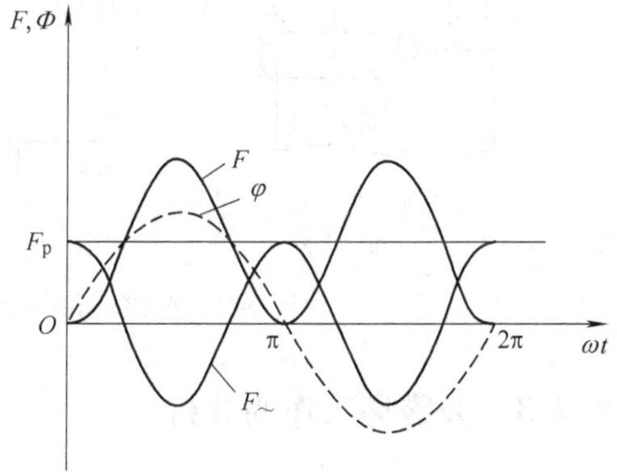

图 9-14　交流电磁系统的电磁吸力

9.4.2　分磁环的概念

由于交流电磁系统的吸力具有脉动性，故其时间特性在半个周期内将与反作用力 F_{f} 线相交两次，会引起衔铁的振动，如图 9-15 所示。若电磁铁处于吸持状态，当其吸力 F 由最大值减小到小于反作用力 F_{f} 以后（图中 b_1 点以下），衔铁将企图释放。但吸力 F 很快又将回升到大于反作用力（图中 a_2 点以上），致使衔铁微微离开吸合位置又重新被吸引到吸合位置上。衔铁的振动在工频电源条件下每秒钟要重复 100 次。衔铁的振动会产生噪声，也会加速电磁系统及其零部件的损坏。更严重的是它还有可能导致开关电器的触头发生振动，加重触头的电气磨损，引起触头熔焊。因此，必须采取适当的技术措施防止电磁系统发生这种有害的振动。

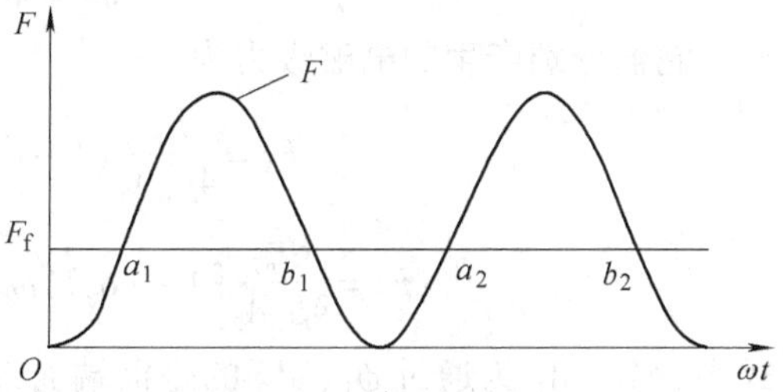

图 9-15　交流电磁系统的衔铁吸合后的电磁吸力和反作用力

为此，应使磁极端面处的磁通分成两个彼此间有一定相位差的分量。这样，尽管每一分

量产生的吸力均有减小到零的时候，但由于两吸力之间有相位差的缘故，合成吸力不可能到达零值。只要使合成吸力的最小值不低于反作用力，就可能完全消除有害的振动。

前已指出，磁导体中的铁损会使磁路中出现磁抗。若在磁极端面的一部分套上一个导体环（见图9-16a），则因其中有涡流损耗，被导体所包围的磁路部分就会有一个磁抗（见图9-16b）。磁抗的存在使得通过无磁抗支路的磁通 $\dot{\Phi}_1$ 与经过有磁抗支路的磁通 $\dot{\Phi}_2$ 之间出现了相位差。在这个基础上，再适当调整一下两个支路的磁通值，便能达到消除上述有害振动的目的。这种导体环起到将磁通分相的作用，故称分磁环，又由于此环短接且电阻甚小，故又称短路环。

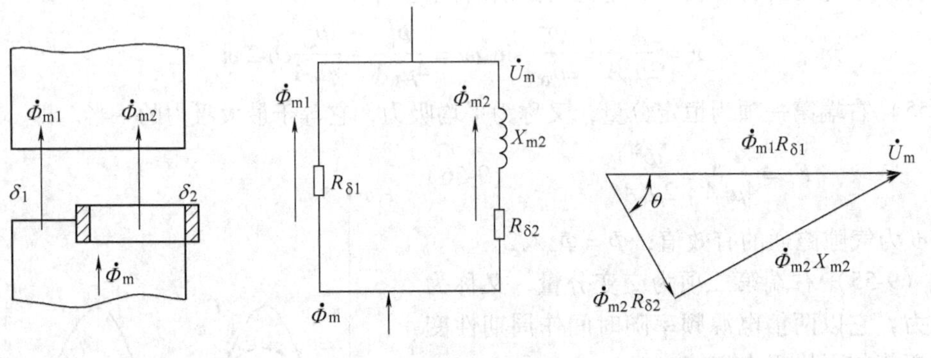

图9-16　分磁环和有分磁环时磁极和气隙部分的等效磁路

9.4.3 分磁环工作的分析

设置分磁环后，无磁抗支路的磁通 $\dot{\Phi}_1$ 与有磁抗支路的磁通 $\dot{\Phi}_2$ 之间产生了相位差 θ，则它们的瞬时值分别是

$$\phi_1 = \Phi_{m1}\sin\omega t$$

$$\phi_2 = \Phi_{m2}\sin(\omega t - \theta)$$

它们分别产生的电磁吸力为

$$F_1 = \frac{\Phi_{m1}^2}{4\mu_0 A_1}(1-\cos 2\omega t) = F_{p1}(1-\cos 2\omega t) \tag{9-58}$$

$$F_2 = \frac{\Phi_{m2}^2}{4\mu_0 A_2}[1-\cos 2(\omega t-\theta)] = F_{p2}[1-\cos 2(\omega t-\theta)] \tag{9-59}$$

式中，A_1、A_2 为通过 ϕ_1、ϕ_2 的磁极端面部分的面积。

因此，作用在衔铁上的合成电磁吸力为

$$\begin{aligned} F &= F_1 + F_2 = F_{p1} + F_{p2} - F_{\sim 1} - F_{\sim 2} \\ &= F_{p1} + F_{p2} - F_{p1}\cos 2\omega t - F_{p2}\cos 2(\omega t - \theta) \end{aligned} \tag{9-60}$$

式（9-60）右端后两项是频率相同的两个交变分量，它们的和为

$$\begin{aligned} F_{\sim} &= F_{p1}\cos 2\omega t + F_{p2}\cos 2(\omega t - \theta) \\ &= \sqrt{F_{p1}^2 + F_{p2}^2 + 2F_{p1}F_{p2}\cos 2\theta}\cos 2(\omega t - \varphi) \end{aligned} \tag{9-61}$$

式中，φ 为 $F_{\sim 1}$ 与 $F_{\sim 2}$ 之间的相位差。

将式（9-61）代入式（9-60），得

$$F = F_{p1} + F_{p2} - \sqrt{F_{p1}^2 + F_{p2}^2 + 2F_{p1}F_{p2}\cos 2\theta}\cos 2(\omega t - \varphi) \tag{9-62}$$

图 9-17a 所示为 $F_{\sim 1}$、$F_{\sim 2}$ 和 $F_{\sim}$ 三者的相量图。

当 $2\omega t - \varphi = n\pi$（$n$ 为奇数）时，合成电磁吸力具有最大值，即

$$F_{max} = F_{p1} + F_{p2} + \sqrt{F_{p1}^2 + F_{p2}^2 + 2F_{p1}F_{p2}\cos 2\theta} \tag{9-63}$$

当 $2\omega t - \varphi =$（$n-1$）π 时，合成电磁吸力具有最小值，即

$$F_{min} = F_{p1} + F_{p2} - \sqrt{F_{p1}^2 + F_{p2}^2 + 2F_{p1}F_{p2}\cos 2\theta} \tag{9-64}$$

图 9-17b 所示是磁通 ϕ_1、ϕ_2 以及电磁吸力 F、F_1、F_2 随时间变化的曲线。

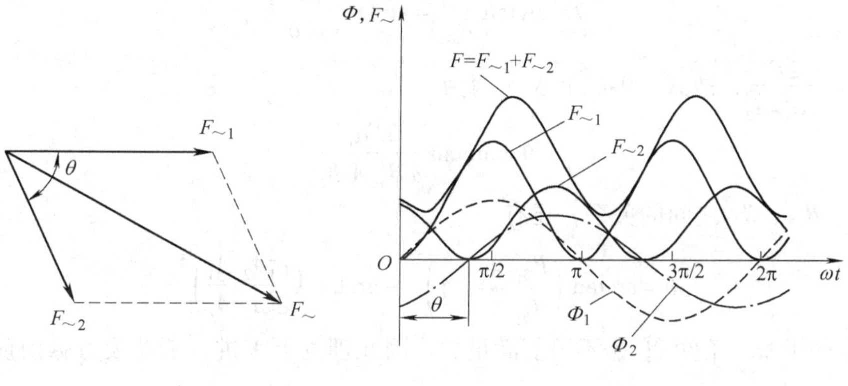

图 9-17　有分磁环时交变力之间的相位关系以及磁通和吸力与时间的关系

9.4.4　分磁环和磁极端面参数的设置

根据以上分析，只要满足条件

$$F_{min} > F_f \tag{9-65}$$

即只要最小电磁吸力大于反作用力，便足以消除衔铁的振动。然而，由式（9-62）可见，合成电磁吸力中仍有交变分量，它使合成吸力有脉动现象。假如要想消除脉动现象，就必须使式（9-62）中的交变分量，也即使式（9-61）等于零。下面分析一下，究竟是否能够做到

$$F_{p1}^2 + F_{p2}^2 + 2F_{p1}F_{p2}\cos 2\theta = 0$$

这只有在同时满足条件：① $F_{p1} = F_{p2}$；② $2\theta = \pi$ 时方有可能。

若满足条件 ①，则有

$$\frac{\Phi_{m1}^2}{4\mu_0 A_1} - \frac{\Phi_{m2}^2}{4\mu_0 A_2}$$

或者

$$\frac{\Phi_{m1}^2}{\Phi_{m2}^2} = \frac{A_1}{A_2}$$

而

$$\Phi_{\mathrm{m1}} = \frac{\sqrt{2}U_{\mathrm{m}}}{R_{\delta 1}}$$

$$\Phi_{\mathrm{m2}} = \frac{\sqrt{2}U_{\mathrm{m}}}{\sqrt{R_{\delta 2}^2 + X_{\mathrm{m2}}^2}}$$

故

$$\frac{A_1}{A_2} = \frac{\Phi_{\mathrm{m1}}^2}{\Phi_{\mathrm{m2}}^2} = \frac{R_{\delta 2}^2 + X_{\mathrm{m2}}^2}{R_{\delta 1}^2}$$

其中 $R_{\delta 1} = \frac{\delta_1}{\mu_0 A_1}$；$R_{\delta 2} = \frac{\delta_2}{\mu_0 A_2}$；$X_{\mathrm{m2}} = \frac{\omega N_{\mathrm{f}}^2}{R_{\mathrm{r}}} = \frac{\omega}{R_{\mathrm{r}}}$。

式中，N_{f} 为分磁环匝数，通常为 1 匝；R_{r} 为分磁环电阻。

由图 9-16c 中的磁阻抗三角形可以看出，有分磁环的磁极端面处两股磁通间的相位差为

$$\theta = \arctan\frac{X_{\mathrm{m2}}}{R_{\delta 2}} = \arctan\frac{\omega\mu_0 A_2}{R_{\mathrm{r}}\delta_2} \tag{9-66}$$

其中，$X_{\mathrm{m2}} = \frac{2P}{\omega B_{\mathrm{m2}}^2 A_2^2}$，故式（9-66）又可写为

$$\theta = \arctan\frac{2P\mu_0}{\omega B_{\mathrm{m2}}^2 A_2 \delta_2} \tag{9-67}$$

考虑到 $R_{\delta 1}$、$R_{\delta 2}$、X_{m2}之间的关系，还有

$$\theta = \arctan\left(\frac{R_{\delta_1}}{R_{\delta_2}}\frac{A_1}{A_2} - 1\right)^{\frac{1}{2}} - \arctan\left(\frac{\delta_1^2 A_2}{\delta_2^2 A_1}\frac{A_1}{A_2}\right)^{\frac{1}{2}} \tag{9-68}$$

显然 θ 不能等于 π，条件 ② 是不可能满足的。因此理论上来讲，衔铁吸力脉动现象是无法消除的。

显然，按式（9-67），欲使 θ 增大，就必须增大 P 或使 A_2 和 δ_2 减小。增大 P（或者减小 R_{r}）意味着分磁环的损耗增大，温升升高，所以要受到限制。至于使 A_2 和 δ_2 减小，也有一定限制。因为 A_2 固定之后，δ_2 就是影响 θ 的关键因素，而在实际使用中，铁心在 δ_2 处的接触不平或尘垢及非磁性物质的聚集，均可使分磁环的作用因 δ_2 增大（意味着 θ 减小）而明显下降。由式（9-68）看来，就两部分气隙而论，使 $\delta_1 > \delta_2$、$A_1 < A_2$ 是有助于 θ 的增大的。但 A_2 比 A_1 大得太多又会导致条件 ① 不满足。因此，使 θ 接近于90°并不妥当。根据经验，一般宜选取 $\theta = 50° \sim 70°$，$A_2 = (2 \sim 3)A_1$，并且采用电阻率小而机械强度高的导体材料制造分磁环。

9.4.5 三相交流电磁系统的吸力

设有图 9-18a 所示三相交流电磁系统，其三个相的线圈分别绕在三个铁心柱上。

当三个相的铁心柱具有相同的几何参数、而且电磁参数又平衡时，三相铁心端面处的电磁吸力为

$$\left.\begin{aligned} F_{\mathrm{A}} &= \frac{\Phi_{\mathrm{m}}^2}{2\mu_0 A}\sin^2\omega t \\ F_{\mathrm{B}} &= \frac{\Phi_{\mathrm{m}}^2}{2\mu_0 A}\sin^2\left(\omega t - \frac{\pi}{3}\right) \\ F_{\mathrm{C}} &= \frac{\Phi_{\mathrm{m}}^2}{2\mu_0 A}\sin^2\left(\omega t - \frac{2\pi}{3}\right) \end{aligned}\right\} \tag{9-69}$$

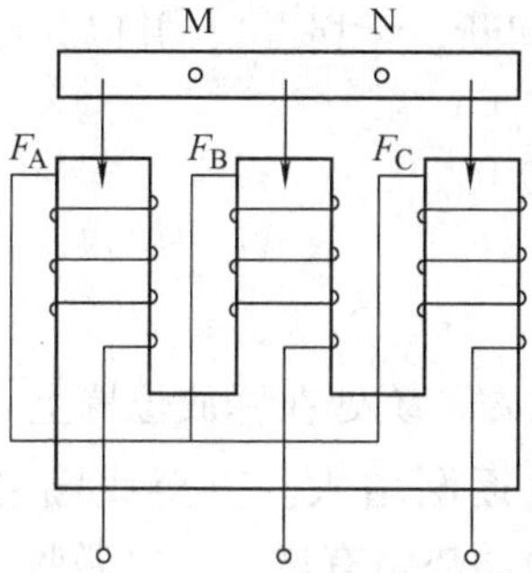

a) 结构示意图

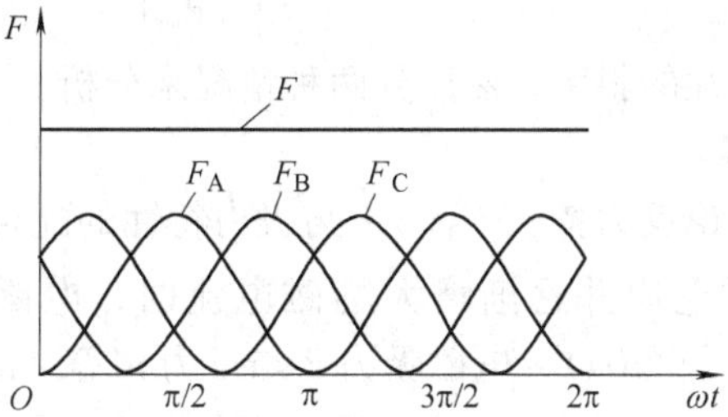

b) 吸力特性

图 9-18　三相交流电磁系统

它们的和为

$$F = F_A + F_B + F_C = \frac{3\Phi_m^2}{4\mu_0 A} \tag{9-70}$$

它不随时间变化，始终为一常数。图 9-18b 即是三个相的电磁吸力及其合力与时间的关系曲线。必须指出，虽然合力数值不随时间变化，但其作用点并非固定不变，而是在衔铁上与相邻两铁心柱正中间相对应的 M、N 两点之间周期性地往返移动。既然三相交流电磁系统的电磁吸力为一恒值，那么，它就无需设置分磁环了。

9.5　静态吸力特性与反力特性的配合

凡含电磁系统的电器，其静态吸力特性与反力特性配合的适当与否，是决定其动态、静态特性指标以及工作性能优劣的主要因素。例如，电网的供电电压有一定的允许波动范围，与此相应，吸力-反力特性配合就应保证电磁系统在电网电压的下限值时能可靠地吸合，不致卡在中间位置上，因为这不仅会破坏电器的正常工作，还有可能导致触点烧损或励磁线圈烧毁（对于交流电磁系统）。吸力-反力特性配合还应保证电磁系统，特别是励磁线圈在电网电压的上限值时不致过热。又如，吸力-反力特性配合不当，还会导致电磁铁和触头发生猛烈的撞击，并因之迅速损坏，尤其是触头更有可能发生严重的电气磨损、甚至发生熔焊。总之，对于继电特性的电器元件，其动作值、释放值以及返回系数乃至其寿命和工作可靠性，无不取决于吸力-反力特性的配合。

长期以来，人们一直是从静态的观点对吸力-反力特性配合提出要求。例如，对继电特性电器元件的要求就是：在动作电压（或电流）下，吸力特性应处处高于反力特性（见图 9-19）；而在释放电压（或电流）下，吸力特性则应处处低于反力特性。显然，采取这种配合方式，在吸合和释放过程中都不会发生中途被卡住的现象。

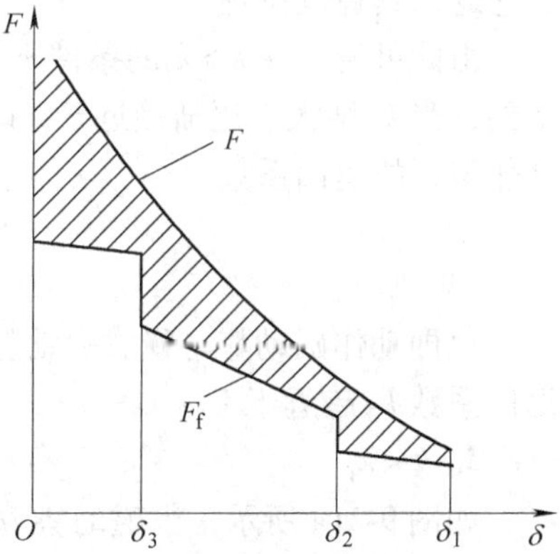

图 9-19　吸力-反力特性的配合

在满足上述要求的基础上，有时还要求吸力特性与反力特性彼此贴近一些或者彼此远离一些，具体视静态性能指标的要求而定。为说明这个问题，下面以图 9-20 所示的简化特性为例进行讨论。假定电磁吸力特性曲线

$F(\delta)$ 和反作用力特性曲线 $F_f(\delta)$ 均为平滑的曲线（无间断、无拐点），并以

$$k = \left|\frac{dF}{d\delta}\right| \quad 和 \quad k_f = \left|\frac{dF_f}{d\delta}\right| \tag{9-71}$$

表示两种特性的斜率，然后分两种情况来分析。

1. $k > k_f$

首先讨论反力特性 $F_{f1}(\delta)$ 与吸力特性的配合。设电磁系统处在释放位置上（$\delta = \delta_{max}$）。当线圈接通电源并逐渐增大励磁电流时，电磁吸力也逐渐增大。直至线圈磁动势达到 $(IN)_4$（见图 9-20a），电磁吸力 2 与反力相等。此后，磁动势略有增大，电磁吸力即能克服反作用力，吸引衔铁并使之运动，而气隙 δ 亦开始减小。由于 $k > k_f$，电磁吸力与反作用力间的差值将一直增大，衔铁也一直运动，直到气隙减小到它的最小值 δ_{min} 为止。此时，衔铁已处在吸合位置上。

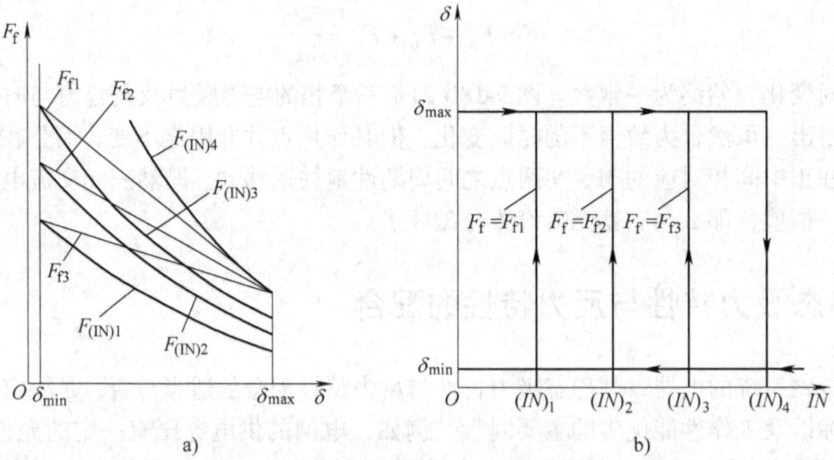

图 9-20 吸力-反力特性配合与继电特性

在吸合位置，衔铁受到的电磁吸力远比它受到的反作用力大。这时，若减小线圈磁动势，衔铁开始仍然维持在吸合位置上。只有当磁动势 $IN < (IN)_1$ 以后，由于反作用力已大于电磁吸力，衔铁才会脱离吸合位置（$\delta = \delta_{min}$）而朝向释放位置（$\delta = \delta_{max}$）运动。同时，由于 $k > k_f$，反力与吸力的差值也随气隙值 δ 的增大而不断增大，故衔铁能不停顿地运动，直到它返回其释放位置。

由此可见，在 $k > k_f$ 的条件下，电磁系统具有继电特性，如图 9-20b 所示。由图上还能看到，当 k_f 增大、逐渐接近于 k 时（如图中的 F_{f2}、F_{f3} 等反力特性），释放值也逐渐接近于动作值，故返回系数

$$k_{fh} = \frac{(IN)_d}{(IN)_s} \tag{9-72}$$

也即动作磁动势与释放磁动势之比，将逐渐接近于 1。在极限情况下，即 k_f 趋近于 k 时，返回系数 k_{fh} 趋近于 1。

2. $k < k_f$

如图 9-21a 所示，当磁动势 $IN = (IN)_1$ 时，吸力特性与反力特性 $F_{f1}(\delta)$ 相交于点 1（对应气隙为 δ_1），若使磁动势增大到 $(IN)_2$，则两特性相交于点 2（对应气隙为 δ_2），依此类

推。在每一交点上，若励磁电流有了波动，例如使工作点向左偏移，则当波动结束后，由于$F_f > F$，δ值将增大，回到原交点处，反之亦然。因此，每一交点皆为电磁系统的稳定工作点。换言之，即当$k < k_f$时，电磁系统具有控制特性（见图 9-21b）。

如果改变k_f，使之逐渐减小（如图中F_{f2}、F_{f3}所示），控制特性的斜率便逐渐增大。在极限情况下，即k_f趋近于k时，控制特性的斜率$d\delta/d(iN)$便趋于无穷大。

近年来，由于技术的发展，人们已渐渐开始从动态观点来要求电器元件，这样，对吸力-反力特性配合就有了新的见解。

从动态特性的角度来看：一方面希望电磁系统动作迅速，这显然要求电磁吸力与反作用力的差值越大越好；另一方面又要求衔铁与铁心（以及动触头与静触头）之间的撞击很轻微，这势必要尽量减小两种力的差值。这样看来两种要求似乎是完全矛盾的。其实不然，因为衔铁的运动时间主要取决于它开始运动不久后的初速度（详见第 11 章），而撞击的强弱则主要决定于运动终了时衔铁具有的动能。这就促使人们想到采取类似图 9-22 所示的特性配合方式：利用两种力在释放位置附近巨大的差值，使衔铁在其运动期间具有很大的加速度，借此缩短运动的时间；再利用两种力在小气隙附近的负差，将衔铁在发生撞击前的动能吸收掉一大部分，从而大幅度地减小撞击能量。

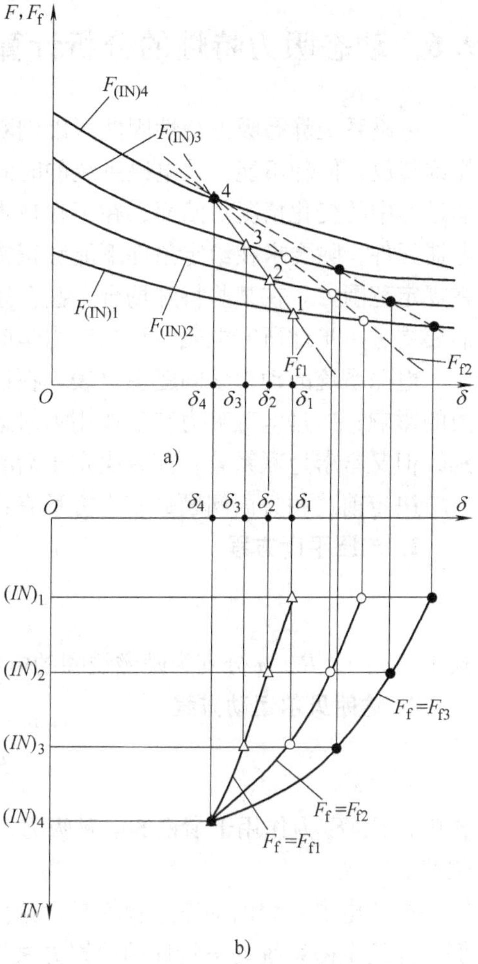

图 9-21　吸力-反力特性配合与控制特性

采取这种配合方式时必须特别注意两个问题：

（1）动作值时的吸力-反力特性负差部分的面积A_2（它代表被吸收的衔铁能量），必须小于正差部分的面积A_1（它代表加速衔铁运动的能量）。否则，衔铁就不可能持续运动到终点。

（2）动作值时的吸力特性在$\delta = \delta_{min}$处必须大于反作用力。否则，衔铁即使能运动到该处，也不可能保持在该处不动。

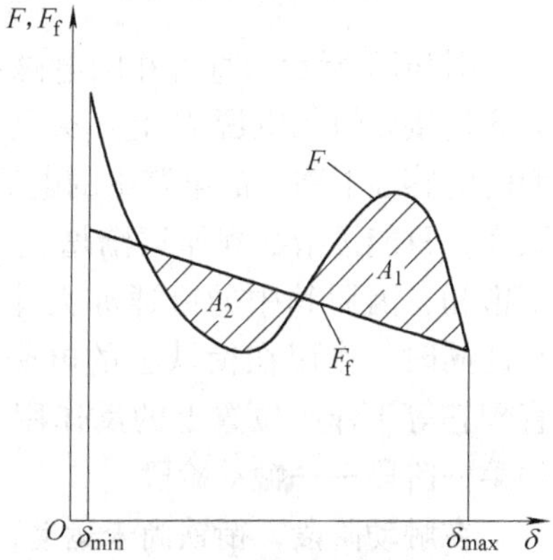

图 9-22　一种合理的吸力-反力特性配合方式

合理的吸力-反力配合，可借助于调整反力特性和吸力特性来实现。具体的调整方法将在后续课程中讨论。

9.6 动态吸力特性的分析计算

电磁系统静态吸力特性固然可以判断电磁系统在一定的励磁电压或电流下能否可靠地动作或释放，但却不能反映电磁系统的时间特性，也即无法反映其电磁参量和机械量在衔铁运动过程中的变化情况。然而，在工程技术方面，对于各种以电磁系统作为感测和驱动部件的电器元件，除要求在给定条件下能够正常动作和释放外，有时还要求其动作时间或释放时间在规定范围内。在某些特殊场合，甚至还要求延缓或加速动作过程或释放过程。这就促使我们要更进一步地研究电磁系统的动力学问题，探讨并掌握其分析计算方法。

电磁系统的动力学问题主要表现在以下两个方面：一是电磁参量对作用于衔铁的电磁吸力的影响；二是电磁吸力和反作用力对运动参数——速度和时间的影响。这两个问题虽有区别，但又紧密地联系着；前者决定了后者，后者反过来又影响前者。

决定前述两方面问题的基本方程有：

1. 电压平衡方程

$$u = iR + \frac{d\psi}{dt} \tag{9-73}$$

式中，u、i、R、ψ 分别为励磁线圈的电压、电流、电阻和磁链。

2. 达朗贝尔运动方程

$$F - F_f = m\frac{d^2x}{dt^2} \tag{9-74}$$

式中，F、F_f 为作用于衔铁的电磁吸力、反作用力；m 为运动部分的归算质量；x 为衔铁的位移。

整个电磁系统的动态过程就是由这两个基本方程所决定的。下面以直流并励电磁系统为例，介绍电磁系统动态特性的计算方法。并在此基础上适当介绍交流并励电磁系统的动力学特点。

9.6.1 直流并励电磁系统的动态特性

图 9-23 所示为直流并励电磁系统，其励磁线圈通过开关 S 连接到恒压电源 U 上。从电路方面来看，这是一个典型的电感性电路，故电路中的电流 i 在开关 S 闭合后并不能跃变，只能按指数规律逐渐增大。由于在释放状态下磁路不饱和，因而其中的磁通亦大体上按指数规律逐渐增大。与此同时，作用在衔铁上的电磁吸力也在由零渐渐增大，直到它等于释放位置上的反作用力为止。这就是吸合过程的第一阶段——触动阶段。

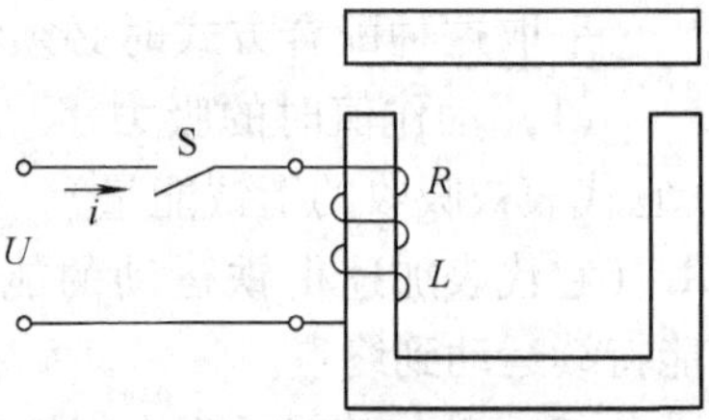

图 9-23　直动式直流并励电磁系统

在触动阶段，衔铁尚未运动，只需从电磁方面来分析。由于磁路不饱和，电压平衡方程即式（9-73）可写成

$$u = iR + \frac{d\psi}{dt} = iR + L\frac{di}{dt} + i\frac{dL}{dt} \tag{9-75}$$

考虑到

$$i\frac{\mathrm{d}L}{\mathrm{d}t}=i\frac{\mathrm{d}L}{\mathrm{d}x}\frac{\mathrm{d}x}{\mathrm{d}t}=iv\frac{\mathrm{d}L}{\mathrm{d}x} \tag{9-76}$$

故

$$u=iR+L\frac{\mathrm{d}i}{\mathrm{d}t}+iv\frac{\mathrm{d}L}{\mathrm{d}x} \tag{9-77}$$

因衔铁在此过程中一直保持不动，其速度 $v=0$，故

$$u=iR+L\frac{\mathrm{d}i}{\mathrm{d}t} \tag{9-78}$$

式中，L 为励磁线圈的电感。

触动过程结束后，由于电磁吸力已大于反作用力，故衔铁开始运动，从而进入电磁系统吸合过程的第二阶段——吸合运动阶段。这时衔铁已有运动速度 v，在线圈中就会产生阻碍电流增大的运动反电动势 $iv\frac{\mathrm{d}L}{\mathrm{d}x}$。最初，速度 v 尚小，运动反电动势在总的反电动势中尚未占主要地位，所以线圈电流继续增大。随着 v 的不断增大，运动反电动势也不断增大。一旦它增至一定的数值，电流便开始减小，以维持电压的平衡。电流减小的速率和幅度由具体参数所决定。当衔铁运动完毕到达吸合位置后，运动反电动势又等于零，而线圈电流又在新的基础上重新增大。

自衔铁运动过程结束后，电磁系统的吸合过程便进入第三阶段。此时，机械运动过程虽已结束，但电磁过渡过程仍在继续，线圈电流和磁通仍在增大，直到它们分别达到各自的稳态值为止。

图9-24所示是吸合过程中线圈电流随时间变化的关系曲线。值得注意的是，在上述三个阶段，电磁系统的电磁状态各不相同，故其电磁时间常数也各不相同。

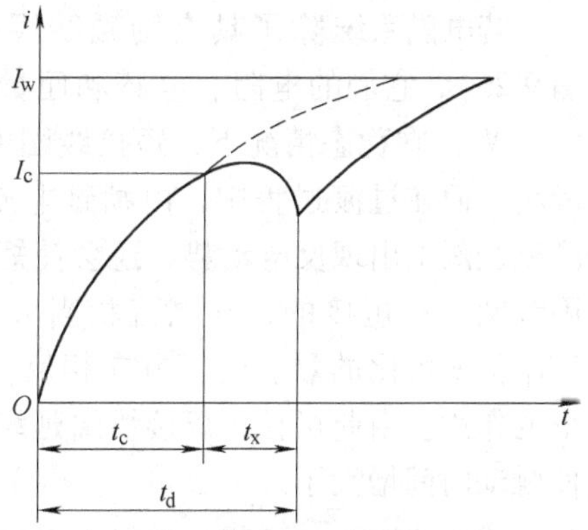

图9-24　吸合过程中线圈电流随时间变化的关系曲线

下面讨论这几个阶段的动态过程计算方法。

1. 触动阶段

即使是同一形式的电磁系统，工作情况也各不相同。有工作于磁化曲线的线性部分，也有工作于非线性部分的；有只备一个励磁线圈的，也有附加二次短接线圈的；有必须采取措施限制涡流的，也有要利用涡流效应的。因此触动阶段的分析计算也应针对这些不同情况进行。

(1) 线性情况下，只有一个励磁线圈，且不计铁心涡流。

在这种场合，式（9-78）的解为

$$i=\frac{U}{R}(1-\mathrm{e}^{-\frac{R}{L}t})=I_w(1-\mathrm{e}^{-\frac{t}{T}}) \tag{9-79}$$

式中，I_w 为励磁线圈电流的稳态值，$I_w=\frac{U}{R}$；T 为线圈的电磁时间常数，$T=\frac{L}{R}$。

触动阶段结束，衔铁即将运动之前，即 $t=t_{cd}$ 时的电流 I_{cd} 称为触动电流，t_{cd} 称为触动时

间，并定义 $K_{cd}=I_w/I_{cd}$为安匝储备系数，解式（9-79），得触动时间为

$$t_{cd}=T\ln\frac{K_{cd}}{K_{cd}-1} \tag{9-80}$$

考虑到在线性情况下，近似地有

$$F=F_f=\frac{1}{2}(I_{cd}N)^2\frac{d\Lambda_\delta}{d\delta} \tag{9-81}$$

故触动电流为

$$I_{cd}=\frac{1}{N}\sqrt{\frac{2F_f}{\frac{d\Lambda_\delta}{d\delta}}} \tag{9-82}$$

将式（9-82）代入式（9-80），即求得触动时间为

$$t_{cd}=T\ln\frac{NU}{NU-R\sqrt{\frac{2F_f}{d\Lambda_\delta/d\delta}}} \tag{9-83}$$

（2）线性情况下，具有励磁线圈和短接线圈，但不计铁心涡流。

若电磁系统除了具有励磁线圈外还有一个短接线圈（见图9-25），它们的电阻、电感和匝数分别为 R_1、L_1、N_1 和 R_{dj}、L_{dj}、N_{dj}。在稳态情况下，短接线圈的存在与否对励磁线圈毫无影响。而在过渡过程中，由励磁电流引起的磁通变化不仅会使励磁线圈1出现反电动势，还会使短接线圈2也出现反电动势。因线圈2是短接的，其电流相当大，以致方向相反的 $i_{dj}N_{dj}$ 与 i_1N_1 仍属可比的量。由于方向相反，故短接线圈起着去磁和阻尼的作用。由此可见，短接线圈延缓了励磁磁动势上升的过程，使触动时间增大了。

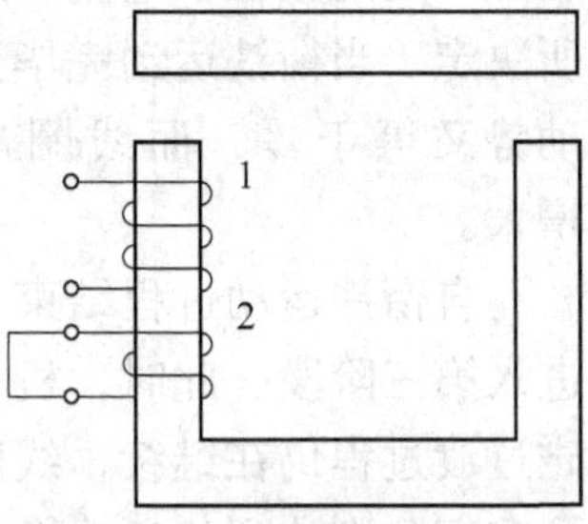

图9-25　带有短接线圈的电磁系统

对于线圈1和线圈2可列出如下的两个微分方程：

$$i_1R_1+L_1\frac{di_1}{dt}+M\frac{di_{dj}}{dt}=u \tag{9-84}$$

$$i_{dj}R_{dj}+L_{dj}\frac{di_{dj}}{dt}+M\frac{di_1}{dt}=0 \tag{9-85}$$

式中，M 为两线圈间的互感。
假定两线圈完全耦合，则有

$$M=\sqrt{L_1L_{dj}} \tag{9-86}$$

联立求解上面的两个微分方程，并且考虑到磁动势方程为

$$iN=i_1N_1+i_{dj}N_{dj} \tag{9-87}$$

即能导出归算到励磁线圈的励磁电流、触动电流和触动时间的表达式如下：

$$i'=I_w(1-e^{-\frac{t}{T_1+T_{cd}}}) \tag{9-88}$$

$$I'_{cd}=I_w(1-e^{-\frac{t_{cd}}{T_1+T_{cd}}}) \tag{9-89}$$

$$t_{cd} = T_1\left(1 + \frac{R_1}{R'_{dj}}\right)\ln\frac{K_{cd}}{K_{cd} - 1} \tag{9-90}$$

式中，I_w 为励磁线圈电流的稳态值，$I_w = \frac{U}{R_1}$；T_1 为励磁线圈的电磁时间常数，$T_1 = \frac{L_1}{R_1}$；T_{cd} 为短接线圈的电磁时间常数，$T_{cd} = \frac{L_{cd}}{R_{cd}} = \frac{L_1}{R'_{dj}}$；$R'_{dj}$为归算到励磁线圈的短接线圈电阻，$R'_{dj} = \left(\frac{N_1}{N_{dj}}\right)^2 R_{dj}$。

由式（9-90）可见，由于短接线圈的存在，电磁系统的触动时间较无短接线圈时增加了 R_1/R'_{dj}倍。因此，可通过增减短接线圈的电阻 R_{dj}调节触动过程的时间。

（3）线性情况下，只有励磁线圈，但考虑铁心涡流的影响。

当磁导体内的磁通发生变化时，其中将产生涡流。它的效应与短接线圈一样，起去磁和阻尼作用。因此，考虑涡流效应的影响时，触动时间的表达式可以写为

$$t_{cd} = T_1\left(1 + \frac{R_1}{R'_e}\right)\ln\frac{K_{tc}}{K_{tc} - 1} \tag{9-91}$$

也即问题将归结为计算涡流的等效电阻 R_e，并将它归算到励磁线圈（R'_e）。

为便于分析起见，假定磁通在铁心内为均匀分布，即不考虑趋肤效应。以圆柱形铁心为例，通常可以认为涡流路径是一系列的同心圆。此时等效涡流电阻可按下式计算：

$$R_e = \frac{8\pi\rho}{l} \tag{9-92}$$

式中，ρ 为铁心材料的电阻率；l 为铁心长度。

将它归算到励磁线圈，有

$$R'_e = \frac{8\pi\rho N_1^2}{l} \tag{9-93}$$

当铁心为长方体时，等效涡流电阻可按照下式计算，即

$$R_e = 16\,\frac{\rho}{l}\left(\frac{a}{b} + \frac{b}{a}\right) \tag{9-94}$$

式中，a 为长方体铁心的长度；b 为长方体铁心的宽度；l 为长方体铁心的厚度。

将它归算到励磁线圈，有

$$R_e = 16\,\frac{\rho}{l}N_1^2\left(\frac{a}{b} + \frac{b}{a}\right) \tag{9-95}$$

（4）非线性情况下，只有励磁线圈，不计铁心涡流。

在这种情况下，按公式（9-73），即

$$u = iR + \frac{d\psi}{dt}$$

整理后得

$$dt = \frac{d\psi}{u - iR} = \frac{1}{R}\frac{d\psi}{I_w - i} \tag{9-96}$$

由于电流与磁链之间的非线性关系，此微分方程难以用解析法求解，为此，可考虑用图解法求解。

当励磁电流由零增大到触动电流时，磁链亦由零增大到 Ψ_{cd}。由式（9-96）有

$$t_{cd} = \frac{1}{R}\int_0^{\Psi_{cd}} \frac{d\psi}{I_w - i} \tag{9-97}$$

为求此积分，可根据图 9-26 进行求解。先在磁路计算的基础上作 $\delta = \delta_{max}$，即衔铁处于释放位置时的 $\psi = f(i)$ 曲线，如图 9-26a 所示，并据此描绘 $\psi = f\left(\frac{1}{I_w - i}\right)$ 曲线（见图 9-26b）。然后，作电磁吸力在 $\delta = \delta_{max}$时与励磁电流的关系曲线 $F = f(i)$，并根据反作用力 F_f 自该曲线上查得触动电流 I_{cd}。最后，根据 I_{cd} 由 $\psi = f(i)$ 曲线上查得触动磁链 Ψ_{cd}，并在 $\psi = f\left(\frac{1}{I_w - i}\right)$曲线上截取由 0 至 Ψ_{cd}之间的面积 A_{oabc}（图 9-26b 中阴影部分）。将此面积乘以比例系数 $1/R$，即得触动时间 t_{cd}。即

$$t_{cd} = \frac{1}{R}A_{oabc} \tag{9-98}$$

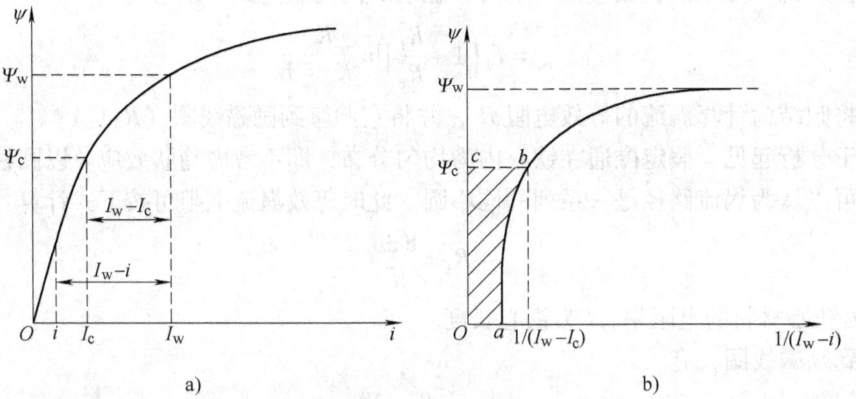

图 9-26 触动时间的图解计算

（5）非线性情况下，具有一个励磁线圈和一个短接线圈，但不计铁心涡流。

这种情况下，两线圈电路的电压平衡方程为

$$u = i_1 R_1 + \frac{d\psi_1}{dt} \tag{9-99}$$

$$0 = i_{dj} R_{dj} + \frac{d\psi_2}{dt} \tag{9-100}$$

若两线圈完全耦合，则通过它们的磁通彼此相等，即

$$\psi_2 = \frac{N_{dj}}{N_1}\psi_1 \tag{9-101}$$

将短接线圈的电流 i_{dj}归算到励磁线圈，得

$$i'_{dj} = \frac{N_2}{N_1}i_1 \tag{9-102}$$

把式（9-101）及式（9-102）代入式（9-99）及式（9-100），联立求解，得励磁电流为

$$i = i_1 + i'_{dj} = I_w - \left(\frac{1}{R_1} + \frac{1}{R'_{dj}}\right)\frac{d\psi_1}{dt} \tag{9-103}$$

由式（9-103）容易导出触动时间的计算公式为

$$t_{cd} = \frac{1}{R_1}(1 + \frac{R_1}{R'_{dj}}) \int_0^{\Psi_{cd}} \frac{d\psi}{I_w - i} \tag{9-104}$$

或

$$t_{cd} = \frac{1}{R_1}(1 + \frac{R_1}{R'_{dj}})A \tag{9-105}$$

式中，A 为由 Ψ_{cd} 和 $\psi = f\left(\frac{1}{I_w - i}\right)$ 曲线确定的面积。

（6）非线性情况下，只有励磁线圈，但考虑铁心涡流的影响。

这种情况下的触动时间计算与线性时相仿。因此，这里不再进行推导，仅将结论列写如下：

$$t_{cd} = \frac{1}{R_1}\left(1 + \frac{R_1}{R'_e}\right)A \tag{9-106}$$

2. 吸合运动阶段

对于直流并励电磁系统，当衔铁开始运动后，就同时存在着电磁参量的变化和运动部件的机械运动，并且二者一直相互影响、相互制约。由于一般的电磁机构在整个运动过程中主要是工作于磁化曲线的线性部分，故此处假定磁路为线性。这一假定给吸合运动时间计算带来的误差并不大，在工程计算中通常可以不作考虑。

在线性情况下，电压平衡方程为

$$u = iR + L\frac{di}{dt} + iv\frac{dL}{dx} = iR + L\frac{di}{dt} + iv L' \tag{9-107}$$

在线性情况下的电磁吸力为

$$F = -\frac{1}{2}i^2\frac{dL}{d\delta} = \frac{1}{2}i^2\frac{dL}{dx} = \frac{1}{2}i^2 L' \tag{9-108}$$

将式（9-108）代入式（9-74），得

$$F_f + m\frac{dv}{dt} = \frac{1}{2}i^2 L' \tag{9-109}$$

式中，$v = \frac{dx}{dt}$。

由于式（9-107）及式（9-109）为变系数微分方程，求解相当困难，则将它们化为差分方程组得

$$\left.\begin{aligned} \Delta v_k &= \frac{\frac{1}{2}i_k^2 L'_k - F_f}{m}\Delta t_k \\ v_{kp} &= (v_{k+1} + v_k)/2 \\ \Delta x_k &= v_{kp}\Delta t_k \\ \Delta i_k &= \frac{u - i_k(R + v_{kp}L'_k)}{L_k}\Delta t_k \end{aligned}\right\} \tag{9-110}$$

解此差分方程组，即得电磁系统的全部动态特性。计算步骤如下：

（1）确定衔铁刚开始运动时（$k=0$）的参量值：$t_0 = 0$、$i_0 = I_{cd}$、$v_0 = 0$、$x = 0(\delta = \delta_{max})$

均为已知。由磁路计算可求出L_0及L_0'，再根据已知的$F_f=f(x)$又可查得F_{f0}。

（2）计算运动速度，先给定Δt_0，求得

$$\Delta v_0=\frac{\frac{1}{2}i_0^2L_0'-F_{f0}}{m}\Delta t_0$$

$$v_{0p}=\frac{1}{2}\ (v_1+v_0)\ =\frac{1}{2}\Delta v_0$$

（3）求衔铁行程，得

$$\Delta x_0=v_{0p}\Delta t_0$$

（4）计算励磁电流，得

$$i_1=i_0+\Delta i_0=I_{cd}+\Delta i_0=I_{cd}+\frac{u-i_0(R+v_{0p}L_0')}{L_0}\Delta t_0$$

依此类推，分别计算$k=1$，2，…，$n-1$时的各项参数。当$k=n-1$时，若Δt_k的值选取得当，就有$\sum_{k=0}^{n-1}\Delta x_k=\delta$；反之，应酌情增减$\Delta t_k$的值，使该等式成立。顺便指出，在计算时可令$\Delta t_k$为常数（一般为毫秒级），这样求得的$\Delta x_k$当然是各段不同的。

3. 释放过程

从切断线圈电源到衔铁开始运动，也即磁链由稳态值Ψ_w减小到释放值Ψ_s，需要经历一段开释时间t_k，它与释放运动时间t_f之和便是电磁系统的全部释放时间t_s。

（1）开释阶段。

释放之前，衔铁是在吸合位置上，此时磁导体一般处于饱和状态，故磁路呈非线性。因此，开释时间（电磁吸力减小到等于反作用力的时间）t_k的计算只需考虑非线性情况。开释阶段计算中应用的材料特性是以其原工作点为顶点的磁滞回线的去磁段。另外，为方便起见，还应假设触头间隙的燃弧时间为零。

若电磁机构中只有一个励磁线圈，并且不计铁心涡流的阻尼作用，则切断励磁线圈电路后，磁链几乎是瞬时地减小到释放值Ψ_s，故开释时间t_k接近于零。实际上，开释时间甚至比触头间隙电弧的燃炽时间还要小些。

若电磁机构中有一励磁线圈和一短接线圈，但不计涡流作用，短接线圈的电压平衡方程为

$$i_{dj}R_{dj}+\frac{d\psi_{dj}}{dt}=0 \tag{9-111}$$

但计算中容易得到的是$\psi_1=f(i_1)$，故可按照两线圈的励磁磁动势相等（$i_1N_1=i_{dj}N_{dj}$）和磁通相等（$\psi_1/N_1=\psi_{dj}/N_{dj}$）将短接线圈电流和磁链皆向励磁线圈归算。解此微分方程，并将已知条件代入，得

$$t_k=-\frac{1}{R_{dj}'}\int_{\Psi_w}^{\Psi_k}\frac{d\psi_1}{i_1} \tag{9-112}$$

图解积分法求解上述开释时间的具体步骤如下：首先要应用去磁曲线求出$x=x_{max}$（$\delta=\delta_{min}=0$）时的$\psi_1=f(i_1)$曲线（见图9-27a），然后，据此曲线作$\psi_1=f(1/i_1)$曲线。最后，在后一曲线的基础上以图解积分法求t_k。

在开释阶段初始时刻，电磁吸力有最大值，即

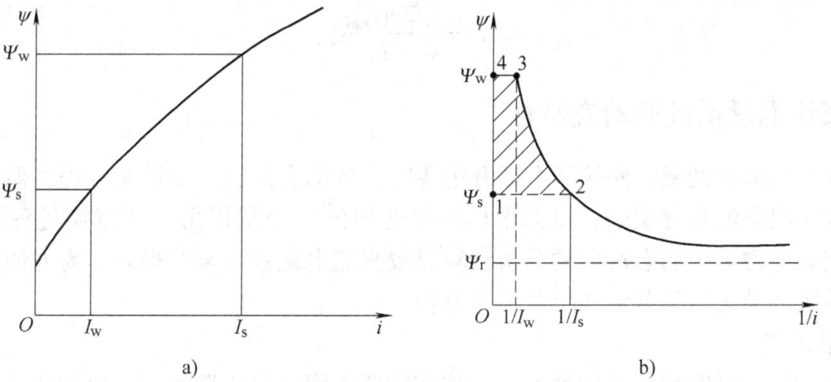

图 9-27 去磁曲线以及有励磁线圈和短接线圈时的开释时间计算

$$F = F_{\max} = \frac{1}{2}\frac{\Psi_s^2}{\mu_0 N_1^2 A} \tag{9-113}$$

令它与吸合位置上的反作用力相等，则得释放时的磁链为

$$\Psi_s = N_1\sqrt{2\mu_0 A F_f} \tag{9-114}$$

于是便可根据 Ψ_s 值通过图解积分求出图 9-27b 中阴影部分的面积 A_{1234}。此面积与式（9-112）中的积分项相当。因此，开释时间为

$$t_k = \frac{A_{1234}}{R'_{dj}} \tag{9-115}$$

当电磁机构中存在短接线圈，且考虑涡流效应时，开释时间为

$$t_k = -\left(\frac{1}{R'_{dj}} + \frac{1}{R'_e}\right)\int_{\Psi_w}^{\Psi_s}\frac{d\psi_1}{di} = -\left(\frac{1}{R'_{dj}} + \frac{1}{R'_e}\right)A_{1234} \tag{9-116}$$

式中，R'_e 为归算到励磁线圈的涡流电阻。

（2）返回运动阶段。

衔铁开始返回运动后，作用于它的有剩磁产生的电磁吸力、涡流产生的电磁吸力以及作用于它的反作用力。这就使返回运动时间 t_f 的计算变得相当复杂。此处只考虑不计电磁吸力、且反作用力为恒值时的返回时间计算。

这种情况下，运动方程为

$$F_f = m\frac{dv}{dt} \tag{9-117}$$

积分求解得

$$\frac{m}{F_f}v = \frac{m}{F_f}\frac{dx}{dt} = t + C_1$$

$$\frac{m}{F_f}x = \frac{1}{2}t^2 + C_1 t + C_2$$

由于返回运动初始时刻，衔铁运动速度为零，位移为零，故有 $C_1 = C_2 = 0$。这样有

$$\frac{m}{F_f}x = \frac{1}{2}t^2 \tag{9-118}$$

当返回运动过程结束时，衔铁位移达到最大值。根据上述两个条件可得

$$t_f = \sqrt{\frac{2mx_{max}}{F_f}} \tag{9-119}$$

9.6.2 交流电磁系统的动态特性

交流电磁机构的励磁线圈接通和断开电源时，也都会经历一个过渡过程。但交流电磁系统的励磁电压或电流是交变的；电源电压的接通相位（合闸相角）于过渡过程亦有较大影响。所以交流电磁系统动态过程的分析计算要较直流电磁系统复杂得多。为方便起见，仍将交流电磁系统的动态过程分为四个阶段来分析。

1. 触动阶段

在这个阶段内磁路往往是线性的。假如在励磁线圈（其电阻为 R、电感为 L）接通电源时，线圈电压是按正弦规律随时间变化，即

$$u = U_m \sin(\omega t + \theta) \tag{9-120}$$

式中，U_m 为励磁线圈电压的幅值；θ 为电压的接通相位，亦称初相位；ω 为电源的角频率。则线圈回路的微分方程为

$$U_m \sin(\omega t + \theta) = iR + \frac{L\mathrm{d}i}{\mathrm{d}t} \tag{9-121}$$

励磁线圈的电流包含强制分量和自由分量两部分，强制分量也称周期分量或者稳态分量，自由分量也称非周期分量或者暂态分量。即

$$i = i' + i'' \tag{9-122}$$

式中，i'为线圈电流的强制分量；i''为线圈电流的自由分量。
其中

$$i' = \frac{U_m}{|Z|} \sin(\omega t + \theta - \varphi) \tag{9-123}$$

式中，Z 为线圈的阻抗值，$Z = \sqrt{R^2 + (\omega L)^2}$；$\varphi$ 为线圈的稳态电流滞后于其电压的相位角，$\varphi = \arctan \frac{\omega L}{R}$。

自由分量是一个以电磁时间常数 $T = \frac{L}{R}$而随时间按指数规律衰减的量，其量值为

$$i'' = -\frac{U_m}{|Z|} \sin(\theta - \varphi) e^{-\frac{t}{T}} \tag{9-124}$$

于是，在触动阶段，线圈电流为

$$i = i' + i'' = \frac{U_m}{|Z|} [\sin(\omega t + \theta - \varphi) - \sin(\theta - \varphi) e^{-\frac{t}{T}}] \tag{9-125}$$

在触动阶段结束时，$t = t_{cd}$，故线圈电流为

$$i_{cd} = \frac{U_m}{|Z|} [\sin(\omega t_{cd} + \theta - \varphi) - \sin(\theta - \varphi) e^{-\frac{t_{cd}}{T}}] \tag{9-126}$$

由此可见，根据反作用力确定触动电流 i_{cd}后，触动时间 t_{cd}在很大程度上取决于合闸相角 θ。交流电磁机构的触动时间与合闸相角的关系如图 9-28 所示。

当 $\theta = \varphi$，即当合闸相角等于线圈的阻抗角时（见图 9-28a），励磁电流的自由分量不存在，线圈一接通电源便进入稳定状态。根据式（9-126），触动电流为

$$i_{cd}=\frac{U_m}{|Z|}\sin(\omega t_{cd}) \qquad (9\text{-}127)$$

由此解得触动时间为

$$t_{cd}=\frac{1}{\omega}\arcsin\frac{i_{cd}Z}{U_m} \qquad (9\text{-}128)$$

通常，触动电流 i_{cd} 总是小于线圈电流的幅值 $\frac{U_m}{|Z|}$，而 $\sin\frac{i_c|Z|}{U_m}$ 也应当是大于零、小于 1 的。因此，触动时间为

$$t_c<\frac{1}{4f}=\frac{T}{4} \qquad (9\text{-}129)$$

当 $\varphi<\theta<(\pi+\varphi)$ 时，线圈电流的强制分量 i' 具有正的初始值，而自由分量 i'' 则具有负的初始值。在第一个 1/4 周期内，总电流 i 比 $\theta=\varphi$ 时的小，故触动时间有所增大。但一般在第一个半周期内，i 的波峰有可能达到触动电流值 i_{cd}，因而触动时间 t_{cd} 小于半个周期。假若在第一个半周内 i 的波峰仍达不到 i_{cd}，则要到第二个半周内、两分量 i' 与 i'' 的方向一致时，i 的波峰方有可能达到 i_{cd}。此时，触动时间最长，但一般也不至于超过半个周期。

当 $\theta>\pi+\varphi$ 时，励磁电流的强制分量具有负的初始值，而自由分量具有正的初始值。因此，其过程恰与前一种条件下的相反，触动时间 t_{cd} 仍然不至于超过半个周期。

由上述分析可知：交流电磁系统的触动时间不仅与触动电流（磁链）有关，还与合闸相角有关；交流电磁系统触动时间的最小值在 1/4 的电源周期之内，最大值不超过半个电源周期，这要比同容量直流电磁系统的小得多；线圈回路的电感值对交流电磁系统触动时间的影响较小，而对直流电磁系统触动时间的影响就大得多。

2. 吸合运动阶段

交流电磁系统的吸合运动过程计算

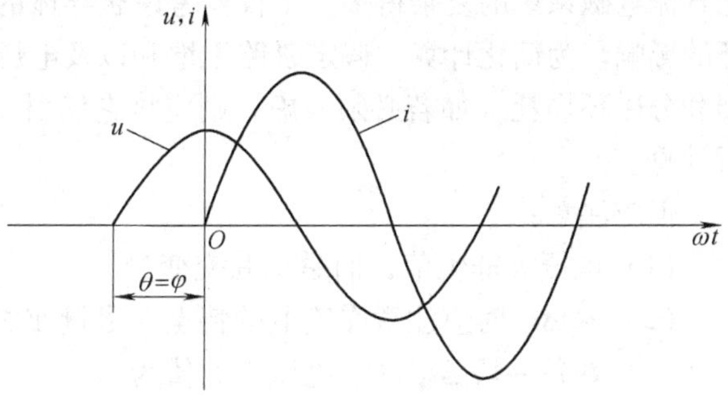

a) $\theta=\varphi$

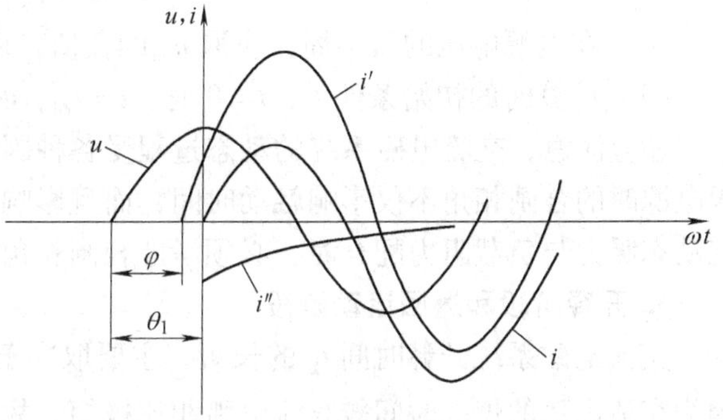

b) $\varphi<\theta_1<\theta_2$

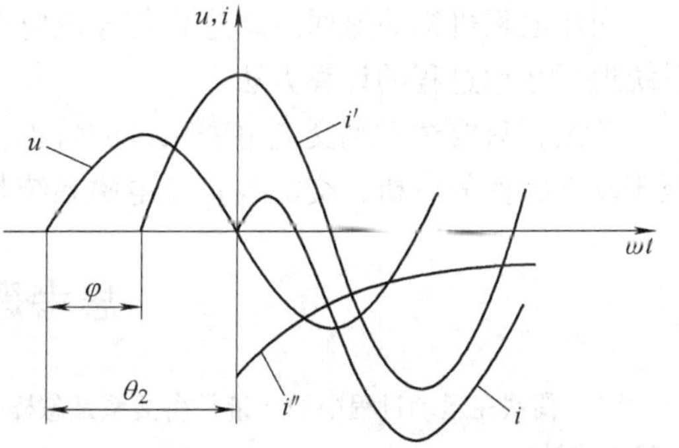

c) $\theta_1<\theta_2<(\pi+\varphi)$

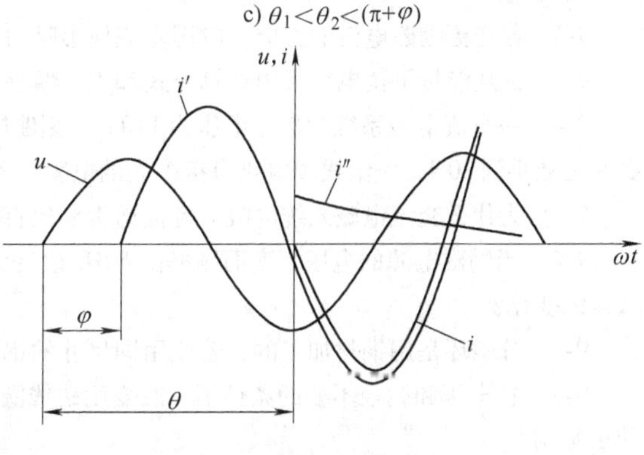

d) $\theta>\pi+\varphi$

图 9-28　交流电磁机构的触动时间与合闸相角的关系

比直流电磁系统的复杂得多。不仅要考虑磁导体的磁滞损耗和涡流损耗，而且还要考虑分磁环的影响。为简化计算，假定磁路不饱和以及电压是按正弦规律随时间变化，并且不考虑铁损和分磁环损耗（如若必须考虑，则应将它们引入原始方程中），则可看做直流电磁系统进行计算。

但应注意：

（1）电压 u 非恒值，而是正弦交变量。

（2）取 Δt_k 时应注意交流电的特点，尽量使之为电源周期的等分数。

（3）在每一段 Δt_k 内，电压平均值为

$$u_{kp} = (u_k + u_{k+1})/2 \tag{9-130}$$

（4）在电源电压的负半周，应取 u_{kp} 的负值，而不必改变原来的公式。

（5）计算时的初始条件为：$t=0$ 时，$i=I_{cd}$，$\psi=\psi_{cd}$，$u=U_m\sin\theta$。

还应注意，交流电磁系统的动态过程受各种因素影响的情况比较复杂，其中励磁线圈投入电源时的合闸相角不仅影响触动时间，而且影响电磁吸力瞬时值和运动速度瞬时值。在研究动态吸力与负载阻力配合时，必须考虑合闸相角对动态特性的影响。

3. 开释阶段和返回运动阶段

交流电磁系统开释时间 t_k 的长短，主要取决于励磁线圈电路分断之后电弧的熄灭时间。因为交流电弧的熄灭时间较直流电弧相比极短，故当不计磁滞、涡流及分磁环的影响时，可认为 $t_k=0$。

交流电磁机构的返回运动过程与直流电磁系统没什么差别，故其计算可以采用直流电磁系统返回运动过程的计算方法。

总之，只要注意到交流电磁系统的特点，即可应用直流电磁系统动态特性的计算方法，至于动态特性的分析，交流与直流电磁系统是有较大不同的。

思考题与习题

9-1 衔铁在运动过程中的能量平衡关系是怎样的？当衔铁已到达其吸合位置后，电磁系统是否仍从电源吸取能量？

9-2 若变更励磁电流的方向，应用麦克斯韦吸力公式求得的电磁吸力是否要改变方向？

9-3 试述能量平衡电感吸力计算公式和麦克斯韦电磁吸力计算公式的适用范围。

9-4 一直流电磁系统的额定电压为110V、线圈电阻为1100Ω，它在释放位置上的电磁吸力为40N，若要使之减小到20N，应给线圈电路串接多大的电阻？若不串电阻而改变电压可以吗？

9-5 为什么交流电磁系统的吸力特性通常要比直流的平坦些？

9-6 当励磁电源的电压不变而频率由50Hz改变为60Hz时，交流电磁系统的磁动势和电磁吸力将有什么样的变化？

9-7 分磁环是用铜材加工的，若改用同尺寸的铝材和铁磁材料将会怎么样？

9-8 在电压和线径不变的条件下，改变励磁线圈的匝数，对直流电磁系统和交流电磁系统，各将产生什么影响？

9-9 将交流电磁系统的励磁线圈误接到额定电压相同的直流电源上，或是将直流电磁系统励磁线圈接到额定电压的交流电源上其后果将如何？

9-10 设交流电磁系统的几何尺寸如图9-29所示，试在中间气隙磁通为 $\phi_{\delta 1}=3\times10^{-4}\,\mathrm{Wb}$ 的条件下，

计算作用于衔铁上的电磁吸力。

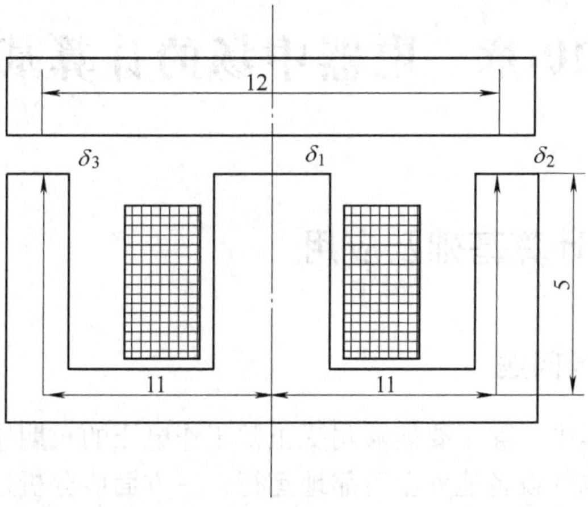

图 9-29　习题 9-10 图

9-11　试分析影响电磁系统动作时间的各项因素。

9-12　试根据线圈电流在衔铁运动过程中的变化曲线，分析磁通的变化规律，并作相应的曲线。

9-13　若在直流电磁系统的铁心柱上套一个短路线圈，其触动时间和开释时间会怎样变化？

9-14　若以铜质及铝质套筒取代题 9-13 中的短路线圈，结果将如何？

9-15　直流过电流继电器线圈串接在被保护主电路内，问它的触动时间与运动时间如何计算？

第 10 章　电器中场的计算基础

10.1　电器中电场计算基础及应用

10.1.1　电器中的电场问题

电气设备在运行过程中，除了要能够耐受正常工作电压的长期作用以外，还必须能耐受过电压的作用。为确保电气设备能安全可靠地运行，一方面应分析过电压的幅值、波形等参数，采取有效措施降低或限制作用于设备的过电压；另一方面应设法保证及提高绝缘结构的耐受电压。绝缘故障是高压电器运行中发生事故的首要原因。绝缘故障起因于绝缘中某处的电场强度超过了该处绝缘介质能够承受的极限值，发生了电的击穿或放电现象。电场计算是高压电器设计中的重要内容之一，一个合理的高压电器设计，不仅要求最大电场强度低于相应介质的介电强度，而且要求电场分布尽可能均匀。

在高压电器中导体的附近，存在较高的电场强度，因而对其绝缘介质提出了较高的要求，例如导体引线的绝缘套管，导体相间和对地绝缘等。正确而合理地选择绝缘介质的材料、尺寸和形状，高压电器中相间距离和对地距离的确定，都决定于最大电场强度的计算。对于高压断路器，触头断口附近的电场计算更具有实际意义，触头断口间的电场不仅决定了触头开距的大小，而且对灭弧过程也有重要的影响。

工频交流电气设备中，不同电位导体间的电位差随时间的变化比较缓慢，导体间距离远小于相应电磁场的波长，所以在任一瞬间工频交流电气设备中的电场可近似视作静电场。静电场的计算分为解析计算和数值计算两大类。解析计算适用于电极和介质形状比较简单的电场，以及某些形状稍微复杂结构的近似计算。数值计算则可解决边界条件复杂的电场问题。随着计算机技术的发展，数值计算的应用日益广泛。

电器中静电场的基本方程是拉普拉斯方程或泊松方程，主要场变量函数为标量电位 φ，选择适当的求解区域，代入边界条件，即可用有限元方法解出电位 φ 的离散值。第一类边界上的电位值是给定的，触头表面为等位面。若触头间电压为 U，取某一触头电位为零，则另一触头表面的电位为 $100\% U$。气体介质边界上的电位通常可以用导电纸上恒流场模拟静电场的方法或其他方法定出。正确地确定边界值是准确求解电场问题的关键之一。

对于电场计算，介质系数 ε 通常是常数，不随场强而改变，因此静电场是线性场。首先由变分方法或加权余量法给出泊松方程的有限元离散通式，然后给出各种空间单元的特征式，最后进行代数方程合成和边界条件处理并求解方程，这就是静电场问题的有限元求解过程。

10.1.2　泊松方程的有限元离散格式

当三维静电场场域中没有电荷存在时，电位移矢量 $\boldsymbol{D}$ 的散度为零，即

$$\nabla \cdot \boldsymbol{D}=0 \tag{10-1}$$

由 Maxwell 方程，电场强度矢量 $\boldsymbol{E}$ 的旋度为

$$\nabla \times \boldsymbol{E}=0 \tag{10-2}$$

$\boldsymbol{E}$ 为无旋场，存在标量电位 φ（x，y，z），满足

$$\boldsymbol{E}=-\nabla\varphi \tag{10-3}$$

电位移矢量 $\boldsymbol{D}$ 与电场强度矢量 $\boldsymbol{E}$ 的关系为

$$\boldsymbol{D}=\varepsilon\boldsymbol{E} \tag{10-4}$$

式中，ε 为介质的介电常数。

由式（10-1）、式（10-3）和式（10-4）得无电荷存在时静电场的基本方程为拉普拉斯方程，即

$$\nabla \cdot \varepsilon \nabla\varphi=0 \tag{10-5}$$

当三维静电场场域存在电荷密度 $\rho(x, y, z)$ 时，电位移矢量 $\boldsymbol{D}$ 的散度为

$$\nabla \cdot \boldsymbol{D}=\rho \tag{10-6}$$

式中，ρ 为电荷密度。

由式（10-3）、式（10-4）和式（10-6）得静电场的基本方程为泊松方程，即

$$\nabla \cdot \varepsilon \nabla\varphi=-\rho \tag{10-7}$$

式（10-5）是式（10-7）当 $\rho=0$ 时的特例。

假设 Ω 为静电场场域，场域边界由 Γ_1 和 Γ_2 组成，在大多数情况下，静电场问题的边界条件为

$$\Gamma_1: \quad \varphi=\varphi_0$$

$$\Gamma_2: \quad \frac{\partial\varphi}{\partial n}=0$$

因此静电场泊松方程边值问题的一般形式为

$$\left.\begin{aligned} \Omega: &\quad \nabla \cdot \varepsilon \nabla\varphi=-\rho \\ \Gamma_1: &\quad \varphi=\varphi_0 \\ \Gamma_2: &\quad \frac{\partial\varphi}{\partial n}=0 \end{aligned}\right\} \tag{10-8}$$

式中，φ_0 为边界 Γ_1 上给定的函数分布；n 为边界的外法向分量。

采用变分方法离散，式（10-8）可转化为等价的条件变分问题，即

$$\left.\begin{aligned} \Omega: &\quad \min \quad I(\varphi)=\int_\Omega \frac{1}{2}\varepsilon(\nabla\varphi)^2\mathrm{d}\Omega-\int_\Omega \rho\varphi\mathrm{d}\Omega \\ \Gamma_1: &\quad \varphi=\varphi_0 \end{aligned}\right\} \tag{10-9}$$

将标量位函数 φ 用基函数 N_i 和节点函数值 φ_i 展开，即

$$\hat{\varphi}=\sum_{i=1}^{n}\varphi_i N_i \tag{10-10}$$

式中，n 为求解区域中节点的总数。

将式（10-10）代入式（10-9）中，令 I（$\hat{\varphi}$）对每一变量 φ_i 的偏导数为零，得

$$\frac{\partial I}{\partial\varphi_i}=\sum_{j=1}^{n}\varphi_j\int_\Omega \varepsilon \nabla N_i \cdot \nabla N_j\mathrm{d}\Omega-\int_\Omega \rho N_i\mathrm{d}\Omega=0 \tag{10-11}$$

或写成

$$\sum_{j=1}^{n} S_{ij}\varphi_j = F_i \quad (i = 1,\ 2,\ \cdots,\ n) \tag{10-12}$$

式中，$S_{ij} = \int_{\Omega} \varepsilon\, \nabla N_i \cdot \nabla N_j \mathrm{d}\Omega$；$F_i = \int_{\Omega} \rho N_i \mathrm{d}\Omega$。

则得 n 阶联立代数方程组，写成矩阵形式为

$$\begin{pmatrix} S_{11} & S_{12} & \cdots & S_{1n} \\ S_{21} & S_{22} & \cdots & S_{2n} \\ \vdots & \vdots & & \vdots \\ S_{n1} & S_{n2} & \cdots & S_{nn} \end{pmatrix} \begin{pmatrix} \varphi_1 \\ \varphi_2 \\ \vdots \\ \varphi_n \end{pmatrix} = \begin{pmatrix} F_1 \\ F_2 \\ \vdots \\ F_n \end{pmatrix} \tag{10-13}$$

或

$$\boldsymbol{S\Phi} = \boldsymbol{F}$$

式中，$\boldsymbol{S}$ 为系数矩阵，$\boldsymbol{S} = [S_{ij}]$　$i,\ j = 1,\ 2,\ \cdots,\ n$；$\boldsymbol{F}$ 为右端项列阵，$\boldsymbol{F} = [F_1 \quad F_2 \quad \cdots \quad F_n]^{\mathrm{T}}$；$\boldsymbol{\Phi}$ 为待求解节点函数值的列阵，$\boldsymbol{\Phi} = [\varphi_1 \quad \varphi_2 \quad \cdots \quad \varphi_n]^{\mathrm{T}}$。

有限元集合方程由单元上的导数式集合而成，即

$$\frac{\partial I}{\partial \varphi_i} = \sum_{e=1}^{e_0} \frac{\partial I^e}{\partial \varphi_i} = 0 \qquad (i = 1,2,\cdots,n) \tag{10-14}$$

式中，e_0 为单元总数。

将求解场域剖分成有限数量的单元，进行单元分析。设每一单元有 k 个节点，则任一单元内的位函数为

$$\hat{\varphi}^e = \sum_{i=1}^{k} N_i^e \varphi_i^e = [N_1^e \quad N_2^e \quad \cdots \quad N_k^e] \begin{pmatrix} \varphi_1^e \\ \varphi_2^e \\ \vdots \\ \varphi_k^e \end{pmatrix} \tag{10-15}$$

式中，N_i^e、φ_i^e 分别为单元 e 上第 i 个节点的基函数和位函数。

泛函 $I^e(\hat{\varphi}^e)$ 对 φ_i^e 的导数为

$$\begin{aligned} \frac{\partial I^e}{\partial \varphi_i^e} &= \sum_{j=1}^{k} \varphi_j^e \int_{\Omega^e} \varepsilon\, \nabla N_i^e \cdot \nabla N_j^e \mathrm{d}\Omega - \int_{\Omega^e} \rho N_i^e \mathrm{d}\Omega \\ &= \sum_{j=1}^{k} (S_{ij}^e \varphi_j^e) - F_i \qquad (i = 1,2,\cdots,k) \end{aligned} \tag{10-16}$$

其中

$$S_{ij}^e = \int_{\Omega^e} \varepsilon\, \nabla N_i^e \cdot \nabla N_j^e \mathrm{d}\Omega \tag{10-17}$$

$$F_i^e = \int_{\Omega^e} \rho N_i^e \mathrm{d}\Omega \tag{10-18}$$

式中，Ω^e 为单元 e 的体积。

将单元特征式写成矩阵形式，即

$$\begin{pmatrix} \dfrac{\partial I^e}{\partial \varphi_1^e} \\ \dfrac{\partial I^e}{\partial \varphi_2^e} \\ \vdots \\ \dfrac{\partial I^e}{\partial \varphi_k^e} \end{pmatrix} = \begin{pmatrix} S_{11}^e & S_{12}^e & \cdots & S_{1k}^e \\ S_{21}^e & S_{22}^e & \cdots & S_{2k}^e \\ \vdots & \vdots & & \vdots \\ S_{k1}^e & S_{k2}^e & \cdots & S_{kk}^e \end{pmatrix} \begin{pmatrix} \varphi_1^e \\ \varphi_2^e \\ \vdots \\ \varphi_k^e \end{pmatrix} - \begin{pmatrix} F_1^e \\ F_2^e \\ \vdots \\ F_k^e \end{pmatrix} \tag{10-19}$$

或

$$\left(\frac{\partial I^e}{\partial \varphi_i^e}\right) = \boldsymbol{S}^e\ \boldsymbol{\Phi}^e - \boldsymbol{F}^e$$

式中，$\boldsymbol{S}^e$ 为单元 e 的系数矩阵，$\boldsymbol{S}^e = [S_{ij}^e]$，其元素 S_{ij}^e 按式（10-17）计算；$\boldsymbol{F}^e$ 为单元 e 的右端项列阵，$\boldsymbol{F}^e = [F_1^e,\ F_2^e,\ \cdots,\ F_k^e]^{\mathrm{T}}$，其元素 F_i^e 按式（10-18）计算。

将所有单元均按式（10-16）求出泛函 I^e 对每一节点 φ_i^e 的导数式。由于在节点处待求函数值 φ_i 是连续的，在单元导数式的计算中，下标 i、j 均应以实际单元节点的编号表示。然后将单元导数式代入式（10-14），即可得 n 阶集合代数方程组，就是前面所讲的式（10-12），即

$$\sum_{j=1}^{n} S_{ij}\varphi_j = F_i \qquad (i = 1,2,\cdots,n)$$

或

$$\boldsymbol{S\Phi} = \boldsymbol{F}$$

式中，整体系数矩阵 $\boldsymbol{S} = [S_{ij}]$ 由单元系数矩阵集合而成，即

$$S_{ij} = \sum_{e=1}^{e_0} S_{ij}^e = \sum_{e=1}^{e_0} \int_{\Omega^e} \varepsilon\ \nabla N_i^e \cdot \nabla N_j^e \mathrm{d}\Omega$$

整体右端项列阵 $\boldsymbol{F} = [F_1,\ F_2,\ \cdots,\ F_n]^{\mathrm{T}}$ 也由单元列阵集合而成，即

$$F_i = \sum_{e=1}^{e_0} F_i^e = \sum_{e=1}^{e_0} \int_{\Omega^e} \rho N_i^e \mathrm{d}\Omega$$

采用加权余量法离散也可得到相同的离散格式。

将泊松方程边值问题写成通式为

$$\left.\begin{array}{ll} \Omega: & \nabla \cdot \beta \nabla u = -f \\ \Gamma_1: & u = u_0 \\ \Gamma_2: & \dfrac{\partial u}{\partial n} = 0 \end{array}\right\} \tag{10-20}$$

采用变分方法或加权余量法作离散化处理，最后可得出有限元离散方程为一代数方程组，其通式为

$$\boldsymbol{SU} = \boldsymbol{F} \tag{10-21}$$

系数矩阵 $\boldsymbol{S} = [S_{ij}]$ 可由各单元体的相应项叠加而形成，即 $S_{ij} = \sum_{e=1}^{e_0} S_{ij}^e$，单元 e 对整体系数矩阵的贡献为

$$S_{ij}^e = \int_{\Omega^e} \beta^e\ \nabla N_i^e \cdot \nabla N_j^e \mathrm{d}\Omega \tag{10-22}$$

式中，i、j 代表单元 e 中所有节点的局部编号；β^e 为单元 e 中的介质系数，在离散后的单元中，常把它当做常数处理。

右端项列阵 $\boldsymbol{F}$ 也由各单元体的相应项叠加而成，$\boldsymbol{F}_i = \sum_{e=1}^{e_0} F_i^e$，单元 e 对整体右端项列阵的贡献为

$$F_i^e = \int_{\Omega^e} N_i^e f \mathrm{d}\Omega \tag{10-23}$$

因此，只需进行单元分析，得出各种类型单元体的离散式 S_{ij}^e 和 F_i^e，就可得到矩阵方程式（10-21）。

10.1.3 空间单元分析

对于三维场的有限元分析，通常采用的单元类型主要有四面体单元、三棱柱单元和六面体单元，这里以四面体单元为例进行分析。

如图 10-1 所示，采用四面体单元对三维场的定义域 Ω 进行离散，把求解的全域看成是若干个四面体单元的集合。

设场变量模型为

$$\hat{u}^e(x,y,z) = a + bx + cy + dz \tag{10-24}$$

四面体的四个顶点分别用 K、M、N、L 表示，为了使四面体的体积计算值大于零，K、M、N、L 必须按照一定的规律排列。在右手坐标系中按 KMN 转动时走向 L 的方向前进，$KMNL$ 的顺序按右手螺旋法则排列。

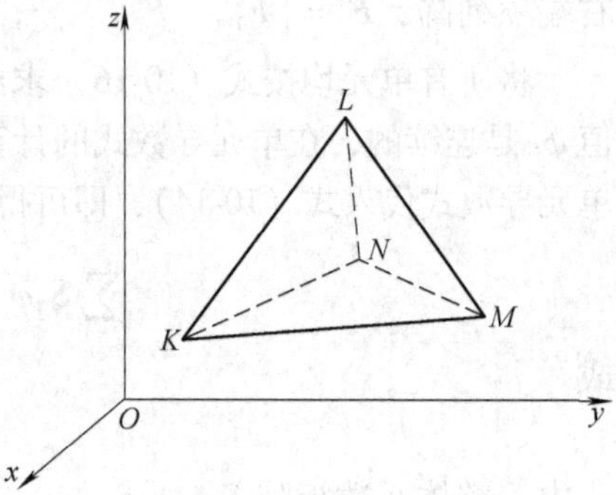

图 10-1 四面体单元

单元的四个顶点的坐标分别为（x_K，y_K，z_K），（x_M，y_M，z_M），（x_N，y_N，z_N），（x_L，y_L，z_L）。

对于四面体单元的每个顶点，可以按式（10-24）列出位函数方程组，即

$$\begin{cases} u_K = a + bx_K + cy_K + dz_K \\ u_M = a + bx_M + cy_M + dz_M \\ u_N = a + bx_N + cy_N + dz_N \\ u_L = a + bx_L + cy_L + dz_L \end{cases} \tag{10-25}$$

求解方程组（10-25），可以用 u_j、x_j、y_j、z_j 来表达 a、b、c、d 四个参量，其中下标 j 从 K 取至 L。由克莱姆法则得

$$a = \frac{\begin{vmatrix} u_K & x_K & y_K & z_K \\ u_M & x_M & y_M & z_M \\ u_N & x_N & y_N & z_N \\ u_L & x_L & y_L & z_L \end{vmatrix}}{\begin{vmatrix} 1 & x_K & y_K & z_K \\ 1 & x_M & y_M & z_M \\ 1 & x_N & y_N & z_N \\ 1 & x_L & y_L & z_L \end{vmatrix}}$$

$$= \frac{u_K\begin{vmatrix} x_M & y_M & z_M \\ x_N & y_N & z_N \\ x_L & y_L & z_L \end{vmatrix} - u_M\begin{vmatrix} x_K & y_K & z_K \\ x_N & y_N & z_N \\ x_L & y_L & z_L \end{vmatrix} + u_N\begin{vmatrix} x_K & y_K & z_K \\ x_M & y_M & z_M \\ x_L & y_L & z_L \end{vmatrix} - u_L\begin{vmatrix} x_K & y_K & z_K \\ x_M & y_M & z_M \\ x_N & y_N & z_N \end{vmatrix}}{6V_e}$$

同理

$$b=\frac{-u_K\begin{vmatrix}1&y_M&z_M\\1&y_N&z_N\\1&y_L&z_L\end{vmatrix}+u_M\begin{vmatrix}1&y_K&z_K\\1&y_N&z_N\\1&y_L&z_L\end{vmatrix}-u_N\begin{vmatrix}1&y_K&z_K\\1&y_M&z_M\\1&y_L&z_L\end{vmatrix}+u_L\begin{vmatrix}1&y_K&z_K\\1&y_M&z_M\\1&y_N&z_N\end{vmatrix}}{6V_e}$$

$$c=\frac{-u_K\begin{vmatrix}x_M&1&z_M\\x_N&1&z_N\\x_L&1&z_L\end{vmatrix}+u_M\begin{vmatrix}x_K&1&z_K\\x_N&1&z_N\\x_L&1&z_L\end{vmatrix}-u_N\begin{vmatrix}x_K&1&z_K\\x_M&1&z_M\\x_L&1&z_L\end{vmatrix}+u_L\begin{vmatrix}x_K&1&z_K\\x_M&1&z_M\\x_N&1&z_N\end{vmatrix}}{6V_e}$$

$$d=\frac{-u_K\begin{vmatrix}x_M&y_M&1\\x_N&y_N&1\\x_L&y_L&1\end{vmatrix}+u_M\begin{vmatrix}x_K&y_K&1\\x_N&y_N&1\\x_L&y_L&1\end{vmatrix}-u_N\begin{vmatrix}x_K&y_K&1\\x_M&y_M&1\\x_L&y_L&1\end{vmatrix}+u_L\begin{vmatrix}x_K&y_K&1\\x_M&y_M&1\\x_N&y_N&1\end{vmatrix}}{6V_e}$$

式中

$$V_e=\frac{1}{6}\begin{vmatrix}1&x_K&y_K&z_K\\1&x_M&y_M&z_M\\1&x_N&y_N&z_N\\1&x_L&y_L&z_L\end{vmatrix}$$

若记

$$p_K=\begin{vmatrix}x_M&y_M&z_M\\x_N&y_N&z_N\\x_L&y_L&z_L\end{vmatrix},\ p_M=-\begin{vmatrix}x_K&y_K&z_K\\x_N&y_N&z_N\\x_L&y_L&z_L\end{vmatrix},\ p_N=\begin{vmatrix}x_K&y_K&z_K\\x_M&y_M&z_M\\x_L&y_L&z_L\end{vmatrix},\ p_L=-\begin{vmatrix}x_K&y_K&z_K\\x_M&y_M&z_M\\x_N&y_N&z_N\end{vmatrix}$$

$$q_K=-\begin{vmatrix}1&y_M&z_M\\1&y_N&z_N\\1&y_L&z_L\end{vmatrix},\ q_M=\begin{vmatrix}1&y_K&z_K\\1&y_N&z_N\\1&y_L&z_L\end{vmatrix},\ q_N=-\begin{vmatrix}1&y_K&z_K\\1&y_M&z_M\\1&y_L&z_L\end{vmatrix},\ q_L=\begin{vmatrix}1&y_K&z_K\\1&y_M&z_M\\1&y_N&z_N\end{vmatrix}$$

$$r_K=-\begin{vmatrix}x_M&1&z_M\\x_N&1&z_N\\x_L&1&z_L\end{vmatrix},\ r_M=-\begin{vmatrix}x_K&1&z_K\\x_N&1&z_N\\x_L&1&z_L\end{vmatrix},\ r_N=-\begin{vmatrix}x_K&1&z_K\\x_M&1&z_M\\x_L&1&z_L\end{vmatrix},\ r_L=\begin{vmatrix}x_K&1&z_K\\x_M&1&z_M\\x_N&1&z_N\end{vmatrix}$$

$$s_K=-\begin{vmatrix}x_M&y_M&1\\x_N&y_N&1\\x_L&y_L&1\end{vmatrix},\ s_M=\begin{vmatrix}x_K&y_K&1\\x_N&y_N&1\\x_L&y_L&1\end{vmatrix},\ s_N=-\begin{vmatrix}x_K&y_K&1\\x_M&y_M&1\\x_L&y_L&1\end{vmatrix},\ s_L=\begin{vmatrix}x_K&y_K&1\\x_M&y_M&1\\x_N&y_N&1\end{vmatrix}$$

则

$$a = \frac{p_K u_K + p_M u_M + p_N u_N + p_L u_L}{6V_e} = \frac{1}{6V_e}\sum_{i=K}^{L} p_i u_i$$

$$b = \frac{1}{6V_e}\sum_{i=K}^{L} q_i u_i$$

$$c = \frac{1}{6V_e}\sum_{i=K}^{L} r_i u_i$$

$$d = \frac{1}{6V_e}\sum_{i=K}^{L} s_i u_i$$

代入式（10-24）得

$$\hat{u}^e(x,y,z) = a + bx + cy + dz = \frac{1}{6V_e}\sum_{i=K}^{L}(p_i + q_i x + r_i y + s_i z)u_i = \sum_{i=K}^{L} N_i^e u_i \quad (10\text{-}26)$$

故四面体单元的基函数为

$$N_i^e = \frac{1}{6V_e}(p_i + q_i x + r_i y + s_i z) \quad i = (K, M, N, L) \quad (10\text{-}27)$$

由式（10-22），对于直角坐标系，单元 e 对系数矩阵的贡献为

$$S_{ij}^e = \int_{\Omega^e} \beta^e \nabla N_i^e \cdot \nabla N_j^e \mathrm{d}\Omega$$

$$= \int_{\Omega^e} \beta^e \left(\frac{\partial N_i^e}{\partial x}\frac{\partial N_j^e}{\partial x} + \frac{\partial N_i^e}{\partial y}\frac{\partial N_j^e}{\partial y} + \frac{\partial N_i^e}{\partial z}\frac{\partial N_j^e}{\partial z} \right) \mathrm{d}x\mathrm{d}y\mathrm{d}z$$

由式（10-27），得

$$\frac{\partial N_i^e}{\partial x} = \frac{q_i}{6V_e}, \frac{\partial N_i^e}{\partial y} = \frac{r_i}{6V_e}, \frac{\partial N_i^e}{\partial z} = \frac{s_i}{6V_e},$$

$$\frac{\partial N_j^e}{\partial x} = \frac{q_j}{6V_e}, \frac{\partial N_j^e}{\partial y} = \frac{r_j}{6V_e}, \frac{\partial N_j^e}{\partial z} = \frac{s_j}{6V_e}$$

得

$$S_{ij}^e = \frac{\beta^e}{36V_e}(q_i q_j + r_i r_j + s_i s_j) \quad (10\text{-}28)$$

式中，i，j 为四面体单元 e 的四个节点的编号，i，$j = K$，M，N，L；β^e 为单元 e 的介质常数。

由式（10-23），单元 e 对右端项列阵的贡献为

$$F_i^e = \int_{\Omega^e} N_i^e f \mathrm{d}x\mathrm{d}y\mathrm{d}z$$

将式（10-27）代入，并利用如下积分公式

$$\int_{\Omega^e} \mathrm{d}x\mathrm{d}y\mathrm{d}z = V_e$$

$$\int_{\Omega^e} x \mathrm{d}x\mathrm{d}y\mathrm{d}z = \dot{x} V_e$$

$$\int_{\Omega^e} y \mathrm{d}x\mathrm{d}y\mathrm{d}z = \dot{y} V_e$$

$$\int_{\Omega^e} z \mathrm{d}x\mathrm{d}y\mathrm{d}z = \dot{z} V_e$$

式中，$\dot{x}$、$\dot{y}$、$\dot{z}$ 为四面体重心的坐标，且

$$N_i^e(\dot{x},\dot{y},\dot{z}) = \frac{1}{6V_e}(p_i + q_i\dot{x} + r_i\dot{y} + s_i\dot{z}) = \frac{1}{4}$$

得

$$F_i^e = \frac{1}{4} f V_e \tag{10-29}$$

10.1.4 代数方程的合成

在进行单元分析之后，就可以合成整体代数方程组。有限元代数方程组表示为

$$\sum_{j=1}^{n} S_{ij} u_j = F_i \qquad (i = 1,2,\cdots,n)$$

写出矩阵形式为

$$\begin{pmatrix} S_{11} & S_{21} & \cdots & S_{1n} \\ S_{21} & S_{22} & \cdots & S_{2n} \\ \vdots & \vdots & & \vdots \\ S_{n1} & S_{n2} & \cdots & S_{nn} \end{pmatrix} \begin{pmatrix} u_1 \\ u_2 \\ \vdots \\ u_n \end{pmatrix} = \begin{pmatrix} F_1 \\ F_2 \\ \vdots \\ F_n \end{pmatrix} \tag{10-30}$$

整体系数矩阵由单元系数矩阵集合而成，即

$$[S_{ij}] = \sum_{e=1}^{e_0} \left[S_{ij}^e \right]$$

式中，$S_{ij} = \int_{\Omega} \beta \nabla N_i \cdot \nabla N_j \mathrm{d}\Omega$；$S_{ij}^e = \int_{\Omega^e} \beta^e \nabla N_i^e \cdot \nabla N_j{}^e \mathrm{d}\Omega$。这里 S_{ij}的下标 i 表示是方程组第 i 个方程，即 S_{ij}在系数矩阵 $\boldsymbol{S}$ 中位于第 i 行；下标 j 表示 S_{ij}是第 i 行方程中未知数 u_j 的系数，即在系数矩阵 $\boldsymbol{S}$ 中位于第 j 列。

显然，由基函数的定义，只有当单元 e 包括节点 i 和 j 时，单元基函数 N_i^e 和 N_j^e 才有意义。若单 e 不包括节点 i 和 j，则相应的 N_i^e 和 N_j^e 值为零。同样，整体基函数 N_i 和 N_j 也只有在包含节点 i 和 j 的单元中才有意义，否则其值为零。因此整体系数矩阵元素 S_{ij}是由包含节点 i 和 j 的所有单元的相应系数矩阵元素 S_{ij}^e集合而成的，而对于不包含节点 i 和 j 的单元，S_{ij}^e值为零。

下面以四面体单元为例，说明整体系数矩阵的形成。设四面体四个节点的编号为 K、M、N、L，单元系数矩阵为

$$\boldsymbol{S}^e = \begin{pmatrix} S_{KK}^e & S_{KM}^e & S_{KN}^e & S_{KL}^e \\ S_{MK}^e & S_{MM}^e & S_{MN}^e & S_{ML}^e \\ S_{NK}^e & S_{NM}^e & S_{NN}^e & S_{NL}^e \\ S_{LK}^e & S_{LM}^e & S_{LN}^e & S_{LL}^e \end{pmatrix}$$

单元系数矩阵中元素 S_{ij}^e按其下标集合后在整体系数矩阵中位于第 i 行第 j 列，例如 S_{KM}^e即位于第 K 行第 M 列。按照在整体系数矩阵 $\boldsymbol{S}$ 中的位置，单元系数矩阵 $\boldsymbol{S}^e$ 可写成

$$
\boldsymbol{S}^e = \begin{array}{c} \text{列 } j \rightarrow \\ \text{行 } i \downarrow \end{array}
\begin{array}{c|ccccccccc|}
 & 1 & & K & & M & & N & & L & & n \\
1 & & & & & & & & & & & \\
 & & & \vdots & & \vdots & & \vdots & & \vdots & & \\
K & & \cdots & S_{KK} & \cdots & S_{KM} & \cdots & S_{KN} & \cdots & S_{KL} & \cdots & \\
 & & & \vdots & & \vdots & & \vdots & & \vdots & & \\
M & & \cdots & S_{MK} & \cdots & S_{MM} & \cdots & S_{MN} & \cdots & S_{ML} & \cdots & \\
 & & & \vdots & & \vdots & & \vdots & & \vdots & & \\
N & & \cdots & S_{NK} & \cdots & S_{NM} & \cdots & S_{NN} & \cdots & S_{NL} & \cdots & \\
 & & & \vdots & & \vdots & & \vdots & & \vdots & & \\
L & & \cdots & S_{LK} & \cdots & S_{LM} & \cdots & S_{LN} & \cdots & S_{LL} & \cdots & \\
 & & & \vdots & & \vdots & & \vdots & & \vdots & & \\
n & & & & & & & & & & &
\end{array}
\tag{10-31}
$$

这里，称 $\boldsymbol{S}^e = [S_{ij}^e]$ 为单元 e 对整体系数矩阵 $\boldsymbol{S}$ 的贡献。对于四面体单元，则对系数矩阵 $\boldsymbol{S}$ 的第 K、M、N、L 行及第 K、M、N、L 列上的 16 个元素有贡献，对其余元素的贡献为零。

在实际计算机运算时，很容易实现上述叠加。首先将系数矩阵 $\boldsymbol{S}$ 中所有元素清零，然后分别计算每一单元的系数矩阵 $\boldsymbol{S}^e$ 中的元素 S_{ij}^e，下标相同者存放于同一地址，这样将全部单元的贡献累加起来，就形成了整体系数矩阵。

矩阵方程的右端项列阵用同样方法叠加

$$
\left[F_i\right] = \sum_{e=1}^{e_0} \left[F_i^e\right]
$$

依次计算每个四面体单元的 F_i^e，其中 $i = K$、M、N、L，分别存放于右端项列阵 $\boldsymbol{F}$ 的第 K、M、N、L 行，即

$$
\boldsymbol{F}^e = \begin{array}{c} \text{行 } i \downarrow \\ \\ \\ \end{array}
\begin{array}{c}
1 \\ \\ K \\ \\ M \\ \\ N \\ \\ L \\ \\ n
\end{array}
\begin{pmatrix}
\vdots \\ F_K^e \\ \vdots \\ F_M^e \\ \vdots \\ F_N^e \\ \vdots \\ F_L^e \\ \vdots \\ \\
\end{pmatrix}
\tag{10-32}
$$

最终可实现累加。

至此，泊松方程的边值问题已转化为有限元离散方程。对于三维静电场问题，只需将第一类边界条件代入，即可直接按上述离散方程求解。

10.1.5　边界条件的处理

1. 第一类边界条件的处理

在得到上述合成代数方程之后，必须进行边界条件处理，才能定解。边界条件的处理同样采用离散的方法。

对于第一类边界条件，边界上位函数为给定值，即

$$\Gamma_1: \qquad u = u_0$$

称为强加边界条件。

随着定解区域剖分为单元，强加边界条件也离散为

$$u_b = u_{0b} \tag{10-33}$$

式中，b 为边界 Γ_1 上节点的编号，设边界节点总数为 n_b。

第一类边界条件的处理主要有以下五种方法。

（1）将式（10-33）条件加到矩阵方程式（10-30）上，相当于方程组中一部分未知量 u_b 中有已知值，因此只要从方程式（10-30）中删去编号 $i=b$ 的 n_b 个方程，而在余下的方程中将式（10-33）的已知数值代入并将相应项移到右端，再去解余下的 $n-n_b$ 个方程组即可。

设节点 b 为边界上的节点，$u_b=u_{0b}$，则将方程组中第 b 个方程删去，同时将系数矩阵中第 b 列也删去，并将其余方程中右端项由原来的 F_i 改为 $F_i-S_{ib}u_{0b}$，如式（10-34）所示。

$$\begin{array}{c} j \rightarrow \\ \begin{array}{cccccc} 1 & 2 & & b & & n \end{array} \end{array}$$

$$i\downarrow \begin{array}{c}1\\2\\ \vdots \\ b \\ \vdots \\ n\end{array}\begin{pmatrix} S_{11} & S_{12} & \cdots & S_{1b} & \cdots & S_{1n} \\ S_{21} & S_{22} & \cdots & S_{2b} & \cdots & S_{2n} \\ \vdots & \vdots & & \vdots & & \vdots \\ S_{b1} & S_{b2} & \cdots & S_{bb} & \cdots & S_{bn} \\ \vdots & \vdots & & \vdots & & \vdots \\ S_{n1} & S_{n2} & \cdots & S_{nb} & \cdots & S_{nn} \end{pmatrix}\begin{pmatrix} u_1 \\ u_2 \\ \vdots \\ u_b \\ \vdots \\ u_n \end{pmatrix} = \begin{pmatrix} F_1 - S_{1b}u_{0b} \\ F_2 - S_{2b}u_{0b} \\ \vdots \\ F_b \\ \vdots \\ F_n - S_{nb}u_{0b} \end{pmatrix} \tag{10-34}$$

在式（10-34）中删去第 b 个方程和系数矩阵第 b 列后，相应的 S_{b1}，S_{b2}，…，S_{bb}，…，S_{bn} 和 u_b，F_b 及 S_{1b}，S_{2b}，…，S_{bb}，…，S_{nb} 均为零。

上述做法道理简单，但删去方程和未知数后，节点需要重新编号，当边界节点很多时，做起来比较麻烦，整体系数矩阵需要重新安排。

（2）对系数矩阵 $\boldsymbol{S}$ 和右端项列阵 $\boldsymbol{F}$ 的第 b 行作一些修改，将主对角线上的元素 S_{bb} 改为一个足够大的正数（例如 $E=10^{10}$ 以上），相应地将右端的 F_b 改为 Eu_{0b}。这样，第 b 个方程中，除 u_b 以外的其他未知量的系数与 u_b 的系数相比微不足道，第 b 个方程近似于

$$Eu_b = Eu_{0b}$$

最后解出的 u_b 势必与 u_{0b} 无大差别，忽略掉可允许的误差，就有 $u_b=u_{0b}$。这时方程组改写为

$$
\begin{array}{c} j\ \rightarrow \\ \begin{array}{cccccc} 1 & 2 & & b & & n \end{array} \end{array}
$$

$$
\begin{matrix} 1 \\ 2 \\ \\ b \\ \\ n \end{matrix}
\begin{pmatrix}
S_{11} & S_{12} & \cdots & S_{1b} & \cdots & S_{1n} \\
S_{21} & S_{22} & \cdots & S_{2b} & \cdots & S_{2n} \\
\vdots & \vdots & & \vdots & & \vdots \\
S_{b1} & S_{b2} & \cdots & E & \cdots & S_{bn} \\
\vdots & \vdots & & \vdots & & \vdots \\
S_{n1} & S_{n2} & \cdots & S_{nb} & \cdots & S_{nn}
\end{pmatrix}
\begin{pmatrix} u_1 \\ u_2 \\ \vdots \\ u_b \\ \vdots \\ u_n \end{pmatrix}
=
\begin{pmatrix} F_1 \\ F_2 \\ \vdots \\ Eu_{0b} \\ \vdots \\ F_n \end{pmatrix}
\quad (i \downarrow) \tag{10-35}
$$

这样修改的好处是不破坏原有的矩阵结构和对称性，节点也不必重新编号，因而这一方法较为适用。

（3）将系数矩阵主对角线元素 S_{bb} 置 1，其余第 b 行和第 b 列的元素均置零，同时将右端项列阵第 b 行置为 u_{0b}，其余元素改为 $F_i - S_{ib}u_{0b}$，即

$$
\begin{array}{c} j\ \rightarrow \\ \begin{array}{cccccc} 1 & 2 & & b & & n \end{array} \end{array}
$$

$$
\begin{matrix} 1 \\ 2 \\ \\ b \\ \\ n \end{matrix}
\begin{pmatrix}
S_{11} & S_{12} & \cdots & 0 & \cdots & S_{1n} \\
S_{21} & S_{22} & \cdots & 0 & \cdots & S_{2n} \\
\vdots & \vdots & & \vdots & & \vdots \\
0 & 0 & \cdots & 1 & \cdots & 0 \\
\vdots & \vdots & & \vdots & & \vdots \\
S_{n1} & S_{n2} & \cdots & 0 & \cdots & S_{nn}
\end{pmatrix}
\begin{pmatrix} u_1 \\ u_2 \\ \vdots \\ u_b \\ \vdots \\ u_n \end{pmatrix}
=
\begin{pmatrix} F_1 - S_{1b}u_{0b} \\ F_2 - S_{2b}u_{0b} \\ \vdots \\ u_{0b} \\ \vdots \\ F_n - S_{nb}u_{0b} \end{pmatrix}
\quad (i \downarrow) \tag{10-36}
$$

（4）对于简单的情况，边界上部分电位值为零，即

$$
\Gamma_1: \qquad u = 0
$$

这时边界 Γ_1 上部分节点的电位值为零，可采用更简单的处理方法，这就是根本不把这些边界节点列入方程组中，方程组的阶数仅决定于内部节点的数目。在节点编号时，将边界节点放在最后，由于边界上节点的 u 值为零，因此在计算系数矩阵时与边界节点有关的所有系数均不必计算。这样对边界条件也就不需要特殊处理了。这是有限元法处理边界条件的优点之一。

（5）在一般情况下整体系数矩阵的形成与第一类边界条件的处理同时进行[3]。

整体系数矩阵元素的存储分为等带宽存储、变带宽存储和非零元素存储。在整体系数矩阵元素存储过程中，实际上是按照“计算出一个单元系数矩阵中的某个元素时就立即将其存入一个大型一维数组中”的原则进行的，因此在计算单元系数矩阵的元素时，首先判断该元素是否与第一类边界节点有关，若是，则不计算该元素。因为采用上面第三种方法处理第一类边界条件时，该元素最终为零，不用储存该元素。这样不仅节省了计算时间，而且节省了对计算机内存的需求，这就是整体系数矩阵的形成与第一类边界条件处理同时进行的基本思想。右端项矩阵仍按第三种方法处理。第一类边界上节点不列入方程组编号。

现假设三维静电场场域中节点的个数为 N_1，总的节点个数为 N，整体系数矩阵的平均带宽为 D。如果先形成整体系数矩阵并按变带宽储存，然后处理第一类边界条件，则所需计算机内存的字节数约为 $4DN$；如果在形成整体系数矩阵的同，做第一类边界条件处理，则所

需计算机内存的字节数约为 $4D(N-N_1)$。因此后者使用内存是前者的 $(N-N_1)/N$。当 N_1 在 N 中占有较大比例时，无论采用变带宽储存还是采用非零元素存储整体系数矩阵元素，都能将第一类边界条件处理交叉在整体系数矩阵的形成中，则能十分有效地节省计算机内存的需求。

2. 第二类边界条件的处理

对于第二类边界条件

$$\Gamma_2: \qquad \frac{\partial u}{\partial n}=0$$

属于自然边界条件，边界 Γ_2 上的节点不需要做任何特殊处理，这时只需将边界上节点当做内部节点同样看待即可。这也是有限元法的一个优点。

经边界条件处理后，即可由方程组

$$\boldsymbol{SU}=\boldsymbol{F} \tag{10-37}$$

解得节点的电位值 u_1、u_2、…、u_n。通常对于静电场问题，介质中的介电常数 $\varepsilon=\boldsymbol{D}/\boldsymbol{E}$ 与电位 u 无关，属于线性介质。因此式（10-37）是线性代数方程组，可以用直接方法（LDL^T 法或 Gauss 消去法）或迭代方法求解。在解得位函数 u 的离散值以后，即可由 $\boldsymbol{E}=-\nabla u$ 求得场域中电场强度的离散值。

10.2　电器中磁场计算基础及应用

10.2.1　电器中的磁场问题

磁场计算是电器设计中的基本内容之一，几乎每一电器装置中均存在磁场问题，这些问题有：

（1）载流导体周围产生磁场，磁场对电流存在作用力，计算不同载流导体之间的电动力和吹弧磁场对电弧的作用力等磁场作用力的基础是磁场计算。

（2）各种电磁机构是电磁电器的主要组成部分之一，电磁机构静态和动态特性计算的基础也是磁场计算。

（3）对于电机电器中的各种电路分析，如电磁系统动态过程分析、直流电弧熄灭过程和高、低压电器试验电路通断过程等，都需要准确地计算导体和电磁系统的电感，磁场计算是电感计算的基础。

（4）某些电磁装置，如起重电磁铁和加速器电磁铁，对磁场的分布状况提出了一定要求，这就需要准确地计算场强的分布。

由于电器中的磁场大都是三维场，因此按解析法计算是非常困难的。虽然以“路”的方法可以实现计算磁场，但是“路”并不能准确地等效到“场”中，常常会出现较大的误差。近年来，数值方法（如有限元法、有限差分法和积分方程法等）已获得迅速发展，成为当前主要的电器磁场计算方法。

静磁场是指恒定电流产生的磁场。对于没有电流存在的空间，磁场为一无旋场，磁场变量可用标量位 φ 表示，它满足拉普拉斯方程，即

$$\nabla\cdot\mu\nabla\varphi=0$$

标量位磁场拉普拉斯方程的有限元解法和上一节静电场的有限元分析方法相同，只需将介质参数改为磁导率μ即可，本节不再重复。这一问题通常适用于求解空气隙中的磁场。考虑到磁场区域中存在电流和铁磁介质，若采用部分标量位或双标量位法，实际上是微分方程法和积分方程法相结合的解法。本节着重叙述矢量位磁场的有限元分析求解方法。

磁场问题的一个特点是当磁场区域中存在铁磁物质时，磁场是非线性的。本节重点讨论非线性磁场的有限元分析和非线性方程的求解方法。

10.2.2 三维静磁场矢量位有限元分析

1. 双旋度方程和矢量泊松方程

恒定电流磁场的麦克斯韦方程为

$$\nabla \times \boldsymbol{H} = \boldsymbol{J}$$

引入矢量磁位$\boldsymbol{A}$，满足

$$\boldsymbol{B} = \nabla \times \boldsymbol{A}$$

矢量磁位$\boldsymbol{A}$存在于整个磁场区域，包括电流区和非电流区。

设介质方程为

$$\boldsymbol{H} = \nu \boldsymbol{B}$$

式中，$\boldsymbol{\nu}$为介质磁阻率，$\nu = 1/\mu$；$\boldsymbol{H}$为磁场强度矢量；$\boldsymbol{B}$为磁感应强度矢量；$\boldsymbol{J}$为电流密度矢量。

因此，对于非线性磁场，矢量磁位微分方程为

$$\nabla \times \nu \nabla \times \boldsymbol{A} = \boldsymbol{J} \tag{10-38}$$

式（10-38）称为双旋度方程。对于非线性铁磁介质，磁阻率ν不仅是坐标（x，y，z）的函数，而且是磁感应强度$\boldsymbol{B}$的函数，也即是矢量磁位$\boldsymbol{A}$的函数。

设边界条件为：

（1）第一类边界条件：在该边界上矢量磁位$\boldsymbol{A}$为已知，即

$$\Gamma_1: \quad \boldsymbol{A}(x,y,z) = \boldsymbol{A}_0(x,y,z) \tag{10-39}$$

（2）第二类边界条件：取某种形式的对称面作为第二类边界，在该边界上，磁场强度$\boldsymbol{H}$的切向分量为零，即

$$\Gamma_2: \quad \boldsymbol{H} \times \boldsymbol{n} = \nu \nabla \times \boldsymbol{A} \times \boldsymbol{n} = 0 \tag{10-40}$$

则双旋度方程的边值问题为

$$\left.\begin{aligned} \Omega: &\quad \nabla \times \nu \nabla \times \boldsymbol{A} = \boldsymbol{J} \\ \Gamma_1: &\quad \boldsymbol{A} = \boldsymbol{A}_0 \\ \Gamma_2: &\quad \nu \nabla \times \boldsymbol{A} \times \boldsymbol{n} = 0 \end{aligned}\right\} \tag{10-41}$$

为了达到矢量磁位$\boldsymbol{A}$与磁感应强度$\boldsymbol{B}$之间关系的单值性，对于稳态磁场，引入库仑规范，即

$$\nabla \cdot \boldsymbol{A} = 0$$

利用下面的矢量分析等式

$$\nabla \times \nabla \times \boldsymbol{A} = \nabla(\nabla \cdot \boldsymbol{A}) - \nabla^2 \boldsymbol{A}$$

则对于均匀线性介质，双旋度方程式（10-38）可转化为矢量泊松方程，即

$$\nu \nabla^2 \boldsymbol{A} = -\boldsymbol{J} \tag{10-42}$$

2. 双旋度方程的有限元离散格式

上述双旋度方程和矢量泊松方程，可以利用变分方法、虚功原理或加权余量法离散得出有限元方程组，三种方法得到的离散方程完全相同。采用虚功原理可以不必写出能量泛函而直接建立磁场的有限元离散方程，因而较方便。采用矢量加权余量法不必写出泛函及其变分式，更为方便，因此本节着重叙述采用矢量加权余量法的离散过程。

对于双旋度方程

$$\nabla\times(\nu\nabla\times\boldsymbol{A})=\boldsymbol{J}$$

余量方程可以写作

$$\int_{\Omega}[\boldsymbol{W}\cdot(\nabla\times\nu\nabla\times\boldsymbol{A})-\boldsymbol{W}\cdot\boldsymbol{J}]\mathrm{d}\Omega=0 \tag{10-43}$$

式中，$\boldsymbol{W}$ 为矢量加权函数。

由分部积分和格林变换，式（10-43）可转化为

$$\int_{\Omega}[\nu\nabla\times\boldsymbol{W}\cdot\nabla\times\boldsymbol{A}-\boldsymbol{W}\cdot\boldsymbol{J}]\mathrm{d}\Omega+\int_{\Gamma}\boldsymbol{W}\cdot(\boldsymbol{n}\times\nu\nabla\times\boldsymbol{A})\mathrm{d}\Gamma=0 \tag{10-44}$$

考虑第一类边界条件即式（10-38）和第二类边界条件即式（10-40）后，加权余量方程简化为

$$\int_{\Omega}[\nu\nabla\times\boldsymbol{W}\cdot\nabla\times\boldsymbol{A}-\boldsymbol{W}\cdot\boldsymbol{J}]\mathrm{d}\Omega=0 \tag{10-45}$$

设

$$\hat{\boldsymbol{A}}=\sum_{j=1}^{n}N_j\boldsymbol{A}_j \tag{10-46}$$

取矢量加权函数为沿 x 坐标单位矢量方向的一组基函数，即取

$$\boldsymbol{W}_i=N_i\boldsymbol{i}\quad(i=1,2,\cdots,n) \tag{10-47}$$

将 $\hat{\boldsymbol{A}}$ 和 $\boldsymbol{W}_i$ 的离散式（10-46）和式（10-47）代入式（10-45）得

$$\nabla\times\hat{\boldsymbol{A}}=\left(\frac{\partial A_z}{\partial y}-\frac{\partial A_y}{\partial z}\right)\boldsymbol{i}+\left(\frac{\partial A_x}{\partial z}-\frac{\partial A_z}{\partial x}\right)\boldsymbol{j}+\left(\frac{\partial A_y}{\partial x}-\frac{\partial A_x}{\partial y}\right)\boldsymbol{k}$$

$$\nabla\times\boldsymbol{W}_i=\frac{\partial N_i}{\partial z}\boldsymbol{j}-\frac{\partial N_i}{\partial y}\boldsymbol{k}$$

则

$$\begin{aligned}&\int_{\Omega}\left[\nu\frac{\partial N_i}{\partial z}\left(\sum_j A_{xj}\frac{\partial N_j}{\partial z}\sum_j A_{zj}\frac{\partial N_j}{\partial x}\right)-\nu\frac{\partial N_i}{\partial y}\left(\sum_j A_{yj}\frac{\partial N_j}{\partial x}\sum_j A_{xj}\frac{\partial N_j}{\partial y}\right)-N_iJ_x\right]\mathrm{d}x\mathrm{d}y\mathrm{d}z\\
&=\sum_j A_{xj}\nu\int_{\Omega}\left(\frac{\partial N_i}{\partial z}\frac{\partial N_j}{\partial z}+\frac{\partial N_i}{\partial y}\frac{\partial N_j}{\partial y}\right)\mathrm{d}x\mathrm{d}y\mathrm{d}z+\sum_j A_{yj}\nu\int_{\Omega}\left(-\frac{\partial N_i}{\partial y}\frac{\partial N_j}{\partial x}\right)\mathrm{d}x\mathrm{d}y\mathrm{d}z+\\
&\quad\sum_j A_{zj}\nu\int_{\Omega}\left(-\frac{\partial N_i}{\partial z}\frac{\partial N_j}{\partial x}\right)\mathrm{d}x\mathrm{d}y\mathrm{d}z-\int_{\Omega}N_iJ_x\mathrm{d}x\mathrm{d}y\mathrm{d}z\\
&=0\end{aligned}$$

得 n 个方程

$$\sum_j\nu(C_{xx}A_{xj}+C_{xy}A_{yj}+C_{xz}A_{zj})=F_{xi}\qquad(i=1,2,\cdots,n) \tag{10-48}$$

式中

$$\left.\begin{aligned}C_{xx} &= \int_{\Omega}\left(\frac{\partial N_i}{\partial y}\frac{\partial N_j}{\partial y}+\frac{\partial N_i}{\partial z}\frac{\partial N_j}{\partial z}\right)\mathrm{d}x\mathrm{d}y\mathrm{d}z\\ C_{xy} &= -\int_{\Omega}\left(\frac{\partial N_i}{\partial y}\frac{\partial N_j}{\partial x}\right)\mathrm{d}x\mathrm{d}y\mathrm{d}z\\ C_{xz} &= \int_{\Omega}\left(-\frac{\partial N_i}{\partial z}\frac{\partial N_j}{\partial x}\right)\mathrm{d}x\mathrm{d}y\mathrm{d}z\\ F_{xi} &= \int_{\Omega}N_iJ_x\mathrm{d}x\mathrm{d}y\mathrm{d}z\end{aligned}\right\}$$

同理，取

$$\boldsymbol{W}_i = N_i\boldsymbol{j}\qquad (i=1,2,\cdots,n) \tag{10-49}$$

得

$$\sum_j \nu(C_{yx}A_{xj}+C_{yy}A_{yj}+C_{yz}A_{zj}) = F_{yi} \tag{10-50}$$

式中

$$\left.\begin{aligned}C_{yx} &= -\int_{\Omega}\left(\frac{\partial N_i}{\partial x}\frac{\partial N_j}{\partial y}\right)\mathrm{d}x\mathrm{d}y\mathrm{d}z\\ C_{yy} &= \int_{\Omega}\left(\frac{\partial N_i}{\partial x}\frac{\partial N_j}{\partial x}+\frac{\partial N_i}{\partial z}\frac{\partial N_j}{\partial z}\right)\mathrm{d}x\mathrm{d}y\mathrm{d}z\\ C_{yz} &= -\int_{\Omega}\left(\frac{\partial N_i}{\partial z}\frac{\partial N_j}{\partial y}\right)\mathrm{d}x\mathrm{d}y\mathrm{d}z\\ F_{yi} &= \int_{\Omega}N_iJ_y\mathrm{d}x\mathrm{d}y\mathrm{d}z\end{aligned}\right\}$$

又取

$$\boldsymbol{W}_i = N_i\boldsymbol{k}\qquad (i=1,2,\cdots,n) \tag{10-51}$$

得

$$\sum_j \nu(C_{zx}A_{xj}+C_{zy}A_{yj}+C_{zz}A_{zj}) = F_{zi} \tag{10-52}$$

式中

$$\left.\begin{aligned}C_{zx} &= -\int_{\Omega}\left(\frac{\partial N_i}{\partial x}\frac{\partial N_j}{\partial z}\right)\mathrm{d}x\mathrm{d}y\mathrm{d}z\\ C_{zy} &= -\int_{\Omega}\left(\frac{\partial N_i}{\partial y}\frac{\partial N_j}{\partial z}\right)\mathrm{d}x\mathrm{d}y\mathrm{d}z\\ C_{zz} &= \int_{\Omega}\left(\frac{\partial N_i}{\partial x}\frac{\partial N_j}{\partial x}+\frac{\partial N_i}{\partial y}\frac{\partial N_j}{\partial y}\right)\mathrm{d}x\mathrm{d}y\mathrm{d}z\\ F_{zi} &= \int_{\Omega}N_iJ_z\mathrm{d}x\mathrm{d}y\mathrm{d}z\end{aligned}\right\}$$

由此可得 $3n$ 阶联立方程组。

3. 空间单元的分析

这里仍以四面体单元为例进行分析。

设四面体单元（见图 10-1）四个节点编号为 K、M、N、L，其顺序按右手螺旋法则排列。单元 e 的基函数为

$$N_i^e = \frac{1}{6V_e}(p_i+q_ix+r_iy+s_iz)\qquad (i=K,M,N,L) \tag{10-53}$$

式中参量定义与式（10-26）相同。

对于双旋度方程的有限元离散方程，单元 e 对系数矩阵 $\boldsymbol{S}$ 中子阵$\boldsymbol{S}_{ij}$ 的贡献为

$$\boldsymbol{S}_{ij}^{e}=\nu_{e}\begin{pmatrix} C_{xx}^{e} & C_{xy}^{e} & C_{xz}^{e} \\ C_{yx}^{e} & C_{yy}^{e} & C_{yz}^{e} \\ C_{zx}^{e} & C_{zy}^{e} & C_{zz}^{e} \end{pmatrix} \quad (i,j=K,M,N,L) \tag{10-54}$$

式中

$$\left.\begin{aligned} C_{xx}^{e} &= \frac{1}{36V_{e}}(r_{i}r_{j}+s_{i}s_{j}) \\ C_{xy}^{e} &= -\frac{1}{36V_{e}}(r_{i}q_{j}) \\ C_{xz}^{e} &= -\frac{1}{36V_{e}}(s_{i}q_{j}) \\ C_{yx}^{e} &= -\frac{1}{36V_{e}}(q_{i}r_{j}) \\ C_{yy}^{e} &= \frac{1}{36V_{e}}(q_{i}q_{j}+s_{i}s_{j}) \\ C_{yz}^{e} &= -\frac{1}{36V_{e}}(s_{i}r_{j}) \\ C_{zx}^{e} &= -\frac{1}{36V_{e}}(q_{i}s_{j}) \\ C_{zy}^{e} &= -\frac{1}{36V_{e}}(r_{i}s_{j}) \\ C_{zz}^{e} &= \frac{1}{36V_{e}}(q_{i}q_{j}+r_{i}r_{j}) \end{aligned}\right\} \tag{10-55}$$

单元 e 对右端项系数矩阵 $\boldsymbol{F}$ 中子阵$\boldsymbol{F}_{i}$ 的贡献为

$$\boldsymbol{F}_{i}^{e}=\begin{pmatrix} F_{xi}^{e} \\ F_{yi}^{e} \\ F_{zi}^{e} \end{pmatrix} \quad (i=K,M,N,L) \tag{10-56}$$

式中

$$\left.\begin{aligned} F_{xi}^{e} &= \frac{1}{4}J_{x}^{e}V_{e} \\ F_{yi}^{e} &= \frac{1}{4}J_{y}^{e}V_{e} \\ F_{zi}^{e} &= \frac{1}{4}J_{z}^{e}V_{e} \end{aligned}\right\} \tag{10-57}$$

4. 非线性方程组的形成和求解

（1）非线性方程的形成

将求解区域中全部单元对系数矩阵和右端项矩阵的贡献叠加，即可形成整体有限元离散方程，即

$$SA = F \tag{10-58}$$

系数矩阵 S 中的子块S_{ij}由各单元的S_{ij}^e叠加而成，下标 i、j 是单元节点的编号，i 表示子阵S_{ij}在 S 中所在的行，j 表示子阵S_{ij}在 S 中所在的列。子阵S_{ij}又是 3×3 阶矩阵，即

$$S_{ij}^e = \nu_e C_{ij}^e = \nu_e \begin{pmatrix} C_{xx}^e & C_{xy}^e & C_{xz}^e \\ C_{yx}^e & C_{yy}^e & C_{yz}^e \\ C_{zx}^e & C_{zy}^e & C_{zz}^e \end{pmatrix}$$

这九个元素在系数矩阵 S 中的地址分别位于 $3i-2$、$3i-1$、$3i$ 行和 $3j-2$、$3j-1$、$3j$ 列。

四面体共有四个节点，子块S_{ij}^e有 4×4=16 个，每个子块共有 9 个元素，因此对系数矩阵的贡献共有 16×9=144 个元素。三棱柱单元有六个节点，对系数矩阵的贡献共有 6×6×9=324 个元素。

右端项列阵 F 中子块F_i 由各单元的F_i^e 叠加而成，下标 i 代表子阵F_i 在 F 中的所在行。子阵

$$F^e = [F_{xi}^e, F_{yi}^e, F_{zi}^e]^{\mathrm{T}}$$

中三个元素在右端项列阵 F 中分别处于第 $3i-2$、$3i-1$ 和 $3i$ 行。

矢量磁位列阵为

$$A = [A_1, A_2, \cdots, A_n]^{\mathrm{T}}$$

其中子阵

$$A_i = [A_{xi}, A_{yi}, A_{zi}]^{\mathrm{T}} \qquad (i=1,2,\cdots,n)$$

对于节点 i，矢量磁位的三个分量A_{xi}、A_{yi}、A_{zi}在阵列 A 中所占的列数分别为 $3i-2$、$3i-1$、$3i$。

系数矩阵 S 不仅决定于各单元的几何尺寸，而且是单元磁导率 ν_e 的函数，也即是节点矢量磁位的函数，因此矩阵方程式（10-58）是非线性的。

利用系数矩阵 S 的对称性和稀疏性，系数矩阵 S 采用一维数组紧缩存放，一维数组总长为

$$K_0 = \sum_{i=1}^{n} [9m(i) + 6]$$

式中，m（i）为第 i 行非零子块的半带宽减 1，它等于节点 i 与其相邻节点编号之差的最大值。

（2）非线性方程组的求解

非线性方程组即式（10-58）可以采用牛顿-拉夫逊方法求解，其迭代公式为

$$A^{(q+1)} = A^{(q)} - [J^{(q)}]^{-1}[S^{(q)}A^{(q)} - F]$$

或

$$J^{(q)}A^{(q+1)} = F + [J^{(q)} - S^{(q)}]A^{(q)} \tag{10-59}$$

式中上标为迭代次数；J 为雅可比矩阵。

首先将矢量磁位 A 的初值置零，按式（10-59）逐次迭代求解，直到满足准确度要求为止。雅可比矩阵 J 由各单元的相应矩阵J^e集合而成，即

$$J = \sum_{e=1}^{e0} J^e \tag{10-60}$$

同样，雅可比矩阵 $\boldsymbol{J}$ 中的子块 $\boldsymbol{J}_{ij}$ 由各单元的 $\boldsymbol{J}_{ij}^{e}$ 叠加而成，即

$$\boldsymbol{J}_{ij} = \sum_{e=1}^{e_0} \boldsymbol{J}_{ij}^{e} \tag{10-61}$$

单元子矩阵 $\boldsymbol{J}_{ij}^{e}$ 为

$$\boldsymbol{J}_{ij}^{e} = \begin{pmatrix} J_{xx}^{ij} & J_{xy}^{ij} & J_{xz}^{ij} \\ J_{yx}^{ij} & J_{yy}^{ij} & J_{yz}^{ij} \\ J_{zx}^{ij} & J_{zy}^{ij} & J_{zz}^{ij} \end{pmatrix} = \begin{bmatrix} \dfrac{\partial f_{xi}}{\partial A_{xj}} & \dfrac{\partial f_{xi}}{\partial A_{yj}} & \dfrac{\partial f_{xi}}{\partial A_{zj}} \\ \dfrac{\partial f_{yi}}{\partial A_{xj}} & \dfrac{\partial f_{yi}}{\partial A_{yj}} & \dfrac{\partial f_{yi}}{\partial A_{zj}} \\ \dfrac{\partial f_{zi}}{\partial A_{xj}} & \dfrac{\partial f_{zi}}{\partial A_{yj}} & \dfrac{\partial f_{zi}}{\partial A_{zj}} \end{bmatrix} \tag{10-62}$$

式中

$$f_{xi} = \nu_e \sum_{r} (C_{xx}^{ir} A_{rx} + C_{xy}^{ir} A_{ry} + C_{xz}^{ir} A_{rz})$$

$$f_{yi} = \nu_e \sum_{r} (C_{yx}^{ir} A_{rx} + C_{yy}^{ir} A_{ry} + C_{yz}^{ir} A_{rz})$$

$$f_{zi} = \nu_e \sum_{r} (C_{zx}^{ir} A_{rx} + C_{zy}^{ir} A_{ry} + C_{zz}^{ir} A_{rz})$$

i、j、r 代表节点编号，对于四面体单元 i，j，$r = K$，M，N，L；对于三棱柱单元 i，j，$r = K$，M，N，K'，M'，N'。

由此可得

$$\begin{aligned} J_{uv}^{ij} &= \nu_e C_{uv}^{ij} + \left(\frac{\partial \nu}{\partial B}\right)_e \frac{\partial B}{\partial A_{vj}} \left[\sum_{r} (C_{ux}^{ir} A_{xr} + C_{uy}^{ir} A_{yr} + C_{uz}^{ir} A_{zr}) \right] \\ &= \nu_e C_{uv}^{ij} + \left(\frac{\partial \nu}{\partial B}\right)_e \sum_{r} (C_{ux}^{ir} A_{xr} + C_{uy}^{ir} A_{yr} + C_{uz}^{ir} A_{zr}) \times \\ &\quad \sum_{r} (C_{vx}^{ir} A_{xr} + C_{vy}^{ir} A_{yr} + C_{vz}^{ir} A_{zr}) / B V_e \end{aligned} \tag{10-63}$$

式中，下标 u，$v = x$，y，z；上标 i、j、r 代表节点编号。

单元体中的磁阻率 ν_e 和磁阻率对磁感应强度的导数 $\left(\dfrac{\partial \nu}{\partial B}\right)_e$ 决定于单元中的磁感应强度 B 值，可由磁导体材料中的磁化曲线用插值法求得。单元系数矩阵 C_{uv}^{ij} 中的下标表示 x，y，z，上标表示节点编号，对于四面体单元，按式（10-55）计算。

5. 边界条件的处理

（1）关于对称性边界条件的确定。

在电磁场的分析中遇到的对称性边界条件不外乎有如下两类：

①$\boldsymbol{B} \cdot \boldsymbol{n} = 0$，即 $\boldsymbol{B}$ 和边界面在同一平面内，其法向分量为零。

②$\boldsymbol{H} \times \boldsymbol{n} = 0$，即 $\boldsymbol{H}$ 垂直于边界面，其切向分量为零。

在用矢量 $\boldsymbol{A}$ 作为求解变量时，边界上需要给出 $\boldsymbol{A}$ 的三个分量的对称性，这里给出推证。

1）$\boldsymbol{B} \cdot \boldsymbol{n} = 0$ 的对称面。

设三个坐标方向分别为 n、t、τ，如图 10-2 所示。

显然 $\boldsymbol{B}$ 在 $t-\tau$ 平面上，$\boldsymbol{B}_n = 0$，即

$$\frac{\partial A_\tau}{\partial t}-\frac{\partial A_t}{\partial \tau}=0 \tag{10-64}$$

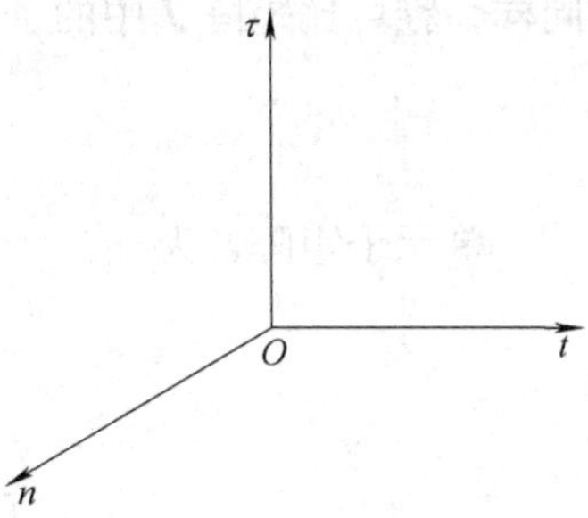

图 10-2　n、t、τ 坐标系

由于式（10-64）在对称面上的任意点（t，τ）都成立，即只能有$\partial A_\tau/\partial t=\partial A_t/\partial\tau=0$。在有限元法中，$\boldsymbol{A}=\sum_{i=1}^{n}N_i\boldsymbol{A}_i$，$n$ 为剖分节点总数，N_i 为基函数，$\boldsymbol{A}_i$ 为节点 i 的磁位，因此

$$\frac{\partial A_\tau}{\partial t}=\sum_{i=1}^{n}\frac{\partial N_i}{\partial t}A_{\tau i}=0$$

$$\frac{\partial A_t}{\partial \tau}=\sum_{i=1}^{n}\frac{\partial N_i}{\partial \tau}A_{ti}=0$$

而一般$\partial N_i/\partial t\neq0$，$\partial N_i/\partial\tau\neq0$，故只能 $A_{ti}=A_{\tau i}=0$，即 $A_t=A_\tau=0$。

显然 $A_n\neq0$，由于 $A=A_n$ 的连续性，有$\partial A_n/\partial n=0$。于是得 $\boldsymbol{B}\cdot\boldsymbol{n}=0$ 的对称面上的对称性条件为

$$\left.\begin{aligned}&\frac{\partial A_n}{\partial n}=0\\&A_t=0\\&A_\tau=0\end{aligned}\right\}$$

2）$\boldsymbol{H}\times\boldsymbol{n}=0$ 的对称面。

$\boldsymbol{H}$ 平行于 $\boldsymbol{n}$，对称面两侧介质也对称，由于 $\boldsymbol{B}=\mu\boldsymbol{H}$，即 $\boldsymbol{B}$ 平行于 $\boldsymbol{n}$，而 $\boldsymbol{B}=\nabla\times\boldsymbol{A}$，又 $B_t=B_\tau=0$，$\partial A_n/\partial\tau-\partial A_\tau/\partial n=0$ 和$\partial A_t/\partial n-\partial A_n/\partial t=0$，根据上面同样的道理可得$\partial A_n/\partial\tau=\partial A_n/\partial t=0$，即

$$\frac{\partial A_n}{\partial \tau}=\sum_{i=1}^{n}\frac{\partial N_i}{\partial \tau}A_{ni}=0$$

$$\frac{\partial A_n}{\partial t}=\sum_{i=1}^{n}\frac{\partial N_i}{\partial t}A_{ni}=0$$

而一般$\partial N_i/\partial t\neq0$，$\partial N_i/\partial\tau\neq0$，故只能 $A_{ni}=0$，即 $A_n=0$。因此有$\partial A_t/\partial n=\partial A_\tau/\partial n=0$。

故在 $\boldsymbol{H}\times\boldsymbol{n}=0$ 的对称面上的对称性条件为

$$\left.\begin{aligned}&A_n=0\\&\frac{\partial A_t}{\partial n}=0\\&\frac{\partial A_\tau}{\partial n}=0\end{aligned}\right\}$$

（2）U 形电磁铁边界条件的处理。

下面以 U 形电磁铁为例，说明边界条件的处理（见图 10-3）。由于磁系统的对称性，只需计算 1/4 空间。

边界条件如下：

1）无穷远边界条件。

在无穷远处磁感应强度 $\boldsymbol{B}=0$，因此矢量磁位 $\boldsymbol{A}=0$，在模型边界上，有

$$\boldsymbol{A}_x=\boldsymbol{A}_y=\boldsymbol{A}_z=0 \tag{10-65}$$

在对节点编号时这类边界上的节点编号在最后，不列入方程组。

2）$\boldsymbol{H}\times\boldsymbol{n}=0$ 边界。

在这类边界上磁场强度 $\boldsymbol{H}$ 垂直于边界面。对于U形电磁铁，左右两边对 $x=0$ 平面是对称的，由于对称性，只需计算 $x>0$ 的空间，在边界面（yOz 平面）上，有

$$\left.\begin{aligned}A_x&=0\\\frac{\partial A_y}{\partial x}&=0\\\frac{\partial A_z}{\partial x}&=0\end{aligned}\right\}\tag{10-66}$$

这类边界条件上的节点按内部节点编号。对于边界点 i，A_{xi}按强加边界条件处理，例如将系数矩阵第 $3i-2$ 行的对角线元素乘以一很大的正数（如 10^{10}），并将右端项列阵第 $3i-2$ 行置零，即可满足 $A_{xi}=0$ 的条件。对于 A_{yi} 和 A_{xi}则按自然边界条件处理，把它们当做内部节点变量同样对待。

3）$\boldsymbol{B}\cdot\boldsymbol{n}=0$ 边界条件。

这类边界条件上磁场强度矢量 $\boldsymbol{H}$ 平行于边界，并垂直于 $\boldsymbol{A}$。例如U形电磁铁 xOz 平面，由对称性条件，在边界上有

$$\left.\begin{aligned}A_x&=0\\\frac{\partial A_y}{\partial y}&=0\\A_z&=0\end{aligned}\right\}\tag{10-67}$$

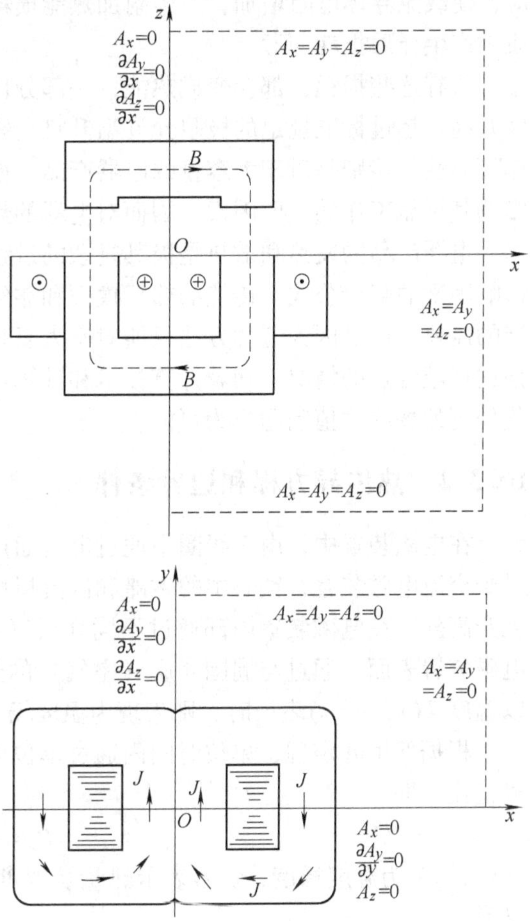

图10-3　U形电磁铁边界条件确定

这类边界上的节点也按内部节点编号，对于边界上的节点 i，A_{xi}和 A_{zi}按强加边界条件变量处理，A_{yi}按自然边界条件变量处理。

10.3　电器中温度场计算基础及应用

10.3.1　电器中的温度场问题

温度场的计算是电器设计中的基本内容之一，只有通过对温度场的计算才能保证电器的绝缘不致因为温度过高（超过极限允许温度）而损坏或使寿命降低，并且触头、导体和结构部件不致因温度过热而发生熔焊或降低其力学性能。

电器在工作时所产生的热能与载流导体中通过的电流有关。载流导体具有一定的电阻，会产生焦耳热。电流通过动静触头间的接触电阻也会产生热量，从而使得触头温度升高，甚至产生熔焊现象。

交流电流通过载流导体时，还会由于交变电磁场的作用，同时产生趋肤效应和邻近效

应，使载流导体电阻增加，产生附加热能损耗；在铁磁体内产生涡流和磁滞损耗；在绝缘介质中产生介质损耗。

所有这些损耗，都会变成热能，一部分传递到周围介质中，一部分使电器零部件中的温度升高。超过标准规定的极限允许温升将会影响电器产品的力学性能、电气绝缘性能以及工作可靠性。特别是对于大容量的电器产品，如高压断路器、接触器、熔断器等，发热问题是影响其可靠工作的重要因素。因而对电器的热计算就显得尤为重要。

电器产品的发热和散热是极其复杂的过程。影响它的因素很多，很难建立一个包括一切影响因素的解析公式。传统的热阻模拟和靠经验决定的方法，早已不能满足电器工业飞速发展的需要。这是因为这种方法只能对不太复杂的产品进行分析；同时准确性差，不能精细地描述场域各点的情况。随着计算技术和计算机的发展和应用，使得用数值方法计算经过离散化处理的场的边值问题成为可能。

10.3.2 热传导方程和边界条件

在电磁装置中，由于线圈中通过电流而产生焦耳损耗，这一功率损耗最终转化为热能。对于交流电磁装置，铁心中的磁滞和涡流损耗也转化为热能。这些发热功率除使电磁装置温度升高外，在电磁装置内部通过不同介质（线圈、绝缘体和导磁体）的传导，最终传递到电磁装置表面，通过与周围介质（空气）的热交换而散发。因此在电磁装置内部是一热场，以温度 $T(x, y, z)$ 表征时，则表现为温度场。

根据傅里叶定理，单位时间内通过单位面积传导的热量（热传导功率）P_c 与温度梯度成正比，即

$$P_c = -\lambda \nabla T \tag{10-68}$$

式中，∇T 为温度梯度，负号表示热量从温度高的地方向温度低的方向传递；λ 为介质的热导率。

设电磁装置内单位体积的发热功率为 P_r，则在载流导体内有

$$P_r = \rho J^2 \tag{10-69}$$

式中，ρ 为导体材料的电阻率，它与导体的温度 T 有关，即

$$\rho = \rho_0(1 + \alpha T)$$

式中，ρ_0 为0℃时的电阻率；T 为导体温度；α 为电阻温度系数。

在稳定状态下，任一封闭表面 S 内部产生的发热功率应等于通过该表面传导出去的功率（热通量）。取其极限 $S \to 0$，则热场中任一点的单位发热功率 P_r 应等于传导功率 P_c 的散度，即

$$P_r = -\nabla \cdot \lambda \nabla T \tag{10-70}$$

式（10-70）是物体内热传导的基本微分方程。

对于直流电磁装置，只有线圈是发热体，则式（10-70）可写作

$$\nabla \cdot \lambda \nabla T = -\rho J^2 = -\rho_0(1 + \alpha T) J^2 = -G \tag{10-71}$$

式（10-71）是三维泊松方程的一般形式。式中介质的热导率 λ、电阻率 ρ_0 和电阻温度系数 α 均为坐标 x、y、z 的函数。

对于稳态温度场的泊松方程，其边界条件有三种情况。

（1）温度边界条件

若在边界 Γ_1 上温度是给定的，称为温度边界条件，即

$$T(x,y,z)=T_g(x,y,z) \tag{10-72}$$

式中，T_g（x，y，z）为给定的温度分布。

温度边界条件就是泊松方程的第一类边界条件。例如对于起重电磁装置，在吸持高温（如500℃）钢材时，则紧靠磁极的被吸物表面可认为属于给定温度边界条件，如图10-4所示。

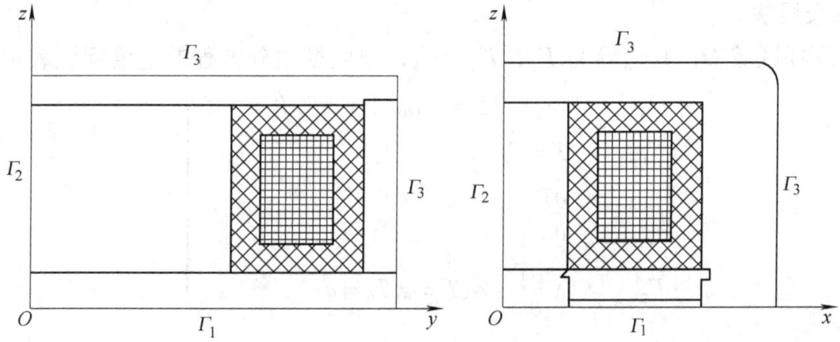

图10-4　起重电磁装置温度场的边界条件

（2）绝热温度边界条件

若在边界 Γ_2 上没有热传导，即沿该边界的法线方向温度梯度等于零，称为绝热边界条件，即

$$\Gamma_2: \qquad \frac{\partial T(x,y,z)}{\partial n}=0 \tag{10-73}$$

式中，n 为边界外法线方向的坐标。

式（10-73）是泊松方程的第二类边界条件。对于图10-8所示的电磁装置，由于对称性，我们只需计算1/4空间，在对称面（$x=0$ 平面和 $y=0$ 平面）上两部分之间没有热传导，因此为绝热边界条件。

（3）热交换边界条件

在边界 Γ_3 上从电磁装置内部传到边界上的热功率应等于通过边界散到周围介质中的热功率。

按傅里叶定律，由电磁装置内部传到边界 Γ_3 上单位面积的热功率为

$$P_1=-\lambda\frac{\partial T}{\partial n}$$

按牛顿散热公式，在边界 Γ_3 上从物体单位表面散到周围介质的功率为

$$P_2=\alpha_S(T-T_0)$$

式中，T_0 为周围介质温度；α_S 为综合散热系数，包括传导、对流和辐射等散热方式在内。

由能量平衡关系，在边界 Γ_3 上 $P_1=P_2$，即

$$\Gamma_3: \qquad \lambda\frac{\partial T}{\partial n}=\alpha_S(T_0-T) \tag{10-74}$$

或写作

$$\Gamma_3: \qquad \lambda\frac{\partial T(x,y,z)}{\partial n}+\alpha_S T(x,y,z)=\alpha_S T_0=q \tag{10-75}$$

式（10-75）是泊松方程第三类边界条件的一般形式。显见，第二类边界条件式（10-73）是式（10-75）中 $\alpha_S=0$ 时的特例。

对于上述电磁装置的温度场区域 Ω，微分方程式（10-71）加上边界条件式（10-72）、式（10-73）、式（10-75）就构成了精确的数学描述。这一微分方程的边值问题可以通过数值方法，即有限元方法近似求解。

10.3.3 稳态温度场有限元方法

1. 加权余量法

对于温度场区域 Ω，其边界为 Γ_1，Γ_2，Γ_3，温度场微分方程的边值问题表示为

$$\left.\begin{aligned}&\Omega: && \nabla\cdot\lambda\nabla T=-\rho_0(1+\alpha T)J^2=-G\\&\Gamma_1: && T=T_{\rm g}\\&\Gamma_2: && \frac{\partial T}{\partial n}=0\\&\Gamma_2: && \lambda\frac{\partial T}{\partial n}+\alpha_{\rm S}T=\alpha_{\rm S}T_0=q\end{aligned}\right\}\tag{10-76}$$

采用加权余量法，可以将微分方程转化为等价的积分形式。

设有微分方程

$$\mathrm{T}(T)=f\tag{10-77}$$

式中，T 代表微分算子$\nabla\cdot\lambda\nabla$；$f=-G$。

将式（10-77）写成余量方程形式，即

$$R(T)=\mathrm{T}(T)-f=0\tag{10-78}$$

在区域 Ω 中 R（T）应处处为零，设 W 是一任意函数，则应有

$$\int_\Omega WR(T)\,\mathrm{d}\Omega=\int_\Omega W[\mathrm{T}(T)-f]\,\mathrm{d}\Omega=0\tag{10-79}$$

显然，若对任意 W 均能满足式（10-79）的话，那么 T（x，y，z）也必然在所有点上满足式（10-77），函数 W 称为加权函数。对于式（10-77）的精确解，方程余量 R（T）应处处为零。而微分方程的数值解法，则是按一定条件作出余量的加权积分，使其在某种平均意义下余量为零，从而求出近似解。

将求解区域离散为有限数量的单元，由单元形成节点。

设近似解函数为

$$\hat{T}=\sum_{i=1}^{n}N_iT_i\tag{10-80}$$

式中，n 为节点总数；T_i 为节点待求函数值（温度值）；N_i 为基函数。

取加权函数为一组基函数 N_1，N_2，…，N_n，令余量的加权积分为零，即

$$\int_\Omega N_iR(\hat{T})\,\mathrm{d}\Omega=\int_\Omega N_i[T(\hat{T})-f]\,\mathrm{d}\Omega=0\quad(i=1,2,\cdots,n)\tag{10-81}$$

由基函数的定义，在节点 i（坐标为 P_i）处 N_i（P_i）$=1$，而 N_j（P_i）$=0$，（$j\neq i$），即 $\hat{T}$（P_i）$=T_i$。因此，方程式（10-81）的物理含义是在节点 i 处余量 R（$\hat{T}$）应该等于零，也就是说在节点 i 处近似函数 $\hat{T}$（P_i）$=T_i$ 满足式（10-77）。

设节点总数为 n，可得 n 阶联立方程组。这样，由方程式（10-81）解出的 n 个未知数 T_1，T_2，…，T_n 在 n 个节点处满足式（10-77）。

将微分算子 T＝∇·λ ∇和 $f=-G$ 代入式（10-81），得

$$\int_{\Omega} N_i(\nabla\cdot\lambda\,\nabla\hat{T}+G)\,\mathrm{d}\Omega=0\quad(i=1,2,\cdots,n)\tag{10-82}$$

由格林变换得

$$\int_{\Omega} N_i(\nabla\cdot\lambda\,\nabla T)\,\mathrm{d}\Omega=-\int_{\Omega}\lambda\,\nabla N_i\cdot\nabla\hat{T}\mathrm{d}\Omega+\int_{\Gamma} N_i\lambda\,\frac{\partial\hat{T}}{\partial n}\mathrm{d}S$$

得

$$\int_{\Omega}\lambda\,\nabla N_i\cdot\nabla\hat{T}\mathrm{d}\Omega-\int_{\Omega}N_iG\mathrm{d}\Omega-\int_{\Gamma}N_i\lambda\,\frac{\partial\hat{T}}{\partial n}\mathrm{d}S=0\tag{10-83}$$

式中，Γ 为场域 Ω 的边界，包括 Γ_1、Γ_2 和 Γ_3 三类边界。

余量的加权方程式（10-83）同样需满足边界条件，对于第一类边界 Γ_1，边界上的函数值（温度值）是给定的，属于强加边界条件，其余量应为零，因此令

$$\int_{\Gamma_1}N_i\lambda\,\frac{\partial\hat{T}}{\partial n}\mathrm{d}S=0\tag{10-84}$$

对于第二类边界 Γ_2，$\frac{\partial\hat{T}}{\partial n}=0$，因此

$$\int_{\Gamma_2}N_i\lambda\,\frac{\partial\hat{T}}{\partial n}\mathrm{d}S=0\tag{10-85}$$

对于第三类边界 Γ_3，将边界条件即式（10-74）代入式（10-83）中第三项，可写作

$$\int_{\Gamma_3}N_i\lambda\,\frac{\partial\hat{T}}{\partial n}\mathrm{d}S=\int_{\Gamma_3}N_i\alpha_S(T_0-\hat{T})\,\mathrm{d}S=\int_{\Gamma_3}N_iq\mathrm{d}S-\int_{\Gamma_3}N_i\alpha_S\hat{T}\mathrm{d}S\tag{10-86}$$

考虑边界条件之后，余量的加权方程可写作

$$\int_{\Omega}\lambda\,\nabla N_i\cdot\nabla\hat{T}\mathrm{d}\Omega-\int_{\Omega}N_iG\mathrm{d}\Omega-\int_{\Gamma_3}N_iq\mathrm{d}S+\int_{\Gamma_3}N_i\alpha_S\hat{T}\mathrm{d}S=0$$

或

$$\int_{\Omega}\lambda\,\nabla N_i\cdot\nabla\hat{T}\mathrm{d}\Omega+\int_{\Gamma_3}N_i\alpha_S\hat{T}\mathrm{d}S=\int_{\Omega}N_iG\mathrm{d}\Omega+\int_{\Gamma_3}N_iq\mathrm{d}S\tag{10-87}$$

将函数 T 的离散表达式 $\hat{T}=\sum_{j=1}^{n}N_jT_j$ 代入式（10-87），得

$$\sum_{j=1}^{n}T_j\int_{\Omega}\lambda\,\nabla N_i\cdot\nabla N_j\mathrm{d}\Omega+\sum_{j=1}^{n}T_j\int_{\Gamma_3}\alpha_SN_iN_j\mathrm{d}S=\int_{\Omega}N_iG\mathrm{d}\Omega+\int_{\Gamma_3}N_iq\mathrm{d}S\tag{10-88}$$

或写作

$$\sum_{j=1}^{n}S_{ij}T_j=F_i\qquad(i=1,2,\cdots,n)\tag{10-89}$$

式中

$$S_{ij}=\int_{\Omega}\lambda\,\nabla N_i\cdot\nabla N_j\mathrm{d}\Omega+\int_{\Gamma_3}\alpha_SN_iN_j\mathrm{d}S\tag{10-90}$$

$$F_i=\int_{\Omega}N_iG\mathrm{d}\Omega+\int_{\Gamma_3}N_iq\mathrm{d}S\tag{10-91}$$

因此，对于每一节点 i，利用加权余量法均可以列出一个方程式（10-89），对于 n 个节点，则可列出一 n 阶联立代数方程组，写成矩阵形式为

$$\boldsymbol{ST}=\boldsymbol{F}\tag{10-92}$$

式中，T 为待求函数值列阵，$\boldsymbol{T}=[T_1, T_2, \cdots, T_n]^{\mathrm{T}}$ T_1，T_2，…，T_n 代表节点的温度值；$\boldsymbol{S}$ 为系数矩阵，其元素 S_{ij} 按式（10-90）计算；$\boldsymbol{F}$ 为右端项列阵，$\boldsymbol{F}=[F_1, F_2, \cdots, F_i]^{\mathrm{T}}$ 其元素 F_i 按式（10-91）计算。

2. 二维温度场有限元离散方程

这里以二维情况为例进行分析，三维情况请参考电场有限元离散过程进行推导。

有限元法的离散过程是将热场区域 Ω 剖分成有限数量的三角形单元，并在边界 Γ_3 上分成若干线单元（见图 10-5）。在每一单元中温度函数 $T(x, y)$ 近似地用其节点的温度值 T_i 的插值函数表示。

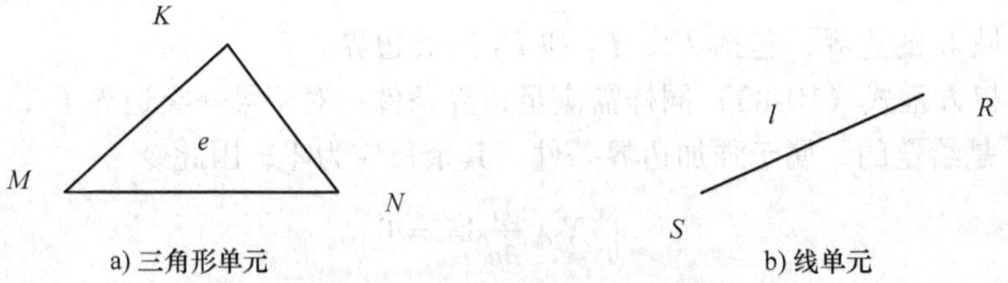

图 10-5 三角形单元与线单元

a）三角形单元 b）线单元

对于三角形单元 e，插值函数为

$$T(x,y) = \sum_i \frac{1}{2\Delta}(p_i + q_i x + r_i y) T_i \tag{10-93}$$

式中，下标 i 为三角形三个顶点的编号，$i=K$，M，N；Δ 为三角形单元 e 的面积；

$$p_K = x_M y_N - y_M x_N;$$
$$p_M = x_N y_K - y_N x_K;$$
$$p_N = x_K y_M - y_K x_M;$$
$$q_K = y_M - y_N;$$
$$q_M = y_N - y_K;$$
$$q_N = y_K - y_M;$$
$$r_K = x_N - x_M;$$
$$r_M = x_K - x_N;$$
$$r_N = x_M - x_K。$$

三角形面积为

$$\Delta = \frac{1}{2}(q_K r_M - q_M r_K) \tag{10-94}$$

对于线单元 l，插值函数为

$$T(x,y) = (1 - s/d) T_S + (s/d) T_R \tag{10-95}$$

式中，S、R 为线单元 l 上两个节点的编号；

$$d = \sqrt{(x_R - x_S)^2 + (y_R - y_S)^2}$$

$$s = \sqrt{(x - x_S)^2 + (y - y_S)^2}$$

类似于二维静电场，二维温度场的 n 阶联立代数方程组，写成矩阵形式为

$$\boldsymbol{S}\boldsymbol{T}=\boldsymbol{F} \tag{10-96}$$

式中，$\boldsymbol{S}$ 为系数矩阵（$n\times n$ 阶方阵）；$\boldsymbol{T}$ 为节点温度值列阵，$\boldsymbol{T}=(T_1, T_2, \cdots\cdots, T_n)^{\mathrm{T}}$；$\boldsymbol{F}$ 为右端项列阵。

系数矩阵 $\boldsymbol{S}$ 由各三角形单元的系数阵$\boldsymbol{S}^e$ 和线单元的系数阵$\boldsymbol{S}^l$ 组合而成，即

$$\boldsymbol{S}=\sum_{e=1}^{e_0}\boldsymbol{S}^e+\sum_{l=1}^{l_0}\boldsymbol{S}^l \tag{10-97}$$

式中，e_0、l_0 分别为三角形单元和线单元的总数。

右端项矩阵也同样由各单元的相应矩阵叠加形成。

$$\boldsymbol{F}=\sum_{e=1}^{e_0}\boldsymbol{F}^e+\sum_{l=1}^{l_0}\boldsymbol{F}^l \tag{10-98}$$

为得到整体系数矩阵 $\boldsymbol{S}$ 和右端项列阵 $\boldsymbol{F}$，首先应进行单元分析。对于三角形单元 e，系数矩阵$\boldsymbol{S}^e$ 的元素 S_{ij}^e为

$$S_{ij}^e=\lambda C_{ij}^e=\frac{\lambda}{4\Delta}(r_ir_j+q_iq_j) \qquad (i,j=K,M,N) \tag{10-99}$$

三角形 e 的右端列阵$\boldsymbol{F}^e$ 中的元素为

$$F_i^e=\frac{1}{3}G_e\Delta=\frac{1}{3}\rho_0J_e^2(1+\alpha T_e)\Delta \qquad (i=K,M,N) \tag{10-100}$$

式中，J_e 为三角形 e 中的电流密度；T_e 为三角形的平均温度，$T_e=\frac{1}{3}\sum_i T_i$（$i=K, M, N$）。

对于线单元 l，系数矩阵$\boldsymbol{S}^l$ 的元素 S_{ij}^l为

$$S_{ij}^l=\alpha_sC_{ij}^l=\frac{\alpha_sd_l}{6}(1+\delta_{ij}^l) \qquad (i,j=S,R) \tag{10-101}$$

式中，d_l 为线单元 l 的长度；

$$\delta_{ij}=\begin{cases}1 & (i=j);\\0 & (i\neq j);\end{cases}$$

线单元 l 的右端列阵$\boldsymbol{F}^l$ 中的元素为

$$F_i^l=\frac{1}{2}q_ld_l=\frac{1}{2}\alpha_{\mathrm{S}}T_0d_l \qquad (i=R,S) \tag{10-102}$$

整体系数矩阵 $\boldsymbol{S}$ 中的元素 S_{ij}由三角形单元和线单元的系数矩阵中相应的元素叠加而成。在计算机运算时只需将下标（这时的下标 K、M、N 或 R、S 应为节点的总体编号）相同的项存放在同一地址即可，即

$$S_{ij}=\sum_{e=1}^{e_0}S_{ij}^e+\sum_{l=1}^{l_0}S_{ij}^l \qquad (i,j=1,2,\cdots,n) \tag{10-103}$$

同样右端项列阵 $\boldsymbol{F}$ 中的元素也由各单元列阵中相应的元素叠加而成，即

$$F_i=\sum_{e=1}^{e_0}F_i^e+\sum_{l=1}^{l_0}F_i^l \qquad (i=1,2,\cdots,n) \tag{10-104}$$

对于第一类边界条件处理，只需将系数矩阵第 i 行对角线元素改为一很大的正数（如 10^{10}），同时将右端项矩阵相应的第 i 行写作 $T_{gi}\times10^{10}$，即可近似满足 $T_i=T_{gi}$条件。对于第二类边界条件可自然得到满足，不必作任何处理。第三类边界条件则已经包含在加权余量方程中，在离散过程中已得到满足。

线性代数方程组即式（10-96）可以用矩阵分解法（LDL^T 法）求解。由于右端项（代表热源的发热功率）是温度的函数，因此需给定一温度初值，求其相应的电阻率和发热功率，然后再逐次迭代求解，最终解得温度场中各节点的温度值。

对直流长形起重电磁铁的温度场进行实际运算，由于电磁铁长度远大于宽度，因此可按二维平面场考虑。将整个电磁铁截面按不同介质剖分成若干三角形单元。

起重电磁铁通常工作于反复短时工作制，通电持续率 $TD=50\%$，因此线圈截面中的电流密度应按 TD 值折算为等效的长期工作时的电流密度。

直流起重电磁铁温度场的计算有两种情况：一种是没有被吸物体时的自然散热情况，另一种是吸持高温（如500℃）钢材时的温度分布。

对于自然散热情况，边界条件除 y 轴为绝热条件外，其余均按热交换条件即第三类边界条件考虑。对于吸持500℃钢材时的情况，则被吸物体表面考虑为给定温度条件，其值可取为工作周期（500℃）与非工作周期（40℃）温度的平均值。

对上述两种情况的温度场分别进行计算。在自然散热情况下，电磁铁线圈中温升的计算值为100.06～105.1℃。实测温升平均值为113℃。在吸持500℃钢材的情况下，电磁铁线圈中温升的计算值为154.9～161.3℃，实测温升平均值为160℃，因此计算值与实测值是比较接近的。

思考题与习题

10-1　同轴线内导体半径为 $a=6\text{cm}$，外导体半径为 $b=10\text{cm}$，内外导体间电位差为50V，取内柱面为电位参考点，试用拉普拉斯方程求解电位 ϕ 和电场 E 的分布。

10-2　两同心导体球，其半径分别为 R_1 及 R_2，$R_2>R_1$，两球之间为空气，内球电位为 V_0，外球为电位参考点，试用拉普拉斯方程求解两球间电位 ϕ、电场强度 E 及内球面上的电荷密度 ρ_s。

10-3　用有限元法计算图10-6所示无限长同轴圆柱电极间部分场域的电位分布。直线 P_5P_8、P_9P_{12} 为电极，其电位分别为100V及0V；直线 P_5P_8、P_9P_{12} 为第二类边界，其上的电位法向梯度为零。极间介质为空气。

10-4　有两平行长直载流导线，其电流为 $I_1=10\text{A}$，$I_2=-10\text{A}$，两导线相距 $d=4\text{cm}$，试作磁场图景，并求任意三根等磁位线的磁位值。

10-5　图10-7所示为一种广泛应用于各种操作机构执行元件的电磁铁——直流阀用电磁铁，基于有限元方法计算当衔铁位于最大工作气隙时，该电磁铁内的磁场分布。

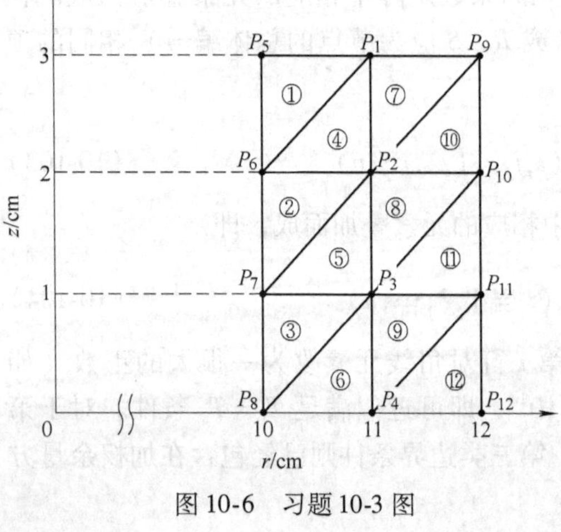

图10-6　习题10-3图

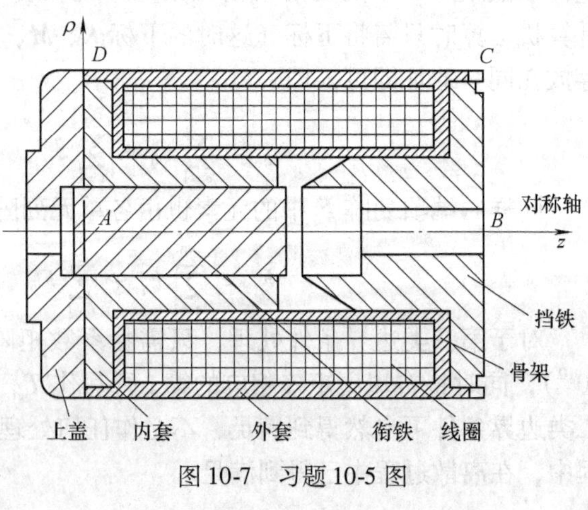

图10-7　习题10-5图

第 11 章　电器试验技术

电器产品从设计研制到生产、运行和维修的各个阶段都与试验密切相关。电器试验是鉴定电器产品质量、保证电器可靠运行的必要手段。通过电器试验可以验证电器产品是否符合相关标准的规定，检查产品的设计和生产工艺是否存在缺陷，保证电器产品的性能良好、运行可靠。

电器的试验主要包括型式试验、出厂试验、特殊试验以及研究性试验四种。型式试验是全面考核产品的设计和性能是否符合相关标准和产品技术要求的综合性试验。在产品设计研制出样机后，应按照其技术条件以及国家和行业的相关标准对试品的性能进行型式试验考核，鉴定其能否定型生产。出厂试验是指产品出厂前制造厂家对电器产品按其技术条件规定进行的常规试验项目。通过出厂试验检查产品的主要性能参数是否合格，从而保证电器产品的质量。特殊试验则是针对某些特殊用途的电器产品，除常规的试验项目外所需要进行的专门试验项目。这些试验可以根据相关的国家标准或者用户与电器生产厂家的协议来确定。例如对矿用防爆电器进行防爆性能试验，对船舶电器要进行潮湿、盐雾和冲击试验，对航空电器要进行振动、冲击和可靠性试验等。此外，在电器产品的研制开发过程中，还需要进行专门的研究性试验，例如通过电器电弧试验可以对灭弧室中电弧运动形态和熄灭特性进行研究分析，进而优化灭弧室及电器触头的结构设计，选取合适的触头材料等。

型式试验必须在国际公认或国家认可的检测试验机构进行，并出具有效的试验报告，型式试验报告是产品技术鉴定的主要依据。出厂试验则由电器生产企业的质检部门进行，电器产品只有经出厂试验检验合格后出具产品检验合格证书，相关产品才能出厂。型式试验只在生产厂家提供的试品上进行，包括的项目和内容很多，其中的寿命试验等试验项目具有破坏性。而出厂试验项目必须在每一台出厂前的电器产品上逐一进行，没有破坏性试验项目，不会损伤产品的性能。除研究性试验外，电器试验的试验项目和试验方法多在相关的国家和行业标准中作了规定。

电器的试验主要包括下列项目：

（1）电器温升试验：测量电器的零部件在规定工作条件下的温升值。

（2）电器动热稳定试验：验证电器耐受短路电流热效应和电动力效应能力的试验。

（3）电器电弧试验：研究电器电弧特性的试验。

（4）电器动作特性试验：主要是对电器电磁机构特性进行测试，检查电器的操作性能。

（5）电器通断能力试验：考核电器在发生过载或短路故障时接通和分断电路的能力。

（6）电器绝缘试验：检查电器绝缘结构的绝缘性能，验证电器对过电压的耐受能力。

（7）电器寿命试验：电器的寿命分为机械寿命和电寿命两种。电器的机械寿命是指电器在不需修理或更换零件的条件下，能承受的无载操作次数。电器的电寿命是指在规定的工作条件下，电器不需修理或更换零件而能承受负载的操作次数。

本章中将对应前面所讲述电器的发热、电动力、电弧及电磁系统等理论内容，对电器温升试验、电器动热稳定试验、电器电弧试验以及动作特性试验等进行介绍。

11.1 电器温升试验

电器设备在工作时，由于电阻损耗，交流情况下的铁磁损耗和介质损耗等热源所产生的热量使电器的温度升高。电器温升试验就是测量电器的零部件在规定工作条件下的温升值。温升试验是电器必须进行的型式试验项目。温升试验测量获取的各部位温升值不能超过标准里所规定的温升允许值。

11.1.1 温升试验的试验要求和方法

进行温升试验时，试验环境在标准中都有明确的要求。低压电器的温升试验环境应不受阳光照射或其他热辐射的影响，并且处于无外来气流的关闭房间内，电器周围的风速不大于0.1m/s。高压电器的试验环境风速对户内产品不大于0.15m/s，对户外产品不大于0.5m/s。

温升试验的试验电源应按标准规定选用。对于交流电源，电流的波形应该为正弦波，无明显畸变，波形失真度不大于5%。试验电流值和电源频率偏差也必须在标准规定范围内。

根据被试电器的部件、极数和试验电流的相数可以采用不同的试验线路。三相电器原则上通以三相电流进行试验。只有在三相邻近效应的影响不明显等标准中允许通以单相电流进行试验的情况下，才可以选择单相设备进行试验。三相温升试验原理图如图 11-1 所示。

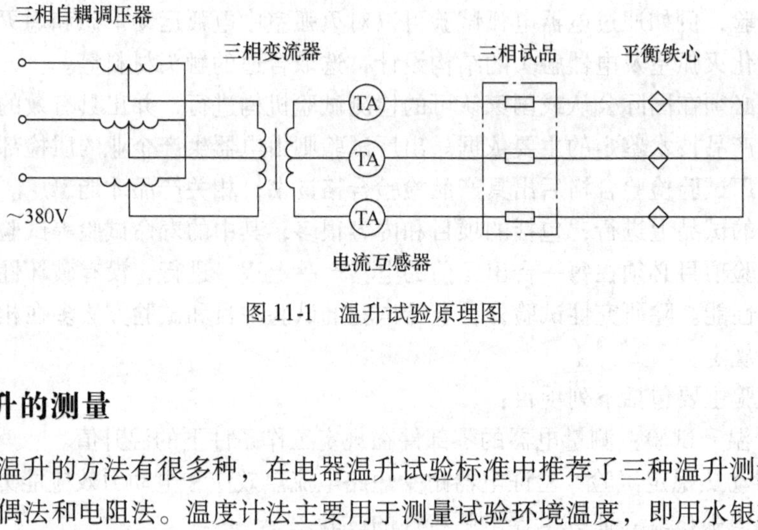

图 11-1 温升试验原理图

11.1.2 温升的测量

工业上测温升的方法有很多种，在电器温升试验标准中推荐了三种温升测量方式，即温度计法、热电偶法和电阻法。温度计法主要用于测量试验环境温度，即用水银或酒精温度计直接测量电器周围空气的温度。热电偶法可以用于测量试验环境温度，也可用于测量电器各部件表面的温升。电阻法则主要用于电器电磁系统中线圈温升的测量。

1. 热电偶法测量表面温升

热电偶是根据热电效应的原理制成的，具有结构简单、热惯性小、测温范围广的优点。热电偶的尺寸很小，可以很方便地放置到需要测量温度的部位，对被测部位的温升影响小。热电偶测温的信号可以远距离传输，便于自动控制和集中检测，因此在电器温升试验中广泛用于电器零部件表面温度的测量。

（1）热电偶法测温的原理。热电偶由两种不同的金属材料制成，其示意图如图 11-2 所示。由于两种金属材料的电阻率差别比较大，当热电偶的热端和冷端有温度差别时，在冷热端之间就会产生热电动势。图中热端温度为 t，冷端温度为 t_0，热端温度 t 大于冷端温度 t_0，回路中产生的热电动势可以表示

$$E_{AB}(t,t_0)=e_{AB}(t)-e_{AB}(t_0) \tag{11-1}$$

式（11-1）中 $e_{AB}(t)$和 $e_{AB}(t_0)$为热电偶热端和冷端产生的电动势，是温度 t 和 t_0的函数。如果热电偶冷端的温度 t_0恒定，则 $e_{AB}(t_0)$为一常数 C，代入式（11-1）得

$$E_{AB}(t,t_0)=e_{AB}(\mathrm{t})-C=f(t) \tag{11-2}$$

根据式（11-2），就可以把温度的测量转为热电动势的测量。用直流电位差计、毫伏计或数字电压表等可以测量热端在不同温度时的热电动势值，从而获得热电动势和温度的函数曲线。根据试验中在冷端测量出的电压值就可以得到被测量的热端温度。

综上所述，热电偶具有以下特点：

1）热电偶由两种不同材料的金属导体组成。

2）热电偶产生的热电动势的大小只与热电偶材料和两端的温度有关，而与热电偶的形状和几何尺寸无关。

3）热电偶的参考端（冷端）温度恒定时，热电动势仅是测量端（热端）温度的函数，参考端不同则热电动势与测量端温度的对应关系也不同。

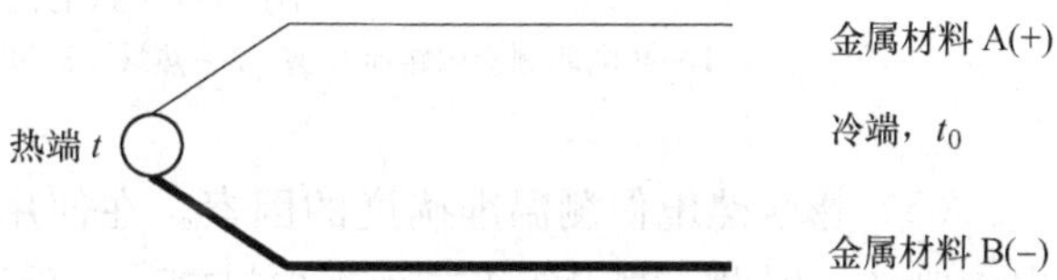

图 11-2　热电偶示意图

（2）热电偶的测温电路。热电偶的测温范围很广，既可以测量高温，也可以测量低温。不同金属材料组成的热电偶适用的测温范围不同。电器温升试验中最常用的是铜-康铜热电偶，这种热电偶准确度高而价格低，适合于 200℃以内的温度测量。对于少数温升高于 200℃ 的温升试验，可采用铁-康铜或镍铬-镍硅热电偶。常见热电偶的测温范围见表 11-1。

表 11-1　常用热电偶的测温范围

热电偶材料		测量温度 /℃	
正极	负极	常用	短时
铜	康铜	−200～200	300
铁	康铜	−100～600	800
镍铬	镍硅	400～1000	1200
铂铑	铂	600～1300	1600

常用的热电偶测温电路有两种，图 11-3a 所示为热电偶冷端置于空气中的测温电路。此时把热电偶冷端的端头直接连接到测量仪表两端，根据测量仪表测量的热电动势得出被测点的温度。这种测温电路比较简便，但由于热电偶的热电特性曲线通常不是线性的，因此测出热电动势后还必须经过补偿校正。

另外一种热电偶测温电路为冷端置于 0℃ 的测温电路，如图 11-3 b 所示。图中在热电偶的测量电路中再反接串联一个相同的热电偶，并将串接热电偶的冷端置于 0℃（冰水混合物）。这种测温电路测出的热电动势可以直接得到被测点的温度，不受周围介质温度的影

响，测温的误差小，准确度高。

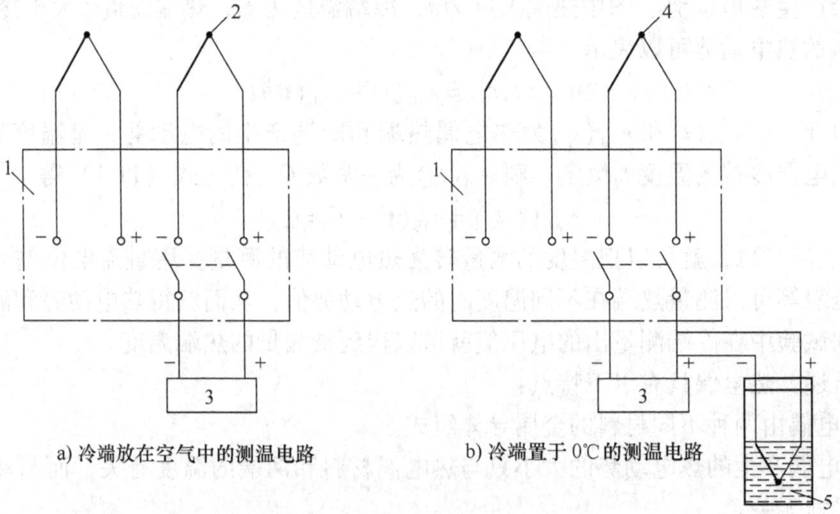

图 11-3　热电偶测温电路

1—热电偶测量用转换开关　2—热端　3—电位差计　4—冷端　5—冰水混合物

（3）影响热电偶测温准确度的因素。在使用热电偶测温时，为了减小误差，必须在热电偶制造、埋设、测量等多方面采取措施，以保证热电偶测量的准确度。

1）热电偶制造上的影响。热电偶材料对热电偶的测温性能影响很大，必须选择热电偶专用的偶丝制作热电偶。热电偶的测量端由两偶丝绞合 1 ~ 3 圈后焊接而成。焊接最好采用电弧焊，测量温度低于160℃时也可用锡焊。除热电偶测量端外，各个部分间都要有良好的绝缘，否则会有热电动势损耗而引入误差，或造成热电偶短路无法测量。为了减少交变磁场感应电动势对测温电路的影响，应将两彼此绝缘的热偶丝互相绞合。绞合时不应使热偶丝受到较强的机械应力，以免导致热电特性的劣化。

2）热电偶固定方式的影响。热电偶在埋设固定时，应使热电偶的测量端和被测部件表面之间有良好的热传导性，同时尽可能不影响被测处的温升，从而保证热端与被测点温度一致。热电偶常用的固定方式有三种，即胶粘固定法、锡焊固定法和钻孔埋入法。胶粘固定法是将热电偶的测量端焊在厚 0.1 ~ 0.2mm 的小铜片上，将铜片和试品结合面清理干净，然后用 502 等快干胶粘紧固化。锡焊固定法是用锡将热电偶的测量端直接焊在被测点上，焊点不宜太大，以盖住热电偶测量端免受气流影响为限。钻孔埋入法相对前两种固定方法复杂一些，要先在被测点钻一小孔，孔的深度和直径略大于热电偶测量端，然后将热电偶测量端全部放入孔中，四周用导热性好的材料填充塞紧，使测量端和孔壁紧密接触。

三种固定方式中，锡焊固定法和钻孔埋入法的测温结果比较精确。钻孔埋入法的测温范围最高，可测量接近 200℃的温度。锡焊固定法的测温范围要求在焊锡的软化温度（100℃）以下。快干胶的耐热性一般较差，极限使用温度为 80 ~ 100℃，因此胶粘固定法的测温范围一般在 80℃以下。而且快干胶产生的热阻使胶粘固定法测出的温度偏低，对测量温度必须按式（11-3）进行校正。

$$t_2 = 1.025t_1 \tag{11-3}$$

式中，t_1为胶粘固定法实际测量的温度；t_2为校正后的被测点温度。

3）测量仪表的影响。热电偶测量温升时，热电动势很小，要求采用较高准确度的测量仪表，测量回路中接触良好稳定，从而减小测量的误差。

4）冷端温度的影响。只有当冷端温度恒定时，热电偶测出的热电动势才仅是测量端温度的函数。如果热电偶冷端温度变化大，引入的测量误差就会增大，因此热电偶的冷端最好置于温度恒定的介质内。

2. 电阻法测量线圈温升

在前面电器发热计算的部分已经分析过电器线圈的温升分布情况，电器线圈内部的温度分布是不均匀的，线圈内外表面的温升较低，而线圈内部某处的温升最高。标准规定对电器里的线圈要进行温升试验，对线圈的温升测量采用电阻法。电阻法测得的是线圈的平均温升，只能间接反映线圈内部发热的情况。

（1）电阻法测温原理。电器线圈的电阻随着线圈温度的升高而增加，根据线圈未通电前的冷态电阻和线圈通电至稳定温升的热态电阻之差，可以计算出线圈的平均温升。线圈电阻 R 与温度 θ 的关系由式（11-4）表示，即

$$R = R_0(1 + \alpha\theta) \tag{11-4}$$

式中，R 为温度为 θ 时的线圈电阻；R_0为 0℃时的线圈电阻；α 为 0℃时的线圈导线材料的电阻温度系数。

在线圈未通电时，设周围介质温度为 θ_1，测量获取线圈的冷态电阻 R_1，由式（11-4）得

$$R_1 = R_0(1 + \alpha\theta_1) \tag{11-5}$$

线圈通电发热至温度 θ_2时，测量获取线圈的热态电阻 R_2，同样可得

$$R_2 = R_0(1 + \alpha\theta_2) \tag{11-6}$$

将式（11-5）和式（11-6）消去 R_0后变换得

$$\theta_2 = \frac{R_2}{R_1}\left(\frac{1}{\alpha} + \theta_1\right) - \frac{1}{\alpha} \tag{11-7}$$

线圈的温升 τ 可由式（11-8）确定，即

$$\tau = \theta_2 - \theta_3 = \frac{R_2 - R_1}{R_1}\left(\frac{1}{\alpha} + \theta_1\right) + \theta_1 - \theta_3 \tag{11-8}$$

式中，θ_3为测量线圈热态电阻时的周围介质温度。

（2）线圈电阻的测量。线圈的电阻主要采用直流电桥来测量，测量冷态和热态电阻应该采用同一电桥进行测量，导线的连接点也应相同。当线圈电阻较小时，应该采用开尔文电桥测量，以消除接线电阻和接触电阻对测量的影响。

在温升试验开始前首先测量线圈的冷态电阻，温升试验结束后应立即测量线圈的热态电阻。如果不能立即测量，应在分断电源后，按相等时间间隔测量，用电阻法求出线圈的冷却曲线，再用外推法确定线圈的稳定温升。

11.2　动热稳定试验

电器设备在运行过程中，如果电路发生短路故障，短路电流会超过额定电流许多倍。此

时要求电器必须能够承受短路电流产生的冲击，在短路电流产生的电动力和热效应的作用下能够正常工作，因此在电器的型式试验中必须要对电器进行动热稳定试验的考核。

动稳定试验也称为峰值耐受电流试验，是给电器施加产品技术条件规定的峰值耐受电流，一般持续0.3s。通过动稳定试验可以考核电器在短路电流电动力作用下电器的机械强度，检验电器承受电动力的作用而不致破坏的能力。

热稳定试验也称为短时耐受电流试验，是给电器施加产品技术条件规定的短时耐受电流的有效值，持续至规定的时间，一般规定为1s。通过热稳定试验可以考核电器的热容量，检验电器承受热效应的作用而不致破坏的能力。

由于电器在通过短路电流时，所产生的电动力效应和热效应是同时发生的，并同时作用在电器上。电动力效应在电器的触头间产生的斥力可使触头的接触电阻增大，从而增大触头的发热，即热效应增加。而热效应可使电器载流部件的机械强度下降，从而降低耐受电动力的能力。因此，电器的动稳定性试验和热稳定性试验严格来说不应分开进行，即应结合在一起进行电器的动热稳定试验，它更能与电器实际运行情况相符合。

交流电器的动热稳定试验应通以交流试验电流。直流电器原则上应该通以直流电流进行动热稳定试验，但为了便于试验，直流电器也可以用交流电源来进行替代试验，但要保证试验的等效性，即交流的 I^2-t 值与直流的 I^2-t 值相等，且交流最大电流峰值和要求的直流电流最大值相等。故下面仅介绍交流动热稳定试验。

动热稳定试验对试验电压不作严格规定，可根据试验设备容量来选取低于试品额定电压的任何值。试验电压越高，在相同试验电流下对试验设备的容量要求就越高。但试验电压也不宜过低，一般选用几十到几百伏的低电压。

在进行动热稳定试验时，主要有三个试验参数，即最大峰值电流 i_{1m}、电流的周期分量有效值 I 和电流持续时间 t。动热稳定试验电流波形如图11-4所示。

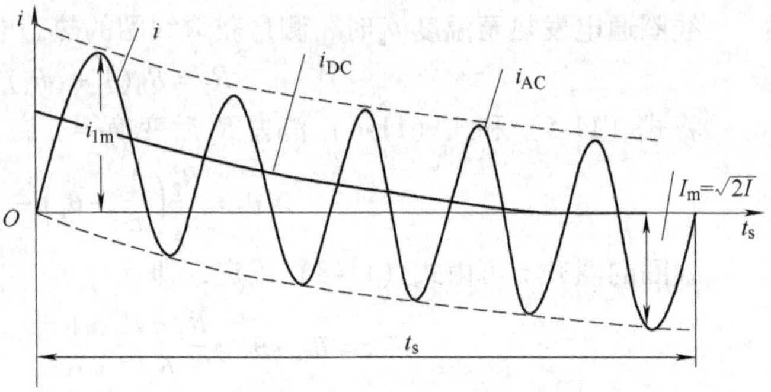

图11-4 动热稳定试验电流波形

动热稳定试验电路如图11-5所示。试验电路由电源、负载电阻器、负载电抗器和被试电器组成。电源应有足够的容量，以保证电器的动热稳定特性得以验证。通过调整回路中的电阻器R和电抗器L改变回路阻抗，获得符合规定要求的试验电流值。进行动热稳定试验时，要求 i_{1m}、I 和 t 三个参数值必须符合规定，即在额定短路电流持续时间 t 内的一

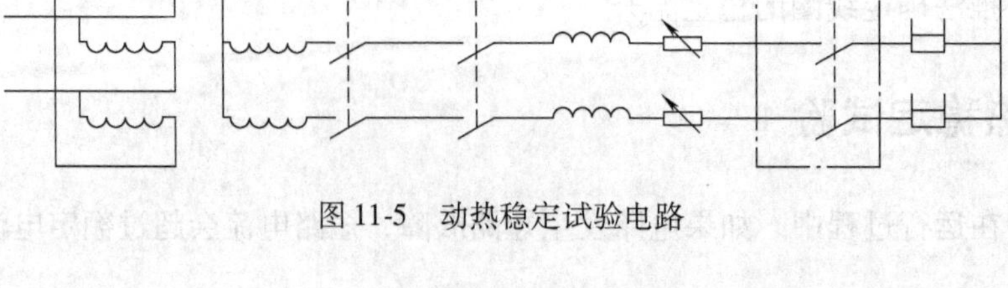

图11-5 动热稳定试验电路

次试验中同时获得规定的动稳定电流峰值 i_{1m} 和热稳定电流有效值 I。

如果试验设备受限不能满足要求，允许作适当变更。在保证最大峰值电流 i_{1m} 和 I^2t 值符合规定的情况下，可以适当改变电流有效值 I 和通流时间 t。如果试验设备不能在规定时间内达到规定的 I^2t 值，允许适当增加通流时间，以保证 I^2t 值不小于规定值。如果为了获得规定的最大峰值电流，而电流的有效值必须增大到规定值以上，则通流时间应相应缩短。

对三相电器进行动热稳定试验，应进行三相交流试验。三相周期分量电流有效值应尽可能相等，且与规定值相符。三相交流试验电路中，因为各相电流有 120°相位差，各相电流的第一个周波峰值电流并不相同，此时要求三相的第一个周波峰值电流中最大的一个峰值电流值必须符合规定值。

电器在动热稳定试验后，按照相应适用程序所规定的项目对电器状况加以检验，如电器触头不能发生熔焊，没有影响电器正常工作的机械变形和绝缘损伤，试验后绝缘耐压试验和温升试验符合规定，电器用其正常操动方式应能正常可靠动作等。程序中每一项目都合格后才能认为动热稳定试验合格。

11.3　电器电弧试验

电器电弧试验属于研究性试验。通过对电器电弧的试验研究，可以获得电弧的物理特征参数，了解电弧的形成、发展和熄灭过程，观测电弧的运动过程以及电弧对触头的烧蚀情况，根据电弧试验结果优化电器灭弧室的设计，进而提高电器的性能。电器电弧试验主要包括电弧伏安特性的测量、电弧形态的观测以及电弧等离子体参数的诊断。电弧的伏安特性是电弧的基本特性之一。在电器电弧试验中，通过测量电弧电流和电弧电压的波形，就可获取电弧的伏安特性曲线。

11.3.1　电弧形态的观测

电器电弧的燃弧时间一般很短，这给电弧形态的观测研究带来了很大的困难。在这短暂的时间内，想通过肉眼去判断电弧的具体燃烧过程及其形态变化的细节是不可能的。随着光学器件和电子技术的迅速发展，高速摄影技术得到了深入开发和广泛应用。利用高速摄影可以对电弧的燃烧过程进行时间和空间放大，从而了解电弧更多的特征信息。

目前应用最广的图像传感器主要有电荷耦合器件 CCD 和互补金属氧化物场效应晶体管 CMOS。相对而言光学器件 CMOS 适合高速采集，成本相对较低，但图像质量不高；而 CCD 采集速度不高，但采集得到的图像质量很高。因此在对电弧外在形态进行研究时，往往采用高速 CMOS 摄像机，以便在电弧燃烧过程中采集更多的照片，从而有助于了解电弧燃烧过程中电弧形态的每一个变化细节；而对电弧等离子体参数进行诊断时，采用 CCD 相机，可以得到高分辨率和高准确度的电弧图像，这样提高了诊断的准确度，减小了实验误差。

图 11-6 所示为采用高速 CMOS 摄像机拍摄的真空电弧的形态变化图像，从图中可以观测到电弧从触发、稳定燃烧到熄灭的全部形态变化过程。电弧形态的演变与电弧内在物理特性的变化密切相关，研究电弧形态及其变化规律，有助于了解电弧内在的物理特性，从而实现对电弧的调节和控制。

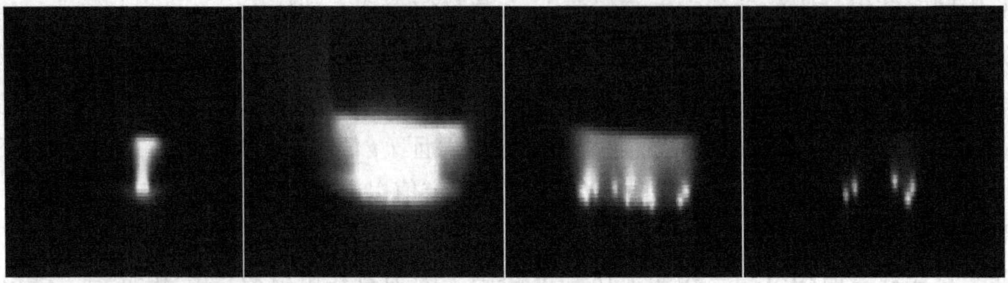

图11-6　真空电弧的形态变化图像

11.3.2　电弧等离子体参数的诊断

在前面电弧理论部分已经介绍过，电器电弧中燃炽的气体处于等离子体状态。电弧等离子体具有良好的导电性，并在宏观上保持电中性。电弧等离子体的状态参数包括等离子体温度、密度、电子及其他离子密度等。电弧等离子体的诊断方法有很多，包括光谱法、激光法和探针法等。

光谱法是从等离子体的辐射来测量电弧等离子体参数的方法。它利用电弧等离子体固有的光为基础，借助光谱仪器将电弧光辐射分解为光谱，再根据光谱强度与电弧等离子体内部温度、离子浓度和成分等因素的规律来反映电弧内部的物理状态及其过程。光谱法是非接触式诊断，不会对电弧等离子体产生扰动。光谱法常用来对等离子体的温度进行测量。

激光法采用激光干涉仪产生两束激光，一束作为参考光束，另一束通过被测的电弧等离子体，两束光之间存在着光程差，从干涉条纹移动的数目可以推算出电弧等离子体的电子密度。

探针法是根据等离子体的电磁效应对等离子体中的电流、电压和磁场分布进行测量。探针诊断方法中最常用的是静电探针。静电探针的基本测量原理电路如图11-7所示。探针是一根细金属丝，探针的前端直接插入到等离子体中，在探针表面附近产生一等离子鞘层。由于电子速度远大于离子速度，探针表面将形成一负电荷层，使得探针的电位比鞘外等离子体空间电位低。

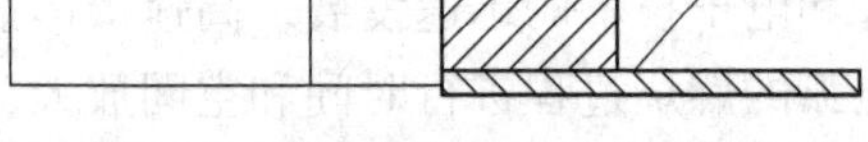

图11-7　静电探针的基本测量原理电路

利用电源电路，逐渐改变探针的电位，可以测得探针的伏安特性曲线。根据静电探针的伏安特性可以导出等离子体电子温度、密度和等离子体空间电位分布等重要参数。与光谱法和激光法相比，探针法具有成本低、操作简单、具有较高的空间分辨率等优点。探针法由于是直接接触的方法，因此会对电弧等离子体造成干扰。

11.4　动作特性试验

电器动作特性试验的目的就是保证电器在产品标准或规定的产品技术条件下，按照规定的要求正确、可靠地动作。对于低压电器而言主要指电器动作值的测定，对于高压电器则主要是开关的机械试验。

11.4.1 低压电器的动作特性试验

多数低压电器的接通和分断操作是由电磁机构实现的。电磁机构的动作特性是这些电器的基本特性，电磁机构准确可靠地吸合与释放是其正常工作的首要条件。电器的电磁机构有电压线圈和电流线圈两种，对电压线圈来说动作值就是吸合电压和释放电压，电流线圈的动作值是吸合电流和释放电流。吸合电压或吸合电流是指使电器电磁机构的衔铁可靠吸合的最小电压或电流值。释放电压或释放电流是指使电器电磁机构的衔铁可靠释放的最大电压或电流值。

低压电器的动作特性试验就是对电器吸合和释放的动作值进行测定。对于带电压线圈的低压电器，标准对动作范围通常的要求是：在额定电压的85% ~110%（交直流）范围内应该可靠吸合；释放和完全断开的极限值是其额定电压的20% ~75%（交流）和10% ~75%（直流）。

1. 动作特性试验条件

试验用的直流电源应采用直流发电机电源或三相全波整流电源，要求电源电压在接入试品后，纹波系数不大于5%。试验用交流电源的电压波形为正弦波形，失真度不大于5%。一般采用接触式自耦调压器，避免使用感应调压器，因为感应调压器输出的电压波形常有畸变，且内阻抗较大，会对试品动作产生影响。

试验温度会对动作值的测量产生影响。对于直流电压线圈的电器，其吸合电压 U_X 为吸合电流 I_X 与线圈电阻 R 的乘积。当线圈电阻 R 改变时，吸合电压 U_X 也随之改变。在室温和冷态下测定的吸合电压合格的话，在周围介质温度较高和热态的情况下，因线圈电阻增加，吸合电压值也随之增加，就可能不合格了。对于交流电压线圈的电器，吸合电压 U_X 是吸合电流 I_X 与线圈阻抗 Z 的乘积。若线圈电抗比电阻大得多，线圈温度变化虽然引起了电阻变化，但吸合电压变化较小。但对于线圈电阻较大的情况，吸合电压也会随着温度的变化而发生较大变化。因此对于吸合电压试验，应在产品标准中所规定的最高周围介质温度下，并且线圈电阻为热态的条件下进行，即给线圈在额定电压下持续通电达到稳定温升后再测量吸合电压。

同样对于释放电压试验，要求在产品标准中所规定的最低周围介质温度下，线圈电阻为冷态的条件下进行试验。如果试验条件有限，可用接入附加电阻的等效方法测定相当于最高周围介质温度及热态下的吸合值，采用电阻换算的方法推算最低周围介质温度及冷态下的释放电压值。

2. 动作特性试验方法

测量吸合电压时，应将电压先调到预期动作值，再瞬时接通电路进行试验。试验中的电压是瞬时加到线圈上，而不是接通线圈线路后，再逐步增加的。这种试验方法与电器实际使用情况相符。电器在实际使用时，电器线圈的电压就是突然加到线圈上的。由于线圈电感的作用，线圈电流也发生变化，暂态电流的作用也在此方法中得到反映。

测量释放电压时，应将电压从额定值起连续降低，以开始释放时的电压值为释放电压。这种方式测量释放电压，电压由高到低逐步下降，电器磁系统的剩磁较大，电磁机构的衔铁不易释放。这种情况下对释放电压的考核更为严格。

交流电器吸合电压测量的试验次数推荐为6~20次，交流电器释放电压测定的试验次数推荐为2~6次。直流电器动作值测定时，在每次试验后应改变电源极性，以防止剩磁对动作值的影响。

11.4.2 高压开关的动作特性试验

为确保高压开关动作可靠，就要求高压开关具有可靠的机械特性。高压开关的动作特性试验主要包括机械特性试验和机械操作试验。

高压开关的机械特性试验是测量开关的机械特性参数是否达到产品技术条件规定的数值。机械特性参数包括各种与开关机械运动有关的尺寸、速度、时间等参数，如断路器的开距、超程、分合闸时间以及分合闸速度等。

机械操作试验用于检查产品在规定条件下的操作性能及分闸、合闸、合分和自动重合闸的可靠性。机械操作试验应按照产品标准及技术条件规定的操作次数进行。以断路器为例，断路器及其操动机构应在规定的操作电压、操作压力下能连续正确可靠地分、合50次，其操作顺序如下：

（1）在最低操作电压（对于液压、气动操动机构配最高操作压力）下分、合闸各50次。

（2）在最高操作电压（对于液压、气动操动机构配最低操作压力）下分、合闸各50次。

（3）在规定的操作电压（对于液压、气动操动机构配额定操作压力）下对具有重合闸操作功能的断路器进行5次额定操作循环（分—θ—合分）的操作；对不具备重合闸操作功能的断路器进行5次合分操作。

（4）对装有脱扣器的断路器，应在规定的条件下进行3次分闸操作。

11.5 电器的通断能力试验

接触器、断路器等开关电器的主要任务就是接通和分断电路。通断能力试验主要就是考核电器在发生过载或短路故障时接通和分断电路的能力。电器的通断能力试验按照开关电器类型的不同可分为接触器的通断能力试验、熔断器的分断能力试验及断路器的通断能力试验等多种。

接触器是对电路频繁地接通和分断的控制电器，对接触器主要考核其在规定负载条件下的额定接通能力试验和额定分断能力试验。在进行试验前，根据接触器的使用类别和额定工作电流按照相关产品标准确定试验参数。接触器在进行额定接通和分断能力试验过程中，应不发生持续燃弧、相间飞弧、触头熔焊等现象，在试验后还能可靠地完成闭合和断开动作。熔断器只有分断功能，能对电路进行过载及短路保护，所以对熔断器没有接通能力的要求，因此对熔断器只进行分断能力试验。

断路器主要是在过载或短路的故障情况下接通和分断电路，对其要进行短路的接通和分断能力试验。本节以断路器为例，主要介绍低压断路器的短路通断能力试验和高压断路器的开断与关合试验。

1. 低压断路器的短路通断能力试验

短路通断能力试验是模拟电路中发生短路故障时，断路器接通和分断故障电流的试验。短路通断能力试验电路如图 11-8 所示。整个试验电路由电源、负载阻抗和被试电器三大部分组成。负载阻抗由电阻和空心电抗串联而成。因为短路通断能力试验是模拟电路中发生短路故障的条件，故在试验电路中电源 S 通过电阻 R 和空心电抗 L 供电给被试电器，被试电器后不接负载阻抗。

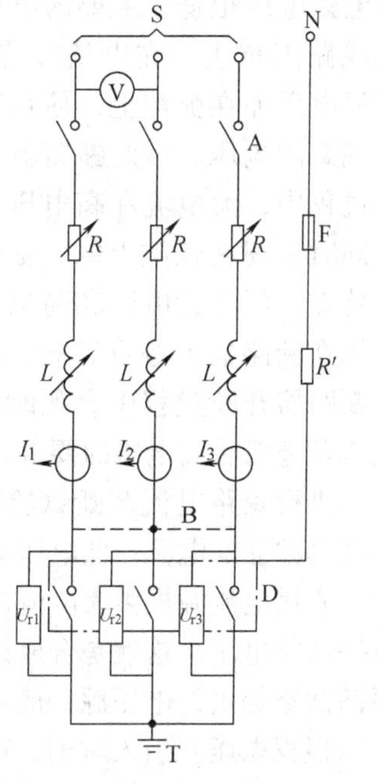

图 11-8　短路通断能力试验电路

当试验电流小于额定短路电流值时，可以接入附加阻抗，但此附加阻抗应接在被试电器的负载侧与短路点之间。电器的所有接地部件（包括外壳、屏蔽等）在试验时应该和接地点脱开，并经过限流电阻和检测飞弧故障电流的熔断器接至电源中性点或人工中性点。试验电源应有足够大的短路容量以便对电器的额定短路参数（短路接通能力、短路分断能力等）进行验证试验。

低压断路器的短路分断能力是指在额定工作电压、额定频率、规定的功率因数（对交流）或时间常数（对直流）下，产品标准所规定的短路分断能力。它用预期分断电流值（对交流为周期分量有效值）表示。

低压断路器的短路接通能力是指在额定工作电压、额定频率、规定的功率因数（对交流）或时间常数（对直流）下，产品标准所规定的短路接通能力。它用最大预期电流峰值表示。

2. 高压断路器的开断与关合试验

高压断路器的开断与关合试验项目很多，包括出线端短路开断、关合试验，近区故障开断试验，失步开断、关合试验，线路充电电流开断试验等。这里介绍其中最基本的开断试验，即断路器出线端的短路开断试验。短路开断试验的目的是考核断路器在规定的恢复电压下，开断短路电流的能力。

短路开断试验方法可分为直接试验和间接试验两种。直接试验方法之一是试验电源直接由电网提供；方法之二是采用冲击发电机组提供试验电源。若采用前者，试验电流要受到电网短路容量的限制，且每次试验的短路冲击会影响电网的稳定运行。若采用大容量发电机组供电，投资巨大。因此对于大容量高压断路器的开断试验多采用经济有效的合成试验方法。合成试验是间接试验方法，投资小，而且能较好地反映开关的开断能力。

断路器开断过程中的电流和电压波形如图 11-9 所示。根据图中波形可以将开断过程分为 3 个阶段。从触头分离瞬间到主电流消失瞬间的时间段称为燃弧阶段。在每个燃弧半波，电弧电压在电流过零前通常表现出显著变化，这取决于弧隙特性，其电流变化率也将偏离相应预期电流的变化率，这一阶段为电弧电压显著变化阶段。随后断口两端的电压与电流一起降至零并改变极性，断口两端出现瞬态恢复电压。在电流零点后，由于瞬态恢复电压和弧隙剩余电导的作用，断口会流过弧后电流，即弧后电流阶段。电弧电压显著变化阶段和弧后电流阶段可统称为电流零点阶段，即电流零区。流过断口的电流消失后，断口间相当于一段绝缘并承受电压，即介质强度阶段。必须指出，实际上不可能精确地确定这些阶段的界线。

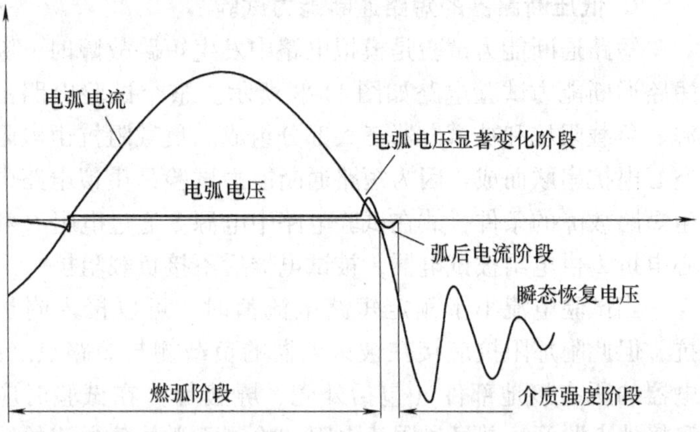

图 11-9 断路器开断过程中的电流和电压波形

由对开断过程的分析可以看出，当电弧电流通过时，弧隙上的电弧电压很低，主要的电压降在线路阻抗上。在电流零点后，恢复电压加在弧隙上，使弧隙上出现高的电压。因此断路器在开断过程中，大电流和高电压并不是同时出现在弧隙上的。根据这一特点，可将大电流和高电压先后加在断路器上进行试验，以满足断路器开断过程中燃弧时的大电流及熄弧后高电压的要求。

进行短路电流开断试验时采用两套独立的电源：低电压大电流电源（电流源）和高电压小电流电源（电压源）。试验时，先用电流源提供大电流使电弧燃烧，在电弧电流过零前后的适当时间，加上电压源产生暂态恢复电压。这就是合成试验的基本原理。合成回路的电流源可以由电网、短路发电机或振荡回路提供，电压源一般由振荡回路提供。

根据电压源引入时刻，可以将合成回路分为两种：

（1）电压引入法：电压源回路在工频电流零点后引入。

（2）电流引入法：电流源回路在工频电流零点后引入。

采用电流引入法的合成回路通常称为威尔合成回路。威尔合成回路的原理图如图 11-10 所示。图中短路发电机 G、变压器 T 和电抗器 L_1 组成电流源回路。电压源回路是由 C_2 和 L_2 组成的振荡回路，它们振荡产生工频恢复电压。SG 是点火球隙，球隙的间隙根据充电电压等级的变化进行调整。R_0、C_0 分别为调频电阻和调频电容，用于改变试品断路器 TB 两端暂态恢复电压的幅值和频率。CB 为合闸断路器，用来控制电流源的放电，从而向试品断路器 TB 中引入模拟电网短路的故障电流。AB 是辅助断路器，它的作用是保护合成回路和试品断路器 TB。

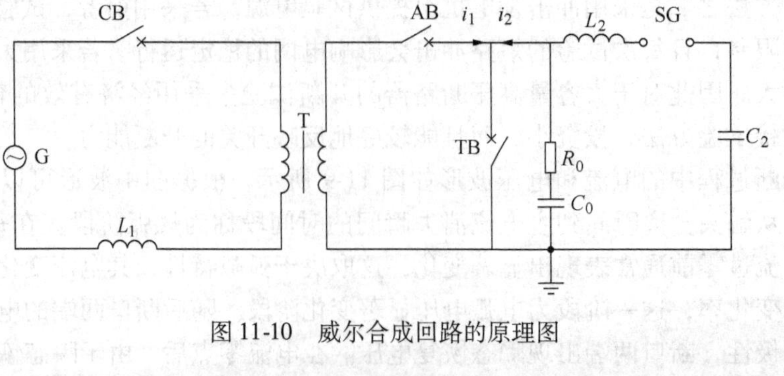

图 11-10 威尔合成回路的原理图

图中合闸断路器 CB 的初始状态为分开，辅助断路器 AB 和试品断路器 TB 的初始状态为闭合。试验时首先关合合闸断路器 CB，将短路电流引入电流回路，此时试品断路器 TB 中将会通过工频试验电流。随后开断辅助断路器 AB 和试品断路器 TB，产生电弧。在电流波

形过零前某一时刻 a 触发点火球隙，引入电压源。电压源电流 i_2 与电流源的电流 i_1 叠加后流过试品断路器，如图 11-11 所示。此时试品断路器中的电流在电流过零前出现畸变，但只要畸变不大就对试验的等价性影响不大。在时刻 b，辅助断路器中的电弧在电流 i_1 过零时熄灭，电流源与电压源脱离接触，保证电压源的高压不会引入到电流源回路中。在时刻 c，试品断路器中的电流到达零点，电弧熄灭，暂态恢复电压加在试品断路器 TB 两端，试验完成。

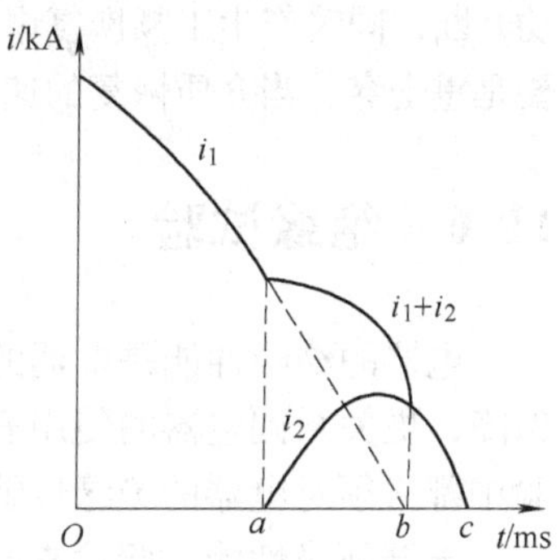

图 11-11　威尔合成回路中的电流波形

合成试验是一种间接试验方法，它除了必须合适地选择回路参数以满足开断条件外，还需保证与相同开断条件下的直接试验方法的等价。保证合成回路等价性的要素主要有如下几个方面：

（1）电弧能量的等价性。电流源必须提供所需要的试验电流，其电弧能量应与等价的直接试验相同。燃弧时间内释放的电弧能量取决于电弧电压及电流。当开关开断电流时，电流总有些畸变，其幅值和半波持续时间要相应减小，畸变的大小取决于电弧电压与电源电压之比。

在直接试验时，不需考虑开关电弧电压在减小电流幅值及半波持续时间（与预期电流相比较）方面的影响，因为这一影响是开关的一种性质。但在合成试验中，由于工频电流回路的电压较低，以及由辅助开关和被试开关相加的总电弧电压较高，使电弧电压对工频回路电压之比增大，即加大了对电流的影响。

标准中要求试验电流最后半波的幅值和电流半波持续时间的误差小于 10%。为满足这一要求，电流源的电压不能太低，其电压幅值至少应为电弧电压的 10 倍以上。

（2）电流变化率的一致性。保证过零前后电弧的物理过程相同，即在投入电压源后，被试断路器中电流过零时的变化率应与规定的预期工频电流过零时的变化率相等。

（3）产生恢复电压的电压源回路，必须有足够的容量，不致因某些弧后电流或其他电流的影响而使恢复电压波形发生改变。

（4）为了减小电压源投入时试品断路器中电流的畸变，电压源电流 i_2 的振荡频率 f_2 不宜太高。一般 f_2 为工频 f_1 的 5～20 倍，即 250～1000Hz。同时要保证电压源投入时刻的准确性。

判断断路器是否通过开断试验，要根据示波图来确定。合成回路分断成功的试验波形如图 11-12a 所示，在电流过零前某一个时刻电压源投入，产生叠加电流，在电流过零时刻成

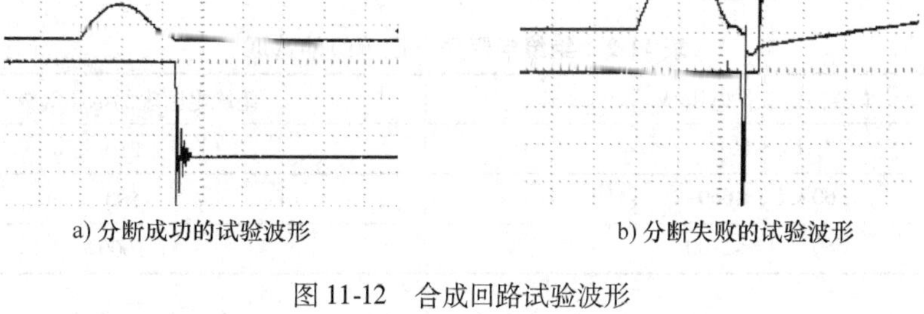
a) 分断成功的试验波形　　b) 分断失败的试验波形

图 11-12　合成回路试验波形

功开断，同时产生工频恢复电压。图 11-12b 所示为分断失败的试验波形。试品的分断失败主要是重击穿，当介质恢复的速度没有电压恢复的速度快时，就会引起试品断路器的重击穿。

11.6 绝缘试验

电器的绝缘性能是电器的一个重要的质量指标，良好的绝缘不仅是电器本身可靠工作的保障，更关系到电器的使用安全和操作人员的人身安全。因此，在电器的型式试验和出厂试验中都必须对电器的绝缘性能进行试验。

电器绝缘性能试验检查电器绝缘结构的绝缘性能，验证电器对过电压的耐受能力。绝缘性能试验主要有绝缘电阻测量、工频耐压试验和冲击耐压试验三种。

1. 绝缘电阻的测量

对绝缘体施加电压后，在绝缘材料内部和表面都会有泄漏电流流过。绝缘电阻反映了绝缘材料在电压作用下抵抗泄漏电流的能力。绝缘电阻越大，则绝缘材料中的泄漏电流越小，材料的绝缘性能也就越好。绝缘材料在绝缘没有失效的情况下，即使在很高的电压作用下，也只能通过极小的泄漏电流，因此绝缘材料的绝缘电阻的阻值很大，一般用兆欧作为测量单位。

电器的绝缘电阻不但与绝缘材料本身的特性有关，还会受到外界温度、湿度等条件的影响。电器的工作温度升高后，绝缘材料的绝缘电阻会下降。当绝缘材料受潮，表面吸附水分或被污染时，电器的绝缘电阻会降低。开关电器在通断能力试验后，被试电器的绝缘结构受电弧烧损，绝缘电阻也会下降。因此电器试验中对绝缘电阻的测量必须在规定的温度和湿度环境下进行。不同环境条件下测量绝缘电阻的变化，可以进一步评价电器的绝缘性能。例如在湿热试验后测量试品的绝缘电阻可以评价电器的耐潮性能。

绝缘电阻的测量非常方便，而且对电器绝缘结构和性能没有破坏性，是一种非破坏性试验。电器的绝缘电阻通常用绝缘电阻表测量。绝缘电阻表也称兆欧表，俗称摇表，由手摇直流发电机和差动式电流表组成。手摇发电机产生一近似恒定的直流电压，通过检测泄漏电流，在表头上直接显示绝缘电阻值。绝缘电阻表有不同的电压等级，在测量绝缘电阻时要根据电器的额定工作电压来选择。试验电器额定工作电压越高，绝缘电阻表的电压等级也越高，但绝缘电阻表的电压等级不应超过电器的电气强度，以免造成击穿或损害。

测量绝缘电阻要在电器不带电的情况下进行。测量低压电器的绝缘电阻时，绝缘电阻表的电压等级按表 11-2 选用。高压电器的绝缘电阻测量一般用 2500V 绝缘电阻表，10kV 设备也可使用 1000V 绝缘电阻表。因为测量绝缘电阻时存在着对分布电容的充电过程，故测量时要读取测量一段时间后绝缘电阻基本稳定的数值，对电器产品，一般需 1min 便能基本达到稳定。为了确保电器的使用安全，一般低压电器的绝缘电阻应大于 0.5MΩ，高压电器的绝缘电阻应在 1000MΩ 以上。

表 11-2 绝缘电阻表电压等级的选取

电器额定工作电压/V	绝缘电阻表的电压等级/V
$U_N \leqslant 60$	250
$60 < U_N \leqslant 660$	500
$660 < U_N \leqslant 1200$	1000

电器绝缘电阻的测量部位按照产品标准规定选择，一般选取下列测量部位：

1）主触头在断开位置时，同极的进线端和出线端之间。

2）主触头在闭合位置时，不同极的带电部件之间、触头和线圈之间以及主电路与控制和辅助电路之间。

3）各带电部件与金属支架之间。

2. 工频耐压试验

电器在运行时，除承受工作电压外，还会遭受各种过电压的冲击。这些过电压不仅幅值高，而且波形和持续时间都与工作电压很不相同，对绝缘的影响和可能引起绝缘击穿的机理也不尽相同。绝缘材料承受电压的能力是有限度的，当外施电压超过某一数值时，绝缘材料内会形成导电通路而发生击穿。通常在发生击穿之前，会出现沿绝缘材料表面的放电现象，称为表面闪络。表面闪络与电器绝缘结构的形状和尺寸、表面干湿程度以及附着物的性质有关。

绝缘材料所能承受电压的能力用电气强度来表示。对电器绝缘结构电气强度的考核是通过耐压试验进行的，它包括工频耐受电压试验和冲击耐受电压试验。工频交流耐压试验是检验电器设备绝缘耐受工频电压作用能力的试验。对220kV及以下电器设备也用它来检验操作过电压和暂时过电压的能力。

工频耐压试验的试验电压值根据电器的额定绝缘电压值来选取。电器的额定绝缘电压是在规定条件下，用来度量电器及其部件的不同电位部分的绝缘强度、电气间隙和爬电距离的标准电压值。如无特殊规定，电器的额定绝缘电压为电器的最大额定工作电压。低压电器的工频耐压试验电压值选取参见表11-3。

表11-3　低压电器的工频耐压试验电压

额定绝缘电压/V	试验电压/V
$U \leqslant 60$	1000
$60 < U \leqslant 300$	2000
$300 < U \leqslant 660$	2500
$660 < U \leqslant 800$	3000
$800 < U \leqslant 1200$	3500

220kV以上等级的高压电器工频耐压试验值按照相关产品标准和试验规程规定选取。220kV以下的高压电器的工频耐压试验通常以操作过电压为依据，采用式（11-9）计算，即

$$U_{AC} = 4U_{ph}K_2/K_1 \tag{11-9}$$

式中，U_{AC}为工频耐受电压；U_{ph}为 最高工作电压相电压；K_1为 系数，取1.15～1.25；K_2为安全系数，取1.05～1.1。

工频耐压试验所用电源由高压试验变压器和调压装置组成。试验变压器的原理与一般电力变压器相同，它的额定输出电压应满足试验要求并留有余地；试验变压器的输出电压应足够稳定，不因预放电电流在电源内阻上的电压降而使输出电压明显波动，造成测量困难，甚至影响放电过程。试验电源要有足够的容量，内部阻抗应尽可能小。

按规定将被试品接入试验回路，逐步升高电压至标准规定的额定工频耐受电压值，保持1min，然后迅速、均匀地降压到零。在试验过程中，若被试电器绝缘未发生击穿或表面闪

络，没有任何破坏性放电现象则认为电器通过了工频耐压试验。

由于工频耐压试验是一种破坏性试验，试验所采用的试验电压远高于电器设备的额定工作电压，过高的电压会使绝缘介质损失增大、发热、放电，会加速绝缘缺陷的发展，故通过这一试验可以发现电器的很多绝缘缺陷，尤其对局部缺陷更为有效。

3. 冲击耐压试验

冲击耐压试验是考核电器耐受瞬时冲击过电压的能力。冲击耐压试验的冲击电压波形一般采用标准雷电冲击波形。

雷电冲击试验电压由冲击电压发生器产生。冲击电压发生器的多个电容器由并联转串联是通过许多点火球隙实现的，即控制点火球隙使它放电时把多个电容器串联起来。受试设备上的电压上升速度和经过峰值后电压下降的快慢，可以通过电容电路中的电阻值调节。影响波头的电阻称为波头电阻，影响波尾的电阻称为波尾电阻。试验时，通过改变波头电阻和波尾电阻的阻值，获得标准冲击电压波的预定波头时间和半波峰值时间。

电器施加冲击耐受电压的试验电压值、极性和次数按照有关产品标准执行。冲击耐受电压试验过程中，被试电器应无破坏性放电现象出现。

思考题与习题

11-1 影响热电偶测温准确度的因素主要有哪些？

11-2 若采用交流电源对直流电器进行动热稳定试验，如何保证试验的等效性？

11-3 电器电弧等离子体参数的常用诊断方法有哪些？分别可以测量哪些等离子体参数？

11-4 在低压电器的动作特性试验中，测量吸合电压时为什么要将电压瞬时加到线圈中，而不采用逐步增压的方式？

11-5 合成试验的基本原理是什么？合成试验时，电流源采用短路发电机供电与电流源采用振荡回路提供短路电流的主要区别是什么？

11-6 用绝缘电阻表测电器绝缘电阻时的注意事项是什么？

参考文献

[1] 张冠生．电器理论基础［M］．北京：机械工业出版社，1989.
[2] 贺湘琰．电器学［M］．北京：机械工业出版社，2009.
[3] 张冠生，丁明道．常用低压电器及其应用［M］．北京：机械工业出版社，1982.
[4] 夏天伟，丁明道．电器学［M］．北京：机械工业出版社，2004.
[5] 张节容，等．高压电器原理和应用［M］．北京：清华大学出版社，1989.
[6] 清华大学高压教研组．高压断路器［M］．北京：水利电力出版社，1978.
[7] 华中工学院电机电器教研室．电器学［M］．北京：中国工业出版社，1961.
[8] 王季梅．真空开关技术与应用［M］．北京：机械工业出版社，2008.
[9] 王章启，等．电力开关技术［M］．武汉：华中科技大学出版社，2003.
[10] 邹积岩．智能电器［M］．北京：机械工业出版社，2006.
[11] 陈德桂．低压断路器的开关电弧与限流技术［M］．北京：机械工业出版社，2007.
[12] 董恩源．基于电子操动的快速直流断路器的研究［D］．大连：大连理工大学，2000.
[13] 刘韵云．牵引电器［M］．北京：中国铁道出版社，1992.
[14] 王季梅．真空开关触头材料及其制造技术［M］．西安：西安交通大学真空电弧理论研究中心，1995.
[15] 荣命哲．电接触理论［M］．北京：机械工业出版社，2004.
[16] 郭风仪，陈忠华．电接触理论及其应用技术［M］．北京：中国电力出版社，2008.
[17] 陈慈萱，马志瀛．高压电器［M］．北京：水利电力出版社，1987.
[18] 方鸿发．低压电器［M］．2 版．北京：机械工业出版社，1988.
[19] 赵燕．无机化学［M］．北京：化学工业出版社，2010.
[20] 张裕生．高压开关设备检测和试验［M］．北京：中国电力出版社，2004.
[21] 陆俭国，张乃宽，李奎．低压电器的试验与检测［M］．北京：中国电力出版社，2007.
[22] 陈璧光，沈能士．电器试验和测量技术［M］．北京：中国电力出版社，1999.
[23] 陈天翔，王寅仲，海世杰．电气试验［M］．北京：中国电力出版社，2008.
[24] 董华军．真空开关电弧形态研究及其等离子体参数诊断［D］．大连：大连理工大学，2009.
[25] 上海电器科研所．GB 998-1982 低压电器基本试验方法［S］．北京：中国标准出版社，1983.
[26] 全国低压电器标准化技术委员会．GB 14048. 1-2006 低压开关设备和控制设备 第 1 部分：总则［S］．北京：中国标准出版社，2007.
[27] 全国低压电器标准化技术委员会．GB 14048. 2-2008 低压开关设备和控制设备 第 2 部分：断路器［S］．北京：中国标准出版社，2009.
[28] 全国低压电器标准化技术委员会．GB 14048. 4-2000 低压开关设备和控制设备 第 4-1 部分：接触器和电动机起动器 机电式接触器和电动机起动器（含电动机保护器）［S］．北京：中国标准出版社，2011.
[29] 全国低压电器标准化技术委员会．GB 14048. 5-2008 低压开关设备和控制设备 第 5-1 部分：控制电路电器与开关件 机电式控制电路电器［S］．北京：中国标准出版社，2009.
[30] 全国高压开关设备标准化技术委员会．GB/T 4473-2008 高压交流断路器的合成试验［S］．北京：中国标准出版社，2009.
[31] 全国高压开关设备标准化技术委员会．GB 1984-2003 高压交流断路器［S］．北京：中国标准出版社，2004.

参考文献